Theoretische Mechanik

Eine einleitende Abhandlung über die Prinzipien der Mechanik

Mit erläuternden Beispielen und zahlreichen Übungsaufgaben

Von

A. E. H. Love, M.A., D.Sc., F.R.S.

Ordentlicher Professor der Naturwissenschaft an der Universität Oxford

Autorisierte deutsche Übersetzung der zweiten Auflage von

Dr.-Ing. Hans Polster

Mit 88 Textfiguren

Springer-Verlag
Berlin Heidelberg GmbH
1920

ISBN 978-3-642-52538-4 ISBN 978-3-642-52592-6 (eBook)
DOI 10.1007/978-3-642-52592-6

Softcover reprint of the hardcover 1st edition 1920

Auszug aus dem Vorwort zur ersten Auflage.

Den Grundstein zur Mechanik hat Newton gelegt, der wohl vor allem durch seine Großtaten auf diesem Gebiete dauernden Ruhm beanspruchen kann. Spätere Gelehrte haben zwar seine Prinzipien analytisch fortentwickelt und deren Anwendungsbereich erweitert, aber den Prinzipien selber gegenüber spielen sie doch nur die Rolle von Erklärern. Nichtsdestoweniger können wir in der neueren Forschung ein Bestreben finden, das seiner Natur nach ein allmählicher Wechsel in den Gesichtspunkten ist: Gegenüber dem Suchen nach Ursachen tritt mehr die Neigung in den Vordergrund, das zu erreichende Ziel in einer scharfen Formulierung der beobachteten Erscheinungen zu sehen. Andererseits sind die modernen Forscher in einer wichtigen Hinsicht von der Form der Newtonschen Theorie abgegangen. Der philosophische Grundsatz, daß jede Bewegung relativ ist, steht in ausgesprochenem Gegensatz mit Newtons dynamischem Apparat von absoluter Zeit, absolutem Raum und absoluter Bewegung. Es hat sich nötig gemacht, die Prinzipien und die aus ihnen abgeleiteten Ergebnisse von neuem zu erwägen und zu ermitteln, welcher Abänderungen es bedarf, um die von Newton begründete Theorie der Rationellen Mechanik mit der Lehre von der Relativität der Bewegung in Einklang zu bringen.

Dieses Buch soll ein Lehrbuch sein. Es soll den Studierenden einen möglichst genauen Bericht über die Prinzipien der Mechanik geben, der mit den modernen Ansichten im Einklang steht.

Die Studenten, für die das Buch bestimmt ist, können noch Anfänger in der Höheren Mathematik sein. Vom Leser wird nur vorausgesetzt, daß er einige Kenntnisse in analytischer Geometrie der Ebene besitzt und daß ihm die Elemente der Differential- und Integralrechnung nicht mehr ganz unbekannt sind. Über räumliche Geometrie und Diffenrentialgleichungen braucht er nichts zu wissen. Der Apparat der Cartesischen Koordinaten in drei Dimensionen wird im Buche selbst beschrieben; ebenso werden die Lösungen der auftretenden Differentialgleichungen erklärt. Häufig ist den analytischen Methoden gegenüber den geometrischen der Vorzug gegeben worden, da sie für die Studenten wahrscheinlich nützlicher sein werden, deren Bedürfnisse immer im Auge behalten sind.

Im Anschluß an die im Text gebrachten Beispiele, die einige wohlbekannte Probleme enthalten und auf die im folgenden Bezug genommen wird, sind einigen Kapiteln größere Aufgabensammlungen beigefügt. Ich hoffe, daß sich diese ebensowohl für die Lehrer als auch für die Studenten beim Repetieren des Stoffes als nützlich erweisen. Die Beispiele sind zum größten Teil aus den Examensakten der Universität entnommen; andere, aber nur zum geringeren Teil, die ich in diesen Akten nicht gefunden habe, stammen aus den wohlbekannten Sammlungen von Besant, Routh nnd Wolstenholme.

Von den Werken, die mir in Prinzipienfragen recht gute Dienste geleistet haben, nenne ich Kirchhoffs Vorlesungen über Mathematische Physik (Mechanik), Pearsons Grammar of Science und Machs Mechanik. Das letztere sollte überhaupt jeder Student besitzen, der Interesse für die geschichtliche Entwicklung der dynamischen Anschauungen hat. Für die Methoden der Behandlung einzelner Fragen verdanke ich vieles den Vorlesungen des Herrn R. R. Webb, dem ich mich dadurch sehr verpflichtet fühle.

Cambridge, August 1897.

A. E. H. Love.

Vorwort zur zweiten Auflage.

Die in der neuen Auflage getroffenen Abänderungen bestehen im wesentlichen in einer Umgruppierung des Stoffes. Der hauptsächlichste Grund hierfür war der Wunsch, einesteils die Theorie in einer weniger abstrakten Weise zu bringen und andererseits lange einleitende Erörterungen zu vermeiden.

Wie bereits in der ersten Auflage sind wieder einzelne Abschnitte mit einem Sternchen bezeichnet. Das bedeutet, daß sie beim erstmaligen Lesen am besten weggelassen werden. Die Sammlungen vermischter Beispiele am Ende der meisten Kapitel sind mit einzelnen Änderungen beibehalten worden. Sämtliche Beispiele wurden nochmals nachgerechnet oder korrigiert, so daß zu hoffen ist, daß nur noch wenige Fehler darin enthalten sind. Denjenigen Studenten, die das Buch ohne Anleitung durch einen Lehrer lesen wollen, rate ich, vor allem den Abschnitten ohne Sternchen ihre Aufmerksamkeit zu schenken und sich zunächst auf die im Text angeführten Beispiele ohne Sternchen zu beschränken.

Schließlich danke ich Herrn A. E. Jolliffe bestens für seine freundliche Unterstützung durch das Lesen der Korrekturen.

Oxford, September 1906.

A. E. H. Love.

Vorwort des Übersetzers.

Nach dem langjährigen Kriege mag die deutsche Herausgabe dieses englischen Buches manchem unangebracht erscheinen, vielleicht umsomehr, als wir an guten deutschen Mechanikbüchern keinen Mangel haben. Wenn ich die bereits im Jahre 1913 auf Anregung des Verlages begonnene Übersetzung nach einer Unterbrechung von $4^1/_2$ Jahren, während denen ich im Felde stand, trotzdem zu Ende geführt habe, so geschah es aus der Meinung heraus, daß die Naturwissenschaft ebenso wie die Natur selbst zwischen den einzelnen Völkern keine Gegensätze kennt.

Das vorliegende Buch ist eine ziemlich wortgetreue Übersetzung der englischen Originalausgabe. Änderungen haben nur insofern stattgefunden, als einige Fehler der englischen Ausgabe verbessert und für die englischen Maße die deutschen eingeführt sind. Auch die englischen Literaturangaben sind beibehalten worden. Das alphabetische Sachverzeichnis wurde dagegen wesentlich ergänzt. Von den vielen Übungsaufgaben konnten die Lösungen nur zum kleinen Teil nachgerechnet werden, da hierzu ein unverhältnismäßig großer Zeitaufwand nötig gewesen wäre, der sich umsomehr verbot, als der Verlag bei der Honorierung auf die seit 1913 ja wesentlich veränderten Verhältnisse so gut wie keine Rücksicht nehmen zu können glaubte.

Merseburg, Ostern 1920.

H. Polster.

Inhaltsverzeichnis.

Einleitung.

I. Verschiebung, Geschwindigkeit, Beschleunigung.

II. Die Bewegung eines freien Massenpunktes in einem Kraftfelde.

III. Kräfte, die an einem Massenpunkt angreifen.

Bewegungsgleichungen in einfachen Fällen.

V. Die Bewegung beim Vorhandensein von Zwangs- und Widerstandskräften.

VI. Das Gegenwirkungsgesetz.

Die Theorie des Punkthaufens.

Das Problem des Sonnensystems.

Körper von endlicher Größe.

Anhang zu Kapitel VI. Reduktion eines Systems von gebundenen Vektoren.

VII. Verschiedene Methoden und Anwendungen.

Plötzliche Bewegungsänderungen.

Beginnende Bewegungen.

Anwendungen der Energiegleichung.

VIII. Die zweidimensionale Bewegung eines starren Körpers.

IX. Starre Körper und Körpersysteme.

Die Bewegung eines Seiles oder einer Kette.

X. Die Drehung der Erde.

XI. Zusammenstellung und Besprechung der Prinzipien der Dynamik.

Anhang.

Einleitung.

1. **Die Mechanik** ist eine Naturwissenschaft. Ihre Angaben sind Erfahrungstatsachen, ihre Prinzipe sind aus der Erfahrung gewonnene allgemein gültige Regeln. Die Grundlage für jede Naturwissenschaft bildet ein Satz, der selber aus vielen einzelnen Erfahrungstatsachen abgeleitet ist: der „Satz von der Beständigkeit der Natur". Diesen Satz kann man etwa folgendermaßen aussprechen: „Naturereignisse finden nach unveränderlichen Gesetzen von Ursache und Wirkung statt." Die Aufgabe der Naturwissenschaft besteht darin, die Vorgänge in der Natur in Übereinstimmung mit denjenigen Gesetzen zu beschreiben, denen diese Naturvorgänge zu gehorchen scheinen. Diese durch Beobachtung gefundenen Regeln drängen unserem Verstand gewisse allgemeine Begriffe auf, durch deren Einführung es möglich wird, die Regeln in abstrakte Form zu kleiden. Solche abstrakte Formulierungen der Regeln von Ursache und Wirkung, denen die Naturereignisse gehorchen, nennen wir „Naturgesetze". Wenn eine solche Regel durch die Beobachtung gefunden und das entsprechende Gesetz formuliert worden ist, so wird es möglich, eine gewisse Art von zukünftigen Geschehnissen vorauszusagen.

Die Mechanik beschäftigt sich mit einer besonderen Art von Naturereignissen, nämlich mit den Bewegungen materieller Körper. Ihre Aufgabe ist die Beschreibung dieser Bewegungen in Übereinstimmung mit den Gesetzen, denen sie gehorchen. Zu diesem Zwecke ist es nötig, eine Anzahl abstrakter Begriffe einzuführen und zu definieren, die sich uns durch die Beobachtung der Bewegung wirklicher Körper aufdrängen. Es ist dann möglich, Gesetze zu formulieren, nach denen solche Bewegungen vor sich gehen; diese Gesetze ermöglichen uns, zu-

---

[1]) Historische Arbeiten wurden herausgegeben von E. Mach, Die Mechanik, 1893, und von H. Cox, Mechanics, Cambridge 1904.

künftige Bewegungen und Lagen von Körpern aus ihnen ab zuleiten und die so gemachten Voraussagen durch die Erfahrung nachträglich bestätigen zu lassen. Bei diesem Formulierungsprozeß nimmt die Lehre den Charakter einer abstrakten Verstandeswissenschaft an, bei der alle voraussetzenden Annahmen durch die Erfahrung eingegeben, alle Schlüsse durch den Verstand gefolgert sind. Der Prüfstein für die Gültigkeit einer solchen Verstandeswissenschaft liegt darin, daß sie in sich zu keinen Widersprüchen führt, und der Beweis ihrer Brauchbarkeit darin, daß sie fähig ist Regeln zu liefern, nach denen die Naturereignisse wirklich vor sich gehen.

Das Studium einer solchen Wissenschaft muß zum Teil experimentell betrieben werden, zum Teil aber auch geschichtlich. Man sollte sowohl etwas von der Art der Experimente wissen, aus denen die abstrakten Schlüsse der Theorie abgeleitet wurden, als auch etwas von dem Vorsichgehen des induktiven Schließens, wie man zu diesen Schlüssen kam. Es kann wohl vorausgesetzt werden, daß einige Vorstudien in dieser Richtung gemacht worden sind.

Zweck dieses Buches ist die Formulierung der Prinzipe und die Erläuterung ihrer Anwendung.

2. Die Bewegung eines materiellen Punktes. Wie oben gesagt, besteht unsere Aufgabe in der Beschreibung der Bewegungen von Körpern. Hier macht sich eine Vereinfachung nötig, weil im allgemeinen nicht alle Teile eines Körpers die gleiche Bewegung ausführen; wir wollen insofern eine Vereinfachung eintreten lassen, als wir nur die Bewegung eines so kleinen Körperstückes betrachten, daß der Unterschied zwischen den Bewegungen seiner einzelnen Teile vernachlässigt werden kann. Wie klein das Stück sein muß, damit dies der Fall ist, läßt sich im voraus nicht sagen; aber wir vermeiden die hierin liegende Schwierigkeit dadurch, daß wir es als einen geometrischen Punkt ansehen. Wir denken also zunächst an die Bewegung eines Punktes. Ein sich bewegender Punkt, der die mit der Zeit wechselnde Lage eines kleinen Körperstückes angeben soll, mag ein „materieller Punkt" genannt werden.

„Bewegung" soll definiert werden als die mit der Zeit vor sich gehende Veränderung der Lage.

Im Hinblick auf diese Definition ist es nötig, sich zunächst mit zweierlei zu beschäftigen: mit dem Messen der Zeit und mit der Bestimmung der Lage.

3. Das Messen der Zeit. Ein Zeitpunkt ist von einem andern durch ein Zeitintervall getrennt. Die Größe des Intervalles kann durch den Zuwachs gemessen werden, der bei irgendeinem während des Zeitintervalles stetig verlaufenden Vorgange stattfindet. Für die Mechanik ist es meist zweckmäßiger, sich die Zeit selbst als meßbar vorzustellen, als sie durch einen bestimmten Vorgang gemessen zu denken.

Der Prozeß, der gewöhnlich für die Zeitmessung gewählt wird, ist die mittlere Drehung der Erde um die Sonne; die Einheit, mittels der man diesen Prozeß mißt, wird die „mittlere Sonnensekunde" genannt. Im weiteren Verlauf dieses Buches wollen wir grundsätzlich annehmen, daß die Zeit durchweg in dieser Weise gemessen wird, und wir wollen das Zeitmaß, das zwischen zwei einzelnen Zeitpunkten verstreicht, mit dem Buchstaben t bezeichnen; t ist dann eine reelle positive Zahl; das damit bezeichnete Zeitintervall beträgt t Sekunden.

---

4. Die Bestimmung der Lage. Unter der „Lage eines Punktes" versteht man seine Lage relativ zu anderen Punkten. Die Lage eines Punktes relativ zu einer Anzahl Punkte ist nur bestimmt, wenn sich unter den letzteren vier Punkte befinden, die nicht alle in einer Ebene liegen. O, A, B, C mögen vier solche Punkte sein; einer von ihnen, O, wird als sogenannter Ursprung gewählt, und die drei Ebenen OBC, OCA, OAB sind die Seiten einer dreiflächigen Ecke, die ihren Scheitel in O hat (s. Fig. 1).

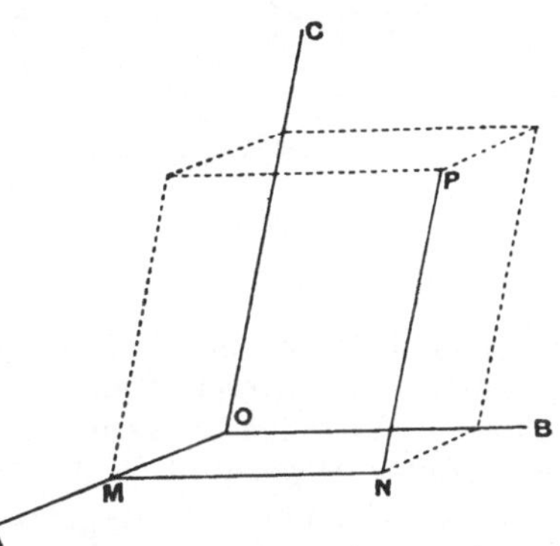

Fig. 1.

Die Lage eines Punktes P mit Bezug auf diese dreiflächige Ecke ist folgendermaßen bestimmt: Wir ziehen PN parallel zu OC bis zum Durchstoßpunkt N mit der Ebene AOB; darauf ziehen wir NM parallel zu OB bis zum Schnitt M mit OA. Die Strecken OM, MN, NP bestimmen dann die Lage von P. Wählt man eine bestimmte Strecke, z. B. ein Zentimeter, als Längeneinheit, so wird jede dieser Strecken durch eine Zahl, d. h. durch die Anzahl Zentimeter, dargestellt, die in ihr enthalten sind. Wie man sieht, ist OP die Diagonale eines Parallelepipeds und OM, MN, NP sind drei Kanten, von denen keine der anderen parallel läuft. Die Lage eines Punktes ist also durch ein Parallelepiped bestimmt, dessen Kanten den Bezugsachsen OA, OB, OC parallel laufen und dessen eine Diagonale die Verbindungslinie des Punktes mit dem Ursprung ist.

Im allgemeinen ist es vorteilhaft, zu Bezugsachsen drei zueinander senkrechte Gerade zu wählen, weil dann die Seitenflächen der Ecke auch rechtwinklig zueinander stehen. Drei derartig gewählte Gerade nennt man ein dreifach rechtwinkliges Achsenkreuz und die Ebenen, die je zwei von diesen Geraden enthalten, heißen die Koordinatenebenen[1]).

Aus Fig. 2 ist ersichtlich, daß drei rechtwinklige Koordinatenebenen den Raum um einen Punkt in acht Teilräume

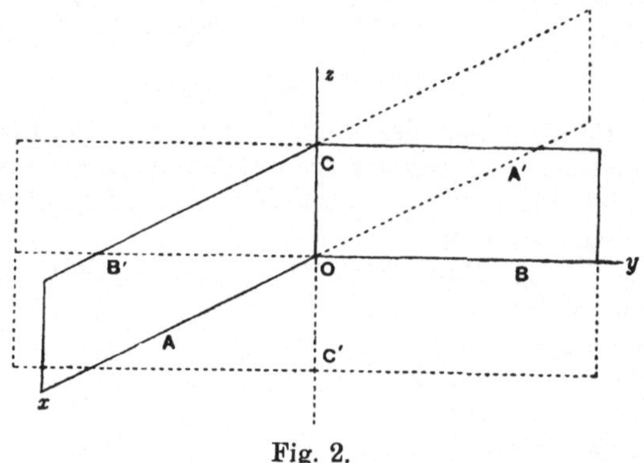

Fig. 2.

zerlegen; die einzelne dreiflächige Ecke $OABC$ ist ein solcher Teilraum. Die Strecken OM, MN, NP der Fig. 1, mit bestimmten Vorzeichen behaftet, werden die Koordinaten des Punktes P genannt und mit den Buchstaben x, y, z bezeichnet. Die Vorzeichenregel ist folgende: x ist positiv, wenn P und A auf derselben Seite der Ebene BOC liegen, und es ist negativ, wenn P und A sich auf entgegengesetzten Seiten der Ebene BOC befinden. Das gleiche gilt für y und z.

Sind die Achsen wie in Fig. 2 gezeichnet und benannt, so nennt man sie „rechtshändig“. Sind die Buchstaben x und y vertauscht, so heißen die Achsen „linkshändig“. Für die meisten Anwendungen der

---

[1]) Wir werden im weiteren Verlauf des Buches nur von rechtwinkligen Koordinaten Gebrauch machen.

Mathematik in der Physik sind rechtshändige Achsen den linkshändigen vorzuziehen[1]).

Zur Veranschaulichung können wir uns das Gebiet, in dem x, y, z sämtlich positiv sind, durch zwei aneinander stoßende Zimmerwände und den Fußboden begrenzt denken. Wenn wir gegen eine Wand sehen, die andere Wand zur Linken, und wir nennen die Schnittlinie dieser Wandebenen die z-Achse, die Durchdringungskante der links befindlichen Wandebene mit der Bodenebene die x-Achse und die Durchdringung des Fußbodens mit der Wand vor uns die y-Achse, so haben wir ein „rechtshändiges Koordinatensystem". Eine gewöhnliche oder rechtsgängige Schraube, die so gedreht wird, daß sie sich in der positiven Richtung der x-, (oder y- oder z-) Achse vorschraubt, dreht sich in demselben Sinne, wie ein Strahl, der sich aus der positiven Richtung der y- (oder z- oder x-) Achse in die positive Richtung der z- (oder x- oder y-) Achse bewegt. Der Drehsinn, der zu den drei Schrauben gehört, ist in Fig. 3 angegeben.

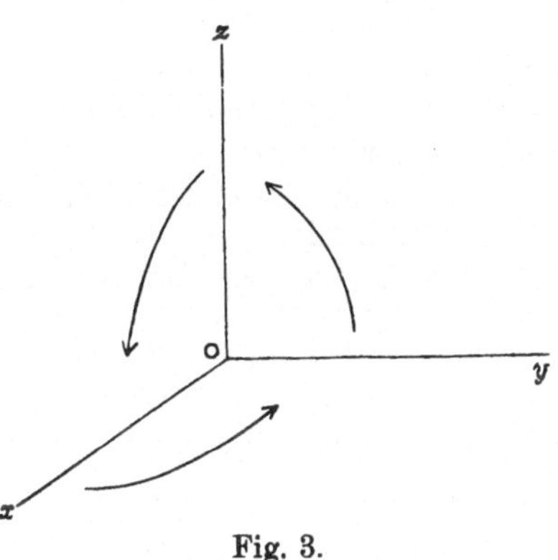

Fig. 3.

5. Das Bezugssystem. Drei aufeinander senkrechte Gerade OA, OB, OC, in Bezug auf welche die Lage eines Punktes P bestimmt werden kann, wird ein B e z u g s s y s t e m genannt.

Um ein Bezugssystem festzulegen, müssen wir imstande sein, einen Punkt zu zeichnen, durch ihn eine Gerade zu ziehen und durch diese Gerade eine Ebene zu legen. O mag der Punkt sein; OA die Gerade durch diesen Punkt und OAB eine Ebene durch die Gerade. Wir können in dieser Ebene durch O eine zu OA rechtwinklige Gerade ziehen und in O eine Senkrechte zur Ebene errichten.

Die so bestimmten drei Geraden können als Bezugssystem benutzt werden.

In Wirklichkeit können wir keinen Punkt, sondern nur einen kleinen Teil eines Körpers zeichnen, z. B. kann man einen Ort auf der Erdoberfläche als Ursprung wählen. Dann können wir in diesem Ort immer eine besondere Gerade, die Vertikale des Ortes bestimmen. Rechtwinklig zu ihr haben wir eine besondere Ebene, die Horizontalebene des Ortes; auf dieser Ebene können wir die nach Norden zeigende Gerade ziehen oder eine Gerade in einer anderen etwa mittels des Kompasses

[1]) In diesem Buche werden rechtshändige Achsen genommen werden, außer wenn das Gegenteil besonders angegeben ist.

bestimmten Richtung; dann haben wir ein Bezugssystem. Auch könnten wir von dem Orte nach drei sichtbaren Sternen Geraden ziehen, die ebenfalls ein Bezugssystem bestimmen würden. Oder aber wir könnten als Ursprung den Mittelpunkt der Sonne wählen und als Bezugsgerade drei gerade Linien, die von da nach drei Sternen zeigen.

Wenn wir es mit den Bewegungen von Körpern nahe der Erdoberfläche zu tun haben, z. B. mit der Bewegung eines Zuges, einer Kanonenkugel oder eines Pendels, so werden wir gewöhnlich als Bezugssystem Geraden wählen, die fest mit der Erde verbunden sind und wir werden als eine dieser Linien meist die Vertikale an dem betreffenden Orte benutzen. Handelt es sich dagegen um die Bewegung der Erde, eines Planeten oder des Mondes, so werden wir gewöhnlich das Bezugssystem mit Hilfe der „Fixsterne" festlegen.

Ein Punkt, eine Linie oder eine Ebene, die eine zum gewählten Bezugssystem feste Lage einnimmt, soll „fest" genannt werden.

6. Die Wahl des für die Zeitmessung gewählten Vorgangs und des Bezugssystems. Die Zeit mag durch einen stetig fortschreitenden Vorgang gemessen werden. Gleiche Zeitintervalle sind solche, in denen der zur Zeitmessung benutzte Vorgang um gleich viel fortschreitet; verschiedene Zeiträume stehen in demselben Verhältnis, wie die Zuwüchse des Prozesses, die in diesen Zeiten zu verzeichnen sind. In einem Zeitintervall mögen viele Prozesse zugleich stattfinden; einer von ihnen wird zur Zeitmessung ausgewählt. Wir wollen ihn den Zeitmaßprozess nennen. „Gleichförmige Prozesse" sind solche, bei denen in gleichen Zeiträumen gleiche Zuwüchse erreicht werden. Prozesse, für welche das nicht gilt, nennt man ungleichförmig. Es ist klar, daß Prozesse, die gleichförmig sind, wenn sie durch den einen Zeitmaßprozeß gemessen werden, ungleichförmig sein können, wenn man sie durch einen anderen Zeitmaßprozeß mißt. Die Wahl eines Zeitmaßprozesses steht ganz in unserem Belieben; erwünscht ist nur, daß sie so ausfällt, daß eine Anzahl für uns unkontrollierbarer Prozesse als gleichförmig oder nahezu gleichförmig erscheint; man sieht wohl ein, daß es wünschenswert ist, wenn der Zeitmaßprozeß zu unserem täglichen Leben in enger Beziehung steht. Die Wahl der mittleren Sonnensekunde als Einheit entspricht diesen Bedingungen. Solange gegen letztere nicht verstoßen wird, steht es uns frei, eine abweichende Zeitrechnung zu wählen, um die Beschreibung der Bewegung der Körper zu vereinfachen.

Die Wahl eines passenden Bezugsystems liegt ebenso wie die Wahl des Zeitmaßprozesses, in unserer Willkür; es ist klar, daß einige Bewegungen sich einfacher beschreiben lassen, wenn diese Wahl in der einen, als wenn sie in einer anderen Weise getroffen wird. Wir werden darauf noch in Kapitel XI zurückkommen.

I. Verschiebung, Geschwindigkeit, Beschleunigung.

7. Vorbemerkung. Die Geschichte der Mechanik zeigt uns, wie man durch das Studium der Bewegungen fallender Körper dazu gedrängt — den Begriffen der veränderlichen Geschwindigkeit und Beschleunigung mehr und mehr Beachtung schenkte, und wie, besonders durch den Satz vom sogenannten „Parallelogramm der Kräfte“ angeregt, der vektorielle Charakter solcher Größen wie Kraft und Beschleunigung erkannt wurde. Wir wollen uns zunächst mit genauen und ausdrücklichen Definitionen einiger Vektorgrößen und mit einigen unmittelbaren Folgerungen aus diesen Definitionen beschäftigen.

8. Die Verschiebung. Ein Punkt, der in bezug auf ein Koordinatensystem in einem bestimmten Augenblick eine Lage P hatte, möge in irgend einem späteren Augenblick eine Lage Q gegenüber diesem Koordinatensystem einnehmen (Fig. 4). Man sagt dann von dem Punkt, er habe eine „Lagenänderung“ oder eine „Verschiebung“ erlitten. Wir wollen die Strecke PQ ziehen. Es ist klar, daß die Verschiebung durch diese Strecke genau bestimmt ist; wir sagen, sie wird durch diese Strecke dargestellt. Die durch P gezogene Strecke PQ möge nach beiden Seiten ins Unendliche verlängert und zu ihr durch irgend einen anderen Punkt, z. B. durch O, eine Parallele gezogen werden. Dann bestimmt diese neue Gerade eine gewisse Richtung. Das ist die Richtung der Verschiebung. Diese Gerade kann in doppeltem Richtungssinne durchlaufen werden; der eine Sinn, OR, nämlich der Richtungssinn von O nach demjenigen Punkte R, welcher die vierte Ecke eines Parallelogramms bildet, das OP

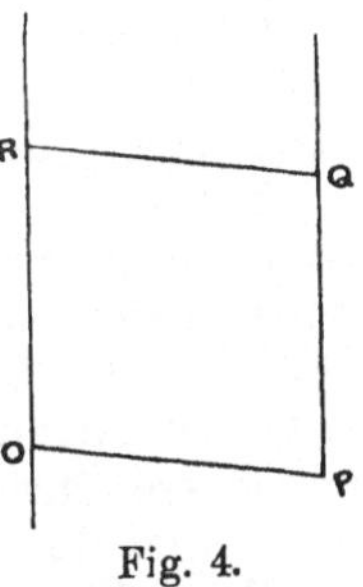

Fig. 4.

und PQ als aneinanderstoßende Seiten besitzt, ist der Sinn unserer Verschiebung. Die Strecke PQ wird durch die Anzahl der Längeneinheiten gemessen, die sie enthält. Diese Maßzahl ist die Größe der Verschiebung. Die spätere Lage Q ist vollständig bestimmt durch

1. die vorhergehende Lage P,
2. die Richtung der Verschiebung,
3. den Richtungssinn der Verschiebung,
4. die Größe der Verschiebung.

Ferner erkennt man (Fig. 5), daß genau dieselbe Lagenänderung erreicht wird, wenn man einen Punkt von P nach K längs der Geraden PK und von K nach Q längs der Geraden KQ bewegt, anstatt den Punkt von P nach Q direkt längs der Geraden PQ zu führen. Das heißt: die durch die Geraden PK und KQ dargestellten Verschiebungen sind der Verschiebung PQ gleichwertig.

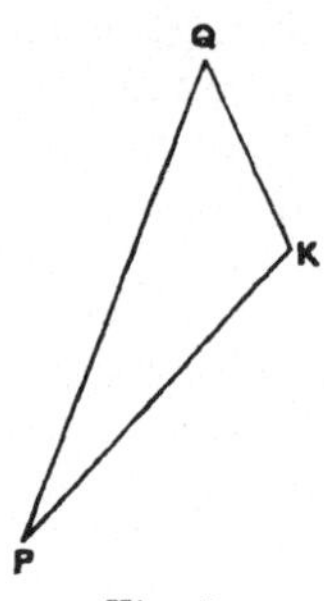

Fig. 5.

Die Verschiebung ist eine Größe; denn eine Verschiebung kann größer, gleich oder kleiner sein als eine andere; aber zwei Verschiebungen in verschiedenen Richtungen oder in verschiedenem Sinne sind einander offenbar nicht gleichwertig, selbst wenn sie der Größe nach gleich sind; eine solche Verschiebung gehört zu der Klasse mathematischer Größen, die unter dem Namen Vektoren oder gerichtete Größen bekannt sind.

9. Die Definition des Vektors. Ein Vektor kann als eine gerichtete Größe definiert werden, die einer bestimmten Operationsregel[1]) gehorcht.

Mit einer „gerichteten Größe" meinen wir einen Gegenstand mathematischen Denkens, zu dessen Bestimmung drei Dinge erforderlich sind: 1. eine Zahl, die man das Maß dieser Größe nennt; 2. die Richtung einer Geraden, die die Richtung der Größe genannt wird; 3. den Sinn, in dem man die Gerade von einem ihrer Punkte zu einem anderen als gezogen annimmt und den man den Richtungssinn der Größe nennt.

Es möge eine bestimmte Strecke als Längeneinheit gewählt werden. Dann kann man von einem Punkte aus eine ge-

[1]) Die Operationsregel ist ein wesentlicher Bestandteil der Definition. Z. B. ist die Drehung um eine Achse kein Vektor, obwohl sie eine gerichtete Größe ist.

rade Linie ziehen, die den Vektor[1]) nach Größe, Richtung und Sinn darstellt. Der Sinn der geraden Linie wird dadurch angegeben, daß man zwei ihrer Punkte in der Reihenfolge nennt, in der sie von einem die Linie durchlaufenden Punkte erreicht werden.

Die mathematische Operatiosregel, der die Vektoren unterliegen, gibt an, wie man einen Vektor durch andere Vektoren ersetzen kann, denen er [der Definition nach] gleichwertig ist.

Diese Regel kann in zwei Teile geteilt und folgendermaßen ausgesprochen werden:

1. Vektoren, welche durch gleich große und parallele Strecken dargestellt werden, die von verschiedenen Punkten in gleichem Sinne gezogen sind, sind gleichwertig.

2. Der Vektor, der durch eine Strecke AC dargestellt wird, ist gleichwertig mit zwei Vektoren, die durch die Strecken AB, BC dargestellt werden, wobei A, B, C ganz beliebige Punkte sein können.

Als solche eben definierte Vektorgrößen merken wir uns 1. die Verschiebung eines Massenpunktes, 2. das Kräftepaar, das an einem starren Körper angreift.

10. Beispiele gleichwertiger Vektoren. Wenn AC und $A'C'$ gleiche und parallele Strecken sind (Fig. 6), so können ihre End-

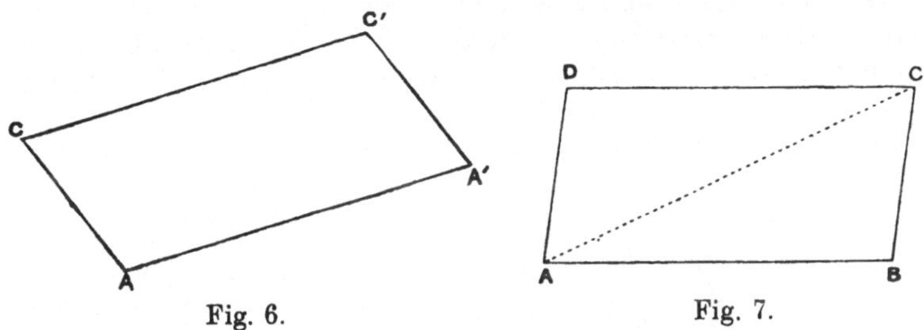

Fig. 6. Fig. 7.

punkte durch zwei Gerade AA' und CC' verbunden werden, die ebenfalls gleichgroß und parallel sind; dann sind die durch AC und

---

[1]) Die Linie ist nicht der Vektor. Die Linie besitzt eine Eigenschaft — man nennt sie Raumausdehnung —, die der Vektor nicht hat. Von dem fertigen Begriff, den wir mit der geraden Linie verbinden, müssen wir diese Eigenschaft weglassen, wenn wir damit den Vektor darstellen. Andererseits unterliegt der Vektor einer Operationsregel, der eine gerade Linie nur durch willkürliche Abmachungen unterworfen werden kann.

$A'C'$ dargestellten Vektoren gleichwertig; die durch AC und $C'A'$ dargestellten Vektoren sind dagegen nicht gleichwertig.

Sind andererseits A, B, C (Fig. 7) drei beliebige Punkte und konstruiert man ein Parallelogramm $ABCD$, das AB und BC als aneinanderstoßende Seiten hat, so sind AD und BC gleichwertige Vektoren. Ebenso ist der Vektor AC den Vektoren AB, BC oder denen AD, DC oder endlich denen AB, AD gleichwertig.

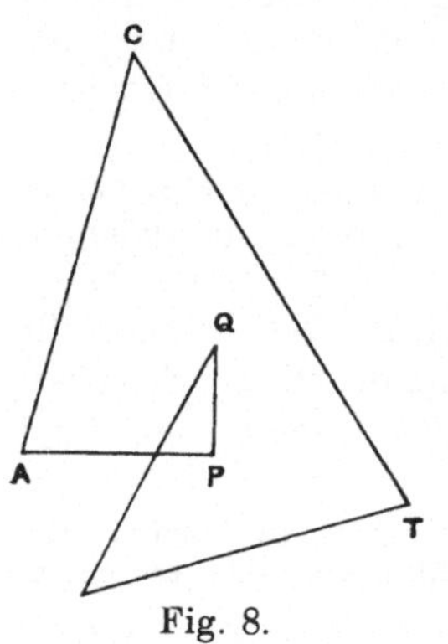

Fig. 8.

Wenn man ferner ein ebenes oder räumliches Vieleck konstruiert, das AC als eine Seite und irgendwelche Punkte $P, Q, \ldots, T$ als Ecken hat (Fig. 8), so ist der durch AC dargestellte Vektor denjenigen Vektoren gleichwertig, die durch AP, PQ, ..., TC dargestellt werden. Das ergibt sich daher, weil der Definition nach die Vektoren AP und PQ durch AQ usw. ersetzt werden können. Diese Angabe ist unabhängig von der Zahl der Seiten des Polygons und von der Reihenfolge, in der man die Eckpunkte aufeinander folgen läßt, hierbei soll zunächst keine Ecke mehr als einmal gewählt und die Voraussetzung gemacht werden, daß die Punkte A und C als erste und letzte Ecke gelten. (Die Beschränkung, daß keine Ecke mehr als einmal genommen werden möge, werden wir bald wieder fallen lassen.)

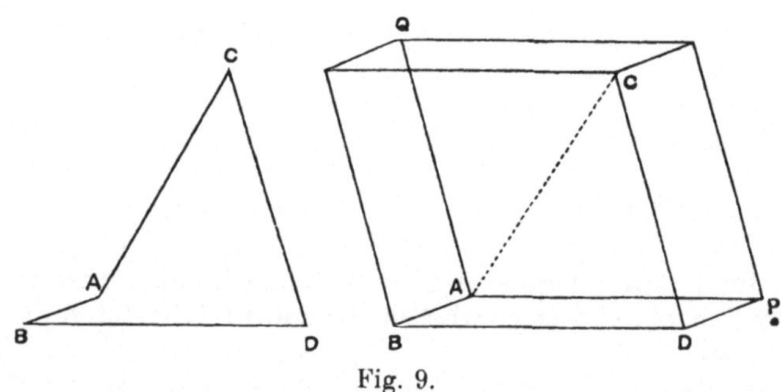

Fig. 9.

Ist im besonderen Fall das Vieleck ein räumliches Viereck $ABDC$, so läßt sich ein Parallelepiped konstruieren, dessen Kanten parallel zu AB, BD, DC laufen, und das AC als eine Diagonale enthält. Dann ist der Vektor AC denjenigen Vektoren gleichwertig, welche durch die Kanten AB, AP, AQ dargestellt werden, die sich in A treffen (s. Fig. 9).

Meist ist es am zweckmäßigsten, das Parallelepiped so zu wählen, daß seine Kanten mit den Koordinatenachsen zusammenfallen, denen gegenüber die Lage der Punkte bestimmt ist.

11. Komponenten und Resultierende. Einen Vektorenzug, der einem einzigen Vektor gleichwertig ist, nennt man seine Komponenten; der einzelne Vektor, dem er gleichwertig ist, heißt die Resultierende.

Das Verfahren, einen resultierenden Vektor aus gegebenen Komponenten-Vektoren abzuleiten, nennt man Zusammensetzung von Vektoren; wir sagen auch: wir setzen Komponenten zusammen, um die Resultierende zu erhalten. Das Verfahren, aus einem gegebenen Vektor Komponenten in verschiedenen Richtungen abzuleiten, heißt die Zerlegung in Komponenten, und wir sagen, wir zerlegen den Vektor in den gegebenen Richtungen, um die Komponenten in diesen Richtungen zu erhalten.

Es erhellt aus den Konstruktionen des vorigen Abschnitts, daß wir einen Vektor in eindeutiger Weise in Komponenten parallel zu zwei beliebigen Geraden zerlegen können, die in einer zu diesem Vektor parallelen Ebene liegen, und daß wir andererseits den Vektor ebenfalls auf eindeutige Weise in Komponenten zu zerlegen vermögen, die parallel zu drei nicht in eine Ebene fallenden Geraden laufen.

Wenn die Richtungen der Komponenten-Vektoren rechtwinklig zueinander stehen, so nennen wir die Komponenten die Seitenvektoren des resultierenden Vektors in den entsprechenden Richtungen.

Nehmen wir ein rechtwinkliges Koordinatensystem an, so kann also ein zu einer Koordinatenebene (z. B. zur xy-Ebene) paralleler Vektor in Komponenten zerlegt werden, die zu den x- und y-Achsen parallel laufen, diese Komponenten sind dann die Seitenvektoren in den Richtungen der x- und y-Achsen.

Andererseits kann ein Vektor in einem dreifach rechtwinkligen Koordinatensystem in Komponenten parallel zu den x-, y- und z-Achsen zerlegt werden; diese Komponenten sind die Seitenvektoren des Vektors in Richtung dieser drei Achsen.

Im ersteren Falle möge OP den Vektor darstellen (Fig. 10). Ziehen wir PM senkrecht zu Ox, so stellen OM und MP die Seitenvektoren des Vektors parallel zu den Achsen dar.

Ist R die Größe des durch OP dargestellten Vektors und sind Θ, Φ die Winkel[1]) zwischen OP und Ox bzw. Oy, so sind $R \cos \Theta$ und $R \cos \Phi$ die Größen der entsprechenden Seitenvektoren; diese sind also die Projektionen von OP auf die Achsen.

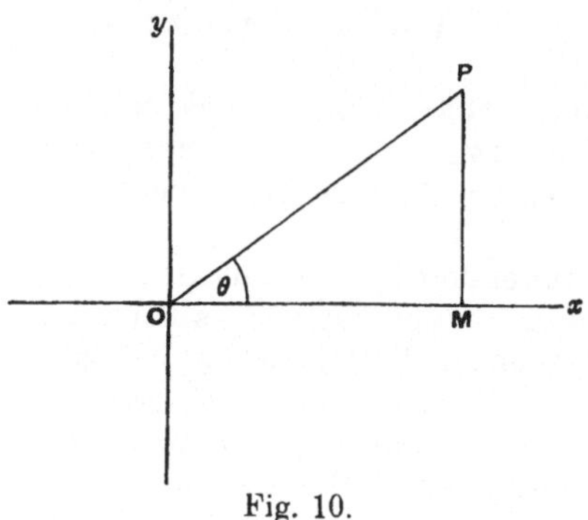

Fig. 10.

Im allgemeineren Falle (Fig. 12) bedeute OP den Vektor und es werde ein Parallelepiped mit O und P als gegenüberliegende Ecken gezeichnet, dessen Seitenflächen parallel den Koordinatenebenen sein mögen. Die Seitenvektoren des Vektors in Richtung der Achsen sind ihrer Größe nach gleich den Projektionen von OP auf die Achsen. Ist R die Größe des Vektors OP und sind l, m, n die Kosinus der Winkel, die OP der Reihe nach mit den Achsen Ox, Oy, Oz einschließt, so sind die entsprechenden Seitenvektoren in dieser Richtung $R \cdot l$, $R \cdot m$, $R \cdot n$.

Diese Beziehungen bestimmen sowohl den Sinn als auch die Größe der Seitenvektoren; sind nämlich $\cos \Theta$ bzw. im zweiten Falle l negativ, so liegt die der x-Achse parallele Komponente in der negativen Richtung dieser Achse, d. h. in der Verlängerung der Richtung xO.

Man erkennt aus dieser Regel, daß ein Vektor eindeutig bestimmt ist, wenn seine Seitenvektoren in Richtung dreier aufeinander senkrechten Geraden der Größe und Richtung nach

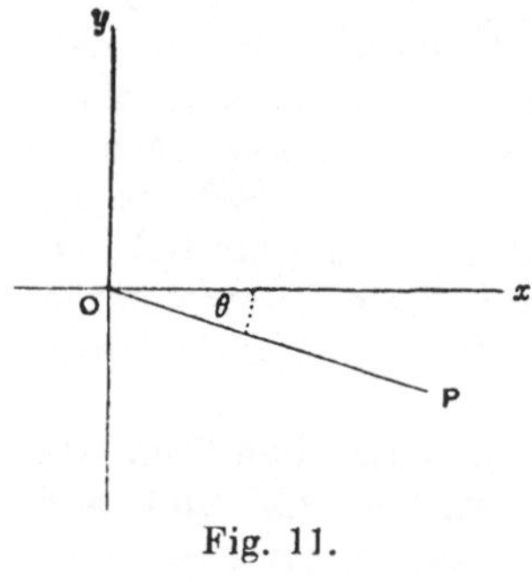

Fig. 11.

[1]) In Fig. 10 ist $\cos \Phi = \sin \Theta$, aber es ist leicht eine Figur zu zeichnen, z. B. Fig. 11, in der $\cos \Phi = -\sin \Theta$ zu sein scheint. Mit dem gewohnten Übereinkommen betreffs der Vorzeichen der trigonometrischen Funktionen werden wir immer haben

$$\cos \Phi = \sin \Theta,$$

vorausgesetzt, daß mit Θ der Winkel bezeichnet wird, den die Gerade OP beschreibt, wenn sie sich von Ox ausgehend um O im Sinne von Ox nach Oy dreht.

gegeben sind, d. h. es gibt einen und nur einen einzigen Vektor zu drei gegebenen Seitenvektoren parallel zu drei solchen Geraden.

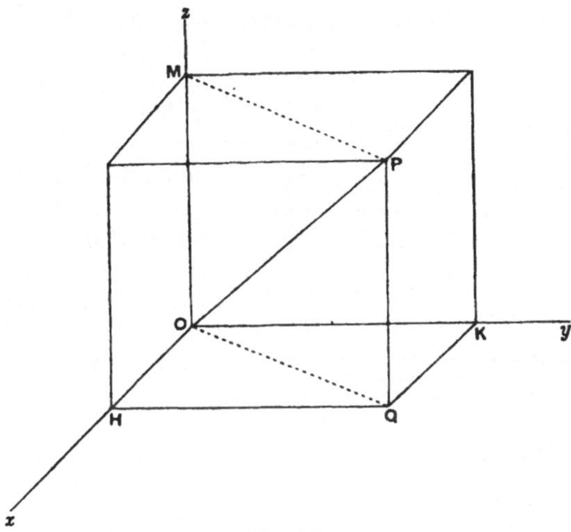

Fig. 12.

Die Konstruktion im ersteren dieser Fälle ist eine Konstruktion der Seitenvektoren eines Vektors parallel und senkrecht zu einer Geraden. Wie früher möge OP eine Strecke sein (Fig. 13), die den Vektor darstellt, und OA eine Gerade, parallel und senkrecht zu welcher der Vektor zerlegt werden soll. Man ziehe PM senkrecht zu OA. Dann ist der Vektor gleichwertig mit den Vektoren, die durch OM, MP dargestellt werden; die Größen der letzteren sind $R \cos \Theta$ bzw. $R \sin \Theta$, worin R die Größe des zu zerlegenden Vektors und Θ der Winkel zwischen seiner Richtung und OA ist.

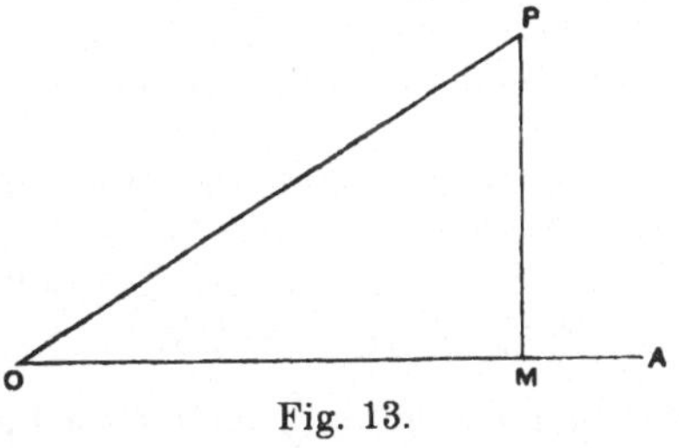

Fig. 13.

Der Vektor MP ist der Seitenvektor des Vektors OP senkrecht zur Geraden OA.

12. Zusammensetzung einer beliebigen Anzahl Vektoren. I. Wir betrachten zunächst denjenigen Fall, bei dem alle Vektoren einer Ebene — etwa der xy-Ebene — parallel sind. OP_1, $OP_2, \ldots, OP_n$ seien Strecken, die die Vektoren (im ganzen seien es n solcher Vektoren) der Größe, der Richtung und dem Sinne nach darstellen mögen. Θ_1, $\Theta_2, \ldots, \Theta_n$ seien die Winkel, die die Strecken OP_1, $OP_2, \ldots, OP_n$ mit Ox bilden, d. h. die Winkel, die ein sich um O von Ox nach Oy hin drehender Strahl beschreibt. Mit $r_1, r_2, \ldots, r_n$ wollen wir die Größen der Vektoren bezeichnen.

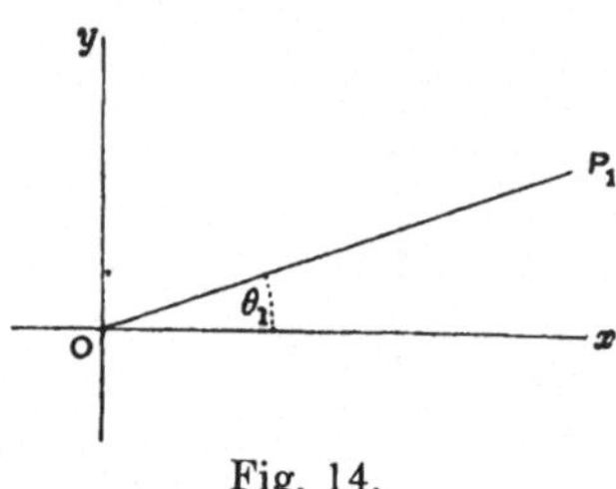

Fig. 14.

Dann möge der durch OP_1 dargestellte Vektor durch die Vektoren $r \cos \Theta_1$ parallel zu Ox und $r_1 \sin \Theta_1$ parallel zu Oy ersetzt werden. In gleicher Weise wollen wir auch die übrigen Vektoren behandeln.

Alle Seitenvektoren parallel zu Ox sind einem einzigen zu Ox parallelen Vektor X gleichwertig, der sich aus der Beziehung

$$X = r_1 \cos \Theta_1 + r_2 \cos \Theta_2 + \ldots + r_n \cos \Theta_n = \Sigma (r \cos \Theta)$$

ergibt.

Alle Seitenvektoren parallel zu Oy sind einem einzigen zu Oy parallelen Vektor Y gleichwertig, wobei

$$Y = r_1 \sin \Theta_1 + r_2 \sin \Theta_2 + \ldots + r_n \sin \Theta_n = \Sigma (r \sin \Theta)$$

ist.

Derjenige Vektor, der als Seitenvektor parallel zu Ox und Oy die Größen X und Y hat, ist die Resultierende sämtlicher Vektoren. Seine Größe sei R und seine Richtung und sein Sinn mögen mit denen einer Geraden übereinstimmen, die von O ausgeht und mit Ox den Winkel Ψ bildet.

Dann ist $R \cos \Psi = X$ und $R \sin \Psi = Y$. Diese beiden Gleichungen bestimmen die Größe R und den Winkel Ψ. R ist der Zahlenwert von $\sqrt{X^2 + Y^2}$ und Ψ ist derjenige Winkel, für den $\tan \Psi = \frac{Y}{X}$ und dessen Sinus dasselbe Vorzeichen wie Y und dessen Kosinus dasselbe Vorzeichen wie X hat.

II. Wenden wir uns jetzt dem allgemeineren Falle zu, bei welchem die Vektoren nicht parallel zu einer Ebene laufen. $r_1, r_2, \ldots, r_n$ mögen die Größen der Vektoren sein, wobei wir mit r einen beliebigen dieser Vektoren bezeichnen wollen. Sind l, m, n die Kosinus der Winkel, die die Strecke, welche den Vektor nach Richtung und Sinn darstellt, mit den Achsen Ox,

Oy, Oz bildet, so können wir den Vektor in die Komponenten rl, rm, rn, parallel zu den Geraden Ox, Oy, Oz zerlegen. Die ganze Schar der Vektoren ist dann einem einzigen Vektor gleichwertig, dessen Seitenvektoren in Richtung der Achsen die Größen X, Y, Z haben, wobei $X = \Sigma rl$, $Y = \Sigma rm$, $Z = \Sigma rn$ sind. Die Summation ist dabei auf sämtliche Vektoren der Schar zu erstrecken. Die Resultierende ist somit ein Vektor, dessen Größe R den Zahlenwert $\sqrt{X^2 + Y^2 + Z^2}$ hat und der so gerichtet ist, daß die Strecke, die ihn nach Richtung und Sinn darstellt, mit den Achsen Ox, Oy, Oz Winkel bildet, deren Kosinus die Werte $\frac{X}{R}$, $\frac{Y}{R}$, $\frac{Z}{R}$ haben.

13. Vektoren, die den Wert Null ergeben. Wenn die Größe der Resultierenden einer Vektorenschar gleich Null wird, so sagt man, die Vektorenschar hat den Wert Null. So z. B. ergeben zwei Vektoren Null, wenn sie parallel derselben Geraden, aber in entgegengesetztem Sinne laufen.

Ergibt eine Vektorenschar Null, so ergibt die Summe ihrer Seitenvektoren in einer beliebigen Richtung natürlich auch Null.

Ebenso ergeben Vektoren den Wert Null, die den Seiten eines geschlossenen Vielecks parallel und proportional sind und deren Sinn durch diejenige Reihenfolge der Ecken bestimmt wird, in der ein Punkt das Vieleck durchläuft.

Dieser letzte Satz befähigt uns, die Beschränkung (Abschnitt 10) aufzuheben, nach welcher bei der Zerlegung eines Vektors in Komponenten parallel den Seiten eines Vieleckes nicht mehr als zwei Seiten des Vielecks in einem Punkte aneinander stoßen sollten.

14. Die Komponenten der Verschiebung. x, y, z seien die augenblicklichen Koordinaten eines sich bewegenden Punktes mit Bezug auf ein bestimmtes Bezugssystem, x', y', z' die Koordinaten des Punktes in einem späteren Augenblick bezüglich desselben Bezugssystems. Dann sind $x' - x$, $y' - y$, $z' - z$ die den Achsen parallelen Komponenten einer Vektorgröße, die die Verschiebung des Punktes angibt (vgl. Abschn. 8).

15. Die Geschwindigkeit der geradlinigen Bewegung. Wir wollen vorerst einen Punkt betrachten, der sich geradlinig bewegt, z. B. auf einer der Bezugsachsen, und es möge s die Zahl der Längeneinheiten angeben, die er in t Zeiteinheiten zurücklegt. Dann kann es vorkommen, daß das Verhältnis dieser zwei Zahlen s und t konstant ist, ganz unabhängig davon, was für eine Zahl wir für t wählen. Man sagt dann, der Punkt bewegt sich gleichförmig auf der Geraden und der Quotient $\frac{s}{t}$ wird als Maß seiner Geschwindigkeit definiert. Ein Punkt, der sich gleichförmig bewegt, beschreibt gleiche Wege in gleichen Zeiten.

Es sei nochmals der Fall betrachtet, in welchem sich der Punkt geradlinig bewegt, aber die Zahl der in einem Zeitintervall zurückgelegten Längeneinheiten stehe nicht mehr zu der Zahl der Zeiteinheiten des Intervalles in konstantem Verhältnis. In diesem Fall gibt es gleiche Zeitintervalle, in denen der Punkt ungleiche Wege zurücklegt. In einem dieser gleichen Zeiträume, in welchem er einen größeren Weg beschreibt, sagen wir, bewegt er sich schneller, im andern, in dem er einen kürzeren Weg zurücklegt, sagen wir, bewegt er sich langsamer. Wir erhalten so einen Begriff von der Geschwindigkeit eines Punktes, welcher sich nicht gleichförmig bewegt, den wir noch etwas schärfer fassen wollen.

Für einen sich geradlinig bewegenden Punkt wollen wir die mittlere Geschwindigkeit in einem beliebigen Zeitintervall als den Quotienten definieren

$$\frac{\text{Zahl der im Zeitintervall beschriebenen Längeneinheiten}}{\text{Zahl der Zeiteinheiten des Intervalles}}$$

Wenn sich der Punkt nicht gleichförmig bewegt, so ist dieser Quotient eine veränderliche Zahl, die einen bestimmten Wert erst dann besitzt, wenn das Maß des Intervalles und der Anfangszeitpunkt des Intervalles gegeben sind. Nehmen wir als Anfangszeitpunkt des Intervalles immer den gleichen Zeitpunkt und als Größe des Intervalles eine Reihe abnehmender Zahlen, so erhalten wir eine Reihe solcher Quotienten, die sich einem Grenzwerte nähern, wenn die Intervallgröße unendlich klein gemacht wird. Dieser Grenzwert soll als die Geschwindigkeit des Punktes im Anfangszeitpunkte des Intervalles definiert werden. Ebenso gut können wir ihn auch die Geschwindigkeit des Punktes im Endzeitpunkt eines Zeitintervalles nennen.

Man kann jetzt auch für einen sich geradlinig bewegenden Punkt die Geschwindigkeit in irgendeinem Zeitpunkt definieren. Sie ist der Grenzwert der mittleren Geschwindigkeit in einem Zeitintervall, welches in diesem Zeitpunkt beginnt oder endet, wenn man dieses Intervall unendlich klein werden läßt.

Die beiden Grenzwerte sind im allgemeinen gleich; wenn sie verschieden sind, sprechen wir von der Geschwindigkeit

unmittelbar nach dem Zeitpunkt und von der Geschwindigkeit **unmittelbar vor** demselben.

Es möge t das Maß für das Zeitintervall sein, welches von einem besonderen als Zeitbeginn gewählten Augenblick an verflossen ist. Am Ende des Zeitintervalles habe der Punkt die Strecke s — von einem bestimmten Punkte seiner Bahn aus gerechnet — zurückgelegt. Wir sagen, der Punkt befindet sich zur Zeit t in s; in gleicher Weise sei angenommen, daß er zur Zeit t' nach s' gekommen sei. Dann beschreibt er in der Zeit $t' - t$ die Strecke $s' - s$ und seine mittlere Geschwindigkeit in dem Zeitintervall ist $\frac{s' - s}{t' - t}$. Die Zahl s ist eine Funktion der Zahl t und der Grenzwert des eben genannten Bruches ist die unter dem Namen des Differentialquotienten von s nach t bekannte Zahl. Die Geschwindigkeit des sich bewegenden Punktes wird demgemäß durch den Wert $\frac{ds}{dt}$ gemessen.

Die Zahl $s' - s$ ist das Maß der Verschiebung, welche der Punkt während des Intervalles $t' - t$ erlitten hat. Ist die Geschwindigkeit gleichförmig, so wird sie durch die in der Zeiteinheit vor sich gegangene Verschiebung gemessen. Würde die Zeiteinheit durch ein kürzeres Zeitmaß ersetzt, so würde auch die zugehörige Verschiebung entsprechend kleiner werden; diese Strecke würde dann die Geschwindigkeit unter Zugrundelegung der neuen Zeiteinheit messen. Wie kurz auch das als Zeiteinheit benützte Intervall gewählt wird, so mißt doch immer der darin beschriebene Weg die Geschwindigkeit unter Zugrundelegung dieses neuen Zeitmaßes. Wenn wir uns diese Tatsache vergegenwärtigen und sie mit der Definition der veränderlichen Geschwindigkeit in Einklang bringen wollen, so können wir sagen, daß letztere durch „die in der Zeiteinheit vor sich gegangene Verschiebung" gemessen wird; aber wir dürfen unter diesen Worten nichts anderes verstehen, als das, was soeben erläutert worden ist; denn auch in dieser Fassung ist nichts anderes gemeint als der Grenzwert des Bruches

$$\frac{\text{Zahl der in einem Zeitintervall beschriebenen Längeneinheiten}}{\text{Zahl der Zeiteinheiten in dem Intervall}},$$

wenn man das Intervall unendlich klein werden läßt.

16. Die Geschwindigkeit im allgemeinen. Wenn sich der Punkt auf keiner geraden Linie bewegt, so wird seine Verschiebung in einem beliebigen Zeitintervall $t' - t$ in jeder der drei Koordinatenrichtungen eine Komponente haben. Diese Komponenten seien $x' - x$, $y' - y$, $z' - z$. Dann besitzt jeder der Brüche $\frac{x' - x}{t' - t}$, $\frac{y' - y}{t' - t}$, $\frac{z' - z}{t' - t}$ einen Grenzwert und diese Grenzwerte geben nach dem Vorangegangenen die in der Zeiteinheit parallel den einzelnen Achsen erlittenen Verschiebungen an. Man definiert sie als die Geschwindigkeitskomponenten parallel den Achsen. Wie früher sind x, y, z Funktionen von t, und die Geschwindigkeitskomponenten parallel den Achsen sind

$$\frac{dx}{dt}, \quad \frac{dy}{dt}, \quad \frac{dz}{dt}.$$

Die augenblickliche Geschwindigkeit ist der Grenzwert der mittleren Geschwindigkeit in einem Intervall. Dieser Grenzwert hat eine ganz bestimmte Größe und ist an eine bestimmte gerade Linie gebunden. Der Punkt bewegt sich stets längs der Tangente an eine Kurve, die seine Wegkurve oder seine Bahn heißt. Die Geschwindigkeit fällt mit dieser Bahntangente zusammen und muß in einem bestimmten Sinne gezeichnet werden. Es möge s der Kurvenbogen sein, von einem bestimmten Punkte der Bahn bis zu derjenigen Lage des bewegten Punktes gemessen, die er zur Zeit t einnimmt, und s' sei der zur Zeit t' gehörige Bogen. Dann stellt die Länge der Sehne, die die beiden Lagen verbindet, die Größe desjenigen Vektors dar, dessen Komponenten parallel den Achsen die Größen $x'-x$, $y'-y$, $z'-z$ haben. Aus der Definition von s haben wir die Beziehung

$$\lim_{(t'-t=0)} \left(\frac{s'-s}{t'-t}\right)^2 = \lim_{(t'-t=0)} \left\{\left(\frac{x'-x}{t'-t}\right)^2 + \left(\frac{y'-y}{t'-t}\right)^2 + \left(\frac{z'-z}{t'-t}\right)^2\right\}.$$

Demnach hat die Geschwindigkeit des bewegten Punktes zur Zeit t die Größe $\frac{ds}{dt}$, worin s die Länge des Bogens bedeutet, der auf der Bahnkurve im gleichen Sinne, in welchem die Bahnkurve durchlaufen wird, gemessen ist, und zwar von einem bestimmten Punkte derselben bis zu der Lage des bewegten Punktes zur Zeit t. Ist die Größe der Geschwindigkeit eines Punktes unabhängig von der Zeit, so sagt man, der Punkt bewegt sich mit gleichförmiger Geschwindigkeit, wobei seine Bahn gerade oder gekrümmt sein kann.

Offenbar kann man aus verschiedenen Gründen die Geschwindigkeit eines sich bewegenden Massenpunktes durch einen Vektor darstellen, dessen Komponenten parallel zu den Achsen $\frac{dx}{dt}$, $\frac{dy}{dt}$, $\frac{dz}{dt}$ sind; aber der Vektor drückt noch nicht das Gebundensein der Geschwindigkeit an eine besondere Gerade aus, nämlich an die Tangente der Bahnkurve des Punktes.

17. Die gebundenen Vektoren. Die bisher betrachteten Vektoren stehen in keiner Beziehung zu einem besonderen Punkte, sondern sie werden gleich gut durch Gerade dargestellt, die von irgendeinem beliebigen Punkte aus gezogen sind. Sie sind auch an keine besondere Gerade gebunden, sondern werden gleich gut durch Bruchstücke aller Geraden dargestellt, die zu ihrer Richtung parallel laufen. Wir wollen sie „freie Vektoren“ nennen. Es ist jedoch oft wichtig, Größen zu betrachten, die in mancher Hinsicht die Eigenschaften von Vektoren besitzen, aber an bestimmte Punkte oder besondere Geraden gebunden sind.

Ein „an einen Punkt gebundener Vektor" ist bestimmt, wenn seine Größe, seine Richtung, sein Sinn sowie der Punkt und die Äquivalenzregel bekannt sind: nämlich die Regel: zwei Vektorengruppen, die an denselben Punkt gebunden sind, sind äquivalent oder gleichwertig, wenn zwei Gruppen „freier" Vektoren mit derselben Größe, Richtung und demselben Sinne gleichwertig sind.

Es gibt im allgemeinen keine Regel über die Gleichwertigkeit von Vektoren, die an verschiedene Punkte gebunden sind.

Ein „an eine Gerade gebundener oder linienflüchtiger Vektor" ist ein Vektor, welcher an einen beliebigen Punkt einer bestimmten Geraden gebunden ist, die mit der Richtung des Vektors zusammenfällt, wobei die Äquivalenzregeln hinzukommen: 1. Zwei Vektoren, die an dieselbe Gerade gebunden sind, sind gleichwertig, wenn sie gleiche Größe und gleichen Richtungssinn haben; 2. zwei Vektoren, die an Gerade, die sich schneiden, gebunden sind, sind gleichwertig mit einem einzigen Vektor, der an eine Gerade gebunden ist.

Alle Konstruktionen in den vorstehenden Abschnitten lassen sich auf Vektoren anwenden, die an Punkte, sowie auf solche, die an gerade Linien gebunden sind, vorausgesetzt, daß alle Komponenten und Resultierende ihrerseits an ihre Punkte oder Linien gebunden sind. Insbesondere ist ein an einen Punkt gebundener Vektor gleichwertig mit Komponenten (oder Seitenvektoren) von derselben Größe, Richtung und demselben Sinn, wie sie ein freier Vektor besitzen würde, vorausgesetzt, daß diese Komponenten und Seitenvektoren an denselben Punkt gebunden sind. Ebenso ist ein linienflüchtiger Vektor gleichwertig mit Komponenten oder Seitenvektoren von derselben Größe, Richtung und demselben Richtungssinn, wie sie der Vektor als freier Vektor haben würde, vorausgesetzt, daß diese Komponenten und Seitenvektoren an Gerade gebunden sind, die sich in einem Punkte des Vektors oder seiner Verlängerung schneiden.

Beispielsweise kann ein an den Punkt O gebundener Vektor (siehe Fig. 12) durch eine Strecke OP dargestellt werden; er ist gleichwertig mit den an den Punkt O gebundenen und durch die Strecken OH, OK, OM dargestellten Vektoren. Ein Vektor, der an die Gerade OP gebunden ist und dieselbe Größe und denselben Sinn hat, ist gleichwertig mit Vektoren, die an irgend drei Geraden gebunden sind, welche zu Ox, Oy, Oz parallel laufen, sich in einem Punkte auf OP schneiden und dabei die Größe und den Sinn von OH, OK, OM besitzen.

Die Unterschiede zwischen den drei Klassen von Vektoren können etwa folgendermaßen ausgedrückt werden:

Ein freier Vektor ist gleichwertig mit jedem beliebigen parallelen Vektor von gleicher Größe und gleichem Sinn. Die Strecke, die den Vektor darstellt, kann daher von jedem beliebigen Punkte aus gezogen werden.

Ein linienflüchtiger Vektor ist gleichwertig mit jedem Vektor von gleicher Größe und gleichem Sinn, der an dieselbe Gerade gebunden ist. Die Strecke, die ihn darstellt, kann von jedem beliebigen Punkte der betreffenden Geraden aus gezogen werden und ist ein Stück dieser Geraden.

Ein an einen Punkt gebundener Vektor ist keinem einzelnen andern Vektor gleichwertig. Die Strecke, die ihn darstellt, muß von dem Punkt aus gezogen sein.

Ein linienflüchtiger Vektor ist offenbar durch seine Komponenten parallel zu drei gegebenen Geraden und durch einen einzigen Punkt derjenigen Geraden bestimmt, an die er gebunden ist; insbesondere ist diese letztere ebenfalls dadurch bestimmt.

Als Beispiele von linienflüchtigen Vektoren seien angeführt: 1. die Geschwindigkeit eines bewegten Massenpunktes, 2. die an einem starren Körper angreifende Kraft (Kapitel VI). Die an einem Massenpunkt angreifende Kraft ist dagegen ein Beispiel für einen an einen Punkt gebundenen Vektor (Kapitel III).

18. Formale Definition der Geschwindigkeit. Wir können jetzt die Geschwindigkeit eines sich bewegenden Punktes als einen Vektor definieren, der an eine durch den Punkt gehende Gerade gebunden und dessen Seitengeschwindigkeit in irgendeiner Richtung gleich der in der Zeiteinheit vor sich gegangenen Verschiebung des Punktes in dieser Richtung ist.

19. Geschwindigkeitsmessung. Das Maß irgendeiner bestimmten Geschwindigkeit ist die Zahl, die das Verhältnis dieser Geschwindigkeit zur Einheit der Geschwindigkeit angibt.

Die Geschwindigkeitseinheit ist diejenige Geschwindigkeit, mit der ein Punkt bei gleichförmiger Bewegung in jeder Zeiteinheit eine Längeneinheit zurücklegt. Die Maßzahl der Geschwindigkeit ist das Verhältnis der Maßzahl der Länge zur Maßzahl des Zeitintervalles. Sie ändert sich also in umgekehrter

Weise wie die Größe der Längeneinheit und in gleicher Weise wie die Größe der Zeiteinheit.

Demgemäß sagt man, die Geschwindigkeit ist eine Größe von der 1ten Dimension in Längeneinheiten und der -1ten Dimension in Zeiteinheiten; ihr Dimensionssymbol ist also LZ^{-1}, worin L die Längen- und Z die Zeitdimension bedeutet.

20. Das Moment eines gebundenen Vektors. Der Grund, warum wir die Geschwindigkeit als einen örtlich gebundenen Vektor definieren, liegt darin, daß wir erfahrungsgemäß einer gewissen Größe, nämlich „dem Moment der Geschwindigkeit", besondere Bedeutung beilegen müssen. Wir wollen uns jetzt mit denjenigen Fällen beschäftigen, bei welchen es sich entweder um Vektoren handelt, die an gerade, nur in einer Ebene liegende Linien gebunden sind, oder um solche, die an Punkte einer Ebene gebunden sind und deren Richtungen dieser Ebene parallel laufen[1]).

Wir definieren das Moment eines solchen Vektors um einen Punkt der Ebene folgendermaßen:

Man ziehe eine Gerade L' in der Richtung des Vektors, so daß, falls der Vektor an eine Gerade gebunden war, diese Gerade L' ist und, falls der Vektor an einen Punkt gebunden ist, die Gerade L' durch den Punkt geht. Das Moment des Vektors um einen Punkt O ist das mit einem bestimmten Vorzeichen behaftete Produkt aus der Größe des Vektors und aus dem von O auf L' gefällten Lote. Die Vorzeichenregel ist dabei folgende: Man ziehe eine Gerade L durch O rechtwinklig zu der Ebene, in der O und L' liegen, und wähle einen Richtungssinn, in welchem man diese Gerade durchläuft. Haben dann L und der Vektor denselben Sinn wie der Vorschub und die Drehung bei einer gewöhnlichen rechtsgängigen Schraube, so ist das Moment positiv, im andern Falle ist es negativ.

Die Vorzeichenregel kann auch in folgender Weise festgesetzt werden: Man lege eine Uhr in die Ebene von O und L', so daß eine von der Rückseite nach der Vorderseite gezogene Gerade im Sinne von L zeigt. Ist der Drehsinn des Vektors der entgegengesetzte von dem, in welchem die Bewegung des Uhrzeigers vor sich geht, so ist das Vorzeichen positiv, im andern Falle ist es negativ.

---

1) Die allgemeineren Fälle werden in Kapitel III erörtert werden.

21. Hilfssatz. Das Moment, das ein an einen Punkt A gebundener Vektor um einen Punkt O besitzt, ist gleich dem Moment, das der zu OA senkrechte Seitenvektor des Vektors um O besitzt.

Beweis: Es seien Θ der Winkel, den die Richtung des Vektors mit der Geraden AO bildet, und ON das von O auf den Vektor gefällte Lot. Die Größe des Seitenvektors rechtwinklig zu AO ist $R \sin \Theta$, worin R die Größe des Vektors bedeutet. Das Lot von O auf die Richtung des Vektors, nämlich die Strecke ON ist gleich $OA \sin \Theta$. Nun ist das Moment von R um O gleich $R \cdot ON = R \cdot OA \sin \Theta = R \sin \Theta \cdot OA$ gleich dem Moment um O des zu OA rechtwinkligen Seitenvektors.

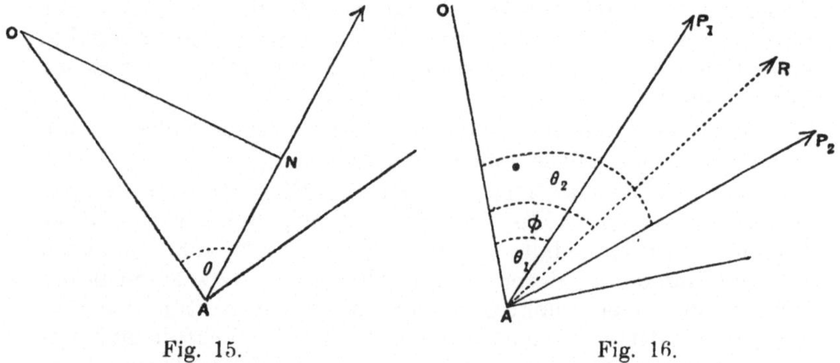

Fig. 15. Fig. 16.

22. Der Momentensatz. Die algebraische Summe der Momente, welche zwei an einen Punkt A gebundene Vektoren um einen Punkt O haben, ist gleich dem Moment, das ihre Resultierende um O besitzt.

P_1 und P_2 seien die Größen der beiden Vektoren, Θ_1 und Θ_2 die Winkel, die sie mit AO bilden, R die Größe der Resultierenden, Φ ihr Winkel gegen AO. Dann haben die zu AO rechtwinklig stehenden Seitenvektoren die Größen $P_1 \sin \Theta_1$, $P_2 \sin \Theta_2$ und $R \sin \Phi$, und wir wissen (Abschnitt 12), daß $R \sin \Phi = P_1 \sin \Theta_1 + P_2 \sin \Theta_2$. Nun ist die Summe der Momente von P_1 und P_2 um O

$$= OA (P_1 \sin \Theta_1 + P_2 \sin \Theta_2)$$
$$= OA \cdot R \sin \Phi$$
$$= \text{Moment von } R \text{ um } O.$$

Dieses Ergebnis kann man ohne weiteres auf eine beliebige Anzahl von Vektoren ausdehnen, die an einen Punkt gebunden sind.

Es folgt, daß ein Vektor, der an einen in der xy-Ebene liegenden Punkt oder an eine durch diesen Punkt gehende Gerade gebunden und durch seine Komponenten X_1 und Y_1 parallel zu den x- und y-Achsen gegeben ist, um den Ursprung das Moment $x_1 Y_1 - y_1 X_1$ besitzt (s. Fig. 17). Z. B. ist das Moment der Geschwindigkeit $\left(\frac{dx}{dt}, \frac{dy}{dt}\right)$ eines sich in der xy-Ebene bewegenden Massenpunktes um den Ursprung $\left(x\frac{dy}{dt} - y\frac{dx}{dt}\right)$, wobei x und y die Koordinaten seines Ortes zur Zeit t sind.

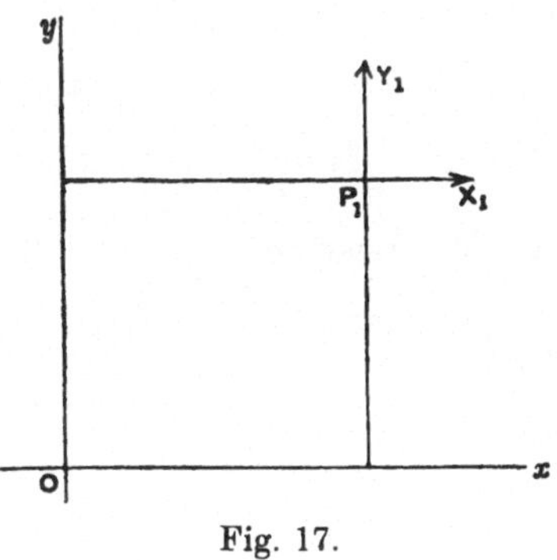

Fig. 17.

23. Die Beschleunigung. Von einem Punkte, der sich mit veränderlicher Geschwindigkeit in bezug auf ein beliebiges Koordinatensystem bewegt, sagt man, er habe eine Beschleunigung relativ zu diesem Koordinatensystem.

Bewegt sich der Punkt derart, daß seine Geschwindigkeit in gleichen Zeitintervallen um gleich viel zunimmt, wie kurz auch diese Zeitintervalle sein mögen, so sagt man, er habe eine gleichförmige Beschleunigung, vorausgesetzt, daß der Geschwindigkeitszuwachs in jedem Zeitintervall dieselbe Richtung und denselben Sinn hat.

Die gleichförmige Beschleunigung ist hinsichtlich ihrer Größe, Richtung und ihres Sinnes durch den Geschwindigkeitszuwachs in der Zeiteinheit bestimmt.

Wenn die Beschleunigung nicht gleichförmig ist, so spricht man von einer ungleichförmigen Beschleunigung des sich bewegenden Punktes.

Die Beschleunigung eines Punktes, der sich auf einer geraden Linie bewegt, ist gleich dem Geschwindigkeitszuwachs in der Zeiteinheit. Das ist eine abgekürzte Ausdrucksweise für die folgende Definition:

Ist v die Geschwindigkeit des Punktes zur Zeit t, und v' seine Geschwindigkeit zur Zeit t', dann ist seine Beschleunigung der Grenzwert des Bruches $\frac{v'-v}{t'-t}$, wenn das Zeitintervall $t'-t$ unendlich klein wird, oder mit anderen Worten, sie ist der Grenzwert des Bruches

$$\frac{\text{Zahl der Geschwindigkeitseinheiten, die in einem Zeitintervall dazukommen}}{\text{Zahl der Zeiteinheiten in dem Intervall}},$$

wenn das Intervall unendlich klein gemacht wird. Die Zahl v ist eine Funktion der Zahl t; ihr Differentialquotient nach t ist die Beschleunigung, d. h. die Beschleunigung wird durch $\frac{dv}{dt}$ gemessen.

Bewegt sich der Punkt nicht geradlinig, so wird er im allgemeinen parallel zu jeder der Bezugsgeraden (Koordinaten-Achsen) eine veränderliche Geschwindigkeit haben. Sind u, v, w die Geschwindigkeitskomponenten parallel zu diesen Achsen zur Zeit t und u', v', w' entsprechend die Komponenten zur Zeit t', so haben die Quotienten $\frac{u'-u}{t'-t}$, $\frac{v'-v}{t'-t}$, $\frac{w'-w}{t'-t}$ Grenzwerte, wenn das Intervall $t'-t$ unendlich verkleinert wird; und zwar sind diese Grenzwerte die Differentialquotienten $\frac{du}{dt}$, $\frac{dv}{dt}$, $\frac{dw}{dt}$. Der Vektor, der in den Achsenrichtungen diese Komponenten hat, wird als die Beschleunigung des Punktes definiert, oder mit anderen Worten: wir definieren die Beschleunigung eines sich bewegenden Punktes als einen Vektor, der an eine durch den Punkt gehende Gerade gebunden ist, und dessen Seitenvektor in irgendeiner Richtung gleich dem Zuwachs der Geschwindigkeit in dieser Richtung während der Zeiteinheit ist.

24. Beschleunigungs-Messung. Das Maß irgend einer bestimmten Beschleunigung ist die Zahl, welche das Verhältnis dieser Beschleunigung zur Beschleunigungseinheit angibt.

Die Beschleunigungseinheit ist diejenige gleichförmige Beschleunigung, durch die ein in Bewegung geratender Punkt eine Geschwindigkeitseinheit in der Zeiteinheit erlangt.

Die Zahl, die eine Beschleunigung angibt, ist das Verhältnis einer Zahl, die eine Geschwindigkeit ausdrückt, zu einer Zahl, die ein Zeitintervall ausdrückt. Sie ändert sich also in umgekehrtem Sinne, wie die gewählte Längeneinheit, und im selben Sinne und zwar mit dem Quadrat der gewählten Zeiteinheit.

Man sagt demzufolge, daß die Beschleunigung eine Größe von der ersten Dimension in Längeneinheiten und der minus zweiten Dimension in Zeiteinheiten sei; oder ihr Dimensionszeichen ist $L Z^{-2}$.

Beschleunigungen werden nicht direkt gemessen. Die direkt gemessenen Größen sind Längen und Winkel. Durch Messen von Winkeln können wir Zeitintervalle abschätzen, indem wir z. B. eine Uhr benutzen. Die Werte für die Geschwindigkeiten sind aus der Kenntnis der Wege abgeleitet, die in verschiedenen Zeitintervallen beschrieben werden. Die Werte der Beschleunigungen sind aus der Kenntnis der Werte der Geschwindigkeiten zu verschiedenen Zeiten abgeleitet.

25. Bezeichnungsweise für Geschwindigkeiten und Beschleunigungen. Wir haben es so oft mit Differentialquotienten nach der Zeit von Größen zu tun, daß es vorteilhaft ist, für dieselben eine abgekürzte Bezeichnung zu gebrauchen. Wir wollen deshalb den Differentialquotienten einer Größe q nach der Zeit t dadurch bezeichnen, daß wir einen Punkt über das q setzen, so daß $\dot{q}$ an Stelle von $\frac{dq}{dt}$ steht.

Sind x, y, z, die Koordinaten eines sich bewegenden Punktes zur Zeit t, so bezeichnen also $\dot{x}$, $\dot{y}$, $\dot{z}$ seine Geschwindigkeitskomponenten parallel zu den Achsen.

Sind andererseits u, v, w die Geschwindigkeitskomponenten eines Punktes parallel zu den Achsen, so werden seine Beschleunigungskomponenten durch $\dot{u}$, $\dot{v}$, $\dot{w}$ bezeichnet.

Da ja $\dot{u} = \frac{d\dot{x}}{dt}$, $\dot{v} = \frac{d\dot{y}}{dt}$, $\dot{w} = \frac{d\dot{z}}{dt}$, so ist es üblich $\ddot{x}$, $\ddot{y}$, $\ddot{z}$ dafür zu schreiben. Dann steht $\ddot{x}$ an Stelle von $\frac{d^2 x}{dt^2}$ oder $\frac{d}{dt}\left(\frac{dx}{dt}\right)$ usw.

Haben wir es mit irgendeiner Funktion der Zeit zu tun, z. B. q, so wollen wir in gleicher Weise $\ddot{q}$ für $\frac{d^2 q}{dt^2}$ schreiben, wie wir $\dot{q}$ für $\frac{dq}{dt}$ schreiben. Wie in dem Falle, in dem q gleich x, y oder z ist, wollen wir $\dot{q}$ die Geschwindigkeit nennen, mit der q wächst, und $\ddot{q}$ die Beschleunigung, mit welcher q sich ändert.

26. Die Winkelgeschwindigkeit und die Winkelbeschleunigung. Irgendeine Gerade, z. B. die Verbindungslinie zweier sich bewegender Punkte, bewege sich derart, daß sie in bezug auf ein Koordinatensystem immer in ein und derselben Ebene bleibt. Um uns eine bestimmte Vorstellung machen zu können, wollen wir annehmen, daß die Koordinatenebene xy diese Ebene sei. Die Gerade möge zur Zeit t einen Winkel Θ (in Bogenmaß gemessen) mit der x-Achse bilden, und zur Zeit $t+\Delta t$ einen Winkel $\Theta+\Delta\Theta$ mit ihr einschließen. Dann ist $\Delta\Theta$ die Maßzahl des Winkels, den die Gerade in dem durch Δt gemessenen Zeitintervall durchlaufen hat; der Grenzwert des Quotienten dieser beiden Zahlenwerte ist $\dot{\Theta}$, d. h. der Differentialquotient von Θ nach der Zeit t. Dieser Wert $\dot{\Theta}$ wird die Winkelgeschwindigkeit der Geraden genannt. In entsprechender Weise nennt man $\ddot{\Theta}$ die Winkelbeschleunigung der Geraden.

27. Relative Koordinaten und Relativbewegung. Es seien x_1, y_1, z_1 die Koordinaten eines Punktes A zur Zeit t, bezogen auf ein Koordinatensystem mit dem Ursprung in O, x_2, y_2, z_2 die Koordinaten eines zweiten Punktes B zur selben Zeit, bezogen auf dieselben Achsen, und ξ, η, ζ die Koordinaten von B zur selben Zeit, bezogen auf parallele Achsen durch A. Dann nennt man ξ, η, ζ die Koordinaten von B relativ zu A.

Wir haben

$$\left.\begin{aligned} x_2 &= x_1 + \xi, \\ y_2 &= y_1 + \eta, \\ z_2 &= z_1 + \zeta. \end{aligned}\right\} \quad \dots\dots\dots \quad (1)$$

Wir wollen die Größen zur Zeit t', die den zur Zeit t gehörigen Größen entsprechen, mit gestrichelten Buchstaben bezeichnen, so daß x_1', y_1', z_1' die Koordinaten von A' sind, wobei A' die Lage des Punktes A zur Zeit t' bedeutet. Dann ist wie vorher

$$\begin{aligned} x_2' &= x_1' + \xi', \\ y_2' &= y_1' + \eta', \\ z_2' &= z_1' + \zeta'. \end{aligned}$$

Durch Subtraktion erhalten wir

$$\left.\begin{aligned} x_2' - x_2 &= (x_1' - x_1) + (\xi' - \xi), \\ y_2' - y_2 &= (y_1' - y_1) + (\eta' - \eta), \\ z_2' - z_2 &= (z_1' - z_1) + (\zeta' - \zeta). \end{aligned}\right\} \quad \dots\dots \quad (2)$$

Die Ausdrücke auf der linken Seite sind die in Richtung der Achsen genommenen Komponenten der Verschiebung von B.

Die Ausdrücke in den ersten Klammern auf der rechten Seite sind die parallel den Achsen genommenen Komponenten der Verschiebung von A.

Die Ausdrücke in den zweiten Klammern der rechten Seite sind die Komponenten der Verschiebung von B relativ zu dem parallelen Achsenkreuz mit dem Ursprung in A.

Wir haben daher das Resultat: Der Weg eines Punktes B relativ zu Achsen in O setzt sich zusammen aus dem Wege eines Punktes A relativ zu diesen Achsen und dem Wege von B relativ zu parallelen Achsen durch A.

Dividieren wir beide Seiten von jeder der Gleichungen (2) durch $t' - t$ und gehen zu dem Grenzwert für unendlich kleines $t' - t$ über, oder was dasselbe sagt, differenzieren wir die Gleichungen (1) nach t, so finden wir

$$\dot{x}_2 = \dot{x}_1 + \dot{\xi}, \qquad \dot{y}_2 = \dot{y}_1 + \dot{\eta}, \qquad \dot{z}_2 = \dot{z}_1 + \dot{\zeta},$$

und differenzieren wir wieder, so finden wir

$$\ddot{x}_2 = \ddot{x}_1 + \ddot{\xi}, \qquad \ddot{y}_2 = \ddot{y}_1 + \ddot{\eta}, \qquad \ddot{z}_2 = \ddot{z}_1 + \ddot{\zeta}.$$

Wir können diese Gleichungen in Worten folgendermaßen aussprechen:

Die $\left\{\begin{matrix}\text{Geschwindigkeit}\\ \text{Beschleunigung}\end{matrix}\right\}$ von B relativ zu Achsen in O setzt sich zusammen aus der $\left\{\begin{matrix}\text{Geschwindigkeit}\\ \text{Beschleunigung}\end{matrix}\right\}$ von A relativ zu denselben Achsen und der $\left\{\begin{matrix}\text{Geschwindigkeit}\\ \text{Beschleunigung}\end{matrix}\right\}$ von B relativ zu parallelen Achsen durch A.

28. Die Geometrie der Relativbewegung. Die geometrische Betrachtung der Relativbewegung ist lehrreich und führt leicht zu wichtigen Ergebnissen.

Der Kürze halber wollen wir von Verschiebung, Geschwindigkeit und Beschleunigung eines Punktes relativ zu einem zweiten Punkt sprechen, wobei wir Verschiebung, Geschwindigkeit und Beschleunigung des Punktes relativ zu Achsen meinen, die durch den zweiten Punkt parallel den Bezugsachsen gezogen sind.

Zur Zeit t sei A die Lage eines Punktes, der sich relativ zu einem Koordinatensystem mit Ursprung in O bewegt; zur Zeit t' sei diese Lage A'. Zieht man von O aus OH gleich und parallel mit AA' und im selben Sinne, so ist der durch OH dargestellte Vektor die Verschiebung von A.

In gleicher Weise sei B die Lage eines zweiten Punktes zur Zeit t, bezogen auf dasselbe Koordinatensystem, und B' seine Lage zur Zeit t'. Von O ziehe man OK gleich und parallel mit BB' im selben Sinne; dann ist der durch OK dargestellte Vektor die Verschiebung von B.

Die Verschiebung von B relativ zu A ist der Vektor, der mit der Verschiebung von A zusammengesetzt werden muß, damit als Resultierende die Verschiebung von B herauskommt.

Man verbinde H mit K; dann ist der Vektor OK aus OH und HK zusammengesetzt.

Hiernach stellt HK die Verschiebung von B relativ zu A nach Größe, Richtung und Sinn dar.

Nun ist aber der Vektor HK die Resultierende aus HO und OK.

Daher müssen wir, um die Verschiebung von B relativ zu A zu erhalten, die Verschiebung von B mit der im umgekehrten Sinne ge-

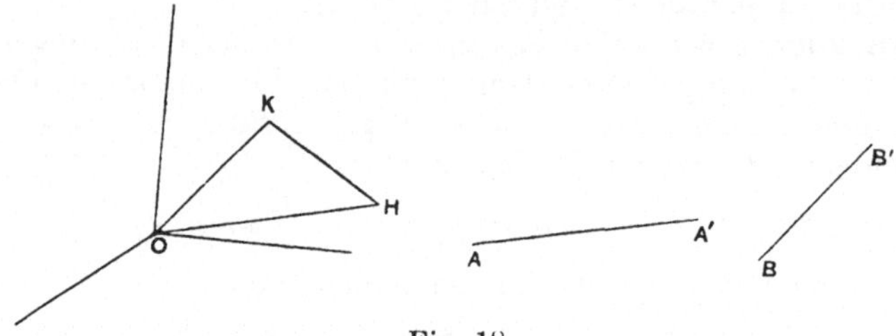

Fig. 18.

nommenen Verschiebung von A zusammensetzen. Die Resultierende ist die gewünschte Relativverschiebung.

In gleicher Weise ist die $\begin{Bmatrix}\text{Geschwindigkeit}\\ \text{Beschleunigung}\end{Bmatrix}$ von B relativ zu A diejenige $\begin{Bmatrix}\text{Geschwindigkeit}\\ \text{Beschleunigung}\end{Bmatrix}$, die mit der $\begin{Bmatrix}\text{Geschwindigkeit}\\ \text{Beschleunigung}\end{Bmatrix}$ von A zusammengesetzt werden muß, damit die Resultierende die $\begin{Bmatrix}\text{Geschwindigkeit}\\ \text{Beschleunigung}\end{Bmatrix}$ von B wird.

Da die Geschwindigkeit eines Punktes in einer beliebigen Richtung gleich dem in der Zeiteinheit vor sich gegangenen Zuwachs der Verschiebung in dieser Richtung und da seine Beschleunigung in einer beliebigen Richtung gleich dem in der Zeiteinheit erhaltenen Geschwindigkeitszuwachs in dieser Richtung ist, so haben wir die Regeln:

Die $\begin{Bmatrix}\text{Geschwindigkeit}\\ \text{Beschleunigung}\end{Bmatrix}$ von B relativ zu A ist die Resultierende aus der $\begin{Bmatrix}\text{Geschwindigkeit}\\ \text{Beschleunigung}\end{Bmatrix}$ von B und der umgekehrten $\begin{Bmatrix}\text{Geschwindigkeit}\\ \text{Beschleunigung}\end{Bmatrix}$ von A.

Die Zusammensetzungen und Zerlegungen, die in diesem Abschnitt beschrieben sind, müssen so vorgenommen werden, als ob die fraglichen Vektoren örtlich nicht gebunden seien; aber die Geschwindigkeit und Beschleunigung von B relativ zu A sind als Vektoren anzugeben, die an Gerade durch B gebunden sind.

II. Die Bewegung eines freien Massenpunktes in einem Kraftfeld.

29. Die Gravitation. Ein nicht unterstützter Körper, der sich in der Nähe der Erdoberfläche befindet, fällt gewöhnlich zur Erde. Der Unterschied im Verhalten „leichter“ und „schwerer“ Körper muß auf den Auftrieb und den Widerstand der Luft zurückgeführt werden. Wenn die Einwirkung der Luft ausgeschaltet wird, z. B. wenn Körper in der luftleer gemachten Glocke einer Luftpumpe fallen, so findet man, daß die verschiedenartigsten Körper mit der gleichen Beschleunigung zur Erde fallen. Die Richtung dieser Beschleunigung ist an jedem Ort das „Lot an dem Orte“. Die Größe dieser Beschleunigung hängt von der geographischen Breite ab; aber in der näheren Umgebung eines Ortes ist sie praktisch konstant. Wir nennen sie die „Beschleunigung der Schwere“ und bezeichnen sie mit dem Buchstaben g. Wählt man das Zentimeter als Längeneinheit, so hat g in Berlin den Wert 981,2. Die Tatsache, daß die Körper mit konstanter Beschleunigung zur Erde fallen, wurde von Galilei entdeckt.

30. Das Kraftfeld. Ein Bereich, in welchem ein freier Körper sich beschleunigt bewegt, wird ein „Kraftfeld“ genannt. Die Größe der Beschleunigung heißt die „Feldstärke“ und die Richtung der Beschleunigung heißt die „Feldrichtung“. Wenn in allen Punkten des Feldes Stärke und Richtung dieselben sind, so sagt man, das Feld ist „gleichförmig“.

Z. B. ist die Umgebung der Erde ein Kraftfeld, dessen Stärke in der Nähe der Erdoberfläche den Wert g besitzt. Wir nennen es das „Feld der Erdschwere“. Wenn wir uns auf die Betrachtung eines kleinen Stückes der Erdoberfläche beschränken, so können wir das Feld als gleichförmig ansehen.

31. Die geradlinige Bewegung in einem gleichförmigen Felde. Die Feldrichtung laufe parallel der x-Achse, die Feldstärke sei f. Ein Massenpunkt, der sich in dem Felde parallel der x-Achse bewegt, hat eine Beschleunigung f. x_0 sei der Wert von x in der Anfangslage des Massenpunktes und u seine Geschwindigkeit (parallel der x-Achse) in dieser Lage.

Dann haben wir

$$\ddot{x} = f$$

mit den Bedingungen $x = x_0$, $\dot{x} = u$ für $t = 0$.

Schreiben wir v für $\dot{x}$, so daß v die Geschwindigkeit zur Zeit t ist, so haben wir

$$\dot{v} = f$$

mit der Bedingung $v = u$ für $t = 0$.

Eine Funktion von t, die als Differentialquotient die Konstante f hat, ist z. B. die Funktion $t \cdot f$; der allgemeinste Ausdruck für eine Funktion, die diesen Differentialquotienten besitzt, ist $f \cdot t + C$, worin C eine willkürliche Konstante bedeutet. Hiernach muß v gleich dem Ausdruck $f \cdot t + C$ sein.

Setzen wir $t = 0$, so finden wir $u = C$; somit ist die Konstante bestimmt.

Es folgt $v = u + f \cdot t$ oder $\dot{x} = u + f \cdot t$.

Andererseits ist eine Funktion von t, welche zum Differentialquotienten die Funktion $u + f \cdot t$ hat, gleich dem Ausdruck $u \cdot t + \frac{1}{2} f \cdot t^2$; hieraus folgt, daß x nach der Form $C' + u \cdot t + \frac{1}{2} f \cdot t^2$ gebildet sein muß, wobei C' eine willkürliche Konstante ist.

Setzen wir $t = 0$, so finden wir $x_0 = C'$, und somit ist die Konstante bestimmt.

Wir haben also

$$x = x_0 + ut + \tfrac{1}{2} f \cdot t^2.$$

Ist s der in dem Zeitintervall t beschriebene Weg, so ist $s = x - x_0$, so daß man schreiben kann

$$s = ut + \tfrac{1}{2} f \cdot t^2.$$

Durch Elimination von t aus dieser Gleichung und der Gleichung $v = u + f \cdot t$ finden wir

$$v^2 - u^2 = 2 fs.$$

Insbesondere wird die Geschwindigkeit bei der Beschreibung des Weges s von der Ruhelage aus gleich $\sqrt{2fs}$. Man nennt sie die „Fallgeschwindigkeit, die bei einer Beschleunigung f zum Fallweg s gehört“.

32. Beispiele. 1. Man beweise, daß bei gleichförmiger Beschleunigung die mittlere Geschwindigkeit in einem Zeitintervall gleich der Geschwindigkeit in der Mitte des Zeitintervalles ist.

2. Man leite die Formel $v^2 - u^2 = 2f \cdot s$ dadurch ab, daß man beide Seiten der Gleichung $\ddot{x} = f$ mit $\dot{x}$ multipliziert und dann integriert.

3. Teilt man den Weg s in eine große Anzahl gleicher Teile und dividiert man die Summe aller Geschwindigkeiten am Ende dieser Wegstücke durch ihre Anzahl, so erhält man eine Geschwindigkeit, die einen Grenzwert hat, wenn die Zahl der einzelnen Teile unendlich groß gemacht wird; dieser Grenzwert mag die mittlere Geschwindigkeit auf dem Wege genannt werden. Man beweise, daß diese mittlere Geschwindigkeit bei der Anfangsgeschwindigkeit 0 gleich $\frac{2}{3}$ der Endgeschwindigkeit wird.

33. Die Parabelbewegung unter dem Einfluß der Schwerkraft. Bewegt sich ein Massenpunkt im Felde der Erdschwere nahe der Erdoberfläche nicht vertikal, so hat er eine Geschwindigkeitskomponente in horizontaler Richtung. Wir wollen beweisen, daß der Massenpunkt eine Parabel mit vertikaler Achse beschreibt.

Die y-Achse möge vertikal nach aufwärts gezogen sein; die xy-Ebene sei die Vertikalebene durch die Anfangsrichtung der Bewegung.

Da die Beschleunigung parallel der z-Achse immer Null ist, so nimmt die Geschwindigkeit des Massenpunktes parallel zu dieser Achse nicht zu, und da er zur Zeit $t = 0$ noch gar keine Geschwindigkeit parallel der z-Achse besaß, so legt er auch parallel zu dieser Achse keinen Weg zurück; der Massenpunkt bewegt sich also in der xy-Ebene.

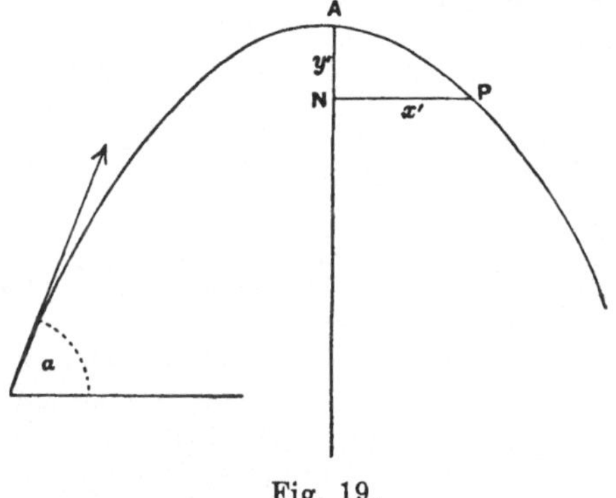

Fig. 19.

Zur Zeit $t = 0$ sei die Geschwindigkeit V des Punktes unter einem Winkel α gegen die x-Achse gerichtet.

Wir haben die Gleichungen

$$\ddot{x} = 0,$$
$$\ddot{y} = -g,$$

mit den Bedingungen, daß zur Zeit $t = 0$

$$\dot{x} = V \cdot \cos\alpha, \quad \dot{y} = V \sin\alpha.$$

Da nun $\ddot{x} = 0$, so haben wir stets $\dot{x} = V \cdot \cos\alpha$. Da $\ddot{y} = -g$, so wird $\dot{y} = V \cdot \sin\alpha - g \cdot t$ zur Zeit t.

Daher verschwindet $\dot{y}$ nach der Zeit $\frac{V \cdot \sin\alpha}{g}$; der Massenpunkt hat dann keine Geschwindigkeit parallel der y-Achse mehr, er bewegt sich also parallel der x-Achse. Vorher hatte er eine Geschwindigkeit in der positiven Richtung der y-Achse, nachher hat er eine solche in der negativen Richtung dieser Achse. Seine Bahn hat daher einen Scheitelpunkt, der zur Zeit

$$\frac{V \sin\alpha}{g} = t_0$$

nach Beginn der Bewegung erreicht wird.

Beziehen wir die Bewegung auf die beiden durch den Scheitel A gezogenen parallelen Achsen $x'y'$ (wobei y' positiv im umgekehrten Sinne von y läuft) und bezeichnen wir die Zeit der Bewegung vom Scheitel A bis zu irgendeinem Punkte P mit t', so können wir schreiben

$$\frac{d^2 x'}{dt'^2} = 0, \quad \text{mit} \quad \frac{dx'}{dt'} = V \cos\alpha \quad \text{und} \quad x' = 0 \quad \text{für} \quad t' = 0,$$

und

$$\frac{d^2 y'}{dt'^2} = g, \quad \text{mit} \quad \frac{dy'}{dt'} = 0 \quad \text{und} \quad y' = 0 \quad \text{für} \quad t' = 0.$$

Hieraus folgt $x' = V \cdot \cos\alpha t'$, $y' = \frac{1}{2} g t'^2$. Eliminiert man t', so bekommt man

$$x'^2 = \frac{2 V^2 \cos^2\alpha}{g} y',$$

woraus man sieht, daß der Weg des Massenpunktes eine Parabel mit dem Scheitel in A wird.

Wir hätten dieses Resultat auch analytisch aus den Gleichungen $\ddot{x} = 0$, $\ddot{y} = -g$ ableiten können. Durch Integration und indem wir die Konstanten so bestimmen, daß zur Zeit $t = 0$, $x = x_0$, $\dot{x} = V \cos\alpha$ und $y = y_0$, $\dot{y} = V \sin\alpha$ wird, finden wir

$$x = x_0 + V \cdot \cos\alpha \cdot t,$$
$$y = y_0 + V \cdot \sin\alpha \cdot t - \tfrac{1}{2} g t^2.$$

Durch Eliminieren von t erhalten wir

$$y - y_0 \frac{V^2 \sin^2\alpha}{2g} + \frac{1}{2g}\left[V \cdot \sin\alpha - g \cdot \frac{x - x_0}{V \cdot \cos\alpha}\right]^2 = 0,$$

d. h. die Gleichung einer Parabel, deren Achse der y-Achse parallel geht und die ihren Scheitel im Punkte

$$x = x_0 + \frac{V^2 \sin\alpha \cos\alpha}{g}, \quad y = y_0 + \frac{V^2 \sin^2\alpha}{2g}$$

hat. Die in diesem Abschnitt behandelten Erkenntnisse wurden von Galilei gefunden.

34. Beispiele. 1. Man gebe die Länge des Parameters der obigen Parabel an.

2. Man zeige, daß die Leitlinie um $\frac{V^2}{2g}$ über dem Abwurfpunkte läuft.

3. Man beweise, daß der Punkt in dem Augenblick, wenn er auf seiner Bahn die Geschwindigkeit v hat, sich um $\frac{v^2}{2g}$ unter der Leitlinie befindet.

4. Man beweise, daß die Zeit, bis sich der Punkt wieder in der durch den Abschußpunkt gelegten Horizontalebene befindet, gleich $\frac{2V\sin\alpha}{g}$ ist. [Man nennt dies die Flugzeit über der Horizontalebene durch den Abschußpunkt.]

5. Man beweise, daß der Massenpunkt die Horizontalebene durch den Abschußpunkt in einer Entfernung $\frac{V^2\sin 2\alpha}{g}$ von letzterem trifft. [Man nennt dies die horizontale Wurfweite.]

6. Es sind Wurfweite und Flugzeit für eine geneigte durch den Abschußpunkt gehende Ebene zu suchen; hierbei sei Θ der Neigungswinkel der Ebene gegen den Horizont.

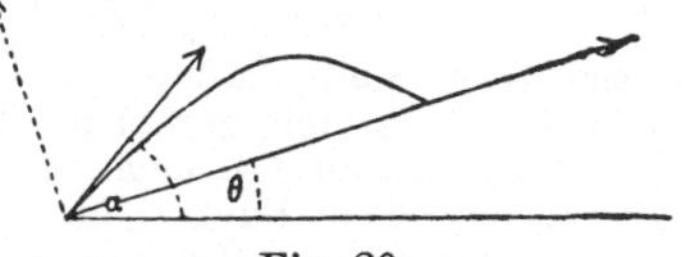

Fig. 20.

Man zerlege die Beschleunigungen und Geschwindigkeiten in Richtung der Ebene und senkrecht dazu. Die Beschleunigungskomponenten sind dann

$$-g\sin\Theta, \quad -g\cos\Theta.$$

Die Komponenten der Anfangsgeschwindigkeit sind

$$V\cos(\alpha-\Theta), \quad V\sin(\alpha-\Theta).$$

Die Komponenten der Geschwindigkeit zur Zeit t sind

$$V\cdot\cos(\alpha-\Theta)-g\cdot t\sin\Theta, \quad V\cdot\sin(\alpha-\Theta)-gt\cos\Theta.$$

Die zur Zeit t parallel und senkrecht zu der geneigten Ebene beschriebenen Wege sind

$$V\cdot t\cos(\alpha-\Theta)-\tfrac{1}{2}gt^2\sin\Theta; \quad V\cdot t\sin(\alpha-\Theta)-\tfrac{1}{2}gt^2\cos\Theta.$$

Die Flugzeit wird erhalten, indem man den zweiten dieser Ausdrücke gleich Null setzt; sie ist

$$\frac{2V\sin(\alpha-\Theta)}{g\cos\Theta}.$$

Die Wurfweite findet man, indem man diesen Wert von t in $V\cdot t\cos(\alpha-\Theta)-\frac{1}{2}gt^2\sin\Theta$ einsetzt. Man beweise, daß die in Frage kommende Wurfweite

$$\frac{2V^2\cos^2\alpha}{g\cdot\cos\Theta}(\tan\alpha-\tan\Theta)$$

ist und daß dies dasselbe ist wie

$$\frac{V^2}{g\cos^2\Theta}[\sin(2\alpha-\Theta)-\sin\Theta].$$

7. Man beweise, daß für eine gegebene Anfangsgeschwindigkeit die Wurfweite auf einer geneigten Ebene am größten ist, wenn die Abschußrichtung den Winkel zwischen der Ebene und der Vertikalen halbiert.

8. Wenn man eine Parabel mit vertikaler Achse konstruiert, die ihren Brennpunkt in dem Abschußpunkte S und ihren Scheitel in einer Höhe $\frac{V^2}{2g}$ über dem Abschußpunkte hat, so läßt sich zeigen, daß die Parabelbahn, für die die Wurfweite auf einer Geraden durch S am größten wird, die erste Parabel in dem Punkte berührt, wo die Gerade sie schneidet.

[Hieraus folgt, daß alle möglichen Bahnen von Punkten, die eine gleichförmige Beschleunigung nach abwärts haben und von einem Punkte S aus mit gegebener Geschwindigkeit V abfliegen, ein Umdrehungsparaboloid berühren, das als Brennpunkt S und als Achse die Vertikale in S besitzt. Dieses Paraboloid ist die Umhüllende der Bahnen dieser Punkte.]

9. Ein Massenpunkt werde vom Ursprung mit einer gegebenen Geschwindigkeit so abgeschossen, daß er durch einen gegebenen Punkt (x, y) geht, wobei die Koordinatenachsen dieselben wie im Abschnitt 33 sein sollen. Man beweise, daß die Abschußrichtung mit der x-Achse einen Winkel α einschließen muß, der der Gleichung genügt

$$g x^2 \tan^2\alpha - 2 V^2 x \tan\alpha + (2 V^2 y + g x^2) = 0;$$

danach zeige man, daß es im allgemeinen zwei Richtungen gibt, in denen der Punkt mit gegebener Anfangsgeschwindigkeit, von einem gegebenen Punkte aus, so abgeschossen werden kann, daß er durch einen anderen gegebenen Punkt geht.

[Naturgemäß muß der gegebene Punkt (x, y) innerhalb der Parabel $2 V^2 y + g x^2 = \frac{V^4}{g}$ liegen, die die im Beispiel 8 behandelte Einhüllende ist.]

10. Man beweise, daß für die verschiedenen unter dem Einfluß der Schwere möglichen Flugbahnen zwischen zwei Punkten A, B die Flugzeiten umgekehrt proportional denjenigen Geschwindigkeiten sind, die das Geschoß in jedem Falle hat, wenn es sich senkrecht über dem Mittelpunkte von AB befindet.

11. Zwei Punkte beschreiben unter dem Einfluß der Schwere nacheinander dieselbe Parabel. Man beweise, daß der Schnittpunkt der Tangenten in ihren jeweiligen Stellungen eine koaxiale Parabel beschreibt, als wenn auch er unter dem Einfluß der Schwere stünde. Man beweise ferner, daß die Scheitel dieser beiden Parabeln den Abstand $\frac{1}{8} g \tau^2$ voneinander haben, falls man mit τ den Zeitraum zwischen den Augenblicken bezeichnet, in denen die Massenpunkte den Scheitel passieren.

12. Ein Punkt bewegt sich unter dem Einfluß der Schwerkraft vom höchsten Punkt einer Kugel mit dem Radius c; man zeige, daß er die Kugel nicht zu verlassen vermag, solange seine Anfangsgeschwindigkeit nicht größer als $\sqrt{\frac{gc}{2}}$ ist.

13. Man beweise, daß die größte Schußweite auf einer schiefen Ebene durch den Abschußpunkt gleich dem während der dazu benötigten Flugzeit bei freiem Fall zurückgelegten Fallwege ist.

35. Die krummlinige Bewegung. Das, was sich von einem Körper, dessen Bewegung man betrachtet und den man als einen Massenpunkt ansehen will, beobachten läßt, ist die Lage des Punktes zu verschiedenen Zeiten. Die Gesamtheit aller dieser Lagen bildet die Bahn des Massenpunktes. Beispielsweise sei die Bahn ein Kreis, auf dem in gleichen Zeiten gleiche Bogen zurückgelegt werden mögen.

In solchen Fällen stehen wir vor der mathematischen Aufgabe, die Beschleunigung des Massenpunktes aus den Beobachtungen abzuleiten, d. h. vor der Aufgabe, die Richtung und Stärke des Kraftfeldes zu bestimmen. Umgekehrt können wir uns selbst das Problem stellen: gegeben sei die Beschleunigung des Massenpunktes, es sind seine Bahn und seine Lagen zu verschiedenen Zeiten zu ermitteln. Die Lösung solcher Aufgaben wird durch einen Lehrsatz der Bewegungslehre erleichtert, den wir jetzt behandeln wollen.

36. Die Beschleunigung eines Punktes, der eine ebene Bahn beschreibt. Ein Massenpunkt bewege sich in der xy-Ebene.

v sei die Geschwindigkeit in irgendeinem Punkte P der Bahn, v' die Geschwindigkeit in einem Nachbarpunkte Q und $\Delta\Phi$ der Winkel QTA zwischen der Tangente in P und der Tangente in Q. Außerdem sei Δt die Zeit, die der Punkt braucht, um sich von P nach Q zu bewegen, und Δs sei die Länge des Bogens PQ.

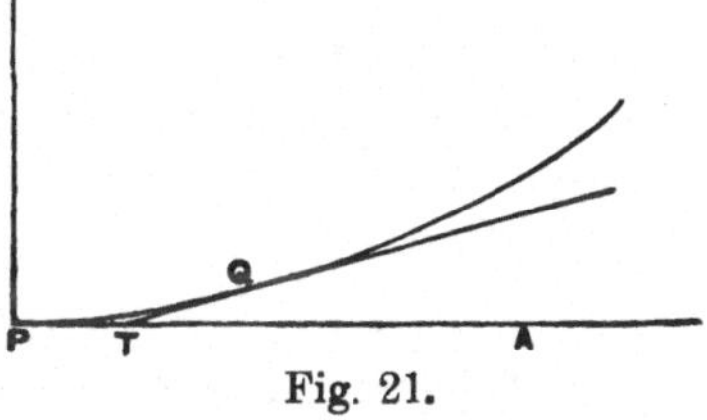

Fig. 21.

Die Geschwindigkeit in Q kann in die Komponenten

$$v'\cos\Delta\Phi$$

in Richtung der Tangente in P und $v'\sin\Delta\Phi$ in Richtung der Normalen in P zerlegt werden.

Hiernach ist die Beschleunigung in Richtung der Tangente in P der Grenzwert von $\frac{v'\cos\Delta\Phi - v}{\Delta t}$, wenn man Δt unendlich klein werden läßt.

Nun ist

$$\frac{v'\cos\Delta\Phi - v}{\Delta t} = \frac{v' - v}{\Delta t} - \frac{1 - \cos\Delta\Phi}{\Delta t} \cdot v'$$

und

$$\frac{1-\cos\Delta\Phi}{\Delta t}=\frac{2\sin^2\left(\frac{\Delta\Phi}{2}\right)}{(\Delta\Phi)^2}\ \frac{\Delta\Phi}{\Delta t}\ \Delta\Phi$$

Die Grenzwerte der drei Faktoren dieses Ausdruckes sind $\frac{1}{2}$, $\dot{\Phi}$, Null. Hiernach ist der obige Grenzwert $\frac{dv}{dt}$ oder $\dot{v}$. Da nun

$$\frac{dv}{dt}=\frac{dv}{ds}\cdot\frac{ds}{dt}=v\cdot\frac{dv}{ds};$$

so können wir $v\cdot\frac{dv}{ds}$ für die Beschleunigungskomponente parallel zur Tangente schreiben, wofür wir auch $\ddot{s}$ setzen können, da ja $v=\dot{s}$ ist.

Andererseits ist die Beschleunigung in Richtung der Normalen in P der Grenzwert von $\frac{v'\sin\Delta\Phi}{\Delta t}$, das ist aber dasselbe wie der Grenzwert von

$$\frac{v'\sin\Delta\Phi\,\Delta\Phi\,\Delta s}{\Delta\Phi\cdot\ \Delta s\ \Delta t};$$

die Grenzwerte dieser Faktoren sind der Reihe nach v, 1, $\frac{1}{\varrho}$, v, wobei ϱ den Krümmungsradius der Bahnkurve in P bedeutet. Die Beschleunigung in Richtung der Normalen, die man in Richtung nach dem Krümmungsmittelpunkt hin zieht, ist daher $\frac{v^2}{\varrho}$ oder $\frac{\dot{s}^2}{\varrho}$.

37. Beispiele. 1. Ein Massenpunkt, der einen Kreis vom Radius a mit der Geschwindigket v beschreibt, hat eine Beschleunigung $\frac{v^2}{a}$, die in den Radius fällt und nach innen gerichtet ist.

Wenn der Radiusvektor, den man vom Mittelpunkt nach dem Massenpunkt zieht, sich in der Zeit t um einen Winkel Θ dreht, so hat die Beschleunigung des Massenpunktes die Komponenten $a\dot{\Theta}^2$ längs des Radius (nach dem Mittelpunkt gerichtet) und $a\ddot{\Theta}$ längs der Tangente im Sinne der Zunahme des Winkels Θ.

2. Beweise die Tatsache, daß bei der Parabelbewegung eines Geschosses unter dem Einfluß der Schwerkraft der Wert $\frac{v^2}{\varrho}$ in jedem Punkt der Bahn gleich der Projektion der Beschleunigung g auf die Bahnnormale ist.

3. Unter der Voraussetzung, daß diese Tatsache bekannt und unter der Annahme, daß die Horizontalkomponente der Geschwindigkeit konstant ist, mag bewiesen werden, daß die Bahn eine Parabel ist.

4. Man zeige durch richtige Deutung der Formel $\frac{v^2}{\varrho}$ für die Normalbeschleunigung, daß in irgend einem Punkte P der krummen Bahn eines Massenpunktes, der sich in einem beliebigen Kraftfelde bewegt, seine Geschwindigkeit immer gleich der Geschwindigkeit ist, die er beim freien Durchfallen des vierten Teils der von P in der Feldrichtung gezogenen Sehne des zu P gehörigen Krümmungskreises erlangen würde, wenn hierbei seine Fallbeschleunigung gleich der Feldstärke in P wäre.

38. Die einfache harmonische Bewegung. Bewegt sich ein Punkt in gerader Linie derartig, daß sich sein Abstand von einem festen Punkte zur Zeit t in der Form

$$a \cdot \cos(nt + \varepsilon)$$

schreiben läßt, worin a, n, ε irgendwelche reellen Konstanten sind, so vollführt er eine „einfache harmonische Bewegung“.

Die Gerade sei die x-Achse und der feste Punkt der Ursprung; dann ist

$$x = a\cos(nt + \varepsilon)$$

und damit

$$\ddot{x} = -n^2 x.$$

Wir wollen nun zeigen, daß die Bewegung immer dann eine einfache harmonische Bewegung ist, wenn zwischen der Beschleunigung und dem Wege die Beziehung besteht

$$\ddot{x} = -\mu x,$$

worin μ eine positive Konstante bedeutet.

Die Zeit werde von einem Augenblicke an gemessen, in welchem $\dot{x} = 0$ ist; in diesem Augenblick habe x den Wert a. Wir wollen um den Ursprung mit dem Radius a einen Kreis beschreiben; von der jeweiligen Lage N des bewegten Punktes auf dem Halbmesser des Kreises, der mit der x-Achse zusammenfällt, ziehe man NP rechtwinklig zu diesem Halbmesser bis zum Schnittpunkt P mit dem Kreise und betrachte nun die Bewegung des Punktes P.

Der Winkel xOP sei $= \Theta$.

Dann sind $x_1 = a\cos\Theta$ und $y_1 = a\sin\Theta$ die Koordinaten von P.

Durch Differenzieren erhalten wir

$$\dot{x} = -a\sin\Theta\cdot\dot{\Theta}, \quad \ddot{x} = -a\sin\Theta\cdot\ddot{\Theta} - a\cos\Theta\cdot\dot{\Theta}^2,$$

oder

$$\ddot{x} = -(y \cdot \ddot{\Theta} + x \cdot \dot{\Theta}^2);$$

da nun aber

$$\ddot{x} = -\mu x$$

sein soll, so muß

$$\ddot{\Theta} = 0 \quad \text{und} \quad \dot{\Theta}^2 = \mu$$

sein.

Somit durchläuft der Punkt P den Kreis gleichförmig: die Winkelgeschwindigkeit des Radiusvektor ist gleichförmig und zwar gleich $\sqrt{\mu}$; der jeweilige Winkel ist damit $\Theta = t \cdot \sqrt{\mu}$.

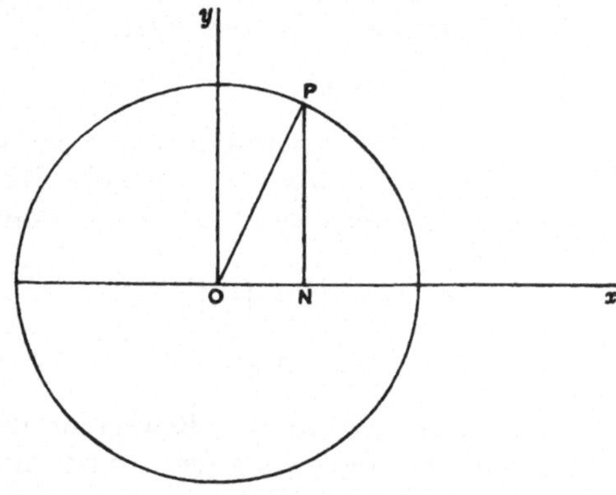

Fig. 22.

Die Lage x des Punktes N zur Zeit t ist durch

$$x = a \cos(t \sqrt{\mu})$$

gegeben. Die Geschwindigkeit des Punktes ist längs $x O$ gerichtet und ihre Größe ist $a \sqrt{\mu} \sin(t \sqrt{\mu})$.

Wie man aus dem Voranstehenden sieht. führt die Differentialgleichung

$$\ddot{x} = -\mu x$$

unter Beachtung der Grenzbedingungen

$$t = 0, \quad x = a, \quad \dot{x} = 0$$

auf die Gleichung

$$x = a \cos(t \sqrt{\mu}).$$

Verlegt man den Zeitpunkt, von welchem aus die Zeit

gemessen wird, so folgt, daß die vollständige Lösung die Form haben muß

$$x = a \cos \{(t - t_0) \sqrt{\mu}\};$$

was man auch in der Form schreiben kann

$$x = A \cos (t \sqrt{\mu}) + B \sin (t \sqrt{\mu}).$$

Zur Zeit $t = 0$ möge sich der bewegte Punkt in der Lage x_0 befinden und eine Geschwindigkeit $\dot{x}_0$ besitzen; wir wissen, daß x zu irgendeiner beliebigen Zeit durch die Beziehung

$$x = A \cos (t \sqrt{\mu}) + B \sin (t \sqrt{\mu})$$

gegeben ist.

Um die Konstante A zu bestimmen, setzen wir hierin $t = 0$ und erhalten $x_0 = A$.

Um die Konstante B zu bestimmen, differentieren wir nach t und erhalten

$$\dot{x} = -A \sqrt{\mu} \sin (t \sqrt{\mu}) + B \sqrt{\mu} \cos (t \sqrt{\mu}).$$

Setzen wir hierin wiederum $t = 0$, so finden wir

$$\dot{x}_0 = B \cdot \sqrt{\mu}.$$

Hiernach ergibt sich als Lösung der Gleichung $\ddot{x} = -\mu x$ unter den Bedingungen, daß zur Zeit $t = 0$, $x = x_0$ und $\dot{x} = \dot{x}_0$ sind,

$$x = x_0 \cos (t \sqrt{\mu}) + \frac{\dot{x}_0}{\sqrt{\mu}} \sin (t \sqrt{\mu}).$$

Man erkennt, daß die ganze Bewegung eine periodische ist, d. h. sie wiederholt sich nach gleichen Zeiträumen; die Periode ist $\frac{2\pi}{\sqrt{\mu}}$.

Die Beziehung $x = a \cos (t \sqrt{\mu} + \varepsilon)$ stellt eine einfache harmonische Bewegung mit der Periode $\frac{2\pi}{\sqrt{\mu}}$ dar. Man nennt in dieser Gleichung a die Amplitude der Bewegung, sie ist der Höchstwert von x; ε bestimmt die Phase der Bewegung.

Die einfache harmonische Bewegung kann als die Grundform der hin und her gehenden oder schwingenden Bewegungen angesehen werden. Schwingende Bewegungen können im allgemeinen entweder als einfache harmonische Bewegungen aufgefaßt werden oder als Bewegungen, die aus einfachen harmonischen Bewegungen in verschiedenen Richtungen zusammengesetzt sind.

39. Zusammensetzung einfacher harmonischer Bewegungen. Wir betrachten den Fall, in welchem der sich bewegende Punkt eine einfache harmonische Bewegung mit der Periode $\frac{2\pi}{\sqrt{\mu}}$ parallel zu jeder der beiden Achsen x und y vollführt, wobei in beiden Fällen die Beschleunigung gegen den Ursprung hin gerichtet sei.

Wir haben also die Gleichungen

$$\ddot{x} = -\mu x,$$
$$\ddot{y} = -\mu y,$$

woraus wir schließen können, daß x und y durch Gleichungen von der Form

$$x = A\cos(t\sqrt{\mu}) + B\sin(t\sqrt{\mu}),$$
$$y = C\cos(t\sqrt{\mu}) + D\sin(t\sqrt{\mu})$$

gegeben sein müssen. Hierin sind A, B, C, D willkürliche Konstante, die von den Anfangsbedingungen abhängen, und zwar sind A und C die Koordinaten und $B\sqrt{\mu}$, $D\sqrt{\mu}$ die Seitengeschwindigkeiten im Zeitpunkt $t = 0$.

Lösen wir die obigen Gleichungen nach $\cos(t\sqrt{\mu})$ und $\sin(t\sqrt{\mu})$ auf, so haben wir

$$(AD - BC)\cos(t\sqrt{\mu}) = Dx - By,$$
$$(AD - BC)\sin(t\sqrt{\mu}) = Ay - Cx;$$

elimininieren wir hieraus t, so finden wir

$$(Dx - By)^2 + (Ay - Cx)^2 = (AD - BC)^2,$$

sodaß also die Bahn des bewegten Punktes eine Ellipse wird, deren Mittelpunkt der Ursprung und deren Lage mit Bezug auf den Ursprung und die Achsen bestimmt ist. Die gesamte Bewegung ist augenscheinlich periodisch, mit der Periode $\frac{2\pi}{\sqrt{\mu}}$.

Wir wollen nun die Koordinatenachsen so legen, daß sie die Hauptachsen der Ellipse werden. Es werde vorausgesetzt, daß sich der bewegte Punkt zur Zeit $t = 0$ in seiner äußersten

Lage ($x = a$) auf der großen Achse befinde; dann ist in diesem Zeitpunkt $x = a$, $y = 0$ und, da sich der Punkt rechtwinklig zur großen Achse bewegt, ist außerdem $\dot{x} = 0$. Endlich sei in diesem Zeitpunkt $\dot{y} = b\sqrt{\mu}$. Dann müssen wir zur Zeit t haben

$$x = a\cos(t\sqrt{\mu}), \quad y = b\sin(t\sqrt{\mu}).$$

Damit ist $2b$ die kleine Achse der Ellipse, und $t\sqrt{\mu}$ ist der Ausschlagwinkel des Radiusvektor des bewegten Punktes zur Zeit t.

Der Punkt bewegt sich also so, daß dieser Ausschlagwinkel mit der gleichförmigen Winkelgeschwindigkeit $\sqrt{\mu}$ zunimmt.

40. Beispiele. 1. Beweise: Falls die Gleichung $\ddot{x} = \mu x$ besteht, wobei μ positiv ist, und falls als Anfangsbedingungen $x = x_0$ und $\dot{x} = \dot{x}_0$ für $t = 0$ gegeben sind, so ist zu irgendeiner Zeit t

$$x = x_0 \cosh(t\sqrt{\mu}) + \frac{\dot{x}_0}{\sqrt{\mu}} \sinh(t\sqrt{\mu}).$$

2. Beweise: Ist die Beschleunigung eines Punktes vom Ursprung weg gerichtet und ist sie proportional seinem Abstand vom Ursprung, so beschreibt der Punkt eine Hyperbel.

3. Für eine einfache harmonische Bewegung, die durch $\ddot{x} = -\mu x$ gegeben ist und von $x = a$ ausgeht, soll durch Multiplikation beider Seiten der Gleichung mit $\dot{x}$ und durch Integration bewiesen werden, daß $\dot{x}^2 = \mu(a^2 - x^2)$ für alle Werte von x ist.

4. Für die elliptische Bewegung des Abschnitts 39 ist zu beweisen, daß die Geschwindigkeit v bei einem Abstand r des Punktes vom Mittelpunkt durch die Beziehung $v^2 + \mu r^2 = \text{const}$ gegeben ist; die Konstante ist zu berechnen.

5. Für die hyperbolische Bewegung des Beispiels 2 soll bewiesen werden, daß die Geschwindigkeit v für den Abstand r des Punktes vom Mittelpunkt der Hyperbel durch die Beziehung

$$v^2 = \mu r^2 + \text{const.}$$

gegeben ist; die Konstante ist zu berechnen.

41. Die Keplerschen Gesetze der Planetenbewegung. Aus einer langen Reihe von Beobachtungen der Planeten, insonderheit des Mars, die von Tycho Brahe angestellt worden waren, schloß Kepler[1]), daß die Bewegungen der Planeten sich sehr genau mittels der beiden Gesetze beschreiben ließen:

I. Jeder Planet beschreibt eine Ellipse, die die Sonne zum Brennpunkt hat.

---

1) Johannes Kepler, Astronomia nova... tradita Commentariis de Motibus Stellae Martis, 1609.

II. Der Radius, den man von der Sonne nach einem Planeten hinzieht, beschreibt in gleichen Zeiten gleiche Flächenstücke.

42. Gleichförmige Beschreibung von Flächen. Wir wollen das zweite der Keplerschen Gesetze betrachten und dabei voraussetzen, ein Massenpunkt beschreibe eine ebene Kurve derart, daß der von einem festen Punkt der Ebene nach ihm gezogene Radiusvektor in gleichen Zeiten gleiche Flächen bestreicht. In Fig. 23 stellt O den erwähnten festen Punkt, B einen festen Punkt auf der Kurve dar, P sei die Lage des Massenpunktes zur Zeit t, r der Radiusvektor OP, p das Lot von O auf die Tangente in P, v die Geschwindigkeit des Massenpunktes in P.

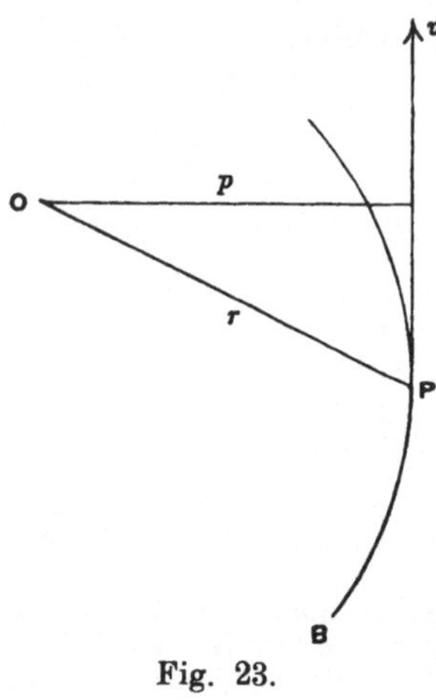

Fig. 23.

P' sei ein Punkt auf der Kurve in der Nähe von P, Δt die Zeit während der Bewegung von P nach P', Δs der Bogen PP', Δc die Sehne PP'. q das Lot von O auf diese Sehne. Die Dreieckfläche POP' ist $\frac{1}{2} q \Delta c$. Hiernach ist die „Flächengeschwindigkeit“ d. h. die Geschwindigkeit, mit der diese Fläche beschrieben wird, der Grenzwert von $\frac{1}{2} q \frac{\Delta c}{\Delta t}$ oder $\frac{1}{2} q \frac{\Delta c}{\Delta s} \cdot \frac{\Delta s}{\Delta t}$; dieser Grenzwert ist aber $\frac{1}{2} p \dot{s}$ oder $\frac{1}{2} p v$. Schreiben wir daher

$$p \cdot v = h,$$

so ist h gleich der doppelten Flächengeschwindigkeit und die Bedingung, daß der Radiusvektor die von ihm bestrichenen Flächen gleichförmig beschreibt, kann dadurch ausgedrückt werden, daß man sagt, h oder $p \cdot v$ müssen konstant sein.

Nun ist aber $p \cdot v$ das Moment der Geschwindigkeit um O. Wenn wir deshalb O als Koordinatenanfang wählen und die x- und y-Achsen in der Ebene der Bewegung ziehen, so haben wir (nach Abschnitt 22)

$$p \cdot v = x \dot{y} - y \dot{x} = h;$$

da dies konstant ist, so ergibt sich

$$\frac{d}{dt}(x\dot{y} - y\dot{x}) = 0, \quad \text{oder} \quad x\ddot{y} - y\ddot{x} = 0$$

und daher

$$\frac{\ddot{x}}{x} = \frac{\ddot{y}}{y}.$$

Hieraus folgt, daß die Richtung der Beschleunigung in die des Radiusvektors fällt, den man von oder nach dem Ursprung zieht. Wir schließen daraus: Bewegt sich ein Massenpunkt auf ebener Bahn derart, daß der von einem festen Punkte nach ihm hin gezogene Radiusvektor in gleichen Zeiten gleiche Flächen bestreicht, so befindet er sich in einem Kraftfeld, dessen Feldrichtung in jedem Punkte entweder genau nach dem festen Punkte hin oder genau von ihm weg geht. Man nennt ein derartiges Kraftfeld ein „zentrales“, den festen Punkt das „Kraftzentrum“ und die Bewegung des Massenpunktes eine „Zentralbewegung“.

Bei der in Abschnitt 39 behandelten Bewegung auf der Ellipse handelt es sich ebenfalls um eine Zentralbewegung; der Mittelpunkt der Ellipse ist das Kraftzentrum.

Keplers zweites Gesetz der Planetenbewegung kann man aus der Tatsache erklären, daß die Planeten sich in einem zentralen Kraftfeld bewegen, dessen Kraftzentrum die Sonne ist.

43. Radial- und Transversalkomponenten von Geschwindigkeit und Beschleunigung. Ein Massenpunkt bewege sich in der xy-Ebene und r, Θ seien seine Polarkoordinaten zur Zeit t. Die Komponenten der Geschwindigkeit und Beschleunigung in Richtung des Radiusvektors und senkrecht zu diesem mögen durch r, Θ und deren Differentialquotienten nach der Zeit ausgedrückt werden.

Als positiver Richtungssinn dieser Komponenten sei der Sinn gewählt, in dem r und Θ wachsen, entsprechend der Figur 24.

Es seien v_1 und v_2 die gesuchten Komponenten der Geschwindigkeit. Diese hat parallel der x- und y-Achse die Komponenten $\dot{x}$, $\dot{y}$. Wir haben somit

$$v_1 \cos\Theta - v_2 \sin\Theta = \dot{x} = \frac{d}{dt}(r\cos\Theta) = \dot{r}\cos\Theta - r\dot{\Theta}\sin\Theta,$$

$$v_1 \sin\Theta + v_2 \cos\Theta = \dot{y} = \frac{d}{dt}(r\sin\Theta) = \dot{r}\sin\Theta + r\dot{\Theta}\cos\Theta.$$

Die Lösung dieser Gleichungen ergibt

$$v_1 = \dot r, \quad v_2 = r\,\dot\Theta.$$

Es mögen f_1 und f_2 die gesuchten Beschleunigungskomponenten sein. Wir haben dann in gleicher Weise

$$f_1 \cos\Theta - f_2 \sin\Theta = \ddot x = \frac{d^2}{dt^2}(r\cos\Theta)$$

$$= \ddot r\cos\Theta - 2\,\dot r\,\dot\Theta\sin\Theta - r\,\ddot\Theta\sin\Theta - r\,\dot\Theta^2\cos\Theta,$$

$$f_1 \sin\Theta + f_2 \cos\Theta = \ddot y = \frac{d^2}{dt^2}(r\sin\Theta)$$

$$= \ddot r\sin\Theta + 2\,\dot r\,\dot\Theta\cos\Theta + r\,\ddot\Theta\cos\Theta - r\,\dot\Theta^2\sin\Theta.$$

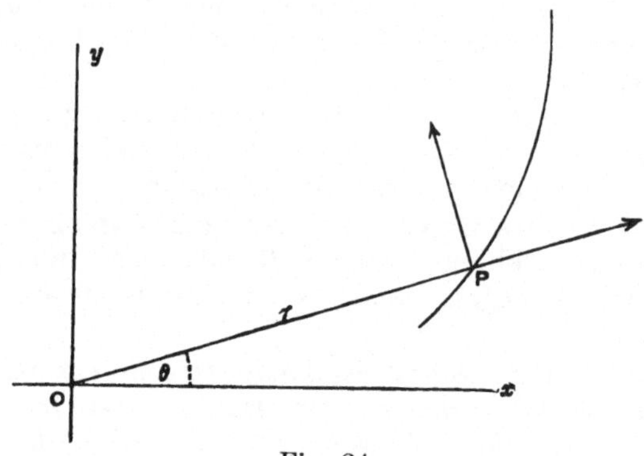

Fig. 24.

Lösen wir diese Gleichungen auf, so finden wir

$$f_1 = \ddot r - r\,\dot\Theta^2, \quad f_2 = r\,\ddot\Theta + 2\,\dot r\,\dot\Theta = \frac{1}{r}\frac{d}{dt}(r^2\,\dot\Theta).$$

Es ist wichtig zu beachten, daß die Beschleunigung f_1 parallel zum Radiusvektor die in Richtung des Radiusvektors fallende Seitenbeschleunigung der Beschleunigung relativ zum Achsenkreuz Ox, Oy ist; sie ist nicht etwa die Beschleunigung, mit der der Radiusvektor wächst.

44. Beispiele. 1. Da das Moment der Geschwindigkeit um den Ursprung $r\cdot r\,\dot\Theta$ ist, so können wir die aus der Differentialrechnung bekannte Formel beweisen

$$r^2\,\dot\Theta = r\,\dot y - y\,\dot x = p\cdot\dot s.$$

2. Bei einer Zentralbewegung ist

$$h = r^2 \dot{\Theta}.$$

3. Ein Punkt P beschreibe eine Kurve C relativ zu Achsen durch O. Man beweise, daß in bezug auf parallele Achsen durch P der Punkt O eine Kurve beschreibt, die in jeder Hinsicht mit C übereinstimmt, und daß jeder beliebige Punkt, der OP in einem konstanten Verhältnis teilt, relativ zu einem der beiden Achsenpaare eine Kurve beschreibt, die der Kurve C ähnlich ist.

45. Die Beschleunigung der Zentralbewegung. Es sei f die Größe der nach P hin gerichteten Zentralbeschleunigung in P. r, p, ϱ seien die Bezeichnungen für den vom Kraftzentrum O aus gezogenen Radiusvektor OP, für das von O auf die Tangente in P gefällte Lot und für den Krümmungsradius der Bahn in P. (Vgl. Fig. 23 in Abschnitt 42.)

Die Seitenbeschleunigung parallel zur Normalen in P ist

$$f \cdot \frac{p}{r}.$$

Diese Beschleunigungskomponente ist aber auch gleich $\frac{v^2}{\varrho}$, Hieraus folgt

$$\frac{v^2}{\varrho} = f \cdot \frac{p}{r}.$$

Aus dieser Gleichung und der Gleichung $v \cdot p = h$ erhalten wir nach Elimination von v die Beziehung

$$f = \frac{h^2 r}{p^3 \varrho}.$$

Da aber $\varrho = r \frac{d r}{d p}$ ist, so können wir diese Gleichung auch schreiben

$$f = \frac{h^2}{p^3} \frac{d p}{d r}.$$

46. Beispiele. 1. Man zeige, daß bei der Zentralbewegung auf einer um den Mittelpunkt beschriebenen Ellipse die Beschleunigung proportional dem Radiusvektor ist.

2. Für den gleichen Fall ist zu beweisen, daß die Geschwindigkeit in irgendeinem Punkte proportional der Länge des zu dem Punkte gehörenden konjugierten Durchmessers ist.

3. Eine Punktschar möge sich aus einer Lage P mit einer Geschwindigkeit V nach verschiedenen Richtungen bewegen, und zwar mit einer Beschleunigung, die nach einem Punkte C gerichtet und pro-

portional dem Abstand von diesem Punkte ist. Man zeige, daß alle beschriebenen Ellipsenbahnen denselben Leitkreis[1]) haben.

Die Tangente in P an eine der Ellipsenbahnen möge den Leitkreis in T schneiden; Q sei der Berührungspunkt der andern von T aus an die Bahn gezogenen Tangente. Man zeige, daß die betreffende Bahnkurve in Q eine Ellipse berührt, die ihren Mittelpunkt in C und ihren einen Brennpunkt in P hat, und daß $2\,CT$ die Länge der Hauptachse dieser Ellipse ist.

Diese Ellipse ist die Umhüllende der Bahnen der Punkte, die mit der gegebenen Geschwindigkeit von P ausgehen und sich mit der gegebenen Zentralbeschleunigung um C bewegen.

4. Man zeige, daß bei der Zentralbewegung eines Punktes auf einem Kreis um einen Punkt seines Umfanges als Kraftzentrum die Zentralbeschleunigung die Größe $\frac{8\,h^2\,a^2}{r^5}$ hat, worin a der Radius des Kreises ist.

5. Man zeige, daß bei der Zentralbewegung eines Punktes auf einer logarithmischen Spirale um ihren Pol als Kraftzentrum die Zentralbeschleunigung der Größe r^{-3} proportional ist.

6. Man zeige, daß für die Zentralbewegung eines Punktes auf einer um irgendeinen Punkt O ihrer Ebene als Kraftzentrum durchlaufenen Ellipse die Zentralbeschleunigung in einem beliebigen Punkte P proportional $\frac{r}{q^3}$ ist, worin r den Radiusvektor OP und q das von P auf die Polare von O gefällte Lot bedeuten.

47. Ellipsenbewegung um einen Brennpunkt. Wir wollen uns jetzt mit dem ersten der Keplerschen Gesetze beschäftigen (Abschnitt 41). Auf einer Ellipse mit den Halbachsen a und b gehe eine Zentralbewegung um den einen Brennpunkt S vor sich. S' sei der zweite Brennpunkt, e die numerische Exzentrizität, l der Halbparameter.

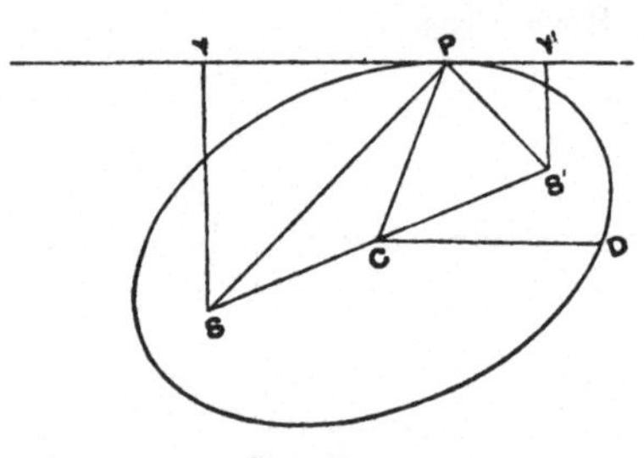

Fig. 25.

P sei ein Punkt auf der Ellipse; es seien r und r' die Radienvektoren, die von S und S' nach P gezogen sind, und p und p' die Lote von S und S' auf die Tangente in P, C sei der Mittelpunkt und CD der zu CP konjugierte Halbmesser der Ellipse.

[1]) Leitkreis der Ellipse = der geometrische Ort des Scheitels eines rechten Winkels, dessen beide Schenkel die Ellipse berühren.

Dann ist

$$\varrho = \frac{CD^3}{ab}; \quad rr' = CD^2, \quad pp' = b^2, \quad r + r' = 2a, \quad b^2 = al.$$

Da überdies $\sphericalangle SPY = \sphericalangle S'PY'$ ist, so haben wir

$$\frac{p}{r} = \frac{p'}{r'}$$

und damit sind diese beiden Ausdrücke auch $= \frac{\sqrt{pp'}}{\sqrt{rr'}} = \frac{b}{CD}$.

Nun ist die Beschleunigung f durch den Ausdruck gegeben

$$f = \frac{h^2 r}{p^3 \varrho}$$

$$= \frac{h^2 rab}{CD^3}\left(\frac{CD}{br}\right)^3 = \frac{h^2}{r^2} \cdot \frac{a}{b^2} = \frac{h^2}{r^2 l}.$$

Somit ändert sich die Beschleunigung umgekehrt mit dem Quadrat der Entfernung r, und, wenn wir $\frac{\mu}{r^2}$ dafür schreiben, so haben wir $h^2 = \mu l$.

Wir können also Keplers erstes und zweites Gesetz der Planetenbewegung auch in der Form aussprechen, daß das Kraftfeld, in dem sich die Planeten bewegen, radial nach der Sonne gerichtet ist und daß sich die Feldstärke umgekehrt mit dem Quadrat des Abstandes von der Sonne ändert. Man bezeichnet das Feld als das der „Sonnenschwerkraft".

48. Beispiele. 1. Man beweise, daß bei jeder Zentralbewegung auf einem Kegelschnitt um seinen Brennpunkt die Beschleunigung $\frac{\mu}{r^2}$ ist und daß sie die Richtung nach dem Brennpunkt hat, wobei $\mu = \frac{h^2}{l}$.

Man zeige, daß $v^2 = \frac{2\mu}{r}$, wenn der Kegelschnitt eine Parabel, und $v^2 = \mu\left(\frac{2}{r} + \frac{1}{a}\right)$, wenn er eine Hyperbel ist.

2. Man beweise, daß die Geschwindigkeit v in irgendeinem Punkte der Ellipse durch die Gleichung

$$v^2 = \mu\left(\frac{2}{r} - \frac{1}{a}\right)$$

gegeben ist.

3. Man beweise, daß bei der Ellipsenbewegung um einen Brennpunkt S die Geschwindigkeit in irgendeinem Punkte P senkrecht und proportional dem Strahl ist, welcher vom andern Brennpunkt nach

demjenigen Punkte W gezogen wird, der sich als Schnittpunkt von SP mit einem Kreise um S als Mittelpunkt und mit $2a$ als Radius ergibt.

(Nach der Formel in Beispiel 2 wird dieser Kreis der „Kreis ohne Geschwindigkeit" genannt.)

4. Man beweise, daß man die Geschwindigkeit in P in zwei konstante Komponenten zerlegen kann, die eine senkrecht zum Radiusvektor SP und die andere rechtwinklig zur großen Achse.

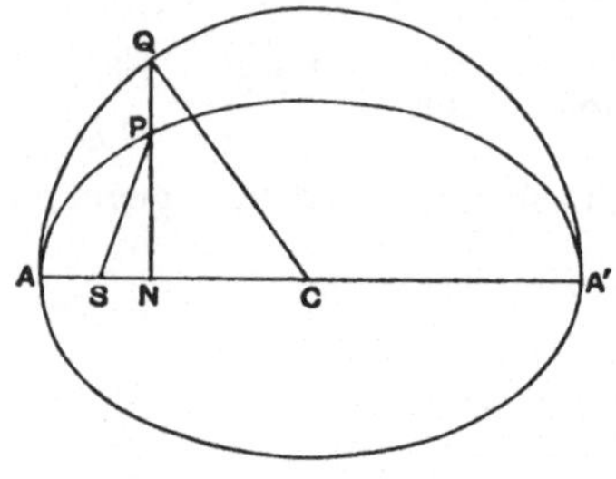

Fig. 26.

5. Die Periodendauer, während der die Ellipse beschrieben wird, ist

$$\frac{2\pi a b}{h} = \frac{2\pi a^{\frac{3}{2}}}{\sqrt{\mu}}.$$

6. Es ist die Zeit zu bestimmen, in der irgendein Bogenstück der Ellipse beschrieben wird.

Man ziehe den Hilfskreis AQA'. In der Figur 26 sei

$$\Phi = \sphericalangle QCA$$

der Exzenterwinkel von P und

$$\Theta = \sphericalangle ASP$$

der Vektorwinkel.

Dann ist die krummlinig begrenzte Fläche

$$ASP = \text{der krumml. begr. Fläche } ANP - \text{Dreieck } SPN$$
$$= \frac{b}{a}\,(\text{krumml. begr. Fläche } ANQ) - \text{Dreieck } SPN.$$

Nun ist die krumml. begr. Fläche

$$ANQ = \text{Sektor } ACQ - \text{Dreieck } CQN = \tfrac{1}{2}\,(a^2\,\Phi - a^2 \sin\Phi \cos\Phi),$$

und Dreieck $SPN = \frac{1}{2}\, b \sin\Phi\,(a e - a\cos\Phi)$.

Hiernach ist die krumml. begr. Fläche $ASP = \frac{1}{2}\, a b\,(\Phi - e\sin\Phi)$.

Ist t die Zeit der Bewegung von A nach P, so ist, da ja h gleich dem Zweifachen des in der Zeiteinheit bestrichenen Flächenstückes ist,

$$h \cdot t = a b\,(\Phi - e\sin\Phi).$$

Daraus folgt

$$t = \frac{a^{\frac{3}{2}}}{\sqrt{\mu}}\,(\Phi - e\sin\Phi).$$

Die Größe $\frac{\sqrt{\mu}}{a^{\frac{3}{2}}}$ ist unter dem Namen der „mittleren Bewegung" bekannt und wird mit n bezeichnet, so daß die betreffende Zeit gegeben ist durch

$$n \cdot t = \Phi - e\sin\Phi.$$

Setzt man $\Phi = 2\pi$, so findet man die in Beispiel 5 angegebene Periodendauer.

Man beweise, daß Θ mit Φ in der Beziehung steht

$$\cos\Phi = \frac{e + \cos\Theta}{1 + e\cos\Theta}$$

und daß für kleines e annäherungsweise

$$\Theta = n t + 2 e \sin n t.$$

7. Zwei Punkte beschreiben dieselbe Ellipse mit derselben Periodenzeit, wobei sie gleichzeitig von einem Ende der großen Achse ausgehen; die Beschleunigung des einen ist nach einem Brennpunkt S, die des andern nach dem Mittelpunkt C hin gerichtet.

Man beweise, daß $\Phi_1 - \Phi_2 = e \sin \Phi_1$ ist, worin Φ_1 und Φ_2 ihre Exzenterwinkel in irgendeinem Zeitpunkt bedeuten.

8. Zwei Punkte beschreiben Ellipsen mit den Parametern l und l' in verschiedenen Ebenen um einen gemeinsamen Brennpunkt und ihre nach dem Brennpunkt gerichteten Beschleunigungen sind gleich, wenn ihre Brennpunktabstände gleich sind.

Man zeige, daß die an die Ellipsen in den augenblicklichen Lagen der Punkte gezogenen Tangenten dann, wenn die Relativgeschwindigkeit der Punkte mit ihrer Verbindungslinie zusammenfällt, die Schnittgerade der Ebenen im selben Punkte treffen und daß die Brennstrahlen r und r' der Punkte mit dieser Schnittgeraden die Winkel Θ und Θ' bilden, wobei zwischen diesen die Beziehung besteht

$$\frac{r \sin \Theta}{\sqrt{l}} = \frac{r' \sin \Theta'}{\sqrt{l'}}.$$

49. Die Umkehrung des Problems der Zentralbewegung. Mit Bezug auf die Aufgabe, bei gegebenem Kraftfeld die Bahn einer Zentralbewegung zu finden, können wir folgenden allgemeinen Satz ableiten: Die Bahn eines Massenpunktes, der sich in einem zentralen Kraftfeld bewegt, liegt in einer durch das Kraftzentrum gehenden Ebene; hierbei beschreibt der Radiusvektor vom Kraftzentrum nach dem Massenpunkt in gleichen Zeiten gleiche Flächenräume.

Zu irgendeiner Zeit, die als Anfangszeit gewählt werde, lege man eine Ebene durch die augenblickliche Tangente an die Bahn des Massenpunktes und durch das Kraftzentrum. Diese Ebene werde als die xy-Ebene und das Kraftzentrum als der Ursprung gewählt. Dann verschwinden zur Anfangszeit z und $\dot{z}$.

Da die Beschleunigung längs des Radiusvektors gerichtet ist, so haben wir

$$\frac{\ddot{x}}{x} = \frac{\ddot{y}}{y} = \frac{\ddot{z}}{z},$$

oder

$$y\ddot{z} - z\ddot{y} = 0, \qquad z\ddot{x} - x\ddot{z} = 0, \qquad x\ddot{y} - y\ddot{x} = 0.$$

Hieraus ergibt sich durch Integration

$$y\dot{z} - z\dot{y} = \text{const}, \qquad z\dot{x} - x\dot{z} = \text{const}, \qquad x\dot{y} - y\dot{x} = \text{const}.$$

Die zwei ersten Integrationskonstanten verschwinden, da anfangs z und $\dot{z}$ gleich Null sind. Verschwindet auch die dritte, so heißt das, die Geschwindigkeit hat die Richtung des Radiusvektors und der Punkt bewegt sich in gerader Linie. Wir wollen hier den Fall der geradlinigen Bewegung ausschalten (siehe Abschnitt 54).

Wir können nun die Beziehungen

$$x\dot{z} - \dot{x}z = 0, \qquad y\dot{z} - \dot{y}z = 0$$

als Gleichungssystem für die Unbekannten $\dot{z}$ und z ansehen und letztere daraus bestimmen. Falls $x\dot{y} - \dot{x}y$ nicht gleich Null wird, können diese beiden Gleichungen nur befriedigt werden, wenn man $\dot{z}$ und z gleich Null setzt. Hiernach ist z immer Null und der Massenpunkt bewegt sich in der xy-Ebene.

Da nun $x\dot{y} - y\dot{x}$, oder das Moment der Geschwindigkeit, konstant ist, so ist auch die Flächen-Geschwindigkeit des Radiusvektor konstant; denn wir sahen in Abschnitt 42, daß diese Geschwindigkeit, sei sie konstant oder nicht, immer gleich dem halben Moment der Geschwindigkeit um den Ursprung ist.

50. Die Bestimmung der Zentralbewegungsbahnen im gegebenen Kraftfeld. Die Tangentialkomponente der Beschleunigung eines Massenpunktes, der irgendeine Bahn beschreibt, kann durch den Ausdruck $v\frac{dv}{ds}$ dargestellt werden (Abschnitt 36). Hat die Beschleunigung die Größe f und ist sie nach dem Ursprung gerichtet, so ist die Tangentialkomponente $-f\frac{dr}{ds}$; denn $\frac{dr}{ds}$ ist der Kosinus des Winkels zwischen der Tangente und dem Radiusvektor, der vom Ursprung gezogen ist. Wir haben daher die Gleichung

$$v\frac{dv}{ds} = -f\frac{dr}{ds} \qquad \dots\dots\dots \quad (1)$$

Läßt sich f als Funktion von r darstellen, so kann man diese Gleichung in der Weise integrieren

$$\tfrac{1}{2}v^2 = A - \int f\,dr, \qquad \dots\dots\dots \quad (2)$$

worin A eine Konstante ist. Nun haben wir nach Abschnitt 43

$$v^2 = \dot{r}^2 + r^2\dot{\Theta}^2,$$

und nach Beispiel 2 in Abschnitt 44

$$r^2\dot{\Theta} = h.$$

Hiernach können wir schreiben

$$\dot{r} = \frac{dr}{d\Theta}\dot{\Theta} = \frac{h}{r^2}\frac{dr}{d\Theta},$$

und Gleichung (2) geht in die Form über

$$\frac{h^2}{r^4}\left(\frac{dr}{d\Theta}\right)^2 + \frac{h^2}{r^2} = 2A - 2\int f\,dr.$$

Setzt man u für $\frac{1}{r}$, so läßt sich schreiben

$$\left(\frac{du}{d\Theta}\right)^2 + u^2 = 2\frac{A}{h^2} + \frac{2}{h^2}\int\frac{f}{u^2}\,du, \quad \ldots \quad (3)$$

wobei vorausgesetzt sei, daß f als Funktion von u gegeben ist. Durch diese Gleichung können wir $\frac{du}{d\Theta}$ als Funktion von u ausdrücken und durch Integration die Gleichung der Bahn in Polarkoordinaten finden.

Es ist oft bequemer, A aus Gleichung (3) dadurch zu eliminieren, daß man nach Θ differenziert. Dieser Prozeß liefert die Gleichung

$$\frac{d^2u}{d\Theta^2} + u = \frac{f}{h^2u^2} \quad \ldots\ldots\ldots \quad (4)$$

51. Bahnen unter dem Einfluß einer Zentralbeschleunigung, die sich umgekehrt mit dem Quadrat der Entfernung ändert. Wird $f = \mu u^2$, so geht die Gleichung (4) in Abschnitt 50 in die Form über

$$\frac{d^2u}{d\Theta^2} + u = \frac{\mu}{h^2} = \frac{1}{l},$$

wobei $l = \frac{h^2}{\mu}$ gesetzt und eine Konstante ist. Um diese Gleichung zu integrieren, setzen wir

$$u = \frac{1}{l} + w,$$

so daß w die Gleichung erfüllt

$$\frac{d^2w}{d\Theta^2} + w = 0.$$

Die vollständige Lösung dieser Differentialgleichung hat die Form (vgl. Abschnitt 38)

$$w = A \cos(\Theta - \varepsilon),$$

worin A und ε willkürliche Konstanten sind. Für A setzen wir $\frac{e}{l}$. Dann ergibt sich als allgemeinste Form für u der Ausdruck

$$u = \frac{1}{l}\{1 + e\cos(\Theta - \varepsilon)\}.$$

Hiernach werden alle Bahnen, die unter dem Einfluß einer Zentralbeschleunigung $\frac{\mu}{r^2}$ beschrieben werden, durch die Gleichung umfaßt

$$\frac{l}{r} = 1 + e\cos(\Theta - \varepsilon),$$

worin e und ε willkürliche Konstanten sind und $l = \frac{h^2}{\mu}$ ist.

Die möglichen Bahnen sind Kegelschnitte, die den Ursprung zum Brennpunkt haben und deren Parameter gleich $2l$ oder $\frac{2h^2}{\mu}$ ist.

Nach den Resultaten der Beispiele 1 und 2 in Abschnitt 48 ist der Kegelschnitt eine Ellipse, Parabel oder Hyperbel, je nachdem die Geschwindigkeit im Abstand r kleiner, gleich oder größer ist als $\left(\frac{2\mu}{r}\right)^{\frac{1}{2}}$.

52. Einige weitere Beispiele für die Bestimmung von Zentralbewegungsbahnen bei gegebenem Kraftfeld. 1. Wenn f eine beliebige Funktion von r ist, so ist jeder um das Kraftzentrum beschriebene Kreis eine mögliche Bahnkurve.

2. Ist $f = \mu r$, so ergibt Gleichung 3 des Abschnitts 50

$$\left(\frac{du}{d\Theta}\right)^2 + u^2 = \text{const} - \frac{\mu}{h^2 \cdot u^2}.$$

Man beweise hieraus, daß für positives μ alle Bahnen Ellipsen sind, die das Kraftzentrum zum Mittelpunkt haben.

3. Es sollen alle Bahnen gesucht werden, welche mit einer Zentralbeschleunigung beschrieben werden können, die sich umgekehrt proportional der 3. Potenz der Entfernung ändert.

Ist $f = \mu u^3$, so geht Gleichung (4) des Abschnitts 50 über in

$$\frac{d^2 u}{d\Theta^2} + u = \frac{\mu}{h^2} u,$$

oder

$$\frac{d^2 u}{d\Theta^2} + u\left(1 - \frac{\mu}{h^2}\right) = 0$$

Es gibt nun drei Fälle, je nachdem $h^2 >, =$ oder $< \mu$:

1.) Ist $h^2 > \mu$, so ist $1 - \frac{\mu}{h^2}$ positiv und wir wollen es gleich n^2 setzen. Dann haben alle Bahnen Gleichungen von der Form

$$u = A \cos (n\,\Theta + a).$$

2.) Ist $h^2 = \mu$, so haben wir $\frac{d^2 u}{d\Theta^2} = 0$, so daß $u = A\,\Theta + B$, worin A und B willkürliche Konstanten sind. Für $A = 0$ wird die Bahn ein Kreis, in allen anderen Fällen ist sie eine hyperbolische Spirale, was man erkennt, wenn man die Konstante B so wählt, daß man schreiben kann

$$u = A\,(\Theta - \alpha)$$

3.) Ist $h^2 < \mu$, so wird $1 - \frac{\mu}{h^2}$ negativ und wir wollen es gleich $-n^2$ setzen. Dann haben alle Bahnen Gleichungen von der Form

$$u = A \cosh (n\,\Theta + a) \quad \text{oder} \quad u = a\,e^{n\Theta} + b\,e^{-n\Theta}$$

Setzt man hierin a oder b gleich Null, so erhalten wir eine logarithmische Spirale.

4. Man leite die Formel

$$\frac{d^2 u}{d\Theta^2} + u = \frac{f}{h^2 u^2}$$

aus der Gleichung $f = \frac{h^2 r}{p^3 \varrho}$ ab.

5. Aus den Gleichungen

$$\ddot{r} - r\dot{\Theta}^2 = -f, \qquad \frac{1}{r}\frac{d}{dt}(r^2\,\dot{\Theta}) = 0,$$

die sich bei unseren Betrachtungen in Abschnitt 43 ergaben, sollen die Beziehungen

$$\dot{\Theta} = h \cdot u^2, \quad \frac{d^2 u}{d\Theta^2} + u = \frac{f}{h^2 \cdot u^2}$$

abgeleitet werden.

53. Newtons Art der Untersuchung. Wir wollen hier eine Darstellung von der Art geben, in welcher Newton[1]) die Bahn eines Punktes untersuchte, welcher sich aus gegebener Anfangslage P mit gegebener Geschwindigkeit V in gegebener Richtung PT unter dem Einfluß einer Beschleunigung fortbewegt, die nach einem Punkt S gerichtet ist und sich umgekehrt mit dem Quadrat der Entfernung von S ändert.

---

[1] Principia, lib. 1, sect. 3, prop. 17.

Hilfssatz: Ein Kegelschnitt ist durch einen Punkt P, eine Tangente PT, einen Brennpunkt S und die Brennpunktsehne PQ des Krümmungskreises in P vollständig und eindeutig bestimmt, und zwar ist dieser Kegelschnitt eine Ellipse, Parabel oder Hyperbel, je nachdem

$$PQ <, = \text{ oder } > 4\,SP.$$

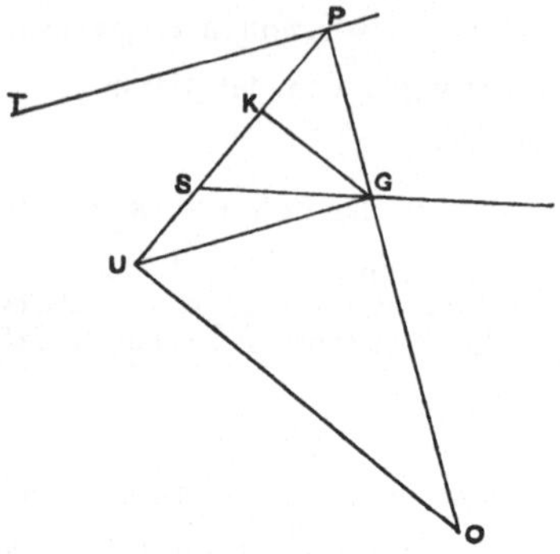

Fig. 27.

Es sei U der Mittelpunkt von PQ. Man ziehe PG senkrecht zu PT, UG parallel zu PT, sowie UO bzw. GK senkrecht zu SP, bis zu ihren Schnittpunkten O bzw. K mit PG bzw. SP.

Wie man aus den ähnlichen Dreiecken OPU, UPG, GPK erkennt, ist

$$OP : PU = PU : PG = PG : PK,$$

und somit

$$OP = \frac{PG^3}{PK^2}.$$

Man zeichne nun einen Kegelschnitt mit dem Brennpunkt S und der Achse SG, der PT in P berührt. G ist dann der Schnittpunkt der Normalen mit der Achse und PK ist der Halbparameter. Somit ist O der Krümmungsmittelpunkt.

Da $SG : SP$ gleich der Exzentrizität ist, so ist der Kegelschnitt vollkommen und eindeutig bestimmt.

Der Halbkreis über PU als Durchmesser geht durch G; hieraus folgt:

für $SP > \frac{1}{2}PU$ wird $SG < SP$; für $SP < \frac{1}{2}PU$ wird $SG > SP$;
für $SP = \frac{1}{2}PU$ wird $SG = SP$.

Damit ist der Kegelschnitt eine Ellipse, Parabel oder Hyperbel, je nachdem

$$SP >, = \text{ oder } < \tfrac{1}{2}PU.$$

Nun möge ein Punkt sich von P mit der Geschwindigkeit V in der Richtung PT bewegen und eine Beschleunigung $\mu : (\text{Entfernung})^2$ — nach S hin gerichtet — erfahren. Man suche Q auf der Verlängerung von PS, so daß

$$V^2 = 2\,\frac{\mu}{SP^2}\cdot\frac{PQ}{4}.$$

Nach Beispiel 4 in Abschnitt 37 ist dann PQ diejenige Sehne im Krümmungskreis der Bahn, die in der Richtung PS gezogen ist.

Mit S als Brennpunkt sei ein Kegelschnitt beschrieben, der PT in P berührt und PQ als Brennpunktsehne des Krümmungskreises in P besitzt.

Dann möge ein zweiter Punkt auf diesem Kegelschnitt eine Zentralbewegung um S ausführen und hierbei mit der Geschwindigkeit V von P abgehen. Es ergibt sich aus Abschnitt 47, daß die beiden sich bewegenden Punkte beim Abgang dieselbe Lage, Geschwindigkeit und Beschleunigung besitzen und daß ihre Beschleunigungen immer die gleichen sind, wenn ihre Abstände von S die gleichen sind. Sie müssen also dieselbe Bahn beschreiben.

Die in Frage kommende Bahn

ist eine Ellipse, wenn $\frac{1}{4} PQ < SP$, d. h. wenn $V^2 < \frac{2\mu}{SP}$,

" " Parabel, " $\frac{1}{4} PQ = SP$, " " " $V^2 = \frac{2\mu}{SP}$,

" " Hyperbel, " $\frac{1}{4} PQ > SP$, " " " $V^2 > \frac{2\mu}{SP}$.

54. Geradlinige Bewegung unter dem Einfluß einer Beschleunigung, die nach einem Punkte der Geraden hin gerichtet ist und sich umgekehrt mit dem Quadrat des Abstandes ändert. Ein Punkt N bewege sich vom Ausgangspunkt A aus in gerader Linie OA so, daß $\ddot{x} = -\frac{\mu}{x^2}$, wenn $ON = x$.

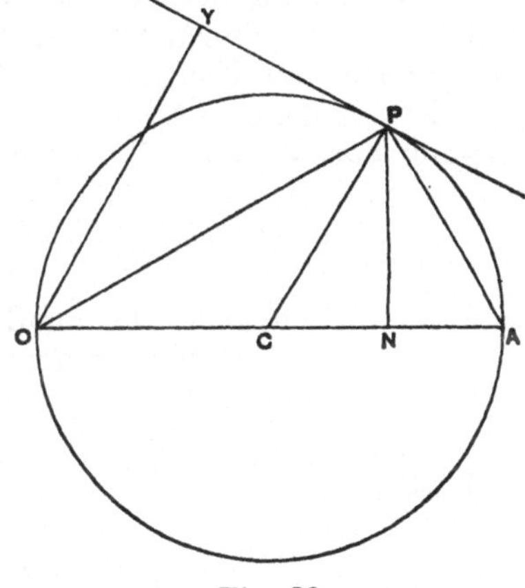

Fig. 28.

Man beschreibe über OA als Halbmesser einen Kreis, dessen Mittelpunkt C und dessen Radius a seien, ziehe NP senkrecht zu OA und betrachte die Bewegung des Punktes P auf dem Kreis.

Wir wollen nachweisen, daß der Punkt N die besagte Beschleunigung besitzt, wenn P den Kreis mit einer nach O gerichteten Beschleunigung beschreibt.

Nach dem Beispiel 4 des Abschnitts 46 ist die Beschleunigung von $P = \frac{8\,h^2 a^2}{OP^5}$, worin h die doppelte Flächengeschwindigkeit des Strahles OP um O bedeutet.

Um die Beschleunigungskomponente von P in der Richtung AO zu erhalten, wollen wir den obigen Wert mit $\frac{ON}{OP}$ multiplizieren. Bedenkt man noch, daß

$$ON:OP = OP:OA,$$

so ergibt sich die Beschleunigung von N gleich

$$\frac{8h^2a^2\,ON}{OP^6} = \frac{8h^2a^2\,ON}{(2a\cdot ON)^3} = \frac{h^2}{a}\cdot\frac{1}{ON^2}.$$

Wenn wir nun annehmen, daß der Punkt N in einer Entfernung $2a$ von O seine Bewegung beginnt, und wenn wir $h^2 = \mu a$ und $ON = x$ setzen, so erhalten wir für N eine Beschleunigung $\frac{\mu}{x^2}$ mit der Richtung nach O hin, d. h. wir bekommen

$$\ddot{x} = -\frac{\mu}{x^2}.$$

Da der Radiusvektor OP in gleichen Zeiten gleiche Flächen beschreibt, so können wir die Figur 28 benutzen, um die Lage des Punktes als Funktion der Zeit anzugeben.

Ist $\sphericalangle AOP = \Theta$ und t die Zeit, die während der Bewegung von A nach N verstreicht, so ist

$$x = ON = \frac{OP^2}{2a} = \frac{(2a\cos\Theta)^2}{2a} = 2a\cos^2\Theta,$$

und $ht =$ zweimal dem krummlinig begrenzten Flächenstück AOP
$=$ zweimal dem Sektor ACP plus zweimal dem Dreieck OCP,
$= 2a^2\Theta + a^2\sin 2\Theta,$

und somit

$$t = \frac{a^{\frac{3}{2}}}{\sqrt{\mu}}(2\Theta + \sin 2\Theta).$$

Damit sind sowohl die Lage x wie auch die Zeit t als Funktion eines Parameters Θ gefunden.

55. Beispiele. 1. Zu denselben Ergebnissen kommt man naturgemäß auch durch Integration der Gleichung $\ddot{x} = -\frac{\mu}{x^2}$ unter Berücksichtigung der Bedingung, daß für $t = 0$, $x = 2a$, $\dot{x} = 0$.

Multiplizieren wir beide Seiten mit $\dot{x}$ und integrieren dann, so finden wir

$$\tfrac{1}{2}\dot{x}^2 = \frac{\mu}{x} + C,$$

worin C eine willkürliche Konstante ist; setzen wir $t = 0$, so bekommen wird $C = -\frac{\mu}{2a}$.

Daraus folgt

$$\dot{x}^2 = \mu\left(\frac{2}{x} - \frac{1}{a}\right).$$

Berücksichtigt man, daß x mit wachsendem t kleiner wird, so ergibt sich

$$t = -\int\limits_{2a}^{x}\left(\mu\frac{2a - x}{ax}\right)^{-\frac{1}{2}} dx.$$

Man setze hierin $x = 2a\cos^2\Theta$ ein und leite dadurch das in Abschnitt 54 gefundene Resultat ab.

2. Man ermittele die gesamte von A bis O gebrauchte Zeit.

56. Das Feld der Erdschwere. Mit den an fallenden Körpern angestellten Beobachtungen stimmt die Anschauung überein, daß das Kraftfeld rings um die Erde ein zentrales ist und daß die Beschleunigung eines freien Körpers in diesem Feld nach dem Erdmittelpunkt hinzeigt. Der Mond beschreibt annähernd eine Kreisbahn um die Erde und zwar innerhalb einer Periode von $27\,^1/_3$ Tagen; diese Bewegung ist fast gleichförmig; der Abstand des Mondes von der Erde beträgt etwa 60 Erdradien. Nun hat die Zentralbeschleunigung eines Punktes, der eine Kreisbahn vom Radius R während der Zeit T gleichförmig beschreibt, den Wert $\frac{4\pi^2 R}{T^2}$; wenn nun der Radius 60 mal so groß wie der Erdradius ist (6378 km) und die Periode beträgt $27\,^1/_3$ Tag, so erhält man für diese Beschleunigung, wenn man sie in m/sec^{-2} ausdrückt, angenähert $\frac{9{,}81}{3600}$ m/sec^{-2}. Also bewegt sich der Mond um die Erde nahezu in derselben Weise, als wenn er unter dem Einfluß der im Verhältnis $1:(60)^2$ verminderten Erdbeschleunigung stünde.

Aus diesem Ergebnis schließen wir, daß das Kraftfeld um die Erde sich bis zum Monde erstreckt und daß die Feldstärke ebenso wie die Stärke des Sonnenfeldes sich umgekehrt mit dem Quadrat der Entfernung ändert.

Für Körper in der Nähe der Erdoberfläche hat man je nach der Höhe über der letzteren an der Erdbeschleunigung eine Korrektur vorzunehmen. Sind g die Erdbeschleunigung an der Oberfläche der Erde und a der Erdradius, so ist die Erdbeschleunigung in einer Höhe h über der Oberfläche

$$\frac{g \cdot a^2}{(a+h)^2}.$$

Es gibt noch andere Berichtigungen der Erdbeschleunigung, die wenigstens ebenso wichtig sind, wie die hier erwähnte. Die wichtigste, die mit der Drehung der Erde zusammenhängt, wird uns im Kapitel X beschäftigen.

57. Beispiele. 1. Die Umhüllende der Ellipsenbahnen aller Massenpunkte, die, von einem Punkte P mit der Geschwindigkeit V ausgehend, sich mit einer nach einem Punkte S gerichteten Beschleunigung bewegen, welche sich umgekehrt mit dem Quadrat des Abstandes ändert, ist eine Ellipse. Diese hat S und P zu Brennpunkten und berührt jede der Bahnen in dem Punkte, in dem die von P nach dem zweiten Brennpunkt der Bahn gezogene Gerade die Bahn schneidet.

2. Man zeige, daß ein Gewehr in der Ebene des Meeresspiegels $1/n^2$ der Erdoberfläche bestreichen kann, wenn die größte Höhe, bis zu der es eine Kugel senden kann, $1/n$ des Erdradius beträgt. Hierbei ist die Veränderung der Schwere mit der Höhe berücksichtigt.

3. Man beweise, daß ein Massenpunkt von der Höhe h bis zur Erdoberfläche angenähert die Fallzeit $\left(\frac{2h}{g}\right)^{1/2}\left(1+\frac{5}{6}\frac{h}{a}\right)$ braucht, wenn a der Endradius ist und $\left(\frac{h}{a}\right)^2$ vernachlässigt wird.

Vermischte Beispiele. 1. Man beweise, daß die Zeit, die man zum geradlinigen Überschreiten einer Straße von der Breite c braucht, auf der ein Strom von Omnibussen von der Breite b in gleichen Abständen a mit der Geschwindigkeit V vorüberfährt, gleich

$$\frac{c}{V}\left(\frac{a}{b}+\frac{b}{a}\right)$$

ist, wenn das Überschreiten der Straße mit der kleinstmöglichen Geschwindigkeit vor sich gehen soll.

2. Ein Massenpunkt bewege sich in einer Ebene derart, daß seine Seitengeschwindigkeiten, die er parallel zu zwei aufeinander senkrechten Geraden der Ebene hat, proportional seinen Abständen von zwei anderen rechtwinkligen Geraden der Ebene sind. Man beweise, daß seine Bahn eine logarithmische Spirale oder eine gleichseitige Hyperbel ist.

3. Drei Pferde auf einem Felde befinden sich in einem bestimmten Augenblick in den Eckpunkten eines gleichseitigen Dreiecks. Relativ zu einem Menschen, der in einem Wagen die Landstraße entlang fährt, bewegen sie sich auf den Seiten des Dreiecks (im selben Umlaufsinn) und zwar mit derselben Geschwindigkeit, wie sie der Wagen hat. Man zeige, daß

die drei Pferde in Wirklichkeit auf drei sich in einem Punkte treffenden Geraden laufen.

4. Eine gerade Linie von der konstanten Länge AB dreht sich mit gleichförmiger Winkelgeschwindigkeit um den Punkt A und eine zweite Gerade BC, ebenfalls von konstanter Länge, bewegt sich so, daß C immer auf einer festen durch A gehenden geraden Linie bleibt. Man beweise, daß die Geschwindigkeit von C proportional dem Stück ist, das BC von der in A auf AC errichteten Senkrechten abschneidet.

5. Ein Punkt P bewege sich mit gleichförmiger Geschwindigkeit auf einem Kreise; der Punkt Q auf demselben Radius habe den doppelten Abstand vom Mittelpunkt, und PR, die Tangente in P, ist gleich dem Bogen, der von P seit Beginn der Bewegung zurückgelegt wurde; man zeige, daß die Beschleunigung von R parallel und proportional RQ ist.

6. Ein Punkt C beschreibt einen Kreis vom Radius r mit der Winkelgeschwindigkeit ω' um den Mittelpunkt O und ein Punkt P bewegt sich so, daß CP immer den konstanten Wert a besitzt und sich in der Ebene des von C beschriebenen Kreises mit der Winkelgeschwindigkeit ω dreht. Man beweise, daß die Winkelgeschwindigkeit von OP

$$\frac{1}{2R^2}\left\{\omega(R^2+a^2-r^2)+\omega'(R^2-a^2+r^2)\right\}$$

ist, wobei R die Länge OP bedeutet.

7. Zwei Punkte bewegen sich gleichförmig auf geraden Linien in derselben Ebene. Zu irgendeiner Zeit sei a ihr Abstand, V ihre relative Geschwindigkeit gegeneinander, u und v deren Komponenten parallel und senkrecht zur Richtung von a. Man zeige, daß ihre Entfernung, wenn sie am kleinsten ist, die Größe $\frac{av}{V}$ hat und daß die Zeit, die bis dahin verstreicht, $\frac{au}{V^2}$ ist.

8. Zwei Punkte A und B bewegen sich mit gleichförmigen Geschwindigkeiten u, v auf zwei geraden Linien, die einen Winkel α miteinander bilden; man beweise, daß während der Bewegung aus der Lage, in der AB am kleinsten ist, bis zu derjenigen Lage, für die AB doppelt so groß wie dieser Kleinstwert wird, die Zeit

$$\frac{\sqrt{3}\,c\,u\sin\alpha}{u^2+v^2-2uv\cos\alpha}$$

verstreicht, worin c den Abstand AB bedeutet, wenn A die Bahn von B überschreitet.

9. Man beweise: bewegt sich ein Massenpunkt entlang einer ebenen Kurve, so wandert der Fußpunkt des Lotes, das man vom Ursprung auf die Bewegungsrichtung fällt, mit der Geschwindigkeit $\frac{rv}{\varrho}$, wenn v die Geschwindigkeit des Massenpunktes, r sein Abstand vom Ursprung und ϱ der Krümmungsradius seiner Bahn ist.

10. Zwei Massenpunkte gehen gleichzeitig vom selben Punkte ab und bewegen sich auf zwei geraden Linien, der eine mit gleichförmiger Geschwindigkeit, der andere mit gleichförmiger Beschleunigung. Man beweise, daß die Verbindungslinie der beiden Punkte stets eine feste Parabel berührt.

11. Ein Massenpunkt bewegt sich mit gleichförmiger Tangentialbeschleunigung auf seiner Bahn und beschreibt in der n_1, n_2, n_3 ten Sekunde nach einem bestimmten Zeitpunkt die Bogen s_1, s_2, s_3; man beweise, daß

$$s_1(n_2 - n_3) + s_2(n_3 - n_1) + s_3(n_1 - n_2) = 0.$$

12. Zwei Boote starten bei einem Wettrennen mit den Geschwindigkeiten v und v' und bewegen sich mit den Beschleunigungen f, f'. Man beweise, daß die durchfahrene Strecke

$$\frac{2(v - v')\cdot(vf' - v'f)}{(f - f')^2}$$

war, wenn sie zugleich durchs Ziel gehen.

13. Ein Körper wird mit der Geschwindigkeit v vertikal nach aufwärts geworfen; nach einer Zeit t wird ein zweiter Körper mit der Geschwindigkeit v' $(< v)$ ebenfalls vertikal nach oben geworfen. Damit sie sich in möglichst kurzer Zeit treffen, muß sein

$$t = \frac{\{v - v' + \sqrt{v^2 - v'^2}\}}{g}.$$

14. Ein Massenpunkt bewege sich auf der x-Achse aus der Ruhelage $x = a$ mit der Beschleunigung $\frac{\mu}{x^2}$ nach dem Ursprunge hin. Man zeige, daß er bis zur Lage x die Zeit braucht:

$$\sqrt{\left(\frac{a^3}{2\mu}\right)}\left\{\operatorname{arc\,cos}\left(\sqrt{\frac{x}{a}}\right) + \sqrt{\left(\frac{x}{a} - \frac{x^2}{a^2}\right)}\right\}.$$

15. Ein Massenpunkt bewege sich in gerader Linie unter der Wirkung einer von einem festen Punkte der Geraden ausgehenden Kraft, die in der Entfernung r die Größe $\frac{\mu}{r^2} - \frac{b^2\mu}{r^3 a}$ hat. Er beginne seine Bewegung aus der Ruhelage $a + \sqrt{a^2 - b^2}$. Man beweise, daß er in einer Entfernung $a - \sqrt{a^2 - b^2}$ zur Zeit $\frac{\pi a^{3/2}}{\sqrt{\mu}}$ zur Ruhe kommt und zwischen den Grenzlagen hin und her schwingt.

16. Ein Massenpunkt bewege sich auf der x-Achse von der Ruhelage $x = a$ aus und erleide während eines Zeitraums t_1 vom Beginn der Bewegung an die Beschleunigung $-\mu x$, für den folgenden Zeitraum t_2 dagegen die Beschleunigung μx. Am Ende dieses Zeitraums sei der Massenpunkt nach dem Ursprung gelangt; man beweise, daß

$$\tan(t_1\sqrt{\mu})\cdot\tanh(t_2\sqrt{\mu}) = 1.$$

17. Drei Tangenten an die Bahn eines Massenpunktes, dessen Beschleunigung konstant ist und immer in derselben Richtung zeigt, bilden ein Dreieck ABC; die Geschwindigkeiten sind u längs BC, v längs CA, w längs AB. Man beweise, daß

$$\frac{BC}{u} + \frac{CA}{v} + \frac{AB}{w} = 0.$$

18. Man beweise, daß die Winkelgeschwindigkeit eines Geschosses um den Brennpunkt seiner Bahn sich umgekehrt mit seinem Abstand vom Brennpunkt ändert.

19. Man beweise, daß eine Kugel, die aus einem Gewehr unter irgendeinem Steigungswinkel abgeschossen wurde, vom Abschußpunkt aus gesehen, hinter einer senkrechten Scheibe mit gleichförmiger Geschwindigkeit niederzugehen scheint.

20. Ein Massenpunkt wird von einer Plattform mit der Geschwindigkeit V unter dem Steigungswinkel β abgeschossen. Auf der Plattform ist ein Fernrohr unter dem Winkel α aufgestellt. Die Plattform bewegt sich horizontal in derselben Ebene wie der Massenpunkt derart, daß der letztere ständig im Mittelpunkt des Gesichtsfeldes des Fernrohres bleibt. Man zeige, daß die Eigengeschwindigkeit des Fernrohres $V \sin(\alpha - \beta) \operatorname{cosec} \alpha$ und seine Beschleunigung $g \cot \alpha$ sein muß.

21. Ein Tennisspieler, der im langen Feld steht, hat einen Ball zu nehmen, den er gleich gut aus jeder Höhe zwischen den Höhenlagen k_1 und k_2 über dem Erdboden zurückschlagen kann; man zeige, daß er seinen Standort innerhalb eines Raumes

$$R\left\{\sqrt{1-\frac{k_2}{h}}-\sqrt{1-\frac{k_1}{h}}\right\}$$

einnehmen muß, worin $2R$ die horizontale Schlagweite und h die größte Höhe des Balles bedeuten.

22. Ist α der erforderliche Elevationswinkel eines Geschützes, um damit eine Marke auf einer Scheibe in der horizontalen Schußweite R zu treffen, und wird die Achse der Drehzapfen des Geschützrohres gegen die Horizontale um den Winkel β geneigt, so wird das Geschoß die Scheibe in einer Entfernung $R \tan \alpha \sin \beta$ seitlich und $R \tan \alpha (1 - \cos \beta)$ unterhalb der Marke treffen, nach der gezielt wurde.

23. Ein schwerer Punkt wird vom Punkt A aus mit der kleinstmöglichen Wurfgeschwindigkeit V abgeworfen, daß er gerade noch durch einen Punkt B geht; man zeige, daß seine Geschwindigkeit in B gleich $V \tan \beta$ ist, wobei 2β den Winkel angibt, den AB mit der Vertikalen bildet.

24. Ein schwerer Punkt wird von einem Punkte A aus so abgeschossen, daß er durch einen anderen Punkt B geht; man zeige, daß die kleinste Geschwindigkeit, mit der das noch möglich ist, $\dfrac{\sqrt{2gl}}{\cos\frac{\alpha}{2}}$ ist und daß der höchste Punkt der Schußbahn in einer Höhe $l \cos^4 \frac{\alpha}{2}$ über A liegt, wobei $AB = l$ und die Neigung von AB gegen die Vertikale α ist.

25. Von einem Fort aus beobachtete man eine Boje unter einem Winkel i unterhalb der Horizontalebene. Ein Geschütz wurde unter einem Elevationswinkel α abgeschossen; man sah aber die Kugel unter dem Winkel i' unterhalb der Horizontalebene im Wasser aufschlagen. Man zeige, daß zum Treffen der Boje ein Elevationswinkel Θ gewählt werden muß, der sich aus der Gleichung ergibt

$$\frac{\cos \Theta \sin(\Theta + i)}{\cos \alpha \sin(\alpha + i')} = \frac{\cos^2 i \sin i'}{\cos^2 i' \sin i}.$$

26. Ein Massenpunkt soll so abgeschossen werden, daß er gerade durch drei gleiche Ringe vom Durchmesser d fliegt, die sich in parallelen vertikalen Ebenen in Abständen a voneinander befinden, und deren höchste Punkte in einer und derselben geraden Linie in der Höhe h

über dem Abschußpunkte liegen. Man beweise, daß er unter einem Winkel $\operatorname{arc\,tan}\left(\frac{2\sqrt{h\,d}}{a}\right)$ gegen die Horizontale abgeschossen werden muß.

27. Ein Massenpunkt wird von einem Punkt eines horizontalen Tisches so abgeschossen, daß er durch die vier oberen Ecken eines mit einer Seite in die Tischebene fallenden vertikalstehenden regelmäßigen Vielecks mit gerader Seitenzahl geht. Sind R und r die Radien der um- bzw. eingeschriebenen Kreise des Vielecks, so ist die Schußweite auf der Ebene $\frac{2}{R}\sqrt{R^4 - 5\,R^2\,r^2 + 8\,r^4}$ und die größte Höhe des Massenpunktes über dem Vieleck $\frac{R^2\,(R^2 - r^2)}{2\,r\,(2\,r^2 - R^2)}$. Dies ist zu beweisen.

28. Ein Mann, der in einer Entfernung a von einem Netz von der Höhe h entfernt steht, will einen Ball so über das Netz schlagen, daß dieser auf der anderen Seite innerhalb einer Entfernung b $(< a)$ vom Netz zur Erde fällt. Man beweise, daß das Quadrat der größten Horizontalgeschwindigkeit, die dem Ball erteilt werden muß, nach einer harmonischen Reihe wächst, während die Höhe, bis zu der er dabei steigt, nach einer arithmetischen Reihe zunimmt, vorausgesetzt, daß die Höhe den Wert $h\left(1 + \frac{a}{b}\right)$ nicht überschreitet; für die Höhen h und $2\,h$ stehen die Werte dieser größten Horizontalgeschwindigkeiten im Verhältnis $\sqrt{a - b} : \sqrt{a}$.

29. Ein Mann läuft mit der Geschwindigkeit v auf einem Kreise und wirft dabei mit der Hand einen Ball mit der Relativgeschwindigkeit V bis zur Höhe h über der Erde und zwar so, daß der Ball im Mittelpunkt des Kreises niederfällt. Man zeige, daß der kleinste mögliche Wert von V durch die Beziehung gegeben ist

$$V^2 = v^2 + g\left\{\sqrt{a^2 + h^2} - h\right\}.$$

30. Sind A und B zwei gegebene Punkte und C ein weiterer Punkt auf ihrer Verbindungslinie, so sind die Flugzeiten der verschiedensten durch A und B gehenden Flugbahnen dem Wert $\sqrt{CD}$ proportional, wobei D der Punkt ist, in welchem die betreffende Wurfbahn die Vertikale durch C schneidet.

31. Bei jeder Flugbahn zwischen zwei Punkten A und B ist dasjenige Stück der Vertikalen durch einen auf AB liegenden Punkt C, welches zwischen C und der Flugbahn liegt, gleich $\frac{1}{2}\,g\,t_1\,t_2$, wobei t_1 die Zeit von A bis zur Vertikalen durch C und t_2 die Zeit von dieser Vertikalen bis B ist.

32. Ein Massenpunkt wird unter einem Steigungswinkel α von einem Punkt einer um β gegen die Horizontale geneigten Ebene so abgeschlossen, daß die Flugbahn in einer zu dieser Ebene senkrechten Ebene liegt. Ist γ die Erhebung desjenigen Punktes der Bahn, der von der schiefen Ebene am weitesten entfernt liegt, so ist

$$\tan\alpha + \tan\beta = 2\tan\gamma.$$

33. Ein Massenpunkt wird mit der Geschwindigkeit V unter irgendeinem Winkel α abgeschossen, der größer als der kleinste positive Wert von $\operatorname{arc\,cos}\frac{1}{3}$ ist; man zeige, daß man durch den Abschußpunkt zwei Ebenen legen kann, die von seiner Bahn rechtwinklig geschnitten werden, und daß, wenn diese Ebenen die Neiguugswinkel β und γ gegen

die Horizontale bilden, die Beziehung gilt $\beta+\gamma=\alpha$, sowie daß die Zeit, während welcher der Punkt von einer Ebene zur anderen eilt, den Wert

$$\sin(\beta-\gamma)\cdot\frac{V}{g}$$

hat.

34. Ein schwerer Punkt fliegt mit einer Geschwindigkeit u unter der Steigung γ gegen die Horizontale von einem Punkte einer unter α geneigten Ebene ab, wobei $2\sqrt{2\tan\alpha}=\sqrt{3}\tan\gamma$. Man zeige, daß für verschiedene Lagen der senkrechten Wurfbahnebene die Projektion der Wurfweite auf eine horizontale Gerade, die senkrecht zu der Geraden größter Steigung steht, den Höchstwert erreicht

$$\frac{5\sqrt{5}\,u^2}{4\sqrt{6}\,g}\sin 2\gamma.$$

35. Zwei Ebenen, die sich in einer horizontalen Geraden schneiden, sind gegen die Horizontalebene unter den Winkeln α und β geneigt. Ein Massenpunkt wird im Abstand a von der Schnittlinie von einem Punkt der ersten Ebene so abgeschossen, daß er die andere Ebene rechtwinklig durchschneidet; man zeige, daß die Geschwindigkeit beim Abwurf

$$\frac{\sqrt{2\,g\,a\sin\beta}}{\sqrt{\sin\alpha-\sin\beta\cos(\alpha+\beta)}}$$

war.

36. Wird die Geschwindigkeit v eines Geschosses in einem Punkte seiner Flugbahn plötzlich auf die Hälfte verringert, so liegt der Brennpunkt der neuen Flugbahn dem Geschoß um $\frac{3}{8}\frac{v^2}{g}$ näher und die Krümmung der Bahn vervierfacht sich.

37. Zwei schwere Punkte werden vom selben Ausgangspunkt mit gleichen Geschwindigkeiten so abgeworfen, daß die Abschußrichtungen in dieselbe Vertikalebene fallen; t, t' seien die Flugzeiten der Punkte vom Ausgangspunkt bis zum anderen Schnittpunkt ihrer Wurfbahnen, T, T' ihre Flugzeiten bis zum höchsten Punkte ihrer Bahnen. Man beweise, daß der Wert $t\cdot T+t'\cdot T'$ unabhängig von den Abschußrichtungen ist.

38. Drei Punkte werden vom selben Ausgangspunkte in derselben Vertikalebene mit den Geschwindigkeiten v_1, v_2, v_3 unter den Steigungswinkeln β_1, β_2, β_3 abgeschossen. Man beweise, daß die Brennpunkte ihrer Wurfparabeln in einer geraden Linie liegen, falls

$$\frac{\sin 2(\beta_2-\beta_3)}{v_1^2}+\frac{\sin 2(\beta_3-\beta_1)}{v_2^2}+\frac{\sin 2(\beta_1-\beta_2)}{v_3^2}=0.$$

39. Drei Punkte werden gleichzeitig von einem gegebenen Punkte in verschiedenen Richtungen abgeschossen. Man beweise, daß sie nach Verlauf der Zeit t ein Dreieck bilden, dessen Flächeninhalt proportional t^2 ist. Liegen die Abschußrichtungen zweier von ihnen in derselben Vertikalebene, so geht die Ebene des erwähnten Dreiecks nach der Zeit

$$\frac{2}{g}\cdot\frac{u v\sin(\beta-\alpha)}{(u\cos\alpha-v\cos\beta)},$$

durch den Abschußpunkt, worin u, v die Anfangsgeschwindigkeiten und α, β die Anfangssteigungen dieser beiden Punkte beim Abschuß sind.

40. Eine Anzahl Punkte werden gleichzeitig von einem Punkte aus abgeschossen und bewegen sich unter dem Einfluß der Schwere; man zeige, daß die Berührungspunkte der Tangenten, die man von einem beliebigen Punkte auf der im Abschußpunkt errichteten Senkrechten an die Bahnen zieht, gleichzeitige Lagen der Punkte sind.

41. Vom selben Punkt aus werden eine Anzahl Massenpunkte mit gleichen Geschwindigkeiten in derselben Ebene abgeschossen; man beweise, daß die Scheitel ihrer Wurfbahnen auf einer Ellipse liegen. Wenn sie alle drei gleich elastisch sind und auf eine vertikale Wand aufspringen, so liegen die Scheitel ihrer neuen Bahnen ebenfalls auf einer Ellipse.

42. Von der Spitze eines Berges, der die Gestalt einer Halbkugel vom Radius r hat, wird ein Geschoß mit der Geschwindigkeit $\sqrt{2gh}$ abgefeuert. Man zeige, daß die weitesten Punkte des Berges, die man dabei treffen kann, in einer (geradlinig gemessenen) Entfernung $r - \sqrt{r^2 - 4rh}$ von der Bergspitze entfernt sind.

43. Eine Kanone ist in einem Fort aufgestellt, das an einem Berghang liegt, der unter dem Winkel α gegen den Horizont geneigt ist. Man zeige, daß der damit beherrschte Flächenraum $4\pi h(h + d\cos\alpha)\sec^3\alpha$ ist, wobei $\sqrt{2gh}$ die Mündungsgeschwindigkeit des Geschosses und d der senkrechte Abstand der Kanone vom Berghang bedeutet.

44. Eine Kanone ist in einem Punkte fest aufgestellt, so daß sie die Horizontalebene, in der sie steht, bestreichen kann. Das Rohr läßt sich gegen die Lafette so verstellen, daß die Richtung des Rohres stets in einer unter dem Winkel α gegen die Horizontale geneigten Ebene bleibt. Man beweise, daß der gesamte Schußbereich in der Horizontalebene eine Ellipse von der Exzentrizität $\sin\alpha$ ist, wenn die Mündungsgeschwindigkeit konstant bleibt.

45. Im horizontalen Abstand a von einem Geschütz steht eine Mauer von der Höhe $h\left(> a - \frac{g a^2}{v^2}\right)$ und es wird in einer zur Mauer senkrechten Ebene mit der Anfangsgeschwindigkeit v ein Geschoß abgefeuert. Man beweise, daß auf der anderen Seite der Mauer noch ein Raum von der Tiefe

$$\frac{2ha}{g(a^2 + h^2)}\sqrt{v^4 - a^2 g^2 - 2hv^2 g}$$

bestrichen werden kann, vorausgesetzt, daß dieser Ausdruck einen reellen Wert gibt.

46. Man soll einen Ball von einem gegebenen Punkt aus mit einer bestimmten Geschwindigkeit so abwerfen, daß er eine vertikale Mauer oberhalb einer horizontalen Geraden trifft. Wirft man den Ball in einer zur Mauer senkrechten Vertikalebene ab, so muß der Abschußwinkel zwischen Θ_1 und Θ_2 liegen. Man beweise, daß die Punkte an der Mauer, gegen die der Ball direkt geworfen werden kann, innerhalb eines Kreises vom Radius

$$\frac{V^2 \sin(\Theta_1 - \Theta_2)}{g \sin(\Theta_1 + \Theta_2)}$$

liegen.

47. Aus einem Springbrunnen springen Wasserstrahlen mit einer Austrittsgeschwindigkeit $\sqrt{ga \operatorname{cosec}\Theta}$ unter dem Winkel Θ gegen die Vertikale. h sei die Höhe der Ausflußdüse über dem Mittelpunkt des

kreisförmigen Bassins. Man beweise, daß der Radius des Bassins, falls alles Wasser in dieses hineinfallen soll, mindestens den Wert

$$\{2a[a+\sqrt{a^2+h^2}]\}^{\frac{1}{2}}$$

haben muß.

48. Wenn die Einwirkung des Windes auf ein Geschoß diesem eine Beschleunigung f in horizontaler Richtung erteilt, so ist der geometrische Ort aller Punkte, die mit einer gegebenen Abschußgeschwindigkeit gerade noch erreicht werden können, eine Ellipse mit der Exzentrizität $\frac{f}{\sqrt{f^2+g^2}}$ und dem Flächeninhalt $\frac{\pi v^4}{g^3}\cdot\sqrt{f^2+g^2}$.

49. Ein Geschoß wird so abgeschossen, daß es in seiner Achsenrichtung in ein glattes, gerades unter 45° gegen den Horizont geneigtes Rohr von kleiner Bohrung eintritt, aus dem es am anderen Ende wieder austritt. Man zeige, daß die Parameter der beiden Schußbahnen, vor dem Ein- und nach dem Austreten aus dem Rohr sich um die $\sqrt{2}$fache Rohrlänge unterscheiden.

50. Werden zwei Massenpunkte zu gleicher Zeit in derselben Vertikalebene von zwei gegebenen Punkten aus mit gleicher Geschwindigkeit abgeschossen und treffen sie sich, so ist die Summe ihrer Neigungswinkel beim Abschuß konstant; für konstante Abschußgeschwindigkeit und verschiedene Abschußrichtungen ist der geometrische Ort dieser Treffpunkte eine Parabel.

51. Ein Mann wirft von der Kante einer Felswand einen Stein mit gegebener Geschwindigkeit u unter einem gegebenen Winkel gegen den Horizont in einer zur Felsenkante senkrechten Ebene ab; nach einer Zeit τ wirft er vom selben Fleck in derselben Schußebene noch einen Stein mit der Geschwindigkeit v unter einem Winkel $\frac{1}{2}\pi-\Theta$ gegen die Abschußrichtung des ersten Steines. Man berechne den Wert von τ, für welchen sich die Steine treffen, und zeige, daß τ für verschiedene Größe von Θ den Höchstwert $\frac{2v^2}{wg}$ erreicht, wenn $\sin\Theta=\frac{v}{u}$ wird; w bedeutet dabei die Vertikalkomponente von v.

---

52. Zwei Massenpunkte beschreiben dieselbe Ellipse in der gleichen Zeit als Zentralbewegungsbahn um den Mittelpunkt. Man zeige, daß der Schnittpunkt ihrer jeweiligen Bewegungsrichtungen ebenfalls eine Zentralbewegung um den Mittelpunkt ausführt, daß er nämlich eine konzentrische Ellipse beschreibt.

53. Zwei Massenpunkte werden von zwei Punkten einer geraden Linie, die durch einen Punkt O geht, in parallelen Richtungen mit Geschwindigkeiten abgeschossen, die ihren Abständen von O proportional sind; jeder Massenpunkt habe eine nach O gerichtete Beschleunigung von der Größe $\mu\cdot$(Abstand). Man beweise, daß alle Tangenten an die Bahn des inneren Punktes von der Bahn des äußeren Bögen abschneiden, die in gleichen Zeiten durchlaufen werden.

54. Zwei Punkte beschreiben konzentrische und koaxiale Ellipsen um den gemeinsamen Mittelpunkt mit Beschleunigungen, die für gleiche Abstände gleich sind. Die Summe der Achsen der einen Ellipse seien gleich der Differenz der Achsen der anderen; die Punkte beginnen ihre Bewegung in entgegengesetzten Richtungen von den einander entsprechenden Enden der großen Achsen. Man beweise, daß bie Verbin-

dungslinie der Punkte konstante Länge hat und sich mit gleichförmiger Winkelgeschwindigkeit dreht.

55. Von allen möglichen Punkten der Peripherie eines Kreises aus, nach dessen Mittelpunkt hin eine dem Abstande proportionale Kraft wirkt, werden Körper nach einem bestimmten Punkte der Kreisperipherie geworfen, und zwar mit Geschwindigkeiten, die ihren Entfernungen von diesem Punkte proportional sind. Man beweise, daß die Massenpunkte jederzeit auf einem Kreise liegen.

56. Von Punkten einer Kugel vom Radius a aus werden mit der Geschwindigkeit $\sqrt{gb}$ Massenpunkte abgeschossen, die sich mit der nach dem Mittelpunkt gerichteten Beschleunigung $\frac{gr}{a}$ bewegen, wobei r den Abstand vom Mittelpunkt bedeutet. Man beweise, daß sie auf dem Teil der Oberfläche niederfallen, der durch die kleinere der beiden Kugelschalen gebildet wird, in welche ein kleiner Kreis vom Radius b die Kugelfläche teilt.

57. Auf einer Ellipse von der Exzentrizität $\frac{1}{2}$ bewegt sich ein Körper unter dem Einfluß einer nach dem Mittelpunkt gerichteten Kraft. Als er am einen Ende des Parameters angekommen ist, wird plötzlich der Mittelpunkt der Kraft nach dem Fußpunkt der zugehörigen Leitlinie[1]) verlegt. Man beweise, daß für die beiden möglichen Fälle die Zeiten, die vergehen, bis der Körper die große Achse trifft, sich wie $2:1$ verhalten.

58. Ein Punkt P beschreibt eine gleichseitige Hyperbel unter dem Einfluß einer nach dem Mittelpunkt C gerichteten Beschleunigung $\mu \cdot CP$; auf CP sei ein Punkt Y so bestimmt, daß $CP \cdot CY = a^2$ ist; man beweise, daß die Geschwindigkeit, mit der sich P und Y gegeneinander bewegen,

$$\sqrt{\mu} \cdot CP \cdot \left(1 - \frac{a^2}{CP^2}\right)^{\frac{1}{2}} \left(1 + \frac{a^2}{CP^2}\right)^{\frac{3}{2}}$$

ist, worin $2a$ die große Achse bedeutet.

---

59. Die Beschleunigung eines Massenpunktes sei ständig nach einem Punkte S gerichtet und ändere sich umgekehrt mit dem Quadrat der Entfernung. Man beweise, daß es zwei Richtungen gibt, unter denen man den Massenpunkt mit gegebener Anfangsgeschwindigkeit von einem Punkte P abschießen kann, damit er durch einen Punkt Q geht, und zeige, daß er in beiden Fällen mit der gleichen Geschwindigkeit in Q anlangt. Ebenso beweise man, daß der Winkel zwischen einer der Abschußrichtungen und PQ ebenso groß ist wie derjenige zwischen der anderen und PS.

60. Ein Punkt vollführe eine Zentralbewegung auf einer Ellipse um einen Brennpunkt; man beweise, daß in einer beliebigen Lage die Winkelgeschwindigkeit um den anderen Brennpunkt sich umgekehrt mit dem Quadrat desjenigen Stückes der jeweiligen Bahnnormalen ändert, das durch die große Achse abgeschnitten wird.

61. Ein Punkt beschreibe einen Kegelschnitt um einen Brennpunkt; man beweise, daß der geometrische Zuwachs der Geschwindigkeit, den

[1]) D. h. nach dem Schnittpunkt der großen Achse mit der Polaren des betreffenden Brennpunktes.

er bei seiner Bewegung von einem Punkt nach einem anderen erlangt, dieselbe Richtung hat wie die Verbindungslinie des Brennpunktes mit dem zur Verbindungssehne der beiden Punkte gehörigen Pol.

62. Man beweise, daß ein mit der Geschwindigkeit V in einer Entfernung r vom Ursprung abgeschossener Körper, der eine Beschleunigung $\frac{\mu}{r^2}$ nach dem Ursprung hin erleidet, die Periodendauer

$$\frac{2\pi}{\sqrt{\mu}}\left(\frac{2}{r}-\frac{V^2}{\mu}\right)^{-\frac{3}{2}}$$

hat.

63. Man beweise, daß die größte Radialgeschwindigkeit eines Punktes, der eine Ellipse um einen Brennpunkt beschreibt,

$$\frac{2\pi a e(1-e^2)^{-\frac{1}{2}}}{T}$$

ist, worin $2a$ die große Achse, e die Exzentrizität und T die Periodendauer bedeuten.

64. Ein Punkt beschreibt eine Ellipse als Zentralbewegungsbahn um einen Brennpunkt und ein zweiter Punkt beschreibt dieselbe Ellipse in der gleichen Zeit mit gleichförmiger Winkelgeschwindigkeit um denselben Brennpunkt. Die Massenpunkte gehen zur gleichen Zeit von der ferneren Apside ab. Man zeige, daß der Gesichtswinkel, unter dem die Verbindungslinie der Punkte, vom Brennpunkt aus gesehen, erscheint, am größten wird, wenn der vom ersten Punkt zurückgelegte Winkel den Wert $\frac{1}{e}\arccos\left\{1-(1-e^2)^{\frac{3}{4}}\right\}$ hat, wobei e die Exzentrizität ist.

65. Ein Massenpunkt beschreibt eine Ellipse mit den Achsen $2a$, $2b$ um einen Brennpunkt. Man beweise, daß der mittlere Abstand des Punktes vom Brennpunkt für eine unbeschränkt große Zahl von Zeitpunkten, welche gleichen Zunahmen des Vektorwinkels entsprechen, gleich b ist. Für eine unbeschränkte Anzahl von Zeitpunkten, die in gleichen Zeitabständen aufeinander folgen, ist die mittlere Entfernung des Massenpunktes vom Brennpunkt hingegen $a(1+\frac{1}{2}e^2)$, worin e die Exzentrizität angibt.

66. Bei einer Zentralbewegung werde eine Parabel um einen Brennpunkt beschrieben. Die Tangente in irgendeinem Punkte P schneide die Leitlinie in Q. Man beweise, daß sich Q mit einer der Abszisse von P umgekehrt proportionalen Geschwindigkeit bewegt.

67. Eine Hyperbel werde als Zentralbewegungsbahn um einen Brennpunkt beschrieben. Man beweise, daß die Flächengeschwindigkeit, mit welcher der nach dem Mittelpunkt gezogene Radiusvektor die Flächen bestreicht, umgekehrt proportional dem Abstand vom Brennpunkte ist.

68. Man beweise, daß die mit der Beschleunigung $\frac{\mu}{(\text{Entfernung})^2}$ beschriebene Zentralbewegungskurve eines Punktes, den man mit der Geschwindigkeit V in der Entfernung R abschießt, eine gleichseitige Hyperbel wird, falls der Abschußwinkel

$$\operatorname{arc\,cosec}\left\{\frac{V}{\mu}\sqrt{V^2R^2-2\mu R}\right\}$$

ist.

69. Ein Punkt beschreibe eine Ellipse um einen Brennpunkt; von einem Punkte der Bahn ab wirkt plötzlich die Beschleunigung nach dem Mittelpunkt hin, ohne daß sich in diesem Augenblick ihre Größe verändert. Von nun an ändert sich letztere proportional dem Abstand. Man beweise, daß die neue Bahnkurve eine Ellipse ist, die die ursprüngliche Ellipse doppelt berührt und gänzlich in ihr liegt.

70. Ein Punkt beschreibt eine Ellipse um einen Brennpunkt. Plötzlich wird seine Geschwindigkeit verdoppelt und um 90^0 gedreht und der Punkt beschreibt weiterhin eine Parabel. Das Beschleunigungsgesetz bleibt unverändert. Die Parabelachse steht senkrecht zur Achse der Ellipse. Man beweise, daß die Ellipse die Exzentrizität $\frac{1}{2}\sqrt{2}$ besitzt.

71. Ein Punkt beschreibt eine Ellipse um einen Brennpunkt S; er geht vom ferneren Ende der großen Achse ab und kommt nach der Zeit T am Ende der kleineren Achse an. Nach Verlauf dieser Zeit wird das Zentrum der Kraft, ohne daß sich an deren Größe etwas ändert, nach dem anderen Brennpunkt H verlegt und der Punkt bewegt sich weitere T Sek. unter dem Einfluß der nach H hin gerichteten Kraft. Man ermittle die Lage, die der Punkt dann hat, und zeige, daß dieser, falls das Zentrum der Kraft wieder nach S zurückverlegt wird, nach dem zweiten Zeitintervall T sich anschicken würde, eine Ellipse von der Exzentrizität $\frac{(3e - e^2)}{1 + e}$ zu beschreiben, worin e die Exzentrizität der ersten Ellipse ist.

72. Ein Körper bewegt sich auf einer gegebenen Hyperbel unter dem Einfluß einer von deren einem Brennpunkt S ausgehenden Anziehungskraft; während er durch einen Punkt P geht, beginnt die Kraft plötzlich den Körper abzustoßen. Man suche die Lage und Größe der Achsen der neuen Bahnkurve und zeige, daß die Differenz der Quadrate der Exzentrizitäten der neuen und alten Bahnkurve proportional SP ist.

73. Man suche, falls es möglich ist, denjenigen Punkt einer elliptischen Zentralbewegungskurve um den Brennpunkt, von welchem bei Verlegung des Kraftzentrums nach dem anderen Brennpunkt die Bahn eine Parabel würde. Man beweise, daß es keinen solchen Punkt gibt, wenn die Exzentrizität nicht größer als $(\sqrt{5} - 2)$ ist.

74. Ein Punkt beschreibt einen Kreis unter dem Einfluß einer Kraft, die nach einem Punkte S des Kreisumfangs gerichtet ist. Von einer Lage P auf dem Kreise ändert sich die Kraft umgekehrt mit dem Quadrat, ohne daß sich augenblicklich an ihrer Größe etwas ändert. Der Massenpunkt beschreibt von nun an eine Ellipse. Auf der Verlängerung von PS sei ein Punkt Q so gewählt, daß $SQ = \frac{1}{8} SP$; man fälle das Lot QT auf die Tangente in P und vervollständige das Parallelogramm $SQTR$. Dann läßt sich zeigen, daß der Mittelpunkt von TR der Mittelpunkt der Ellipse ist.

75. Ein Massenpunkt beschreibt einen Kreis vom Radius c als Zentralbewegungsbahn um einen Punkt, der um $\frac{c}{\sqrt{3}}$ vom Kreismittelpunkt entfernt ist. In dem Augenblicke, in welchem die Verbindungslinie dieses Punktes mit dem Massenpunkt vom Kreismittelpunkt aus unter einem Gesichtswinkel von 90^0 erscheint, ändert sich plötzlich das Gesetz der Beschleunigung und letztere ist von nun an umgekehrt proportional dem Quadrate des Abstandes; dabei finde augenblicklich keine sprungweise Änderung der Größe der Beschleunigung statt. Man be-

weise, daß die größere Achse der neuen Ellipsenbahn $\frac{16\,c}{5\sqrt{3}}$ und daß ihre Exzentrizität $\frac{1}{8}\sqrt{19}$ ist.

76. Ein Punkt beschreibt eine Ellipse mit kleiner Exzentrizität e. Man beweise, daß der Brennpunkts-Radiusvektor und der Vektorwinkel zur Zeit t nach Durchlaufen der näheren Apside angenähert durch die Beziehungen gegeben sind

$$r = a\,(1 + e\cos nt + \tfrac{1}{2}e^2 - \tfrac{1}{2}e^2\cos 2\,nt)$$
$$\Theta = nt + 2\,e\sin nt + \tfrac{5}{4}e^2\sin 2\,nt.$$

Hierin bedeuten $2\,a$ die große Achse und $\frac{2\pi}{n}$ die Periodendauer.

Ebenso beweise man, daß bei Vernachlässigung von e^2 sich für die Winkelgeschwindigkeit um den andern Brennpunkt ein konstanter Wert ergibt.

77. Ein Punkt durchlaufe eine Ellipse als Zentralbewegungsbahn um einen Brennpunkt. Man beweise, daß er zum Durchlaufen des kleinen der beiden Teile, in die die Peripherie der Ellipse durch eine Brennpunktsehne zerlegt wird, die Zeit

$$\frac{\sqrt{\frac{a^3}{\mu}}}{2\,\Phi - \sin 2\,\Phi}$$

braucht, worin $2\,a\sin\Phi$ die Sehne des Umkreises ist, die der Brennpunktssehne entspricht, und $2\,a$ die große Achse der Bahnkurve bedeutet.

78. Die Periheldistanz eines Kometen sei $\frac{1}{n}$ des Radius der als kreisförmig vorausgesetzten Erdbahn. Man zeige, daß der Komet, falls seine Bahn eine Parabel ist,

$$\frac{\sqrt{2}}{3\,\pi}\left(1 + \frac{2}{n}\right)\sqrt{1 - \frac{1}{n}}$$

Jahre innerhalb der Erdbahn bleibt.

79. Die parabolischen Bahnen zweier Kometen mögen die als Kreis vorausgesetzte Erdbahn in denselben zwei Punkten schneiden; t_1 und t_2 seien die Zeiten, in denen sich die Kometen von einem dieser Punkte zum andern bewegen. Man beweise die Gültigkeit der Beziehung

$$(t_1 + t_2)^{\frac{2}{3}} + (t_1 - t_2)^{\frac{2}{3}} = \left(\frac{4}{3\,\pi}\,T\right)^{\frac{2}{3}},$$

worin T ein Jahr ist.

80. Durch zwei gegebene Punkte gibt es zwei Parabelbahnen, die um den gleichen Brennpunkt mit demselben Beschleunigungsgesetz beschrieben werden können. T_1 und T_2 seien die Fahrzeiten eines Massenpunktes auf den beiden Parabelbögen zwischen den Punkten und r_1, r_2 die Abstände der Punkte vom Brennpunkt. Man beweise, daß

$$(T_1 - T^2)^2 : (T_1 + T_2)^2 = (r_1 + r_2 - d)^3 : (r_1 + r_2 + d)^3.$$

81. Drei Brennpunktsradien SP, SQ, SR einer elliptischen Bahn um einem Brennpunkt S sowie die zwischen ihnen liegenden Winkel seien bekannt. Man zeige, daß man die Gestalt der Ellipse aus der Be-

ziehung $b\,\varDelta = a\,\varDelta'$ finden kann, worin $\varDelta$ der Flächeninhalt des Dreiecks PQR und $\varDelta'$ der Inhalt eines Dreiecks ist, dessen Seiten

$$2\sqrt{SQ\cdot SR}\,\sin\tfrac{1}{2}\,QSR$$

und zwei analog gebaute Ausdrücke sind.

---

82. Ein Massenpunkt beschreibt einen Kreis als Zentralbewegungsbahn um einen Punkt O. Man zeige, daß die Summe der Geschwindigkeiten, die er in zwei beliebigen mit O auf einer Geraden liegenden Punkten besitzt, konstant ist.

83. Ein Kreis werde als Zentralbewegungskurve um einen Punkt O seines Umfanges durchlaufen; die jeweilige Kreistangente schneide die Verlängerung des durch O gehenden Durchmessers in R. Man beweise, daß sich R mit einer Geschwindigkeit bewegt, die dem Ausdruck

$$\frac{\sqrt{4\,a^2 - r^2}}{r\,(2\,a^2 - r^2)^2}$$

proportional ist, wobei a der Radius des Kreises ist.

84. Ein Massenpunkt wird aus A mit der Geschwindigkeit $\dfrac{\sqrt{\frac{\mu}{2}}}{OA^2}$ abgeschossen und bewegt sich mit der nach O gerichteten Beschleunigung $\dfrac{\mu}{(\text{Abstand})^5}$. Die Abschußrichtung bildet einen Winkel α mit OA. Man zeige, daß der Punkt nach der Zeit

$$\frac{OA^3}{\sqrt{2\mu}}\cdot\frac{\alpha - \sin\alpha\cos\alpha}{\sin^3\alpha}$$

in O ankommt.

85. Ein Massenpunkt führe auf einem Kreise um einen exzentrisch gelegenen Punkt eine Zentralbewegung aus. Auf einem Durchmesser AB des Kreises seien 2 Punkte S und S' so gewählt, daß $SA:S'A = SB:S'B = e$. Wird der Kreis als Zentralbewegungsbahn um S bzw. S' durchlaufen und sind V und V' die dementsprechenden Geschwindigkeiten des Massenpunktes in einer beliebigen Stellung auf dem zu S' konkaven Kreisstück, so läßt sich beweisen, daß $\left(\frac{1}{V} - \frac{e}{V'}\right)$ konstant ist, sofern im Punkte A $V = V'$.

86. Man beweise, daß die Beschleunigung, mit der ein Punkt P auf einem Kreise eine Zentralbewegung um einen Punkt S vollführen kann, umgekehrt proportional dem Ausdruck $SP^2\cdot PP'^2$ ist, worin PP' die von P durch S gezogene Sehne bedeutet. —

Werden die Punkte auf dem Kreis in derartigen Abständen gewählt, daß die Quadrate ihrer Entfernungen von S eine arithmetische Reihe bilden, so bilden die zugehörigen Geschwindigkeiten eine harmonische Reihe.

87. Die Beschleunigungen, mit denen auf demselben Kreis um zwei Punkte R bzw. S seiner Ebene Zentralbewegungen von gleicher Periodendauer vollführt werden können, stehen im Verhältnis $SG^3:(RP^2\cdot SP)$. Hierbei ist P ein beliebiger Punkt des Kreises, SG eine durch S parallel

zu RP gezogene gerade Linie und G ihr Schnittpunkt mit der Tangente in P. —

88. Ein Punkt bewege sich zunächst mit gleichförmiger Geschwindigkeit $\frac{\sqrt{\frac{\mu}{2}}}{c^2}$ auf einer gegebenen Geraden. Von einer bestimmten Lage an bekommt er eine Beschleunigung $\frac{\mu r}{(r^2+b^2)^3}$, die ständig nach einem im Abstand a von der Geraden liegenden Punkte S gerichtet ist. Man beweise, daß es für den Fall $c^2 > (a^2+b^2)$ zwei Lagen des Punktes gibt, für welche die spätere Bahn ein Kreis wird, und daß sich die beiden Kreise unter einem Winkel ω schneiden, der durch die Beziehung gegeben ist

$$c^2 \sin\frac{\omega}{2} = 2a\sqrt{(c^2-a^2-b^2)}.$$

89. Ein Massenpunkt beschreibt eine Ellipse vom Parameter $2l$ um den Punkt X, in dem sich Achse und Leitlinie schneiden. Man beweise, daß seine Beschleunigung die Größe $\frac{e^3 h^2 XP}{(l\cdot SM^3)}$ hat, worin S der zu X gehörige Brennpunkt und M der Fußpunkt des von P auf die große Achse gefällten Lotes ist.

90. Eine Ellipse wird als Zentralbewegungsbahn um einen Punkt O der großen Achse beschrieben; man beweise, daß die Beschleunigung in P sich proportional $\frac{PL^3}{OP^2}$ ändert, wobei L den Schnittpunkt von OP mit demjenigen Durchmesser bedeutet, der dem durch P gehenden Durchmesser konjugiert ist.

91. Vollführt ein Massenpunkt auf einer Ellipse eine Zentralbewegung um einen beliebigen Punkt ihrer Ebene, so ist die Summe der reziproken Werte der Geschwindigkeiten in den Endpunkten irgendeines Durchmessers unabhängig von der Lage des Punktes und ändert sich proportional der Periodendauer.

92. Auf irgendeinem Kegelschnitt mit dem Mittelpunkt C werde um einen beliebigen Punkt R eine Zentralbewegung ausgeführt. Man beweise, daß die Beschleunigung in P proportional $\frac{CG^3}{RP^2}$ ist, wobei CG die durch C zu RP gezogene Parallele und G ihr Schnittpunkt mit der Tangente in P ist.

93. Ein Punkt P vollführt auf einer Parabel eine Zentralbewegung um einem Punkt O ihrer Achse; man beweise, daß seine Beschleunigung die Größe $\mu\left\{\frac{1}{OP}+\frac{1}{Op}\right\}^{-3}\cdot OP^{-2}$ hat, wobei p der zweite Schnittpunkt von OP mit der Kurve ist; man zeige ferner, daß die Zeit, in der der Punkt vom einen Endpunkt der in O errichteten Ordinate bis zu deren andern Endpunkt gelangt, $\frac{8}{3}\sqrt{\frac{2}{\mu}}$ ist.

94. Ein Punkt beschreibt eine Parabel vom Parameter $4a$ mit einer Beschleunigung, die ständig nach einem um c vom Scheitel entfernten Punkte der Achse zeigt. Man zeige, daß die Zeit, während der

sich der Punkt vom Scheitel bis zu einem um y von der Achse entfernten Punkte bewegt, proportional $y + \frac{y^3}{12\,a\,c}$ ist.

95. Man beweise, daß ein Punkt jeden beliebigen Kegelschnitt durchlaufen kann, wenn er sich mit einer Beschleunigung bewegt, die ständig rechtwinklig zur großen Achse steht und sich umgekehrt wie die dritte Potenz der Entfernung von dieser Achse ändert.

Beschreibt der Punkt in dieser Weise eine Ellipse und wird der Richtungssinn der Beschleunigung an einem Ende eines der beiden gleichen konjugierten Durchmesser plötzlich umgekehrt, ohne daß sich die Größe der Beschleunigung verändert, so läßt sich beweisen, daß der Punkt weiterhin eine Hyperbel durcheilt, die die Achsen der Ellipse zu Asymptoten hat.

96. Ein Punkt soll eine Ellipse unter dem Einfluß einer Beschleunigung beschreiben, die einem bestimmten Durchmesser der Ellipse ständig parallel wirkt. Man beweise, daß dies nur möglich ist, wenn die Beschleunigung sich umgekehrt mit der 3ten Potenz der zu dem Durchmesser parallelen und durch den Punkt gezogenen Sehne der Ellipse ändert.

97. Ein Punkt bewege sich mit einer gegen die x-Achse hin gerichteten Beschleunigung μy^{-3}, wobei er vom Punkte $(0, k)$ mit den Geschwindigkeitskomponenten U, V parallel zur x- und y-Achse abgehe. Man beweise, daß er die x-Achse nur schneidet, wenn $\mu > V^2 k^2$ ist, und daß er sie in diesem Falle in einer Entfernung $\frac{U k^2}{(\sqrt{\mu} - V \cdot k)}$ vom Ursprung trifft.

---

98. Ein Punkt beschreibe eine Zykloide mit einer zu deren Basis ständig senkrechten Beschleunigung; man beweise, daß die letztere umgekehrt proportional der 4. Potenz des Krümmungsradius im jeweiligem Punkte der Bahn ist.

99. Eine logarithmische Spirale mit dem Pol S, deren Tangente mit dem Leitstrahl den Winkel α einschließe, kann von einem Punkte mit einer Beschleunigung $\frac{\mu}{SP^n}$ durchlaufen werden, welche gegen die Tangente der Spirale den konstanten Winkel β bildet, vorausgesetzt, daß $\tan\alpha = \frac{1}{2}(n-1)\tan\beta$. Man beweise dies.

100. Eine logarithmische Spirale mit dem Pol O werde als Zentralbewegungsbahn um einen Punkt S beschrieben; man beweise, daß die Beschleunigung in P umgekehrt proportional dem Werte $OP \cdot SP^2 \cdot \sin^3\Phi$ ist, wobei unter Φ der Winkel zwischen dem Leitstrahl SP und der Tangente in P zu verstehen ist.

101. Die gegen den Mittelpunkt des Grundkreises hin gerichtete Beschleunigung, mit der ein Punkt eine Epizykloide beschreiben kann, ist proportional $\frac{r}{p^4}$; wobei r den Radiusvektor und p das vom Mittelpunkt auf die Tangente der Zykloide gefällte Lot bedeuten. Man beweise dies.

102. Die Kurve $r = a + b\,\Theta$ werde als Zentralbewegungsbahn um den Ursprung beschrieben; die Anfangsentfernung sei a, die Anfangsgeschwindigkeit V bilde den Winkel $\frac{\pi}{4}$ mit dem Anfangsradiusvektor. Man suche das Beschleunigungsgesetz.

103. Man beweise, daß die Beschleunigung, mit der ein Punkt auf der Kurve $r = a \sin n\Theta$ eine Zentralbewegung um den Ursprung ausführen kann, proportional

$$2n^2 a^2 r^{-5} - (n^2 - 1) r^{-3} \quad \text{ist.}$$

104. Man beweise, daß die Kurve

$$r = a\left(1 + \tfrac{1}{2}\sqrt{6}\cos\Theta\right)$$

als Zentralbewegungsbahn um den Ursprung durchlaufen wird, wenn die Beschleunigung proportional $r^{-4} + \frac{1}{3} a r^{-5}$ ist.

105. Wird die Kurve $r^{2n} + b^{2n} + 2a^n r^n \cos n\Theta = 0$ als Zentralbewegungsbahn um den Ursprung mit der Flächengeschwindigkeit $\frac{1}{2}h$ durchlaufen, so ist die Zentralbeschleunigung

$$2h^2(b^{2n} - a^{2n})\frac{d}{dr}\left\{\frac{r^{2n-2}}{(r^{2n} - b^{2n})^2}\right\}.$$

---

106. Wird eine Kurve als Zentralbewegungsbahn um einen Punkt O beschrieben, so ist die Geschwindigkeit des Fußpunktes der von O auf die Tangente gefällten Senkrechten umgekehrt proportional der durch O gehenden Sehne des Krümmungskreises.

107. Ein Punkt vollführe eine Zentralbewegung um einen Punkt S; h bezeichne die doppelte Flächengeschwindigkeit des Fahrstrahls. Ein anderer Punkt bewege sich derart, daß er in jedem Augenblick vom ersten Punkt und von S gleichen Abstand hat (r), und daß die Winkelgeschwindigkeit seines Fahrstrahls im Verhältnis $\sin\alpha : 1$ kleiner ist als diejenige des Fahrstrahls des ersten Punktes. Man wird finden, daß der zweite Punkt eine nach S gerichtete Beschleunigung hat, die um $\frac{h^2\cos^2\alpha}{r^3}$ kleiner ist als die des ersten Punktes.

108. Eine Anzahl Massenpunkte beschreiben dieselbe Kurve als Zentralbewegungsbahn um einen Punkt O mit einer Beschleunigung, deren Tangentialkomponente die Größe $\frac{h^2}{p^2 \cdot \Phi'(p)}$ hat. Bleibt die Punktreihe stets homogen, ist ihre Dichte zu irgend einer Zeit also überall gleich ϱ_0, so ist ihre Dichte ϱ zu einer späteren Zeit t durch die Gleichung gegeben

$$\Phi(p) + h \cdot t = \Phi\left(p\frac{\varrho_0}{\varrho}\right);$$

hierin bedeuten $\frac{1}{2}h$ die Flächengeschwindigkeit um O und p das von O auf die Tangente gefällte Lot.

109. Werden Kurven, die in bezug auf O invers sind, als Zentralbewegungsbahnen um O mit den Beschleunigungen f, f' beschrieben, so ist

$$\frac{r^3 f}{h^2} + \frac{r'^3 f'}{h'^2} = \frac{2}{\sin^2\Phi};$$

hierbei bedeuten h und h' Konstante; r und r' sind einander entsprechende Fahrstrahlen und Φ ist der Winkel, den r bzw. r' mit der Tangente bilden.

110. Sind f die Beschleunigung und $\frac{h}{2}$ die Flächengeschwindigkeit bei einer Zentralbewegung um einen Punkt O, so genügt die Winkelbe-

schleunigung α um O der Gleichung

$$\frac{d\,\alpha^2}{d\,u} - 6\,\frac{\alpha^2}{u} = 8\,h^2\,u^4\,(f - h^2\,u^3),$$

wobei u den reziproken Wert der Entfernung des laufenden Punktes von O bedeutet.

---

111. Man beweise, daß ein Körper, den man von der Erde mit einer größeren Geschwindigkeit als $11\frac{1}{4}$ km in der Sekunde abschösse, im allgemeinen nicht nach der Erde zurückkehren würde und das Sonnensystem verlassen könnte.

112. Man beweise, daß die kleinste Geschwindigkeit, mit der man einen Körper vom Nordpol abschießen müßte, um ihn bis zum Äquator zu schleudern, ungefähr $7\frac{1}{4}$ km in der Sekunde wäre und daß der zugehörige Elevationswinkel $22\frac{1}{2}{}^0$ beträgt.

113. Ein Massenpunkt werde von der Erdoberfläche so abgeschossen, daß er ein Stück einer Ellipse beschreibt, deren große Achse gleich dem $\frac{3}{2}$fachen Erdradius ist. Bildet die Abschußrichtung einen Winkel von 30^0 mit der Vertikalen, so ist die Flugzeit

$$\frac{3}{4}\sqrt{\frac{3\,a}{g}}\cdot\left(\operatorname{arc\,tan}\sqrt{6} + \sqrt{\frac{2}{3}}\right),$$

worin a den Erdradius und g die Erdbeschleunigung an der Erdoberfläche bedeuten.

114. Eine Punktreihe, welche sich ursprünglich mit der Geschwindigkeit V auf der geraden Linie K bewegt, steht unter dem Einfluß einer Anziehungskraft, die von einer schweren Kugel vom Radius R ausgeht. Der Mittelpunkt der Kugel bewegt sich mit der Geschwindigkeit v auf einer Geraden, welche die Gerade K unter einem Winkel α schneidet.

Ist die ursprüngliche Entfernung der Kugel von der Geraden K sehr groß, so wird eine Strecke

$$\frac{2\,R}{v\sin\alpha}\sqrt{(V^2 - 2\,V v\cos\alpha + v^2 + 2\,g\,R)}$$

der Punktreihe auf die Kugel fallen, worin g die Kraft pro Masseneinheit auf der Kugeloberfläche bedeutet. Man beweise dies.

III. Kräfte, die an einem Massenpunkt angreifen.

58. Die Schwerkraft. Wir wollen einen schweren Körper betrachten, der in der Nähe der Erdoberfläche unterstützt ist. Der Körper ruhe z. B. auf einer horizontalen Ebene, etwa auf der ebenen Oberfläche eines anderen Körpers, oder er sei an einem Seil oder einer Spiralfeder aufgehängt. In beiden Fällen sagen wir, daß eine Kraft auf ihn wirkt, die der Kraft des Erdfeldes entgegenwirkt. Wird der Körper durch eine Feder gehalten, so wird diese gestreckt; selbst wenn der Körper an einer Stahlstange hängt, wird diese ein wenig[1]) gestreckt, wobei die Verlängung des Stabes mittels geeigneter Instrumente auch beobachtet werden kann. Wird der Körper von einem Menschen unterstützt, der ihn trägt, so werden dessen Muskeln in einen Spannungszustand versetzt, ähnlich der Streckung des Stahlstabes, und der Mensch hat das Gefühl einer Muskelanstrengung. Wir pflegen zu sagen, daß er „eine Kraft" ausübt.

Durch die Operation des Wiegens eines Körpers auf der gewöhnlichen Wage bestimmt man eine gewisse Größe: die Anzahl der kg oder g, die der Körper wiegt. Die auf solche Weise bestimmte Zahl ist unabhängig von geographischer Länge und Breite des Ortes, an dem man diese Operation ausführte. Ebenso ist sie, soweit sich dies beobachten läßt, unabhängig von der Höhe des Ortes über oder von seiner Tiefe unter der mittleren Erdoberfläche.

Die Streckung einer Feder, die einen Körper trägt, kann gemessen werden. Ist das Gewicht des Körpers, wie es auf der gewöhnlichen Wage ermittelt wurde, nicht zu groß, so ist

---

[1]) Eine vertikal hängende Stahlstange von 1 cm^2 Querschnittfläche, die eine Last von 1 t trägt, wird angenähert um das 0,00045 fache ihrer Länge gestreckt.

an einem bestimmten Orte der Erdoberfläche (z. B. Berlin) die Streckung der Feder dem damit ermittelten Gewicht proportional. Wir können daher diese Streckung benutzen, um das Gewicht des Körpers zu bestimmen, und sagen dann, daß wir den Körper „auf einer Federwage wägen". Das mittels der Federwage ermittelte Gewicht des Körpers ist unter verschiedenen Breitengraden und in verschiedenen Höhen verschieden. Es hat sich gezeigt, daß es der auf dem betreffenden Orte gefundenen Größe g (der Beschleunigung eines frei fallendes Körpers) proportional ist.

Der ursprüngliche Begriff der „Kraft" gründet sich auf das Gefühl in den Muskeln eines Menschen, der einen schweren Körper trägt. Das Maß der Kraft, wie sie uns durch die obigen Betrachtungen dargetan wird, ist die Streckung einer idealen Feder, die einen schweren Körper trägt[1]). Diese Streckung ist immer proportional

I. dem Gewicht, wie es durch eine gewöhnliche Wage ermittelt wurde,

II. dem Werte g für den betreffenden Ort.

Wir werden also dazu geführt, die Kraft der Erdanziehung als eine beiden Faktoren proportionale Kraft zu messen.

Das Verfahren, einen Körper auf einer gewöh lichen Wage zu wiegen, führt uns dazu, jedem Körper von genügend kleiner Masse eine bestimmte konstante Größe zuzuschreiben, nämlich die Anzahl der kg oder g, die der Körper wiegt. Diese Größe oder irgendein passendes Vielfaches von ihr, wird die **Masse** des Körpers genannt. Für einen Körper, der nicht auf einer gewöhnlichen Wage gewogen werden kann, etwa ein Schlachtschiff, kann die Masse dadurch bestimmt werden, daß man die Massen der einzelnen Teile addiert, nachdem man die Masse jedes Teiles durch Wägung auf einer gewöhnlichen Wage oder durch ein gleichwertiges Verfahren bestimmt hat. Diese Definition der „Masse" reicht allerdings nicht für solche Fälle aus, wo es sich um die Masse der Erde, der Sonne oder des Mondes handelt. Eine allgemeinere Definition wird deshalb noch in Kapitel VI angegeben werden. Wir bezeichnen die Masse eines Körpers mit dem Buchstaben m.

---

[1]) Die Feder ist insofern „ideal", als man von ihrer Streckung annimmt, daß sie dem Gewicht proportional ist, ganz gleich, wie groß das Gewicht auch sei. Eine wirkliche Feder würde durch eine genügend schwere Last beschädigt werden und deren Gewicht nicht genau messen.

Die Schwerkraft der Erde, die auf einen Körper[1]) ausgeübt wird, mißt man als Produkt aus der Zahl der Masseneinheiten, die in der Masse des Körpers enthalten sind, und der Zahl der Beschleunigungseinheiten, die in dem an dem betreffenden Orte geltenden Werte von g enthalten sind. Wir bezeichnen diese Kraft mit W und schreiben

$$W = mg.$$

59. Das Kraftmaß. Die Kraft können wir definieren als ein gewisses Maß der Wirkung, die ein Körper auf einen andern ausübt. In dem besonderen Fall, bei dem es sich um einen Körper auf einer horizontalen ebenen Unterlage handelt, wird die Kraft, welche der Erdanziehungskraft entgegenwirkt, der Einwirkung des Körpers zugeschrieben, von dem diese unterstützende Horizontalebene einen Teil der Oberfläche bildet. Diese Kraft nennen wir die Druckkraft oder die Stützkraft der Ebene auf den Körper. Wird der Körper durch ein Seil oder eine Feder unterstützt, so führen wir die der Erdanziehungskraft entgegenwirkende Kraft auf eine Wirkung des Seiles oder der Feder zurück; wir nennen diese Kraft die Spannkraft des Seiles oder der Feder. Die Erdanziehungskraft, die auf einen Körper wirkt, schreibt man in gleicher Weise einer vermutlichen Wirkung der Erde auf den Körper zu.

In dem zuletzt erwähnten Falle besteht, wie wir wissen, die Folge der Wirkung, wenn ihr nichts entgegenwirkt, darin, daß in dem Körper eine gewisse Beschleunigung wachgerufen wird. Wie oben auseinandergesetzt wurde, ist das Maß der Kraft das Produkt aus der Masse des Körpers und aus der durch die Kraft hervorgerufenen Beschleunigung.

Ebenso können wir allgemein sagen, daß die Folge der Einwirkung jeder Kraft auf einen Körper, wenn ihr nicht andere Kräfte entgegenwirken, darin besteht, daß in dem Körper eine Beschleunigung wachgerufen wird; das Maß der Kraft ist das Produkt aus den Maßzahlen der Masse und der Beschleunigung. Wirkt eine Kraft P auf einen Körper von der Masse m, so erweckt sie in ihm eine Beschleunigung f, und wir erhalten die Beziehung

$$P = mf.$$

60. Die Masseneinheit und die Krafteinheit. Im „CGS-System“ der Einheiten ist das Gramm die Einheit der Masse.

[1]) Diese Kraft wird im gewöhnlichen Sprachgebrauch das „Gewicht“ des Körpers genannt.

Es ist der tausendste Teil der Masse eines gewissen Platinstückes, das unter dem Namen „Kilogramme des Archives" bekannt ist, von Borda hergestellt wurde und in Paris aufbewahrt wird. Die Krafteinheit wird das Dyn genannt. Sie ist diejenige Kraft, die auf einen Körper von der Masse 1 Gramm wirkend diesem eine Beschleunigung von 1 cm/sek^2 verleiht.

Im „physikalischen Maßsystem" ist die Kilogrammmasse die Einheit der Masse. Sie ist gleich der Masse des oben erwähnten in Paris aufbewahrten Platinstückes. Die Krafteinheit ist diejenige Kraft, die auf einem Körper von der Masse 1 Massenkilogramm wirkend diesem die Beschleunigung von 1 m/sek^2 verleiht.

Im „technischen Maßsystem" ist die Einheit der Kraft gleich derjenigen Erdanziehungskraft, die in Paris auf das dort aufbewahrte Platinstück ausgeübt wird. Diese Krafteinheit wird das Kilogramm-Gewicht genannt. Die Masseneinheit ist diejenige Masse, die ein Körper besitzen muß, wenn ihm von der auf ihn wirkenden Krafteinheit 1 Gewichtskilogramm die Beschleunigungseinheit 1 m/sek^2 erteilt werden soll.

In allen drei Maßsystemen verleiht die Einheit der Kraft, wenn sie auf die Masseneinheit wirkt, dieser eine Beschleunigung, die gleich der Beschleunigungseinheit, d. h. $\frac{1 \cdot \text{Längeneinheit}}{(1 \text{ Zeiteinheit})^2}$, ist.

In jedem beliebigen Maßsystem ist die Kraft eine Größe von der ersten Dimension in Masseneinheiten, der ersten Dimension in Längeneinheiten und der minus zweiten Dimension in Zeiteinheiten. Das Dimensionssymbol ist MLZ^{-2}.

61. Die Vektoreigenschaft der Kraft. In den bisher erörterten Fällen handelte es sich entweder um eine Einzelkraft, welche auf einen Körper wirkte, den wir genauigkeitshalber als einen „Massenpunkt" ansahen, oder die auf den Körper wirkenden Kräfte wirkten sich genau entgegen. Im ersten Falle bewegt sich der Körper mit einer gewissen Geschwindigkeit, im letzteren Falle bleibt er in Ruhe. Handelt es sich um einen schweren Körper, der durch die Spannung eines Seiles

[1]) Der Körper muß eine flache Grundfläche haben. Eine feste Kugel oder irgendein Körper mit einer krummen Oberfläche werden, wenn man sie auf eine geneigte Ebene bringt, im allgemeinen herunterrollen. Vorläufig wollen wir jedoch von dem schwierigeren Fall des Rollens absehen.

getragen wird, so können wir uns vorstellen, daß die Erdanziehung ihm die Beschleunigung g nach abwärts und die Seilspannkraft ihm die Beschleunigung g nach aufwärts erteilt. Diese Vorstellung gestattet uns, in beiden Fällen als Maß der Kraft das Produkt der Masse und der von der Kraft erteilten Beschleunigung beizubehalten.

Ein Körper sei in einer horizontalen Ebene seiner Oberfläche unterstützt. Die Oberfläche werde allmählich geneigt, sodaß die Fläche zu einer schiefen Ebene wird. Es zeigt sich, daß der Körper auf der Ebene herunterzugleiten beginnt, wenn die Ebene so weit geneigt wird, daß ihr Neigungswinkel einen gewissen Grenzwinkel überschreitet. Sind die beiden sich berührenden Flächen außerordentlich glatt poliert, so ist der Winkel, bei dem das Gleiten beginnt, klein. Wir können uns sogar denken, die Oberflächen seien so glatt, daß das Gleiten schon bei einem beliebig kleinen Winkel beginnt. Die Beschleunigung, mit der der Körper die Ebene hinabgleitet, ist die Resultierende aus der vertikal nach abwärts gerichteten Beschleunigung g und einer anderen Beschleunigung f. α sei die Neigung der Ebene; man kann dann die Beschleunigung g in zwei Komponente zerlegen, nämlich in $g \sin \alpha$ in der Neigungsrichtung der schiefen Ebene und in $g \cos \alpha$ senkrecht zur Ebene (siehe Fig. 29). Ist die Beschleunigung f senkrecht zur Ebene gerichtet, so muß sie die Größe der Komponente $g \cos \alpha$ und entgegengesetzten Sinn wie diese haben, entsprechend der Fig. 29; denn der Körper bewegt sich ja auf der Ebene und hat daher keine Beschleunigung senkrecht zu ihr. In diesem Falle beträgt also die Beschleunigung, mit der der Körper die Ebene hinuntergleitet, $g \sin \alpha$[1]) und der Druck der Ebene auf den Körper hat die Größe $m g \cos \alpha$, wenn die Masse des Körpers mit m bezeichnet wird. Diese Verhältnisse lassen sich praktisch nicht genau, aber bei sehr glatten Oberflächen immerhin annähernd verwirklichen.

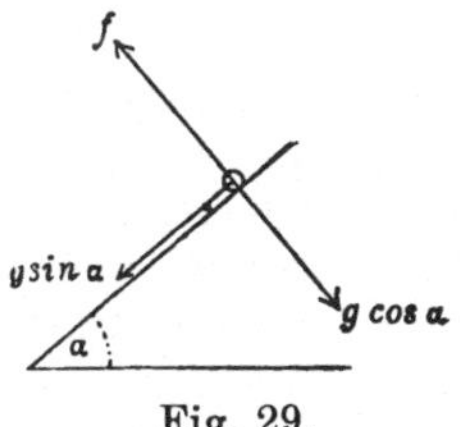

Fig. 29.

Tatsächlich ist die Beschleunigung, mit der der Körper die Ebene hinuntergleitet, kleiner als $g \sin \alpha$; man sagt, daß die Bewegung durch „Reibung“ behindert wird. Vorläufig wollen wir annehmen, die Oberflächen seien so glatt, daß der

[1]) Dieses Ergebnis wurde schon von Galilei zur Bestimmung von g benutzt.

Einfluß der Reibung vernachlässigt werden darf. Wie wir sahen, ist die Wirkung der Erdanziehung auf den Körper dieselbe wie die zweier Kräfte, nämlich erstens $mg \sin\alpha$, die die Beschleunigung in der Neigungsrichtung der Ebene erzeugt, und zweitens $mg \cos\alpha$, die eine Beschleunigung rechtwinklig zur Ebene hervorruft.

Dieses Ergebnis führt uns zu dem Schluß, daß die Kraft als mathematische Größe zu den Vektorgrößen zu rechnen ist und daß sie ebenso aus Kraftkomponenten zusammengesetzt oder in solche zerlegt werden kann, wie wir dies früher bei irgendwelchen anderen Vektorgrößen gefunden haben.

Insonderheit sehen wir, daß die auf einen Massenpunkt wirkende Kraft als das angesehen werden muß, was wir früher einen „an einen Punkt gebundenen Vektor" (Abschn. 17) genannt hatten. Der Punkt, an den der Vektor gebunden ist, ist hier die Lage des Massenpunktes. Die durch den Punkt gezogene Gerade, durch die der Vektor bestimmt ist, heißt die „Wirkungslinie" der Kraft. Die Wirkungslinie und der Richtungssinn der Kraft sind gleichzeitig Richtung und Sinn der Beschleunigung, die die Kraft hervorruft.

Gemäß dieser Darstellung sind also irgendwelche auf einen Massenpunkt wirkende Kräfte gleichwertig mit einer einzigen Kraft, die aus den verschiedenen Kräften nach den für die Zusammensetzung von Vektoren gültigen Regeln bestimmt werden kann. Diese Einzelkraft wird die „Resultierende" der auf den Massenpunkt wirkenden Kräfte genannt.

62. Beispiele[1]**.** 1. Man bestimme die Zeit, in der ein Massenpunkt eine geneigte Röhre hinabgleitet, wenn die Reibung vernachlässigt wird und der Punkt aus der Ruhelage in einem gegebenen Punkte der Röhre die Bewegung beginnt.

2. Man beweise, daß ein Massenpunkt auf allen Sehnen eines in einer Vertikalebene liegenden Kreises gleichviel Zeit braucht, um herabzugleiten, wenn er diese Bewegung entweder im höchsten Punkte des Kreises beginnt oder in dessen tiefstem Punkte beendet.

3. Man beweise, daß ein Punkt aus einer Lage A dann am schnellsten nach einer mit ihm in der gleichen Vertikalebene liegenden Kurve gelangt, wenn er auf einer geraden Linie nach dem Punkte hinabgleitet, in welchem sie von demjenigen Kreis berührt wird, der A als höchsten Punkt besitzt. Ebenso beweise man, daß ein Punkt von einer Kurve nach einem Punkt A am schnellsten dann gelangt, wenn er sich auf der Geraden bewegt, die von A nach dem Berührpunkte der Kurve mit demjenigen Kreise gezogen wird, der A als tiefsten Punkt besitzt.

---

[1]) Die in Beispiel 2 und 3 behandelten Tatsachen wurden von Galilei festgestellt.

4. Man beweise, daß jede der Geraden für geringsten Zeitaufwand in Beispiel 3 den Winkel halbiert, den diejenige Kurvennormale mit der Vertikalen bildet, welche im Schnittpunkte der erstgenannten Geraden mit der Kurve auf letztern errichtet wird. Im Anschluß hieran mag weiter dargelegt werden, wieso die Gerade für den kürzesten Zeitaufwand von einer Kurve zu einer mit ihr in derselben Vertikalebene liegenden anderen Kurve die Winkel halbiert, die zwischen der Kurvennormalen an jedem Ende und der Vertikalen liegen.

5. Man beweise, daß ein in einer schiefen Ebene irgendwie abgeschossener Punkt, sofern er sich in dieser Ebene ohne Reibung bewegt, eine Parabel beschreibt.

63. Die Definitionen der Bewegungsgröße und der Beschleunigungskraft. Die Bewegungsgröße eines Massenpunktes von der Masse m, der sich mit der Geschwindigkeit v bewegt, ist ein an die Richtungslinie der Geschwindigkeit gebundener Vektor; sein Sinn ist der gleiche wie der der Geschwindigkeit, und seine Größe ist das Produkt $m \cdot v$.

Die Beschleunigungskraft eines sich mit der Beschleunigung f bewegenden Massenpunktes von der Masse m ist ein Vektor, der an die Richtungslinie der Beschleunigung gebunden ist; sein Sinn ist derselbe wie der der Beschleunigung und seine Größe ist das Produkt $m \cdot f$.

Die Beschleunigungskraft eines Massenpunktes ist dieselbe Größe, wie die Änderung der Bewegungsgröße des Massenpunktes in der Zeiteinheit.

64. Bewegungsgleichungen. Die in Abschnitt 58—61 über die Natur der Kraft angestellten Betrachtungen führen zu folgendem Satz:

Die Beschleunigungskraft eines Massenpunktes ist nach Größe, Richtung und Sinn gleich der Resultierenden der auf den Punkt wirkenden Kräfte.

Dieser Satz muß als allgemeines Prinzip angesehen werden, das sich uns infolge der oben angegebenen Tatsachen und aus anderen gleichartigen Gründen aufdrängt. Mit anderen Worten, es ist eine aus der Erfahrung gewonnene Schlußfolgerung, die der Natur der Sache nach einem mathematischen Beweis nicht zugänglich ist. Ihre Richtigkeit kann nur dadurch geprüft werden, daß man die aus ihr auf deduktivem Wege abgeleiteten Ergebnisse mit den Ergebnissen des Experiments vergleicht.

Der Satz kann analytisch durch gewisse Gleichungen ausgedrückt werden, die man die „Bewegungsgleichungen" des Massenpunktes nennt. Man erhält sie, wenn man die Komponenten der Beschleunigungskraft in einer beliebigen Richtung gleich der Summe der Komponenten der Kräfte in dieser Richtung setzt.

Sind X, Y, Z die parallel den x, y, z-Achsen gerichteten Komponenten der auf den Massenpunkt wirkenden Resultierenden, oder was auf dasselbe hinauskommt, bezeichnen sie die Summen der Komponenten der Kräfte in Richtung dieser Achsen, ist ferner m die Masse des Punktes und sind x, y, z seine Koordinaten zur Zeit t, so lauten die Bewegungsgleichungen

$$m\ddot{x} = X, \quad m\ddot{y} = Y, \quad m\ddot{z} = Z.$$

Wir haben schon verschiedene Beispiele von Gleichungen behandelt, die in Wirklichkeit Bewegungsgleichungen waren.

Z. B. sind die Gleichungen

$$\ddot{x} = 0, \quad \ddot{y} = -g$$

im Abschnitt 33 solche Bewegungsgleichungen.

Als weiteres Beispiel wollen wir die Bewegung eines Massenpunktes in einem zentralen Kraftfeld betrachten. f sei die Feldstärke und der Ursprung sei das Kraftzentrum; ist die Kraft eine Anziehungskraft, so hat sie die Größe $m \cdot f$ und ist nach dem Ursprung gerichtet; die Bewegungsgleichungen sind

$$m\ddot{x} = -m \cdot f \frac{x}{r}, \quad m\ddot{y} = -mf\frac{y}{r}, \quad m\ddot{z} = -mf\frac{z}{r},$$

worin r den Abstand vom Ursprung bedeutet.

Gerade wie in Abschnitt 49 zeigen diese Gleichungen, daß die Bewegung in einer festen Ebene stattfindet. Auf Grund der Ergebnisse des Abschnitts 43 können die Bewegungsgleichungen, wenn man sie vermittels ebener Polarkoordinaten darstellt, geschrieben werden

$$m(\ddot{r} - r\dot{\Theta}^2) = -mf, \quad m\frac{1}{r}\frac{d}{dt}(r^2\dot{\Theta}) = 0.$$

Bewegungsgleichungen in einfachen Fällen.

65. Die Bewegung auf einer glatten Leitkurve unter dem Einfluß der Schwere. Die Bewegung eines kleinen Ringes auf einem sehr glatten Draht oder von einer kleinen Kugel in einem sehr glatten Rohr kann untersucht werden, indem man den Ring oder die Kugel als einen Massenpunkt ansieht, der gezwungen wird, eine gegebene Kurve zu beschreiben, und indem man annimmt, daß der Massenpunkt nicht nur von der Feldkraft, sondern auch noch von einer Kraft — dem Bahndruck — beeinflußt wird, die in jedem Punkte der Bahn die Richtung der Normalen besitzt. Wir wollen voraussetzen, daß die Bahn eine in einer Vertikalebene liegende Kurve und das Feld das der Erdschwere in irgendeinem Punkte der Erdoberfläche sei. Wir nehmen die y-Achse vertikal nach oben an und bezeichnen mit s den Kurvenbogen von einem festen Punkte auf der Kurve bis zur Lage des Massenpunktes zur Zeit t und mit v dessen Geschwindigkeit in Richtung der Wegzunahme. Wir wollen voraussetzen, daß der Bahndruck, der mit R bezeichnet werde, nach dem Krümmungsmittelpunkt der Kurve zeigend, positiven Sinn habe. Würde er einmal in Wirklichkeit nach außen gerichtet sein, so wäre der für R gefundene Wert negativ.

Aus der linken Figur (Fig. 30) erkennt man die Komponenten der Beschleunigungskraft längs der Tangente und Normale. In der rechten Figur sind die Kräfte eingetragen,

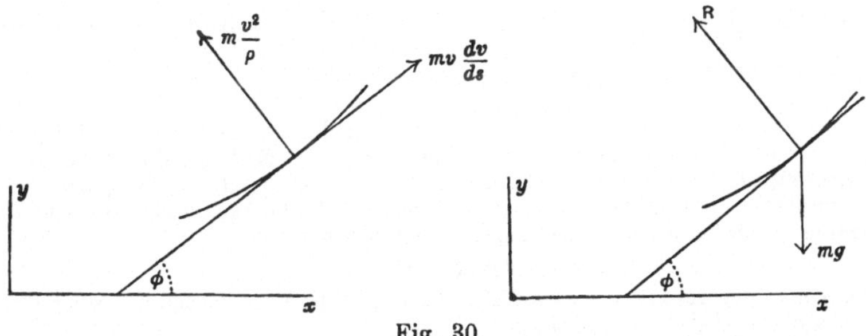

Fig. 30.

die auf den Massenpunkt wirken. Die Bewegungsgleichungen, welche man durch Zerlegung der Kräfte längs der Tangente und Normale erhält, lauten

$$m\,v\cdot\frac{d\,v}{d\,s} = -m\,g\sin\Phi, \qquad m\frac{v^2}{\varrho} = R - m\,g\cos\Phi.$$

Nun ist $\sin\Phi = \frac{dy}{ds}$ und die erste dieser Gleichung geht daher über in die folgende

$$m\,v\frac{d\,v}{d\,s} = -m\,g\frac{d\,y}{d\,s}.$$

Integriert man diese Gleichung, so läßt sie sich schreiben

$$\tfrac{1}{2}mv^2 = -mgy + C.$$

Hierin ist C eine Konstante. In einem Punkte x_0, y_0 sei die Geschwindigkeit auf der Kurve v_0. Es ist dann offenbar $C = \frac{1}{2}mv_0^2 + mgy_0$ und unsere obige Gleichung kann in der endgültigen Form geschrieben werden

$$\tfrac{1}{2} m v^2 - \tfrac{1}{2} m v_0^2 = m g (y_0 - y).$$

Die hierin zum Ausdruck kommende Erkenntnis kann zum Teil in dem Satz ausgesprochen werden, daß die Geschwindigkeit eines sich reibungslos unter dem Einfluß der Schwere bewegenden Massenpunktes stets die gleiche ist, wenn der Punkt zur selben Niveaufläche zurückkehrt. Dieses Ergebnis wurde von Galilei gefunden.

Bewegt sich der Punkt mit einer bestimmten Geschwindigkeit von einem gegebenen Punkte der Kurve aus, so bestimmt die obige Gleichung die Geschwindigkeit für jede Lage; die Gleichung $m \frac{v^2}{\varrho} = R - m g \cos \Phi$ gibt den Bahndruck in jedem Punkte der Kurve an.

66. Beispiele. 1. Ist die Kurve ein Kreis, so ist der Winkel Φ der Fig. 30 derjenige Winkel, den der vom Mittelpunkt nach dem Massenpunkt hingezogene Kreisradius mit der nach unten gezogenen Vertikalen bildet. Geht der Punkt von der Ruhelage $\Phi = \alpha$ aus, so ist seine Geschwindigkeit durch die Gleichung gegeben

$$v^2 = 2 g a (\cos \Phi - \cos \alpha),$$

worin a der Kreisradius ist. Man beweise dies und bestimme den Bahndruck für eine beliebige Lage.

2. Man ermittle, bis zu welchem größten Ausschlagwinkel einer Schaukel sich jemand schwingen darf, wenn die Seile der Schaukel eine Kraft aushalten können, die gleich dem doppelten Gewicht des Schaukelnden ist.

3. Bewegt sich ein Punkt (Fig. 31) unter dem Einfluß der Schwere auf einer glatten Zykloide, deren tiefster Punkt ihr Scheitel ist, so kann die Bewegungsgleichung nach Zerlegung von g in Richtung der Tangente QP und senkrecht dazu in der Form angeschrieben werden

$$\ddot{s} = -g \sin \Theta;$$

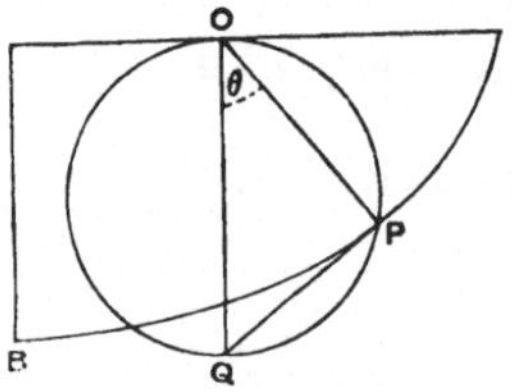

hierin ist s der vom Scheitel bis nach P gemessene Bogen und Θ der Winkel der Normalen OP mit der Vertikalen. Nun gilt bekanntlich für die Zykloide die Beziehung

$$s = 4 a \sin \Theta$$

Fig. 31.

mit a als Radius des erzeugenden Kreises; die obige Gleichung nimmt damit die Form an

$$\ddot{s} = -\frac{g}{4a} s,$$

woraus man sieht, daß die Bewegung in bezug auf s eine einfache harmonische Bewegung mit der Periode $2\pi\sqrt{\frac{4a}{g}}$ ist. Danach ist also die Zeit, die der Punkt braucht, um von irgendeinem Punkte der Kurve bis zum Scheitel zu fallen, unabhängig von seiner Anfangslage, und zwar immer gleich $\pi\sqrt{\frac{a}{g}}$.

[Diese Eigenschaft ist als der „Isochronismus der Zykloide" bekannt.]

4. Ein Zug, welcher ohne Reibung unter einem Fluß durch einen Tunnel durchfährt, der die Form eines umgekehrten, oben von einer horizontalen Geraden abgeschnittenen Zykloidenbogens von der Länge $2s$ und der Höhe h hat, braucht die Zeit

$$\frac{s}{\sqrt{2gh}} \arccos\left(\frac{v^2-2gh}{v^2+2gh}\right);$$

hierin bedeutet v die Geschwindigkeit, mit der der Zug in den Tunnel hinein- und mit der er wieder herausfährt.

67. Kinetische Energie und Arbeit. Die Größe, die man erhält, wenn man die Anzahl der Einheiten der Masse eines Massenpunktes mit dem halben Quadrat der Anzahl der Geschwindigkeitseinheiten, die in seiner Geschwindigkeit enthalten sind, multipliziert, wird die „kinetische Energie" des Massenpunktes genannt.

Die von einer konstanten, auf einen Massenpunkt wirkenden Kraft „geleistete Arbeit" ist eine Größe, welche sich durch die Kraft und die Verschiebung des Massenpunktes ausdrücken läßt. Wir zerlegen die Verschiebung in Komponenten parallel und senkrecht zur Wirkungslinie der Kraft. Die zu dieser parallele Komponente, im Richtungssinne der Kraft genommen, hat eine gewisse Größe, nämlich eine bestimmte Anzahl Längeneinheiten und besitzt ein bestimmtes Vorzeichen. Wir multiplizieren diese Zahl, samt ihrem Vorzeichen, mit der Anzahl Krafteinheiten, die in der Kraft enthalten sind. Das so gefundene Produkt ist die geleistete Arbeit.

Handelt es sich um einen sich unter dem Einfluß der Schwerkraft bewegenden Massenpunkt, so ist die von der Kraft geleistete Arbeit das Produkt aus der Kraft mg und der Niveaudifferenz $y_0 - y$, um die der Punkt sinkt. Die Gleichung

$$\tfrac{1}{2}mv^2 - \tfrac{1}{2}mv_0^{\,2} = mg(y_0 - y)$$

kann in Worten durch den Satz ausgesprochen werden:

Die Zunahme der kinetischen Energie bei einer Verschiebung ist gleich der durch die Schwerkraft bei dieser Verschiebung geleisteten Arbeit.

68. Die Energieeinheit und die Arbeitseinheit. Die Einheit der Arbeit ist diejenige Arbeit, welche die Krafteinheit auf einem Wege gleich der Längeneinheit in der Richtung der Kraft leistet. Die Einheit der kinetischen Energie ist die kinetische Energie, die ein freier Körper erlangt, wenn an ihm eine Arbeitseinheit geleistet wird.

Im CGS-System der Einheiten wird die Arbeitseinheit das „Erg" genannt. Sie ist die von der Kraft 1 Dyn auf dem Wege 1 Zentimeter geleistete Arbeit.

Im technischen Maßsystem ist die Arbeitseinheit das „Kilogramm-Meter". Es ist diejenige Arbeit, die von der Kraft 1 Kilogramm geleistet wird, wenn sie auf dem Wege 1 Meter wirkt. Das Kilogramm-Meter ist gleich der Arbeit, die in der geographischen Breite von Paris geleistet werden muß, um ein Gewicht von 1 Kilogramm, z. B. das Urgewicht, 1 Meter hoch zu heben.

In jedem beliebigen Maßsystem sind Arbeit und kinetische Energie Größen von der 1. Dimension in Massen-, der 2. Dimension in Längen- und der —2. Dimension in Zeiteinheiten. Das Dimensionssymbol ist ML^2Z^{-2}.

69. Leistung. Von einem Arbeiter, der in der Zeiteinheit eine Arbeitseinheit leistet, sagt man, daß er die Einheit der „Leistung" vollbringt. Werden in einer Sekunde 75 mkg geleistet, so beträgt die Leistung eine „Pferdestärke". Die Leistung ist eine Größe von der Dimension ML^2Z^{-3} .Im Kapitel VI wird noch näher hierauf eingegangen werden.

70. Reibung. Wir wollen einen Körper betrachten, der eine schiefe Ebene hinuntergleitet. Der Neigungswinkel der Ebene sei α. Die Beschleunigung des Körpers in der Neigungsrichtung der schiefen Ebene nach abwärts ist kleiner als $g \sin \alpha$. f sei diejenige Beschleunigung in der Neigungsrichtung der schiefen Ebene aufwärts, die mit der nach abwärts gerichteten Beschleunigung $g \sin \alpha$ zusammengesetzt werden muß, damit die Resultierende beider die wirkliche Beschleunigung des Körpers ergibt. Die auf den Körper wirkenden Kräfte sind die Schwerkraft mg vertikal nach unten, die Stützkraft $mg \cos \alpha$ senkrecht zur Ebene und eine dritte Kraft, deren Größe mf ist und die in Richtung der schiefen Ebene aufwärts wirkt. Diese Kraft nennen wir die „Reibung".

Der Körper wird die Ebene nicht eher hinuntergleiten, als bis die Neigung α einen gewissen Winkel i überschreitet. Ist $\alpha = i$, so verhindert die Reibung den Körper gerade noch am Abgleiten. In diesem Fall ist $g \sin \alpha = f$ oder $f = g \sin i$, und die Reibung ist gleich $mg \sin i$. Gleichzeitig ist die Stützkraft gleich $mg \cos i$. Hiernach ist $\tan i$ das Verhältnis der Reibung zur Stützkraft, wenn ein Abgleiten gerade beginnen will. Wir schreiben μ für $\tan i$, so daß, falls der Körper gerade abgleiten möchte, die Reibung gleich dem Produkt μ und der Stützkraft ist.

Man hat gefunden, daß, wenn Bewegung eintritt, das Verhältnis der Reibung zur Stützkraft konstant bleibt. Dieses Verhältnis (gleich $\tan i$ oder μ) wird der „Reibungskoeffizient" genannt. Den Winkel i nennt man den „Reibungswinkel". Reibungswinkel und Reibungskoeffizient hängen vom Material der sich berührenden Körper und vom Rauhigkeitsgrad ihrer Oberfläche ab.

Ganz gleich, ob der Körper sich die Ebene hinauf- oder hinabbewegt, wirkt die Reibung stets in entgegengesetztem Sinne der Bewegungsrichtung und ist gleich dem Produkt aus μ und der Stützkraft.

71. Die Bewegung auf einer rauhen Ebene. Wir wollen annehmen, daß die Ebene unter dem Winkel α gegen die Horizontale geneigt sei und daß sich der auf ihr gleitende Körper als Massenpunkt ansehen läßt, der auf einer Fallinie hinabgleitet. Diese Fallinie werde als x-Achse gewählt. Die Bewegungsgleichungen lauten dann

$$m\ddot{x} = mg \sin\alpha - F, \qquad 0 = mg\cos\alpha - R,$$

worin F die Reibung und R die Stützkraft sind. Wir haben nun

$$F = \mu R.$$

Somit bewegt sich der Massenpunkt die Fallinie mit der Beschleunigung

$$g\,[\sin\alpha - \mu\cos\alpha]$$

hinunter.

Bewegt sich der Massenpunkt die Fallinie aufwärts, so wirkt die Reibung auf dieser Linie abwärts und die Beschleunigung ist in der Fallinie abwärts gerichtet und gleich

$$g\,(\sin\alpha + \mu\cos\alpha).$$

Gleitet der Körper auf einer horizontalen Ebene, so ist die Stützkraft mg vertikal nach oben gerichtet; die Reibung ist $\mu m g$ und zeigt in umgekehrtem Sinne der Geschwindigkeit.

Dieses letzte Ergebnis wird gewöhnlich auf die Bewegung eines Zuges auf wagerechten Schienen angewendet. Der Bewegungswiderstand wird proportional der Masse angenommen. Die Kraft, durch die der Zug in Bewegung gesetzt und gegenüber dem Widerstand in Bewegung gehalten wird, wird der „Maschinenzug" genannt. Wir werden diese Kraft weiter in Kapitel VIII betrachten.

Ist Reibung vorhanden, so ist die Zunahme der kinetischen Energie bei jedweder Verschiebung stets kleiner als die von der Schwerkraft bei dieser Verschiebung geleistete Arbeit.

72. Beispiele. 1. Ein Massenpunkt wird mit gegebener Geschwindigkeit eine Fallinie einer rauhen schiefen Ebene hinaufgeworfen. Man suche die Höhe über dem Abschußpunkt, in der der Punkt zur Ruhe kommt. Unter der Voraussetzung, daß die Neigung der schiefen Ebene größer ist als der Reibungswinkel, ermittle man die Geschwindigkeit, mit der der Punkt zum Abschußpunkt zurückkehrt.

2. Ein Wagen reißt von einem in voller Fahrt befindlichen Schnellzug in einer Entfernung l von einer Station ab und kommt auf der Station zur Ruhe. Man zeige, daß der übrige Zug sich dann in einer Entfernung $\frac{Ml}{M-m}$ jenseits der Station befindet, wobei M und m die Massen des ganzen Zuges und des abgerissenen Wagens sind und die Annahme gemacht ist, daß der Maschinenzug konstant bleibt.

73. Die Atwoodsche Fallmaschine[1]**.** Ein anderes einfaches Beispiel von Bewegungsgleichungen liefert die Bewegung zweier Körper, die durch eine über eine vertikale Rolle laufende Schnur oder Kette verbunden sind. Diese Anordnung bildet im Prinzip den unter dem Namen „Atwoodsche Fallmaschine" bekannten Apparat. Wir wollen annehmen, daß die Spannung der Kette überall dieselbe ist. Das ist gleichbedeutend mit der Annahme, daß es zwischen Rolle und Kette keine Reibung gibt und daß die Masse der Kette im Vergleich zu den Massen der Körper (siehe Kapitel VI) vernachlässigt werden kann.

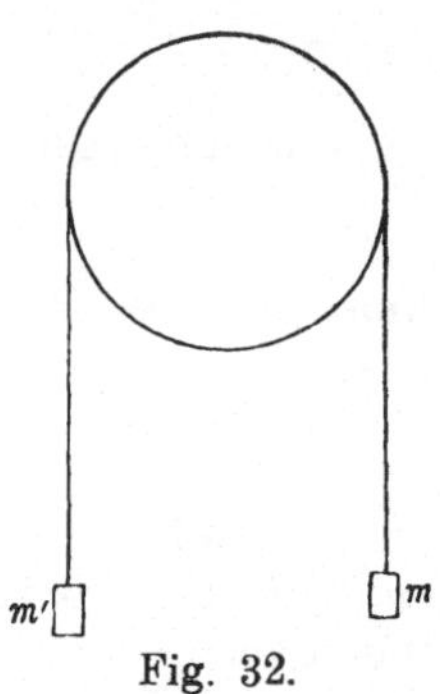

Fig. 32.

Es seien m und m' die Massen der Körper; x sei die Entfernung, um die m zur Zeit t herabgesunken und infolgedessen m' zur gleichen Zeit in die Höhe gegangen ist. Ist m gestiegen und m' gesunken, so ist x negativ. T sei die Spannkraft der Kette. Die Kräfte, die auf m wirken, sind mg

[1] G. Atwood, A treatise on the rectilinear motion and rotation of bodies. Cambridge 1784.

vertikal nach abwärts und T vertikal aufwärts. Die Beschleunigungskraft von m ist $m\ddot{x}$ und wirkt vertikal nach abwärts. Die Bewegungsgleichung von m ist also

$$m\ddot{x} = mg - T.$$

Die auf m' wirkenden Kräfte sind $m'g$ vertikal nach unten und T vertikal nach oben. Die Beschleunigungskraft von m', nämlich $m'\ddot{x}$, wirkt vertikal nach oben. Daher gilt für m' die Bewegungsgleichung

$$m'\ddot{x} = T - m'g.$$

Addieren wir diese beiden Gleichungen, so finden wir

$$(m + m')\ddot{x} = (m - m')g.$$

Daraus ergibt sich ein Sinken des schwereren und ein Aufsteigen des leichteren Körpers mit einer Beschleunigung

$$\frac{m - m'}{m + m'} g.$$

Der Wert von g wird bisweilen mittels der Atwoodschen Fallmaschine bestimmt. Doch müssen verschiedene Korrekturen an dem Resultat vorgenommen werden. Im allgemeinen dreht sich die Rolle während der Bewegung der Kette; die wichtigste Korrektur liegt in der Berücksichtigung der Masse dieser Rolle (siehe Kapitel VIII).

74. Beispiele. 1. Die kinetische Energie der beiden Körper bei der einfachen Atwoodschen Fallmaschine, wenn die Reibung und die Massen der Kette vernachlässigt werden, ist

$$\tfrac{1}{2} m\dot{x}^2 + \tfrac{1}{2} m'\dot{x}^2.$$

Die von der Schwerkraft geleistete Arbeit ist $mgx - m'gx$. Man leite die Beschleunigung der beiden Körper auf Grund der Annahme ab, daß die Vergrößerung der kinetischen Energie bei einer beliebigen Verschiebung gleich der von der Schwerkraft geleisteten Arbeit ist.

2. Man beweise, daß die Spannkraft der Kette

$$\frac{2\, m \cdot m'}{(m + m')} g$$

beträgt.

3. Bei einer Atwoodschen Fallmaschine bilde die kleinere Masse m' ein Ganzes, während die Masse m aus einem festen Stück von der Masse m' und einem kleinen Zusatzkörper bestehe, der nur leicht auf das erste Stück aufgelegt ist. Während des Niedergehens bewegt sich m durch einen Ring, durch den der Zusatzkörper abgehoben wird. Beginnt m seine Bewegung in einer Höhe h über dem Ring und fällt es

nach Passieren des Ringes in der Zeit t um eine Strecke k, so findet man

$$g = \frac{m + m'}{2(m - m')} \frac{k^2}{h t^2},$$

falls die Reibung sowie die Massen der Rolle und Kette vernachlässigt werden.

75. Kleine Schwingungen des mathematischen Pendels. Ein Punkt, der gezwungen wird, einen Kreis in einer vertikalen Ebene ohne Reibung zu beschreiben, wird ein „mathemtisches Pendel" genannt. Ein gewöhnliches Uhrpendel besteht aus einem schweren Körper, der sog. Linse, die sich mittels eines Stabes, an dem sie befestigt ist, um eine horizontale Achse drehen kann. Ist die Linse klein und schwer und der Stab dünn, so nähert sich die Bewegung der Linse, die man als Massenpunkt auffassen kann, derjenigen eines mathematischen Pendels.

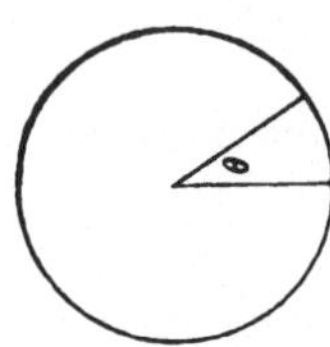

Fig. 33.

Wir nennen den Radius des Kreises l. Ist Θ der Winkel, welchen der jeweils durch den Massenpunkt gehende Kreisradius mit der Vertikalen bildet, Fig. 33, so ist die Beschleunigung in Richtung der Kreistangente $l\ddot{\Theta}$ (Beispiel 1, Abschn. 37). Wir können in gleicher Weise wie in Abschnitt 65 eine Bewegungsgleichung in der Form anschreiben

$$m l \ddot{\Theta} = -m g \sin \Theta .$$

Bleibt Θ während der Bewegung ständig sehr klein, so können wir $\sin \Theta$ durch Θ ersetzen und erhalten die angenäherte Gleichung

$$l \ddot{\Theta} = -g \Theta .$$

Diese Gleichung zeigt, daß die Bewegung in bezug auf Θ eine einfache harmonische Bewegung von der Periode $2\pi \sqrt{\frac{l}{g}}$ ist (vgl. Abschn. 38).

Das Pendel schwingt von einer Seite der Vertikalen zur anderen. Geht es von einer Ruhelage aus, die nur wenig verschieden von der Gleichgewichtslage ist, so schwingt es in der Zeit $\frac{\pi}{2}\sqrt{\frac{l}{g}}$ bis zu dieser Gleichgewichtslage, geht durch sie hindurch und bewegt sich auf der anderen Seite von ihr weg, bis der Ausschlag dem Zahlenwerte nach gleich dem ursprünglichen Ausschlag (von dem es ausging) geworden ist; nach der Zeit $\frac{\pi}{2}\sqrt{\frac{l}{g}}$, vom Passieren der Gleichgewichtslage an gerechnet, kommt es zur Ruhe. Dann kehrt sich die Bewegung um. Die Zeit von einer Ruhelage bis zur andern ist $\pi\sqrt{\frac{l}{g}}$. Diese Zeit ist bekannt als die Zeit eines „Schlages“; die Periode $2\pi\sqrt{\frac{l}{g}}$ ist die Zeit einer „vollen Schwingung“.

Ein Pendel, das Sekunden schlägt, ist unter dem Namen Sekundenpendel bekannt; die Zeit einer vollen Schwingung eines solchen Pendels beträgt zwei Sekunden. Die Länge des Sekundenpendels für einen Ort ist durch die Gleichung gegeben

$$\pi\sqrt{\frac{l}{g}}=1.$$

Der Pendelversuch ist die genaueste Methode, den Wert von g zu bestimmen.

76. Beispiele. 1. Man zeige, daß in Berlin, wo $g = 981{,}3$ cm/sec^{-2} ist, die Länge des Sekundenpendels 99,42 cm beträgt.

2. Ein Ballon steige mit konstanter Beschleunigung und erreiche in einer Minute eine Höhe von 275 m. Man zeige, daß eine Pendeluhr, die mitgenommen wurde, etwa um 27,8 sek pro Stunde vorgeht.

3. Ist l_1 die Länge eines etwas falsch gehenden Sekundenpendels, das in der Stunde n sec vorgeht, und l_2 die Länge eines anderen Pendels, das um n sec in der Stunde nachgeht, wobei n klein sei, so ist die Quadratwurzel aus der richtigen Länge des Sekunden-Pendels gleich dem harmonischen Mittel aus $\sqrt{l_1}$ und $\sqrt{l_2}$.

4. Die Masse eines Pendels, das dicht an der Vorderseite einer Klippe aufgehängt sei, werde von der Klippe mit einer horizontalen Kraft f angezogen. Man zeige, daß die Zeit eines Schlages

$$\frac{\pi l^{\frac{1}{2}}}{(g^2+f^2)^{\frac{1}{4}}}$$

beträgt, wenn l die Länge des Pendels ist.

5. Eine Perle gleite auf einem glatten Draht, welcher nach einem Kreis vom Radius a gebogen ist; die Kreisebene sei unter einen Winkel α gegen die Vertikale geneigt. Man bestimme die Periodendauer der kleinen Schwingungen um den tiefsten Punkt.

77. Einseitiger Zwang durch eine Führung. Ein Massenpunkt wird mittels eines Fadens von konstanter Länge gezwungen, um den Punkt, in dem der Faden befestigt ist, einen Kreis zu beschreiben, oder er laufe auf der Innenfläche eines glatten Kreis-Zylinders. Der allgemeine Fall liegt vor, wenn man den Punkt zwingt, innerhalb einer vertikalen Ebene eine Kurve zu durcheilen, indem man ihn im Innern eines Zylinders mit der Kurve als Normalschnitt und mit horizontalen Mantellinien laufen läßt.

Diesen Fall wollen wir beobachten und annehmen, daß der Punkt nicht zu weit von der tiefsten Erzeugenden entfernt sei. Er kann sich auch außerhalb eines solchen Zylinders befinden, darf aber nicht zu weit von der höchsten Erzeugenden entfernt liegen. In beiden Fällen ist nur ein „einseitiger Zwang" vorhanden und der Punkt ist imstande, die Kurve zu verlassen. Dies wird eintreten, wenn die Stützkraft der Kurve zu Null wird. Der Massenpunkt beschreibt dann eine Parabel unter dem Einfluß der Schwerkraft, bis er die Kurve wieder schneidet.

Nun ist nach Abschnitt 65 die Stützkraft durch die Gleichung gegeben

$$R = m\frac{v^2}{\varrho} + m\,g\cos\Phi,$$

wobei Φ der Winkel der (in einem vorher vereinbarten Sinne gezogenen) Tangente mit der Horizontalen ist. Damit R verschwindet, muß

$$\cos\Phi = -\frac{v^2}{g\,\varrho}$$

sein, worin v^2 bekannt ist. Diese Gleichung bestimmt den Punkt, in dem der Massenpunkt die Kurve verläßt.

78. **Beispiele.** 1. Die Masse eines mathematischen Pendels wird aus ihrer Gleichgewichtslage mit einer Geschwindigkeit V fortgeschnellt. Man suche die Grenzwerte, zwischen denen V liegen muß, wenn der Aufhängefaden schlaff werden soll, und bestimme die Lage der Masse im Augenblick des Schlaffwerdens des Fadens.

2. Ein parabolischer Zylinder werde so hingelegt, daß seine Erzeugenden horizontal liegen und die Parabel-Achse eines Normalschnittes vertikal steht, mit dem Scheitel nach oben. Darauf werde ein Massenpunkt längs der Zylinderfläche innerhalb einer Vertikalebene abgeschossen. Man beweise, daß, falls der Massenpunkt überhaupt die Parabel verläßt, dies bereits im Abschußpunkte geschehen muß.

3. Ein Massenpunkt wird vom untersten Punkte des Vertikalschnittes eines glatten hohlen Kreiszylinders mit horizontaler Achse so abgeworfen, daß er sich im Zylinder herum bewegt.

Ist die Abschußgeschwindigkeit so groß wie diejenige, die er haben würde, wenn er vom höchsten Punkte herabgefallen wäre, so verläßt er den Kreis in der Lage, bei welcher der Radius mit der nach oben gerichteten Vertikalen einen Winkel

$$\arccos \tfrac{2}{3}$$

einschließt.

Man bestimme den Kleinstwert der Abwurfgeschwindigkeit, wenn der Punkt den vollen Kreis beschreiben soll.

4. Ein Massenpunkt sei infolge eines undehnbaren Fadens gezwungen, einen Kreis zu beschreiben, und verlasse den Kreis, wenn der Faden einen Winkel β mit der nach oben gezeichneten Vertikalen einschließt. Man beweise, daß in dem Augenblicke, in welchem der Punkt den Kreis wieder trifft, der Faden einen Winkel 3β mit der Vertikalen einschließt.

79. Das Kegelpendel. Ein Massenpunkt kann durch die Spannkraft einer Schnur oder eines Fadens gezwungen werden, mit gleichförmiger Geschwindigkeit einen horizontalen Kreis zu beschreiben, dessen Mittelpunkt senkrecht unter dem festen Aufhängepunkte des Fadens liegt. In jeder Lage des Massenpunktes bildet der Faden eine Mantellinie eines geraden Kreiskegels, der seine Spitze in dem Aufhängepunkte hat.

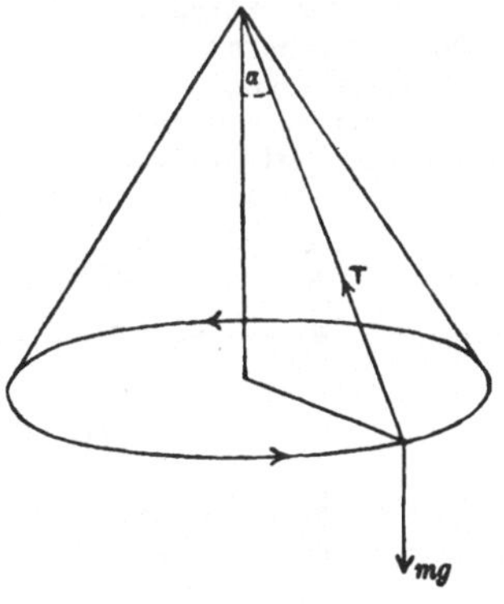

Fig. 34.

Der Winkel an der Spitze des Kegels sei 2α; der Faden habe die Länge l. Dann ist der Kreisradius $l \sin \alpha$. Ist v die Geschwindigkeit des Massenpunktes und T die Spannkraft des Fadens, so fällt die Beschleunigungskraft des Massenpunktes $\frac{m v^2}{l \sin \alpha}$ in den Radius des Kreises und ist nach dessen Mittelpunkt hin gerichtet. Die auf den Punkt wirkenden Kräfte sind die Schwerkraft $m g$ vertikal abwärts und die Fadenspannkraft T längs der Erzeugenden des Kegels und nach dessen Spitze gerichtet. Wir schreiben die Bewegungsgleichungen an, nachdem wir die Kräfte in Komponenten in vertikaler Richtung, in horizontaler Richtung längs des Kreisradius und in horizontaler Richtung längs der Kreistangente zerlegt haben.

Weder die Beschleunigungskraft noch die äußeren Kräfte haben Komponenten in der Richtung der Kreistangente; es bleiben daher nur die zwei Gleichungen

$$\frac{m v^2}{l \sin \alpha} = T \sin \alpha; \qquad 0 = m g - T \cos \alpha .$$

Durch Elimination von T finden wir

$$v^2 = g\,l\,\frac{\sin^2\alpha}{\cos\alpha}.$$

Diese Gleichung bestimmt die Geschwindigkeit, mit der der Kreis beschrieben werden kann, wenn α und l gegeben sind, oder sie bestimmt den Winkel α, wenn v und l gegeben sind.

80. Beispiele. 1. Ein Zug durchläuft eine Kurve vom Krümmungsradius ϱ mit der Geschwindigkeit v. Man beweise, daß die äußere Schiene um die Höhe $\frac{b\,v^2}{\varrho\,g}$ höher als die innere gelegt werden muß, damit der Zug die Schienen nicht verläßt. Hierbei ist b die Spurweite.

(Der Zug soll wie ein Kegelpendel behandelt werden, bei welchem die Stützkraft der Schienen, die senkrecht zur Ebene der Schienen steht, die Stelle der Fadenspannkraft einnimmt.)

2. Der Aufhängepunkt eines mathematischen Pendels von der Länge l werde auf einem horizontalen Kreis vom Radius c mit gleichförmiger Winkelgeschwindigkeit ω bewegt. Man beweise, daß, nachdem der Beharrungszustand eingetreten ist, die Neigung α des Aufhängefadens gegen die Vertikale durch die Gleichung gegeben ist

$$\omega^2(c + l\sin\alpha) = g\tan\alpha.$$

Ist $\left(\frac{g}{\omega^2}\right)^{\frac{2}{3}} < (l^{\frac{2}{3}} - c^{\frac{2}{3}})$, so kann sich diese Neigung auch nach innen gegen die Kreisachse einstellen.

Die Bewegungsgröße.

81. Der Antrieb. Die Bewegungsgleichungen eines Massenpunktes seien in der Form

$$m\ddot{x} = X, \qquad m\ddot{y} = Y, \qquad m\ddot{z} = Z$$

angeschrieben und sollen je auf beiden Seiten nach der Zeit t von t_0 bis t_1 integriert werden. Im Zeitpunkt t_1 seien die Geschwindigkeitskomponenten $\dot{x}_1$, $\dot{y}_1$; $\dot{z}_1$; zur Zeit t_0 seien sie $\dot{x}_0$, $\dot{y}_0$, $\dot{z}_0$. Dann wird

$$m\dot{x}_1 - m\dot{x}_0 = \int_{t_0}^{t_1} X\,dt, \quad m\dot{y}_1 - m\dot{y}_0 = \int_{t_0}^{t_1} Y\,dt, \quad m\dot{z}_1 - m\dot{z}_0 = \int_{t_0}^{t_1} Z\,dt.$$

Die Ausdrücke auf der linken Seite der Gleichungen sind die Komponenten eines Vektors, der die Änderung der Bewegungsgröße des materiellen Punktes während der Zeit $t_1 - t_0$ darstellt. Die Ausdrücke auf der rechten Seite der Gleichungen sind die Komponenten eines andern Vektors, den man den „Impuls“ oder den „Antrieb der Kraft“ nennt, die während der betrachteten Zeit auf den Massenpunkt wirkt.

Die Gleichungen können in die folgenden Worte gefaßt werden: Die Änderung der Bewegungsgröße eines Massenpunktes während einer Zeit ist gleich dem Antrieb, der während dieser Zeit auf den Massenpunkt wirkt.

82. Plötzliche Bewegungsänderungen. Die Bewegungsänderungen von Körpern erfolgen manchmal so plötzlich, daß es schwierig ist, den allmählichen Übergang von einem Bewegungszustand zum andern zu verfolgen. Der Möglichkeit plötzlicher Bewegungsänderungen können wir durch die Annahme gerecht werden, daß die auf einen Massenpunkt wirkende Kraft während eines sehr kleinen Zeitunterschiedes so groß wird, daß der Antrieb der Kraft einen endlichen Grenzwert besitzt, wenn der Zeitunterschied unbegrenzt abnimmt. Es bedeute t' den Zeitpunkt, zu dem die plötzliche Bewegungsänderung statt hat, In den Gleichungen von der Form

$$m\dot{x}_1 - m\dot{x}_0 = \int_{t_0}^{t_1} X\,dt$$

nehmen die Glieder der rechten Seite endliche Grenzwerte an, wenn $t_0 = t' - \frac{1}{2}\tau$ und $t_1 = t' + \frac{1}{2}\tau$ und τ unbegrenzt klein ist. Wir schreiben abgekürzt

$$\lim_{\tau=0}\int_{t'-\frac{1}{2}\tau}^{t'+\frac{1}{2}\tau} X\,dt = \underset{\cdot}{X}, \qquad \lim_{\tau=0}\int_{t'-\frac{1}{2}\tau}^{t'+\frac{1}{2}\tau} Y\,dt = \underset{\cdot}{Y}, \qquad \lim_{\tau=0}\int_{t'-\frac{1}{2}\tau}^{t'+\frac{1}{2}\tau} Z\,dt = \underset{\cdot}{Z}.$$

Dann sind unsere Gleichungen

$$m\dot{x}_1 - m\dot{x}_0 = \underset{\cdot}{X}, \qquad m\dot{y}_1 - m\dot{y}_0 = \underset{\cdot}{Y}, \qquad m\dot{z}_1 - m\dot{z}_0 = \underset{\cdot}{Z}.$$

Wir definieren den Vektor, der — an die augenblickliche Lage des Massenpunktes gebunden — die Komponenten $\underset{\cdot}{X}$, $\underset{\cdot}{Y}$, $\underset{\cdot}{Z}$ parallel den Koordinatenachsen hat, als den Antrieb oder Impuls, der im Zeitpunkt t' der plötzlichen Bewegungsänderung auf den Massenpunkt ausgeübt wird.

83. Der Satz von der Erhaltung der Bewegungsgröße. Man kann die Bewegungsgleichungen von der Form

$$m\ddot{x} = X$$

auch in der Form schreiben

$$\frac{d}{dt}(m\dot{x}) = X$$

und diese Gleichung kann in dem Satz ausgesprochen werden: „Die zeitliche Änderung der Bewegungsgröße eines Massenpunktes nach irgendeiner Richtung ist gleich der Summe der in dieser Richtung genommenen Komponenten aller Kräfte, die auf den Punkt wirken."

Wenn die Resultierende aller Kräfte, die auf den Massenpunkt wirken, senkrecht zu einer bestimmten Geraden steht, so ist die Komponente der Bewegungsgröße in Richtung dieser Geraden konstant.

Hierzu hatten wir ein Beispiel in der parabolischen Bewegung der Geschosse (§ 33).

Wenn sich die Geschwindigkeit eines Massenpunktes plötzlich ändert, so bleibt die Komponente der Bewegungsgröße in der Richtung senkrecht zum resultierenden Antrieb ungeändert.

84. Das Kraftmoment, der Drall und das Moment der Beschleunigungskraft um eine Achse. Die Momentenachse sei die z-Achse; die Kraft wirke an dem Punkt x', y', z', habe die Größe F und ihre Komponenten parallel den Koordinatenachsen seien X, Y, Z. Man lege durch den Punkt $x'y'z'$ eine Ebene senkrecht zur z-Achse, wodurch diese im Punkt P geschnitten wird. Die Kraft F zerlege man in die Komponenten: Z parallel zur z-Achse und F' senkrecht zu dieser Achse. Dann ist das Moment der Kraft F um die z-Achse gleich dem Moment der Kraft F' um den Punkt P. Bezüglich des Vorzeichens ist die Regel zu beachten, daß das Moment positiv ist, wenn die Z-Achse und der Drehsinn von F miteinander in derselben Beziehung stehen wie Vorschub und Drehung bei einer rechtsgängigen Schraube. Im andern Falle ist es negativ.

Der Satz in § 22 liefert uns für das Moment von F um die z-Achse den Ausdruck

$$x'Y - y'X.$$

Wenn Größe, Angriffsgerade und Richtungssinn der Kraft gleich bleiben, so ist ihr Moment unabhängig vom Angriffspunkt. Ist nämlich x, y, z ein beliebiger Punkt der Angriffsgerade, so haben wir die Gleichungen[1])

$$\frac{x - x'}{X} = \frac{y - y'}{Y} = \frac{z - z'}{Z}$$

[1]) Diese Gleichungen drücken die Bedingungen dafür aus, daß die Projektionen einer Teilstrecke der Angriffsgeraden auf die Achsen proportional den Kraftkomponenten in Richtung der Achsen sind.

und somit ist

$$xY - yX = x'Y - y'X.$$

Jetzt nehme man an, daß die Kraft an demjenigen Punkte ihrer Angriffsgeraden angreife, in dem das gemeinschaftliche Lot auf die Angriffsgerade und die z-Achse die erstere schneidet. Dann steht die Kraft F' senkrecht auf diesem gemeinschaftlichen Lot und ihr Moment ist gleich dem Produkt — mit bestimmtem Vorzeichen — aus der Länge dieses Lotes und derjenigen Kraftkomponente, die senkrecht zur Achse steht. Als Vorzeichenregel gilt, wie früher, die Regel der rechtsgängigen Schraube.

Dies führt zu einer allgemeinen Definition des Moments eines gebundenen Vektors um eine Achse: Die Gerade L, in einem bestimmten Sinne genommen, stelle die Achse dar und der Vektor sei entweder an eine Gerade L' oder an einen Punkt dieser Geraden gebunden und habe die Richtung dieser Geraden. Man zerlege den Vektor in zwei Komponenten parallel und senkrecht zu L. Das Moment des Vektors um die Achse L ist das Produkt — mit bestimmtem Vorzeichen — aus der Vektorkomponente senkrecht zu L und der Länge des gemeinschaftlichen Lotes der beiden Geraden L und L'. Das Vorzeichen bestimmt sich nach der rechtsgängigen Schraube.

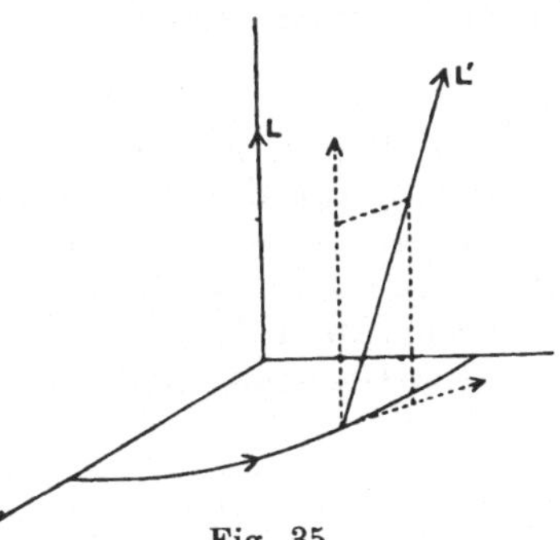

Fig. 35.

Wird ein Vektor in beliebige Komponenten zerlegt oder aus gegebenen Komponenten als Resultierende erhalten, so ist, wie aus dem Vorhergehenden ohne weiteres folgt, das Moment der Resultierenden um eine beliebige Achse gleich der Summe der Momente der Komponenten.

Die Momente einer Kraft X, Y, Z, die am Punkte xyz angreift, um die x-, y-, z-Achsen sind

$$yZ - zY \quad \text{bzw.} \quad zX - xZ \quad \text{bzw.} \quad xY - yX.$$

Die Momente der Bewegungsgrößen oder die Dralle eines Massenpunktes um diese Achsen sind

$$m(y\dot{z} - z\dot{y}), \qquad m(z\dot{x} - x\dot{z}), \qquad m(x\dot{y} - y\dot{x}),$$

wobei x, y, z die Koordinaten des Massenpunktes zur Zeit t sind. Die Momente der Beschleunigungskräfte des Massenpunktes um die Achsen sind

$$m(y\ddot{z}-z\ddot{y}), \qquad m(z\ddot{x}-x\ddot{z}), \qquad m(x\ddot{y}-y\ddot{x}).$$

85. Der Satz von der Erhaltung des Dralles. x, y, z seien zur Zeit t die Koordinaten eines Massenpunktes, an dem beliebige Kräfte angreifen, deren Resultierende die Komponenten X, Y, Z parallel zu den Achsen besitze. Dann gelten die Gleichungen

$$m\ddot{x}=X, \qquad m\ddot{y}=Y, \qquad m\ddot{z}=Z.$$

Multipliziert man beide Seiten der zweiten Gleichung mit x, die der ersten Gleichung mit y und subtrahiert sie voneinander, so erhält man

$$m(x\ddot{y}-y\ddot{x})=xY-yX.$$

In Worten ausgedrückt liefert diese Gleichung den Satz: Das Moment der Beschleunigungskraft eines Massenpunktes um eine Achse ist gleich der Summe der Momente aller Kräfte, die auf den Punkt wirken, um die gleiche Achse.

Die Gleichung kann man auch schreiben

$$\frac{d}{dt}[m(x\dot{y}-y\dot{x})]=xY-yX.$$

Hierin kann die linke Seite als „die zeitliche Änderung des Dralles des Massenpunktes um die Achse“ gedeutet werden.

Wenn die Angriffsgerade der Resultierenden aller Kräfte, die an einem Massenpunkt angreifen, sämtlich eine Achse schneiden oder parallel zu ihr sind, so ist der Drall um diese Achse unveränderlich.

Ein Beispiel hierzu war die Zentralbewegung.

Bei einer plötzlichen Änderung der Geschwindigkeit eines Massenpunktes bleibt der Drall um eine Achse unverändert, wenn die Angriffsgerade des resultierenden Antriebs die Achse schneidet oder ihr parallel läuft.

Arbeit und Energie.

86. Die Arbeit einer veränderlichen Kraft. Ein materieller Punkt bewege sich längs einer gekrümmten Bahnlinie, deren

Bogenlänge, von einem Festpunkte bis zu einem veränderlichen Punkte gemessen, mit s bezeichnet sei. F sei eine am Massenpunkt angreifende Kraft, Θ der Winkel, den die Angriffsgerade von F in irgendeinem Kurvenpunkte mit der augenblicklichen Bahntangente in diesem Punkte bildet. Dabei sei diese Tangente in dem Sinne gezogen, in welchem die Kurve beschrieben wird.

Der Bogen zwischen zwei beliebigen Punkten A und B der Kurve werde durch ein Polygon mit den n Seiten $s_1, s_2, \ldots, s_n$ ersetzt, dessen sämtliche Eckpunkte auf der Kurve liegen. Bliebe die Kraft für alle Punkte einer jeden Seite konstant und hätte sie für sämtliche Punkte der Seite s_k $(k = 1, 2, \ldots, n)$ die Größe F_k, wobei ihre Angriffsgerade mit der Seite s_k den Winkel Θ_k bilde, so wäre die Arbeit der Kraft bei Beschreibung des Polygons durch den Massenpunkt

$$F_1 s_1 \cos \Theta_1 + F_2 s_2 \cos \Theta_2 + \ldots + F_n s_n \cos \Theta_n .$$

Wenn nun die Anzahl der Polygonseiten unbegrenzt vermehrt und ihre Längen unbegrenzt vermindert werden, so strebt dieser Ausdruck einem Grenzwert zu, den man „das Linienintegral der Tangentialkomponente der Kraft F" längs des Bogens AB nennt. Dies entspricht dem Ausdruck

$$\int_A^B F \cos \Theta \, d s .$$

Sind X, Y, Z die Komponenten der Kraft in irgend einem Punkte $x y z$, so ist dieser Ausdruck dasselbe wie das Linienintegral

$$\int \left(X \frac{d x}{d s} + Y \frac{d y}{d s} + Z \frac{d z}{d s} \right) d s \quad \text{oder} \quad \int (X d x + Y d y + Z d z),$$

längs des Kurvenbogens von A bis B.

Dieser Ausdruck stellt die Arbeit dar, die von der Kraft auf den Massenpunkt bei seiner Bewegung längs der Kurve von A nach B geleistet wird.

Aus der Form des Ausdrucks geht ohne weiteres hervor, daß die Arbeit, welche von der Resultierenden beliebiger an einem Massenpunkte angreifender Kräfte geleistet wird, gleich der Summe der Arbeiten der einzelnen Kräfte ist.

87. Die Berechnung der Arbeit. Für die wirkliche Berechnung der Arbeit muß man im allgemeinen in der Lage sein, die Koordinaten eines Kurvenpunktes in Funktion irgendeines Parameters — nennen wir ihn Θ — auszudrücken, und man muß außerdem die Größen der Kraftkomponenten als Funktion der Lage des Massenpunktes kennen. Dann können wir in irgendeinem Kurvenpunkt X, Y, Z als Funktion von x, y, z und daher auch von Θ ausdrücken und ebenso

$$\frac{dx}{d\Theta}, \quad \frac{dy}{d\Theta}, \quad \frac{dz}{d\Theta}$$

als Funktionen von Θ angeben, so daß schließlich ein Ausdruck von der Form

$$\int\left(X\frac{dx}{d\Theta}+Y\frac{dy}{d\Theta}+Z\frac{dz}{d\Theta}\right)d\Theta$$

zwischen zwei gegebenen, den Punkten A und B entsprechenden Werten von Θ zu integrieren ist. In diesem Ausdruck sind $X \ldots$ und $\frac{dx}{d\Theta} \ldots$ als Funktionen von Θ auszudrücken.

Selbstverständlich würde das Ergebnis im Falle der Ausführbarkeit der Integration im allgemeinen von der Gestalt der Kurve abhängen, d. h. es würde für verschiedene Kurven, die die beiden Punkte verbinden, verschieden sein.

Falls die Kraft eine nach einem Festpunkt gerichtete Zentralkraft $m f(r)$, d. h. eine Funktion des Abstandes r von diesem Festpunkte ist, so besitzt sie die Tangentialkomponente $-m f(r)\frac{dr}{ds}$ und die Arbeit ist daher gleich

$$-\int_{r_0}^{r_1} m f(r)\, dr,$$

wobei r_0 und r_1 die Abstände der Punkte A und B von dem Festpunkte bedeuten.

Bezeichnet man das unbestimmte Integral von $f(r)$ mit $\Phi(r)$, so daß

$$\frac{d\,\Phi(r)}{dr} = f(r),$$

so ist die geleistete Arbeit $m[\Phi(r_0)-\Phi(r_1)]$. Sie ist von r_0 und r_1 abhängig, behält aber den gleichen Wert für alle Kurven, die den Punkt A mit B verbinden.

Ein anderes Beispiel, bei dem die Arbeit unabhängig von der Bahnkurve ist, hatten wir in § 67, wo es sich um eine konstante Kraft handelte.

88. Die Kraftfunktion. Wenn die Arbeit unabhängig von der Art der Bahnkurve ist, so können wir willkürlich einen Punkt A wählen und das Integral

$$\int (X\,dx + Y\,dy + Z\,dz)$$

längs irgend eines Weges vom Punkte A zum Punkte P nehmen. Das Ergebnis ist eine Funktion der Koordinaten von P. Diese Funktion heißt die Kraftfunktion. Der Wert der Kraftfunktion in irgendeinem Punkte P ist gleich der Arbeit, die von der Kraft auf den Massenpunkt geleistet wird, wenn dieser sich auf irgendeinem Wege von dem gewählten Festpunkte A bis zum Punkte P bewegt.

Wenn die Arbeit unabhängig von der Bahn ist und wenn daher eine Kraftfunktion vorhanden ist, so spricht man von konservativen Kräften.

89. Die Potentialfunktion. Ein materieller Punkt von der Masse m bewege sich in einem Kraftfelde, dessen Feldstärke in einem beliebigen Punkte mit f bezeichnet werde. A sei ein willkürlicher Festpunkt in dem Felde, s der von A aus gemessene Bogen einer Kurve, Θ der Winkel, den die Feldrichtung in einem beliebigen Punkte mit der Kurventangente in diesem Punkte einschließt; hierbei werde die Tangente in dem Sinn genommen, in dem die Kurve von einem aus A abgehenden Punkte durchlaufen wird. Dann ist die Arbeit, die von der Kraft des Feldes bei der Bewegung des Massenpunktes längs der Kurve vom Festpunkt A bis zu dem veränderlichen Punkte P geleistet wird,

$$m\int_A^P f\cdot\cos\Theta\cdot ds.$$

Ist die Feldkraft eine konservative Kraft, so ist dieser Ausdruck gleich dem Werte der Kraftfunktion in P und wir wollen dafür abgekürzt schreiben

$$m\cdot V(P) \quad \text{oder} \quad m\cdot V.$$

Dann wird $V(P)$ als der Wert der Potentialfunktion im Punkte P definiert und die Funktion V wird das „Potential" in einem Punkte genannt.

Es ist das Linienintegral der Tangentialkomponente der Kraft des Feldes (aus seiner Feldstärke berechnet) längs einer Kurve genommen, die den Festpunkt mit dem veränderlichen Punkte verbindet.

Im Punkte A verschwindet die Potentialfunktion.

Ersetzen wir den Punkt A durch einen anderen Festpunkt B, so vergrößert sich die Potentialfunktion um eine Konstante, die gleich dem Werte des Integrals

$$\int_A^B f \cdot \cos \Theta \cdot ds$$

ist.

In einem Zentralkraftfeld, dessen Feldstärke im Abstand r vom Kraftzentrum die Größe $\frac{\mu}{r^2}$ habe, wollen wir den Punkt A in einem unendlich fernen Abstand annehmen. Dann wird die Potentialfunktion durch die Gleichung

$$V = \int_a^P \frac{\mu}{r^2}\left(-\frac{dr}{ds}\right) ds = \frac{\mu}{r}$$

dargestellt, d. h. das Potential in irgendeinem Punkte ist gleich dem Produkte aus der Konstanten μ und dem reziproken Werte des Abstands des Punktes vom Kraftzentrum.

Im Falle eines gleichförmigen Feldes von der Feldstärke g sei die z-Achse im umgekehrten Richtungssinne der Feldrichtung gezogen; dann ist das Potential in einem Punkte $-gz$.

90. Die Ableitung der Kräfte aus dem Potential. Es seien mX, mY, mZ die Komponenten einer Feldkraft, die auf einen Massenpunkt von der Masse m ausgeübt wird, so daß die Richtung des Vektors (X, Y, Z) gleich der Richtung des Feldes und die Resultierende von (X, Y, Z) gleich der Feldstärke ist. V sei das Potential des Feldes, das als ein konservatives vorausgesetzt sei.

P sei ein beliebiger Punkt (x, y, z) und P' irgendein benachbarter Punkt $(x + \delta x,\ \ y + \delta y,\ \ z + \delta z)$.

Die Differenz $V(P') - V(P)$ hat die Größe

$$\int_A^{P'} (X dx + Y dy + Z dz - \int_A^P (X dx + Y dy + Z dz);$$

dies ist derselbe Wert, wie ihn das Integral hat

$$\int_P^{P'} (X dx + Y dy + Z dz),$$

längs der geraden Linie PP' genommen.

Nun gibt es gewisse Werte X', Y', Z', die zwischen den auf der Linie PP' auftretenden größten und kleinsten Werten von X, Y, Z liegen und der Gleichung genügen

$$\int_P^{P'}(X\,dx + Y\,dy + Z\,dz) = X'\,\delta x + Y'\,\delta y + Z'\,\delta z.$$

Dies folgt selbstverständlich aus der Integralrechnung.

Somit ist

$$X'\,\delta x + Y'\,\delta y + Z'\,\delta z = V(x + \delta x,\ y + \delta y,\ z + \delta z) - V(x, y, z).$$

Sind δx und δy gleich Null, läuft also die Gerade PP' parallel zur x-Achse, so hat man

$$X' = \frac{V(x + \delta x,\ y,\ z) - V(x,\ y,\ z)}{\delta x}$$

und somit im Grenzfall, wenn P' mit P zusammenfällt,

$$X = \frac{\delta V}{\delta x}.$$

In gleicher Weise findet man

$$Y = \frac{\delta V}{\delta y}, \quad Z = \frac{\delta V}{\delta z}.$$

Dieses Ergebnis kann man in dem Satz aussprechen: Die Kraft des Feldes (auf die Masseneinheit bezogen) in einer Richtung ist gleich dem auf die Längeneinheit kommenden Potentialgefälle in dieser Richtung.

Bezeichnet man in einer anderen Schreibweise mit X, Y, Z die Komponenten der am Massenpunkt angreifenden Kraft parallel zu den Achsen, so ist, falls eine Kräftefunktion U vorhanden ist,

$$X = \frac{\delta U}{\delta x}, \quad Y = \frac{\delta U}{\delta y}, \quad Z = \frac{\delta U}{\delta z}.$$

Wenn wie im vorliegenden Falle die Kraftkomponenten die partiellen Differentialquotienten einer Koordinatenfunktion sind, so sagt man, „die Kraft sei von einem Potential abgeleitet“.

91. Die Energiegleichung. Man multipliziere die linken und rechten Seiten der Bewegungsgleichungen

$$m\ddot{x} = X, \quad m\ddot{y} = Y, \quad m\ddot{z} = Z$$

bzw. mit $\dot{x}$, $\dot{y}$, $\dot{z}$ und addiere die Produkte. Die Summe der linksseitigen Glieder, d. i.

$$m(\dot{x}\ddot{x}+\dot{y}\ddot{y}+\dot{z}\ddot{z})$$

ist

$$\frac{d}{dt}\left[\tfrac{1}{2}m(\dot{x}^2+\dot{y}^2+\dot{z}^2)\right].$$

Die zu differenzierende Größe ist die kinetische Energie des Massenpunktes zur Zeit t. Die Summe der rechtsseitigen Glieder ist

$$X\dot{x}+Y\dot{y}+Z\dot{z}.$$

Dieser Ausdruck stellt die Leistung der Kräfte dar.

Wir erhalten daher die Gleichung

$$\frac{d}{dt}\left[\tfrac{1}{2}m(\dot{x}^2+\dot{y}^2+\dot{z}^2)\right]=X\dot{x}+Y\dot{y}+Z\dot{z},$$

die so in Worte gefaßt werden kann: Die Ableitung der kinetischen Energie eines materiellen Punktes nach der Zeit ist gleich der Leistung der Kräfte, die am Massenpunkt angreifen.

Es bezeichne s den Bogen der Bahnlinie, von einem Festpunkt A bis zu einem veränderlichen Punkte P der Bahn gemessen. Multipliziert man beide Seiten der soeben angeschriebenen Gleichung mit $\frac{dt}{ds}$, so erhält man

$$\frac{d}{ds}\left[\tfrac{1}{2}m(\dot{x}^2+\dot{y}^2+\dot{z}^2)\right]=X\cdot\frac{dx}{ds}+Y\cdot\frac{dy}{ds}+Z\cdot\frac{dz}{ds}.$$

Hieraus ergibt sich die Gleichung

$$\tfrac{1}{2}mv^2-\tfrac{1}{2}mv_0^2=\int_A^P(X\,dx+Y\,dy+Z\,dz),$$

worin v und v_0 die Werte der Geschwindigkeit des Massenpunktes in P und A bedeuten, während das Integral ein längs des Weges genommenes Linienintegral ist.

Die Gleichung kann man in die Worte fassen: Die Zunahme der kinetischen Energie auf einem beliebigen Wege ist gleich der Arbeit, die von den Kräften auf diesem Wege geleistet wird.

Handelt es sich um konservative Kräfte und bezeichnet U die Kraftfunktion, so ist die rechte Seite der letzten Gleichung $U(P) - U(A)$ und man erhält

$$\tfrac{1}{2} m v^2 - U(P) = \text{const.}$$

Diese Gleichung nennt man die „Energiegleichung".

Wir hatten schon mehrere Beispiele von Energiegleichungen; bei der parabolischen Bewegung von Geschossen in § 34 Beispiel 3, im Falle der einfachen harmonischen Bewegung in § 40 Beispiel 3, bei der Zentralbewegung in § 50 Gleichung 2 und bei zwei Sonderfällen in § 40 Beispiel 4 und § 48 Beispiel 1 und 2.

92. Die potentielle Energie eines Massenpunktes in einem Kraftfeld. Die Kräftefunktion im Punkte P, mit entgegengesetztem Vorzeichen versehen, ist gleich der Arbeit, die die Feldkraft auf einen Massenpunkt leistet, der sich vom Punkte P auf einem beliebigen Wege bis zu dem gewählten Festpunkt A bewegt. Diese Größe nennt man die „potentielle Energie des Massenpunktes in dem Felde".

Die Energiegleichung kann man schreiben

„Kinetische Energie + potentielle Energie = const."

Die potentielle Energie eines als Massenpunkt aufgefaßten Körpers im Felde der Erdschwere hat die Größe mgz, wo z die Höhe des Massenpunktes über einem gewählten festen Niveau und m die Masse des Körpers bedeuten.

93. Kräfte, die keine Arbeit leisten. Bewegt sich ein Massenpunkt auf einer festen Kurve oder Oberfläche, die der Oberfläche eines Körpers angehört, so leistet die Stützkraft dieser Kurve oder Fläche keine Arbeit, denn sie steht immer senkrecht auf dem Wege.

Man nennt solche Kräfte, die keine Arbeit leisten, häufig „Zwangskräfte".

Bei der Aufstellung der Energiegleichung kann man immer diese Kräfte außer acht lassen.

94. Konservative und nicht konservative Felder. Alle in der Natur vorkommenden Kraftfelder sind konservativ.

Es ist leicht, analytische Ausdrücke für nicht konservative Felder zu finden. Z. B. sei eine Kraft im Abstande r von einem Festpunkt immer senkrecht zu dem aus diesen Punkt gezogenen Fahrstahl gerichtet und gleich μr. Ein materieller Punkt werde durch eine Zwangskraft so geführt, daß er unter der Wirkung der Kraft eine ebene geschlossene Kurve beschreibt, die den Festpunkt einschließt.

Man kann leicht zeigen, daß die dabei geleistete Arbeit gleich dem Produkt von 2μ und dem Inhalt der Fläche ist. Daher erhält der Massenpunkt jedesmal, wenn er die Kurve umschreibt, eine durch dieses Produkt gegebene Zunahme an kinetischer Energie.

Ein solches System könnte im Falle seiner praktischen Ausführbarkeit zum Betriebe einer Maschine benutzt werden. Wir hätten damit ein „Perpetuum mobile". Die Feststellung, daß die Kraftfelder in der Natur konservativ sind, ist in dem Satze, daß es kein Perpetuum mobile gibt, enthalten.

Unter einem „Perpetuum mobile" ist eine Maschine zu verstehen, die selbsttätig dauernd Arbeit leistet. In obigem Beispiel könnte der Massenpunkt nach jedem Umlauf seinen Zuwachs an lebendiger Kraft dadurch abgeben, daß er gegen einen anderen Körper stößt. Er würde dann immer von der gleichen Anfangslage mit der gleichen Anfangsgeschwindigkeit den Umlauf beginnen. Seine Bewegung wäre periodisch und doch würde er kinetische Energie auf einen anderen Körper übertragen. Bei natürlichen Systemen, bei denen periodische Bewegungen sich reibungslos abspielen, kann kein Zuwachs an lebendiger Kraft verfügbar sein, der auf andere Körper übertragbar wäre. Im allgemeinen treten Kräfte nach Art der Reibungskräfte auf, die bewirken, daß beim Wiedereintreffen in der Anfangslage sich die kinetische Energie verringert hat. Infolge dieses Umstandes bleibt eine gewöhnliche Maschine, die einmal in Gang gebracht und dann den natürlichen Kräften überlassen wird, nicht dauernd in Betrieb, sondern kommt allmählich zur Ruhe.

Man beachte, daß es zwar eine Funktion U geben kann, die mit der Kraft (X, Y, Z) durch die Gleichungen

$$X=\frac{\delta U}{\delta x}, \quad Y=\frac{\delta U}{\delta y}, \quad Z=\frac{\delta Z}{\delta z}$$

verknüpft ist und daß das Kraftfeld trotzdem nicht konservativ zu sein braucht. In einem konservativen Kraftfeld verschwindet die Arbeit, die bei der Bewegung eines Massenpunktes auf irgendeiner geschlossenen Kurve geleistet wird. Hätte nun aber U die Form $A \operatorname{arc\,tan} \frac{y}{x}$, so würde immer der Arbeitsbetrag $2\pi A$ geleistet, wenn der Punkt eine die z-Achse umschließende Kurve durchliefe. Wir können die Beschränkung, zu der uns dieses Beispiel führt, dahin aussprechen, daß in einem konservativen Felde nicht bloß die Kraft von einem Potential abgeleitet werden kann, sondern daß außerdem das Potential eine eindeutige Funktion ist.

Vermischte Beispiele. 1. Um von einem Punkte der Peripherie eines vertikal stehenden Kreises auf gerader Linie nach einem in derselben Ebene liegenden zweiten Kreise herabzugleiten, braucht ein materieller Punkt mindestens die Zeit

$$\sqrt{\frac{2\,(c^2-a^2)}{g\,(a+h)}}\,,$$

worin c den Abstand des Kreismittelpunktes, a die Summe ihrer Halbmesser und h die Höhe bedeuten, um die der Mittelpunkt des einen Kreises über dem des anderen liegt.

2. In einer vertikalen Ebene seien zwei Kurven gezeichnet, von denen die zweite auf den Normalen der ersten gleiche Stücke abschneidet. Man verschiebe die zweite Kurve ein Stück in vertikaler Richtung und beweise, daß dann die kürzeste Fallzeit von einer Kurve zur andern uuabhängig vom Ausgangspunkt ist.

3. Man zeichne in derselben Vertikalebene zwei Kurven, die einander nicht schneiden, und denke sich die Gerade ermittelt, auf der ein Punkt am schnellsten von einer Kurve zur anderen gleitet. Zieht man in jedem Endpunkte der Geraden die betreffende Kurvennormale und eine Vertikale, so bilden diese vier Linien einen Rhombus; man beweise außerdem, daß die Krümmungsmittelpunkte für die Endpunkte nicht auf den zwischen den Vertikalen eingeschlossenen Abschnitten der Normalen liegen können.

4. Die Achse einer in vertikaler Ebene liegenden nach unten offenen Parabel bilde mit der Vertikalen den Winkel $\arccos\frac{3}{5}$. Man beweise, daß ein Punkt zum Niedergleiten auf dem Parameter dieselbe Zeit braucht wie zum Herabgleiten auf derjenige Sehne, die vom oberen Endpunkt des Parameters zum Scheitel der Parabel führt, während er auf jeder zwischenliegenden Sehne in kürzerer Zeit herabgleitet.

5. Die Achse einer in vertikaler Ebene mit dem Scheitel nach unten liegenden Parabel bilde mit der Vertikalen den Winkel β. Man beweise, daß ein Punkt auf demjenigen Brennstrahl, auf dem er am schnellsten vom Brennpunkt zur Kurve gleitet, die Zeit

$$\sqrt{\frac{2\,a}{g}\sec^3\frac{\beta}{3}}$$

braucht.

6. Eine Kugelschale besitze in ihrem tiefsten Punkte eine kleine Öffnung. Ein Massenpunkt gleite von der Innenfläche aus längs einer Sehne hinunter, passiere die Öffnung und bewege sich darauf ganz frei. Man zeige, daß der geometrische Ort der Lagen des Massenpunktes für verschiedene Sehnen zu einer bestimmten Zeit vor oder nach Passieren der Öffnung eine Kugel ist, und ermittele den Radius und die Lage der Kugel.

7. Von einem Punkte einer Ellipse, deren kleine Achse vertikal steht, gleite ein Massenpunkt längs der Kurvennormalen bis zur großen Achse. Man beweise, daß hierzu die kürzeste Zeit gebraucht wird, wenn die Brennstrahlen des Ellipsenpunktes senkrecht aufeinander stehen, vorausgesetzt, daß es überhaupt einen derartigen Punkt gibt. Außerdem untersuche man für den Fall, daß es keinen solchen Punkt gibt, auf welcher Normalen der Punkt dann am schnellsten herabgleitet.

8. Die Achse einer Zykloide mit aufwärts gekehrter Basis stehe vertikal. Von verschiedenen Punkten der Basis gehen Massenpunkte

ab und laufen auf Sehnen kürzester Fallzeit nach der Kurve herunter. Ist x die Länge einer solchen Sehne und wäre $2h$ die in der zugehörigen Zeit zurückgelegte Strecke bei freiem Fall, so gilt die Beziehung

$$x^2 - x\sqrt{\frac{h^3}{a}} - 2h^2 = 0,$$

wobei a den Radius des erzeugenden Kreises der Zykloide bedeutet.

9. Die vertikal stehenden Achsen von zwei gleichen in einer Ebene liegenden Parabeln mit dem Parameter $2l$ haben den Abstand $2l$ voneinander; der Scheitel der einen liege um l tiefer als derjenige der andern und die Parabeln seien nach entgegengesetzten Seiten gekrümmt. Die Gerade kürzester Fallzeit von der höheren zur tieferen habe die Länge h und bildet mit der Vertikalen den Winkel Φ. Man beweise, daß

$$\frac{h}{l} = \sec\Phi \sec^2 2\Phi = 2\sqrt{2}\,\mathrm{cosec.}\Phi \sec 2\Phi \cos(\tfrac{1}{4}\pi + 2\Phi).$$

---

10. Ein zunächst in Ruhe befindlicher Zug von der Masse m fährt von einer Station ab und kommt in der Entfernung l auf der nächsten Station wieder zum Stillstand. Die volle Fahrtgeschwindigkeit sei V, die mittlere Fahrtgeschwindigkeit v. Der Widerstand der Schienen, wenn die Bremse nicht angezogen ist, betrage das $\frac{uV}{lg}$-fache des Zuggewichts, und wenn sie angezogen ist, $\frac{u'V}{lg}$ des Zuggewichts. Die Zugkraft während der Anfahrperiode und die während der vollen Fahrgeschwindigkeit seien zwar verschieden, aber konstant. Man beweise, daß die mittlere Leistung der Maschine beim Anfahren

$$\frac{1}{2} m \frac{V^2}{l}\left\{u - \frac{1}{2/v - 2/V - 1/u'}\right\}$$

beträgt.

11. Ein Zug fährt nach längerem Halt in einer Station ab und hält in der nächsten. Während des Anfahrens bleibt die Zugkraft konstant, während der vollen Fahrt hat sie einen anderen konstanten Wert. Man beweise, daß die von der Maschine in der Anfahrperiode geleistete Arbeit um das $\left(\frac{V}{v} - 1\right)$-fache der vom Widerstand während der gesamten Fahrzeit verzehrten Arbeit größer ist als die von den Bremsen in der Verzögerungsperiode abgebremste Arbeit; hierin bedeuten V und v die Geschwindigkeit bei voller Fahrt bzw. die mittlere Geschwindigkeit des Zuges.

12. Welche mittlere Leistung in PS und welche Zugkraft in kg leistet jedes Pferd eines zweispännigen Omnibus, der mit einer durchschnittlichen Geschwindigkeit von 10 km pro Stde. fährt, wenn seine Höchstgeschwindigkeit den Wert 12,5 km nicht überschreitet und seine Fahrt sich aller 100 m bis auf 0,3 m/sec verlangsamt, um Leute aufzunehmen oder abzusetzen. Es sind dabei die folgenden Angaben zugrunde zu legen: Gewicht des Omnibus = 1,2 t, Gewicht der beiden Pferde = 1,5 t, Gewicht des Kutschers, Schaffners und der Passagiere

$=1{,}8$ t; die Bremse erzeugt eine Reibung, die gleich $^1/_5$ des Raddruckes ist; sie soll nur an einem Rade wirken; bei voller Fahrt leisten die Pferde keine Arbeit.

---

13. Wenn bei einer Atwoodschen Fallmaschine die Schnur nur eine Spannung gleich dem Viertel der Summe der beiden Gewichte an ihren Enden aushalten kann, so darf das größere Gewicht nicht viel weniger als das 6fache des kleineren wiegen und die kleinste zulässige Beschleunigung ist $\frac{1}{2} g \sqrt{2}$.

14. Zwei gleichschwere Körper, jeder von der Masse M, hängen an den Enden der Kette einer Atwoodschen Fallmaschine und schwingen durch zwei feste horizontale Ringe derart auf und nieder, daß jedesmal, wenn einer von ihnen durch den einen Ring nach oben steigt, er ein Zusatzgewicht von der Masse m mitnimmt, während der gleichzeitig durch den andern Ring nach unten sinkende Körper auf diesem ein Zusatzgewicht von der gleichen Masse m absetzt. Man beweise, daß bei Vernachlässigung der Reibung die Dauer eines Ausschlages von der Amplitude a

$$2\sqrt{\frac{2a}{g}\left(1+\frac{2M+\mu}{m}\right)}$$

ist und daß die aufeinander folgenden Amplituden eine konvergente geometrische Reihe mit dem Quotienten

$$\left(1+\frac{m}{2M+\mu}\right)^{-2}$$

bilden, worin μ eine über den Umfang der Rolle verteilte Masse ist, die auf die Bewegung denselben Einfluß wie die Trägheit der andern beweglichen Teile des Mechanismus ausübt.

---

15. Auf den Umfängen einer Schar vertikaler Kreise, die sich in ihren höchsten Punkten berühren, gleiten Massenpunkte ohne Reibung vom höchsten Punkte aus hinunter; man beweise, daß die Brennpunkte der Parabelbahnen, die sie nach Verlassen der Kreisumfänge beschreiben, auf einer gegen die Vertikale unter dem Winkel $\operatorname{arc\,tan}\left(\frac{5}{8}\sqrt{5}\right)$ geneigten Geraden liegen.

16. Innen auf dem Umfang eines glatten in einer Vertikalebene liegenden Kreises laufe ein Massenpunkt vom tiefsten Punkte mit einer Anfangsgeschwindigkeit v_0 ab und verlasse den Kreis, bevor er dessen höchsten Punkt erreicht. Man beweise, daß bei Annahme vollkommen elastischen Stoßes zwischen Kreis und Massenpunkt letzterer nach Wiederauftreffen auf den Kreis seine frühere Bahn von neuem durchläuft, falls seine Anfangsgeschwindigkeit

$$v_0=\sqrt{a g\left[2+\tfrac{3}{2}\sqrt{3-\sqrt{3}}\right]}$$

betrug.

17. Stellt man einen glatten parabolischen Zylinder so auf, daß sowohl seine Erzeugenden wie auch die Achsen aller seiner Normalschnitte horizontal liegen und bringt man einen Massenpunkt in einer Höhe gleich dem Parameter über der Ebene der Achsen auf seine Oberfläche, so

verläßt dieser am Ende des Parameters den Zylinder und beschreibt von da ab eine neue Parabel mit gleichem Parameter.

18. Einem Massenpunkt, welcher unter dem Einfluß der Schwere auf einer glatten Parabel gleitet, deren Achse gegen die Vertikale geneigt ist, stehe es frei, die Parabel zu verlassen und eine andere allein unter dem Einfluß der Schwere zu beschreiben. Man beweise, daß, falls der Massenpunkt die erste Parabel überhaupt verläßt, er dies in demjenigen Punkte tut, dessen Normale durch den Schnitt der Leitlinien der beiden Parabeln geht.

19. Ein Massenpunkt bewegt sich auf der Außenseite eines glatten elliptischen Zylinders, dessen Erzeugenden horizontal liegen, und zwar geht er aus der Ruhelage von der höchsten Erzeugenden ab, die die Endpunkte der großen Achsen aller Normalschnitte enthält. Man beweise, daß er den Zylinder in einem Punkte verläßt, dessen Exzenterwinkel Φ aus der Gleichung bestimmt werden kann

$$e^2 \cos^3 \Phi = 3 \cos \Phi - 2,$$

worin e die Exzentrizität der Normalschnitte ist.

20. Ein Massenpunkt gleite im Innern eines glatten nach einer Zykloide gebogenen Rohres herunter, wobei die Achse der Zykloide vertikal, ihr Scheitel nach unten gekehrt sei, und zwar geht er aus der Ruhelage in einem Bogenabstand s_1 vom Scheitel ab. Nach der Zeit t, bevor noch der erste Punkt den Scheitel erreicht hat, rutscht ein zweiter Punkt das Rohr hinunter und zwar von einem Punkte im Bogenabstand s_2 vom Scheitel aus. Man beweise, daß der Treffpunkt der beiden Punkte vom Scheitel den Bogenabstand

$$\frac{\sin \frac{2\pi t}{T}}{\sqrt{\frac{1}{s_1^2} + \frac{1}{s_2^2} - \frac{2}{s_1 s_2} \cos \frac{2\pi t}{T}}}$$

besitzt, wenn T die Dauer einer vollen Schwingung im Rohre bezeichnet.

21. Zwei Zykloiden mit vertikalen Achsen liegen in derselben Vertikalebene und ihre nach unten gekehrten Scheitel befinden sich in gleicher Höhe. Zwei Punkte gehen aus derselben Niveaufläche ab und beschreiben die Zykloiden. Man zeige, daß sie sich das nächste Mal nach der Zeit

$$\frac{2\pi\sqrt{a a'}}{(\sqrt{a} + \sqrt{a'}) \cdot \sqrt{g}}$$

in derselben Niveaufläche befinden, und darauf wiederum zur Zeit

$$\frac{4\pi\sqrt{a a'}}{(\sqrt{a} + \sqrt{a'}) \cdot \sqrt{g}} \text{ oder } \frac{2\pi\sqrt{a a'}}{(\sqrt{a} - \sqrt{a'}) \cdot \sqrt{g}},$$

je nachdem, welcher von beiden Ausdrücken der kleinere ist, wobei a und a' die Radien der erzeugenden Kreise sind.

---

22. Ein Eisenbahnwagen durchlaufe eine Kurve vom Radius r mit der Geschwindigkeit v; die Spurweite sei $2a$, die Höhe des Schwer-

punktes des Wagens über den Schienen sei h. Man beweise, daß sich das Gewicht des Wagens auf die Schienen im Verhältnis $\frac{gra - v^2h}{gra + v^2h}$ verteilt und daß der Wagen somit umkippt, falls $v > \sqrt{\frac{gra}{h}}$ wird.

23. Ein Zug bewegt sich aus der Ruhelage auf einer ebenen gleichförmig gekrümmten Kurve mit der gleichförmigen Beschleunigung f. Die äußere Schiene ist erhöht, so daß der Boden eines Eisenbahnwagens um den Winkel α gegen die Horizontale geneigt ist. Man zeige, daß ein Körper auf dem Wagenboden nur in Ruhe bleiben kann, falls der Reibungskoeffizient zwischen Körper und Boden größer ist als

$$\frac{\sqrt{f^2 + g^2 \sin^2 \alpha}}{g \cos \alpha}.$$

24. Eine Lokomotive fährt mit konstanter Beschleunigung f von einem Punkte A eines Gleises ab und kommt hierbei an eine Kurve PQ. Soll beim Passieren dieser Kurve der Druck der Spurkränze gegen die Schiene konstant bleiben, so muß PQ ein Stück einer logarithmischen Spirale sein, deren Pol auf einem AP in P berührenden Kreise vom Durchmesser AP liegt. Wird das Gleis um einen Winkel Θ geneigt, so daß der konstante Druck des Spurkranzes verschwindet, so muß der Winkel der Spirale $\operatorname{arc}\tan\left(\frac{g}{2f}\tan\Theta\right)$ betragen.

---

25. Man beweise, daß man einem Körper von der Masse 1, der sich auf einer logarithmischen Spirale unter dem Einfluß einer nach deren Pol gerichteten Kraft bewegt, den plötzlichen Impuls

$$2\sqrt{Fr}\sin\left(\frac{\pi}{4} \pm \frac{a}{2}\right)$$

erteilen muß, damit er weiterhin unter dem Einfluß derselben Kraft einen Kreis beschreibt; hierin bezeichnen r die Entfernung vom Pol und F die Kraft im Augenblick des Stoßes.

26. Bei einer Zentralbewegung beschreibt ein Massenpunkt eine Ellipse von der Exzentrizität e um einen Brennpunkt. In dem Augenblicke, in dem sein Radiusvektor gerade gleich dem Halbparameter ist, erhält er einen Stoß, infolgedessen er sich zunächst in Richtung auf den anderen Brennpunkt mit einer Bewegungsgröße, die gleich dem Antrieb des Stoßes ist, bewegt. Man ermittele die Lage der Achse der neuen Zentralbewegungsbahn und zeige, daß diese die Exzentrizität $\frac{1}{2}\left(\frac{1}{e} - e\right)$ besitzt.

27. Ein Massenpunkt von der Masse m wird in einem Punkte P mit der Geschwindigkeit V abgeschossen und bewegt sich nunmehr unter der Wirkung einer Kraft, die nach einem Festpunkt zeigt und sich umgekehrt proportional dem Quadrat der Entfernung ändert. PP' sei die Sehne durch den anderen Brennpunkt der Bahn. Nachdem der Punkt in P' angelangt ist, wird seine kinetische Energie durch einen tangentialen Impuls um den Betrag $\frac{\frac{1}{2} m V^2 R}{(4a - R)}$ vermehrt, wobei R die

Entfernung SP und $2a$ die große Achse der Bahn bedeuten. Man beweise, daß die neue Bahn unabhängig von der Abschußrichtung ist.

28. Ein Massenpunkt beschreibe eine Ellipse um einen Brennpunkt S als Kraftzentrum. Am Endpunkt E der Ordinate im anderen Brennpunkt angelangt, erhält er einen Stoß in der Richtung SE, worauf er sich rechtwinklig zu SE weiterbewegt. Man ermittele die durch den Stoß erteilte Bewegungsgröße und beweise, daß der Punkt nunmehr eine Ellipse von der Exzentrizität $\frac{2e^2}{1+e^2}$ beschreibt.

29. Ein Massenpunkt beschreibt eine Ellipse um einen Brennpunkt S und erhält, am Ende des Parameters angelangt, einen Stoß derart, daß er von nun an eine konfokale Hyperbel beschreibt. Man zeige, daß die Richtung des Stoßes mit der Tangente an die Ellipse einen Winkel $\operatorname{arc\,cot} e$ bildet, wobei e die Exzentrizität der Ellipse ist.

IV. Die Bewegung eines Massenpunktes unter der Wirkung gegebener Kräfte[1].

95. Vorbemerkung. Die Anwendung der Grundsätze, die wir in den vorangehenden Kapiteln bei der Erörterung der Bewegungen von Massenpunkten in besonderen Fällen aufgestellt haben, bildet den Teil unserer Lehre, den wir gewöhnlich als „Dynamik eines Massenpunktes" bezeichnen. Wir werden ihm die folgenden beiden Kapitel widmen. Er zerfällt selbst wieder in zwei Hauptteile, deren einer von den Bewegungen unter der Wirkung gegebener Kräfte handelt, während sich der zweite auf zwangläufige Bewegungen bezieht, bei denen Widerstände auftreten und bei denen nicht alle wirkenden Kräfte gegeben sind. Im vorliegenden Kapitel wollen wir zunächst die Bewegungen unter der Wirkung gegebener Kräfte behandeln.

96. Der Ansatz der Bewegungsgleichungen. Die Art, wie die Bewegungsgleichungen anzusetzen sind, ist in Abschnitt 64 beschrieben. Sie besteht darin, daß man das Produkt der Masse des materiellen Punktes und der Komponente der Beschleunigung nach einer beliebigen Richtung gleich der Komponente der an ihm wirkenden Kraft nach dieser Richtung setzt. Man erhält dadurch Differentialgleichungen. Die linke Seite jeder Gleichung enthält Differentialquotienten geometrischer Größen nach der Zeit. Auf der rechten Seite steht im allgemeinen eine bekannte Funktion von geometrischen Größen. Obgleich in zahlreichen Fällen derartige Gleichungen lösbar sind, gibt es doch keine allgemeine Methode zu ihrer Lösung.

Hinsichtlich der Aufstellung der Gleichungen können Unterschiede nur infolge der Wahl der Richtungen auftreten, nach

[1]) Die in diesem Kapitel mit einem Stern bezeichneten Abschnitte können beim erstmaligen Lesen überschlagen werden.

denen zerlegt wird. So kann man parallel zu den Bezugsachsen zerlegen, oder man zerlegt in Richtung des Fahrstrahls vom Ursprung zum Massenpunkt und in der dazu senkrechten Richtung, oder auch wieder in Richtung der Bahntangente und in der dazu senkrechten Richtung. Welche Richtungen man im besonderen Falle am vorteilhaftesten wählt, hängt von den Umständen ab.

In den Abschnitten 36 und 43 finden sich Beispiele für die Methoden, nach denen die Beschleunigungskomponenten in gegebenen Richtungen durch geeignete geometrische Größen ausgedrückt werden können. Weitere Beispiele hierfür bieten die beiden nächsten Abschnitte.

***97. Die Beschleunigung eines Punktes auf einer Raumkurve.** Man erinnere sich folgender Beziehungen: Sind (x, y, z) die rechtwinkligen Koordinaten eines Punktes auf einer Kurve und s der von einem bestimmten Kurvenpunkte bis zum Punkte xyz gemessene Kurvenbogen, so sind die Richtungskosinus der im Sinne einer Zunahme von s gewählten Tangentenrichtung $\frac{dx}{ds}, \frac{dy}{ds}, \frac{dz}{ds}$ und es besteht zwischen diesen die Beziehung $\left(\frac{dx}{ds}\right)^2+\left(\frac{dy}{ds}\right)^2+\left(\frac{dz}{ds}\right)^2=1$. Bezeichnen wir mit ϱ den ersten Krümmungsradius der Bahn, so sind die Richtungskosinus der nach dem Krümmungsmittelpunkt gerichteten Hauptnormalen $\varrho\frac{d^2x}{ds^2}, \varrho\frac{d^2y}{ds^2}, \varrho\frac{d^2z}{ds^2}$ und sie erfüllen die Gleichung

$$\frac{1}{\varrho^2}=\left(\frac{d^2x}{ds^2}\right)^2+\left(\frac{d^2y}{ds^2}\right)^2+\left(\frac{d^2z}{ds^2}\right)^2.$$

Die Richtungskosinus der Binormalen sind

$$\varrho\left(\frac{d^2y}{ds^2}\frac{dz}{ds}-\frac{d^2z}{ds^2}\frac{dy}{ds}\right),\ \varrho\left(\frac{d^2z}{ds^2}\frac{dx}{ds}-\frac{d^2x}{ds^2}\frac{dz}{ds}\right),\ \varrho\left(\frac{d^2x}{ds^2}\frac{dy}{ds}-\frac{d^2y}{ds^2}\frac{dx}{ds}\right).$$

Schließlich sei noch an die Beziehung erinnert

$$\frac{dx}{ds}\cdot\frac{d^2x}{ds^2}+\frac{dy}{ds}\cdot\frac{d^2y}{ds^2}+\frac{dz}{ds}\cdot\frac{d^2z}{ds^2}=0.$$

In den Ausdrücken $\ddot{x}, \ddot{y}, \ddot{z}$ für die Beschleunigungskomponenten parallel den Achsen wollen wir an Stelle von t als unabhängige Veränderliche s einführen.

Schreiben wir für die Geschwindigkeit $\dot{s}$ den Buchstaben v, so erhalten wir

$$\ddot{x}=\frac{d^2x}{dt^2}=\frac{d}{dt}\left(\frac{dx}{dt}\right)=\frac{ds}{dt}\frac{d}{ds}\left(\frac{ds}{dt}\frac{dx}{ds}\right)=v\frac{d}{ds}\left(v\frac{dx}{ds}\right)$$

und somit wird

$$\ddot{x}=v\frac{dv}{ds}\frac{dx}{ds}+v^2\frac{d^2x}{ds^2}$$

und in gleicher Weise

$$\ddot{y}=v\frac{dv}{ds}\frac{dy}{ds}+v^2\frac{d^2y}{ds^2}$$

sowie

$$\ddot{z} = v\frac{dv}{ds}\frac{dz}{ds} + v^2\frac{d^2 z}{ds^2}.$$

Multiplizieren wir diese Beschleunigungskomponenten der Reihe nach mit den Richtungskosinus der Tangente und bilden die Summe, so erhalten wir die Beschleunigungskomponente in Richtung der Bahntangente im Sinne wachsenden s; wir finden auf diese Weise für diese Komponente den Ausdruck

$$v\frac{dv}{ds}\left[\left(\frac{dx}{ds}\right)^2 + \left(\frac{dy}{ds}\right)^2 + \left(\frac{dz}{ds}\right)^2\right] + v^2\left[\frac{dx}{ds}\cdot\frac{d^2x}{ds^2} + \frac{dy}{ds}\cdot\frac{d^2y}{ds^2} + \frac{dz}{ds}\cdot\frac{d^2z}{ds^2}\right]$$

oder

$$v\cdot\frac{dv}{ds}.$$

Multiplizieren wir die vorliegenden Beschleunigungskomponenten andererseits mit den Richtungskosinus der Hauptnormalen und bilden die Summe, so ergibt sich für die Beschleunigungskomponente in Richtung der nach dem Krümmungsmittelpunkt zeigenden Hauptnormalen der Ausdruck

$$v\frac{dv}{ds}\varrho\left[\frac{dx}{ds}\frac{d^2x}{ds^2} + \frac{dy}{ds}\frac{d^2y}{ds^2} + \frac{dz}{ds}\frac{d^2z}{ds^2}\right] + v^2\varrho\left[\left(\frac{d^2x}{ds^2}\right)^2 + \left(\frac{d^2y}{ds^2}\right)^2 + \left(\frac{d^2z}{ds^2}\right)^2\right]$$

oder

$$\frac{v^2}{\varrho}$$

Multiplizieren wir schließlich mit den Richtungskosinus der Binormalen und bilden wiederum die Summe, so ergibt sich die Tatsache, daß in Richtung der Binormalen keine Beschleunigungskomponente existiert

Somit fällt die Beschleunigung eines Punktes, der eine Raumkurve beschreibt, stets in die Schmiegungsebene der Kurve und ihre Komponenten in Richtung der Tangente und der Hauptnormalen sind $v\frac{dv}{ds}$ und $\frac{v^2}{\varrho}$, genau wie in dem Falle, wenn der Punkt eine ebene Kurve beschreibt. Wir wollen, wie schon früher, die erstere der beiden Komponenten mit $\dot{v}$ oder $\ddot{s}$ bezeichnen.

***98. Räumliche Polarkoordinaten.** Als Koordinaten führen wir ein: als Radiusvektor den Abstand r vom Ursprung, ferner den Winkel Θ zwischen Radiusvektor und z-Achse, sowie den Winkel Φ zwischen der den Radiusvektor und die z-Achse enthaltenden Ebene und einer festen Ebene durch die z-Achse.

Die den Radiusvektor und die z-Achse enthaltende Ebene wollen wir die „Meridianebene“ nennen; der Kreis, in welchem diese Ebene durch eine Kugel $r = \text{const}$. geschnitten wird, soll der „Meridian“ heißen.

Der Abstand von der z-Achse werde mit dem Buchstaben $\tilde{\omega}$ bezeichnet, so daß $\tilde{\omega} = r\sin\Theta$.

In einer Ebene parallel zur xy-Ebene sind $\tilde{\omega}$ und Φ ebene Polarkoordinaten, in der Meridianebene sind z und $\tilde{\omega}$ rechtwinklige Koordinaten, r und Θ dagegen ebene Polarkoordinaten.

Hiernach ist die der xy-Ebene parallele Geschwindigkeit $(\dot{x}, \dot{y})$ gleichwertig mit $\dot{\tilde{\omega}}$, das senkrecht zur z-Achse steht und in der Meridianebene liegt, und $\tilde{\omega}\dot{\Phi}$ rechtwinklig zur Meridianebene; die Geschwindigkeit $(\dot{x}\dot{y}\dot{z})$ ist gleichwertig mit $(\dot{z}, \dot{\tilde{\omega}})$ in der Meridianebene und $\tilde{\omega}\dot{\Phi}$ rechtwinklig zu dieser Ebene. Es ist aber auch die Geschwindigkeit $(\dot{z}, \dot{\tilde{\omega}})$ in der Meridianebene gleichwertig mit $\dot{r}$ in Richtung des Radiusvektor und $r\dot{\Theta}$ in Richtung der Tangente an den Meridian. Die Geschwindigkeit besitzt also die folgenden Komponenten:

$\dot{r}$ in Richtung des Radiusvektor,
$r\dot{\Theta}$ in Richtung der Tangente am Meridian,
$r \sin \Theta \dot{\Phi}$ senkrecht zur Meridianebene.

Die der x- bzw. y-Achse parallelen Seitenbeschleunigungen $\ddot{x}, \ddot{y}$ sind gleichwertig mit den Beschleunigungen $\ddot{\tilde{\omega}} - \tilde{\omega}\dot{\Phi}^2$ und $\frac{1}{\tilde{\omega}}\frac{d}{dt}(\tilde{\omega}^2\dot{\Phi})$ in der Meridianebene und senkrecht zu ihr. Somit ist die Beschleunigung gleichwertig mit $\ddot{z}$ parallel zur z-Achse, $\ddot{\tilde{\omega}} - \tilde{\omega}\dot{\Phi}^2$ senkrecht zur z-Achse und in der Meridianebene, sowie $\frac{1}{\tilde{\omega}}\frac{d}{dt}(\tilde{\omega}^2\dot{\Phi})$ senkrecht zur Meridianebene.

Man sieht auch, daß die Komponenten $\ddot{z}, \ddot{\tilde{\omega}}$, die in der Meridianebene liegen und parallel bzw. senkrecht zur z-Achse laufen, gleichwertig mit $\ddot{r} - r\dot{\Theta}^2$ längs des Radiusvektor und mit $\frac{1}{r}\frac{d}{dt}(r^2\dot{\Theta})$ längs der Tangente am Meridian sind.

Wir wollen nun noch die Beschleunigung $-\tilde{\omega}\dot{\Phi}^2$, die in der Meridianebene und senkrecht zur z-Achse liegt, in Komponenten parallel zum Radiusvektor und zur Meridiantangente zerlegen. Diese Komponenten sind $-\tilde{\omega}\dot{\Phi}^2 \sin\Theta$ bzw. $-\tilde{\omega}\dot{\Phi}^2\cos\Theta$. Somit setzt sich die Beschleunigung aus folgenden Komponenten zusammen:

$\ddot{r} - r\dot{\Theta}^2 - r\sin^2\Theta \cdot \dot{\Phi}^2$ in Richtung des Radiusvektor,

$\frac{1}{r}\frac{d}{dt}(r^2\dot{\Theta}) - r\sin\Theta\cos\Theta \cdot \dot{\Phi}^2$ in Richtung der Meridiantangente,

$\frac{1}{r\sin\Theta}\cdot\frac{d}{dt}(r^2\sin^2\Theta\dot{\Phi})$ rechtwinklig zur Meridianebene.

99. Die Integration der Bewegungsgleichungen. Eine jede Energiegleichung (Abschn. 91) ist ein Integral der Bewegungsgleichungen.

Bewegt sich der Massenpunkt geradlinig unter dem Einfluß konservativer Kräfte, so gibt die Energiegleichung seine Geschwindigkeit in Funktion seiner Lage an; die Lage zu irgendeiner Zeit, oder die Zeit, in welcher irgendeine Lage erreicht wird, bestimmt man durch Integration. Als Beispiel hierfür erinnere man sich der Aufgabe 1 in Abschnitt 55.

Bewegt sich der Massenpunkt nicht geradlinig, so muß man andere Integrale der Bewegungsgleichungen suchen, um seine Lage zu irgendeiner Zeit bestimmen zu können. Gibt es eine Gleichung über die Erhaltung der Bewegungsgröße (Abschn. 83) oder des Dralls (Abschn. 85), so sind auch diese Gleichungen Integrale der Bewegungsgleichungen. Im Verein mit der Energiegleichung genügen sie manchmal, die Lage zu irgendeiner Zeit bestimmen zu können. Beispiele hierfür liefern uns die Parabelbewegung der Geschosse und die Ellipsenbewegung um einen Brennpunkt.

100. Beispiel. Man leite die Tatsache, daß die Bahn eines sich unter dem Einfluß der Schwerkraft frei bewegenden Massenpunktes eine Parabel ist, aus der Energiegleichung sowie aus der Gleichung ab, die die Erhaltung der Horizontalkomponente der Bewegungsgröße ausspricht.

101. Die Bewegung eines Körpers, der an einem Seil oder an einer Feder hängt. Einfache Beispiele aus dem Gebiete der Dynamik materieller Punkte bieten die Probleme der Bewegung eines Körpers, der an einem dehnbaren Seil oder einer Feder hängt. Wir wollen hier nur den Fall betrachten, bei dem sich der Massenpunkt in der Achsenrichtung des Seiles oder der Feder bewegt (von der wir voraussetzen wollen, daß sie eine gerade Linie ist).

Wird die Masse des Seiles vernachlässigt und wirkt keinerlei Reibung, so ist die Spannung über die ganze Länge des Seiles konstant (Kapitel VI).

Bei veränderlicher Länge eines Seiles gibt es eine bestimmte Länge, die dem spannungslosen Zustande entspricht. Diesen Zustand nennt man den „natürlichen Zustand" und die zugehörige Länge die „natürliche Länge".

l_0 sei die natürliche Länge, l die Länge in irgendeinem Zustand. Dann nennt man die Zahl $\frac{l - l_0}{l_0}$ die „Dehnung".

Zwischen Spannung und Dehnung besteht das Gesetz, daß die Spannung der Dehnung proportional ist. Ist ε die Dehnung, so ist die Spannung proportional dem Produkt aus ε und einer gewissen Konstanten. Diese Konstante wird der „Elastizitätsmodul" des Seiles genannt.

Wenn im Verlauf einer Bewegung eines dehnbaren Seiles dieses seine natürliche Länge wieder annimmt, so wird die Spannung zu Null und das Seil wird „schlaff". Es übt dann auf den an ihm hängenden Massenpunkt so lange keine Kraft aus, bis seine Länge die natürliche Länge wieder überschreitet.

Ein Seil, das eine Spannung ausüben, sich dabei aber

nicht im mindesten dehnen würde, kann als ein idealer Grenzfall angesehen werden, dem sich ein dehnbares Seil nähert, wenn die Dehnung dem Werte Null und der Elastizitätsmodul λ dem Werte ∞ zustrebt, so daß das Produkt $\lambda \cdot \varepsilon$ die endliche Spannung des Seiles ist. Ein derartiges Seil würde man als „unausdehnbar" bezeichnen.

Eine Feder erfährt bei ihrer Ausdehnung ebenso wie ein dehnbares Seil eine Zugspannung; bei einer Zusammendrückung entsteht in ihr eine Druckspannung, die dasselbe Vielfache der Zusammendrückung $\frac{l_0 - l}{l}$ ist, wie es die Zugspannung von der Dehnung war.

Ist ein Körper an einer Feder befestigt, deren eines Ende festgehalten wird, und bewegt es sich in der Achsenrichtung der Feder, so wird eine Kraft μx auf ihn ausgeübt. Hierin ist μ eine Konstante, die sog. „Federkonstante", und x der Weg des Körpers, von der Lage aus gemessen, in der die Feder ihre natürliche Länge hat. Wächst die Länge um x, so haben wir Zugspannung, wird sie um x vermindert, so haben wir Druckspannung. Die Bewegungsgleichung des Körpers, wenn er als Massenpunkt von der Masse m aufgefaßt wird, ist $m\ddot{x} = -\mu x$.

Hiernach ergibt sich als Bewegung des Massenpunktes eine einfache harmonische Schwingung von der Periode $2\pi\sqrt{\frac{m}{\mu}}$.

Dieses Resultat kann man auch erhalten, wenn man die Energiegleichung anschreibt. Die auf dem Wege x von der Kraft geleistete Arbeit ist

$$\int_0^x -\mu x \, dx,$$

oder $-\frac{1}{2}\mu x^2$. Die kinetische Energie des Körpers, wenn wir ihn als Massenpunkt ansehen, beträgt $\frac{1}{2}m\dot{x}^2$. Hiernach ist die Energiegleichung

$$\tfrac{1}{2}m\dot{x}^2 + \tfrac{1}{2}\mu x^2 = \text{const},$$

und man findet daraus durch Integration für x eine Funktion von der Form

$$a\cos\left[t\sqrt{\frac{\mu}{m}} + \alpha\right].$$

102. Beispiele. 1. Ein Punkt von der Masse m ist in der Mitte eines zwischen zwei festen Punkten ausgespannten elastischen Fadens von der natürlichen Länge a und dem Elastizitätsmodul λ befestigt. Man beweise, daß der Massenpunkt, wenn keine anderen Kräfte als die Spannungen in den beiden Teilen des Fadens auf ihn wirken, in der

Fadenachse nach einer einfachen harmonischen Bewegung von der Periode $\pi\sqrt{\frac{m a}{\lambda}}$ hin und her schwingen kann.

2. Ein Punkt von der Masse m ist am einen Ende eines elastischen Fadens befestigt, der die natürliche Länge a und den Elastizitätsmodul λ besitzt und dessen anderes Ende festgehalten wird. Der Massenpunkt wird so weit aus seiner Lage gebracht, bis der Faden die Länge $a+b$ hat, und wird dann losgelassen. Man beweise, daß er, falls außer der Fadenspannung keine weiteren Kräfte auf ihn wirken, nach der Zeit $2\left(\pi+2\frac{a}{b}\right)\sqrt{\frac{m a}{\lambda}}$ zum Ausgangspunkte zurückkehrt.

3. Befestigt man einen Körper plötzlich an einem vertikalen noch ungedehnten, elastischen Faden und läßt ihn unter dem Einfluß der Schwere fallen, so ist die darauffolgende größte Dehnung zweimal so groß wie die statische Dehnung des Fadens, wenn er den Körper trägt.

4. Hält man eine Feder durch eine gegebene Kraft zusammengedrückt und kehrt man die Kraft plötzlich um, so ist die größte darauffolgende Dehnung dreimal so groß wie die anfängliche Zusammendrückung.

5. Der Elastizitätsmodul eines vertikalen elastischen Fadens von der natürlichen Länge a, dessen eines Ende festgehalten ist und an dessen anderem Ende ein Massenpunkt hängt, sei n mal so groß wie das Gewicht des Massenpunktes. Der Massenpunkt wird zuerst in einer Zwischenlage so gehalten, daß die Fadenlänge a' ist; dann wird er aus dieser Ruhelage losgelassen. Man zeige, daß er nach der Zeit

$$2(\pi-\Theta+\Theta'+\tan\Theta-\tan\Theta')\sqrt{\frac{a}{n g}}\,.$$

wieder in seine Anfangslage zurückkehrt, wobei Θ und Θ' spitze Winkel sind, die aus den Gleichungen ermittelt werden können

$$\sec\Theta=\frac{n a'}{a}-n-1\,;\quad \sec^2\Theta'=\sec^2\Theta-4n\,,$$

und worin a' so groß zu wählen ist, daß sich für die Winkel Θ und Θ' reelle Werte ergeben.

103. Die Zentralbewegung. Wir haben schon einige Fragen aus diesem Gebiet in den Abschnitten 49—52 untersucht. Wir sahen, daß ein Massenpunkt unter dem Einfluß einer nach einem festen Punkt gerichteten Zentralkraft sich in einer bestimmten Ebene bewegt, die das Kraftzentrum und die jeweilige Bahntangente enthält, und wir fanden, daß die Bewegungsgleichungen in der Form geschrieben werden können

$$m(\ddot r-r\dot\Theta^2)=-m f,\quad m\frac{1}{r}\frac{d}{dt}(r^2\dot\Theta)=0\,.$$

Hierbei bezeichne m die Masse des Punktes sowie f die Feldstärke, die als Anziehungskraft angenommen werde und die sich als Funktion von r anschreiben lasse. Die Energiegleichung ist

$$\tfrac{1}{2}m(\dot r^2+r^2\dot\Theta^2)=\text{const}-m\int f\,dr\,,$$

und die Gleichung von der Erhaltung des Dralls um eine durch das Kraftzentrum gehende und senkrecht zur Ebene der Bewegung stehende Achse lautet

$$m r^2\dot\Theta=m h\,;$$

hierin ist h eine Konstante, die die doppelte Flächengeschwindigkeit des Radiusvektor darstellt.

Wir fanden, daß diese Gleichungen zu der weiteren Beziehung führen

$$\left(\frac{d u}{d \Theta}\right)^2 + u^2 = \frac{2A}{h^2} + \frac{2}{h^2}\int \frac{f}{u^2}\, du,$$

worin A eine Konstante ist, u für $\frac{1}{r}$ geschrieben steht und wobei angenommen wird, daß f sich als Funktion von u darstellen läßt. Diese Gleichung bestimmt die Bahn des Punktes.

Ist f gegeben und geht der Massenpunkt aus einem Punkte in der Entfernung a vom Kraftzentrum mit einer Geschwindigkeit V ab, und zwar in einer Richtung, die mit dem Radiusvektor einen Winkel α bildet, so hat h den Wert $V \cdot a \sin \alpha$. Der Anfangswert von $\left(\frac{d u}{d \Theta}\right)^2 + u^2$ ist $\frac{1}{a^2 \sin^2 \alpha}$, denn er ist gleich dem reziproken Quadrat des vom Ursprung auf die Bahntangente gefällten Lotes. Hiernach erscheint die Gleichung der Bahn in der Form

$$\left(\frac{d u}{d \Theta}\right)^2 + u^2 - \frac{1}{a^2 \sin^2 \alpha} = \frac{2}{V^2 a^2 \sin^2 \alpha}\int_{\frac{1}{a}}^{u} \frac{f}{u^2}\, du.$$

Ist die Bahn bekannt, so daß u eine bekannte Funktion von Θ wird, so ist die Zeit für das Zurücklegen irgendeines Bogenstückes der Bahn durch das Integral gegeben

$$\int \frac{d\Theta}{u^2 V a \sin \alpha},$$

und zwar zwischen denjenigen Grenzwerten von Θ genommen, die den Enden des Bogenstückes entsprechen.

104. Die Apsiden. Eine Apside ist ein Punkt einer Zentralbewegungsbahn, in dem die Tangente senkrecht zum Radiusvektor steht.

Wenn die Zentralbeschleunigung eine eindeutige Funktion des Abstandes ist, so lassen sich über die Verteilung der Apsiden Sätze aufstellen. Das ist der Fall, wenn die Beschleunigung lediglich von der Entfernung abhängt und immer wieder die gleiche in der gleichen Entfernung ist.

A sei eine Apside auf einer um O beschriebenen Zentralbewegungsbahn, f sei die Zentralbeschleunigung, die als eindeutige Funktion der Entfernung vorausgesetzt sei, TAT' sei eine durch A senkrecht zu AO gezogene Gerade (Fig. 36).

Dann würde ein Punkt, der von A rechtwinklig zu AO mit einer bestimmten Geschwindigkeit abgeht, die Zentralbewegungsbahn beschreiben. V sei diese Geschwindigkeit.

Zwei Punkte, die beide von A aus, der eine in Richtung $A\,T$, der andere in Richtung $A\,T'$, mit derselben Geschwindigkeit V und derselben Beschleunigung f abgehen, beschreiben also dieselbe Bahnkurve. Denn da die Punkte in der gleichen Entfernung dieselbe Beschleunigung haben, so sind naturgemäß die von ihnen durchlaufenen Kurven gleich und ähnlich und in bezug auf die Gerade $A\,O$ symmetrisch gelegen. Daher ist die Bahn der Zentralbewegung symmetrisch zu $A\,O$, sodaß ihre senkrecht zu $A\,O$ stehenden Sehnen von $A\,O$ halbiert werden. Die Teile der Bahnkurve zu beiden Seiten von $A\,O$ sind infolgedessen Spiegelbilder in bezug auf $A\,O$.

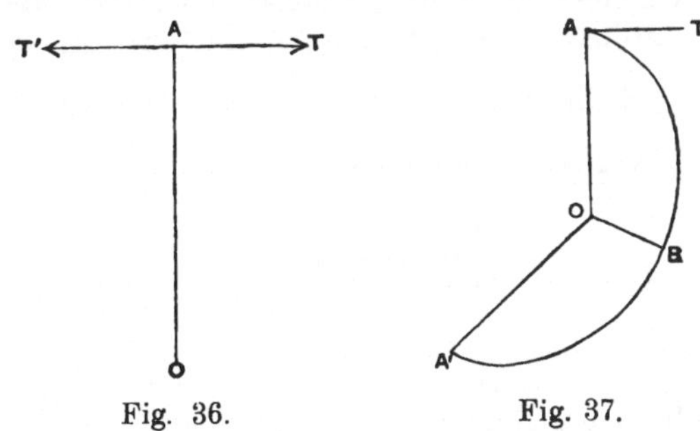

Fig. 36. Fig. 37.

Von A gehe nun der Punkt in Richtung $A\,T$ ab; B sei die nächste, A' die übernächste Apside, durch die er geht (Fig. 37). Dann sind die Teile $A\,O\,B$, $B\,O\,A'$ der Zentralbewegungskurve Spiegelbilder in bezug auf $O\,B$, der Winkel $A\,O\,B$ ist also gleich dem Winkel $A'\,O\,B$ und die Strecke $A\,O$ ist gleich der $A'\,O$. In gleicher Weise wird die nächste von dem Punkte passierte Apside von O eine Entfernung gleich $O\,B$ haben und somit liegen alle Apsiden um $O\,A$ oder $O\,B$ von O entfernt. Diese Längen heißen die Apsidenabstände und der Winkel zwischen zwei benachbarten Apsiden, die der Punkt nacheinander passiert, ist immer gleich $A\,O\,B$ und heißt der Apsidenwinkel.

Die eben dargelegte Erkenntnis wird gewöhnlich in der Weise ausgesprochen: Es gibt zwei Apsidenabstände und einen Absidenwinkel.

Wie man sieht, ist der Radiusvektor eine periodische Funktion des Vektorwinkels mit dem doppelten Apsidenwinkel als Periode.

105. Beispiele. 1. Sind die Apsidenabstände gleich groß, so ist die Bahn ein um den Mittelpunkt beschriebener Kreis.

2. Man gebe die Größe der Apsidenabstände und den Apsidenwinkel an für 1. eine Ellipsenbewegung um den Mittelpunkt, 2. eine Ellipsenbewegung um einen Brennpunkt, 3. alle Bahnkurven, die mit einer umgekehrt mit der dritten Potenz der Entfernung veränderlichen Zentralbeschleunigung beschrieben werden können.

3. Man kläre den folgenden Widerspruch auf: Von einem Punkte innerhalb der Evolute einer Ellipse kann man vier reelle Lote auf die Ellipse fällen und im Beispiel 6 des Abschnitts 46 fanden wir die Zentralbeschleunigung, mit der ein Punkt eine Ellipse um irgendeinen Punkt als Kraftzentrum beschreibt; es gibt also im vorliegenden Falle anscheinend vier Apsidenabstände und vier Apsidenwinkel.

106. Der Apsidenwinkel bei angenäherten Kreisbahnen. Die Zentralbeschleunigung im Abstand r sei $f(r)$; dann ist ein Kreis vom Radius c, der um seinen Mittelpunkt beschrieben wird, eine mögliche mit der Flächengeschwindigkeit $\frac{h}{2}$ durchlaufene Bahn, vorausgesetzt, daß

$$\frac{1}{c}\left(\frac{h}{c}\right)^2 = f(c)$$

oder

$$h^2 = c^3 \cdot f(c).$$

Wir wollen annehmen, daß der Punkt zu irgendeiner Zeit sich in der Nähe des Kreises befinde und eine Bahn um den Ursprung mit dem durch h gegebenen Drall beschreibe. Die Gleichung seiner Bahn ist dann

$$\frac{d^2 u}{d\Theta^2} + u = \frac{f(r)}{h^2 u^2}.$$

In dem fraglichen Augenblick ist u nahezu gleich $\frac{1}{c}$; wäre es genau gleich $\frac{1}{c}$ und bewegte sich der Punkt senkrecht zum Radiusvektor, so würde er den Kreis vom Radius c beschreiben. Wir wollen annehmen, daß er sich stets so nahe bei dem Kreise befinde, daß die Differenz $u - \frac{1}{c}$ klein genug bleibt, um ihr Quadrat vernachlässigen zu können. Die Untersuchung, die wir anstellen wollen, wird zeigen, unter welcher Bedingung diese Annahme gerechtfertigt ist.

Man setze $u = \frac{1}{c} + x$ und schreibe $\Phi(u)$ für $f(r)$ und a

für $\frac{1}{c}$, so daß

$$h^2 = \frac{\Phi(a)}{a^3}.$$

Dann ist

$$\frac{d^2 x}{d\Theta^2} + x + a = \frac{a^3 \Phi(a+x)}{\Phi(a)} \cdot \frac{1}{(a+x)^2}$$

$$= \frac{a^3}{\Phi(a)} \left[\frac{\Phi(a)}{a^2} + x \frac{d}{da} \left\{ \frac{\Phi(a)}{a^2} \right\} + \cdots \right]$$

oder

$$\frac{d^2 x}{d\Theta^2} + x \left\{ 3 - \frac{a \Phi'(a)}{\Phi(a)} \right\} = 0,$$

falls man x^2 vernachlässigt.

Ist nun

$$\left[3 - \frac{a \Phi'(a)}{\Phi(a)} \right]$$

positiv und setzen wir es gleich k^2, so hat die Lösung der obigen Differentialgleichung die Form

$$x = A \cdot \cos(k\Theta + \alpha),$$

so daß der größte Wert von x gleich A ist. Nehmen wir nun A klein genug an, so wird x beliebig klein und die Vernachlässigung von x^2 wird zulässig.

In diesem Falle wird u und damit auch r eine periodische Funktion von Θ mit der Periode

$$\frac{2\pi}{\sqrt{3 - \frac{a \Phi'(a)}{\Phi(a)}}},$$

die Bahn ist nahezu ein Kreis und ihr Apsidenwinkel ist

$$\frac{\pi}{\sqrt{3 - \frac{a \Phi'(a)}{\Phi(a)}}}.$$

Ist dagegen

$$\left[3 - \frac{a \Phi'(a)}{\Phi(a)} \right]$$

negativ und setzen wir es gleich $-k^2$, so hat die Lösung der obigen Differentialgleichung die Form

$$x = A e^{k\Theta} + B e^{-k\Theta},$$

und man sieht, daß stets eines der beiden Glieder nach einer geometrischen Reihe wächst, ganz gleich, ob Θ sich vergrößert oder verkleinert. Damit wird x sehr bald so groß, daß sein Quadrat nicht länger vernachlässigt werden darf, ganz gleich, welche Vernachlässigung wir noch als zulässig erachten. In diesem Falle zeigt die Bahn das Bestreben, sich weit von der Kreisform zu entfernen.

Im ersten dieser beiden Fälle spricht man von einer stabilen, im letzteren von einer unstabilen Kreisbewegung.

107. Beispiele. 1. Ist $f(r) = r^{-n}$ oder $\Phi(u) = u^n$, so sind die für eine Zentralbewegung möglichen Kreisbahnen stabil, wenn $n < 3$, und unstabil, wenn $n > 3$ ist.

2. Man beweise, daß im Falle $n = 3$ die angenäherte Kreisbahn unstabil ist, und suche die Kurve, welche von einem Punkte beschrieben wird, der sich mit dem für eine Kreisbewegung vom Radius a erforderlichen Drall durch einen Punkt in der Nähe des Kreises bewegt.

3. Ist $f(r) = r^{-4}$, und wird ein Massenpunkt aus einem Punkte auf oder in der Nähe eines Kreises vom Radius c mit einem Drall abgeschossen, wie er für eine Zentralbewegung auf dem Kreise nötig wäre, so ist die von dem Punkt beschriebene Bahn entweder der Kreis $r = c$ oder eine der Kurven

$$\frac{r}{c} = \frac{\cosh \Theta + 1}{\cosh \Theta - 2}, \quad \frac{r}{c} = \frac{\cosh \Theta - 1}{\cosh \Theta + 1}.$$

108. Beispiele für Bewegungsgleichungen, die in Polarkoordinaten ausgedrückt sind. 1. Sind bei einer ebenen Bewegung eines Massenpunktes R bzw. T die Radial- bzw. Tangentialkomponenten der auf ihn wirkenden Kraft, so lauten die Bewegungsgleichungen

$$m(\ddot{r} - r\dot{\Theta}^2) = R, \quad \frac{m}{r}\frac{d}{dt}(r^2\dot{\Theta}) = T.$$

2. Sind die Kräfte die Ableitungen eines Potentials V, so haben wir

$$R = m\frac{\partial V}{\partial r}, \quad T = \frac{m}{r}\frac{\partial V}{\partial \Theta},$$

und es besteht die Energiegleichung.

$$\tfrac{1}{2} m(\dot{r}^2 + r^2\dot{\Theta}^2) = mV + \text{const.}$$

3. Es sei

$$r^2\dot{\Theta} = h, \quad u = r^{-1};$$

im allgemeinen ist h veränderlich. Die Gleichung der Bahnkurve kann man durch Eliminieren von h aus den Gleichungen

$$\frac{d}{d\Theta}(\tfrac{1}{2}h^2) = \frac{T}{mu^3}, \quad h^2\left(\frac{d^2u}{d\Theta^2} + u\right) = -\frac{1}{mu^2}\left(R + \frac{T}{u}\frac{du}{d\Theta}\right)$$

finden.

4. Sind die Kräfte wie in Beispiel 2 die Ableitungen eines Potentials, so kann die Gleichung der Bahn in der Form geschrieben werden

$$\frac{\partial V}{\partial \Theta} = u^2 \frac{d}{d\Theta} \frac{V}{u^2 + \left(\frac{du}{d\Theta}\right)^2},$$

worin $\frac{d}{d\Theta}$ an Stelle von $\frac{\partial}{\partial \Theta} + \frac{du}{d\Theta} \cdot \frac{\partial}{\partial u}$ geschrieben steht.

109. Beispiele für Bewegungen, die unter dem Einflusse mehrerer Zentralkräfte vor sich gehen. 1. Ein Punkt von der Masse m bewege sich unter dem Einflusse zweier nach festen Punkten A bzw. A' Fig. 38 gerichteten Kräfte von der Größe $\frac{m\mu}{r^2}$ bzw. $\frac{m\mu'}{r'^2}$; hierin bezeichnen r und r' die Abstände des Massenpunktes von A bzw A', und μ und μ'

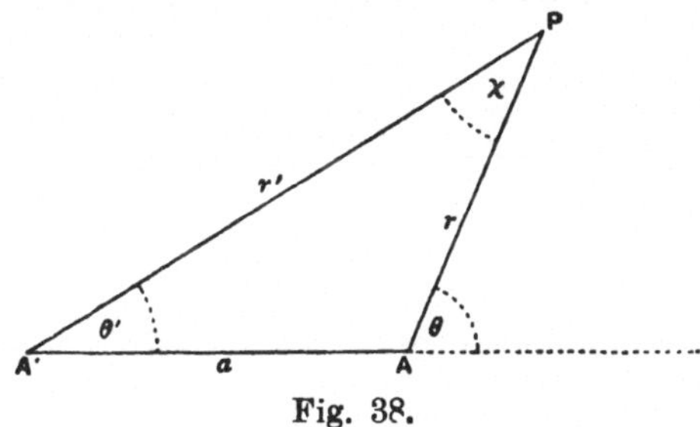

Fig. 38.

Konstanten. Die Bewegungsgleichungen besitzen ein Integral von der Form

$$r^2 \cdot r'^2 \cdot \dot{\Theta} \cdot \dot{\Theta}' = a(\mu \cos \Theta - \mu' \cos \Theta') + \text{const},$$

wobei a die Entfernung AA' ist.

Durch Zerlegung rechtwinklig zum Radiusvektor r haben wir

$$m \frac{1}{r} \frac{d}{dt}(r^2 \dot{\Theta}) = m \frac{\mu'}{r'^2} \sin \lambda, \quad \text{worin } \lambda = \sphericalangle APA',$$

so daß

$$r'^2 \frac{d}{dt}(r^2 \dot{\Theta}) = \mu' r \sin \lambda = \mu' a \sin \Theta',$$

und ebenso

$$r^2 \frac{d}{dt}(r'^2 \dot{\Theta}') = -\mu r' \sin \lambda = -\mu a \sin \Theta.$$

Multiplizieren wir diese Gleichungen mit $\dot{\Theta}'$ bzw. $\dot{\Theta}$, bilden die Summe und integrieren diese, so erhalten wir eine Gleichung von der obigen Form.

Diese Gleichung mit der Energiegleichung zusammen bestimmen die Bewegung.

2. Ein Massenpunkt von der Masse m bewegt sich unter dem Einfluß von Kräften, die nach zwei festen Punkten gerichtet sind und die Größen $m\mu r$ bzw. $m\mu' r'$ haben. Man beweise unter Anlehnung an Beispiel 1, daß es eine Integralgleichung von der Form gibt

$$\mu r^2 \dot{\Theta} + \mu' r'^2 \dot{\Theta}' = \text{const}.$$

3. Eine gegebene ebene Kurve möge von einem Massenpunkt unter dem Einflusse von n Zentralkräften, von denen jede nach einem festen Punkt gerichtet ist, beschrieben werden können, falls diese Kräfte einzeln wirken. Man beweise, daß sie auch unter der gleichzeitigen Wirkung aller Kräfte beschrieben werden kann, vorausgesetzt, daß der Massenpunkt in geeigneter Weise abgeschossen wird.

f_k sei die Beschleunigung, die der Massenpunkt von der nach dem Zentrum O_k gerichteten k^{ten} Kraft erfährt; v_k sei dabei seine Geschwindigkeit in irgendeiner Lage auf seiner Bahn, r_k sein Abstand von O_k und p_k das von O_k auf die augenblickliche Bahntangente gefällte Lot; ferner möge mit ϱ der Krümmungsradius und mit ds das Bogenelement der Kurve in dem betreffenden Punkte bezeichnet werden. Dann haben wir

$$v_k \frac{d v_k}{d s} = -f_k \frac{d r_k}{d s}, \quad \frac{v_k^2}{\varrho} = f_k \frac{p_k}{r_k}.$$

Nun kann offenbar die Kurve auch unter dem gleichzeitigen Einfluß aller Kräfte beschrieben werden, wenn es eine Geschwindigkeit V gibt, die die beiden Gleichungen befriedigt

$$V \frac{dV}{ds} = -\sum_1^n f_k \frac{d r_k}{d s}, \quad \frac{V^2}{\varrho} = \sum_1^n f_k \frac{p_k}{r_k};$$

man erkennt sofort, daß diese Bedingung erfüllt ist, wenn

$$V^2 = \sum_1^n v_k^2$$

wird.

Diese Beziehung besagt, daß die kinetische Energie, falls alle Kräfte zugleich wirken, gleich der Summe der kinetischen Energie sein muß, die der Punkt der Reihe nach hätte, wenn alle Kräfte einzeln wirkten.

4. Man beweise, daß eine Lemniskate $r r' = c^2$, wobei $2c$ den Abstand zwischen den Punkten bezeichne, von denen aus r und r' gemessen sind, unter der Wirkung der nach jenen Punkten gerichteten Kräfte $\frac{m\mu}{r}$ und $\frac{m\mu}{r'}$ beschrieben werden kann; ferner zeige man, daß die Geschwindigkeit dabei konstant und zwar gleich $\frac{2}{3}\sqrt{3\mu}$ ist.

5. Ein Massenpunkt beschreibe eine ebene Zentralbewegungsbahn unter dem Einfluß zweier Zentralkräfte, die nach zwei symmetrisch zur Ebene der Bahnkurve gelegenen Festpunkten gerichtet sind und sich beide umgekehrt mit dem Quadrat des Abstandes von diesen Punkten ändern. Man zeige, daß die allgemeine Gleichung (p, r) der Bahnkurve, bezogen auf den Schnittpunkt der Verbindungslinie der Festpunkte mit der Bahnebene, die Form besitzt

$$\left(1 - \frac{a^2}{p^2}\right)^2 = \frac{b^2}{(c^2 + r^2)},$$

wobei c die Entfernung der Festpunkte von der Bahnebene bezeichnet und a und b Konstanten sind.

6. Ein Punkt beschreibt eine Halbellipse, die durch die kleine Achse begrenzt wird; seine Geschwindigkeit in der Entfernung r vom näher

liegenden Brennpunkt ist

$$a\sqrt{\frac{f\cdot(a-r)}{r(2a-r)}},$$

wobei a die große Achse und f eine Konstante bedeuten. Man beweise, daß seine Beschleunigung aus zwei Komponenten besteht, von denen die eine nach dem näheren, die andere nach dem ferneren Brennpunkt zeigt, und daß beide sich umgekehrt mit dem Quadrat der Entfernung ändern.

110. Die gestörte Ellipsenbewegung. Die Bewegung der Planeten um die Sonne geht nicht ganz genau nach den Keplerschen Gesetzen (Abschn. 41) vor sich. Obgleich die Anziehungskraft der Sonne außerordentlich viel größer ist, als die Anziehungskräfte der Planeten untereinander, so sind letztere doch nicht gänzlich vernachlässigbar. Die Theorie der Planetenbewegung führt uns zu der Aufgabe, eine Bewegung zu untersuchen, die, von verhältnismäßig kleinen Kräften abgesehen, eine elliptische Bewegung um einen Brennpunkt sein würde.

Wir wollen einige Beispiele von Ellipsenbewegungen betrachten, die durch kleine in die Ellipsenebene fallende Impulse gestört werden. Die nach der Wirkung des Impulses beschriebene Ellipse ist ein wenig von der vorher beschriebenen verschieden. Diese Ellipsen, die einen gegebenen Brennpunkt haben, sind bestimmt durch die Längen der großen Achsen, die Exzentrizitäten und die Winkel, die die Apsidenlinien mit einer festen Geraden der Bahnebene bilden. Wir bezeichnen die große Achse mit a, die Exzentrizität mit e und den fraglichen Winkel mit ω.

111. Tangential-Impuls. Ein Massenpunkt P, der eine Ellipsenbahn um den einen Brennpunkt S beschreibt, erhalte einen kleinen tangentialen Impuls, wodurch seine Geschwindigkeit um δv zunehme. R sei die augenblickliche Entfernung des Massenpunktes von S, $\frac{\mu}{r^2}$ seine nach S gerichtete Beschleunigung, wenn er sich im Abstand r befindet, $a+\delta a$ die Halbachse der Bahnkurve sogleich nach der Wirkung des Impulses.

Nach Beispiel 2 des Abschnittes 48 haben wir

$$v^2 = \mu\left(\frac{2}{R} - \frac{1}{a}\right),$$

also auch

$$(v+\delta v)^2=\mu\left(\frac{2}{R}-\frac{1}{a+\delta a}\right);$$

näherungsweise folgt hieraus

$$\frac{\delta a}{a^2}=\frac{2\,v\,\delta v}{\mu}.$$

Ist andererseits h das Moment der Geschwindigkeit um S vor dem Impuls, $h+\delta h$ dasselbe nach diesem, so gilt, da die Tangente an die Bahn dieselbe bleibt,

$$\frac{h+\delta h}{v+\delta v}=\frac{h}{v}$$

und somit

$$\delta h=h\cdot\frac{\delta v}{v}.$$

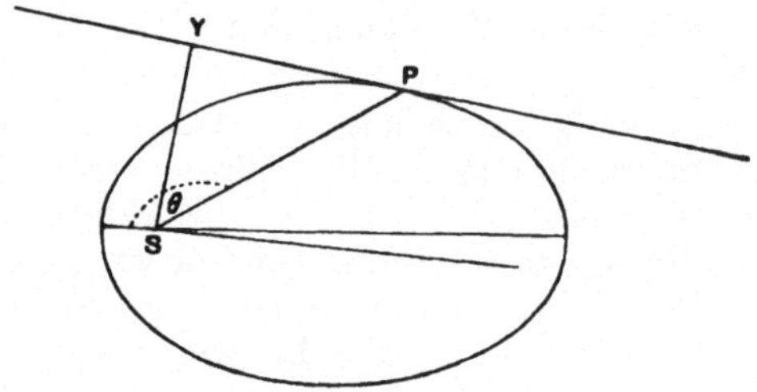

Fig. 39.

Bezeichnen wir mit l den Halbparameter vor dem Impuls, $l+\delta l$ denselben nach dem Impuls, so ist

$$\mu l=h^2,$$

also auch

$$\mu(l+\delta l)=h^2\left(1+\frac{\delta v}{v}\right)^2,$$

und somit näherungsweise

$$\delta l=2\,l\,\frac{\delta v}{v}.$$

Nun ist

$$l=a(1-e^2)$$

und, wenn e sich in $(e+\delta e)$ verändert,

$$(1-e^2)\,\delta a-2\,a\,e\,\delta e=2\,a(1-e^2)\,\frac{\delta v}{v}.$$

sodaß wir erhalten

$$\delta e = \frac{(1-e^2)}{e}\left[a\frac{v\,\delta v}{\mu} - \frac{\delta v}{v}\right] = \frac{1-e^2}{e}\frac{\delta v}{v}a\left[\frac{v^2}{\mu} - \frac{1}{a}\right]$$

oder

$$\delta e = \frac{1-e^2}{e}\frac{2\,\delta v}{v}a\left(\frac{1}{R} - \frac{1}{a}\right).$$

Ferner gilt für den Winkel Θ, den PS mit der großen Achse bildet, die Gleichung

$$\frac{l}{R} = 1 + e\cos\Theta$$

und da selbstverständlich

$$\delta\,\Theta = -\,\delta\omega,$$

so ist auch

$$\frac{\delta l}{R} = \frac{\delta e}{e}\left(\frac{l}{R} - 1\right) + e\sin\Theta\,\delta\omega.$$

Wirkt auf den Massenpunkt eine Störungskraft, die eine kleine Tangentialbeschleunigung f hervorruft, so haben wir also

$$\dot a = \frac{2\,a^2 v f}{\mu}, \qquad \dot e = \frac{2f}{v}\cdot\frac{l}{e}\left(\frac{1}{R} - \frac{1}{a}\right),$$

$$e\sin\Theta\cdot\dot\omega = \frac{2\,l\,f}{R\,v} - \frac{\dot e}{e}\left(\frac{l}{R} - 1\right).$$

112. Normal-Impuls. Der Massenpunkt möge einen Impuls erhalten, der ihm einen Geschwindigkeitszuwachs δv in Richtung der nach außen zeigenden Normalen erteilt. Dann bleibt die resultierende Geschwindigkeit und damit a in erster Ordnung unverändert, oder es ist

$$\delta a = 0.$$

Ist p das vom Brennpunkt S auf die Tangente in P gefällte Lot, Y dessen Fußpunkt, dann wächst die Größe h um $PY\delta v$ oder wir haben

$$\delta h = \sqrt{R^2 - p^2}\cdot\delta v.$$

Damit wird

$$\mu\,\delta l = 2\,h\,\delta h = 2\,p\,v\,\delta v\sqrt{R^2 - p^2}.$$

Außerdem ist

$$\delta l = -\,2\,a e\,\delta e$$

und somit

$$\delta e = \frac{p v \,\delta v}{\mu a e} \sqrt{R^2 - p^2}.$$

Nun ist wiederum

$$\frac{l}{R} = 1 + e \cos \Theta,$$

so daß

$$\frac{2\,a e \,\delta e}{R} = \left(\frac{l}{R} - 1\right) \frac{\delta e}{e} + e \sin \Theta \,\delta \omega.$$

Wird der Massenpunkt durch eine Kraft gestört, die ihm eine kleine Normalbeschleunigung f erteilt, so haben wir

$$\dot a = 0,\ \dot e = -\frac{p f v}{\mu a e} \sqrt{(R^2 - p^2)}, \quad e \sin \Theta \,\dot\omega = -\dot e \left(\frac{2\,a e}{R} + \frac{l - R}{e R}\right).$$

113. Beispiele. 1. Man beweise, daß für einen kleinen Tangential-Impuls

$$\delta e = \frac{2\,\delta v\,(e + \cos \Theta)}{v}, \quad \delta \omega = \frac{2\,\delta v \sin \Theta}{e v}.$$

2. Man beweise, daß für einen kleinen Normal-Impuls

$$\delta e = -\frac{r\,\delta v \sin \Theta}{a v}, \quad \delta \omega = \frac{\delta v\,(2\,a e + r \cos \Theta)}{a e v}.$$

3. Man beweise, daß für einen kleinen Radial-Impuls

$$\delta a = \frac{2\,a^2 e\,\delta v \sin \Theta}{h}, \quad \delta e = \frac{h\,\delta v \sin \Theta}{\mu}, \quad \delta \omega = \frac{h\,\delta v \cos \Theta}{e \mu}.$$

4. Man beweise, daß für einen kleinen Transversal-Impuls

$$\delta a = \frac{2\,\delta v\,a^2 (1 + e \cos \Theta)}{h}, \quad \delta e = \frac{\delta v \{r\,(e + \cos \Theta) + l \cos \Theta\}}{h}.$$

$$\delta \omega = \frac{\delta v \sin \Theta\,(l + r)}{e h}$$

wird.

Vermischte Beispiele. 1. Zwei Punkte bewegen sich gegenüber einem Koordinatensystem mit gleichförmigen Geschwindigkeiten auf zwei sich schneidenden geraden Linien. Man beweise, daß die Beschleunigung, mit der die Entfernung zwischen den Punkten zunimmt, umgekehrt proportional der dritten Potenz dieser Entfernung ist und ermittele die Bahn jedes Punktes in bezug auf den andern.

2. Ein Punkt O beschreibe gegenüber einem Koordinatensystem eine gerade Linie mit der gleichförmigen Geschwindigkeit V, während ein zweiter Punkt P eine Kurve derart beschreibt, daß die Gerade OP in gleichen Zeiten gleiche Flächen bestreicht. Man beweise, daß die zu OP senkrechte Komponente der Beschleunigung in P den Wert $\frac{2\,V \cdot v \sin \Phi}{OP}$ besitzt, worin v die Geschwindigkeit von P und Φ den

Winkel bezeichnet, den die Bahntangente in P mit der von O beschriebenen Geraden bildet.

3. Ein Punkt A beschreibe gegenüber einem gegebenen Koordinatensystem einen Kreis um den Mittelpunkt O mit gleichförmiger Geschwindigkeit, während sich ein Punkt B mit einer stets nach A gerichteten Beschleunigung so bewegt, daß die Verbindungslinie AB in gleichen Zeiten gleiche Flächen beschreibt. Man beweise, daß die parallel zu OA gerichtete Geschwindigkeitskomponente von B proportional dem von B auf OA gefällten Lote ist.

---

4. Ein Massenpunkt P bewege sich mit einer Beschleunigung, die stets nach einem sich gleichförmig auf gerader Linie bewegenden Punkte O hin gerichtet ist. Die Verbindungslinie OP steht senkrecht zur Bahn des Massenpunktes. Man beweise, daß letzterer relativ zum Punkte O einen Kegelschnitt beschreibt.

5. Ein Massenpunkt bewege sich so, daß die Winkelgeschwindigkeit seines nach einem Punkt gerichteten Radiusvektor und die Beschleunigung entlang dem letzteren beide konstant sind; man beweise, daß die Beschleunigung senkrecht dazu sich umgekehrt wie der hyperbolische Sinus des Winkels ändert, der vom Radiusvektor und einer festen geraden Linie gebildet wird.

6. Ein Massenpunkt bewege sich auf einer Parabel; im Abstand r vom Brennpunkt ist seine Geschwindigkeit v; man zeige, daß seine Beschleunigung aus den beiden Komponenten besteht: $\frac{1}{4r}\frac{d}{dr}(v^2 r)$ parallel der Achse und $\frac{r}{4}\frac{d}{dr}\left(\frac{v^2}{r}\right)$ längs des Radiusvektor und nach außen gerichtet.

7. Ein Massenpunkt beschreibe eine Evolvente einer gegebenen Kurve; man beweise, daß die Beschleunigungskomponenten längs der Tangente und Normale seiner Bahn die Größe $\frac{d}{dt}(s\dot{\psi})$ bzw. $s\dot{\psi}^2$ haben, worin s den Bogen der gegebenen Kurve und ψ den Winkel der Tangente mit einer festen geraden Linie bezeichnen.

8. Für den Winkel ψ, den die Beschleunigung eines sich auf einer Raumkurve bewegenden Punktes mit der Hauptnormalen bildet, gilt die Beziehung $\tan\psi = \frac{\varrho}{v}\frac{dv}{ds}$.

Handelt es sich um eine ebene Kurve, so lautet die Bedingung, daß die Beschleunigung ständig nach demselben Punkte gerichtet ist,

$$\sin\psi + \frac{d}{ds}\,\frac{\varrho\cos\psi}{1-\varrho\frac{d\psi}{ds}} = 0;$$

diese Gleichung muß für jede Lage erfüllt sein.

---

9. Die Lage eines Punktes sei durch die Lote ξ, η auf zwei feste Geraden gegeben, die einen Winkel α miteinander bilden. Man beweise, daß die Geschwindigkeitskomponenten in den Richtungen ξ, η die Größe haben:

$$\frac{(\dot{\xi}+\dot{\eta}\cos\alpha)}{\sin^2\alpha} \quad \text{und} \quad \frac{\dot{\eta}+\dot{\xi}\cos\alpha}{\sin^2\alpha}.$$

10. Man beweise, daß ein sich bewegender Massenpunkt parallel der x-Achse und senkrecht zum Radiusvektor die Beschleunigungskomponenten besitzt

$$X = \frac{r\ddot{r}(r^2 - x^2) - (\dot{r}x - \dot{x}r)^2}{x(r^2 - x^2)}$$

bzw.

$$R = \frac{r}{x}\,\frac{(r\ddot{r} - x\ddot{x})(r^2 - x^2) - (\dot{r}x - \dot{x}r)^2}{(r^2 - x^2)^{\frac{3}{2}}}.$$

11. Die Lage eines Punktes sei durch x, y, r bestimmt; x, y, z, r seien die üblichen Bezeichnungen in einem rechtwinkligen Koordinatensystem. Man zeige, daß die Beschleunigung die Komponenten besitzt

$$\dot{u} + \frac{uw}{r}, \qquad \dot{v} + \frac{vw}{r}, \qquad \dot{w} \frac{(uwx + vwy)}{r^2};$$

worin u, v, w die Geschwindigkeitskomponenten in den Richtungen x, y, r bezeichnen.

12. Sind x, y die Koordinaten eines Punktes, bezogen auf ein rechtwinkliges Koordinatensystem, das sich mit der Winkelgeschwindigkeit ω dreht, so sind die Beschleunigungen in Richtung der Achsen

$$\ddot{x} - y\dot{\omega} - 2\dot{y}\omega - \omega^2 x \quad \text{und} \quad \ddot{y} + x\dot{\omega} + 2\dot{x}\omega - \omega^2 y.$$

13. Drehen sich die beiden rechtwinkligen Achsen Ox, Oy mit der gleichförmigen Winkelgeschwindigkeit ω und sind $\frac{A}{x}$ und $\frac{B}{y}$ die Geschwindigkeitskomponenten eines Punktes (x, y) parallel den Achsen, so wächst das Quadrat des Abstandes des Punktes vom Ursprung proportional der Zeit.

14. Während die Seiten CA und CB eines Dreiecks in ihrer Lage festgehalten werden, verschiebt sich die Seite AB unter Beibehaltung ihrer Länge c. Die Geschwindigkeiten von A und B längs CA und CB seien u und v, die entsprechenden Beschleunigungen U, V und die Winkelgeschwindigkeit von AB sei ω. Man beweise, daß

$$u\cos A + v\cos B = 0, \qquad u\sin A - v\sin B = c\omega,$$
$$U\cos A + V\cos B = -c\omega^2, \qquad U\sin A - V\sin B = c\dot{\omega}.$$

15. Zwei sich unter dem Winkel α schneidende Achsen Ox, Oy drehen sich mit der Winkelgeschwindigkeit ω um O. Man zeige, daß die Geschwindigkeitskomponenten gleich

$$\dot{x} - \omega x \cot\alpha - \omega y \operatorname{cosec}\alpha, \qquad \dot{y} + \omega y \cot\alpha + \omega x \operatorname{cosec}\alpha$$

sind.

Ist die Lage eines Punktes durch die auf die augenblicklichen Lagen von Ox, Oy gefällten Lote ξ, η gegeben, so sind die Geschwindigkeitskomponenten u, v in diesen Richtungen durch die Gleichungen gegeben

$$\left.\begin{aligned} u &= \frac{\dot{\xi} + \dot{\eta}\cos\alpha}{\sin^2\alpha} + \frac{\omega\eta}{\sin\alpha} \\ v &= \frac{\dot{\eta} + \dot{\xi}\cos\alpha}{\sin^2\alpha} - \frac{\omega\xi}{\sin\alpha} \end{aligned}\right\}$$

und die Beschleunigungskomponenten sind

$$\dot{u} - \omega u \cot\alpha + \omega v \operatorname{cosec}\alpha,$$
$$\dot{v} + \omega v \cot\alpha - \omega u \operatorname{cosec}\alpha.$$

16. Auf einem Kreis seien zwei Fixpunkte gewählt, von denen ein beliebiger sich auf dem Kreis bewegenden Punkt die Abstände r_1, r_2 besitze, die einen Winkel α miteinander einschließen. Man zeige, daß die Geschwindigkeitskomponenten u_1, u_2 in Richtung von r_1 und r_2 durch die Gleichungen bestimmt werden

$$u_1 + u_2 \cos\alpha = \dot{r}_1, \qquad u_2 + u_1 \cos\alpha = \dot{r}_2$$

und daß die Beschleunigungskomponenten in denselben Richtungen

$$\dot{u}_1 - \frac{u_2 \dot{r}_2}{r_1} \quad \text{und} \quad \dot{u}_2 - \frac{u_1 \dot{r}_1}{r_2}$$

sind.

17. Die Radienvektoren, die von zwei um c von einander entfernten festen Punkten nach einem Massenpunkte gezogen sind, seien r_1, r_2 und die Geschwindigkeiten in diesen Richtungen u_1, u_2. Man beweise, daß die Beschleunigungen in denselben Richtungen

$$\dot{u}_1 + \frac{u_1 u_2}{2 r_1^2 r_2}(r_1^2 - r_2^2 + c^2) \quad \text{und} \quad \dot{u}_2 + \frac{u_1 u_2}{2 r_1 r_2^2}(r_2^2 - r_1^2 + c^2).$$

18. Die von 3 festen Punkten nach einem Massenpunkte gezogenen Radienvektoren seien r_1, r_2, r_3 und die Geschwindigkeiten in diesen Richtungen u_1, u_2, u_3; man beweise, daß sich für die Beschleunigungen in denselben Richtungen die Werte ergeben

$$\dot{u}_1 + u_1\left(\frac{u_2}{r_2} + \frac{u_3}{r_3}\right) - \frac{u_1}{r_1}(u_2 \cos\Theta_{12} + u_3 \cos\Theta_{13})$$

und die beiden entsprechenden Ausdrücke, worin Θ_{23}, Θ_{31}, Θ_{12} der Reihe nach die Winkel zwischen den Radienvektoren (r_2, r_3), (r_3, r_1) und (r_1, r_2) sind.

---

19. Ein Massenpunkt hängt von einem festen Punkte an einem elastischen Faden herab und schwingt in der Vertikalen durch den Aufhängepunkt hin und her. Man beweise, daß die Schwingungsdauer dieselbe ist, wie die eines mathematischen Pendels, dessen Länge gleich dem Überschuß der Fadenlänge in der Gleichgewichtslage über die „natürliche Fadenlänge“ ist.

20. Ein Massenpunkt ist am einen Ende eines elastischen Fadens von der natürlichen Länge l angebunden, dessen anderes Ende an einem Punkte eines glatten horizontalen Tisches befestigt ist. Der Massenpunkt befinde sich zunächst in Ruhe auf dem Tische, der Faden sei dabei zwar gerade gezogen, aber ungedehnt. Der Massenpunkt erhält darauf einen Stoß, der, falls er in die Fadenrichtnng fiele, den Massenpunkt bis zu einer größten Entfernung $2l$ vom festen Ende fortschlagen würde. Erfolgt der Stoß hingegen in der Tischebene unter einem Winkel α gegen die Fadenrichtung, so ist die größte Fadenlänge während der nun eintretenden Bewegung des Massenpunktes gleich der größten Wurzel der Gleichung

$$x^4 - 2 l x^3 + l^4 \sin^2\alpha = 0.$$

21. Ein Massenpunkt ist mittels eines elastischen Fadens von der natürlichen Länge $3a$, dessen Elastizitätsmodul gleich dem 6fachen Ge-

wicht des Massenpunktes ist, an einem Festpunkte befestigt. Der Massenpunkt befinde sich anfangs um die natürliche Fadenlänge $3a$ senkrecht über dem Befestigungspunkt und werde von da in horizontaler Richtung mit einer Geschwindigkeit $3\sqrt{\frac{ag}{2}}$ abgestoßen; man beweise, daß die Winkelgeschwindigkeit des Fadens konstant sein und daß der Massenpunkt dabei die Kurve

$$r = a(4 - \cos\Theta)$$

beschreiben kann.

22. Ein schwerer Punkt ist an den freien Enden einer Anzahl elastischer Fäden befestigt, die durch feste glatte Ringe laufen, wobei jeder Ring vom festen Ende des durch ihn gehenden Fadens um die natürliche Länge des Fadens entfernt ist. Man beweise, daß der Massenpunkt eine Ellipse um seine Gleichgewichtslage als Mittelpunkt beschreibt, wenn er in irgendeiner Richtung angestoßen wird.

---

23. Gegeben sind die Zentralbeschleunigung

$$\mu[2(a^2 + b^2)u^5 - 3a^2b^2u^7],$$

die Anfangsentfernung a und die Anfangsgeschwindigkeit $\sqrt{\frac{\mu}{a}}$ senkrecht zum Radiusvektor; man bestimme die Bahn.

24. Ein Massenpunkt beschreibt um den Ursprung eine Bahn mit der Zentralbeschleunigung $\mu u^3(n^2 + 1 - 2n^2a^2u^2)$, wobei er von einer Apside in der Entfernung a mit der Geschwindigkeit abgeht, welche er in diesem Punkte bei Herkunft aus unendlicher Ferne erlangt haben würde. Man beweise, daß er die Kurve $r = a\cosh n\Theta$ beschreibt.

25. Ein Massenpunkt beschreibt eine Bahn mit der Zentralbeschleunigung

$$\mu\left[4\left(\frac{a}{r}\right)^9 + \left(\frac{a}{r}\right)^3 - 32\left(\frac{r}{a}\right)^3\right],$$

indem er von einem Punkte in der Entfernung $r = a$ mit der Geschwindigkeit $3\sqrt{2a\mu}$ unter einem Winkel $\frac{\pi}{4}$ gegen den Radiusvektor abgeht. Man beweise, daß die Bahn durch die Gleichung gegeben ist

$$r^3 = \tfrac{1}{2}a^3\coth 2\Theta.$$

26. Ist die Zentralbeschleunigung $2\mu(u^3 - a^2u^5)$ und wird der Massenpunkt von einer Apside im Abstand a mit der Geschwindigkeit $\sqrt{\frac{\mu}{a}}$ fortgeschleudert, so verstreicht, bis der Abstand den Wert r erreicht hat, die Zeit

$$\frac{1}{2\sqrt{\mu}}\left[a^2\log\frac{r + \sqrt{r^2 - a^2}}{a} + r\sqrt{r^2 - a^2}\right].$$

27. Ein Massenpunkt, der sich mit einer Zentralbeschleunigung $\mu(u^4 + 2au^5)$ bewegt, geht aus einem Punkte im Abstand a vom Ursprung unter einem Winkel $(\pi - \operatorname{arc\,cot} 2)$ gegen den Radiusvektor und mit einer Geschwindigkeit ab, die seiner Herkunft aus unendlicher Ferne entspricht. Man zeige, daß die Gleichung der Bahn $r = a(1 - 2\sin\Theta)$ ist.

28. Ein Massenpunkt bewege sich annähernd auf einer Kreisbahn mit einer Beschleunigung $\mu + \nu(r - a)$, wobei a den mittleren Radius bedeutet. Man zeige, daß der Apsidenwinkel $\frac{\pi\omega}{\sqrt{3\omega^2+\nu}}$ beträgt, wobei ω die mittlere Winkelgeschwindigkeit ist.

29. Ist μu^5 die Zentralbeschleunigung, so erfüllen die Geschwindigkeiten in den beiden Apsidenabständen die Gleichung $v_1^2 + v_2^2 = \frac{2h^4}{\mu}$.

30. Ein Massenpunkt bewegt sich unter dem Einfluß der Zentralbeschleunigung $\mu(r^{-5} - \frac{1}{8}a^2 r^{-7})$ und geht dabei von einem Punkte in der Entfernung $r = a$ mit der Geschwindigkeit $\frac{\frac{5}{4}\sqrt{2\eta}}{a^2}$ unter einem Winkel $\arcsin\frac{4}{5}$ gegen den Radiusvektor ab. Man zeige, daß er die Bahn beschreibt

$$1 - \Theta = \frac{a\sqrt{3}}{\sqrt{4r^2 - a^2}}.$$

31. Ein Massenpunkt beschreibe eine Bahn mit der nach dem Ursprung gerichteten Zentralbeschleunigung $\frac{\mu}{(r-a)^2}$ und gehe dabei mit einer Geschwindigkeit, wie er sie bei Herkunft aus unendlicher Ferne erlangen würde, aus einer Entfernung c (die größer als a, aber kleiner als $2a$ sei) unter dem Winkel $2\arccos\sqrt{\frac{a}{c}}$ ab. Man beweise, daß die Bahn durch die Gleichung gegeben ist

$$\frac{1}{2}\Theta = \operatorname{Ar\,tanh}\sqrt{\frac{r-a}{a}} - \arctan\sqrt{\frac{r-a}{a}}.$$

32. Ein sich unter der Wirkung der Zentralbeschleunigung

$$4k^2(2r^{-3} - 3ra^{-4} - 2r^3a^{-6})$$

bewegender Massenpunkt gehe von einem Punkt im Abstand $\frac{4}{5}a$ vom Ursprung unter einem Winkel $\arctan\frac{27}{125}$ gegen den Radiusvektor mit einer solchen Geschwindigkeit ab, daß die Flächengeschwindigkeit k ist. Man beweise, daß die Gleichung der Bahn

$$1 + \frac{r^2}{a^2} = \coth^2\left(\frac{a}{\sqrt{a^2+r^2}} + \Theta + \operatorname{Ar\,tanh}\frac{3}{5} - \frac{3}{5}\right)$$

lautet.

---

33. Ein Massenpunkt wird mit einer Geschwindigkeit abgeschossen, die kleiner ist als diejenige, die er bei Herkunft aus unendlicher Ferne erlangen würde und befinde sich unter dem Einfluß einer Kraft, die beständig nach einem festen Punkte zeigt und sich umgekehrt proportional der n^{ten} Potenz der Entfernung ändert. Man beweise, daß d r Massenpunkt schließlich in das Kraftzentrum fallen muß, falls nicht $n < 3$ ist.

34. Ein Massenpunkt bewege sich unter der Wirkung einer Zentralkraft, die sich umgekehrt proportional der n^{ten} Potenz der Entfernung (wobei $n > 1$) ändert, und werde mit einer Geschwindigkeit abgeschossen, die so groß ist, wie er sie nach einem Fall aus einer unendlich fernen Ruhelage erlangt haben würde. Die Abschußrichtung schließe mit dem Radiusvektor von der Länge R einen Winkel β ein. Man beweise, daß die Höchstentfernung $R \operatorname{cosec}^{\frac{2}{n-3}} \beta$ beträgt, falls $n > 3$ und daß für die Fälle $n \overline{\gtrless} 3$ der Massenpunkt sich unendlich weit entfernt.

35. Man beweise, daß ein Teil einer Zentralbewegungsbahn in der Zeit

$$\int \frac{r\,dr}{\sqrt{2\,r^2(C+V)-h^2}}$$

beschrieben wird, wobei das Integral zwischen passenden Grenzen zu nehmen ist. Hierin ist V das Potential und C und h sind Konstanten, die von den Anfangsbedingungen abhängen.

36. Ist eine unter dem Einfluß einer Zentralkraft mögliche Bahnkurve $\Phi(r)$ bekannt, so läßt sich auch eine mögliche Bahnkurve für eine Zentralkraft $\Phi(r) + \lambda\, r^{-3}$ finden. Das ist zu beweisen. Ferner zeige man, daß ein von einer Apside im Abstand a mit der Geschwindigkeit $\frac{\sqrt{\lambda+\mu}}{a}$ abgeschossenen Punkt, der sich unter dem Einfluß der Anziehungskraft

$$\tfrac{1}{2}\,\mu\,(n-1)\;a^{n-3}\,r^{-n} + \lambda\,r^{-3} \text{ (für } n > 3)$$

bewegt, nach der Zeit

$$\frac{\frac{a^2}{2}\left(\frac{\pi}{\mu}\right)^{\frac{1}{2}} \Gamma\left(\frac{n+1}{2n-6}\right)}{\Gamma\left(\frac{2}{n-3}\right)}$$

im Zentrum ankommen wird.

37. Ein Massenpunkt, der unter dem Einfluß einer Zentralkraft steht, wird mit der Geschwindigkeit v_0 von einem Punkte im Abstand r_0 unter einem Winkel α gegen den Radiusvektor fortgeschleudert. Man beweise, daß die Apsidenabstände die reellen positiven Wurzeln der Gleichung für r sind

$$\frac{W r^2}{(r_0^2 \sin^2\alpha - r^2)} = \frac{1}{2}\,v_0^2\,,$$

wobei W die von der zentralen Anziehungskraft (pro Masseneinheit) geleistete Arbeit bedeutet, während sich der Massenpunkt vom Abschußpunkt bis zu einem Punkte im Abstand r vom Kraftzentrum bewegt.

38. Ein Massenpunkt beschreibe eine Kreisbahn vom Radius a unter dem Einfluß einer nach seinem Mittelpunkt gerichteten Kraft, die eine Beschleunigung $f(r)$ im Abstand r zur Folge hat, und erhalte plötzlich in seiner Bewegungsrichtung einen kleinen Geschwindigkeitszuwachs Δu. Man zeige, daß die Apsiden-Abstände der gestörten Bahn die Größe haben

$$a \quad \text{und} \quad a + 4\,\Delta u\,\frac{\sqrt{a\cdot f(a)}}{3\,f(a) + a\,f'(a)}\,.$$

Ebenso zeige man, daß bei einem radial gerichteten Geschwindigkeitszuwachs die Apsidenabstände angenähert

$$a \pm \Delta u \frac{\sqrt{a}}{\sqrt{3 f(a) + a f'(a)}}$$

sind.

---

39. Ein Massenpunkt bewege sich unter dem Einfluß einer Zentralkraft $\frac{\mu(1 + 8 k \cos 2 \Theta)}{r^2}$, nachdem er von einer Apside im Abstand c aus in der Richtung $\Theta = 0$ mit der Geschwindigkeit $\sqrt{\frac{\mu}{c}}$ fortgeschleudert worden ist. Man zeige, daß der nächste Apsidenabstand $\frac{c}{1 + 3k}$ ist.

40. Ein Massenpunkt bewege sich unter der Wirkung einer nach einem Festpunkt gerichteten Anziehungskraft, die proportional

$$u^2 (c u + \cos \Theta)^{-3}$$

ist. Man zeige, daß die Bahn einer der Kegelschnitte ist, welche durch die Gleichung $(c u + \cos \Theta)^2 = a + b \cos 2 (\Theta + \alpha)$ gegeben sind.

41. Auf einen sich in einer Ebene bewegenden Massenpunkt wirken die Radialkraft P und die Transversalkraft T, wobei

$$P = -\mu u^3 (3 + 5 \cos 2\Theta), \qquad T = \mu u^3 \sin 2\Theta.$$

Man zeige, daß sich diese Differentialgleichung 2ter Ordnung auf die folgende 1ter Ordnung zurückführen läßt

$$h_0^2 \left(\sin \Theta \frac{d u}{d \Theta} - u \cos \Theta\right) - \frac{\mu}{2} \left[(\sin 3 \Theta - \sin \Theta) \frac{d u}{d \Theta} - 2 u \cos 3 \Theta\right] = C,$$

worin h_0^2 und C Konstanten bedeuten.

42. Ein Massenpunkt stehe unter der Wirkung einer Zentralkraft P und einer transversalen Störungskraft $\frac{1}{r} f(t)$. Man beweise, daß

$$\frac{d^2 u}{d \Theta^2} + u = \frac{P - f(t) \frac{d u}{d \Theta}}{u^2 [F(t)]^2}$$

ist, wobei $F(t)$ für $\int f(t)\, d t$ geschrieben steht.

43. In einem ebenen Kraftfeld, dessen in Polarkoordinaten ausgedrücktes Potential den Wert

$$\frac{\alpha}{r^4} + \frac{\beta}{r^6} (1 + 3 \sin^2 \Theta)$$

besitzt, bewegt sich ein Massenpunkt, der in geeigneter Richtung mit der Geschwindigkeit, wie er sie bei Herkunft aus unendlicher Ferne erlangt haben würde, abgeschossen wurde, auf einer Kurve von der Form

$$(r - a \sin \Theta)(r - b \sin \Theta) = a b,$$

vorausgesetzt, daß

$$\frac{2}{a b} + \frac{4}{(a + b)^2} + \frac{\alpha}{\beta} = 0.$$

---

44. Ein Massenpunkt von der Masse m beschreibe einen Kreis (Mittelpunkt C) in der Periodenzeit T unter der Wirkung einer nach einem festen Punkt S gerichteten Kraft. Man beweise, daß sich die Kraft in jedem Punkte P in zwei Komponenten zerlegen läßt, die nach inversen Punkten O, O' auf CS gerichtet sind und die Werte besitzen

$$\frac{16\,m\,\pi^2}{T^2}\cdot\left(\frac{CO}{CS}\right)^2\cdot\frac{CP^6}{OP^5}\quad\text{bzw.}\quad\frac{16\,m\,\pi^2}{T^2}\cdot\left(\frac{CO'}{CS}\right)^2\cdot\frac{CP^6}{O'P^5}.$$

45. Ein Massenpunkt beschreibe eine Ellipse unter dem Einfluß zweier Kräfte, die als Funktionen der Entfernung gegeben sind und von denen jede nach einem Brennpunkt zeigt. Wenn die nach dem einen Brennpunkt gerichtete Kraft die Größe μr hat, so ist der Wert der anderen

$$\mu r + \frac{\mu'}{r^2}.$$

46. Eine Ellipse werde unter dem Einfluß zweier nach den beiden Brennpunkten gerichteter Kräfte beschrieben. Man zeige, daß die längs des Brennpunktvektors r gerichtete Kraft pro Masseneinheit

$$\frac{a\,v^2}{2\,r\,(2a-r)} - \frac{1}{4}\frac{d\,v^2}{d\,r}$$

ist, wobei $2\,a$ die große Achse und v die Geschwindigkeit bedeuten.

47. Die beiden Punkte S und H seien zwei Kraftzentren von gleicher Stärke, eins anziehend, das andere abstoßend, und zwar seien die Kräfte umgekehrt proportional dem Quadrat der Entfernung. Bringt man einen Massenpunkt in irgendeine Lage in derjenigen Ebene, die senkrecht zu SH steht und dieses halbiert, so wird dieser Punkt auf einer Halbellipse hin und herschwingen, die S und H zu Brennpunkten hat.

48. Ein Körper bewege sich in einer durch 2 feste Kraftzentren gehenden Ebene unter dem Einfluß der beiden sich umgekehrt mit dem Quadrat der Entfernung ändernden Kräfte, nachdem er sich vorher in einem Punkte, in dem die Kräfte gleich groß waren, in Ruhe befand. Man beweise, daß er auf einem Hyperbelbogen hin und her schwingen wird, wenn beide Kräfte Anziehungskräfte sind, und auf einem Ellipsenbogen, wenn die eine Kraft den Körper anzieht, die andere aber ihn abstößt.

49. Ein Massenpunkt beschreibe eine Parabel unter dem Einfluß zweier Kräfte, von denen eine konstant und parallel der Achse ist, während die andere durch den Brennpunkt geht. Man beweise, daß die zweite Kraft sich umgekehrt mit dem Quadrat des Brennstrahls ändert und ermittele für den Fall, daß die Kraft durch den Brennpunkt eine abstoßende ist und daß sie im Scheitel numerisch gleich der konstanten Kraft wird, die Zeit, die der Massenpunkt braucht, um von der Ruhelage im Scheitel ausgehend einen beliebigen Kurvenbogen zu beschreiben.

50. Ein Massenpunkt beschreibe einen Kreis unter der Wirkung zweier Kräfte, die nach den Enden einer festen Sehne gerichtet sind und sich für irgendeinen Kreispunkt umgekehrt wie die Abstände r, r' des Punktes von den Enden der Sehne verhalten. Man bestimme die Kräfte und weise nach, daß das Produkt der Geschwindigkeitskomponenten längs r und r' umgekehrt proportional der Länge des Lotes ist, das

man jeweils vom Massenpunkt auf die Sehne fällt. Ebenso zeige man, daß der Punkt für die Bewegung von einem Ende der Sehne zum anderen die Zeit braucht

$$\frac{a}{V}\,\frac{(\pi-a)\cos\alpha+\sin\alpha}{\cos^2\frac{\alpha}{2}},$$

worin V die Geschwindigkeit des Punktes in der Lage ist, in der er sich parallel der Sehne bewegt, a den Kreisradius und α den Winkel zwischen r und r' bedeuten.

51. Ein Massenpunkt bewege sich unter dem Einfluß einer von einem Fixpunkte ausgehenden abstoßenden Kraft $\mu(u^2-au^3)$ und einer Kraft $\mu\left(\frac{1}{c^2}-\frac{1}{3}au^3\right)$ parallel zu einer festen Geraden, wobei $\frac{1}{u}$ die Entfernung vom festen Punkt bedeutet. Geht der Massenpunkt aus der Ruhelage in einem Punkte ab, in dem die Kräfte einander gleich sind, so beschreibt er eine Parabel mit dem Fixpunkt als Brennpunkt.

52. Wird eine Kurve unter der Wirkung einer nach dem Ursprung gerichteten Kraft P und einer Normalkraft N beschrieben, so findet man die Beziehung

$$p^2\frac{d}{dr}\left(Nr\frac{dr}{dp}\right)+\frac{d}{dr}\left(Pp^3\frac{dr}{dp}\right)=0;$$

hierin ist p das vom Ursprung auf die Tangente gefällte Lot.

53. Ein Massenpunkt werde von einer Apside einer Lemniskate $rr'=c^2$ längs der Tangente mit der Geschwindigkeit $\sqrt{\frac{\mu}{2c}}$ fortgeschleudert und bewege sich unter der Wirkung der nach dem näheren bzw. ferneren Pol gerichteten Kräfte

$$\mu r'^2\frac{r'-r}{(3rr'-r^2)^3} \quad \text{bzw.} \quad \mu r^2\frac{r-r'}{(3rr'-r'^2)^3}.$$

Hierin sind r und r' die Abstände des Massenpunktes vom näheren bzw. ferneren Pol. Man zeige, daß der Punkt auf der Lemniskate bleibt.

54. Ein Punkt P bewege sich im Felde zweier fester Kraftzentren S_1, S_2, die die Beschleunigungen $\frac{\mu_1}{r_1^2}$ und $\frac{\mu_2}{r_2^2}$ in Richtung nach S_1 und S_2 hervorrufen, wobei r_1 und r_2 die Entfernungen S_1P und S_2P bedeuten. Wenn die Bewegung nicht in einer festen Ebene stattfindet, so gibt es eine Integralgleichung von der Form

$$(r_1^2\dot{\Theta}_1)(r_2^2\dot{\Theta}_2)+h^2\cot\Theta_1\cot\Theta_2=c(\mu_1\cos\Theta_1+\mu_2\cos\Theta_2)+\text{const.}$$

Hierin sind Θ_1, Θ_2 die Winkel S_2S_1P und S_1S_2P, c die Entfernung S_1S_2 und h das Moment der Geschwindigkeit um die Verbindungslinie der Kraftzentren.

---

55. Während sich ein Massenpunkt in der näheren Apside einer Ellipse von der Exzentrizität e befindet, die um den Brennpunkt beschrieben wird, vergrößert sich die Kraft pro Masseneinheit im Abstand 1 um den n^{ten} Teil ihres Wertes (n = groß gegen 1). Nachdem der Punkt die fernere Apside erreicht hat, wird die Kraft plötzlich um denselben Bruchteil kleiner als ihr ursprünglicher Wert. Man beweise, daß

zu einem solchen Umlauf um den $\frac{6e}{n(1-e^2)}$ten Teil weniger Zeit gebraucht wird als zu dem ursprünglichen Umlauf.

56. Ein Massenpunkt beschreibt eine Ellipse um einen Brennpunkt; am Ende der kleinen Achse angekommen, erhält er einen kleinen gegen den Mittelpunkt hin gerichteten Antrieb, der gleich dem n^{ten} Teil seiner Bewegungsgröße ist. Man zeige, daß dadurch die Exzentrizität e um $\frac{1}{n}\sqrt{1-e^2}$ vergrößert oder verkleinert wird je nach der augenblicklichen Bewegungsrichtung.

57. Ein Punkt beschreibe eine Ellipse von der Exzentrizität e und dem Parameter $2l$ frei um einen Brennpunkt. Der Drall werde mit h bezeichnet.

In der näheren Apside angelangt, empfängt der Massenpunkt einen kleinen radialen Impuls μ. Man beweise, daß die Apsidenlinie sich dabei um den Winkel $\frac{l\mu}{eh}$ dreht.

58. In einem Punkte einer um einen Brennpunkt beschriebenen Ellipse höre plötzlich die Zentralkraft für eine sehr kurze, gegebene Zeit auf zu wirken; man ermittele den Winkel, um den sich die Apsidenlinie drehen wird, sowie die Änderung der Exzentrität und zeige, daß sie beide bzw. proportional den Kraftkomponenten parallel und senkrecht zur Apdsienlinie sind.

59. Ein materieller Punkt von der Masse m beschreibe eine Ellipse um einen Brennpunkt; die nach diesem gerichtete Zentralkraft besitze im Abstand 1 den Wert μm. Am Ende der kleinen Achse angelangt, erhält der Massenpunkt einen kleinen Impuls mV senkrecht zur Ebene der Bahn. Man beweise, daß sich die Exzentrizität der Bahnkurve um $\frac{1}{2}V^2\frac{ae}{\mu}$ vermindert und daß sich der Winkel zwischen der großen Achse der Bahn und dem Brennstrahl um

$$\frac{V^2 a}{2\mu}\,\frac{2-e^2}{e\sqrt{(1-e^2)}}$$

vergrößert, wobei $2a$ die große Achse und e die Exzentrizität der ursprünglichen Bahn ist.

60. Wird die Geschwindigkeit eines periodisch wiederkehrenden Kometen in der Nähe seines Aphels plötzlich um den kleinen Zuwachs δV vergrößert, so ergeben sich für die dadurch hervorgerufenen Änderungen der Exzentrizität und der großen Achse die Werte

$$\delta e = -2\delta V\sqrt{\frac{l}{\mu}}, \quad \delta a = 2\delta V\sqrt{\frac{a^3(1-e)}{\mu(1+e)}},$$

worin die Buchstaben ihre übliche Bedeutung für die elliptische Bewegung haben.

61. Ein Komet beschreibe um die Sonne eine Ellipse, deren Exzentrizität e nahezu gleich 1 ist. In einem Punkte, dessen Radiusvektor mit der Apsidenlinie den Winkel Θ einschließt, wirke plötzlich ein Planet auf den Kometen derart ein, daß sich seine Geschwindigkeit, ohne ihre Richtung zu ändern, im Verhältnis $\frac{n+1}{n}$ vergrößert, worin n eine große

Zahl sein mag. Man zeige, daß für die neue Bahn, falls sie eine Parabel ist, angenähert gilt

$$e = 1 - \frac{4}{n} \cos^2 \frac{\Theta}{2}.$$

62. Einem Körper, welcher auf einer Ellipse mit der Zentralbeschleunigung $\frac{\mu}{r^2}$ umläuft, die nach dem einen Brennpunkt S gerichtet ist, wird in der Lage P stoßweise eine kleine Geschwindigkeit δv in Richtung PM senkrecht zur großen Achse erteilt. Man beweise, daß sich die große Achse um den Winkel $\frac{\delta v}{eh} \frac{SM \cdot PM}{SP}$ dreht.

63. In einem Punkte P einer Ellipse, die unter der Wirkung einer nach dem Brennpunkt S gerichteten Zentralkraft beschrieben wird, ändere sich die Bewegungsrichtung plötzlich um einen kleinen Winkel β, ohne daß sich die Größe der Geschwindigkeit ändere. Man zeige, daß für einen beliebigen Punkt Q der ursprünglichen Ellipse die Abweichung der neuen Bahn, längs der Normalen in Q gemessen, den Wert hat

$$\beta \cdot \frac{PH}{CB} \sqrt{QH \cdot QS} \sin QHP,$$

wobei H der zweite Brennpunkt und CB die kleine Halbachse bedeuten.

64. Wird in dem Augenblick, in welchem sich ein Massenpunkt am Ende der kleinen Achse einer Ellipse befindet, die er um den Brennpunkt beschreibt, das Kraftzentrum plötzlich um ein kleines Stück $a\alpha$ gegen den Massenpunkt hin verschoben, so ändert sich die Exzentrizität e der Bahn nicht, aber die große Achse dreht sich um einen Winkel $\alpha\sqrt{e^{-2} - 1}$.

65. Befindet sich der im letzten Beispiel erwähnte Massenpunkt am Ende des Parameters und wird das Kraftzentrum plötzlich ein kleines Stück $a\alpha$ gegen den Mittelpunkt hin verschoben, so verringert sich die Exzentrizität in erster Annäherung um α und die große Achse dreht sich um den Winkel $\frac{a\alpha}{l}$, worin l den Halbparameter bedeutet. Die Umlaufzeit bleibt dagegen in erster Annäherung ungeändert. Ebenso beweise man, daß sich in zweiter Annäherung diese Umlaufzeit um den $\frac{3\alpha^2 a^3}{2 l^3}$ ten Teil ihres ursprünglichen Wertes vergrößert.

66. Befindet sich der Massenpunkt im letzten Beispiel in einem Punkte im Abstand r vom Kraftzentrum und wird dieses plötzlich ein kleines Stück k senkrecht zur Ebene der Bahn verschoben, so vergrößert sich die Umlaufzeit im Verhältnis $\left(1 + \frac{3ak^2}{2r^3}\right) : 1$. Findet die Verschiebung des Kraftzentrums in dem Augenblick statt, in welchem sich der Punkt am Ende des Parameters befindet, so ändert sich der Winkel zwischen der Apsidenlinie und dem Radiusvektor um

$$\frac{1 + 2e^2}{(1 - e^2)^2} \frac{k^2}{2ea^2}.$$

67. Ein Massenpunkt beschreibe eine Ellipse unter dem Einfluß einer nach dem Brennpunkt S gerichteten Kraft; als er im Punkte P angelangt ist, verschiebt sich plötzlich das Kraftzentrum ein kurzes Stück x

parallel zur augenblicklichen Tangente. Man beweise, daß die große Achse sich dadurch um den Winkel $\frac{x}{SG}\sin\Theta\sin(\Theta-\Phi)$ dreht, wobei G der Schnittpunkt der Normalen mit der Achse ist, Θ den Winkel der Normalen mit SG und Φ den Winkel der Tangente mit SP bezeichnen.

68. Unter der augenblicklichen Bahnkurve, die unter dem Einfluß einer sich proportional mit dem Abstande ändernden Zentralkraft beschrieben wird, wollen wir diejenige verstehen, die durchlaufen würde, falls plötzlich der Widerstand zu wirken aufhört. Ruft in irgendeinem Punkte der Widerstand eine Verzögerung f hervor, so sind die Geschwindigkeiten, mit denen sich die Hauptachsen hinsichtlich ihrer Größe ändern, durch die Gleichungen gegeben

$$\frac{\dot a}{a(a^2-r^2)}=\frac{\dot b}{b(r^2-b^2)}=-\frac{f}{v(a^2-b^2)},$$

worin v die augenblickliche Geschwindigkeit und r den zugehörigen Radiusvektor bedeuten.

69. Im letzten Beispiel trete eine Störung auf, die an Stelle des Widerstandes eine Normalbeschleunigung g verursache. Man zeige, daß die Höchstwerte der Geschwindigkeiten, mit denen sich die Hauptachsen der augenblicklichen Ellipse ändern, durch die Gleichungen gegeben sind

$$\frac{\dot a}{b}=-\frac{\dot b}{a}=\frac{\pm g}{(a+b)\sqrt{\mu}},$$

worin μ die Zentralkraft pro Masseneinheit in der Entfernung 1 ist.

70. Ein materieller Punkt P beschreibe eine Ellipse unter der Wirkung einer Zentralkraft, die ihm eine Beschleunigung $k^2 r$ nach dem Punkte O hin erteilt, wobei $r=OP$. Nachdem P am Ende der großen Achse angelangt ist, beginnt sich O nach einer einfachen harmonischen Schwingung $\mu\sin\lambda t$ längs dieser Achse zu bewegen. Man zeige, daß sich die Bewegung von P zu irgendeiner Zeit ansehen läßt als die Bewegung auf einer Ellipse mit festem Mittelpunkt und konstanter kleiner Achse, während sich die große Halbachse nach der Gleichung

$$a=a_0+\frac{\mu k}{\lambda^2-k^2}(\lambda\sin kt-k\sin\lambda t)\sec kt$$

ändert.

V. Die Bewegung beim Vorhandensein von Zwangs- und Widerstandskräften[1].

114. Vorbemerkung. Das zweite Hauptkapitel der Dynamik eines materiellen Punktes behandelt die Bewegung eines Massenpunktes in einem gegebenen Kraftfeld unter der Voraussetzung, daß die Feldkraft nicht die einzige auf den Massenpunkt wirkende Kraft ist, sondern daß noch andere unbekannte Kräfte an ihm angreifen.

Diese Kräfte können Zwangskräfte sein, d. h. solche, die keine Arbeit leisten. Eine zweite Klasse von Kräften, die hierher gehören, sind unter dem Namen Widerstandskräfte bekannt. Ein Beispiel dazu hatten wir in der Reibung zwischen einer schiefen Ebene und einem darauf befindlichen Körper. Das charakteristische Merkmal einer Widerstandskraft besteht darin, daß ihre Angriffslinie stets mit der Richtung der Geschwindigkeit des von ihr angegriffenen Massenpunktes zusammenfällt und daß ihr Sinn stets demjenigen der Geschwindigkeit entgegengesetzt ist. Die durch eine Widerstandskraft geleistete Arbeit ist daher stets negativ. Diese Arbeit, mit entgegengesetztem Vorzeichen versehen, nennt man „die zur Überwindung des Widerstandes verbrauchte Arbeit".

Wenn ein Massenpunkt sich in einem Kraftfeld bewegt und gleichzeitig Widerstandskräften unterworfen ist, so ist die Zunahme der kinetischen Energie auf irgendeinem Wege um den zur Überwindung der Widerstände verbrauchten Arbeitsbetrag kleiner, als die von der Feldkraft geleistete Arbeit.

115. Die Bewegung auf einer glatten ebenen Kurve unter der Wirkung beliebiger Kräfte. Ein Massenpunkt m sei gezwungen, sich auf einer bekannten ebenen Kurve unter der

---

[1] Die mit einem Sternchen (*) versehenen Abschnitte in diesem Kapitel können beim erstmaligen Lesen überschlagen werden.

Wirkung von gegebenen in der Ebene der Kurve liegenden Kräften zu bewegen. Es bedeuten s den von einem bestimmten Kurvenpunkte bis zur Lage des Massenpunktes zur Zeit t gemessenen Kurvenbogen, S die Tangentialkomponente der Kräfte im Sinne einer Zunahme von s sowie N die nach innen gerichtete Normalkomponente dieser Kräfte, v die Geschwindigkeit des Massenpunktes in Richtung von zunehmendem s und R die von der Kurve auf den Massenpunkt ausgeübte Zwangskraft. Wir wollen die Gleichungen für den Fall anschreiben, daß der Massenpunkt sich auf der Innenseite der Kurve befindet und demgemäß R nach innen wirkt. Die Gleichungen für den Fall, daß R nach außen wirkt, können dadurch erhalten werden, daß man das Vorzeichen von R wechselt.

Zerlegt man die Kräfte in die Tangential- und Normalrichtungen, so erhält man als Bewegungsgleichungen

$$mv\frac{dv}{ds}=S,$$

$$m\frac{v^2}{\varrho}=N+R.$$

Sind die Kräfte konservativ, so besitzt die erste dieser Gleichungen ein Integral, das mit der Energiegleichung gleichbedeutend ist und geschrieben werden kann

$$\tfrac{1}{2}mv^2=\int S\,ds+\text{const.}$$

Hat man v aus dieser Gleichung berechnet, so dient die zweite der Bewegungsgleichungen zur Bestimmung der Zwangskraft R.

Ist der Zwang nur einseitig, so kann es vorkommen, daß der Massenpunkt die Kurve verläßt. Dies geschieht, wenn R verschwindet.

116. Beispiele. 1. Verläßt der Massenpunkt die Kurve, so ist seine Geschwindigkeit in diesem Augenblicke gleich der Fallgeschwindigkeit, die er unter dem Einfluß der konstant bleibenden Kraft erlangte, wenn er den vierten Teil der mit der Richtung der Kraft zusammenfallenden Sehne des Krümmungskreises durchfallen würde.

2. Wenn die Kurve bei den gegebenen Kräften für eine entsprechende Anfangsgeschwindigkeit zur freien Bahnlinie des Massenpunktes wird, so ändert sich für jede andere Anfangsgeschwindigkeit die Zwangskraft proportional der Krümmung.

117. Die Bewegung zweier durch einen unausdehnbaren Faden verbundener Körper. Wir wollen die Annahme machen, daß wir die Körper als Massenpunkte behandeln und die Masse und Ausdehnung des Fadens vernachlässigen können und daß die Fadenspannung überall die gleiche ist. In diesem Falle leistet die Fadenspannkraft keine Arbeit, denn die Summe ihrer Arbeitsleistungen auf die beiden Massenpunkte ist Null. Die Bewegungsgleichungen der Körper kann man in der in Abschnitt 73 besprochenen Weise anschreiben. Bei der Aufstellung der Gleichungen berücksichtigen wir die Bedingung gleichbleibender Fadenlänge. Wenn z. B. der Faden in zwei Teile geteilt ist, die durch einen Ring oder einen Stift voneinander getrennt sind, so ist die Summe der Längen dieser beiden Teile unveränderlich. Falls es eine Energiegleichung oder eine Gleichung von der Unveränderlichkeit der Bewegungsgröße oder des Dralles gibt, so ist sie ein Integral der Bewegungsgleichungen.

118. Beispiele. 1. Zwei materielle Punkte mit den Massen M, m sind durch einen undehnbaren, masselosen Faden miteinander verbunden, der durch einen kleinen glatten Ring auf einem glatten festen wagerechten Tisch durchgezogen ist. Wenn der Faden gerade gestreckt ist, M dabei den Abstand c vom Ring besitzt und beide Massenpunkte sich in Ruhe befinden, erhält M auf dem Tisch eine senkrecht zum Faden gerichtete Anfangsgeschwindigkeit. Man beweise, daß M, bis m den Ring erreicht, eine Kurve beschreibt, deren Polargleichung

$$r = c \sec\left[\Theta\sqrt{\frac{M}{M+m}}\right]$$

lautet.

2. Zwei Massenpunkte M und m sind durch einen undehnbaren, masselosen Faden miteinander verbunden. M beschreibt auf einem glatten Tisch eine Kurve, die nahezu ein Kreis mit dem Mittelpunkt O ist, und der Faden geht durch ein kleines glattes Loch in O und trägt m. Man beweise, daß der Apsidenwinkel der Bahn von M

$$\pi\sqrt{\frac{1}{3}\left(1+\frac{m}{M}\right)}$$

ist.

***119. Pendelschwingungen.** Die Bewegung eines einfachen Kreispendels kann sowohl bei kleinen wie auch bei großen Ausschlägen durch die Energiegleichung bestimmt werden.

Θ sei der Winkel, den der durch die Lage des Massenpunktes zur Zeit t gezogene Kreishalbmesser mit der nach abwärts gerichteten Vertikalen bildet. Die kinetische Energie ist $\frac{1}{2} m l^2 \dot{\Theta}^2$, wobei m die Masse des Massenpunktes und l den Kreishalbmesser oder die Pendellänge bezeichnen. Die potentielle Energie des Massenpunktes im Feld der Erdschwere (Abschn. 92) ist $mgl(1 - \cos\Theta)$, wenn das gewählte feste Niveau, von dem aus gemessen wird, durch den untersten Punkt geht. Somit lautet die Energiegleichung

$$\tfrac{1}{2} l \dot{\Theta}^2 = g \cos\Theta + \text{const.}$$

Wenn das Pendel anfänglich um $\Theta = \alpha$ ausgelenkt und in dieser Lage losgelassen wird, so lautet die Energiegleichung

$$\tfrac{1}{2} l \dot{\Theta}^2 = g(\cos\Theta - \cos\alpha)$$

oder

$$\tfrac{1}{4} \dot{\Theta}^2 = \frac{g}{l}\left(\sin^2\frac{\alpha}{2} - \sin^2\frac{\Theta}{2}\right);$$

diese Form der Gleichung zeigt, daß das Pendel zwischen zwei Lagen schwingt, die gegenüber der Lotrechten um einen Winkel α nach rechts und links abweichen.

Um die Lage des Pendels in Funktion der von der Gleichgewichtslage aus gerechneten Zeit t auszudrücken, führen wir eine neue Veränderliche ψ mittels der Definitionsgleichung

$$\sin\frac{\alpha}{2}\sin\psi = \sin\frac{\Theta}{2}$$

mit den weiteren Bedingungen ein, daß bei der Zunahme von Θ von 0 auf α ψ von 0 auf $\frac{\pi}{2}$ zunimmt; nimmt Θ von α auf 0 ab, so nehme ψ von $\frac{\pi}{2}$ auf π zu; nimmt Θ von 0 auf $-\alpha$ ab, so nehme ψ von π auf $\frac{3}{2}\pi$ zu und bei der Zunahme von Θ von $-\alpha$ auf 0 nehme ψ von $\frac{3}{2}\pi$ bis 2π zu. Durch diese Festsetzungen ist der Wert von ψ eindeutig für jeden Zeitpunkt einer ganzen Schwingungsperiode bestimmt.

Damit haben wir

$$\tfrac{1}{2}\dot{\Theta}\cos\frac{\Theta}{2} = \dot{\psi}\sin\frac{\alpha}{2}\cos\psi$$

$$\sin^2\frac{\alpha}{2} - \sin^2\frac{\Theta}{2} = \sin^2\frac{\alpha}{2}\cos^2\psi$$

$$\dot{\psi}^2 = \frac{g}{l}\left(1 - \sin^2\frac{\alpha}{2}\sin^2\psi\right).$$

Die Zeit t, die von dem Augenblick ab verstreicht, in dem der Massenpunkt durch den tiefsten Punkt in Richtung zunehmender Werte von Θ hindurchgeht, ist somit gegeben durch

$$t=\sqrt{\frac{l}{g}}\int_0^{\psi}\frac{d\psi}{\sqrt{1-\sin^2\frac{\alpha}{2}\sin^2\psi}},$$

wobei die Quadratwurzel immer positiv zu nehmen ist. Die Dauer der ganzen Schwingung ist

$$4\sqrt{\frac{l}{g}}\int_0^{\frac{\pi}{2}}\frac{d\psi}{\sqrt{1-\sin^2\frac{\alpha}{2}\sin^2\psi}}.$$

Bei der vorstehenden Beziehung zwischen t und ψ nennt man $\sin\psi$ eine elliptische Funktion von $t\sqrt{\frac{g}{l}}$ und schreibt die Beziehung

$$\sin\psi=\operatorname{sn}\left(t\sqrt{\frac{g}{l}}\right)\qquad\left(\operatorname{mod}\sin\frac{\alpha}{2}\right).$$

Die Funktion ist periodisch; das Integral

$$\int_0^{\frac{\pi}{2}}\frac{d\psi}{\sqrt{1-\sin^2\frac{\alpha}{2}\sin^2\psi}}$$

ist ein Viertel dieser Periode.

Die Lage des Pendels zu irgendeiner Zeit t ist bestimmt durch die Gleichung

$$\sin\frac{\Theta}{2}=\sin\frac{\alpha}{2}\operatorname{sn}\left(t\sqrt{\frac{g}{l}}\right)\qquad\left(\operatorname{mod}\sin\frac{\alpha}{2}\right).$$

***120. Vollständige Umdrehung.** Wenn die Konstante in der Energiegleichung des Abschn. 119 von solcher Größe sein soll, daß $\dot{\Theta}$ nie gleich Null wird, so muß sie größer als g sein; die Geschwindigkeit im tiefsten Punkt ist dann größer als die beim freien Fall vom höchsten Punkt aus erreichte Geschwindigkeit. Im höchsten Punkt besitzt infolgedessen die Geschwindigkeit noch eine bestimmte Größe, und wir wollen annehmen, daß sie so groß ist, wie sie ein Körper beim freien Durchfallen der Höhe h erlangen würde. Dann hat man für $\Theta = \pi$

$$l^2 \dot{\Theta}^2 = 2\,gh$$

und für jeden anderen Wert von Θ

$$\tfrac{1}{2} l \dot{\Theta}^2 = g\left(\cos\Theta + 1 + \frac{h}{l}\right)$$

oder

$$\tfrac{1}{4}\dot{\Theta}^2 = \frac{g(h+2\,l)}{2\,l^2}\left(1 - \frac{2\,l}{h+2\,l}\sin^2\frac{\Theta}{2}\right);$$

somit ergibt sich

$$\sin\frac{\Theta}{2} = \operatorname{sn}\left(\frac{t}{k}\sqrt{\frac{g}{l}}\right) \qquad (\operatorname{mod} k),$$

worin $k^2 = \dfrac{2\,l}{h+2\,l}$ ist.

Die Dauer einer vollen Umdrehung ist

$$2\,k\sqrt{\frac{l}{g}}\int_0^{\frac{\pi}{2}} \frac{d\Phi}{\sqrt{1-k^2\sin^2\Phi}}.$$

***121. Sonderfall.** Wird das Pendel aus seiner Gleichgewichtslage mit einer Geschwindigkeit angetrieben, die der Fallgeschwindigkeit vom höchsten Punkte aus entspricht, so kann die Gleichung durch einen logarithmischen Ausdruck integriert werden.

Die Konstante in der Energiegleichung von Abschn. 119 muß dann so gewählt werden, daß $\dot{\Theta}$ für $\Theta = \pi$ verschwindet. Daher lautet die Gleichung

$$\tfrac{1}{2} l \dot{\Theta}^2 = g(1 + \cos\Theta),$$

die man auch in der Form schreiben kann

$$\tfrac{1}{4}\dot{\Theta}^2 = \frac{g}{l}\cos^2\frac{\Theta}{2}.$$

Der Winkel Θ wird hiernach in der Zeit beschrieben

$$t = \sqrt{\frac{l}{g}}\int_0^{\frac{\Theta}{2}} \frac{dx}{\cos x} = \sqrt{\frac{l}{g}}\log\left(\sec\frac{\Theta}{2} + \tan\frac{\Theta}{2}\right).$$

Man beachte, daß der Massenpunkt dem höchsten Punkt unbegrenzt nahe kommt, ohne ihn jedoch in endlicher Zeit erreichen zu können.

Dieselben Gleichungen können benutzt werden, um die Bewegung eines Massenpunktes zu beschreiben, der aus einem der labilen Gleichgewichtslage im höchsten Punkte unendlich nahe gelegenen Punkte abgeht.

***122. Beispiele.** 1. Man beweise, daß unter Vernachlässigung der vierten Potenz des Ausschlagwinkels α die Dauer einer ganzen Schwingung $2\pi\left(1+\frac{1}{16}\alpha^2\right)\sqrt{\frac{l}{g}}$ ist.

2. Man beweise für den Sonderfall des Abschnitt 121 die Beziehung $\Theta = 2 \operatorname{arc\,tan} \sinh\left\{t\cdot\sqrt{\frac{g}{l}}\right\}$.

3. Man beweise, daß für ein Sekundenpendel, das eine ganze Schwingung in 4 Sekunden ausführt, der Winkel α ungefähr 160^0 beträgt.

***123. Die Drehung einer glatten ebenen Röhre in ihrer Ebene.** Ein materieller Punkt von der Masse m bewege sich in einer glatten ebenen Röhre (Fig. 40), während sich die Röhre in ihrer Ebene um einen starr mit ihr verbundenen Punkt O drehe. OA sei ein beliebig gewählter Radiusvektor der Röhre und Φ der Winkel, den OA mit einer in der Röhrenebene liegenden festen Geraden einschließt. Dann ist $\dot{\Phi}$ die Winkelgeschwindigkeit der Röhre. Wir wollen dafür ω schreiben.

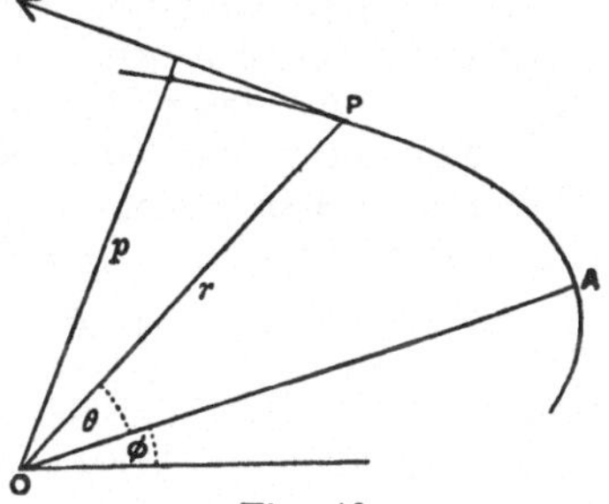

Fig. 40.

P sei die Lage des Massenpunktes in der Röhre zur Zeit t. Wird $OP = r$ und $\sphericalangle AOP = \Theta$ gesetzt, dann bedeuten r und Θ die Polarkoordinaten von P in bezug auf OA als Anfangsgerade und ebenso r und $\Theta + \Phi$ die Polarkoordinaten von P in bezug auf eine feste Anfangsgerade. Mit ϱ werde der Krümmungsradius der Röhre in P bezeichnet.

v sei die Relativgeschwindigkeit des Massenpunktes gegenüber der Röhre. Setzt man den Bogen $AP = s$, so ist $v = \dot{s}$ und v hat die Richtung der Tangente an die Röhre. Die Komponenten von v längs OP und senkrecht dazu sind $\dot{r}$ und $r\dot{\Theta}$.

Ferner sind die Beschleunigungskomponenten des Massenpunktes längs OP und senkrecht dazu

$$\ddot{r} - r(\dot{\Theta} + \dot{\Phi})^2$$

und

$$\frac{1}{r}\frac{d}{dt}\{r^2(\dot{\Theta} + \dot{\Phi})\},$$

wofür man schreiben kann

$$\ddot{r} - r\dot{\Theta}^2 - 2r\dot{\Theta}\omega - r\omega^2$$

$$\frac{1}{r}\frac{d}{dt}(r^2\dot{\Theta}) + 2\dot{r}\omega + r\dot{\omega}.$$

Hierbei sind die von ω unabhängigen Glieder gleichwertig mit $v\dfrac{dv}{ds}$ längs der Röhrentangente und $\dfrac{v^2}{\varrho}$ längs der nach einwärts gezogenen Röhrennormale in P.

Die Glieder, welche 2ω als Faktor enthalten, sind gleichwertig mit $2\omega v$ längs der Röhrennormale und einwärts gerichtet. Man kann dies daraus erkennen, daß $\dot{r}$ längs OP und $r\dot{\Theta}$ senkrecht zu OP gleichwertig sind mit v längs der Tangente in der Richtung einer Zunahme von s und daß als Faktoren von 2ω die um einen rechten Winkel gedrehten Komponenten dieser Resultierenden auftreten.

Nun kann man einen Vektor, der die Richtung OP besitzt, dadurch in Komponenten längs der Röhrentangente in P und längs der nach innen gerichteten Normalen zerlegen, daß man ihn mit $\dfrac{dr}{ds}$ und mit $\dfrac{p}{r}$ multipliziert, worin p die Länge des Lotes von O auf die Tangente bezeichnet. Ähnlich verfährt man mit einem senkrecht zu OP gerichteten Vektor.

Damit erhält man schließlich für die Beschleunigungskomponenten längs der Röhrentangente und der Röhrennormale

$$v\frac{dv}{ds} - \omega^2 r\frac{dr}{ds} + \dot{\omega}p,$$

$$\frac{v^2}{\varrho} + 2\omega v + \omega^2 p + \dot{\omega}r\frac{dr}{ds}.$$

Nun bewege sich der Massenpunkt in der Röhre unter der Wirkung von Kräften, die in der Röhrenebene liegen und deren Komponenten längs der Röhrentangente und der Röhrennormale S und N genannt seien; R bezeichne die von der

Röhre auf den Massenpunkt ausgeübte Zwangskraft. Dann lauten die Bewegungsgleichungen

$$m\left[v\frac{dv}{ds}-\omega^2 r\frac{dr}{ds}+\dot{\omega}p\right]=S,$$

$$m\left[\frac{v^2}{\varrho}+2\omega v+\omega^2 p+\dot{\omega}r\frac{dr}{ds}\right]=N+R.$$

***124. Newtons sich drehende Bahn.** Die Röhre in Abschnitt 123 habe dieselbe Gestalt wie eine freie Bahn, die unter der Wirkung einer Zentralkraft mit dem Mittelpunkt O beschrieben wird. Nun erteile man der Röhre eine Drehung um O mit einer Winkelgeschwindigkeit $\dot{\Phi}$, die stets gleich $n\dot{\Theta}$ sei, worin n eine Konstante und $\dot{\Theta}$ die Winkelgeschwindigkeit des Fahrstrahls der freien Bahn im Punkte (r, Θ) bezeichnen. Dann ist die von dem Massenpunkt beschriebene Bahn eine freie Bahn, die sich unter der Wirkung der ursprünglichen Zentralkraft und einer zusätzlichen, der dritten Potenz der Entfernung umgekehrt proportionalen Zentralkraft ergibt.

Bedeuten f die Zentralbeschleunigung auf der freien Bahn und $\frac{1}{2}h$ die Flächengeschwindigkeit, so haben wir

$$\ddot{r}-r\dot{\Theta}^2=-f,$$

$$r^2\dot{\Theta}=h.$$

Da ferner für die Röhre $\dot{\Phi}=n\dot{\Theta}$ gilt, so ist

$$r^2(\dot{\Theta}+\dot{\Phi})=h(1+n)$$

und

$$\ddot{r}-r(\dot{\Theta}+\dot{\Phi})^2=-f-r\dot{\Theta}^2(2n+n^2)=-f-\frac{h^2}{r^3}(2n+n^2).$$

Daraus folgt, daß die von dem Massenpunkt in der sich drehenden Röhre beschriebene Bahn eine freie Bahn ist, deren Zentralbeschleunigung aus zwei Gliedern besteht. Das eine Glied ist f, das andere ist umgekehrt proportional r^3.

Dieses Ergebnis kann man mit anderen Worten so aussprechen: Relativ zu einem gewissen Bezugssystem beschreibt der Massenpunkt eine Zentralbewegungsbahn um den Ursprung mit der Zentralbeschleunigung f. Wenn ein zweites Bezugssystem mit dem gleichen Ursprung sich um diesen relativ zum ersten System mit einer Winkelgeschwindigkeit dreht, die immer gleich ein und demselben Vielfachen der Winkelgeschwindigkeit des Fahrstrahls dieser Zentralbahn ist, so ist die Bahn des Massenpunktes relativ zum zweiten Bezugssystem wieder eine Zentralbahn, deren Zentralbeschleunigung um einen der dritten Potenz der Entfernung umgekehrt proportionalen Betrag vergrößert ist.

***125. Beispiele.** 1. Ein Massenpunkt bewegt sich in einer Röhre, welche die Gestalt einer logarithmischen Spirale besitzt und sich mit gleichförmiger Geschwindigkeit um den Pol dreht. An ihm greift eine nach dem Pol der Spirale gerichtete Zentralkraft an. Man beweise, daß, diese Zentralkraft in der Entfernung r sich nach dem Gesetze $Ar + Br^{-3}$ ändern muß, wenn kein Druck auf die Röhre ausgeübt werden soll. A und B sind Unveränderliche.

2. Man beweise, daß eine Bewegung, die relativ zu einem gewissen Bezugssystem als Zentralbewegung mit der dem Ursprung zu gerichteten Zentralbeschleunigung $\frac{\mu}{(\text{Entfernung})^3}$ und der Flächengeschwindigkeit $\frac{h}{2}$ dargestellt werden kann, bezogen auf ein anderes Bezugssystem mit gleichem Ursprung als gleichförmige geradlinige Bewegung darstellbar ist, falls $h^2 > \mu$.

3. Ein Massenpunkt bewegt sich in einer glatten ebenen Röhre unter dem Einfluß einer Zentralkraft, um deren festes Wirkungszentrum sich die Röhre mit gleichförmiger Geschwindigkeit dreht. Soll die Zwangskraft ständig gleich Null sein, so muß die Zentralkraft die Größe haben

$$m\left[r\omega^2 + 2r\omega\frac{(h - r^2\omega)}{p^2} + \frac{(h - r^2\omega)^2}{p^3}\frac{dp}{dr}\right].$$

Hierin bedeuten m die Masse des Punktes, mh seinen Drall in bezug auf den Festpunkt, ω die Winkelgeschwindigkeit der Röhre, r den Radiusvektor und p das Lot, das vom Festpunkt auf die Tangente der Röhre in der augenblicklichen Lage des Massenpunktes gefällt ist.

***126. Die Bewegung auf einer rauhen ebenen Kurve unter der Wirkung der Schwere.** Wenn ein Massenpunkt gezwungen wird, unter der Wirkung der Schwere eine in einer Vertikalebene liegende Kurve zu beschreiben, dabei aber neben der Zwangskraft der Kurve einen Reibungswiderstand entgegengesetzt seiner Bewegung erleidet, so machen wir die Annahme, daß der Reibungswiderstand das μfache der Zwangskraft ist. μ ist hierbei der Reibungskoeffizient. Der Reibungswiderstand wirkt längs der Bahntangente entgegen dem Sinn der Geschwindigkeit.

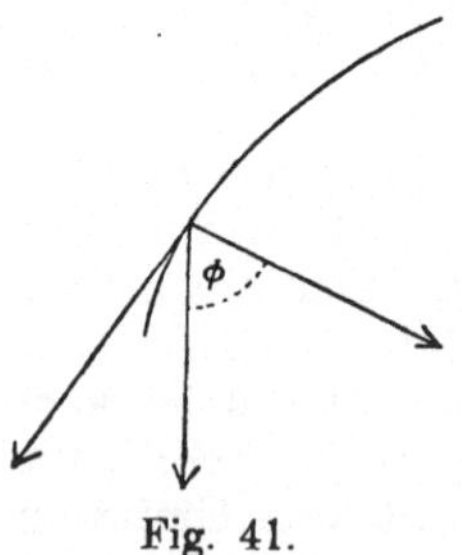

Fig. 41.

Die Bewegungsgleichungen nehmen unter verschiedenen Umständen verschiedene Gestalt an. Wir wollen für unsere Untersuchung den Fall zugrunde legen, daß sich der Massenpunkt auf der Außenseite der Kurve befindet und im Abstieg begriffen ist (Fig. 41).

Der Kurvenbogen s sei von einem bestimmten Punkt der Kurve aus so gemessen, daß er im Sinn der Geschwindigkeit zunimmt; ferner bedeute Φ den zwischen der inneren Normale und der nach abwärts gerichteten Lotrechten eingeschlossenen Winkel. Dann nimmt Φ mit s zu und $\frac{ds}{d\Phi} = \varrho$ stellt die Länge des Krümmungsradius dar.

Es mögen bezeichnen: v die Geschwindigkeit des materiellen Punktes, m seine Masse, R die von der Kurve auf den Massenpunkt ausgeübte Zwangskraft. Dann lauten die Bewegungsgleichungen

$$m \cdot v \frac{dv}{ds} = mg \sin \Phi - \mu R,$$

$$m \frac{v^2}{\varrho} = mg \cos \Phi - R.$$

Durch Elimination von R erhalten wir die Gleichung

$$v \frac{dv}{ds} - \mu \frac{v^2}{\varrho} = g(\sin \Phi - \mu \cos \Phi)$$

oder

$$v \frac{dv}{d\Phi} - \mu v^2 = g\varrho(\sin \Phi - \mu \cos \Phi).$$

Nach Multiplikation mit dem Faktor $e^{-2\mu\Phi}$ kann diese Gleichung integriert werden, und es ergibt sich dann

$$\frac{d}{d\Phi}\left(\tfrac{1}{2} v^2 e^{-2\mu\Phi}\right) = g\varrho e^{-2\mu\Phi}(\sin \Phi - \mu \cos \Phi)$$

und somit

$$v^2 e^{-2\mu\Phi} = 2g\int \varrho e^{-2\mu\Phi}(\sin \Phi - \mu \cos \Phi)\, d\Phi + \text{const.}$$

Diese Gleichung bestimmt v als Funktion von Φ und liefert daher für jeden Kurvenpunkt die Geschwindigkeit. Ist diese ermittelt, so erhält man aus der zweiten Bewegungsgleichung die Zwangskraft R. Gerade wie im Falle der glatten Kurve verläßt der Massenpunkt die Kurve, wenn $R = 0$ wird.

Die Bewegungsgleichungen nehmen verschiedene Gestalt an, je nachdem der Massenpunkt sich innerhalb oder außerhalb der Kurve befindet und je nachdem er im Aufstieg oder Abstieg begriffen ist. Aber in jedem Falle lassen sich die Gleichungen nach der oben angegebenen Methode integrieren. Demgemäß gibt es auch keinen eindeutigen Ausdruck für die Geschwindigkeit in jedem Kurvenpunkt als Funktion der Lage, sondern die Ausdrücke, die man erhält, sind für die verschiedenen Fälle verschieden.

***127. Beispiele.** 1. Man schreibe für die drei in Abschnitt 126 nicht untersuchten Fälle je die Bewegungsgleichungen und den integrierenden Faktor an.

2. Ein Massenpunkt erhält im tiefsten Punkte einer rauhen Hohlkugel vom Radius a eine horizontale Anfangsgeschwindigkeit und kehrt nach Beschreibung des Bogens $a\alpha$, wobei $\alpha < \frac{\pi}{2}$, zu diesem Punkte zurück, in welchem er gleichzeitig zur Ruhe kommt. Man beweise, daß die Anfangsgeschwindigkeit die Größe $\sin\alpha\sqrt{\frac{2\,g a(1+\mu^2)}{1-2\mu^2}}$ besitzt, wenn μ den Reibungskoeffizienten bezeichnet.

3. Ein Massenpunkt gleitet eine rauhe Zykloide mit horizontaler Grundlinie und nach unten gekehrtem Scheitel herab, indem er in der oberen Spitze seine Bewegung aus der Ruhelage beginnt und im Scheitel zur Ruhe kommt. Der Reibungskoeffizient sei μ. Man beweise, daß $\mu^2 e^{\mu\pi} = 1$.

4. Ein Ring bewegt sich auf einem rauhen Draht von der Form einer Zykloide, deren Grundlinie horizontal liegt und deren Scheitel nach abwärts gekehrt ist. Man beweise, daß während des Anstiegs die Bewegungsrichtung zur Zeit t mit der Wagerechten den Winkel Φ einschließt, der durch die Gleichung gegeben ist

$$\frac{d^2}{dt^2}\left\{e^{\Phi\tan\varepsilon}\sin(\Phi+\varepsilon)\right\} = -\frac{g}{4a}\sec^2\varepsilon\, e^{\Phi\tan\varepsilon}\sin(\Phi+\varepsilon),$$

hierin bedeutet ε den Reibungswinkel.

***128. Die Bewegung auf einer Raumkurve.** Ein Massenpunkt bewege sich auf einer gegebenen Kurve unter der Wirkung beliebiger Kräfte. Es bezeichnen m seine Masse, S die Tangentialkomponente der resultierenden Kraft des Feldes, N deren Komponente in Richtung der Hauptnormalen und B die Komponente in Richtung der Binormalen. Es seien ferner R_1 die Komponente der Zwangskraft in Richtung der Hauptnormalen, zum Krümmungsmittelpunkt hin gerichtet, und R_2 ihre Komponente in Richtung der Binormalen, mit gleichem Sinne wie B. Ist die Kurve rauh, so bezeichne schließlich F die Reibung.

Es mögen weiterhin s den Kurvenbogen von einem gewissen Punkte bis zur Lage des Massenpunktes zur Zeit t, ϱ den Krümmungsradius und v die Geschwindigkeit bezeichnen.

Dabei wählen wir als Richtungssinn von v denjenigen, in dem s zunimmt. Dann sind die Bewegungsgleichungen

$$m v \frac{d v}{d s} = S - F,$$

$$m \cdot \frac{v^2}{\varrho} = N + R_1,$$

$$0 = B + R_2.$$

Ist die Kurve glatt, so ist F gleich Null, so daß wir die Gleichung in gleicher Weise wie in Abschnitt 115 integrieren können und damit die Beziehung erhalten

$$\tfrac{1}{2} m v^2 = \int S \, d s + \text{const}.$$

Dieses Ergebnis läßt sich in der Form aussprechen:

Änderung der kinet. Energie = geleistete Arbeit,

so daß die Geschwindigkeit als Funktion der Lage bestimmt ist. Die zwei andern Gleichungen dienen dann zur Berechnung der Zwangskraft.

Ist die Kurve rauh, so haben wir F, R_1 und R_2 unter Zuhilfenahme der Gleichung

$$F^2 = \mu^2 (R_1^2 + R_2^2)$$

zu eliminieren, die unsere frühere Annahme ausdrückt, daß die Reibung der resultierenden Zwangskraft proportional ist. Es ergibt sich eine Differentialgleichung für v^2 und wir erhalten, falls diese Gleichung integrierbar ist, die Geschwindigkeit als Funktion der Lage. Wie in Abschnitt 126 hängt die Geschwindigkeit in jeder Lage mit von dem Wege ab, auf dem diese Lage erreicht worden ist.

***129. Die Bewegung auf einer glatten Umdrehungsfläche mit lotrechter Achse.** Die Umdrehungsachse sei die x-Achse (die positive Seite der Achse sei nach oben gerichtet). Der Massenpunkt habe zur Zeit t die Entfernung y von der Achse und befinde sich auf einem Meridianschnitt der Oberfläche, dessen Ebene den Winkel Φ mit einer gegebenen Axialebene einschließt. σ sei die Länge des Meridianbogens von einem bestimmten Kreisschnitt bis zur Lage des Massenpunktes (Fig. 42).

Dann hat offenbar die Geschwindigkeit in Richtung der Meridiantangente die Größe $\dot{\sigma}$ und die Geschwindigkeit in Richtung der Tangente an den Schnittkreis die Größe $y\dot{\Phi}$. Daher lautet die Energiegleichung

$$\tfrac{1}{2}(\dot{\sigma}^2 + y^2\dot{\Phi}^2) + g\,x = \text{const}\,.$$

Da nun die von der Oberfläche auf den Massenpunkt ausgeübte Zwangskraft in Richtung der Normalen zur Oberfläche wirkt und da diese Normale die Drehachse schneidet, während die Schwerkraft in einer Parallelen zur Drehachse wirkt, so besitzen die am Massenpunkt angreifenden Kräfte kein Moment um diese Drehachse. Daher ist der Drall um die Achse konstant, d. h. wir haben

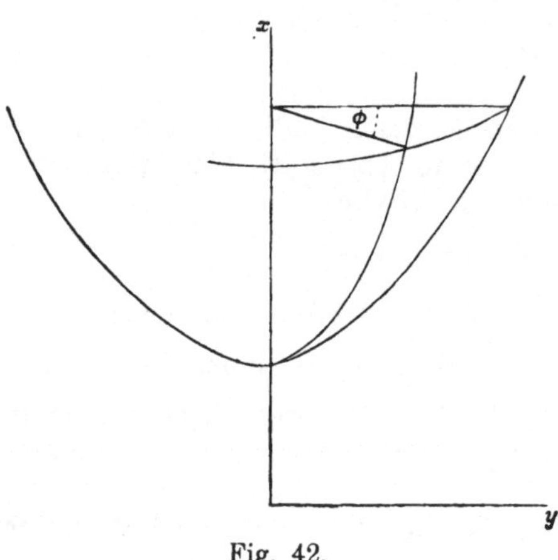

Fig. 42.

$$y^2\dot{\Phi} = \text{const}.$$

Die angeschriebenen Gleichungen bestimmen $\dot{\sigma}$ und $\dot{\Phi}$, also die zwei Geschwindigkeitskomponenten ($\dot{\sigma}$ und $y\dot{\Phi}$) in zwei zueinander senkrechten Richtungen, die in der Tangentialebene der Oberfläche liegen.

***130. Beispiele.** 1. Wenn der Massenpunkt eine entsprechende Anfangsgeschwindigkeit besitzt, kann er sich auf einem Kreis bewegen. Ist y der Halbmesser des Kreises und β der Winkel, den die Oberflächennormale in einem Punkte dieses Kreises mit der Lotrechten einschließt, so ist die erforderliche Anfangsgeschwindigkeit $(g\,y\tan\beta)^{\frac{1}{2}}$.

In diesem Falle ist die von der Oberfläche ausgeübte Zwangskraft gleich $m\,g\sec\beta$, wenn m die Masse des Massenpunktes bezeichnet.

2. Setzt man $\frac{1}{\mu}$ für y und ist $x = f(u)$ die Gleichung der Meridiankurve der Oberfläche, so ist die Projektion der Bahn des Massenpunktes auf eine Horizontalebene durch eine Gleichung von der Form gegeben

$$\left(\frac{d\,u}{d\,\Theta}\right)^2\left[1 + \left\{u^2 f'(u)\right\}^2\right] + u^2 + \frac{2\,g}{h^2}f(u) = \text{const},$$

in der h unveränderlich ist.

***131. Die Bewegung auf einer beliebigen Oberfläche.** Ein Massenpunkt bewege sich auf einer festen Oberfläche unter der Wirkung gegebener Kräfte, sowie der Zwangskraft und des Reibungswiderstandes der Oberfläche.

Wir denken uns die Oberfläche derart mit einem Netz von Kurven, die verschiedenen Scharen angehören, überzogen, daß in jedem Oberflächenpunkt sich eine Kurve der einen Schar mit einer Kurve der andern Schar schneidet, und wir nehmen an, daß dies in allen Punkten unter rechten Winkeln geschehe. In jedem Punkt zerlegen wir die Feldkraft in Komponenten in Richtung der Tangenten an die Kurven und in Richtung der Oberflächennormalen. Nach den gleichen Richtungen zerlegen wir die Beschleunigung.

Bewegt sich ein Massenpunkt auf einer glatten Oberfläche in einem konservativen Feld, so ist eine Energiegleichung vorhanden, die die Geschwindigkeit als Funktion der Lage darstellt. Wir werden gleich sehen, daß die Zwangskraft bekannt ist, sobald man die Geschwindigkeit kennt.

Ist die Oberfläche rauh, so treten in jedem Punkte zwei Reibungskomponenten in den Richtungen der Tangenten an die beiden sich in diesem Punkte schneidenden Kurven auf und die resultierende Reibungskraft hat gleiche Richtung, aber entgegengesetzten Sinn wie die Geschwindigkeit. Ferner ist die resultierende Reibungskraft der Größe nach gleich dem Produkt des Reibungskoeffizienten und der Zwangskraft.

Auf diese Weise wären wir in der Lage, die Bewegungsgleichungen des Massenpunktes anzuschreiben, allein der Ansatz kann im allgemeinen durch Benutzung von Methoden der Kinematik und analytischen Dynamik, die über den Rahmen dieses Buches hinausgehen, vereinfacht werden. Wir wollen uns daher auf die einfachsten Fälle beschränken.

Zunächst suchen wir einen allgemeinen Ausdruck für die Komponente der Beschleunigung in Richtung der Oberflächennormalen.

Es bezeichnen v die Geschwindigkeit des Massenpunktes, ϱ den Krümmungshalbmesser der Bahn. Die Bahntangente berührt die Oberfläche. Wir denken uns eine Schnittebene senkrecht zur Oberfläche durch sie hindurchgelegt. Diese Schnittebene ist im allgemeinen nicht die Schmiegungsebene der Bahn; wir nehmen an, daß sie den Winkel Φ mit dieser Schmiegungsebene einschließt. ϱ' bezeichne den Krümmungsradius der Schnittkurve unserer Schnittebene mit der Oberfläche.

Da die Oberflächennormale senkrecht auf der Bahntangente steht, so ist die Beschleunigungskomponente in Richtung der Oberflächennormale gleich der in diese Richtung fallenden Komponente der Zentripetalbeschleunigung und somit gleich

$$\frac{v^2}{\varrho} \cos \Phi .$$

Ferner ist nach einem bekannten Satz $\varrho = \varrho' \cos \Phi$.

Daher ist die Beschleunigung in Richtung der Oberflächennormale gleich $\frac{v^2}{\varrho'}$. Die Zwangskraft läßt sich mittels dieser Komponente bestimmen.

*** 132. Die Schmiegungsebene der Bahn.** Wie in Beispiel 1 des Abschnitt 130 erwähnt ist, kann man einem Massenpunkt längs der horizontalen Tangente einer glatten Umdrehungsfläche mit lotrechter Achse eine solche Anfangsgeschwindigkeit erteilen, daß er unter der Wirkung der Schwere und der Zwangskraft

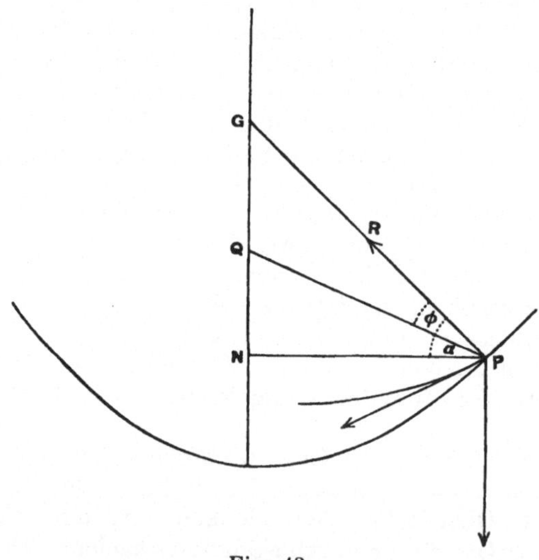

Fig. 43.

der Umdrehungsfläche sich auf einem Schnittkreis bewegt. Es ist beinahe selbstverständlich, daß bei Überschreitung der hierzu erforderlichen Geschwindigkeit die Bahn des Massenpunktes sich über die Kreisfläche erhebt, während sie andernfalls darunter bleibt. Das Ergebnis von Abschnitt 131 kann man benutzen, um die Lage der Schmiegungsebene der Bahn für jede Anfangsgeschwindigkeit zu finden.

In Fig. 43 bezeichne P den Anfangspunkt, PG die Oberflächennormale in P, $PN = y$ die zur Drehachse senkrecht gerichtete Ordinate von P, Q den Schnittpunkt der Schmiegungsebene der Bahn mit der Achse, $\alpha = \sphericalangle GPN$ und $\Phi = GPQ$.

Wird der Massenpunkt längs der Tangente an den Schnittkreis mit der Geschwindigkeit V in Bewegung gesetzt, so ist anfänglich eine Beschleunigung längs der zu PQ senkrechten Geraden der Medianebene nicht vorhanden.

Für die Kraftkomponenten in Richtung dieser Geraden ergibt sich daher die Beziehung

$$R \sin \Phi - m g \cos(\alpha - \Phi) = 0;$$

m bedeutet darin die Masse des materiellen Punktes und R die Zwangskraft.

Für die Kraftkomponenten in Richtung PN besteht die Gleichung

$$m \frac{V^2}{\varrho} \cos(\alpha - \Phi) = R \cos \alpha,$$

wenn ϱ den Krümmungshalbmesser der Bahn bezeichnet.

Nun ist nach Abschnitt 131

$$\varrho' = PG, \qquad \varrho = PG \cos \Phi,$$

somit

$$y = PN = PG \cos \alpha$$

und daher

$$\tan \Phi = \frac{g y}{V^2}.$$

Diese Gleichung bestimmt die Lage der Schmiegungsebene der Bahn.

Ist $\tan \Phi > \tan \alpha$ oder $V^2 < g y \cot \alpha$, so liegt die Schmiegungsebene der Bahn anfänglich unterhalb der Horizontalebene durch den Anfangspunkt, ist hingegen $\tan \Phi < \tan \alpha$ oder $V^2 > g y \cot \alpha$, so liegt sie über dieser Ebene.

***133. Beispiele.** 1. Ein Massenpunkt, bei dessen Bewegung über eine (glatte oder rauhe) Oberfläche außer der Reaktionskraft der Oberfläche keine Kraft wirkt, beschreibt eine geodätische Linie.

2. Ein Massenpunkt werde bei seiner Bewegung auf einem rauhen Zylinder vom Halbmesser a außer durch die Reaktionskraft der Fläche durch keine weitere Kraft beeinflußt; die Richtung seiner Anfangsgeschwindigkeit bilde mit der Erzeugenden den Winkel α. Man beweise, daß er in der Zeit t den Bogen

$$a \mu^{-1} \operatorname{cosec}^2 \alpha \log(1 + \mu V \cdot t a^{-1} \sin^2 \alpha)$$

zurücklegt. Hierin ist μ der Reibungskoeffizient.

3. Ein auf der Innenseite rauher hohler Kreiszylinder vom Halbmesser a dreht sich gleichförmig mit der Winkelgeschwindigkeit ω um seine Achse, die mit der Lotrechten den Winkel α einschließt. Man zeige, daß ein Massenpunkt auf einer festen Geraden parallel zur Achse mit der gleichförmigen Geschwindigkeit $a\,\omega\sqrt{\frac{\mu^2+1}{\mu^2\tan^2\alpha-1}}$ herabgleiten kann, wenn der Reibungskoeffizient $\mu > \cot\alpha$ ist.

4. Die größte Achse eines hohlen Ellipsoids, dessen Halbachsen a, b, c $(a > b > c)$ sind, ist lotrecht gestellt. Ein Massenpunkt wird von einem der unteren Nabelpunkte mit der Geschwindigkeit v in der Richtung der Tangente an den Horizontalschnitt innerhalb des Ellipsoids in Bewegung gesetzt. Man zeige, daß die Schmiegungsebene der Bahn anfänglich oberhalb oder unterhalb dieses Schnittes liegt, je nachdem

$$v^2 > \text{ oder } < g\,a\,b^2 \frac{\frac{b^2}{c^2}-1}{\sqrt{(a^2-c^2)(a^2-b^2)}}.$$

134. Die Bewegung im widerstehenden Mittel. Wir betrachten die Fälle der Bewegung eines Massenpunktes in einem bekannten Kraftfeld, bei denen außer der Feldkraft auf den materiellen Punkt eine Kraft ausgeübt wird, die proportional einer Potenz seiner Geschwindigkeit ist und gleiche Richtung sowie entgegengesetzten Sinn wie die Geschwindigkeit hat.

Derartige Aufgaben beziehen sich auf Erfahrungstatsachen über die Bewegung von Körpern in der Luft und in andern Flüssigkeiten. Manchmal gelingt eine annäherungsweise Wiedergabe der beobachteten Tatsachen durch die Annahme, daß der Widerstand proportional der Geschwindigkeit ist. Dies trifft z. B. für ein in Luft schwingendes Pendel zu.

135. Widerstand proportional der Geschwindigkeit. Da die Geschwindigkeit eines Massenpunktes ein Vektor ist, dessen Richtung und dessen Sinn durch seine Komponenten $\dot{x}$, $\dot{y}$, $\dot{z}$ bestimmt sind, so hat der Widerstand die Komponenten $-\varkappa\,\dot{x}$, $-\varkappa\,\dot{y}$, $-\varkappa\,\dot{z}$; k ist hierin eine Konstante.

Die Bewegung geschehe unter der Wirkung der Schwere, deren Richtung der negativen Richtung der y-Achse parallel sei, und es werde zunächst angenommen, daß sich der Massenpunkt auf einer Senkrechten bewege. Dann lautet die Bewegungsgleichung

$$m\,\ddot{y} = -m\,g - \varkappa\,\dot{y},$$

oder

$$\ddot{y} + \lambda\,\dot{y} + g = 0,$$

wenn $\lambda = \frac{\varkappa}{m}$ gesetzt wird. Multipliziert man mit $e^{\lambda t}$ und integriert sodann, so ergibt sich

$$\dot{y}\, e^{\lambda t} + \frac{g}{\lambda} e^{\lambda t} = C,$$

worin C eine Integrationskonstante bedeutet. Somit ist

$$\dot{y} = C e^{-\frac{\varkappa t}{m}} - \frac{m g}{\varkappa}.$$

Wenn der Massenpunkt seinen Fall genügend lange fortsetzt, so weicht schließlich der Wert von $\dot{y}$ sehr wenig von $-\frac{g m}{\varkappa}$ ab, d. h. der Massenpunkt fällt, nachdem der Fall einige Sekunden gedauert hat, mit praktisch unveränderlicher Geschwindigkeit.

Diese Geschwindigkeit nennt man die Grenzgeschwindigkeit im widerstehenden Mittel.

Die letzte Gleichung kann leicht nochmals integriert werden, so daß man y als Funktion von t erhält.

Nimmt man an, daß der Massenpunkt in einer andern als der lotrechten Richtung geworfen wird, so ist die lotrechte Bewegung dieselbe wie vorher, aber für die wagerechte Bewegung haben wir die Gleichung

$$m \ddot{x} = -\varkappa \dot{x};$$

dies ergibt

$$\dot{x} = A e^{-\frac{\varkappa t}{m}};$$

A ist eine Integrationskonstante. Man kann auch diese Gleichung leicht noch ein zweites Mal integrieren und damit x als Funktion von t finden.

Sind x und y als Funktionen von t bekannt, so läßt sich auch die Bahn ermitteln.

136. Einfache harmonische Schwingung mit Dämpfung. Wir betrachten den Fall, in welchem bei Wegfall des Widerstandes eine einfache harmonische Bewegung mit der Schwingungsdauer $\frac{2\pi}{n}$ vorhanden wäre und bei welchem der Widerstand proportional der Geschwindigkeit ist.

Dann haben wir die Gleichung

$$m \ddot{x} = -m n^2 x - \varkappa \dot{x}$$

oder

$$\ddot{x} + \lambda \dot{x} + n^2 x = 0,$$

wenn $\lambda = \frac{\varkappa}{m}$ gesetzt wird. Das vollständige Integral dieser Gleichung nimmt verschiedene Gestalt an, je nachdem $n^2 >$ oder $< \frac{1}{4}\lambda^2$ ist. Im ersteren, dem praktisch wichtigeren Falle, ist

$$x = e^{-\frac{1}{2}\lambda t}\left[A \cos\left(t\sqrt{n^2 - \tfrac{1}{4}\lambda^2}\right) + B \sin\left(t\sqrt{n^2 - \tfrac{1}{4}\lambda^2}\right)\right].$$

Man kann diese Bewegung angenähert als einfache harmonische Schwingung mit der Schwingungsdauer $\frac{2\pi}{\sqrt{n^2 - \frac{1}{4}\lambda^2}}$ und mit einer nach der Exponentialfunktion $e^{-\frac{1}{2}\lambda t}$ abnehmenden Amplitude bezeichnen. Man beachte, daß die Schwingungsdauer durch die Dämpfung vergrößert wird und daß die Amplituden nach einer geometrischen Reihe abnehmen, wenn die Zeit nach einer arithmetischen Reihe zunimmt. So klingt die Bewegung rasch ab.

137. Beispiele. 1. Ein Massenpunkt wird in einem Mittel, in dem der Widerstand proportional der Geschwindigkeit ist, mit der Geschwindigkeit v lotrecht nach oben geworfen. Er steigt bis zur Höhe h und kehrt zum Ausgangspunkt mit der Geschwindigkeit w zurück. Man beweise, daß

$$\frac{gh}{v^2} = \frac{1}{2} - \frac{1}{3}\left(\frac{v}{V}\right) + \frac{1}{4}\left(\frac{v}{V}\right)^2 - \frac{1}{5}\left(\frac{v}{V}\right)^3 + \cdots,$$

$$\frac{gh}{w^2} = \frac{1}{2} + \frac{1}{3}\left(\frac{w}{V}\right) + \frac{1}{4}\left(\frac{w}{V}\right)^2 + \frac{1}{5}\left(\frac{w}{V}\right)^3 + \cdots,$$

wobei V die Grenzgeschwindigkeit in dem Mittel ist.

2. Ein Massenpunkt bewegt sich unter der Wirkung der Schwere in einem Mittel, dessen Widerstand sich proportional der Geschwindigkeit ändert. Die Horizontal- und Vertikalkomponenten seiner Anfangsgeschwindigkeit sind u_0, v_0; er kehre in die durch den Ausgangspunkt gelegte Horizontalebene mit den Geschwindigkeitskomponenten u_1, v_1 zurück. Man zeige, daß die Wurfweite R und die Wurfzeit t durch die Gleichungen gegeben sind

$$v_0 - v_1 = gt, \qquad R = \frac{t(u_0 - u_1)}{\log u_0 - \log u_1}.$$

Außerdem beweise man die Beziehung $R = \frac{u_0 V t}{V + v_0}$, wobei V die Endgeschwindigkeit in dem Mittel bedeutet.

3. Ein Massenpunkt beschreibe unter der Wirkung einer Kraft, welche einem festen Punkte zugerichtet und dem Abstand proportional bleibt, geradlinige Schwingungen in einem Mittel, dessen Widerstand proportional der Geschwindigkeit ist. Es seien T die Schwingungsdauer, a, b, c die Abstände der Ruhelagen dreier aufeinanderfolgender Halb-

schwingungen von dem Festpunkte. Dann beweise man, daß für den Fall einer dämpfungsfreien Bewegung der Abstand der Gleichgewichtslage und die Schwingungsdauer bzw. sind

$$\frac{ac-b^2}{a+c-2b} \quad \text{und} \quad T\left[1+\frac{1}{\pi^2}\left(\log\frac{a-b}{c-b}\right)^2\right]^{-\frac{1}{2}}.$$

4. Ist bei der im Abschnitt 136 betrachteten Aufgabe $\lambda > 2n$ und beginnt der Massenpunkt nach einer Auslenkung seine Bewegung mit der Geschwindigkeit Null, so nähert er sich asymptotisch der Gleichgewichtslage nach der Formel

$$x = a\,\frac{\alpha e^{-\beta t} - \beta e^{-\alpha t}}{\alpha - \beta},$$

in der α und β die Wurzeln der quadratischen Gleichung $\xi^2 - \lambda\xi + n^2 = 0$ sind.

5. Ein Massenpunkt von der Masse eins ist am einen Ende eines elastischen Fadens befestigt, der die natürliche Länge a und den Elastizitätsmodul $a n^2$ besitzt, und kann sich in einem Mittel bewegen, dessen Widerstand entgegen der Bewegung des Massenpunktes das $2\varkappa$fache der Geschwindigkeit beträgt. Das andere Ende des Fadens ist fest und der Massenpunkt wird in einer Entfernung $b\,(> a)$ unterhalb des Festpunktes gehalten. Man beweise, a) daß er nach seiner Freilassung zu steigen oder zu fallen beginnt, je nachdem $n^2(b-a) >$ oder $< g$, b) daß er bei der darauf folgenden Bewegung um den Punkt O, der in der Entfernung $a + \frac{g}{n^2}$ unter dem Festpunkt liegt, Schwingungen ausführt, c) daß die aufeinander folgenden Ruhelagen Abstände von O haben welche eine geometrische Reihe mit dem Quotienten $e^{-\frac{\pi\varkappa}{m}}$ bilden, d) daß die Zeitdauer der Bewegung zwischen zwei aufeinander folgenden Ruhelagen $\frac{\pi}{m}$ ist, wobei $m^2 = n^2 - \varkappa^2$.

6. Ein Massenpunkt bewegt sich auf einer glatten Zykloide mit lotrechter Achse und abwärts gekehrtem Scheitel unter der Wirkung der Schwere und eines der Geschwindigkeit proportionalen Widerstandes. Man beweise, daß die Zeit, die beim Fall von einem beliebigen Punkt aus bis zum Scheitel verstreicht, unabhängig von diesem Ausgangspunkt ist.

7. Ein Massenpunkt bewege sich unter der Wirkung einer Zentralkraft $\Phi(r)$ in einem Mittel, dessen Widerstand der Geschwindigkeit proportional ist. Man leite die Gleichungen ab

$$\ddot{r} + \mu\dot{r} - \frac{h^2}{r^3}e^{-2\mu t} + \Phi(r) = 0, \qquad \frac{h^2}{p^3}\frac{dp}{dr} = \Phi(r)\,e^{2\mu t},$$

in denen h und μ Konstante sind.

138. Die Bewegung in einer lotrechten Ebene unter der Wirkung der Schwere. Für jedes beliebige Widerstandsgesetz kann man mit den Bewegungsgleichungen für einen sich in lotrechter Ebene unter der Wirkung der Schwere bewegenden Massenpunkt einige Umgestaltungen vornehmen. Mit den Be-

11*

zeichnungen m für die Masse, v für die Geschwindigkeit des Massenpunktes sei die Größe des Widerstandes durch $m f(v)$ gegeben. Dann ergibt sich bei der Zerlegung in Komponenten in horizontaler Richtung

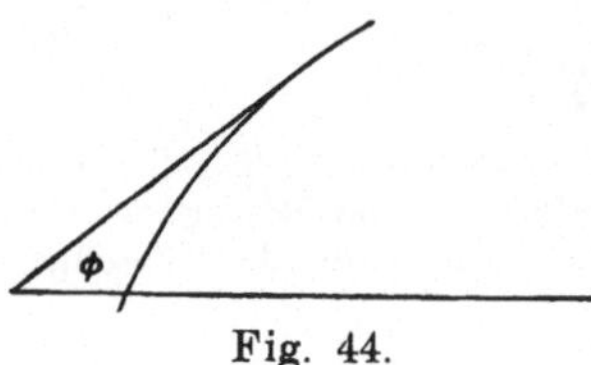

Fig. 44.

$$\dot{u} = - f(v) \cos \Phi,$$

wobei Φ den von der Bewegungsrichtung zur Zeit t mit der Horizontalen eingeschlossenen Winkel und u die Horizontalkomponente der Geschwindigkeit bedeuten, so daß also

$$u = v \cos \Phi.$$

Projiziert man andererseits die Kräfte auf die Bahnnormale, so ergibt sich mit der Bezeichnung ϱ für den Krümmungsradius, da der Widerstand in tangentialer Richtung wirkt,

$$\frac{v^2}{\varrho} = g \cos \Phi.$$

Da Φ mit zunehmendem s abnimmt, so ist $\varrho = -\frac{ds}{d\Phi}$ und man kann die letzte Gleichung auch schreiben

$$v \dot{\Phi} = - g \cos \Phi;$$

so daß man durch Elimination von t

$$\frac{du}{d\Phi} = \frac{v f(v)}{g}$$

erhält, wobei $v = u \sec \Phi$.

Diese Gleichung läßt sich integrieren, wenn man $f(v) = \varkappa v^n$ setzen kann. Wir erhalten dann

$$\frac{1}{u^n} + \frac{n \varkappa}{g} \int \frac{d\Phi}{\cos^{n+1} \Phi} = \text{const},$$

aus der u und daher auch v als Funktion von Φ bekannt sind.

Ferner ergibt sich aus der Gleichung

$$v \frac{d\Phi}{dt} = - g \cos \Phi$$

die Gleichung

$$t = - \int \frac{v}{g} \sec \Phi \, d\Phi + \text{const},$$

so daß man t als Funktion von Φ erhält. Weiter ergeben die Beziehungen

$$\frac{dx}{ds} = \cos\Phi, \quad \frac{dy}{ds} = \sin\Phi, \quad \frac{ds}{dt} = v$$

die Gleichungen

$$x = -\int \frac{v^2}{g} d\Phi + \text{const}, \quad y = -\int \frac{v^2}{g} \tan\Phi \, d\Phi + \text{const},$$

womit die Zeit und die Lage des Massenpunktes sich durch einen einzigen Parameter ausdrücken lassen.

Im allgemeinen ist es selbst für den hier beschriebenen Fall $f(v) = \varkappa v^n$ nicht möglich, die Gleichung für die vertikale geradlinige Bewegung zu integrieren. In dem Sonderfall jedoch, daß der Widerstand proportional dem Quadrat der Geschwindigkeit ist, kann man die Geschwindigkeit für jede Lage ermitteln. Wir haben dann für den Aufstieg des Massenpunktes, wenn y nach oben positiv gewählt wird,

$$\ddot{y} = -g - \varkappa \dot{y}^2 .$$

Nun gilt

$$\ddot{y} = \dot{y}\frac{d\dot{y}}{dy} = \frac{d}{dy}(\tfrac{1}{2}\dot{y}^2),$$

und daher

$$\frac{d}{dy}(\tfrac{1}{2}\dot{y}^2) + \varkappa \dot{y}^2 = -g .$$

Durch Multiplikation mit $e^{2\varkappa y}$ und Integration findet man

$$\tfrac{1}{2}\dot{y}^2 e^{2\varkappa y} = -\frac{g}{2\varkappa} e^{2\varkappa y} + \text{const}$$

und somit

$$\dot{y}^2 = C e^{-2\varkappa y} - \frac{g}{\varkappa} .$$

Für den Abstieg des Massenpunktes gilt ferner, wenn y nach abwärts positiv gewählt wird,

$$\ddot{y} = g - \varkappa \dot{y}^2$$

oder

$$\frac{d}{dy}(\tfrac{1}{2}\dot{y}^2) + \varkappa \dot{y}^2 = g,$$

und daher

$$\dot{y}^2 = \frac{g}{\varkappa} - C e^{-2\varkappa y} .$$

Wie bei einem der Geschwindigkeit proportionalen Widerstande ergibt sich auch hier eine Grenzgeschwindigkeit, und zwar $\sqrt{\frac{g}{\varkappa}}$, die praktisch erreicht ist, wenn der Massenpunkt eine beträchtliche Höhe durchfallen hat.

***139. Beispiele.** 1. Ein Massenpunkt wird in einem Mittel, dessen Widerstand dem Quadrat der Geschwindigkeit proportional ist, lotrecht nach oben geworfen. Man beweise, daß die bis zu seiner Rückkehr in den Anfangspunkt verstreichende Zeit kleiner ist, als bei widerstandsloser Bewegung.

Man beweise ferner, daß der Massenpunkt beim Fall aus der Ruhelage in der Zeit t die Geschwindigkeit $U \tanh\left(\frac{g\,t}{U}\right)$ erreicht und den Weg $U^2 g^{-1} \log\cosh\left(\frac{g\,t}{U}\right)$ zurücklegt, wenn U die Grenzgeschwindigkeit in dem Mittel bezeichnet.

2. Ein Massenpunkt vom Gewicht W bewegt sich in einem Mittel, dessen Widerstand der n^{ten} Potenz der Geschwindigkeit proportional ist. Bezeichnet F den Widerstand in dem Augenblick, in dem die Bewegungsrichtung den Winkel Φ mit der Horizontalen einschließt, so gilt

$$\frac{W}{F} = n \cos^n \Phi \int \sec^{n+1} \Phi d\Phi.$$

3. Ein Massenpunkt von der Masse eins bewegt sich in gerader Linie unter der Wirkung einer Anziehungskraft, die gleich dem n-fachen der Entfernung und nach einem festen Punkte der Geraden gerichtet ist, sowie unter dem Einfluß einer Widerstandskraft $\varkappa$ (Geschwindigkeit)^2. Für den Fall, daß die Bewegung in einer Entfernung a vom Wirkungszentrum der Kraft aus der Ruhelage beginnt, beweise man, daß der Punkt zum ersten Male wieder in einer Entfernung b zur Ruhe kommt, für die gilt

$$(1 + 2a\varkappa)\, e^{-2a\varkappa} = (1 - 2\varkappa b)\, e^{2\varkappa b}.$$

4. Das Gewicht eines einfachen Pendels bewegt sich unter der Wirkung der Schwere in einem Mittel, in dem die Widerstandskraft pro Einheit der Masse gleich $\varkappa$ (Geschwindigkeit)^2 ist. Es beginnt im tiefsten Punkte seine Bewegung mit einer bei widerstandsloser Bewegung dem Ausschlagwinkel α entsprechenden Geschwindigkeit. Man beweise, daß bis zur Ruhelage ein Winkel Θ beschrieben wird, der sich aus der Gleichung ergibt

$$(1 + 4\varkappa^2 l^2) \cos\alpha = 4\varkappa^2 l^2 - 2\varkappa l \sin\Theta e^{2\varkappa l\Theta} + \cos\Theta e^{2\varkappa l\Theta},$$

in der l die Pendellänge bezeichnet.

Vermischte Beispiele. 1. Ein Massenpunkt bewege sich in einem ellipsenförmig gekrümmten Rohr unter der Wirkung einer Kraft, die nach einem Brennpunkt gerichtet ist und, auf die Masseneinheit bezogen, die Größe $\mu r^{-2} + \nu r^{-3}$ hat. Beginnt der Punkt seine Bewegung im näher liegenden Scheitel mit der Anfangsgeschwindigkeit $\sqrt{\frac{\mu(1+e)}{a(1-e)}}$, so ist der Bahndruck durch die Formel bestimmt

$$\frac{v}{\varrho}\left\{\frac{1}{r^2}+\frac{1}{a^2(1-e)^2}\frac{1}{ar}\right\}.$$

2. Ein materieller Punkt werde gezwungen, sich auf einer Ellipse zu bewegen, deren einer Brennpunkt eine Zentralkraft auf ihn ausübt, die sich umgekehrt mit dem Quadrate des Abstands ändert. Seine Anfangsgeschwindigkeit sei gerade so groß, daß er als freier Punkt unter dem Einfluß der Kraft durch den andern Brennpunkt hindurchgehen würde. Es soll bewiesen werden, daß der Massenpunkt, falls von irgendeinem Punkte seiner Bahn an der Zwang aufhört, eine Zentralbewegungsbahn durch den andern Brennpunkt beschreibt.

3. Ein Massenpunkt werde längs einer glatten Ellipse, deren große Achse $2a$ vertikal steht, vom tiefsten Punkte aus in Bewegung gesetzt und bewege sich auf der Innenseite unter dem Einfluß der Schwere. Man zeige, daß er die Kurve verläßt, falls seine Anfangsgeschwindigkeit zwischen den Werten $\sqrt{2ga}$ und $\sqrt{ga(5-e^2)}$ liegt.

4. Ein Ring vermag sich auf einem glatten, ellipsenförmig gebogenen Draht zu bewegen; die kleine Achse der Ellipse stehe vertikal. Ein elastischer Faden von der natürlichen Länge l, dessen Elastizitätsmodul gleich dem n-fachen Gewicht des Ringes ist, und dessen Enden in den Brennpunkten der Ellipse festgebunden sind, gleite durch den Ring. Man beweise, daß auf den Ring, wenn man ihn von einem Ende der großen Achse aus fallen läßt, im tiefsten Punkte die Zwangskraft Null ausgeübt wird, falls

$$l=\frac{4na^2b}{a^2+2nab+2b^2}$$

ist; hierin bedeuten $2a$ und $2b$ die große bzw. kleine Achse der Ellipse und es ist $l<2a$.

5. Die Achse AB einer mit dem Scheitel A nach oben gekehrten glatten Zykloide sei gegen die Vertikale geneigt. Ein materieller Punkt beginne von A aus die Kurve herabzugleiten und verlasse sie in P. Das von P auf AB gefällte Lot schneide den über AB als Halbmesser geschlagenen Kreis im Punkte Q. QR sei ein Durchmesser dieses Kreises. Man beweise, daß PR horizontal liegt.

6. Ein Massenpunkt bewege sich auf einer glatten, in einer Vertikalebene liegenden Kurve, die so gekrümmt sei, daß der Bahndruck der Kurve beständig gleich dem m-fachen Gewicht des Punktes ist. Man beweise, daß zu einem vollen Umlauf die Zeit $2\pi\frac{m}{(m^2-1)^{\frac{3}{2}}}\sqrt{\frac{a}{g}}$ gehört und daß die Länge der Vertikalachse der Kurve $\frac{2ma}{(m^2-1)^2}$ ist, wenn $\pi a\frac{2m^2+1}{(m^2-1)^{\frac{5}{2}}}$ die ganze Länge der Kurve bedeutet.

7. Bewegt sich ein materieller Punkt in einer glatten Röhre unter der Wirkung mehrerer Zentralkräfte, so ist der Bahndruck der Röhre für eine beliebige Lage des Punktes proportional dem Ausdruck

$$\frac{1}{\varrho}\left\{C-\sum\frac{1}{p}\frac{d}{dp}(p^2F)\right\},$$

worin $\frac{dF}{dr}$ die nach einem der Kraftzentren gerichtete Beschleunigung, p das von diesem Zentrum auf die Tangente gefällte Lot, r den Abstand von diesem Zentrum und ϱ den Krümmungsradius bedeuten.

---

8. Eine glatte, nach einem Kreise vom Radius a gebogene Röhre liege in einer Vertikalebene und enthalte einen Massenpunkt, der mittels eines elastischen Fadens im Innern der Röhre an deren höchstem Punkte befestigt ist. Der Elastizitätsmodul sei gleich dem $\frac{1}{2}\sqrt{3}$-fachen Gewicht des Massenpunktes und die natürliche Länge des Fadens umfasse einen Zentriwinkel $\frac{1}{6}\pi$. Befindet sich der Punkt in der Gleichgewichtslage und erhält er in dieser durch einen plötzlichen Stoß die nach abwärts gerichtete Geschwindigkeit $\sqrt{(2\pi\sqrt{3}-3)\,ag}$, so wird er gerade bis zum tiefsten Punkt gelangen.

9. Zwei gleiche, glatte, kreisförmig gebogene Röhren sind so aufgestellt, daß sie in ihren tiefsten Punkten dieselbe Horizontalebene berühren, gegen welche ihre Ebenen verschiedene Neigungswinkel besitzen. Gleichzeitig werden längs dieser Kreise von ihren tiefsten Punkten aus zwei kleine schwere Kugeln in Bewegung gesetzt und zwar jede mit einer Anfangsgeschwindigkeit, wie sie dem freien Fall vom höchsten Punkte der andern Kreisröhre entspräche. Man zeige, daß während der Bewegung sich die beiden Kugeln beständig in gleicher Höhe befinden.

10. Eine Perle bewege sich auf einem glatten kreisförmig gebogenen Draht in einer Vertikalebene, wobei ihre Geschwindigkeit beständig so groß sei, wie sie beim freien Fall von einer horizontalen Geraden HK über dem Kreis sein müßte. Ist J der innere Grenzpunkt des koaxialen Systems, zu dem der Kreis und die Gerade HK gehören, so teilt jede durch J gehende Sehne den Draht in zwei Teile, die in gleichen Zeiten durchlaufen werden.

11. Das Gewicht W eines Pendels ist mittels einer Schnur von einem Ende eines starren Stabes von vernachlässigbarer Masse aufgehängt, der gezwungen wird, sich in vertikaler Richtung zu bewegen. Das andere Ende des Stabes ist an einem Faden befestigt, der über eine glatte Rolle läuft und einen Körper vom Gewicht W trägt. Man beweise, daß die Schwingungsdauer des Pendels für kleine Schwingungen ebenso groß ist, als wenn der Aufhängepunkt in Ruhe wäre. Man beweise ferner, daß unter Annahme einer Schwingungsamplitude α die Spannung des Aufhängefadens beim Winkel Θ gegen die Vertikale die Größe besitzt

$$2W\left\{\frac{\cos\Theta}{1+\cos^2\Theta}+\frac{2(\cos\Theta-\cos\alpha)}{(1+\cos^2\Theta)^2}\right\}.$$

12. Ein mathematisches Pendel, das an der Decke eines Eisenbahnwagens aufgehängt ist, bleibt in vertikaler Lage, während der Zug mit der gleichförmigen Geschwindigkeit 50 km pro Stunde dahinfährt. Als die Bremsen angezogen werden, schlägt das Pendel aus und schwingt dann innerhalb eines Winkelraumes von 3^0 hin und her. Man beweise, daß der Zug noch 360 m zurücklegt, bis er zum Stillstand kommt, wenn der Widerstand konstant angenommen wird.

13. Man beweise, daß die halbe Schwingungsdauer eines Kreispendels von der Länge a, das innerhalb eines Winkels 2α hin und her schwingt, gleich der Zeit einer vollen Umdrehung eines Pendels von der

Lange a cosec$^2 \frac{1}{2}\alpha$ ist, wenn das Nullniveau der Geschwindigkeit in der Höhe $2a$ cosec$^4 \frac{\alpha}{2}$ über dem tiefsten Punkte des Pendels liegt.

14. Auf das Gewicht eines mathematischen Pendels von der Länge l und der Masse m wirke eine Horizontalkraft $mpg \cos nt$ ein; hierin sei p eine große Zahl und ln^2 groß im Vergleich zu g. Man zeige, daß das Pendel mit einer Amplitude β um einen von zwei Punkten schwingen wird, die vom tiefsten Punkt den Bogenabstand α haben, und daß hierbei

$$\cos\alpha = \frac{2\,l n^2}{g p^2} \quad \text{und} \quad \beta = \frac{2}{p}.$$

15. Ein mathematisches Pendel von der Länge l und dem Gewicht w ist an einer masselosen Feder so befestigt, daß sein Aufhängepunkt sich in einer Horizontalen hin und her bewegen kann. Man beweise, daß die Schwingungsdauer

$$2\pi\sqrt{\frac{l}{g}\left(1+\frac{w}{W}\right)}$$

ist, wenn W das Gewicht angibt, das nötig ist, um die Feder um eine Länge l zu dehnen.

16. Ein rechteckiger Kasten gleite vom höchsten Punkte einer glatten Kugel ohne Anfangsgeschwindigkeit herunter, so daß eine mit ihm fest verbundene Röhre ständig durch den Berührpunkt der beiden Körper geht und dabei senkrecht zur Kugeloberfläche bleibt. In der Röhre hänge dicht bis über die Kugeloberfläche ein Senkblei herab. Man beweise, daß dessen Fadenspannung, nachdem der Kasten ein in der Vertikalen gemessenes Stück x herabgeglitten ist, gleich $\frac{w(a-3x)}{a}$ sein wird, wobei a den Kugelradius und w das Gewicht des Bleies bedeuten.

17. Ein Ring, der mittels eines elastischen Fadens an einem Punkte einer Vertikalebene befestigt ist, gleite auf einem glatten, in diese Ebene fallenden und nach einer Kurve gekrümmten Drahte. Er gehe von einer Lage aus, in der der Faden seine natürliche Länge hat; der Elastizitätsmodul des Fadens sei doppelt so groß wie das Gewicht des Ringes. Man beweise, daß der Ring um eine in vertikaler Richtung gemessene Höhe herabsinken wird, die eine dritte Proportionale zur natürlichen Fadenlänge und zur Fadenverlängerung für die tiefste Lage ist, vorausgesetzt, daß der Faden während der Bewegung immer gespannt bleibt.

18. Man beweise, daß ein mathematisches Pendel, dessen Faden sich ein wenig dehnen kann, für kleine Schwingungen dieselbe Schwingungsdauer besitzt wie ein Pendel, dessen Fadenlänge gleich der gestreckten Fadenlänge in der Gleichgewichtslage ist.

19. Ein Massenpunkt bewege sich in einer glatten, nach einer Kettenlinie gebogenen Röhre und werde von der Leitlinie mit einer Kraft angezogen, die proportional dem Abstand von der Leitlinie ist. Man beweise, daß die Schwingungsdauer nicht von der Amplitude abhängt.

20. Man beweise, daß eine Hypozykloide, welche durch das Abrollen eines Kreises vom Radius b auf einem Kreise vom Radius a erzeugt wird, für eine Kraft, die sich proportional dem Abstand vom

Mittelpunkt des festen Kreises ändert, isochron ist, und daß die Schwingungsdauer den Wert besitzt.

$$\frac{4\pi}{a}\cdot\sqrt{\frac{b(a-b)}{\mu}},$$

wobei μ die im Abstand 1 auf die Masseneinheit ausgeübte Kraft bedeutet.

21. Ein materieller Punkt von der Masse 1 befinde sich in einer glatten nach einer logarithmischen Spirale geformten Röhre im Abstand $2d$ vom Pol in Ruhe. Man beweise, daß er unter der Wirkung einer Kraft von der Größe $\frac{\mu}{(\text{Abstand})^2}$, die nach dem Pol hin gerichtet ist, letzteren in der Zeit $\frac{\pi \sec\alpha\, d^{\frac{3}{2}}}{\sqrt{\mu}}$ erreicht, wenn α den Winkel bedeutet, den die Tangente der Spirale mit dem Fahrstrahl einschließt.

22. Ein Draht sei in Form einer Zykloide gebogen und in einer Vertikalebene so aufgestellt, daß die Zykloidenachse lotrecht steht und der Scheitel nach oben gekehrt ist. Die Kurve sei vollständig mit kleinen glatten gleichgroßen Ringen besetzt. Wird an den Enden des Drahtes der Widerstand beseitigt, so rutschen die Ringe ab. Man beweise nun, daß in der Zeit t eine Bogenlänge

$$2\,l\sinh^2\sqrt{\frac{g t^2}{4\,l}}$$

von ihnen frei geworden ist. Hierbei bedeutet l die Länge der Zykloide.

23. Eine Röhre besitze die Form einer Zykloide, deren erzeugender Kreis den Radius a habe. Die Achse stehe vertikal und der Scheitel sei nach unten gekehrt. In ihr befinden sich zwei elastische Fäden von der natürlichen Länge l, von denen jeder mit einem Ende an je einer Spitze der Zykloide, mit dem anderen an einem Massenpunkt befestigt sei. Bewegt man den Massenpunkt um ein Stück x vom Scheitel fort, wobei $x < (4a - l)$ sei, so kehrt er in der Zeit

$$\pi\sqrt{\frac{a}{g}\,\frac{l}{8na+l}}$$

zum Scheitel zurück; hierin bedeutet n das Verhältnis des Elastizitäts moduls der Fäden zum Gewicht des Massenpunktes.

Ebenso bestimme man die Zeit für den Fall, daß $x > (4a - l)$ ist.

---

24. Zwei Massenpunkte mit den Massen P und Q liegen dicht beieinander auf einem glatten horizontalen Tisch. Sie sind durch einen Faden verbunden; auf diesem befinde sich ein Ring von der Masse R, welcher gerade über die Tischkante hinaushängt. Man zeige, daß er mit der Beschleunigung fällt

$$\frac{g\left(\frac{1}{P}+\frac{1}{Q}\right)}{\left(\frac{1}{P}+\frac{1}{Q}+\frac{4}{R}\right)}$$

25. Zwei materielle Punkte von den Massen m, m' sind an den Enden eines über eine Rolle laufenden Fadens befestigt und ruhen auf zwei je unter dem Winkel α gegen die Horizontale geneigten Ebenen.

die Rücken an Rücken liegen und sich lotrecht unter dem Mittelpunkt der Rolle schneiden. Wenn jedes Fadenende einen Winkel β mit der zugehörigen Ebene bildet, wird der schwerere Punkt den leichteren sogleich von der Ebene wegziehen, falls

$$\frac{m'}{m} < (2 \tan\alpha \tan\beta - 1).$$

26. Ein endloser Faden von der Länge $2l$, auf dem zwei Perlen von der Masse M und m aufgefädelt sind, läuft über zwei kleine glatte Pflöcke A und B, die eine gegenseitige Entfernung a voneinander haben und in einer Horizontalen liegen. Die leichtere Perle wird bis zum Mittelpunkt von AB gehoben und dann fallen gelassen. Man zeige, daß sich die Perlen gerade noch treffen, wenn

$$\frac{M+m}{M} = 2\sqrt{\frac{l}{l+a}}$$

ist.

27. Zwei Massenpunkte A und B sind durch einen Faden von der Länge l verbunden, welcher durch eine kleine Öffnung in einem glatten horizontalen Tisch läuft, auf dem sich A bewegt, wobei er den Punkt B in der Schwebe hält. A wird eine zu AC senkrechte Anfangsgeschwindigkeit erteilt. Es sei $AC = \varkappa l$, n das Verhältnis der Massen von A und B. Man beweise, daß B nicht bis zum Tische hinaufsteigen kann, wenn die Anfangsgeschwindigkeit kleiner ist als diejenige, die ein Körper beim freien Durchfallen der Höhe $\frac{nl}{1+\varkappa}$ erlangen würde.

28. Zwei materielle Punkte von den Massen m und $\varkappa m$ sind miteinander durch einen Faden verbunden, der über den höchsten Punkt eines glatten Kreises läuft, und liegen auf dem Umfang des Kreises auf. Man beweise, daß die Bewegung von m von seiner Gleichgewichtslage aus in derselben Weise vor sich geht, wie die eines freien Massenpunktes, der von dem höchsten Punkte des Kreises unter der Wirkung der im Verhältnis $\frac{\sqrt{1+\varkappa^2+2\varkappa\cos\alpha}}{1+\varkappa}$ verkleinerten Schwerkraft herabfällt; hierbei bedeutet α den vom Faden umspannten Zentriwinkel.

29. In einen Tisch ist eine gerade glatte Nut eingeschnitten, an deren Ende sich ein gerader Spalt senkrecht zur Nut befindet. Ein Faden von der Länge l ist mit einem Ende an einer Kugel von der Masse m befestigt, die in der Nut liegt, läuft durch den Spalt und trägt am anderen Ende eine Masse $\varkappa m$. Diese wird in der Vertikalebene, die zur Nut senkrecht steht und den Spalt enthält, aus gelenkt und dann losgelassen. Man beweise, daß sie als Bahn ein Stück einer Ellipse mit den Halbachsen l und $\frac{l}{1+\varkappa}$ beschreibt, deren große Achse vertikal steht.

30. Zwei Massenpunkte A und B, beide von der Masse m, gleiten auf einem kreisförmig gebogenen vertikal stehenden Draht vom Radius a und sind durch zwei Fäden, die beide gleich diesem Radius sind, mit einem dritten Punkte C von der Masse m' verbunden. Das System dieser drei Massen sei zunächst in der Lage in Ruhe, in welcher die Fäden und die Radien durch A und B ein Quadrat bilden und C senkrecht unter dem Kreismittelpunkt liegt. Dann werde es losgelassen.

Man beweise, daß die beiden Massenpunkte im Augenblick des Zusammentreffens die Geschwindigkeit besitzen

$$\sqrt{(2-\sqrt{2})\,ag\left(1+\frac{m'}{m}\right)}.$$

31. Zwei materielle Punkte von den Massen M, m sind durch einen Faden verbunden, der über eine glatte Rolle läuft. Der kleinere (m) hängt vertikal herunter und der andere bewegt sich in einer glatten Kreisnut auf einer unter dem Winkel α gegen die Vertikale geneigten Ebene. Der höchste Punkt der Nut liegt senkrecht unter der Rolle. M geht aus der Ruhelage von einem Punkte dicht nahe dem höchsten Punkte der Nut ab. Man beweise, daß der Massenpunkt die Kreisnut vollkommen durchläuft, wenn der Radius der Nut den Wert

$$\frac{h\cdot mM\cos\alpha}{m^2-M^2\cos^2\alpha}$$

nicht übersteigt. Es bedeutet hierbei h die Höhe der Rolle über dem höchsten Punkte der Nut.

32. Ein Massenpunkt beginne seine Bewegung aus der Ruhelage am einen Ende der großen Achse einer glatten elliptischen Nut mit den Achsen $2a$, $2b$, die in einen horizontalen Tisch eingeschnitten ist. Er ist an einem Faden befestigt, der durch ein kleines Loch im Mittelpunkt der Ellipse geht und eine gleichschwere kleine Masse trägt. Man beweise, daß der Horizontaldruck auf die Nut in dem Augenblicke, in dem die erste Masse sich an einem Ende der kleinen Achse befindet, verschwindet, wenn

$$2a^3-a^2b-4ab^2+4b^3=0$$

wird.

33. Ein Massenpunkt vom Gewicht W bewege sich in einer glatten elliptischen Nut auf einem horizontalen Tisch. Er ist an zwei Fäden befestigt, die durch Löcher in den Brennpunkten laufen und je ein Gewicht W tragen. Einer der Körper werde mit der Geschwindigkeit Ve abwärts gezogen, sobald der Punkt am einen Ende der kleinen Achse angelangt ist. Man beweise, daß die Fäden nicht schlaff werden, falls $V^2<\frac{ab^2g}{e(3a^2-2b^2)}$ ist, und daß in diesem Falle die Horizontaldrücke R nnd R' auf die Nut, wenn der Punkt an den Enden der Achsen ist, durch die Gleichung miteinander zusammenhängen

$$Rb^3-R'a\,(3a^2-2b^2)=6\,Wa^2be^2.$$

Hierin bedeuten $2a$ und $2b$ die Hauptachsen und e ist die Exzentrizität der Ellipse.

34. Ein glatter parabelförmig gebogener Draht, auf dem eine glatte Perle vom Gewicht w gleitet, liegt in einer Horizontalebene. An der Perle ist ein Faden angeknüpft, der reibungslos durch einen kleinen im Brennpunkt der Parabel befestigten Ring läuft und an seinem anderen Ende ein Gewicht $\frac{w}{e-1}$ trägt. Man beweise, daß die Fadenspannung T in irgendeinem Zeitpunkt der Bewegung durch eine Gleichung von der Form

$$(eT-w)\,(er-a)^2=\text{const}$$

gegeben ist, in der r den Brennstrahl der Perle und $4a$ den Parameter der Parabel bezeichnen.

35. Auf zwei glatten, geraden, horizontalen und sich rechtwinklig kreuzenden Drähten vom Abstand d gleiten zwei kleine Ringe von gleicher Masse, die durch einen undehnbaren Faden von der Länge l verbunden sind. Sie werden mit den Anfangsgeschwindigkeiten u und v von zwei Punkten aus in Bewegung gesetzt, die vom kürzesten Abstand der Drähte die Entfernungen a und b haben. Nachdem der Faden straff geworden ist, schwingen die Punkte abwechselnd hin und her; die Schwingungsdauer ist

$$\frac{2\pi(l^2-d^2)}{av-bu}.$$

36. Zwei gleiche Perlen, die durch ein starres masseloses Stäbchen verbunden sind, befinden sich auf einem vertikalen, kreisförmig gebogenen Draht. Die eine sei anfangs im höchsten Punkt. Man zeige, daß die Perlen, wenn die zweite den tiefsten Punkt erreicht, beide dieselbe Geschwindigkeit besitzen, die sie haben würden, wenn sie während der ganzen Bewegung gar nicht zusammengehangen hätten.

37. Das eine Ende eines Fadens von der Länge l ist am höchsten Punkt eines fest stehenden horizontalen Kreiszylinders vom Radius a befestigt. Ein am anderen Ende angebundener Massenpunkt wird aus einer Lage fallen gelassen, in der der Faden gestreckt ist und in der er horizontal und senkrecht zur Zylinderachse liegt. Man beweise, daß für den Fall $l < 2\pi a$ der Faden schlaff wird, bevor der Massenpunkt zur Ruhe kommt, und daß er bis zum Schlaffwerden einen Winkel umschlungen hat, der in Bogenmaß ausgedrückt die Größe hat

$$\pi+\frac{4}{3}\frac{a}{l}+\frac{4}{3}\pi\left(\frac{a}{l}\right)^2+\frac{4}{3}\left(\frac{32}{27}+\pi^2\right)\left(\frac{a}{l}\right)^3+\ldots$$

38. Zwei materielle Punkte P und Q von gleicher Masse gleiten auf einem glatten endlosen Faden OPQ, der durch einen kleinen glatten Ring in O geht und in einer glatten horizontalen Ebene liegt. Anfangs ist $OP = OQ$ und die Massenpunkte besitzen gleiche Anfangsgeschwindigkeiten längs der Halbierungslinien der Außenwinkel von OPQ bzw. OQP. Man beweise, daß sich während der Bewegung die Fadenspannung umgekehrt proportional OP ändert.

39. An den Enden eines Fadens seien zwei Massen M und m befestigt, von denen die erstere in einer festen glatten horizontalen Röhre und die letztere auf einem glatten Tisch in der durch die Röhre gehenden Horizontalebene liegen. Der Faden sei anfangs gerade und die Masse m werde senkrecht zum Faden in Bewegung gesetzt. Man beweise, daß die Polargleichung ihrer Bahn die Form hat

$$r\cos\left\{\Theta\sqrt{\frac{m}{M+m}}\right\}=c.$$

40. Zwei Massenpunkte mit den Massen m und m' liegen auf einem glatten horizontalen Tische und sind durch einen Faden verbunden, der durch einen auf dem Tische befestigten, glatten Ring läuft. Anfangs ist der Faden gerade gestreckt und der Ring trennt ihn in die beiden Stücke a und a'. Die Anfangsgeschwindigkeiten der Massenpunkte v und v' seien senkrecht zum Faden gerichtet. Man beweise, daß zu jeder Zeit zwischen der Fadenspannung T und den Abständen r und r' vom Ring die Beziehung besteht

$$T\left(\frac{1}{m}+\frac{1}{m'}\right)=\frac{a^2v^2}{r^3}+\frac{a'^2v'^2}{r'^3}.$$

Man beweise überdies, daß die beiden Apsidenabstände gleich werden, wenn

$$m v^2 : m' v'^2 = (3 a' + a) : (3 a + a').$$

41. Zwei materielle Punkte von gleicher Masse sind durch einen Faden von der Länge a verbunden und liegen auf einem glatten Tisch; der Faden sei gerade gestreckt. Einer der Punkte erhält eine Anfangsgeschwindigkeit senkrecht zum Faden. Man beweise, daß jeder der Punkte eine Reihe von Zykloiden beschreibt, von denen eine jede in der Zeit $\frac{2\pi a}{v}$ zurückgelegt wird.

42. Zwei Massenpunkte P, Q seien durch einen dünnen Faden verbunden, der durch ein kleines Loch in einer glatten schiefen Ebene (Neigung α) geht. Q hänge vertikal herunter und P bewege sich auf der schiefen Ebene. Man zeige, daß die Differentialgleichung der Bahn von P die folgende ist

$$2\frac{\sin\Theta\sin\alpha}{u^3} + \frac{d}{d\Theta}\left\{\frac{k - \sin\alpha\cos\Theta + \sin\alpha\sin\Theta\,(1+k)\,\frac{d u}{u\, d\Theta}}{u^2(1+k)\frac{d^2 u}{d\Theta^2} + u^3}\right\} = 0$$

worin k das Verhältnis der Masse Q zu der von P bedeutet.

43. Zwei materielle Punkte von den Massen m und m' sind durch einen Faden verbunden, der durch ein Loch in der Spitze eines glatten geraden Kreiskegels mit vertikaler Achse und oben liegender Spitze hindurchgeht.

Der Punkt m' hängt vertikal herab und m beschreibt einen Kreis vom Radius c auf dem Kegel. Man beweise, daß er durch eine geringe Störung in kleine Schwingungen von der Schwingungsdauer

$$2\pi\sqrt{\frac{c\,(m' + m)}{3\,g\,(m' - m\cos\alpha)\sin\alpha}}$$

versetzt wird, wobei 2α den Spitzenwinkel des Kegels bedeutet.

---

44. Ein Ring möge sich auf einem langen, geraden, rauhen Stab vom Reibungskoeffizienten μ unter Wirkung einer Anziehungskraft bewegen, die nach einem festen Punkt außerhalb des Stabes gerichtet ist und sich proportional dem Abstand ändert. Man beweise, daß die Schwingungsdauer dieselbe ist, als wenn der Stab glatt wäre, und daß der Ring schließlich in einem Punkte innerhalb der Strecke $2\mu d$ des Stabes zur Ruhe kommt, wobei d den Abstand des Stabes vom Kraftzentrum bedeutet.

45. Ein Massenpunkt gleitet auf dem Bogen eines rauhen, vertikal stehenden Kreises ($\mu = \frac{1}{2}$), und zwar beginnt er seine Bewegung von der Ruhelage am einen Ende des horizontalen Halbmessers aus. Bezeichnet Θ den Winkel, den der Radius durch den Massenpunkt in dem Augenblick mit der Horizontalen einschließt, in dem die Geschwindigkeit ihren Höchstwert erreicht hat, so gilt

$$\sin\Theta = \tfrac{1}{3}\cos\Theta + e^{-\Theta}.$$

46. Ein materieller Punkt von der Masse 1 bewege sich in einem rauhen, geraden Rohr AB unter der Wirkung einer Zentralkraft, die

ihn mit der Größe $\frac{\lambda}{r}$ im Abstand r von C abzustoßen sucht. Der Punkt A ist der Fußpunkt des von C auf das Rohr gefällten Lotes und der Massenpunkt bewege sich von A aus mit der Anfangsgeschwindigkeit v längs des Rohres. Man beweise, daß er zur Ruhe kommt, wenn der von C gezogene Fahrstrahl mit CA einen Winkel Θ bildet, der der Gleichung genügt

$$\mu\,\Theta - \log\sec\Theta = \frac{1}{2}\frac{v^2}{\lambda},$$

worin μ der Reibungskoeffizient ist.

47. Auf einer rauhen Zykloide, deren höchster Punkt ihr Scheitel ist, gleite ein materieller Punkt ohne Anfangsgeschwindigkeit aus einem Nachbarpunkt der labilen Gleichgewichtslage herunter. Man zeige, daß die Geschwindigkeit in dem Punkte, in dem die Tangente einen Winkel Φ mit der Horizontalen bildet, $2\sqrt{a g}\sin(\Phi - \varepsilon)$ ist und daß der Massenpunkt die Zykloide verläßt, wenn die Geschwindigkeit den Wert

$$\sqrt{a g}\left\{\sin\left(\frac{\varepsilon}{2}\right) + \cos\frac{\varepsilon}{2}\right\}$$

erreicht hat. Unter ε ist hierbei der Reibungswinkel zu verstehen.

48. Ein Massenpunkt gleite eine rauhe Zykloide mit vertikaler Achse und unten liegendem Scheitel herab. Man beweise, daß die Zeit, die der Massenpunkt braucht, um irgendeinen bestimmten Punkt auf der Zykloide zu erreichen, unabhängig vom Abgangspunkt ist.

Ebenso beweise man, daß der Punkt hin und her schwingen wird, wenn die Tangente im Abgangspunkt mit der Horizontalen einen größeren Winkel als α einschließt, wobei α den kleinsten positiven Winkel bezeichnet, der die Gleichung befriedigt

$$\sin(\alpha - \lambda) = e^{(\alpha+\lambda)\tan\lambda}\sin 2\lambda;$$

hierin stellt λ den Reibungswinkel dar.

49. Ein Ring bewege sich auf einem rauhen Draht, der die Form einer Zykloide mit vertikaler Achse und nach unten gekehrtem Scheitel hat. Geht der Ring vom tiefsten Punkte mit der Anfangsgeschwindigkeit u_0 ab, so ist seine Geschwindigkeit u für eine Lage, bei welcher die Bewegungsrichtung den Winkel Φ gegen die Horizontale bildet, durch die Beziehung gegeben

$$u^2 = (u_0^2 + 4\,ag\sin^2\varepsilon)\,e^{-2\Phi\tan\varepsilon} - 4\,a\,g\sin^2(\Phi+\varepsilon),$$

wobei a den Radius des erzeugenden Kreises und ε den Reibungswinkel bedeuten.

Ebenso beweise man, daß, falls der Punkt seine Bewegung von einer Spitze der Zykloide mit der Anfangsgeschwindigkeit v_0 beginnt, während des Absteigens seine Geschwindigkeit sich gemäß der Gleichung ändert:

$$v^2 = (v_0^2 + 4\,a\,g\cos^2\varepsilon)\,e^{(\Phi-2\pi)\tan\varepsilon} - 4\,a\,g\sin^2(\Phi-\varepsilon).$$

50. Ein Massenpunkt beginne seine Bewegung von einem Punkte der tiefsten Erzeugenden eines rauhen horizontalen Kreiszylinders vom Radius a aus mit einer Anfangsgeschwindigkeit V rechtwinklig zur Erzeugenden und stehe unter dem alleinigen Einfluß von Bahndruck und Reibung auf der Zylinderfläche. Man beweise, daß er nach einer Zeit

$\frac{a(e^{2\mu\pi}-1)}{\mu V}$ zum Ausgangspunkte zurückkommt, wenn man mit μ den Reibungskoeffizienten bezeichnet.

51. Ein rauher Draht von der Form einer logarithmischen Spirale, deren Tangente den Winkel arc cot 2μ mit dem Fahrstrahl bildet, liege in einer vertikalen Ebene; ein schwerer Punkt gleite daran hinunter und komme im tiefsten Punkte zur Ruhe. Man beweise, daß die in der Anfangslage des Punktes gezogene Tangente mit der Horizontalen einen Winkel 2 arc tan μ einschließt und daß die Geschwindigkeit ihren Höchstwert erreicht, wenn der Winkel Φ der Bewegungsrichtung mit dem Horizont die Gleichung erfüllt

$$(2\mu^2-1)\sin\Phi+3\mu\cos\Phi=2\mu\,.$$

---

52. In einer Ebene bewege sich ein Massenpunkt relativ zu ihr mit gleichförmiger Geschwindigkeit, während sich die Ebene gleichzeitig um eine feste zu ihr lotrechte Achse mit der Winkelgeschwindigkeit ω dreht. Man zeige, daß die Bahn des Punktes durch die Gleichung dargestellt wird

$$\frac{V\Theta}{\omega}=\sqrt{r^2-a^2}+\frac{V}{\omega}\arccos\frac{a}{r},$$

worin r und Θ Polarkoordinaten in einem festen Koordinatensystem sind und a die kleinste Entfernung des Massenpunktes von der Rotationsachse bedeutet.

53. Ein Punkt P bewege sich längs einer ebenen Kurve, die sich selbst wieder in ihrer Ebene um einen Punkt O mit der gleichförmigen Winkelgeschwindigkeit ω dreht. Man beweise, daß die Krümmung der Bahn durch den Ausdruck gegeben ist

$$\frac{V(\sigma V+2\omega)(V+r\omega\sin\psi)+r\omega(V\omega\sin\psi-f\cos\psi+r\omega^2)}{(V^2+r^2\omega^2+2Vr\omega\sin\psi)^{\frac{3}{2}}}.$$

Hierin bedeuten r die Länge OP, σ die Krümmung der gegebenen Kurve in P, ψ den Winkel ihrer Tangente gegen OP, V die Geschwindigkeit und f die Tangentialbeschleunigung von P relativ zur Kurve.

54. Ein materieller Punkt P vermag sich auf einem glatten kreisförmig gebogenen Draht zu bewegen, dessen Mittelpunkt C sich mit konstanter Winkelgeschwindigkeit in der Ebene des Drahtes um einen festen Punkt O dreht. Ist $CP=3\,OC$ und macht der Punkt gerade noch vollständige Umläufe auf dem Kreis, so wird der Bahndruck zwischen Massenpunkt und Draht gleich Null, wenn CP mit OC einen Winkel arc sec 3 bildet.

55. Ein glatter horizontaler kreisförmig gebogener Draht drehe sich gleichförmig um einen Punkt seiner Ebene. Man beweise, daß eine Perle auf dem Draht dieselbe Bewegung ausführt, wie sie das Gewicht eines mathematischen Pendels macht.

56. In einer glatten, horizontalen, kreisförmig gebogenen Röhre befinde sich ein Massenpunkt in Ruhe. Durch einen Punkt seines Durchmessers gehe eine vertikale Achse, um die man die Röhre mit gleichförmiger Winkelgeschwindigkeit in Umdrehung versetzt. Man beweise, daß zum Zurücklegen jedes beliebigen Kreisbogens, der durch die End-

punkte einer durch den Drehpunkt gehenden Sehne abgegrenzt wird, gleichviel Zeit nötig ist.

57. Auf einem glatten, kreisförmig gebogenen Draht vom Radius a in einer Horizontalebene befinde sich anfangs eine Perle in Ruhe. Durch einen Punkt ihres Durchmessers im Abstand c vom Kreismittelpunkt gehe senkrecht zur Kreissehne eine Achse, um die man den Draht mit der gleichförmigen Winkelgeschwindigkeit ω sich drehen läßt. Nachdem die Perle eine Strecke $a\,\Theta$ auf dem Draht zurückgelegt hat, wird dieser plötzlich angehalten. Man beweise, daß sich die Perle nunmehr mit der Geschwindigkeit bewegt

$$\omega\left\{\sqrt{a^2+c^2+2\,ac\cos\Theta}-(a+c\cos\Theta)\right\}.$$

58. Zwei kleine Ringe von der Masse m_1 und m_2 gleiten auf zwei glatten geraden Stäben, die sich unter einem Winkel α schneiden. Die Ringe sind durch einen elastischen Faden von der natürlichen Länge c und dem Elastizitätsmodul λ verbunden. Läßt man die Stäbe um ihren Schnittpunkt in ihrer Ebene mit der gleichförmigen Winkelgeschwindigkeit ω rotieren, so gilt während der Bewegung stets die Beziehung

$$m_1(\dot r_1^2-r_1^2\,\omega^2)+m_2(\dot r_2^2-r_2^2\,\omega^2)+\frac{\lambda\,\varepsilon^2}{c}=\text{const},$$

worin ε die Dehnung des Fadens und r_1 bzw. r_2 die Abstände der Ringe vom Schnittpunkt der Stäbe zu einer beliebigen Zeit bedeuten.

59. Eine glatte, elliptisch gebogene Röhre drehe sich um eine vertikale Achse, die senkrecht zu ihrer Ebene steht und durch ihren Mittelpunkt geht, mit der gleichförmigen Winkelgeschwindigkeit ω. Man beweise, daß der Massenpunkt in einem Ende der großen Achse im Gleichgewicht bleibt, und daß er nach einer kleinen Störung um diese Gleichgewichtslage Schwingungen mit der Schwingungsdauer $\frac{2\pi\sqrt{1-e^2}}{e\,\omega}$ ausführt, wobei e die Exzentrizität bedeutet.

60. Ein Massenpunkt vermag sich in einer glatten, elliptisch gebogenen und in einer Vertikalebene liegenden Röhre zu bewegen, die sich um eine horizontale, durch ihren Mittelpunkt gehende Achse drehen kann. Anfangs stehe die große Achse vertikal und der Massenpunkt befinde sich im höchsten Punkte in Ruhe. Plötzlich wird die Röhre mit der gleichförmigen Winkelgeschwindigkeit $\sqrt{\frac{1}{2}g\,(a+b)}$ in Umdrehung versetzt, wobei $2\,a$ und $2\,b$ die Achsen der Ellipse sind. Man beweise, daß sich der Massenpunkt genau so auf der Ellipse bewegen wird, als ob er vom Mittelpunkt mit einer Kraft angezogen würde, die sich proportional der Entfernung ändert.

61. Ein Körper beschreibt eine Ellipse mit den Halbachsen a und b um einen Punkt, von dem er angezogen wird. Im Abstand r von diesem Punkte gerät er unter die Wirkung einer kleinen nach demselben Punkte gerichteten Störungskraft, die sich umgekehrt proportional der 3ten Potenz der Entfernung ändert. Man beweise, daß dabei dieselbe Bewegung zustande kommt, als ob der Körper unter dem Einfluß der ursprünglichen Kraft eine Zentralkurve beschreibt, die sich gleichzeitig (mitsamt dem Körper) um das Kraftzentrum dreht, und zwar mit einer $n$mal so großen Winkelgeschwindigkeit wie die des Körpers; hierbei ist n eine kleine Konstante. Die Halbachsen der neuen freien Bahn

sind dabei gleich dem $\frac{2nb^2}{r^2}$ fachen bzw. $n\left(1+\frac{b^2}{r^2}\right)$ fachen der Halbachsen der ursprünglichen Bahnkurve.

---

62. Während ein Massenpunkt in einer glatten, kreisförmig gebogenen und in einer Vertikalebene liegenden Röhre vom Radius a auf einem Bogen von der Höhe h hin und her pendelt, läuft ein anderer Punkt in einem glatten, nach einer Schraubenlinie gewundenen und auf einem horizontalen Zylinder vom Durchmesser h aufgewickelten Rohr. Der Zylinder berührt die Kreisröhre im tiefsten Punkte. Die Bewegung in der Schraubenröhre gehe mit einer Geschwindigkeit vonstatten, wie sie dem freien Fall aus einer Höhe $2a$ über dem tiefsten Punkte der Röhre entspricht. Man beweise, daß die zwei Massenpunkte sich so bewegen können, daß sie stets in derselben Niveauhöhe liegen, wenn nämlich die Länge einer Schraubenwindung gleich dem Umfang der Kreisröhre ist.

63. Ein Massenpunkt gleite auf einer glatten Schraubenlinie vom Steigungswinkel α und vom Radius a unter dem Einfluß einer Kraft, die nach einem festen Punkte der Achse gerichtet und gleich dem μfachen Abstand vom Kraftzentrum ist. Man zeige, daß der Bahndruck nur verschwinden kann, wenn die größte Geschwindigkeit des Massenpunktes den Wert $a\sqrt{\mu}\sec\alpha$ erreicht.

64. Ein materieller Punkt bewege sich auf einem schraubenförmig gewundenen Draht mit vertikaler Schraubenachse. Man zeige, daß die Geschwindigkeit v nach Beschreibung eines Bogens s durch die Gleichungen gegeben ist

$$v^2 = ag\sec\alpha\sinh\Phi\,,\quad \frac{ds}{d\Phi} = \frac{1}{2}a\,\frac{\sec^2\alpha\cosh\Phi}{\tan\alpha - \mu\cosh\Phi}\,,$$

worin a den Radius des Schraubenzylinders, α den Steigungswinkel der Schraubenlinie gegen die Horizontale und μ den Reibungskoeffizient bezeichnen.

65. Auf der Oberfläche eines geraden Kreiskegels mit vertikaler Achse und oben liegender Spitze ist eine kleine glatte Nut derart eingeschnitten, daß ihre Tangente mit der Vertikalen den konstanten Winkel β bildet. Aus der Ruhelage in der Kegelspitze rutsche ein Massenpunkt die Nut herunter. Man zeige, daß er zum Herabgleiten längs einer vertikalen Höhe h ebensoviel Zeit braucht wie ein Körper, der eine Höhe $h\sec^2\beta$ frei herabfällt. Ebenso beweise man, daß der Bahndruck konstant ist und mit der Hauptnormalen der Bahn einen konstanten Winkel

$$\operatorname{arc\,tan}\left\{\frac{\frac{1}{2}\sin\alpha}{\sqrt{\cos^2\alpha - \cos^2\beta}}\right\}$$

bildet, wobei 2α der Kegelwinkel ist.

66. Eine glatte schraubenförmige Röhre mit dem Steigungswinkel α sei mit ihrer Achse gegen die Vertikale unter dem Winkel β ($> \alpha$) geneigt und enthalte einen zunächst in Ruhe befindlichen Massenpunkt. Sie wird darauf um ihre Achse mit der gleichförmigen Winkelgeschwindigkeit ω gedreht. Man beweise, daß der Massenpunkt wenigstens eine volle Drehung um die Achse ausführt, wenn

$$\frac{1}{2}\frac{a\,\omega^2}{g} > [(\pi + 2\gamma)\sin\gamma + 2\cos\gamma]\sin\beta\cot\alpha\,\mathrm{cosec}^3\,\alpha\,,$$

wobei $\sin\gamma = \tan\alpha\cot\beta$ und a den Schraubenradius bedeutet.

67. Auf einem Kegel vom Spitzenwinkel 2α mit vertikaler Achse und oben liegender Spitze ist eine glatte Röhre so aufgewickelt, daß sie die Kegelerzeugenden unter dem konstanten Winkel β schneidet. Man läßt die Röhre um die Kegelachse mit der gleichförmigen Winkelgeschwindigkeit Ω rotieren. Dann wird ein Massenpunkt, von der Ruhelage in der Spitze ausgehend, in der Zeit t längs der Röhre eine Strecke beschreiben

$$\frac{g}{\Omega^2}\frac{\cos\alpha}{\sin^2\alpha\cos\beta}\,[\cosh(\Omega t\sin\alpha\cos\beta) - 1]\,.$$

68. Ein Massenpunkt bewegt sich in einer glatten, nach einer Loxodrome geformten und auf einer Kugel vom Radius a aufgewickelten Röhre, die sich ihrerseits mit der gleichförmigen Winkelgeschwindigkeit ω um die Polarachse dreht. Der Massenpunkt beginne seine Bewegung von einem Punkt des Äquators aus mit der Anfangsgeschwindigkeit $a\,\omega$ relativ zur Röhre. Man zeige, daß er nach der Zeit

$$\frac{1}{\omega}\left\{\sec\alpha - \log(\sec\Theta + \tan\Theta)\right\}$$

einen Winkelweg Θ vom Äquator aus zurückgelegt hat und daß gleichzeitig die Zwangskraft der Röhre den Wert

$$2\,m\,a\,\omega^2(1 + \sin\alpha)\cos\Theta$$

erreicht, wobei m die Masse des materiellen Punktes und α den Steigungswinkel der Loxodrome bedeuten.

---

69. Ein Massenpunkt ist am einen Ende eines l cm langen Fadens befestigt, dessen anderes Ende am höchsten Punkt einer glatten Kugel vom Radius a angebunden ist. Der Massenpunkt beschreibe einen horizontalen Kreis mit der Winkelgeschwindigkeit ω und der Faden berühre dabei die Oberfläche auf einer Länge $a\,\alpha$. Man weise nach, daß

$$\omega^2 = \frac{g\cot\alpha}{a\sin\alpha + (l - a\,\alpha)\cos\alpha}$$

ist.

70. Ein Ring gleite auf einem rauhen geraden Draht, der mit gleichförmiger Winkelgeschwindigkeit ω um eine feste, vertikale, sich mit ihm schneidende Achse rotiert; die Neigung des Drahtes gegen die Horizontale sei α. Man beweise, daß der Ring, um relativ zum Draht im Gleichgewicht zu bleiben, zwischen zwei Punkten auf dem Draht liegen muß, die den Abstand

$$g\,\omega^{-2}\sec\alpha\left\{\tan(\alpha + \lambda) - \tan(\alpha - \lambda)\right\}$$

voneinander haben, wobei λ der Reibungswinkel ist.

71. Ein kleiner Ring kann auf einem glatten, nach einer ebenen Kurve gekrümmten Draht gleiten, der sich mit der Winkelgeschwindigkeit ω um eine vertikale in seine Ebene fallende Achse dreht. Welche Form muß die Kurve haben, wenn der Ring in jedem Punkte im relativen Gleichgewicht sein soll?

Man beweise, daß beim Anwachsen der Winkelgeschwindigkeit auf den Wert ω' der Ring noch im Gleichgewicht bleibt, wenn der Draht rauh und der Reibungskoeffizient zwischen ihm und dem Ring nicht kleiner als $\frac{1}{2}\left(\frac{\omega'}{\omega} - \frac{\omega}{\omega'}\right)$ ist.

72. Ein Stab von der Länge $2a$ drehe sich in einer horizontalen Ebene um einen seiner Endpunkte mit der gleichförmigen Winkelgeschwindigkeit ω. An seinen beiden Enden sind die Enden eines $2l$ m langen Fadens festgebunden, auf dem ein Ring gleiten kann. Man beweise, daß die nach der Achse gerichtete Beschleunigung, nachdem der Beharrungszustand eingetreten ist und der Ring sich in einer Entfernung $v + x$ von der Achse befindet, die Größe hat

$$g \cdot \frac{x}{l} \frac{\sqrt{l^2 - a^2}}{\sqrt{l^2 - x^2}}.$$

73. Eine glatte zykloidenförmig gekrümmte Röhre rotiere mit gleichförmiger Winkelgeschwindigkeit ω um ihre vertikal stehende Basis. Man zeige, daß ein Massenpunkt nirgends in der Röhre außer im tiefsten Punkt im Gleichgewicht sein kann, solange ω den Wert $\sqrt{\frac{g}{a}}$ nicht überschreitet, worin a den Radius des erzeugenden Kreises bedeutet. Ist ω größer als $\sqrt{\frac{g}{a}}$, so gibt es zwei Gleichgewichtslagen in der Röhre; deren Bogenabstände vom Scheitel der Zykloide sind

$$\frac{2}{\omega} \sqrt{2a^2\omega^2 \pm 2a\sqrt{a^2\omega^4 - g^2}}.$$

74. Ein Massenpunkt bewege sich in einer glatten kreisförmig gekrümmten Röhre vom Radius a, die mit der Winkelgeschwindigkeit ω um einen festen vertikalen Durchmesser rotiert. Bezeichnet Θ den Winkelabstand des Massenpunktes vom tiefsten Punkte und befand sich der Massenpunkt anfangs in der Stellung $\Theta = \alpha$ relativ zur Röhre in Ruhe, wobei $\omega \cos\frac{\alpha}{2} = \sqrt{\frac{g}{a}}$ ist, so gilt zu irgendeiner späteren Zeit t

$$\cot\frac{\Theta}{2} = \cot\frac{\alpha}{2} \cosh\left(\omega t \sin\frac{\alpha}{2}\right).$$

---

75. Ein Massenpunkt werde gezwungen, auf der Oberfläche einer Kugel vom Radius a zu bleiben, und sei mittels eines wenig dehnbaren Fadens von der natürlichen Länge $a\alpha$ und dem Elastizitätsmodul λ an einem festen Punkte der Kugelfläche angebunden. Wird der Massenpunkt mit der Geschwindigkeit v senkrecht zum ungespannten Faden in Bewegung gesetzt, so ist die größte darauf folgende Auslenkung

$$2\alpha\lambda^{-1} m v^2 \cot\alpha.$$

76. Auf der Innenfläche eines glatten Kegels mit vertikaler Achse und nach unten gekehrter Spitze werde ein Massenpunkt in horizontaler Richtung in Bewegung gesetzt. Auf der in eine Ebene abgewickelten Kegelfläche sieht die Bahn des Punktes genau so aus wie die eines Punktes, der sich unter der Wirkung einer nach einem festen Punkte gerichteten konstanten Kraft bewegt hätte. Man beweise dies.

77. Ein Massenpunkt bewege sich auf einer glatten Kegelfläche unter der Wirkung einer nach der Kegelspitze gerichteten Kraft, die sich umgekehrt proportional dem Quadrat des Abstands ändert. Wird die Kegelfläche in eine Ebene ausgebreitet, so erscheint die Bahn als ein Kegelschnitt, dessen einer Brennpunkt in der Kegelspitze liegt.

78. Ein Massenpunkt bewege sich unter dem Einfluß der Schwere auf einem geraden Kreiskegel mit vertikaler Achse. Wenn sich die Bewegungsgleichungen ohne elliptische Funktionen integrieren lassen sollen, so muß der Massenpunkt unterhalb der Spitze des Kegels liegen und sein Abstand r von der Spitze zur Zeit t ist durch eine Gleichung von der Form gegeben

$$(r\dot{r})^2 = 2\,g\cos\alpha\,(r - r_0)\,(r + 2\,r_0)^2,$$

worin $2\,\alpha$ der Spitzenwinkel des Kegels ist.

79. Ein materieller Punkt bewege sich auf der Innenfläche eines glatten Kreiskegels mit dem Spitzenwinkel $2\,\alpha$ unter der Wirkung einer nach der Spitze gerichteten Kraft, die sich umgekehrt proportional dem Quadrat des Abstands ändert. Er wird von einer Apside in der Entfernung c von der Achse mit einer Geschwindigkeit in Bewegung gesetzt, die $\frac{1}{2}\sqrt{6}$ mal so groß ist als diejenige, welche für eine Kreisbahn auf der Fläche nötig wäre. Man zeige, daß die Polargleichung der Projektion der Bahn auf eine zur Achse senkrechte Ebene lautet

$$\frac{3\,c}{r} = 2 + \cos(\Theta\sin\alpha)\,,$$

daß die Zeit von einer Apside bis zur nächsten $\frac{\pi\,(2\,c\,\mathrm{cosec}\,\alpha)^{\frac{3}{2}}}{\sqrt{\mu}}$ ist und daß der Druck auf die Fläche sich umgekehrt proportional der 3ten Potenz der Entfernung vom Scheitel ändert.

80. Auf der glatten Innenfläche eines geraden Kreiskegels mit vertikaler Achse und nach unten gekehrter Spitze werde einem materiellen Punkte in horizontaler Richtung die Anfangsgeschwindigkeit $\sqrt{\frac{2\,g\,h}{n^2+n}}$ erteilt, worin h die anfängliche Höhe über der Spitze bedeutet. Man beweise, daß der tiefste Punkt seiner Bahn in einer Höhe $\frac{h}{n}$ über der Spitze liegt.

81. Ein gerader Kreiskegel mit dem Spitzenwinkel $2\,\alpha$ stehe mit einer Erzeugenden senkrecht, die Spitze nach oben gekehrt. Von einem Punkte der Erzeugenden mit geringster Steigung ab werde einem Massenpunkt in horizontaler Richtung und senkrecht zu dieser Erzeugenden die Anfangsgeschwindigkeit v erteilt. Man zeige, daß er über die Kegelfläche gerade noch hinstreichen wird, ohne dabei einen Druck auszuüben, wenn die Enfernung des Abgangspunktes vom Scheitel

$$\frac{1}{2}\,\frac{v^2\,\mathrm{cosec}^2\,\alpha}{g}$$

ist.

82. Ein Massenpunkt werde von einem festen Punkte auf der Innenfläche eines glatten Umdrehungsparaboloids mit vertikaler Achse und nach unten gekehrtem Scheitel in horizontaler Richtung in Bewegung gesetzt. Man beweise, daß seine Geschwindigkeit in demjenigen Punkt,

in dem er sich wieder in horizontaler Richtung bewegt, unabhängig von der Anfangsgeschwindigkeit ist.

---

83. Bewegt sich ein Körper von der Masse m unter der Wirkung der Schwere auf einer glatten Kugelfläche vom Radius 1, so schneidet die Schmiegungsebene der Bahn die Normale unter dem Winkel $\operatorname{arc\,tan} \frac{g\,h}{m\,v^3}$, wenn h der Drall um den senkrechten Durchmesser und v die Geschwindigkeit bedeuten und wenn die Schmiegungsebene den senkrechten Durchmesser stets unter dem Mittelpunkt der Kugel trifft.

84. Ein Massenpunkt bewege sich auf der Innenfläche einer glatten Schale, die die Form eines Paraboloids vom Parameter $4a$ mit vertikaler Achse und unten liegendem Scheitel hat, und zwar werde er in der durch den Brennpunkt gehenden Horizontalebene längs der Oberfläche mit der Anfangsgeschwindigkeit $\sqrt{2nag}$ fortgeschleudert. Man beweise, daß der Krümmungsradius der Bahn im Ausgangspunkt den Wert

$$\frac{2\sqrt{2}\,n\,a}{\sqrt{1+n^2}}$$

besitzt.

85. Ein Massenpunkt bewege sich auf der Innenfläche eines glatten Umdrehungsparaboloids mit vertikaler Achse und nach unten gekehrtem Scheitel, nachdem ihm in einer Richtung, die mit dem Meridian den Winkel $\frac{\pi}{6}$ einschließt, in der Niveauhöhe des Brennpunkts eine solche Anfangsgeschwindigkeit erteilt worden ist, wie er sie beim freien Fall aus einer Höhe h erlangt haben würde. Man beweise, daß der Krümmungsradius im Ausgangspunkte der Bahn die Größe besitzt

$$\frac{4\,l\sqrt{2}}{5}\cos\operatorname{arc\,tan}\frac{l}{5\,h},$$

worin l den Parameter bezeichnet.

86. Schneidet die Bahn eines materiellen Punktes, der sich auf einem geraden Kreiskegel bewegt, die Erzeugenden unter dem Winkel χ, so hat die in die Tangentialebene der Oberfläche fallende und senkrecht zur Bahn stehende Komponente der Beschleunigung die Größe

$$v^2\left(\frac{d\chi}{ds}+\frac{1}{r}\sin\chi\right),$$

worin v die Geschwindigkeit und r den Abstand von der Spitze bedeuten.

Liegt die Achse des Kegels vertikal und seine Spitze oben und ist die Geschwindigkeit immer so groß, wie sie beim freien Fall von der Spitze aus sein würde, so verläßt der Punkt die Kegelfläche, wenn

$$2\sin^2\chi = \tan^2\alpha,$$

wobei 2α der Spitzenwinkel des Kegels ist. Was wird eintreten, wenn $\tan^2\alpha > 2$?

87. Ein Massenpunkt bewege sich auf einer glatten Umdrehungsfläche. v sei seine Geschwindigkeit in einem Punkte, in welchem die Normale bis zur Drehachse die Länge ν hat. Der Winkel dieser Normalen gegen die Drehachse sei Θ. Bezeichnet ds das Bogenelement der Bahn

und χ den Winkel, unter dem es den Meridian schneidet, so hat die in die Tangentialebene der Oberfläche fallende und senkrecht zur Bahn stehende Beschleunigung die Größe

$$v^2\left(\frac{d\chi}{ds}+\frac{\sin\chi\cot\Theta}{\nu}\right).$$

88. Ein Massenpunkt beschreibe auf einer Kugelfläche eine Loxodrome in der Weise, daß die Länge gleichförmig zunimmt. Man beweise, daß die resultierende Beschleunigung sich proportional dem Kosinus der Breite ändert und daß sie mit der Normalen einen Winkel bildet, der gleich der Breite ist.

89. Ein Massenpunkt beschreibe auf einer glatten Kugelfläche unter dem Einfluß einer parallel der Achse gerichteten Kraft eine Loxodrome. Man zeige, daß die Kraft umgekehrt proportional der 4ten Potenz des Abstands von der Achse und direkt proportional dem Abstand von der Ebene des größten Kreises ist, der senkrecht zur Achse steht.

90. Ein Massenpunkt von der Masse 1 bewege sich auf einer glatten Kugel unter dem Einfluß zweier zentraler Anziehungskräfte $\frac{\mu}{r_1^3 r_2^2}$ und $\frac{\mu}{r_2^3 r_1^2}$, wenn $r_1 r_2$ die Entfernungen des Punktes von den Enden eines festen Durchmessers bezeichnen. Ist die Anfangsgeschwindigkeit so groß, wie sie ein Punkt haben würde, der aus unendlicher Ferne käme, so wird die Bahn auf der Kugelfläche eine Loxodrome.

91. Ein Massenpunkt wird ohne Anfangsgeschwindigkeit auf die glatte Innenfläche eines vertikalen Kreiszylinders gebracht, der mit der gleichförmigen Winkelgeschwindigkeit ω um diejenige Erzeugende rotiert, die anfangs am weitesten vom Massenpunkt entfernt ist. Man beweise, daß der Druck auf die Zylinderfläche gleich Null wird, wenn der Massenpunkt eine Strecke $\frac{1}{2}\frac{g}{\omega^2}\left(\log\frac{2}{3-\sqrt{5}}\right)^2$ herabgefallen ist.

92. Ein Massenpunkt sei mittels eines Fadens von der Länge a an einem Punkte einer festen, rauhen Ebene angebunden, die unter dem Reibungswinkel zwischen Massenpunkt und Ebene gegen den Horizont geneigt ist. Der Massenpunkt wird senkrecht zum Faden, welcher anfangs gerade und horizontal sei, die Ebene hinuntergestoßen. Man beweise, daß er im tiefsten Punkte seiner Bahn zur Ruhe kommt, wenn das Quadrat seiner Anfangsgeschwindigkeit $\frac{(\pi-2)\mu g a}{\sqrt{1+\mu^2}}$ ist, wobei μ den Reibungskoeffizienten bedeutet.

93. Ein rauher hohler Kreiszylinder mit horizontaler Achse wird um diese in gleichförmige Umdrehung versetzt. Gleichzeitig erhält ein innen befindlicher Massenpunkt im tiefsten Punkte der Zylinderfläche in der der Drehung entgegengesetzten Richtung eine solche Anfangsgeschwindigkeit, daß er am Ende des horizontalen Durchmessers zur Ruhe kommt. Unter Voraussetzung genügend großer Winkelgeschwindigkeit ist die nächste augenblickliche Ruhelage durch die kleinste Wurzel der Gleichung gegeben

$$3\mu(e^{2\mu\Theta}-\cos\Theta)=(2\mu^2-1)\sin\Theta,$$

wobei Θ der Winkel zwischen den Axialebenen durch die beiden Ruhelagen und μ der Reibungskoeffizient ist.

94. Ein materieller Punkt erhält tangential zur Innenfläche eines rauhen, vertikalen Kreiszylinders die horizontale Anfangsgeschwindigkeit V. In einem Punkte seiner Bahn, wo diese die Erzeugende unter den Winkel Φ schneidet, ist die Geschwindigkeit v durch die Gleichung gegeben

$$\frac{ag}{v^2} = \sin^2\Phi \left\{ \frac{ag}{V^2} + 2\mu \log(\cot\Phi + \operatorname{cosec}\Phi) \right\},$$

das Azimut und die vertikale Fallhöhe sind

$$\int_{\Phi}^{\frac{\pi}{2}} \frac{v^2}{ag}\, d\Phi \qquad \text{bzw.} \qquad \int_{\Phi}^{\frac{\pi}{2}} \frac{v^2}{g} \cot\Phi\, d\Phi.$$

95. Auf der Oberfläche eines rauhen, geraden Kreiskegels vom Spitzenwinkel 2α bewege sich ein Massenpunkt nur unter der Wirkung der Flächenzwangskraft und der Reibung. Der Punkt erhalte im Abstand r von der Spitze eine Anfangsgeschwindigkeit V senkrecht zur Erzeugenden. In einem Punkte, wo seine Bahn eine Erzeugende unter dem Winkel χ schneidet, ist seine Geschwindigkeit $Ve^{-\mu\cot\alpha\cos\chi}$ und es verstreicht bis zu diesem Punkte die Zeit

$$\frac{r}{V}\int_{\chi}^{\frac{\pi}{2}} e^{\mu\cot\alpha\cos\chi} \cdot \operatorname{cosec}^2\chi\, d\chi,$$

worin μ den Reibungskoeffizienten bedeutet.

---

96. In einem Medium vom Widerstand $k\cdot$(Geschwindigkeit)^2 werde ein Massenpunkt vertikal nach aufwärts geworfen. Ist u die Anfangsgeschwindigkeit und T die gesamte Bewegungsdauer, so kann nachgewiesen werden, daß $\sqrt{k}\left(\frac{2u}{g} - T\right)$ positiv ist und ebenso wächst wie k.

97. Ein materieller Punkt werde in einem Medium vertikal nach aufwärts geworfen, dessen Widerstand $\frac{g}{K^2}$(Geschwindigkeit)^2 ist. Man beweise, daß

$$\frac{1}{V^2} - \frac{1}{U^2} = \frac{1}{K^2}$$

ist, wenn U und V die Geschwindigkeiten sind, mit denen der Punkt den Abgangspunkt verläßt bzw. wieder zu ihm zurückkehrt.

98. Ein Massenpunkt durchfällt, von der Ruhelage ausgehend, unter dem Einfluß der Schwere eine Strecke x in einem Medium, dessen Widerstand proportional dem Quadrat der Geschwindigkeit ist. Es bezeichnen v die Geschwindigkeit des Punktes in irgendeiner Lage, V seine Endgeschwindigkeit, v_0 diejenige Geschwindigkeit, die im luftleeren Raume beim Durchfallen der Strecke x erreicht würde. Man beweise, daß

$$\frac{v^2}{v_0^2} = 1 - \frac{1}{2}\frac{v_0^2}{V^2} + \frac{1}{2\cdot 3}\frac{v_0^4}{V^4} - \frac{1}{2\cdot 3\cdot 4}\frac{v_0^6}{V^6} + \cdots$$

99. Ein Massenpunkt werde von der Erdoberfläche mit der Anfangsgeschwindigkeit u senkrecht nach aufwärts gestoßen. Ist in einem beliebigen Zeitpunkt v die Geschwindigkeit und z die Höhe über dem Erdboden, so ist der Widerstand $k\frac{v^2}{a+z}$, worin a der Erdradius bedeutet. Ist z stets klein gegenüber a, so ist die Geschwindigkeit, mit der der Punkt zum Abgangspunkt zurückkehrt, angenähert durch die Gleichung gegeben

$$\frac{V^2}{u^2} = 1 - k\frac{v^2}{ga} + (4k^2 - \tfrac{2}{3}k)\left(\frac{v^2}{2ga}\right)^2,$$

wobei die Veränderlichkeit der Schwerkraft mit der Höhe berücksichtigt ist,

100. Ein Massenpunkt wird in einem Medium, in dem der Widerstand kg (Geschwindigkeit)^2 ist, vertikal nach oben geschossen. Man beweise, daß er zum Abschußpunkt mit einer im Verhältnis $\frac{1}{1+kV^2}$ verminderten kinetischen Energie zurückkommt, wobei V die Anfangsgeschwindigkeit bedeutet.

Man beweise ferner, daß der Winkel Θ zwischen den Asymptoten der vollständigen Wurfbahn in diesem Medium durch die Gleichung gegeben ist

$$\frac{U^2}{w^2} = \cot\Theta \operatorname{cosec}\Theta + \operatorname{arc\,sinh}\cot\Theta,$$

wobei U die Grenzgeschwindigkeit und w die horizontale Geschwindigkeit im Scheitelpunkt der Wurfbahn ist.

101. Ein materieller Punkt bewege sich unter der Wirkung der Schwere in einem Medium, dessen Widerstand proportional der Geschwindigkeit ist. Man beweise, daß die Wurfweite für eine horizontale Ebene bei gegebener Anfangsgeschwindigkeit ein Maximum wird, wenn der anfängliche Steigungswinkel und der schließliche Auftreffwinkel Komplementwinkel sind.

102. Ein Massenpunkt wird eine unter dem Winkel α geneigte Ebene hinaufgeschossen und bewegt sich unter der Wirkung der Schwere und eines der Geschwindigkeit proportionalen Widerstandes. Die Abschußrichtung bilde einen Winkel β mit der Vertikalen, die Wurfweite R sei ein Maximum und t bezeichne die Wurfzeit. Man beweise, daß für U als Grenz- und V als Anfangsgeschwindigkeit die Beziehungen gelten:

$$1 + \frac{V}{U}\sec\beta = e^{gtU} \quad \ldots\ldots\ldots\ldots (1)$$

$$\frac{UV(U + V\cos\beta)}{(V + U\cos\beta)} = g(R\sin\alpha + Ut) \quad \ldots\ldots (2)$$

$$\frac{UV^2\sin\beta}{(V + U\cos\beta)} = gR\cos\alpha \quad \ldots\ldots\ldots\ldots (3)$$

103. In einem Medium vom Widerstand $2k$ (Geschwindigkeit) beschreibe ein materieller Punkt von der Masse 1 eine ebene Kurve unter der Wirkung einer zentralen Anziehungskraft, die im Abstand r vom Kraftzentrum die Größe $(\mu^2 + k^2)r$ besitzt. Man beweise, daß er zur Zeit t die Koordinaten hat

$$e^{-kt}\{x_0 \cos\mu t + \mu^{-1}(u_0 + kx_0)\sin\mu t\}$$
$$e^{-kt}\{y_0 \cos\mu t + \mu^{-1}(v_0 + ky_0)\sin\mu t\},$$

wenn x_0, y_0 seine Anfangskoordinaten und u_0, v_0 die Komponenten seiner Anfangsgeschwindigkeit sind.

104. Ein Massenpunkt bewege sich unter dem Einfluß der Schwere in einem Medium, dessen Widerstand proportional dem Quadrat der Geschwindigkeit ist. u und v seien die Werte seiner Geschwindigkeit in den beiden Augenblicken, in denen seine Bewegungsrichtung einen Winkel $\frac{\pi}{4}$ mit der Horizontalen einschließt. Man zeige, daß seine Geschwindigkeit im höchsten Punkte die Größe hat

$$\frac{u \cdot v}{\sqrt{u^2 + v^2}}.$$

105. Wenn wir unter der augenblicklichen Parabel eines Geschosses in einem Medium, dessen Widerstand proportional dem Quadrat der Geschwindigkeit ist, diejenige Parabel verstehen, welche beschrieben werden würde, wenn der Widerstand zu wirken aufhörte, so läßt sich beweisen, daß der Parameter dieser Parabel sich mit einer Geschwindigkeit proportional $v^3 \cos^3 \Theta$ verkleinert. Hierin bedeuten Θ die Neigung der Bewegungsrichtung gegen den Horizont und v die zugehörige Geschwindigkeit in irgendeinem Punkte, Man beweise überdies, daß die Parabelachse sich dem Ausgangspunkte nähert oder sich von ihm entfernt, je nachdem das Geschoß im Aufsteigen oder Niedergehen begriffen ist.

106. Man beweise, daß die Horizontal- bzw. Vertikalkoordinaten x bzw. y eines Massenpunktes, der sich unter dem Einfluß der Schwere in einem Medium vom Widerstand R bewegt, die Gleichung befriedigen

$$\frac{d^3y}{dx^3} + \frac{2gR}{v^4 \cos^3 \Phi} = 0,$$

wobei v die Geschwindigkeit und Φ den Neigungswinkel der Tangente gegen die Horizontale bedeuten.

107. Man beweise, daß die Zeit t, die horizontale Abszisse x und die vertikale Ordinate y in einem Punkt, in dem die Tangente des Neigungswinkels der Geschwindigkeit gegen den Horizont p ist, für eine Wurfbahn in einem Medium, dessen Widerstand sich proportional der n^{ten} Potenz der Geschwindigkeit ändert, durch die Gleichungen bestimmt werden

$$\frac{gt}{w} = \int_p^a P^{-\frac{1}{n}} dp; \qquad \frac{gx}{w^2} = \int_p^a P^{-\frac{2}{n}} dp; \qquad \frac{gy}{w^2} = \int_p^a p \cdot P^{-\frac{2}{n}} dp;$$

wobei

$$P = \int_p^a (1 + p^2)^{\frac{n-1}{2}} dp$$

ist; außerdem bezeichnen hierin w die Grenzgeschwindigkeit im Medium und a die Tangente des Neigungswinkels gegen die Horizontale im Ursprung; wenn als solcher derjenige Punkt gewählt wird, in dem die Geschwindigkeit unendlich groß ist.

108. Ein Massenpunkt führe in einem Medium, dessen Widerstand klein und gleich k (Geschwindigkeit)^2 ist, kleine Schwingungen aus. Man zeige, daß die Schwingungsdauer durch die Wirkung des Widerstandes nicht verändert wird, daß sich aber die Amplitude jeder Halbschwingung um $\frac{4}{3} k a^2$ verkleinert, wenn a die Amplitude der ungedämpften Schwingung bedeutet.

109. Ein Pendel schwinge in einem Medium, dessen Widerstand pro Masseneinheit k (Geschwindigkeit)^2 ist. Werden die höheren Potenzen des Schwingungsbogens gegenüber der ersten vernachlässigt, so ist die Schwingungsdauer dieselbe wie ohne Dämpfung; aber die Zeit des Abwärtsgangs überschreitet die des Aufwärtsgangs um $\frac{2}{3} k \alpha \sqrt{\frac{l^3}{g}}$, worin α die Winkelamplitude des Abwärtsgangs und l die Pendellänge sind.

110. Man beweise, daß ein Massenpunkt in einem widerstehenden Mittel einen Kreis vom Halbmesser a unter der Wirkung einer Kraft beschreiben kann, die nach einem Punkte des Umfangs gerichtet ist und sich umgekehrt mit der 4ten Potenz des Abstandes ändert, wenn der Widerstand proportional $r^{-4}\sqrt{a^2 - r^2}$ ist. Hierin bedeutet r den Abstand.

111. Ein Massenpunkt beschreibe in einem widerstehenden Mittel eine logarithmische Spirale unter der Wirkung einer nach dem Pol gerichteten Kraft F; die Flächengeschwindigkeit sei gleichförmig verzögert. Man beweise, daß

$$F = \mu r^{-3} - \lambda r^{-1},$$

wobei λ und μ Konstanten sind; außerdem ermittele man das Widerstandsgesetz.

112. Der Widerstand eines Mediums sei $k v^4$; man beweise, daß die darin unter der Wirkung einer zentralen Anziehungskraft $\frac{\mu}{r^2}$ beschriebene Bahnkurve eines Massenpunktes von der Masse 1 eine logarithmische Spirale wird, falls die Anfangsgeschwindigkeit so groß wie die Umlaufgeschwindigkeit auf einem Kreise vom selben Abstande vom Kraftzentrum ist, und daß sie den Winkel arc cos $(2\mu k)$ bildet.

113. Ein Massenpunkt, auf den eine Zentralkraft wirkt und der sich in einem widerstehenden Mittel vom Widerstand k (Geschwindigkeit)^2 bewegt, beschreibe eine logarithmische Spirale mit dem Kraftzentrum als Pol. Man zeige, daß die Kraft proportional $r^{-3} e^{-2kr \sec \alpha}$ ist, worin α den Winkel der Tangente gegen den Fahrstrahl der Spirale bedeutet.

114. Ein Massenpunkt von der Masse 1 bewege sich in einem widerstehenden Mittel, dessen Widerstand überall gleich R ist, unter der Wirkung einer Radialkraft F und einer Transversalkraft G. Man beweise unter Benutzung der für die Zentralbewegung üblichen Bezeichnungen, daß

$$\frac{d}{d\Theta}\left(\frac{1}{2} h^2\right) = \frac{G}{u^3} - \frac{R}{u^4} \cdot \frac{d\Theta}{ds},$$

$$h^2\left(\frac{d^2 u}{d\Theta^2} + u\right) = -\frac{1}{u^2}\left(F + \frac{G}{u}\frac{du}{d\Theta}\right).$$

115. Ein materieller Punkt von der Masse m bewege sich im Felde einer Kraft, welche ein Potential V besitzt, und zwar in einem Medium, dessen Widerstand das k-fache der Geschwindigkeit beträgt. Bedeutet

D die in der Zeit t verlorene Energiemenge, so ist

$$\frac{dD}{dt} + \frac{2k}{m}(D - V) = \text{const.}$$

Hat der Widerstand die Größe k (Geschwindigkeit)^2 und ist ds das Bahnelement des Massenpunktes, so wird

$$\frac{dD}{ds} + \frac{2k}{m}(D - V) = \text{const.}$$

116. Eine glatte, gerade Röhre rotiere in einer Ebene mit gleichförmiger Winkelgeschwindigkeit ω um einen festen Endpunkt, während sich in ihrem Inneren ein Massenpunkt unter der Wirkung einer Widerstandskraft bewegt, die gleich dem k-fachen Quadrat der Relativgeschwindigkeit ist. Erhält der Massenpunkt eine solche Anfangsgeschwindigkeit, daß er im festen Endpunkte zur Ruhe kommt, so ist seine Relativgeschwindigkeit in der Entfernung r von diesem Ende

$$\tfrac{1}{2}\sqrt{2}\,\omega k^{-1}\sqrt{(e^{2kr} - 2kr - 1)}.$$

117. Ein Massenpunkt schwinge auf einer Zykloide mit nach unten gekehrtem Scheitel hin und her und beginne seine Bewegung im Bogenabstand a vom Scheitel. Übt das Medium, in dem er sich bewegt, auf die Masseneinheit den kleinen Widerstand k (Geschwindigkeit)^2 aus, so beträgt der Energieverlust bis zur nächsten Ruhelage des Punktes angenähert das $\frac{8}{3}ka$-fache der Anfangsenergie.

118. Ein Massenpunkt bewege sich auf einer glatten Zykloide mit vertikaler Achse und nach oben gekehrtem Scheitel in einem Medium, dessen Widerstand pro Masseneinheit $(2c)^{-1}$ (Geschwindigkeit)^2 beträgt, wobei c der Bogenabstand des Ausgangspunktes vom Scheitel ist. Man beweise, daß bis zur Erreichung des Rückkehrpunktes der Zykloide die Zeit $\sqrt{\frac{8a(4a-c)}{gc}}$ verstreicht, wenn mit $2a$ die Länge der Achse bezeichnet wird.

119. Ein materieller Punkt von der Masse m bewege sich unter zwei gleichen und konstanten Kräften mf, die längs der Tangente und Normalen seiner Bahn wirken, gegen einen Widerstand $mf\frac{v^2}{k^2}$, wobei v die Geschwindigkeit bedeutet. Man beweise, daß die wirkliche Bahngleichung

$$k^2\left(e^{\frac{2fs}{k^2}} - 1\right) = u^2\left(e^{2\Phi} - 1\right)$$

lautet, wenn u die Anfangsgeschwindigkeit bezeichnet.

120. In einem Medium, dessen Widerstand in einem beliebigen Punkte seiner Dichte in diesem Punkte und dem Quadrat der Geschwindigkeit proportional ist, bewege sich ein Massenpunkt und beschreibe dabei unter der Wirkung zweier Kräfte eine Ellipse. Diese Kräfte seien nach den Brennpunkten gerichtet und sollen sich umgekehrt mit der n^{ten} Potenz der Entfernung ändern. Man ermittele die Dichte des Mediums in irgendeinem Punkte der Bahn. Ferner zeige man, daß für $n = 1$ und wenn die Kräfte in gleichen Entfernungen die gleichen sind, die Dichte sich proportional der Beschleunigung ändert, mit der sich der Massenpunkt bewegen würde, wenn er gezwungen wäre, dieselbe Ellipse unter der Wirkung derselben Kräfte, aber ohne Widerstand zu beschreiben.

VI. Das Gegenwirkungsgesetz.

140. Der gerade zentrale Stoß von Kugeln. Die Mittelpunkte zweier Kugeln mögen sich in derselben Geraden bewegen. Diese Gerade muß dann die Verbindungslinie der beiden Mittelpunkte sein. Die Kugeln kommen zur Berührung miteinander, wenn ihre Mittelpunkte sich in entgegengesetztem Sinne bewegen, oder wenn die eine in Ruhe ist und die andere sich gegen die erste bewegt, oder wenn beide sich im gleichen Sinne bewegen und eine die andere einholt. Es bedeuten m, m' die durch Wägung auf einer gewöhnlichen Wage bestimmten Massen der Kugeln, U die Geschwindigkeit des Mittelpunktes der Kugel m vor dem Stoß im Sinne m gegen m', U' die Mittelpunktsgeschwindigkeit von m' vor dem Stoß im gleichen Sinne, u und u' die Geschwindigkeiten von m und m' im gleichen Sinne nach dem Stoß. Mittels geeigneter Meßvorrichtungen für die Geschwindigkeiten findet man durch den Versuch die Beziehungen

$$m(u - U) = m'(U' - u').$$

141. Die ballistische Wage. Das Instrument, mittels dessen man Versuche der soeben betrachteten Art anstellen kann, nennt man die „ballistische Wage“. In der Hauptsache besteht diese aus folgender Einrichtung[1]): Zwei Kugeln sind an zwei gleichhohen festen Punkten so aufgehängt, daß sie sich berühren und daß die Verbindungslinie ihrer Mittelpunkte wagerecht ist, wenn die Fäden lotrecht hängen (vgl. Fig. 45). Der Abstand zwischen den Aufhängepunkten ist gleich der Summe der Kugelhalbmesser. Nun hebt man eine

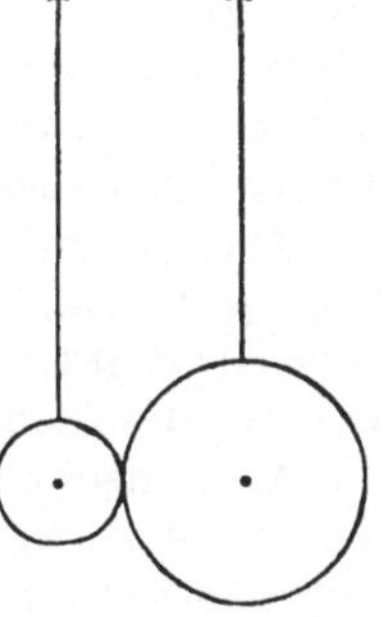

Fig. 45.

[1]) Eine Beschreibung der wirklichen Konstruktion und der Anwendungsweise des Instruments findet sich in W. M. Hicks, Elementary Dynamics of Particles and Solids, London 1890. Versuche der im Text erwähnten Art sind von Newton gemacht worden. Siehe Principia, Lib. I. „Axiomata sive leges motus“.

Kugel bei gespannt gehaltenem Faden an, bis ihr Mittelpunkt eine bestimmte Höhe H über der Gleichgewichtslage erreicht hat, und läßt sie hierauf fallen. Im Augenblick des Stoßes hat ihre Geschwindigkeit die Größe $\sqrt{2gH}$. Die Geschwindigkeiten der Kugeln nach dem Stoß werden durch Beobachtung der von ihren Mittelpunkten erreichten Höhen bestimmt.

142. Die Aufstellung des Gegenwirkungsgesetzes. Das Ergebnis von Abschn. 140 kann man schreiben

$$m'u' - m'U' = -(mu - mU).$$

Die linke Seite der Gleichung ist das Maß der Änderung der Bewegungsgröße der Kugel m'; die rechte Seite ist mit entgegengesetztem Vorzeichen das Maß der Änderung der Bewegungsgröße der Kugel m. Diese Änderungen der Bewegungsgrößen werden während der sehr kurzen Stoßzeit durch Kräfte bewirkt, welche die Kugeln aufeinander ausüben. Man kann das Ergebnis in den Satz fassen: Die Antriebe der Kräfte sind gleich groß und entgegengesetzt gerichtet. Dieses Resultat führt uns zu dem Schlusse, daß auch die Kräfte gleich groß und entgegengesetzt gerichtet sind. Die Verallgemeinerung dieses Ergebnisses liefert den Satz: Bei jeder Wirkung zwischen Körpern, durch welche Bewegung bei ihnen erzeugt, geändert oder vernichtet wird, übt jeder Körper auf den anderen eine Kraft aus. Die so ausgeübten Kräfte sind gleich groß und entgegengesetzt gerichtet. Den Satz kann man noch schärfer fassen, wenn man die Körper durch Massenpunkte ersetzt. Er nimmt dann die folgende Form an:

Die Größe der von einem Massenpunkt auf einen zweiten ausgeübten Kraft ist gleich der Größe der von dem zweiten Massenpunkt auf den ersten ausgeübten Kraft. Die Angriffsgeraden der beiden Kräfte fallen mit der Verbindunglinie der beiden Massenpunkte zusammen und die Kräfte haben entgegengesetzten Sinn.

Diesen abstrakten Satz kann man als eine auf induktivem Wege gewonnene Erfahrungstatsache ansehen. Der Beweis für seine Richtigkeit liegt darin, daß die aus ihm abgeleiteten Ergebnisse mit den Versuchsergebnissen übereinstimmen.

Man nennt den Satz häufig das „Gegenwirkungsgesetz", weil es von Newton kurz in den Worten „Wirkung und Gegenwirkung sind gleich groß und entgegengesetzt gerichtet" ausgesprochen worden ist.

143. Das Massenverhältnis. Das Ergebnis von Abschn. 140 kann man in der Form schreiben:

$$\frac{-(u-U)}{u'-U'}=\frac{m'}{m};$$

man kann es verallgemeinern und dann scharf in dem Satz aussprechen:

Bei jeder Wirkung zwischen Massenpunkten sind die Geschwindigkeitsänderungen den Massen umgekehrt proportional.

Dieses Ergebnis ermöglicht es uns, jedem Paar von Massenpunkten oder auch jedem Paar von als Massenpunkte behandelten Körpern ein ganz bestimmtes Verhältnis zuzuordnen, das wir als „Massenverhältnis“ bezeichnen wollen. Erzeugt die zwischen den Massenpunkten wirkende Kraft an ihnen die Beschleunigungen f bzw. f', so ist das Massenverhältnis $f':f$. Das Massenverhältnis zweier beliebiger Massenpunkte ist den Beschleunigungen, die sie gegenseitig bei ihrer Wechselwirkung aufeinander erzeugen, umgekehrt proportional.

144. Die Masse. Immer wenn zwei Körper als Massenpunkte behandelt werden können, ist das Massenverhältnis gleich dem Verhältnis der Massen der beiden Körper.

Diese Feststellung ermöglicht es uns, den Körpern Massen zuzuordnen, ohne sie in einer gewöhnlichen Wage zu wägen.

Wenn man die Körper wägen kann, so ergibt sich stets die Tatsache, daß das durch die gegenseitige Wechselwirkung bestimmte Massenverhältnis gleich dem durch Wägung bestimmten ist.

Die Definition der Masse durch die Wechselwirkung ist natürlich allgemeiner und grundsätzlicher als die durch das Wägen. Im Kapitel X wird gezeigt, daß die Bestimmung der Massen mittels Wägung einen Sonderfall der Bestimmung aus der Wechselwirkung darstellt.

Da man gewöhnt ist, die Stoffmenge eines Körpers dadurch zu bestimmen, daß man ihn wägt, so sagt man gewöhnlich, die Stoffmenge eines Körpers sei gleich der Masse des Körpers.

Um die Geschwindigkeit eines sich bewegenden Körpers zu ändern, ihn in Bewegung zu setzen oder zur Ruhe zu bringen, ist es erforderlich, Kräfte auf ihn wirken zu lassen. Dieses Ergebnis führt uns zu der Erkenntnis des Bestrebens der Körper, den augenblicklichen Bewegungszustand aufrechtzuerhalten, wenn Kräfte, die Bewegungsänderungen erzeugen, nicht vorhanden sind. Dieses Bestreben nennt man die „Trägheit“. Der zur Erzeugung einer bestimmten Bewegungsänderung bei einem Körper erforderliche Antrieb ist der Masse des Körpers proportional. Daher liefert die Masse des Körpers ein Maß für dessen Trägheit.

145. Die Dichte. Das Verhältnis

$$\frac{\text{Zahl der Masseneinheiten in der Masse eines Körpers}}{\text{Zahl der Volumeneinheiten im Volumen des Körpers}}$$

ist die „mittlere Dichte" des Körpers. Auf gleiche Weise kann man die mittlere Dichte eines beliebigen Körperstückes definieren.

Ist die mittlere Dichte für alle Körperstücke gleich groß, so heißt man den Körper „homogen" oder „gleichförmig", andernfalls „heterogen".

Im Falle eines heterogenen Körpers kann man die Dichte in einem Punkte als den Grenzwert definieren, dem die mittlere Dichte eines den Punkt enthaltenden Volumenteiles zustrebt, wenn der Volumenteil unbegrenzt abnimmt.

Die Dichten von im landläufigen Sinne homogenen Stoffen unter fest bestimmten Zustandsbedingungen sind physikalische Konstante. Z. B. ist die Dichte reinen Wassers bei 4^0 C Temperatur und einem 76 cm Quecksilbersäule entsprechenden Druck gleich der Einheit, wenn als Längeneinheit das Zentimeter und als Masseneinheit das Gramm genommen werden.

Die Dichte ist eine physikalische Größe von der Dimension $(\text{Masse})^1 \times (\text{Länge})^{-3}$.

146. Die Gravitation. Die Umlaufzeit eines Massenpunktes, der eine elliptische Bahn um einen Brennpunkt beschreibt, ist $2\pi a^{\frac{3}{2}} \mu^{-\frac{1}{2}}$, worin $2a$ die große Achse der Bahn und μ die Stärke des Kraftfeldes im Abstand 1 vom Brennpunkt bedeuten (Abschn. 48, Beisp. 5). Die Tatsache, daß die Quadrate der Umlaufzeiten der Planeten bei ihrer Bewegung um die Sonne proportional der dritten Potenz der großen Achsen ihrer Bahnen sind, hat Kepler[1]) gefunden. Wird die Stärke des Gravitationsfeldes der Sonne durch $\frac{\mu}{(\text{Abstand})^2}$ ausgedrückt, so hat die Größe μ für alle Planeten ein und denselben Wert.

Es bezeichnen E die Masse der Erde, P die irgendeines Planeten, r, r' die Abstände Sonne-Erde bzw. Sonne-Planet. Die Gravitationskräfte der Sonne, die auf die Erde bzw. den Planeten wirken, sind $\frac{\mu E}{r^2}$ und $\frac{\mu P}{r'^2}$. Ebenso große Kräfte

1) Harmonices mundi, 1619. Man nennt dieses Gesetz gewöhnlich das „dritte Keplersche Gesetz der Planetenbewegung".

werden daher von den zwei Körpern auf die Sonne ausgeübt und diese Kräfte sind proportional den Massen der Körper. Daher sind die Gravitationskraft der Erde und die Gravitationskraft des Planeten den Massen der Erde bzw. des Planeten proportional. Demgemäß müssen wir annehmen, daß die Gravitationskraft der Sonne der Masse der Sonne proportional ist, d. h. wir werden dazu geführt, $\mu = \gamma S$ zu setzen, wenn wir mit S die Sonnenmasse und mit γ eine von den Massen unabhängige Konstante bezeichnen. Die von der Sonne auf die Erde oder von der Erde auf die Sonne ausgeübte Kraft drückt sich dann in der Formel aus

$$\frac{\gamma E \cdot S}{r^2}.$$

Kräfte solcher Art würden entstehen, wenn die Körper aus kleinen Teilchen beständen, deren jedes als ein Massenpunkt behandelt werden kann, wenn außerdem diese Massenpunkte Kräfte aufeinander ausübten, die in den Verbindungslinien der Punkte wirken, und wenn schließlich die Kraft zwischen zwei Massenpunkten m und m' eine Anziehungskraft von der Größe $\frac{\gamma m m'}{r^2}$ wäre.

Das **Gravitationsgesetz** spricht aus, daß durch diese Formel das Gesetz der Kraftwirkung zwischen Massenpunkten (wobei diese als kleine Teilchen eines Körpers angesehen werden) für alle Entfernungen wiedergegeben wird, die man in gewöhnlicher Weise (d. h. mittels eines geteilten Maßstabes) messen kann und für alle größeren Entfernungen.

Das Gesetz kann man durch tatsächliche Beobachtung der Gravitationskraft zwischen Körpern an der Erdoberfläche auf seine Gültigkeit prüfen. Durch diese Beobachtungen kann auch der Wert von γ ermittelt werden. Die besten diesbezüglichen Versuche ergaben für γ den Wert $6{,}65 \cdot 10^{-8}$ in CGS-Einheiten[1]).

Die Größe γ ist eine physikalische Konstante; man nennt sie die **Gravitationskonstante**. Sie besitzt die Dimension

$$(\text{Länge})^3 \, (\text{Masse})^{-1} \, (\text{Zeit})^{-2}.$$

Da die Stärke des Gravitationsfeldes der Sonne durch $\frac{\gamma S}{(\text{Abstand})^2}$ gegeben ist, ist es uns durch die Kenntnis der Dauer einer Erdumdrehung um die Sonne ($365\frac{1}{4}$ Tage) möglich, die Sonnenmasse zu berechnen.

147. Die Theorie der Anziehungskräfte. Sieht man einen Körper als ein aus einzelnen Massenpunkten bestehendes Gebilde an und wirken

[1]) C. V. Boys, Proc. R. Soc. London, vol. 56 (1894).

die Massenpunkte eines Körpers und diejenigen anderer Körper mit Kräften nach dem Gravitationsgesetz aufeinander, so läßt sich die Resultierende aller auf einen Massenpunkt eines solchen Körpers wirkenden Kräfte ausrechnen. Die Lehre, mittels der diese Rechnung durchgeführt werden kann, ist die Lehre von den Anziehungskräften; Anwendungen derselben findet man in Büchern über Statik. Für unsere jetzigen Betrachtungen kommt als wesentlichstes Ergebnis dieser Lehre jenes in Frage, nach welchem homogene Kugeln, oder auch Kugeln, deren Material in konzentrischen Kugelschalen von konstanter Dichte angeordnet ist, einen außerhalb liegenden Massenpunkt so anziehen, als ob ihre Massen in ihren Mittelpunkten vereinigt wären[1]).

148. Die mittlere Dichte der Erde. Infolge des eben dargelegten Ergebnisses werden wir dazu geführt, für die Feldstärke der Erdschwere auch für kleinere Entfernungen den Wert $\frac{\gamma \cdot \mathsf{E}}{R^2}$ anzunehmen, wobei E die Masse der Erde und R den Abstand von ihrem Mittelpunkt bedeuten. Verstehen wir insonderheit unter R den Erdradius, so stellt der angeschriebene Wert die Beschleunigung eines freien Körpers an der Erdoberfläche dar. Abgesehen von der Korrektion, die man wegen der Rotation der Erde anbringen muß, ist dies dieselbe Größe wie g. Wir wollen sie mit g' bezeichnen. Dann finden wir, daß die mittlere Dichte ϱ der Erde durch die Gleichung gegeben ist

$$\varrho = \frac{3\,g'}{4\,\pi\gamma R}.$$

Sehen wir von dem Unterschiede zwischen g und g' ab, oder bestimmen wir g' (vgl. Kapitel X), so liefert uns diese Gleichung ϱ, wenn γ bekannt ist. So läßt sich das Gravitationsgesetz zur Bestimmung der Masse und der mittleren Dichte der Erde benutzen. Man hat als mittlere Dichte (in $g\,\mathrm{cm}^{-3}$) die Zahl 5,527 gefunden[2]), also ungefähr die $5^1/_2$ fache Dichte des Wassers.

149. Die Anziehungskraft im Innern einer schweren Kugel. Ein bekanntes Ergebnis aus der Lehre der Anziehungskräfte sagt, daß eine homogene, durch zwei konzentrische Kugelflächen begrenzte Kugelschale keine Anziehungskraft auf einen Punkt innerhalb ihrer inneren Oberfläche ausübt.

Daraus folgt, daß die Anziehungskraft auf einen Punkt im Innern einer homogenen schweren Kugel gleich der Anziehung ist, die die durch den Punkt gehende konzentrische Kugel auf den Punkt ausübt.

Wäre die Erde eine homogene Kugel vom Radius a, so besäße ihre Anziehungskraft auf einen im Erdinnern in einem Abstand r von ihrem Mittelpunkt entfernt liegenden Massenpunkt den Wert $\frac{g' r}{a}$, wobei g' die Anziehungskraft auf der Oberfläche ist.

150. Beispiele. 1. Man betrachte die Bewegung eines Massenpunktes unter der Wirkung einer homogenen festen schweren Kugel von

[1]) Diese Erkenntnis verdanken wir Newton (Principia, Lib. I. Sekt. XII).

[2]) Siehe Fußnote, S. 193.

der Dichte ϱ und dem Radius a und nehme dabei an, daß der Massenpunkt aus der Ruhelage in der Entfernung $b\,(>a)$ vom Mittelpunkt ausgeht. Er wird sich im Abstand x vom Mittelpunkt mit der Beschleunigung $\frac{4}{3}\pi\gamma\varrho\frac{a^3}{x^2}$ geradeswegs auf den Mittelpunkt hinbewegen, solange $x>a$. Im Augenblick, wo $x=a$, wird er eine Geschwindigkeit haben, die sich aus der Gleichung ergibt

$$\frac{1}{2}\dot{x}^2=\frac{4}{3}\pi\gamma\varrho a^3\left(\frac{1}{a}-\frac{1}{b}\right).$$

Wir wollen nun annehmen, durch den Mittelpunkt der Kugel sei in der Bewegungsrichtung des Punktes ein feiner Schacht gebohrt. Innerhalb dieses Schachtes hat die Beschleunigung in der Entfernung x vom Mittelpunkt die Größe $\frac{4}{3}\pi\gamma\varrho x$ und der Punkt führt eine gewöhnliche harmonische Schwingung aus. Die Geschwindigkeit in der Entfernung x vom Mittelpunkt ist durch die Gleichung gegeben

$$\tfrac{1}{2}\dot{x}^2+\tfrac{2}{3}\pi\gamma\varrho x^2=\text{const},$$

wobei die Konstante aus dem Ausdruck bestimmt werden kann, der oben für die Geschwindigkeit im Augenblick des Eintritts in den Schacht angeschrieben worden war.

Man beweise, daß die Geschwindigkeit im Mittelpunkt

$$\sqrt{\frac{4}{3}\pi\gamma\varrho a^2\left(3-\frac{2a}{b}\right)}$$

ist und ermittele für den Sonderfall $b=a$ die Zeit, die beim Durchlaufen des Schachtes verstreicht.

2. Man beweise, daß sich die Schwingungsdauer eines Pendels, das mit in ein Bergwerk hinuntergenommen wird, vergrößert oder verkleinert, je nachdem die mittlere Dichte des Gesteins an der Erdoberfläche größer oder kleiner als $\frac{2}{3}$ der mittleren Erddichte ist. [Der Unterschied zwischen g' und g möge vernachlässigt werden.]

Die Theorie des Punkthaufens.

151. Vorbemerkung. Die Sonne und die Planeten mit ihren Trabanten bieten ein Beispiel für ein Körpersystem, das so behandelt werden kann, als bestände es aus Massenpunkten, die sich unter der Wirkung ihrer gegenseitigen Anziehungskräfte bewegen. Das Gravitationsgesetz kann man benützen, um sowohl die Systemmassen wie auch ihre Bewegungen zu bestimmen. In der theoretischen Mechanik sind viele Erkenntnisse gerade aus der Theorie der Bewegung eines solchen Punkthaufens abgeleitet worden. Im allgemeinen machen wir die Annahme, daß jeder Systemmassenpunkt eine ihm zugeordnete Masse besitzt und daß er sich unter dem Einfluß von Kräften bewegt, von denen die einen von der gegenseitigen Wirkung der einzelnen Systempunkte aufeinander herrühren, während die andern durch außerhalb des Systems gelegene Massenpunkte auf die Systemmassenpunkte ausgeübt werden.

152. Der Massenmittelpunkt. x, y, z seien die Koordinaten eines Systemmassenpunktes zur Zeit t, m seine Masse. Dann sei ein Punkt $(\bar{x}, \bar{y}, \bar{z})$ durch die Gleichungen

$$\bar{x} = \frac{\Sigma(m x)}{\Sigma m}, \quad \bar{y} = \frac{\Sigma(m y)}{\Sigma m}, \quad \bar{z} = \frac{\Sigma(m z)}{\Sigma m}$$

bestimmt, in denen die Summation über alle Massenpunkte zu erstrecken ist. Dieser Punkt soll der „Massenmittelpunkt" des Punkthaufens genannt werden.

Der Massenmittelpunkt fällt mit dem in den Lehrbüchern der Statik definierten „Schwerpunkt" zusammen. Infolge der Beziehung zwischen Masse und Trägheit (Abschn. 144) wird er auch manchmal der Trägheitsmittelpunkt genannt. Wir wollen ihn mit dem Buchstaben G bezeichnen.

153. Die resultierende Bewegungsgröße. Die Bewegungsgröße eines Massenpunktes m, der zur Zeit t sich im Punkte (x, y, z) befindet, würde als ein Vektor definiert, dessen Wirkungsgerade durch den Punkt geht und dessen Komponenten in Richtung der Achsenrichtungen $m\dot{x}$, $m\dot{y}$, $m\dot{z}$ sind. Die Bewegungsgrößen eines Systems von Massenpunkten bilden ein System von Vektoren, die an feste Wirkungslinien gebunden sind.

Die allgemeine Theorie der Zusammensetzung eines Systems von solchen Vektoren (siehe Anhang zu diesem Kapitel) lehrt, daß die Einzelbewegungsgrößen eines Systems in ihrer Gesamtheit einer „resultierenden Bewegungsgröße", die in einem durch einen beliebigen Punkt gelegten Geraden wirkt, und außerdem einem Vektorpaar gleichwertig sind, das die Bedeutung eines „Dralles" hat. Die Komponenten der resultierenden Bewegungsgröße in den Achsenrichtungen sind

$$\Sigma(m\dot{x}), \quad \Sigma(m\dot{y}), \quad \Sigma(m\dot{z}),$$

wobei die Summation über alle Massenpunkte zu erstrecken ist.

Nun gilt

$$\dot{\bar{x}}\,\Sigma m = \Sigma(m\dot{x}), \quad \dot{\bar{y}}\,\Sigma m = \Sigma(m\dot{y}), \quad \dot{\bar{z}}\,\Sigma m = \Sigma(m\dot{z}).$$

Die in diesen Gleichungen auf der linken Seite stehenden Glieder sind die in den Achsenrichtungen genommenen Komponenten der Bewegungsgröße eines gedachten Massenpunktes, dessen Masse gleich der Summe der Massen der einzelnen Massenpunkte ist und der sich bei seiner Bewegung immer im Massenmittelpunkte des Systems befindet. Wir nennen diesen gedachten Massenpunkt den „Massenpunkt G“. Dann haben wir den Satz, daß die resultierende Bewegungsgröße des Systems gleich der Bewegungsgröße des Massenpunktes G ist.

154. Die resultierende Beschleunigungskraft. Die Beschleunigungskraft eines zur Zeit t im Punkte (x, y, z) befindlichen Massenpunktes m wurde als ein Vektor definiert, dessen Wirkungsgerade durch den Punkt geht und dessen Komponenten in den Achsenrichtungen $m\ddot{x}$, $m\ddot{y}$, $m\ddot{z}$ sind.

Die Beschleunigungskräfte eines Systems von Massenpunkten sind gleichwertig einer „resultierenden Beschleunigungskraft“, deren Wirkungsgerade durch einen beliebigen Punkt geht und einem Vektorpaar, dem „Moment der Beschleunigungskräfte“.

Die in den Achsenrichtungen genommenen Komponenten der resultierenden Beschleunigungskraft des Systems sind

$$\Sigma(m\ddot{x}), \quad \Sigma(m\ddot{y}), \quad \Sigma(m\ddot{z}).$$

Differentiiert man nun die Gleichungen $\dot{\bar{x}}\Sigma m = (m\dot{x})$ usw., so erhält man die folgenden

$$\ddot{\bar{x}}\Sigma m = \Sigma(m\ddot{x}) \quad \text{usw.}$$

Daraus folgt, daß die resultierende Beschleunigungskraft gleich ist der Beschleunigungskraft des Massenpunktes G (d. h. eines Massenpunktes, der gleiche Masse wie das System besitzt und der sich im Massenmittelpunkt des Systems befindet und sich mit diesem bewegt.

155. Relative Koordinaten. Die resultierende Bewegungsgröße und die resultierende Beschleunigungskraft sind unabhängig von der Wahl des Punktes, der für die Zusammensetzung des Systems der Bewegungsgrößen oder Beschleunigungskräfte zu einer Resultierenden oder zum Vektorpaar benutzt wurde. Aber die Vektorpaare hängen von der Lage dieses Punktes ab. Meist ist es am bequemsten, entweder dafür denjenigen Punkt zu wählen, den man willkürlich als Ursprung angenommen hat, oder den Massenmittelpunkt hierfür zu benutzen. Bezeichnet man mit $\bar{x}, \bar{y}, \bar{z}$ die Koordinaten des Massenmittelpunktes und setzt man

$$x = \bar{x} + x', \quad y = \bar{y} + y', \quad z = \bar{z} + z',$$

dann stellen x', y', z' die Koordinaten eines Punktes relativ zum Massenmittelpunkt dar.

Nach der Definition von $\bar{x}, \bar{y}, \bar{z}$ gilt

$$\Sigma(mx') = 0, \quad \Sigma(my') = 0, \quad \Sigma(mz') = 0$$

und somit

$$\Sigma(m\dot{x}') = 0, \quad \ldots, \quad \Sigma(m\ddot{x}') = 0, \quad \ldots$$

156. Der Drall. Die Summe der Momente der Bewegungsgrößen der Systemmassenpunkte um eine beliebige Achse ist das Moment der Bewegungsgröße des Systems um diese Achse. Dieses Moment der Bewegungsgröße wird häufig „der Drall" genannt.

Der Drall des Punkthaufens um die x-Achse ist

$$\Sigma[m(y\dot{z} - z\dot{y})].$$

(Vergleiche den Anhang zu diesem Kapitel.) Dieser Ausdruck ist gleich

$$\Sigma[m\{(\bar{y}+y')(\dot{\bar{z}}+\dot{z}') - (\bar{z}+z')(\dot{\bar{y}}+\dot{y}')\}],$$

den man auch schreiben kann

$$(\bar{y}\dot{\bar{z}} - \bar{z}\dot{\bar{y}})\Sigma(m) + \Sigma[m(y'\dot{z}' - z'\dot{y}')].$$

Das erste Glied dieser Summe stellt den Drall des Massenpunkts G um die x-Achse dar; das zweite Glied ist der Drall des Punkthaufens um eine durch G gezogene Parallele zur x-Achse. Denn $m\dot{x}', m\dot{y}', m\dot{z}'$ sind die Bewegungsgrößen relativ zu Parallelachsen durch G oder die Bewegungsgrößen für die „Relativbewegung gegenüber G". Unser Ergebnis läßt sich daher in dem Satz aussprechen: Der Drall eines Punkthaufens um eine beliebige Achse ist gleich dem Drall des Massenpunktes G, vermehrt um den Drall für die Relativbewegung gegenüber G um eine durch G gehende parallele Achse.

Sind die Einzelbewegungsgrößen eines Massenpunktsystems zu einer resultierenden Bewegungsgröße im Massenmittelpunkt und zu einem Vektorpaar zusammengesetzt, so gibt das Vektorpaar den Drall für die Relativbewegung gegenüber dem Massenmittelpunkt an. Wir wollen es als den „resultierenden Drall um den Massenmittelpunkt" und seine Achse als die „Achse des resultierenden Dralls" bezeichnen. Seine Komponenten sind

$$\Sigma[m(y'\dot{z}' - z'\dot{y}')], \ldots$$

157. Das Moment der Beschleunigungskräfte. Die Summe der Momente der Beschleunigungskräfte um die x-Achse ist

$$\Sigma[m(y\ddot{z}-z\ddot{y})] \quad \text{oder} \quad \frac{d}{dt}\Sigma[m(y\dot{z}-z\dot{y})].$$

Man kann dafür schreiben

$$(\bar{y}\ddot{\bar{z}}-\bar{z}\ddot{\bar{y}})\Sigma m+\Sigma[m(y'\ddot{z}'-z'\ddot{y}')]$$

oder

$$\frac{d}{dt}[(\bar{y}\dot{\bar{z}}-\bar{z}\dot{\bar{y}})\Sigma m]+\frac{d}{dt}\Sigma[m(y'\dot{z}'-z'\dot{y}')].$$

Daher ist die Summe der Momente der Beschleunigungskräfte um eine beliebige Achse gleich der zeitlichen Zunahme des Dralls um diese Achse und dies ist gleich dem Moment der Beschleunigungskräfte des Massenpunktes G um diese Achse, vermehrt um das Moment der Beschleunigungskräfte bei der Relativbewegung gegenüber G um eine parallele Achse durch G.

Setzt man die Beschleunigungskräfte eines Punkthaufens zu einer resultierenden Beschleunigungskraft, die durch den Massenmittelpunkt geht, und zu einem Vektorpaar zusammen, so ist das Vektorpaar gleich der zeitlichen Zunahme des resultierenden Dralls um den Massenmittelpunkt.

158. Die kinetische Energie. Die kinetische Energie eines Massenpunktes ist gleich dem halben Produkt aus seiner Masse und dem Quadrat seiner Geschwindigkeit.

Für einen Massenpunkt m, der sich in (x, y, z) befindet, beträgt sie

$$\tfrac{1}{2}m(\dot{x}^2+\dot{y}^2+\dot{z}^2).$$

Die kinetische Energie eines Massenpunktsystems ist gleich der Summe der kinetischen Energien der einzelnen Massenpunkte. Sie hat die Größe

$$\tfrac{1}{2}\Sigma[m(\dot{x}^2+\dot{y}^2+\dot{z}^2)].$$

Dieser Ausdruck ist gleich

$$\tfrac{1}{2}(\dot{\bar{x}}^2+\dot{\bar{y}}^2+\dot{\bar{z}}^2)\Sigma m+\tfrac{1}{2}\Sigma[m(\dot{x}'^2+\dot{y}'^2+\dot{z}'^2)].$$

In Worten lautet dieses Ergebnis: *Die kinetische Energie eines Punkthaufens ist gleich der kinetischen Energie des Massenpunktes G, vermehrt um die kinetische Energie der Relativbewegung gegenüber G.*

159. Beispiele. 1. Zwei Massenpunkte mit den Massen m und m' bewegen sich in beliebiger Weise. V ist die Geschwindigkeit des Massenmittelpunktes und v die Relativgeschwindigkeit der Massenpunkte gegeneinander. Die kinetische Energie ist

$$\frac{1}{2}(m+m')V^2+\frac{1}{2}\frac{m m'}{m+m'}v^2.$$

2. Für den gleichen Fall bezeichne p das Lot, das von dem einen Massenpunkt auf die durch den andern in Richtung der Relativgeschwindigkeit gezogene Gerade gefällt wird. Dann ist der resultierende Drall um den Massenmittelpunkt

$$\frac{m m'}{m+m'}p v$$

und die Achse des resultierenden Dralls steht senkrecht auf der Ebene, die die Massenpunkte und die Wirkungslinie der Relativgeschwindigkeit enthält.

160. Die Bewegungsgleichungen eines Punkthaufens. Es seien m_1 die Masse eines Massenpunktes des Systems, x_1, y_1, z_1 seine Koordinaten zur Zeit t; X_1, Y_1, Z_1 die Summen der zu den Achsen parallelen Komponenten der Kräfte, die von Massenpunkten außerhalb des Systems auf unseren Massenpunkt ausgeübt werden; X_1', Y_1', Z_1' die Summen der zu den Achsen parallelen Komponenten der Kräfte, mit denen die übrigen Massenpunkte unseres Systems auf den Massenpunkt wirken.

Die Bewegungsgleichungen dieses Massenpunkts lauten

$$m_1\ddot{x}_1=X_1+X_1', \quad m_1\ddot{y}_1=Y_1+Y_1', \quad m_1\ddot{z}_1=Z_1+Z_1'.$$

Ebenso können wir für einen zweiten Massenpunkt m_2 mit den Koordinaten x_2, y_2, z_2 die folgenden Bewegungsgleichungen anschreiben

$$m_2\ddot{x}_2=X_2+X_2', \quad m_2\ddot{y}_2=Y_2+Y_2', \quad m_2\ddot{z}_2=Z_2+Z_2'.$$

Für jeden beliebigen Massenpunkt können wir allgemein schreiben

$$m\ddot{x}=X+X', \quad m\ddot{y}=Y+Y', \quad m\ddot{z}=Z+Z'.$$

Darin beziehen sich X, Y, Z auf die äußeren, X', Y', Z' auf die inneren Kräfte.

161. Das Gesetz über die Wirkung der inneren Kräfte. Die Summe der Komponenten parallel zu irgendeiner Achse und die Summe der Momente um eine beliebige Achse sind beide für alle zwischen den Massenpunkten eines Systems wirkenden inneren Kräfte gleich Null.

Die gegenseitige Wirkung zwischen zwei beliebigen Massenpunkten des Systems besteht aus zwei gleichen und entgegengesetzt gerichteten Kräften, die auf beide Massenpunkte in ihrer Verbindungslinie wirken. Die Summe der Komponenten dieser beiden Kräfte ist für jede beliebige Achsenrichtung gleich Null.

Das Moment einer Kraft um eine Achse ist unabhängig davon, in welchem Punkte ihrer Wirkungslinie die Kraft angreift. Daher ist auch die Summe der Momente um irgendeine Achse zweier gleich großen und entgegengesetzt gerichteten Kräfte in derselben Wirkungslinie gleich Null.

Mit Benutzung der in Abschnitt 160 eingeführten Bezeichnungen läßt sich dieses Ergebnis durch folgende Gleichungen aussprechen

$$\Sigma(X') = 0, \quad \Sigma(Y') = 0, \quad \Sigma(Z') = 0,$$

$$\Sigma(y Z' - z Y') = 0, \quad \Sigma(z X' - x Z') = 0, \quad \Sigma(x Y' - y X') = 0.$$

162. Vereinfachte Form der Bewegungsgleichungen. Addiert man sämtliche für die x-Richtung angeschriebenen Bewegungsgleichungen und beachtet, daß $\Sigma(X') = 0$, so erhält man die Gleichung

$$\Sigma(m \ddot{x}) = \Sigma X.$$

In gleicher Weise ergeben sich die beiden anderen Gleichungen

$$\Sigma(m \ddot{y}) = \Sigma(Y) \quad \text{und} \quad \Sigma(m \ddot{z}) = \Sigma(Z).$$

Durch Multiplikation der z-Gleichungen mit den y-Werten und der y-Gleichungen mit den z-Werten und unter Beachtung, daß

$$\Sigma(y Z' - z Y') = 0,$$

kann man die folgende Gleichung bilden:

$$\Sigma[m(y \ddot{z} - z \ddot{y})] = \Sigma(y Z - z Y).$$

In gleicher Weise erhält man

$$\Sigma[m(z \ddot{x} - x \ddot{z})] = \Sigma(z X - x Z)$$

und

$$\Sigma[m(x \ddot{y} - y \ddot{x})] = \Sigma(x Y - y X).$$

Diese Gleichungen lauten in Worten:

1. Die Summe der in irgend einer Richtung gebildeten Komponenten der Beschleunigungskräfte eines Massenpunkt-Systems ist gleich der Summe der

Komponenten der äußeren Kräfte in derselben Richtung.

2. Die Summe der Momente um irgend eine Achse der Beschleunigungskräfte eines Massenpunktsystems ist gleich der Summe der Momente der äußeren Kräfte um dieselbe Achse.

Das Ergebnis kann auch kurz in der Form ausgedrückt werden: Wenn die äußeren Kräfte an ihre Wirkungsgerade gebundene Vektoren sind, so bilden die Beschleunigungskräfte und die äußeren Kräfte zwei gleichwertige Vektorsysteme.

Dieses Ergebnis wurde in einer etwas anderen Form zuerst von D'Alembert in seinem Traité de Dynamique, 1743, ausgesprochen und ist unter dem Namen des D'Alembertschen Prinzips bekannt.

Durch Integration beider Seiten der Gleichungen

$$\Sigma (m \ddot{x}) = \Sigma X \quad \text{usw.}$$

nach der Zeit zwischen den Grenzen, die dem Anfangs- und Endzeitpunkte eines Zeitintervals entsprechen, finden wir das Resultat

$$\Sigma (m \dot{x})_{t=t_1} - \Sigma (m \dot{x})_{t=t_0} = \Sigma \int_{t_0}^{t_1} X \, dt \quad \text{usw.}$$

oder in Worten: Die Änderung der Bewegungsgröße des Systems in irgendeiner Richtung ist gleich der Summe der Antriebe der Komponenten der äußeren Kräfte in dieser Richtung.

163. Die Bewegung des Massenmittelpunktes. Da ja die resultierende Beschleunigungskraft eines Systems gleich der Beschleunigungskraft eines Massenpunktes war, dessen Masse gleich der im Massenmittelpunkt vereinigten Masse des Systems ist, so sehen wir, daß

$$\ddot{\bar{x}} \Sigma m = \Sigma X, \quad \ddot{\bar{y}} \Sigma m = \Sigma Y, \quad \ddot{\bar{z}} \Sigma m = \Sigma Z,$$

daß also der Massenmittelpunkt sich wie ein gedachter Punkt bewegt, in dem die ganze Masse des Systems vereinigt wäre und in dem die Resultierende aller auf das System wirkenden Kräfte angriffe.

164. Die Bewegung relativ zum Massenmittelpunkt. In den Gleichungen

$$\Sigma [m (y \ddot{z} - z \ddot{y})] = \Sigma (y Z - z Y) \quad \text{usw.}$$

setze man

$$x = \bar{x} + x' \text{ usw.}$$

Dann geht die linke Seite der Gleichung in den Ausdruck über

$$[(\bar{y}\ddot{\bar{z}} - \bar{z}\ddot{\bar{y}})\Sigma m] + \Sigma\{m(y'\ddot{z}' + z'\ddot{y}')\},$$

und die rechte Seite in den Ausdruck

$$[\bar{y}\Sigma Z - \bar{z}\Sigma Y] + \Sigma(y'Z - z'Y).$$

Die in den rechteckigen Klammern stehenden Ausdrücke der beiden Seiten sind gleich, so daß wir eine Gleichung der folgenden Art bekommen

$$\Sigma\{m(y'\ddot{z}' - z'\ddot{y}')\} = \Sigma(y'Z - z'Y).$$

Diese lautet in Worten: Die zeitliche Zunahme des Dralls der Bewegung relativ zu G um eine Achse durch G ist gleich der Summe der Momente der äußeren Kräfte um dieselbe Achse.

165. Die Unabhängigkeit von Schiebung und Drehung. Aus den Ergebnissen der letzten zwei Abschnitte sehen wir, daß die Bewegung des Massenmittelpunktes durch die äußeren Kräfte unabhängig von jeder Bewegung relativ zum Massenmittelpunkt bestimmt wird und daß ebenso die Bewegung relativ zum Massenmittelpunkt unabhängig von der Bewegung des Massenmittelpunktes selbst ist.

166. Die Erhaltung der Bewegungsgröße. Wenn die Resultierende der äußeren Kräfte, die auf ein System wirken, keine Komponente in einer besonderen Richtung besitzt, so ist die Summe der Komponenten der Beschleunigungskräfte der Massenpunkte in dieser Richtung gleich Null. Damit ist aber auch die zeitliche Zunahme der Komponente der resultierenden Bewegungsgröße des Systems parallel dieser Richtung gleich Null oder die Komponente der resultierenden Bewegungsgröße in dieser Richtung ist konstant.

In diesem Falle ist die in dieser Richtung genommene Komponente der Geschwindigkeit des Massenmittelpunktes konstant.

167. Die Erhaltung des Dralls. Verschwindet die Summe der Momente der äußeren Kräfte um eine feste Achse, so ist auch die Summe der Momente der Beschleunigungskräfte um diese Achse gleich Null und der Drall des Systems um die Achse bleibt konstant.

Verschwindet die Summe der Momente der äußeren Kräfte um eine Achse, die in einer bestimmten Richtung durch den Massenmittelpunkt gezogen ist, so ist der um diese Achse genommene Drall der Relativbewegung um den Massenmittelpunkt konstant.

168. Plötzliche Bewegungsänderungen. Wie in Abschn. 160 sei $X + X'$ die Summe der parallel der x-Achse genommenen Komponenten aller Kräfte, sowohl der äußeren wie inneren, die auf einen Massenpunkt m wirken. Ferner wollen wir wie in Abschn. 82 annehmen, daß X und X' zur Zeit t nicht endlich bleiben, daß aber die Antriebe von X und X' endlich bleiben, oder daß die Größen $\underset{\cdot}{X}$ und $\underset{\cdot}{X}'$, die durch die Gleichungen definiert sind

$$\operatorname{Lim}_{\tau=0} \int_{t-\frac{\tau}{2}}^{t+\frac{\tau}{2}} X\,dt = \underset{\cdot}{X}, \quad \operatorname{Lim}_{\tau=0} \int_{t-\frac{\tau}{2}}^{t+\frac{\tau}{2}} X'\,dt = \underset{\cdot}{X}',$$

endliche Werte haben. $\dot{x}$ und $\dot{\xi}$ seien die Komponenten parallel der x-Achse der Geschwindigkeit von m kurz nach bzw. kurz vor dem Zeitpunkt t. Dann haben wir die Gleichung

$$m(\dot{x} - \dot{\xi}) = \underset{\cdot}{X} + \underset{\cdot}{X}'.$$

In gleicher Weise können wir die plötzlichen Änderungen der Geschwindigkeitskomponenten parallel zu den y- und z-Achsen durch die Gleichungen ausdrücken

$$m(\dot{y} - \dot{\eta}) = \underset{\cdot}{Y} + \underset{\cdot}{Y}'$$

$$m(\dot{z} - \dot{\zeta}) = \underset{\cdot}{Z} - \underset{\cdot}{Z}'.$$

Aus dem für die Wirkung der inneren Kräfte geltenden Gesetz (Abschn. 161) folgt, daß $\Sigma \underset{\cdot}{X}', \ldots$ und $\Sigma(y\underset{\cdot}{Z}' - z\underset{\cdot}{Y}'), \ldots$ verschwinden.

Wir haben also die Gleichungen

$$\Sigma[m(\dot{x} - \dot{\xi})] = \Sigma \underset{\cdot}{X}, \ldots$$

$$\Sigma[\, m\{y(\dot{z} - \dot{\zeta}) - z(\dot{y} - \dot{\eta})\}] = \Sigma(y\underset{\cdot}{Z} - z\underset{\cdot}{Y}), \ldots$$

In Worte gekleidet, besagen diese Gleichungen:

1. Die Änderung der Bewegungsgröße des Massenpunktes G in irgend einer Richtung ist gleich der

Summe der Komponenten der äußeren Antriebe in dieser Richtung.

2. Die Änderung des Dralls des Systems um irgend eine Achse ist gleich der Summe der Momente der äußeren Antriebe um diese Achse.

169. Die Arbeit einer zwischen zwei Massenpunkten wirkenden Kraft. Es bezeichnen x_1, y_1, z_1 und x_2, y_2, z_2 die Koordinaten zweier Massenpunkte zur Zeit t und r ihren Abstand voneinander, so daß

$$r^2 = (x_1 - x_2)^2 + (y_1 - y_2)^2 + (z_1 - z_2)^2.$$

Ferner möge F die Größe der Kraft zwischen ihnen bezeichnen und zwar möge diese Kraft, der Eindeutigkeit wegen, als eine Anziehungskraft angenommen werden. Die in Richtung der Achsen genommenen Komponenten der auf die Massenpunkte 1 und 2 wirkenden Kräfte sind

$$F\frac{x_1 - x_2}{r}, \quad F\frac{y_1 - y_2}{r}, \quad F\frac{z_1 - z_2}{r}$$

und

$$F\frac{x_2 - x_1}{r}, \quad F\frac{y_2 - y_1}{r}, \quad F\frac{z_2 - z_1}{r}.$$

Die Leistung der ersten Kraft ist

$$F\cdot\frac{x_1 - x_2}{r}\dot{x}_1 + F\cdot\frac{y_1 - y_2}{r}\dot{y}_1 + F\cdot\frac{z_1 - z_2}{r}\dot{z}_1,$$

die Leistung der zweiten Kraft

$$F\cdot\frac{x_2 - x_1}{r}\dot{x}_2 + F\cdot\frac{y_2 - y_1}{r}\dot{y}_2 + F\cdot\frac{z_2 - z_1}{r}\dot{z}_2.$$

Somit beträgt die Leistung beider Kräfte zusammen

$$\frac{F}{r}[(x_1 - x_2)(\dot{x}_1 - \dot{x}_2) + (y_1 - y_2)(\dot{y}_1 - \dot{y}_2) + (z_1 - z_2)(\dot{z}_1 - \dot{z}_2)]$$

oder

$$F\cdot\dot{r}.$$

Die bei irgendeiner Verschiebung der Massenpunkte geleistete Arbeit ist der Wert des Integrals

$$\int F\dot{r}\,dt \quad \text{oder} \quad \int F\,dr,$$

wobei die Integration zwischen den Grenzwerten auszuführen ist, die den Lagen der Punkte vor und nach der Verschiebung entsprechen.

Verändert sich der Abstand zwischen den Massenpunkten während der Bewegung nicht, so wird auch von den zwischen ihnen wirkenden Kräften keine Arbeit geleistet; verändert sich der Abstand jedoch, so leisten die inneren Kräfte auch Arbeit.

170. Die Kraftfunktion. Wir schreiben, wie in Abschn. 86, die Arbeit an, die von allen auf irgendeinen Massenpunkt des Systems wirkenden Kräften geleistet wird, während sich die Massenpunkte aus ihren Stellungen zur Zeit t_0 in ihre Stellungen zur Zeit t bewegen. Der Ausdruck für die Summe der Arbeiten aller Kräfte, die auf sämtliche Massenpunkte wirken, heißt dann

$$\Sigma\int_{t_0}^{t}\{(X+X')\dot{x}+(Y+Y')\dot{y}+(Z+Z')\dot{z}\}\,dt,$$

wobei die Summe sich auf alle Massenpunkte erstreckt.

Besitzt dieser Ausdruck für alle Wege, auf denen man von der Anfangslage in die Endlage gelangen kann, denselben Wert, so ist er eine Funktion der Koordinaten der Endlage, wenn die Anfangslage vorgeschrieben wird. Diese Funktion heißt die „Kraftfunktion“.

Die feste Anfangslage nennen wir dabei die „Ursprungslage“.

Es ist wichtig, sich vor Augen zu halten, daß die von den inneren Kräften geleistete Arbeit im allgemeinen in der Summe nicht weggelassen werden darf.

Wenn es eine Kraftfunktion gibt, so nennt man das System ein „konservatives“.

171. Die potentielle Energie. Die Kraftfunktion in einer beliebigen Lage A mit umgekehrtem Vorzeichen stellt die Arbeit dar, die von den Kräften geleistet werden würde, wenn das System sich von der Lage A nach der Ursprungslage bewegen würde. Sie wird die „potentielle Energie“ des Systems in der Lage A genannt.

Nur solche Systeme, für die es eine Kraftfunktion gibt, d. h. nur konservative Systeme, können potentielle Energie besitzen.

Um uns schärfer zu fassen, sprechen wir unsere eben entwickelten Ergebnisse in der folgenden Form aus: Ein System heißt konservativ, wenn die Arbeit sämtlicher auf alle Massenpunkte wirkenden Kräfte bei der Bewegung aus einer Lage des Systems in eine andere unabhängig von den Bahnen der einzelnen Massenpunkte ist. Die von den Kräften eines solchen Systems geleistete Arbeit, während sich die Massenpunkte aus einer Lage zu einer vereinbarten Ursprungslage bewegen, wird die potentielle Energie des Systems in der ersten Lage genannt.

172. Die potentielle Energie eines Gravitations-Systems. Wirkt zwischen zwei Massenpunkten m und m' eine Anziehungskraft $\gamma \frac{m\,m'}{r^2}$, so hat die Arbeit bei einer Verschiebung, bei der die Entfernung r zwischen den Punkten sich von r_0 auf r_1 ändert, die Größe

$$\int_{r_0}^{r_1} -\gamma \frac{m\,m'}{r^2}\,dr,$$

oder

$$\gamma \cdot m\,m' \left(\frac{1}{r_1} - \frac{1}{r_0}\right).$$

Hiernach ist in einem Gravitationssystem die bei irgendeiner Verschiebung geleistete Arbeit

$$\gamma \sum \left(\frac{m\,m'}{r_1} - \frac{m\,m'}{r_0}\right),$$

wobei sich die Summe auf alle Punktpaare zu erstrecken hat.

Wählen wir als Ursprungslage diejenige, in der alle Entfernungen ∞ groß waren, so ist der Wert der Kraftfunktion in irgendeiner anderen Lage

$$\gamma \cdot \sum \frac{m\,m'}{r}$$

und die potentielle Energie in dieser Lage ist

$$-\gamma \sum \frac{m\,m'}{r}.$$

Das negative Vorzeichen besagt, daß die potentielle Energie in irgendeinem anderen Zustand kleiner ist, als in dem Zustand unendlich weiter Zerstreuung.

173. Die Energiegleichung. Aus den Gleichungen

$$m\ddot{x} = X + X', \ldots$$

lassen sich neue Gleichungen ableiten

$$\Sigma[m(\dot{x}\ddot{x} + \dot{y}\ddot{y} + \dot{z}\ddot{z})] = \Sigma[(X + X')\dot{x} + (Y + Y')\dot{y} + (Z + Z')\dot{z}], \ldots$$

deren linke Seite sich auch schreiben läßt

$$\frac{d}{dt}\{\tfrac{1}{2}\Sigma[m(\dot{x}^2 + \dot{y}^2 + \dot{z}^2)]\}, \ldots$$

Wir erkennen daraus das Ergebnis, daß die zeitliche Zunahme der kinetischen Energie des Systems gleich der Leistung aller inneren und äußeren Kräfte ist. Daraus folgt zugleich das Resultat, daß die Zunahme der kinetischen Energie bei irgendeiner Bewegung gleich der Summe der hierbei von allen Kräften geleisteten Arbeiten ist.

Beim Vorhandensein einer Kraftfunktion liefert uns dieses Ergebnis ein Integral der Bewegungsgleichungen; man kann letzteres auch in der Form anschreiben

kinetische Energie + potentielle Energie = const.

174. Die durch Stöße erzeugte kinetische Energie. Wie im Abschn. 168 bezeichnen $\dot{x}$, $\dot{y}$, $\dot{z}$ die parallel den Achsen genommenen Komponenten der Geschwindigkeit des Massenpunktes m gerade nach einem Stoß, $\dot{\xi}$, $\dot{\eta}$, $\dot{\zeta}$ die entsprechenden Geschwindigkeitskomponenten gerade vor dem Stoß, $\underset{\cdot}{X}$, $\underset{\cdot}{Y}$, $\underset{\cdot}{Z}$ die Summe der Komponenten parallel den Achsen der äußeren auf m wirkenden Antriebe, $\underset{\cdot}{X}'$, $\underset{\cdot}{Y}'$, $\underset{\cdot}{Z}'$ die Summe der entsprechenden Komponenten der inneren Antriebe, T und T_0 die kinetischen Energien des Systems kurz nach bzw. vor den Stößen.

Wir haben dann eine Anzahl Gleichungen von der Art

$$m(\dot{x}-\dot{\xi})=\underset{\cdot}{X}+\underset{\cdot}{X}'.$$

Damit wird

$$\begin{aligned} T-T_0 &= \tfrac{1}{2}\Sigma[m(\dot{x}^2+\dot{y}^2+\dot{z}^2)]-\tfrac{1}{2}\Sigma[m(\dot{\xi}^2+\dot{\eta}^2+\dot{\zeta}^2)] \\ &= \tfrac{1}{2}\Sigma[m(\dot{x}-\dot{\xi})(\dot{x}+\dot{\xi})+\text{zwei ähnliche Ausdrücke}] \\ &= \Sigma\,[(\underset{\cdot}{X}+\underset{\cdot}{X}')\tfrac{1}{2}(\dot{x}+\dot{\xi})+\text{ zwei ähnliche Ausdrücke.} \end{aligned}$$

Somit ist die Änderung der kinetischen Energie infolge von Stößen gleich der Summe aller Produkte, die man bilden kann, indem man jeden auf einen Massenpunkt ausgeübten Antrieb mit dem arithmetischen Mittel der Geschwindigkeiten multipliziert, letztere in Richtung des Antriebs genommen, die der Massenpunkt kurz vor und kurz nach dem Stoße hat

Es ist äußerst wichtig, sich zu merken, daß die inneren. Antriebe in der hier angeschriebenen Gleichung nicht weggelassen werden dürfen, ebenso wie die inneren Kräfte nicht in der Energiegleichung des Abschn. 173 fortgelasssen werden durften.

Das Problem des Sonnensystems.

175. Das Problem der n Körper. Nach unseren früheren Betrachtungen können die Himmelskörper des Sonnensystems wie ein System von Massenpunkten behandelt werden, die sich unter der Wirkung ihrer gegenseitigen Anziehungskräfte bewegen. Die mathematische Aufgabe, die Bewegungsgleichungen eines solchen Massenpunktsystems von n Massen zu integrieren, ist unter dem Namen des „Problems der n Körper" bekannt. Die Sonderfälle für zwei oder drei Körper werden das „Problem der zwei Körper" und das „Problem der drei Körper" genannt. Das einzige dieser Probleme, das man bis jetzt vollständig gelöst hat, ist das Problem der zwei Körper.

176. Das Problem der zwei Körper[1]**.** Zwei einander nach dem Gravitationsgesetz anziehende Körper werden in irgendeiner Weise in Bewegung gebracht. Man soll zeigen, daß die Relativbewegung parallel zu einer festen Ebene verläuft und daß die Relativbahnen Kegelschnitte sind. Ferner soll die Umlaufzeit bestimmt werden, falls die Bahnen Ellipsen werden.

Die hier mögliche Anwendung des Prinzips der Erhaltung der Bewegungsgröße erlaubt sofort den Schluß, daß sich der Massenmittelpunkt der beiden Massenpunkte gleichförmig in einer geraden Linie bewegt. Weder an den Beschleunigungen der Massenpunkte noch an den Geschwindigkeiten eines jeden relativ zum andern wird etwas geändert, wenn wir sie auf ein Koordinatensystem beziehen, dessen Achsen parallel zu denen des ursprünglichen Bezugssystems sind und dessen Ursprung im Massenmittelpunkt liegt. Wir wollen voraussetzen, daß dies hier geschehen sei.

Dann fällt die Beschleunigung jedes Massenpunktes in seine Verbindungslinie mit dem Ursprung und die Wirkungslinien der Geschwindigkeiten der Massenpunkte liegen stets in einer den Ursprung enthaltenden Ebene; damit geht aber die Bewegung jedes Massenpunktes in dieser Ebene vor sich.

Ist nun G der Massenmittelpunkt, und sind m_1, m_2 die Massen der materiellen Punkte, r_1, r_2 ihre Entfernungen von G zur Zeit t, Θ der Winkel, den ihre Verbindungslinie mit

[1]) Das Problem der zwei Körper wurde von Newton gelöst, Principia, Lib. I., Sect. XI., Propos. 57—63.

irgendeiner festen Geraden in der Bewegungsebene einschließt und ist schließlich noch $r = r_1 + r_2$ der Abstand der Punkte zur Zeit t, so wirken sie mit einer Kraft $\gamma \frac{m_1 m_2}{r^2}$ aufeinander.

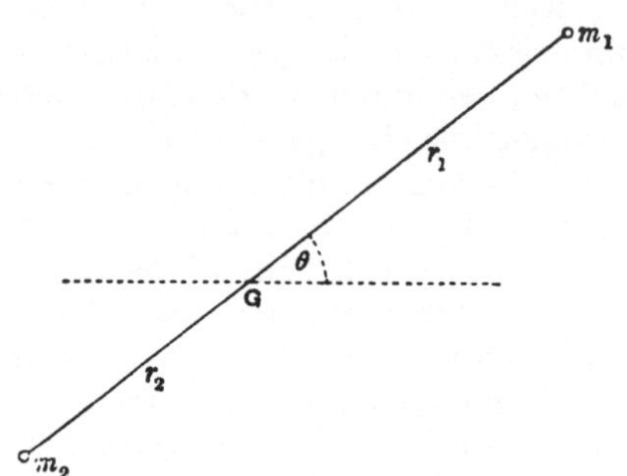

Fig. 46.

Dann lauten die Bewegungsgleichungen für den Punkt m_1

$$\left.\begin{aligned} m_1 (\ddot{r}_1 - r_1 \dot{\Theta}^2) &= -\gamma \frac{m_1 m_2}{r^2} \\ m_1 \frac{1}{r_1} \frac{d}{dt}(r_1^2 \dot{\Theta}) &= 0 \end{aligned}\right\}.$$

Da nun aber

$$r_1 = \frac{m_2 r}{m_1 + m_2},$$

so gehen diese Bewegungsgleichungen über in

$$\left.\begin{aligned} \ddot{r} - r \dot{\Theta}^2 &= -\gamma \frac{(m_1 + m_2)}{r^2} \\ \frac{d}{dt}(r^2 \dot{\Theta}) &= 0 \end{aligned}\right\}.$$

Man sieht wohl ein, daß man bei der Aufstellung der Bewegungsgleichungen für m_2 auf dieselben beiden Gleichungen gekommen wäre.

Die zuletzt angeschriebenen Gleichungen zeigen, daß die Beschleunigung von m_1 relativ zu m_2 oder auch von m_2 relativ zu m_1 gleich $\gamma \frac{(m_1 + m_2)}{r^2}$ ist und daß es keine Transversal-Beschleunigung gibt. Somit beschreibt jeder Massenpunkt eine Zentralbewegungsbahn um den anderen mit einer Beschleunigung, die sich umgekehrt mit dem Quadrat des Abstands ändert; nach Abschn. 51 ist diese Bahn ein Kegelschnitt, der um einen Brennpunkt beschrieben wird.

Ist im besonderen die Bahn eine Ellipse, so ist ihre große Achse 2a gleich der Summe des größten und kleinsten Abstands zwischen den Massenpunkten und die Umlaufzeit ist nach Beispiel 5 des Abschnitts 48 gleich

$$2\pi \frac{a^{\frac{3}{2}}}{\sqrt{\gamma(m_1 + m_2)}}.$$

177. Beispiele. Gehen zwei Massenpunkte von zwei Punkten mit dem gegenseitigen Abstand R aus und bilden ihre Anfangsgeschwindigkeiten v, v' einen Winkel α miteinander, so ist ihre Relativbahn eine Ellipse, Parabel oder Hyperbel, jenachdem

$$v^2 + v'^2 - 2vv'\cos\alpha <, = \text{oder} > 2\gamma\frac{(m_1 + m_2)}{R}.$$

2. S, P und E bezeichnen die Massen der Sonne, eines Planeten und der Erde; die große Achse der Planetenbahn ist k mal so groß wie die der Erdbahn und die Umlaufzeit des Planeten betrage n Jahre. Man beweise unter Vernachlässigung der gegenseitigen Anziehungskräfte der Planeten, daß

$$n^2 = k^3 \cdot \frac{S+E}{S+P}.$$

(Das in Abschn. 146 angeführte dritte Keplersche Gesetz der Planetenbewegung sagt aus, daß annäherungsweise $n^2 = k^3$ ist. Dieses Keplersche Gesetz ist annäherungsweise richtig, weil S im Vergleich mit P oder E sehr groß ist.)

3. Zwei schwere Kugeln mit den Massen m, m' und den Radien a, a' können von einer Anfangslage aus, in der ihre Mittelpunkte eine Entfernung c voneinander haben, gegeneinander fallen. Man ermittele die Zeit, bis sie sich berühren.

Wir wollen annehmen, daß der Massenmittelpunkt in Ruhe bleibt, und wollen die Entfernung der Kugelmittelpunkte zur Zeit t mit x bezeichnen. Dann haben ihre Geschwindigkeiten die Größen

$$\frac{m' \cdot \dot{x}}{m+m'} \quad \text{und} \quad \frac{m \cdot \dot{x}}{m+m'}.$$

Hiernach ist die kinetische Energie des Systems

$$\frac{1}{2} m\left(\frac{m'\dot{x}}{m+m'}\right)^2 + \frac{1}{2} m'\left(\frac{m\dot{x}}{m+m'}\right)^2 = \frac{1}{2}\frac{m \cdot m'}{m+m'}\dot{x}^2.$$

Die potentielle Energie, von derjenigen Lage als Ursprungslage aus gemessen, in der der Abstand c war, ist nach Abschnitt 172

$$\gamma \cdot m m'\left(\frac{1}{c} - \frac{1}{x}\right).$$

Somit lautet die Energiegleichung

$$\dot{x}^2 = 2\gamma(m+m')\left(\frac{1}{x} - \frac{1}{c}\right),$$

und die gesamte Zeit ist

$$\frac{1}{\sqrt{2\gamma(m+m')}}\int_{a+a'}^{c}\sqrt{\frac{cx}{c-x}}\,dx.$$

Bestimmen wir dann einen Winkel Θ so, daß er die Gleichung erfüllt $a + a' = c\cos^2\Theta$, so erhalten wir die gesuchte Zeit

$$\frac{c^{\frac{3}{2}}(\Theta + \sin\Theta\cos\Theta)}{\sqrt{2\gamma(m+m')}}$$

4. Zwei schwere Kugeln von den Massen m, m', die sich frei mit der Relativgeschwindigkeit V in großem Abstand voneinander bewegen, würden, falls sie keine Anziehungskräfte ausübten, in einer kleinsten Entfernung d aneinander vorbeigehen. Man zeige, daß die Relativbahnen Hyperbeln sind und daß die Richtung der Relativgeschwindigkeit sich schließlich um einen Winkel $2 \operatorname{arc} \tan \frac{V^2 d}{\gamma (m + m')}$ gedreht haben wird.

5. Man beweise, daß für zwei Körper von den Massen E und M, die sich gegenseitig anziehen und sich außerdem noch unter der Wirkung der Anziehungskraft eines festen Körpers von der Masse S bewegen, so daß alle drei ständig in einer festen Ebene bleiben, die Beziehung gilt

$$(E + M)^2 \cdot H + E M h = \text{const},$$

worin h die Flächengeschwindigkeit von M um E, H die Flächengeschwindigkeit des Massenmittelpunktes von E und M um S bedeuten.

Man beweise, daß die Gleichung übergeht in

$$S (E + M)^2 H + (S + E + M) E M \cdot h = \text{const},$$

wenn alle drei Körper frei sind.

178. Das allgemeine Problem der Planetenbewegung. Im allgemeinen Falle eines Systems von Massenpunkten, die sich unter der Wirkung ihrer gegenseitigen Anziehungskräfte bewegen, kennen wir sieben erste Integrale der Bewegungsgleichungen. Das Prinzip der Erhaltung der Bewegungsgröße liefert uns drei Integrale, die zum Ausdruck bringen, daß die Geschwindigkeit des Massenmittelpunktes in jeder Richtung konstant ist. Das Prinzip von der Erhaltung des Dralls gibt uns weitere drei Integrale, die besagen, daß der Drall des Systems um jede beliebige feste Achse durch den Massenmittelpunkt konstant ist. Ebenso ist die Energiegleichung ein Integral der Bewegungsgleichungen.

Selbst wenn es sich nur um 3 Massenpunkte handelt, genügen diese Integrale nicht für eine vollständige Beschreibung der Bewegung. Denn es ist bisher noch nicht gelungen, ein weiteres erstes Integral zu finden, außer wenn für die Anfangsgeschwindigkeiten besondere Bedingungen gelten.

Infolgedessen können wir aus dem Gravitationsgesetz keine genaue Berechnung der Bewegung der Himmelskörper vornehmen, die das Sonnensystem bilden. Aber eine Reihe von Umständen gibt uns die Möglichkeit, auf Grund dieses Gesetzes eine angenäherte Berechnung der in Frage kommenden Bewegungen durchzuführen, die immerhin so genau ist, daß sie für eine lange Zeitepoche mit den Beobachtungen übereinstimmt. Zu diesen Umständen gehört 1. daß die Sonnenmasse im Vergleich zu den Massen der anderen Körper groß ist, da sogar die Masse des Jupiter kleiner als der 1000ste Teil der Sonnenmasse ist und 2. daß alle Bahnen nahezu Kreisbahnen sind und alle mit Ausnahme einiger weniger Trabanten fast genau in einer Ebene liegen.

Es würde über den Rahmen dieses Buches hinausgehen zu erläutern, wie diese besonderen Umstände zum Zwecke der angenäherten Integration der Bewegungsgleichungen der Körper des Sonnensystems benutzt werden können. Hierfür muß auf astronomische Bücher verwiesen werden, die die Gravitation eingehend behandeln. Die neuste und umfassendste Abhandlung hierüber ist Tisserands Traité de Mécanique céleste, tt. 1—4, Paris 1889—1896.

Körper von endlicher Größe.

179. Die Theorie von der Bewegung eines Körpers. Wir behandeln die Bewegung eines Körpers geradeso wie die Bewegung eines Massenpunktsystems. Teilen wir in Gedanken den Körper in eine große Anzahl kleiner Räume und nehmen wir an, daß sich in jedem solchen Raum ein Massenpunkt befindet, so ist die Bewegung des Körpers bestimmt, wenn die Bewegungen aller Massenpunkte bekannt sind.

Wir wollen annehmen, daß sich die materiellen Punkte unter der Wirkung von Kräften bewegen, die dem Wechselwirkungsgesetz gehorchen.

Wir ordnen die Massen des Punktes so, daß die Summe der Massen der Punkte, die in irgendeinem Teil des Körpers liegen, gleich der Masse dieses Körperteiles sind. Das heißt mit anderen Worten, wir wählen die Masse eines Massenpunktes in irgendeinem der Räume gleich dem Produkt aus dem Volumen dieses Raumes und der Dichte des Körpers in der näheren Umgebung.

Für gewöhnlich versuchen wir gar nicht, die Kräfte zwischen den Massenpunkten zu bestimmen; wir nehmen nur an, daß sie so geordnet sind, daß sie bestimmte Bedingungen erfüllen. Machen wir z. B. die Annahme, daß ein Körper starr ist, so setzen wir voraus, daß die Entfernung zwischen je zwei beliebigen Massenpunkten unveränderlich bleibt. Ist der Körper ein Tau oder eine Kette, so nehmen wir an, daß die Kräfte zwischen zwei Massenpunkten auf den beiden Seiten einer Ebene, die senkrecht zur Kettenlinie steht, gleichwertig mit einer einzigen Kraft sind, die längs dieser Linie gerichtet ist. Diese Kraft ist die Seilspannkraft. Im Kapital XI wird der Fall allgemeiner behandelt werden.

Der Massenmittelpunkt eines Körpers wird durch einen Grenzprozeß aus den Gleichungen des Abschnitt 152 gefunden. Er stimmt mit dem Schwerpunkt eines Körpers überein, wie er in den Büchern über Statik definiert wird.

Die Bewegungsgröße eines Körpers ist gleichwertig mit einer bestimmten resultierenden Bewegungsgröße und einem bestimmten Drall. Die resultierende Bewegungsgröße ist die eines Massenpunktes, der gleiche Masse wie der Körper besitzt, sich im Massenmittelpunkt befindet und dessen Bewegung mitmacht. Der Drall um irgendeine durch den Massenmittelpunkt gehende Achse ist gleich der Summe der um diese Achse genommenen Dralle der Massenpunkte relativ zum Massenmittelpunkt.

Gleiche Betrachtungen gelten für die Beschleunigungskräfte.

Die kinetische Energie eines Körpers ist gleich der kinetischen Energie eines Massenpunktes, der gleiche Masse wie der Körper hat, sich in dessen Massenmittelpunkt befindet und sich wie dieser Massenmittelpunkt bewegt, vermehrt um die kinetische Energie der Bewegung relativ zum Massenmittelpunkt.

Die Bewegungsgleichungen eines Körpers sagen aus, daß die Komponente der resultierenden Beschleunigungskraft in einer beliebigen Richtung gleich der Summe der Komponenten der äußeren Kräfte in derselben Richtung ist und daß das Moment der Beschleunigungskraft um irgendeine Achse gleich der Summe der Momente der äußeren Kräfte um diese Achse ist.

Die Bewegungsgleichungen für irgendeinen Teil des Körpers werden in derselben Weise angesetzt. Die Kräfte, die auf diesen Teil des Körpers über die Oberfläche hin wirken, welche ihn von den übrigen Kräften abtrennt, sind nun als „äußere“ Kräfte für den in Frage kommenden Körperteil anzusehen. Die Anziehungskräfte zwischen Punkten innerhalb der Oberfläche und solchen außerhalb derselben sind ebenfalls „äußere“ Kräfte für den Teil innerhalb der Oberfläche.

Die Zunahme der kinetischen Energie eines Körpers in der Zeiteinheit ist gleich der Summe der Leistungen aller äußeren und inneren Kräfte. Gibt es insonderheit eine „Kraftfunktion“, so gibt es auch eine Energiegleichung, die ein Integral der Bewegungsgleichungen ist.

180. Die Bewegung eines starren Körpers. Feste Körper bewegen sich oft so, daß in keinem ihrer Teile eine sichtbare Änderung von Größe oder Gestalt eintritt. Wollen wir die Bewegungen solcher Körper durch diejenigen von Massenpunktsystemen beschreiben, so stellen wir bezüglich der inneren Kräfte zwischen den hypothetischen Massenpunkten die Bedingung auf, daß der Abstand zwischen zwei beliebigen Massenpunkten unveränderlich bleibt.

Das dieser Bedingung unterworfene Massenpunktsystem nennen wir einen „starren Körper“.

Die Bewegung eines starren Körpers ist bestimmt, wenn die Bewegung von drei Massenpunkten des Körpers bestimmt ist. Denn die drei Massenpunkte legen ein Koordinatensystem fest, relativ zu dem alle Massenpunkte des Körpers unveränderliche Lage haben.

Die Lagen aller Massenpunkte eines starren Körpers relativ zu einem Koordinatensystem bestimmen ist daher dasselbe, wie die Lage eines Koordinatensystems F relativ zu einem andern ermitteln. Dies erfordert die Bestimmung der Lagen des Ursprungs des Koordinatensystems F, ferner einer seiner Bezugsachsen und einer durch diese gelegte Ebene. Die Lage eines Punktes ist durch drei Größen, nämlich seine Koordinaten, bestimmt. Die Lage einer Geraden durch einen Punkt ist von zwei Größen abhängig, erstens von dem Winkel, den die Gerade mit einer der Achsen einschließt und zweitens von dem Winkel, den die durch sie gelegte Ebene parallel zu dieser Achse mit einer Koordinatenebene bildet. Beide Winkel zusammen bestimmen die Gerade. Die Lage einer Ebene, die eine Gerade enthält, ist durch eine Größe gegeben, als die man z. B. den Winkel wählen kann, den sie mit derjenigen Ebene bildet, die durch die Gerade parallel zu einer der Koordinatenachsen gelegt ist. Daher sind die Lagen sämtlicher Massenpunkte eines starren Körpers relativ zu einem Koordinatensystem völlig bestimmt. wenn die sechs oben erwähnten Größen gegeben sind.

Bewegt sich ein starrer Körper ohne sich zu drehen, so ist die Bewegung des Körpers durch diejenige eines gedachten Massenpunktes bestimmt, der sich im Massenmittelpunkt befindet, sich mit diesem bewegt und dessen Masse gleich der Masse des Körpers ist. Die Bewegungsgleichungen dieses Massenpunktes sind dieselben, wie wenn alle am Körper angreifenden Kräfte, ohne an ihrer Größe, ihren Richtungen und ihrem Richtungssinn etwas zu ändern, im Massenmittelpunkt angebracht würden.

181. Die Verlegbarkeit der Kräfte. Die Bewegung jedes Teiles eines starren Körpers ist bekannt, wenn die Bewegung irgendeines seiner Teile bekannt ist.

Nun enthalten die Bewegungsgleichungen des Körpers die äußeren Kräfte insofern, als sie die Summen der Komponenten dieser Kräfte in bestimmten Richtungen und die Summen der Momente dieser Kräfte um bestimmte Achsen enthalten. Sonst kommen die Kräfte in den Gleichungen nicht weiter vor.

Die in Frage kommenden Komponenten und Momente hängen von den Wirkungslinien der Kräfte ab, nicht aber von ihren Angriffspunkten.

Hiernach darf man annehmen, daß die Kräfte in jedem beliebigen Punkte ihrer Wirkungslinien angreifen können, ohne daß sich an der Bewegung des Körpers oder eines seiner Teile etwas ändert.

Handelt es sich um einen deformierbaren Körper oder ein System getrennter Massenpunkte, so ist es klar, daß sich die innere Relativbewegung der Teile des Körpers oder des Systems zueinander sehr wohl ändert, wenn man den Angriffspunkt einer Kraft von einem Massenpunkt zu einem andern in ihrer Wirkungslinie verlegt.

Wir ziehen aus alledem den Schluß, daß eine an einem starren Körper angreifende Kraft als ein Vektor angesprochen werden kann, der an eine Gerade, nicht aber an einen Punkt gebunden ist. Man nennt diese Erkenntnis bisweilen das Prinzip von der Verschiebbarkeit der Kraft.

182. Die Kräfte zwischen starren Körpern, die sich berühren. Wir wollen annehmen, daß sich die Oberflächen zweier starrer Körper in einem einzigen Punkte berühren und daß die Wirkung zwischen den beiden Körpern (abgesehen von ihrer gegenseitigen Anziehung) in ein paar gleich großen und entgegengesetzt gerichteten Kräften besteht, die im Berührungspunkte angreifen.

Die Kraft, die der eine Körper A auf den andern B im Berührungspunkte ausübt, kann in zwei Komponenten, nämlich längs und senkrecht zu der Berührungsnormalen zerlegt werden. Die Normalkomponente ist die „Stützkraft", die Tangentialkomponente ist die „Reibung", die A auf B ausübt. Die Resultierende aus Stützkraft und Reibung wird oft die „Auflagerkraft" genannt.

In dem System zweier sich berührender Körper leistet die Stützkraft keine Arbeit. Denn solange die Körper in Berührung bleiben, haben die sich berührenden Teile dieselbe Geschwindigkeit in Richtung der Normalen, und die Druckkräfte, die auf die beiden Körper wirken, sind gleich und entgegengesetzt gerichtet. Im allgemeinen leistet die Stützkraft eine (positive oder negative) Arbeit an jedem der beiden Körper; die Summe der Leistungen an beiden Körpern aber ist Null.

183. Die Reibung. P sei der Berührungspunkt zweier Körper A und B, $\boldsymbol{R}$ bezeichne die Stützkraft und F die Reibung.

Von jedem der Körper setzen wir voraus, daß er einen Massenpunkt in P habe.

Der zu A gehörige Massenpunkt in P wird eine gewisse Geschwindigkeit haben; dasselbe läßt sich von dem zu B gehörigen Massenpunkt in P sagen. Die Geschwindigkeit des Massenpunktes von A in P, relativ zu Achsen, die man parallel den Bezugsachsen durch den Massenpunkt von B in P legt, ist die Geschwindigkeit des Berührpunktes, betrachtet als Punkt von A gegenüber B. Ebenso gibt es eine gleichgroße und entgegengesetzt gerichtete Geschwindigkeit des Berührungspunktes relativ zu A, wenn man ihn als Punkt von B auffaßt.

Die Bedingung für eine ständige Berührung besteht darin, daß die eben beschriebene Relativgeschwindigkeit in die Tangentialebene von P hineinfällt, oder daß ihre Komponente in Richtung der Berührungsnormale gleich Null ist.

Das erste Reibungsgesetz besagt, daß die auf A bzw. B in P wirkende Reibung den entgegengesetzten Richtungssinn hat, wie die Geschwindigkeit des Berührungspunktes, wenn man ihn als einen Punkt von A bzw. B auffaßt, relativ zu B bzw. A.

Das zweite Reibungsgesetz sagt aus, daß die Reibung F und die Stützkraft R durch die Ungleichung zusammenhängen $F \leqq \mu R$, worin μ eine Konstante ist, die nur vom Material abhängt, aus denen die Körper bestehen. Die Konstante μ wird der Reibungskoeffizient genannt.

Ist die oben beschriebene Relativgeschwindigkeit gleich Null, so nennt man die Bewegung ein Rollen. Damit Rollen eintritt, muß der Reibungskoeffizient eine gewisse Größe überschreiten, die in jedem einzelnen Fall von besonderen Umständen abhängt. Die Bewegung zweier sich berührenden Körper, die nicht in reinem Rollen besteht, wird Gleiten oder Schleifen genannt. Die Richtungsregel für die Reibung läßt sich auch in der Form aussprechen: Die Reibung sucht stets Gleiten zu verhindern. Wenn Gleiten eintritt, ist $F = \mu R$. Sind die Körper genügend rauh, um während der ganzen Bewegung Gleiten zu verhindern, so sagt man auch zuweilen, sie sind vollkommen rauh.

Ist die Bewegung eine rollende, so leistet die Reibung an dem Körpersystem keine Arbeit; doch kann sie auf jeden einzelnen der Körper (positive oder negative) Arbeit leisten. Die Summe der Arbeitsleistungen auf beide Körper ist dann Null.

Ist die Bewegung eine Gleitbewegung, so leistet die Reibung an dem System Arbeit, diese Arbeit ist immer negativ.

184. Die potentielle Energie eines Körpers. An einem Körper, den man sich aus Massenpunkten zusammengesetzt denken kann und auf den Anziehungskräfte anderer Körper wirken, leisten die äußeren Kräfte X, Y, Z des Abschn. 160 bei jeder Verschiebung Arbeit; diese Arbeit läßt sich mittels einer Kräftefunktion ausdrücken. Ebenso kann man die Arbeit, welche von denjenigen Komponenten der inneren Kräfte geleistet wird, die die gegenseitige Anziehung der einzelnen Teile des Körpers darstellen, durch eine Kräftefunktion ausdrücken. Die übrigen innern Kräfte können auch Arbeit leisten und auch diese Arbeit läßt sich mit Hilfe einer Kräftefunktion angeben. Im letzteren Falle stellt der Teil der potentiellen Energie, der dieser Kräftefunktion entspricht, die sogenannte „innere potentielle Energie" dar.

Dann kann man die potentielle Energie in drei Teile teilen: die potentielle Energie des Körpers im äußeren Kraftfeld, die potentielle Energie der gegenseitigen Anziehung der Teile des Körpers und die innere potentielle Energie.

Die potentielle Energie eines Körpers im Falle der Erdschwere wird durch den Ausdruck $\Sigma(m g z)$ wiedergegeben, worin m die Masse irgendeines der hypothetischen Massenpunkte und z die Höhe dieses Massenpunktes über einem festen Niveau bezeichnen. Dieser Ausdruck ist gleich dem

$$M g \bar{z},$$

worin M die Masse des Körpers und $\bar{z}$ die Höhe seines Massenmittelpunktes über dem festen Niveau ist.

185. Die Energie eines starren Körpers. Aus dem in Abschnitt 169 Gesagten folgt, daß die inneren Kräfte zwischen den Massenpunkten eines starren Körpers niemals Arbeit leisten.

Die potentielle Energie infolge der gegenseitigen Anziehungskräfte der Teile eines starren Körpers und die innere potentielle Energie des Körpers können beide zu Null angenommen werden, wenn man den augenblicklichen Aggregatzustand des Körpers als den „Ursprungs"-Zustand wählt.

Die kinetische Energie des Körpers und die potentielle Energie des Körpers im Feld der äußeren Kräfte sind veränderliche Größen.

Nicht immer besitzen die Bewegungsgleichungen eines starren Körpers ein Integral in Gestalt einer Energiegleichung. Denn der Körper kann mit andern starren Körpern oder mit solchen, die wie beispielsweise eine elastische Feder ihre Form ändern, oder schließlich auch mit widerstehenden Mitteln, z. B. der Luft, in Berührung sein. Die auf den starren Körper von seiten der ihn berührenden Körper ausgeübten Kräfte können dann eine Arbeit leisten, die man nicht mittels einer Kräftefunktion anzugeben vermag.

186. Die potentielle Energie einer gedehnten Saite. Man betrachte ein Stück einer Saite, das die natürliche Länge l_0 besitzt und entsprechend einer Dehnung ε auf die Länge $l_0(1+\varepsilon)$ verlängert sei. Die Spannkraft der Saite ist dann $\lambda\varepsilon$, wenn man mit λ den Elastizitätsmodul bezeichnet. Um die potentielle Energie zu berechnen, wollen wir annehmen, daß von dem fraglichen Stück der Saite das eine Ende fest, das andere an einem Körper angebracht sei, der daran mit der Spannkraft $\lambda\varepsilon$ zieht. Wir wollen außerdem annehmen, daß an der Saite keine weiteren äußeren Kräfte angreifen. Nun wollen wir die Saite weiter ausdehnen. Die Arbeitsleistung der Endspannkraft ist $\lambda\varepsilon \cdot l_0 \dot{\varepsilon}$. denn $l_0 \dot{\varepsilon}$ ist die Geschwindigkeit des beweglichen Endes der Saite. Damit ist die bei der Verlängerung der Saite von ihrer natürlichen Länge bis zur Länge $l_0(1+\varepsilon)$ geleistete Arbeit

$$\int \lambda\,\varepsilon \cdot l_0\,\dot{\varepsilon}\,dt\,.$$

Das Integral muß zwischen den Grenzen genommen werden, die den Werten 0 und ε für die Dehnung entsprechen, es hat also die Größe $\frac{1}{2}\lambda\, l_0\, \varepsilon^2$.

Wir wollen annehmen, daß die Saite so langsam gedehnt werde, daß sie keine merkbare kinetische Energie erhält. Dann wird die Summe der von den äußeren und inneren Kräften geleisteten Arbeiten zu Null. Daraus folgt aber, daß von den innern Kräften die Arbeit $-\frac{1}{2}\lambda\, l_0\, \varepsilon^2$ geleistet wird.

Da dieser Betrag nur vom Anfangs- und Endzustand abhängt, so können wir ihn, mit verändertem Vorzeichen, als einen Betrag innerer potentieller Energie ansehen (Abschn. 184). Hiernach hat die potentielle Energie einer gedehnten Saite von der natürlichen Länge l_0 den Wert $\frac{1}{2}\lambda l_0 \varepsilon^2$, wenn ε die Dehnung bezeichnet.

Ein ähnliches Resultat erhält man für eine Feder, die entweder gedehnt oder zusammengedrückt wird. (Vgl. Abschn. 101.)

Die Saite werde einmal nicht gleichförmig gedehnt, dabei sei s_0 die von einem Ende aus gemessene natürliche Länge eines Stückes, $s_0 + \Delta s_0$ diejenige eines etwas längeren Stückes; ferner bezeichnen s bzw. $s + \Delta s$ die Längen, die daraus werden, wenn man die Saite streckt. Dann definieren wir die Dehnung in dem Punkte, der s_0 entspricht, als den Grenzwert

$$\lim_{\Delta s_0 = 0} \left(\frac{\Delta s - \Delta s_0}{\Delta s_0}\right).$$

Bezeichnet man diesen Wert mit ε, so ist die potentielle Energie eines Stückes zwischen $s_0 = a$ und $s_0 = b$

$$\int_a^b \tfrac{1}{2}\lambda\varepsilon^2\,ds_0\,.$$

187. Der Sitz der potentiellen Energie. Die potentielle Energie eines Systems von Massenpunkten, die Anziehungskräfte aufeinander ausüben, und die potentielle Energie einer gedehnten Saite sind zwei

Beispiele für die potentielle Energie, die von inneren Kräften zwischen den einzelnen Teilen des Systems herrührt.

Aber zwischen beiden Fällen besteht ein wesentlicher Unterschied. Bei der Saite können wir jedem einzelnen Stück derselben einen bestimmten Betrag von potentieller Energie zuordnen, derart, daß der so zugeordnete Betrag dem Zustand des Stückes entspricht. Wir können daher sagen, daß die Energie ihren Sitz in der Saite und zwar in jedem einzelnen Stück der Saite hat. Der jedem Stück innewohnende Betrag kann pro Längeneinheit (auf die natürliche Länge bezogen) als $\frac{1}{2}\lambda\varepsilon^2$ angegeben werden, wobei ε die Dehnung in irgendeinem Punkte des Stückes ist. Wir können uns von dieser Energie die Vorstellung machen, daß sie dem Saitenteil ebenso angehört, wie etwa die kinetische Energie einem sich bewegenden Körper.

Bei einem System sich anziehender Massenpunkte können wir nicht einem Teil des Systems einen bestimmten Betrag potentieller Energie derart zuordnen, daß Änderungen der so zugeordneten Energie Änderungen des Zustandes dieses Teiles entsprechen, unabhängig von der Lage des Teiles relativ zu anderen Teilen. Wir können auf keinerlei Weise, die vollständig befriedigend wäre, dem einen Teil des Systems einen Teilbetrag der Energie und einem andern Teil des Systems einen andern Teilbetrag zuordnen usw. Wenn es sich z. B. um einen schweren Körper nahe der Erdoberfläche handelt, so können wir nicht annehmen, daß die Energie ihren Sitz im Körper oder in der Erde habe oder daß sie in einem bestimmten Verhältnis auf den Körper und die Erde verteilt sei. Wir müssen uns den Fall vielmehr so vorstellen, daß die Energie dem System innewohnt, nicht aber den Körpern, die das System bilden.

188. Die Leistung. Wird infolge der Einwirkung eines Systems S auf ein System S' Arbeit geleistet, so wird sie von den Kräften geleistet, welche die Massenpunkte von S auf die Massenpunkte von S' ausüben, und zwar längs der Wege, die den Verschiebungen der Massenpunkte von S' entsprechen. In den Fällen, in denen die Energie an einen bestimmten Ort gebunden ist, wächst die Energie des Systems S', und verringert sich diejenige von S je um eine Größe, die gleich dem Betrage der dabei geleisteten Arbeit ist. Die Zahl der in irgendeinem Zeitintervall geleisteten Arbeitseinheiten steht in bestimmtem Verhältnis zu der Anzahl der Zeiteinheiten in diesem Intervall. Ist das Intervall unendlich kurz, so hat dieses Verhältnis einen Grenzwert, der die Leistung angibt.

Die Leistung eines Systems, das auf ein anderes System wirkt, ist die in der Zeiteinheit vom ersten an dem zweiten System geleistete Arbeit.

Jeder Einzelkraft, die zwischen den Massenpunkten der beiden Systeme wirkt, entspricht eine gewisse Arbeitsleistung; diese erhält man entweder, wenn man das Produkt der Kraft und der in deren Richtung genommenen Geschwindigkeitskomponente des von ihr angegriffenen Massenpunktes bildet, oder wenn man das Produkt der Geschwindigkeit des Massenpunktes und der in deren Richtung genommenen Komponente der an ihm angreifenden Kraft aufstellt. Jedes von diesen beiden Produkten mißt die Leistung der Kraft. Die Summe aller solcher Leistungen ist die gesamte vom ersten System auf das zweite ausgeübten Leistung.

Die Leistung kann sowohl durch die Schnelligkeit gemessen werden, mit der Arbeit am zweiten geleistet wird, als auch durch die Schnelligkeit, mit der das erste System Arbeit leistet.

So wird in jeder Maschine, die mechanische Arbeit umformt, in der Zeiteinheit ein gewisser Betrag von Energie verbraucht und ein gleich großer Arbeitsbetrag geleistet. Man sagt „die Maschine hat eine bestimmte Leistung".

Im allgemeinen wird ein großer Teil der Arbeit zur Überwindung der Reibung geleistet.

189. Die Bewegung eines Seiles oder einer Kette. Im allgemeinen vernachlässigen wir die Dicke der Kette, nehmen aber an, daß die Masse eines endlichen Stückes endlich sei. Ist die Masse eines Stückes proportional der Länge dieses Stückes, so ist die Kette gleichförmig. Ist die Kette nicht gleichförmig, so gibt der Grenzwert des Verhältnisses der Anzahl der Masseneinheiten eines Stückes zur Anzahl der Längeneinheiten des Stückes, wenn man die Länge unendlich klein werden läßt, die „lineare Dichte", d. h. die Masse der Längenienheit an.

Legt man eine (geometrische) Ebene so, daß sie die Kettenlinie in irgendeinem Punkte rechtwinklig schneidet, so wirken die beiden durch die Ebene getrennten Teile der Kette mit einer Kraft aufeinander, die mit der Tangentenrichtung der Kette in diesem Punkte zusammenfällt. Diese Kraft ist die Spannkraft der Kette.

Wir wollen uns die Kette in eine sehr große Zahl von sehr kurzen Stücken zerlegt denken. In jedem Stück befinde sich ein Massenpunkt, dessen Masse gleich der Masse dieses Kettenstückes sei. Jeder dieser hypothetischen Massenpunkte wirke auf die beiden anliegenden Nachbarpunkte mit einer Kraft, gemäß dem Wechselwirkungsgesetz. Die Kraft zwischen zwei benachbarten Massenpunkten wird gleich der Spannkraft der Kette im entsprechenden Punkte angenommen. Die Bewegung der Kette kann man dadurch bestimmen, daß man die Bewegungsgleichungen irgendeines Massenpunktes aufstellt und dann durch unbegrenzte Vergrößerung der Zahl der Massenpunkte und Verminderung der Längen der kleinen Kettenstücke zu einem Grenzfall übergeht.

Ist eine der kurzen Längen Δs und m die Masse pro Längeneinheit der Kette in der Umgebung, so ist $m\Delta s$ die Masse des entsprechenden Massenpunktes.

Die Spannungen in den beiden Richtungen vom Massenpunkte zu den beiden Nachbarpunkten sind im allgemeinen verschieden, aber ihre Differenz strebt gleichzeitig mit Δs dem Werte Null zu.

Überdies wirken auf die gedachten Massenpunkte noch die Feldkräfte, falls sich die Kette in einem Kraftfeld befindet, sowie die Stützkräfte und die Reibung irgendeiner Kurve oder Oberfläche, mit der die Kette unter Umständen in Berührung ist.

190. Seil oder Kette mit vernachlässigbarer Masse in Berührung mit einer glatten Oberfläche. Die Kette liege in einer Kurve auf der Oberfläche. Wir ermitteln die Beschleunigungskomponente irgendeines hypothetischen Massenpunktes der Kette in Richtung der zugehörigen Kurventangente. Diese Beschleunigungskomponente sei f. Ebenso bestimmen wir in derselben Richtung die Komponente der Feldkraft und bezeichnen den auf die Masseneinheit entfallenden Teil dieser Komponente mit F. Die Stützkraft, die die Oberfläche auf den hypothetischen Massenpunkt ausübt, steht senkrecht zu der in diesem Punkte gezogenen Kurventangente.

Es seien T die Spannkraft der Kette in dem betrachteten Punkte, T_1 und T_2 die Kräfte zwischen dem gedachten Massenpunkt und seinen beiden Nachbarpunkten, Φ_1 und Φ_2 die Winkel, die ihre Wirkungslinien mit der Kurventangente bilden. Dann wird im Grenzfall

$$T_1 = T_2 = T \quad \text{und} \quad \Phi_2 = 0, \; \Phi_1 = \pi.$$

Schreiben wir die Bewegungsgleichung des hypothetischen Massenpunktes für die Tangentenrichtung der Kurve an, so erhalten wir

$$m \Delta s \cdot f = m \Delta s \cdot F + T_2 \cos \Phi_2 + T_1 \cos \Phi_1$$

oder

$$m \cdot f = m \cdot F + \frac{T_2 \cos \Phi_2 - T_1}{\Delta s} + T_1 \cdot \frac{1 + \cos \Phi_1}{\Delta s}.$$

Im Grenzfall geht diese Gleichung über in

$$m \cdot f = m \cdot F + \frac{dT}{ds}.$$

Wird m sehr klein, so ist diese Formel angenähert identisch mit $\frac{dT}{ds} = 0$. Hieraus schließen wir, daß die Spannkraft der Kette konstant ist, wenn ihre Masse vernachlässigt werden kann.

Das Ergebnis ist hier für ein beliebiges Kettenstück bewiesen, das mit einer glatten Oberfläche in Berührung steht.

Die Art des Beweises zeigt, daß es auch für irgendein freies Stück der Kette gilt.

Vermischte Beispiele. 1. Eine dünne Kugelschale von kleinem Halbmesser beschreibe, ohne sich dabei um ihre eigene Achse zu drehen, einen Kreis vom Radius R mit der Geschwindigkeit V um ein Anziehungszentrum O. Nachdem ihr Mittelpunkt die Lage A erreicht hat, explodiert sie, wobei jedem Teilchen eine Geschwindigkeit v erteilt wird, die vom Kugelschalenmittelpunkt genau nach außen gerichtet ist. Man beweise, daß die Teilchen alle die Gerade AO innerhalb einer Länge

$$\frac{8V^3vR}{V^4-6V^2v^2+v^4}$$

treffen und daß bei kleinem v die Gesamtheit der Stücke nach einer Zeit, die annähernd gleich $\frac{1}{3}\frac{\pi R}{v}$ ist, einen vollständigen Ring bilden.

2. Zwei Massenpunkte stehen unter dem Einfluß von Kräften, die nach einem festen Punkt gerichtet sind und sich proportional dem Abstande von diesem Punkte ändern, wobei in beiden Fällen die Kraft im gleichen Abstande dieselbe ist. Außerdem ziehen sich die Massenpunkte gegenseitig mit einer weiteren Kraft an, die sich proportional ihrem Abstande ändert. Man zeige, daß die Bahn jedes Massenpunktes relativ zum andern eine Ellipse ist und daß die Periode eines Umlaufs $\frac{2\pi}{\sqrt{\mu+2\mu'}}$ beträgt, wenn man mit μ bzw. μ' die auf die Masseneinheit im Abstand 1 ausgeübten Kräfte bezeichnet.

3. Unter der Wirkung eines festen, schweren Körpers von der Masse m beschreibe ein Körper von der Masse km eine Ellipse mit der Exzentrizität e sowie der großen Achse $2a$. Läßt man m los, wenn der Abstand zwischen den Körpern R geworden ist, so ist die Exzentrizität e' der nunmehr beschriebenen Relativbahn durch die Gleichung bestimmt

$$e'^2-e^2=\frac{k(1-e^2)}{(1+k)^2}\left\{k+2\left(1-\frac{a}{R}\right)\right\}.$$

4. Zwei sich anziehende materielle Punkte mit den Massen m, m' beschreiben relativ zueinander Ellipsenbahnen mit der Exzentrizität e und der großen Achse $2a$, während ihr Massenmittelpunkt in Ruhe bleibt. Wird m plötzlich festgehalten, wenn die Punkte sich in einer Entfernung R voneinander befinden, so ist die Exzentrizität e' der darauf von m' beschriebenen Bahn durch die Gleichung gegeben

$$(m+m')\left\{\frac{2}{R}-\frac{m+m'}{am}\cdot\frac{1-e'^2}{1-e^2}\right\}=m\left(\frac{2}{R}-\frac{1}{a}\right).$$

5. Ein Körper von der Masse M bewegt sich geradlinig mit der Geschwindigkeit U; ihm folgt in einer Entfernung r ein kleinerer Körper von der Masse m, der sich in derselben Geraden mit der Geschwindigkeit u bewegt. Die Körper ziehen einander nach dem Gravitationsgesetz an. Man beweise, daß der kleinere Körper den großen nach einer Zeit

$$\left(\frac{r}{1+w}\right)^{\frac{3}{2}}\cdot\frac{\pi+\sqrt{1-w^2}+\arccos w}{\sqrt{\gamma(M+m)}}$$

einholen wird, wobei

$$1 - w = \frac{r\,(U - u)^2}{\gamma\,(M + m)}.$$

6. Zwei Körper mit den Massen m und m' beschreiben relativ zueinander unter dem Einfluß ihrer gegenseitigen Anziehung Kreisbahnen. In einem Augenblick, in dem a und a' ihre Abstände vom Massenmittelpunkt und V ihre Relativgeschwindigkeit sind, erhält m einen Impuls mV gegen m'. Man beweise, daß die beiden Körper nunmehr relativ zum Massenmittelpunkt Parabeln mit den Parametern $2a$ bzw. $2a'$ beschreiben.

7. In einem System, das aus zwei sich anziehenden Körpern M und m besteht, sei M anfangs in Ruhe, während m mit der Geschwindigkeit $\sqrt{\frac{\gamma\,(M+m)}{d}}$ unter rechtem Winkel zur Verbindungslinie der beiden Körper fortgeschleudert wird; d bezeichnet hierbei den augenblicklichen Abstand zwischen den Körpern. Man beweise, daß die Bahn von M eine Aufeinanderfolge von Zykloiden ist und daß M immer nach gleichen Zeitintervallen in aufeinanderfolgenden Spitzen der Zykloiden zur Ruhe kommt.

8. In einem System, das aus zwei sich anziehenden Körpern von den Massen M und m besteht, ist die Relativbahn eine Ellipse mit den Halbachsen a und b. Würde die Masse des zweiten Körpers plötzlich verdoppelt, so würde die Exzentrizität der neuen Bahn

$$\frac{1}{M + 2m}\sqrt{(M + 2m)^2 - \frac{b^2}{a^2}(M + m)(M + 2m) - \frac{b^2}{a}\frac{m}{\gamma}v^2}$$

sein, wobei v die Relativgeschwindigkeit im Augenblick der Änderung bedeutet.

9. Zwei schwere Massenpunkte, die die Entfernung r voneinander haben, beschreiben mit der gleichförmigen Winkelgeschwindigkeit ω Kreise um ihr gemeinsames Gravitationszentrum. Dem ganzen System wird in der Bewegungsebene eine kleine gemeinsame Störung mitgeteilt, so daß nach einer Zeit t die Entfernung $r + u$ ist und die Verbindungslinie der Punkte derjenigen Lage um den Winkel Φ vorausgeeilt ist, die sie haben würde, wenn die stetige Bewegung nicht gestört worden wäre. Man entwickle die Gleichung

$$2\dot{u} - r\omega\Phi = 3\omega t\,(r\dot{\Phi} + 2\omega u) + \text{const},$$

unter Vernachlässigung der Quadrate von u und $\dot{\Phi}$.

10. Zwei gleiche Massenpunkte P, Q werden von zwei Punkten aus, die auf entgegengesetzten Seiten eines dritten Massenpunktes S und um gleichviel von diesem entfernt liegen, mit einer Geschwindigkeit fortgeschleudert, wie sie sie in dieser Lage bei Herkunft aus unendlicher Ferne unter der alleinigen Anziehung von S erlangen würden. Alle drei Massenpunkte ziehen sich an, die Anfangsgeschwindigkeiten stehen senkrecht zu PQ. Bedeuten b die konjugierte Achse der Bahn, die von P oder Q beschrieben wird, e deren Exzentrizität und b', e' die entsprechenden Größen der Relativbahnen von P und S, wenn Q nicht vorhanden wäre, und P in gleicher Weise wie vorher fortgeschleudert würde, so ist $b = 2b'$ und

$$\frac{(1 - e)}{(1 + e)} = \frac{1}{4}\frac{(1 - e')}{(1 + e')}.$$

11. Wenn drei Körper von den Massen m_1, m_2, m_3, die nur ihren gegenseitigen Anziehungskräften P_{23}, P_{31}, P_{12} unterworfen sind, in unveränderten Entfernungen voneinander bleiben, so stehen diese Entfernungen in dem Verhältnis $m_1 P_{23} : m_2 P_{31} : m_3 P_{12}$ zueinander.

12. Drei gleiche Massenpunkte A, B, C, welche sich mit einer Kraft anziehen, die proportional der Entfernung und pro Masseneinheit und in der Entfernung eins gleich μ ist, werden in die Ecken eines gleichseitigen Dreiecks von der Seite $2a$ gebracht. Der Massenpunkt A wird mit der Geschwindigkeit $c\sqrt{\mu}$ gegen den Dreiecksmittelpunkt geschleudert, während die andern Massenpunkte in demselben Augenblick freigegeben werden. Man beweise, daß die drei Punkte zum ersten Male nach der Zeit

$$\frac{1}{\sqrt{3\mu}} \arcsin \frac{a}{\sqrt{\left(a^2 + \frac{1}{9} c^2\right)}}$$

in einer geraden Linie liegen werden.

13. Zwei Massenpunkte, jeder von der Masse eins, die sich mit einer Kraft $\mu \cdot$(Abstand) anziehen, werden in zwei rauhe, gerade, sich senkrecht schneidende Rohre gebracht; die Reibung in jedem Rohr sei gleich der Druckkraft auf die Wand. Befinden sich die Punkte anfangs in ungleichen Abständen vom Schnittpunkt, so bewegt sich der eine schon eine Zeit $\frac{1}{2}\frac{\pi}{\sqrt{\mu}}$, ehe der andere seine Bewegung beginnt. Während sie sich dem Schnittpunkt der Röhren nähern, bewegen sie sich gerade so, wie die Projektionen der beiden Endpunkte des Durchmessers eines Kreises auf eine Gerade, auf der dieser Kreis gleichförmig rollt.

14. In einem Medium, dessen Widerstand der Masse und Geschwindigkeit proportional ist, bewegen sich zwei Massenpunkte unter der Wirkung ihrer gegenseitigen Anziehungskraft, die eine beliebige Funktion ihres Abstandes ist. Man beweise, daß ihr Massenmittelpunkt entweder in Ruhe bleibt oder sich geradlinig mit einer Geschwindigkeit bewegt, die nach einer geometrischen Reihe abnimmt, während die Zeit nach einer arithmetischen Reihe zunimmt.

15. Ein Massenpunkt, der an das eine Ende der großen Achse eines Normalschnittes eines homogenen, anziehenden, elliptischen Zylinders von unendlicher Länge gebracht wird, werde innerhalb der Schnittebene ein wenig gestört. Man zeige, daß er sich unter ständiger Berührung rund um den Zylinder bewegen kann und daß seine Geschwindigkeit v im Abstande y von der großen Achse des Schnittes durch die Gleichung gegeben ist

$$v^2 = \frac{4\pi\gamma\varrho y^2 a(a-b)}{b(a+b)},$$

wobei ϱ die Dichte des Zylinders und $2a$, $2b$ die Hauptachsen eines Normalschnittes sind.

16. Ein Massenpunkt wird längs eines Kreisschnittes auf der Oberfläche eines glatten, homogenen Rotationsellipsoids in Bewegung gesetzt, das durch die Gleichung $\frac{(x^2+y^2)}{a^2} + \frac{z^2}{c^2} = 1$ gegeben ist. Man beweise, daß

$$\omega^2 = \frac{(Aa^2 - Cc^2)}{a^2}$$

ist, wenn er den Kreis mit gleichförmiger Winkelgeschwindigkeit ω unter der Wirkung der Anziehungskraft des Ellipsoids beschreibt, und wenn Ax, Ay, Cz die Komponenten der Anziehungskraft sind, die das Ellipsoid auf einen Punkt x, y, z ausübt.

17. Ein Ring bewege sich auf einem rauhen, elliptisch gebogenen Draht mit den Halbachsen a, b unter der Wirkung der Anziehung eines dünnen, homogenen, anziehenden Stabes von der Masse M in der Verbindungsgeraden der Brennpunkte. Wird der Ring in einem Ende der kleinen Achse in Bewegung gesetzt und kommt er an dem ihm zunächstliegenden Ende der großen Achse zur Ruhe, so ist die Anfangsgeschwindigkeit v durch die Gleichung gegeben

$$v^2 = \frac{4\gamma M\mu a}{(a+b)^2}\int_0^{\pi} \frac{e^{-\mu\Theta}\, d\Theta}{1 - 2\alpha\cos\Theta + \alpha^2},$$

worin μ der Reibungskoeffizient und $\alpha = \frac{(a-b)}{(a+b)}$ ist.

Anhang zu Kapitel VI. Reduktion eines Systems von gebundenen Vektoren.

a) Das Vektorpaar. Zwei gleiche Vektoren, die an parallele Wirkungslinien gebunden sind und entgegengesetzten Richtungssinn haben, bilden ein „Vektorpaar".

Man lege eine Gerade L senkrecht zur Ebene des Vektorpaares und gebe ihr einen bestimmten Richtungssinn. Die algebraische Summe der Momente der beiden Vektoren, um diese Gerade, ist stets die gleiche, sowohl hinsichtlich ihrer Größe wie auch ihres Vorzeichens, und von der Wahl der Geraden L ganz unabhängig, wenn nur der Richtungssinn von L derselbe bleibt. Die Summe der Momente ist „das Moment des Vektorpaares". Seine Größe ist das Produkt aus der Maßzahl eines Vektors des Paares und der Maßzahl des Abstandes der Wirkungslinien der beiden Vektoren. Sein Vorzeichen ist bestimmt, wenn einmal für L ein bestimmter Richtungssinn angenommen ist. Die Vorzeichenregel ist die der rechtsgängigen Schraube; man kann sie in folgender Weise aussprechen: Schneidet die Gerade L den einen Vektor und hängt der Richtungssinn von L und der Drehsinn des zweiten Vektors in derselben Weise zusammen wie der Vorschub und der Drehsinn einer rechtsgängigen Schraube, so ist das Vorzeichen positiv; im andern Falle ist es negativ.

Ist L in dem Sinne gerichtet, daß das Moment positiv ist, und wählt man einen (freien) Vektor so, daß er die Größe des Moments des Vektorpaares und die Richtung sowie den Richtungssinn von L besitzt, so nennt man diesen die „Achse des Vektorpaares".

Wir werden später sehen, daß ein Vektorpaar unter allen Umständen durch diesen freien Vektor dargestellt werden kann.

b) Gleichwertigkeit von Vektorpaaren in ein und derselben Ebene. Wir wollen beweisen, daß die Summe zweier Vektorpaare in derselben Ebene, wenn sie gleiche aber entgegengesetzte Momente besitzen, gleich Null ist.

Da die Wirkungslinien der beiden Vektoren zwei Paare paralleler

Geraden sind, so bilden sie ein Parallelogramm. $ABCD$ (Fig. 47) sei dieses.

Die Vektoren des einen Paares mögen die Größe P und die Wirkungslinien AB, CD, diejenige des andern Paares die Größe Q und die Wirkungslinien AD, CB haben.

Die Längeneinheit sei so gewählt, daß in der Figur AB die Größe P darstellt.

Dann besitzt das Parallelogramm eine Fläche, welche gleich dem Moment des Vektorpaares ist.

In gleicher Weise soll AD die Größe Q darstellen.

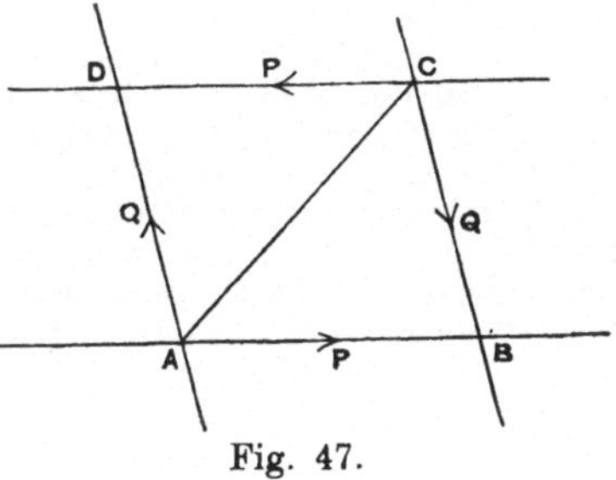

Fig. 47.

Die Vektoren P und Q, die in den Wirkungslinien AB und AD liegen und letzteren Strecken proportional sind, lassen sich durch einen Vektor ersetzen, der die Wirkungslinie AC hat und proportional dieser Strecke ist. Der Richtungssinn dieses Vektors ist AC.

Daraus folgt, daß alle vier Vektoren P, P und Q, Q zusammen Null ergeben.

Dieser Satz zeigt, daß ein Vektorpaar durch jedes andere in derselben Ebene wirkende Paar ersetzt werden kann, welches dasselbe Moment und den gleichen Drehsinn hat.

c) Parallele Vektoren. P und Q seien zwei Vektoren, die an parallele Wirkungslinien gebunden sind, A und B beliebige Punkte auf diesen Linien und d der Abstand der Linien.

P und Q mögen zunächst im gleichen Sinne gerichtet sein. Dann wollen wir in der Wirkungslinie des Vektors P zwei gleichgroße und entgegengesetzt gerichtete Vektoren von der Größe Q anbringen.

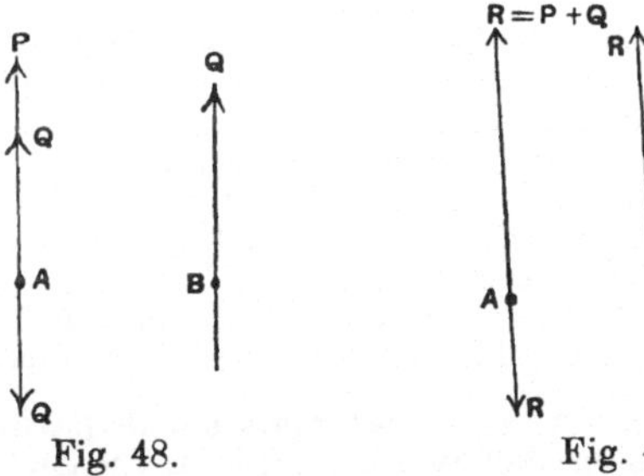

Fig. 48. Fig. 49.

Die Vektoren P und Q zusammen sind ersetzbar durch einen Vektor von der Größe $P+Q$, in der Wirkungslinie von P, der den Richtungssinn von P besitzt, und durch ein Vektorpaar Qd (siehe Fig. 48). Man ersetze das Vektorpaar vom Moment $Q \cdot d$ durch zwei Vektoren, die beide die Größe $P+Q$ haben und in parallelen Linien liegen, und von denen der eine in der Wirkungslinie von P liegt und entgegengesetzten Richtungssinn von P hat. Die Wirkungslinie des andern hat dann den Abstand

$\frac{Q \cdot d}{P+Q}$ von der Wirkungslinie von P und liegt zwischen den Linien von P und Q. Der Richtungssinn des zweiten Vektors $P+Q$ ist der gleiche wie der von P oder Q (vgl. Fig. 49). Die beiden Vektoren P und Q sind also gleich einem einzigen Vektor $P+Q$ in dieser zuletzt beschriebenen Wirkungslinie.

Nun mögen P und Q in entgegengesetztem Sinne gerichtet sein, Q sei der größere Vektor. Man verlege zwei Vektoren, beide von der Größe Q, in die Wirkungslinie von P. Dann lassen sich die Vektoren P und Q ersetzen durch einen Vektor von der Größe $Q-P$ in der Wirkungslinie von P und mit entgegengesetztem Sinne von P und durch ein Vektorpaar vom Moment $Q \cdot d$ (siehe Fig. 50). Man ersetze dieses Paar $Q \cdot d$ durch zwei Vektoren, jeder von der Größe $Q-P$ und mit parallelen Wirkungslinien, von denen die eine die Wirkungslinie von P ist. Der Richtungssinn des hierin wirkenden Vektors soll derselbe

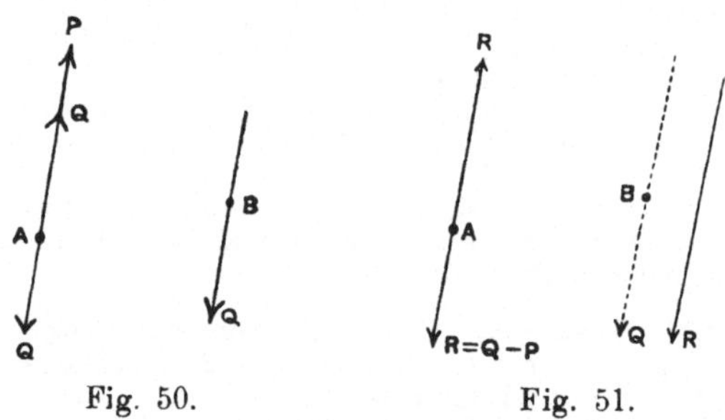

Fig. 50. Fig. 51.

sein wie der von P. Die Wirkungslinie des andern Vektors hat von derjenigen von P einen Abstand $\frac{Q d}{Q-P}$, und liegt auf der Seite der Wirkungslinie von Q, welche P abgekehrt ist. Der Richtungssinn des darin liegenden Vektors $Q-P$ ist derselbe wie der von Q (siehe Fig. 51). Die beiden Vektoren P und Q sind also ersetzbar durch einen einzigen Vektor $Q-P$ in der zuletzt beschriebenen Wirkungslinie.

Hiernach sind zwei Vektoren mit parallelen Wirkungslinien, die nicht gleichgroß und entgegengesetzt gerichtet sind, ersetzbar durch einen resultierenden Vektor mit paralleler Wirkungslinie; das Moment dieses resultierenden Vektors um eine beliebige Achse ist gleich der Summe der Momente der beiden Einzelvektoren um dieselbe Achse.

d) Gleichwertigkeit von Vektorpaaren in parallelen Ebenen. Wir wollen beweisen, daß zwei in parallelen Ebenen liegende Vektorpaare, die gleiche Momente und entgegengesetzten Drehsinn haben, zusammen Null ergeben.

Die Vektoren des einen Paares mögen die Größe P und die Wirkungslinien AB und CD haben; die Größe der Vektoren des andern Paares sei Q und ihre Wirkungslinien seien $A'D'$, $C'B'$.

Man lege durch $A'D'$ und $B'C'$ ein Paar parallele Ebenen, die die Wirkungslinien des Paares P in den Punkten A, D, B, C, schneiden.

Durch AB und CD lege man ein zweites Paar parallele Ebenen, die die Wirkungslinien des Paares Q in den Punkten A', B', C', D' schneiden.

Die beiden Ebenenpaare bilden mit der Ebene der beiden Vektorpaare ein Parallelepiped.

Das Vektorpaar Q ersetze man in seiner Ebene durch ein gleichwertiges Paar von Vektoren mit den Wirkungslinien $B'A'$ und $D'C'$. Diese Vektoren haben beide die Größe P und ihr Richtungssinn ist derselbe, wie ihn die Reihenfolge der Buchstaben angibt.

Nun sind die beiden parallelen Vektoren P in den Wirkungslinien AB, $D'C'$ mit dem angegebenen Richtungssinn einem Vektor von der

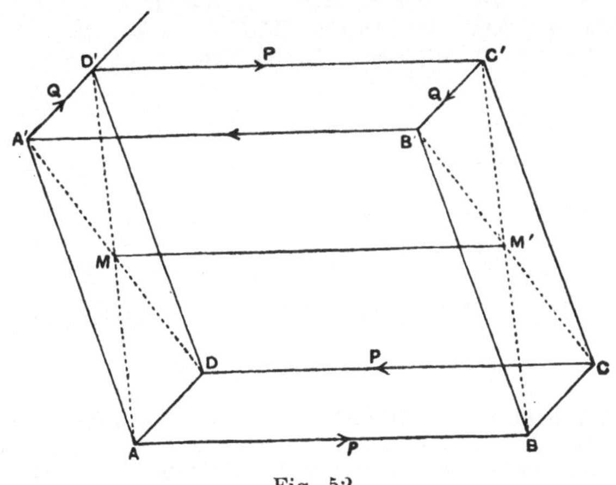

Fig. 52.

Größe $2P$ gleichwertig, der an die Gerade MM' gebunden ist, welche die Mittelpunkte von AD' und BC' verbindet. Der Richtungssinn dieses Vektors ist MM'.

Ebenso sind die parallelen Vektoren P mit den Wirkungslinien CD, $B'A'$ einem Vektor $2P$ gleichwertig, der in dieselbe Gerade MM' hineinfällt, aber den Richtungssinn $M'M$ hat.

Es ergibt sich somit, daß die vier Vektoren P, P und Q, Q zusammen Null ergeben.

Dieses Ergebnis zeigt, daß ein Vektorpaar durch irgendein anderes Vektorpaar ersetzt werden kann, das in einer beliebigen Parallelebene zu dem ersten liegt und dasselbe Moment besitzt.

e) Die Zusammensetzung von Vektorpaaren. Die Ebenen zweier Vektorpaare mögen sich in der Geraden AB schneiden.

Man ersetze das Paar in der einen Ebene durch irgend ein anderes Paar, dessen einer Vektor mit AB zusammenfällt und den Sinn AB hat. Die beiden Vektoren mögen die Größe P besitzen, der zweite Vektor habe die Wirkungslinie CD.

Ferner ersetze man das zweite Paar durch ein anderes, dessen einer Vektor in die Linie BA fällt und den Richtungssinn BA hat. Auch diese Vektoren können wir so wählen, daß sie die Größe P erhalten.

Dann wird der zweite Vektor eine bestimmte Wirkungslinie FE haben, die in der Ebene des zweiten Vektorpaares liegt.

AB möge P der Größe nach darstellen. Durch die Punkte A, B seien zwei Ebenen senkrecht zu AB gelegt, welche die Geraden CD und EF in den Punkten C, D, E, F schneiden.

Wie man nunmehr sieht, sind die beiden Vektorpaare einem einzelnen Paar gleichwertig, dessen Vektoren die Größe P und die Wirkungslinien CD, FE haben.

Die Figuren $ABCD$, $ABEF$, $CDFE$ sind Rechtecke, ihre Flächenräume sind den Momenten der Vektorenpaare proportional und stehen zueinander im Verhältnis der Stecken BC, BE, CE.

Drehen wir jetzt das Dreieck BCE in seiner Ebene um einen rechten Winkel, so werden seine Seiten den Achsen der Vektorpaare

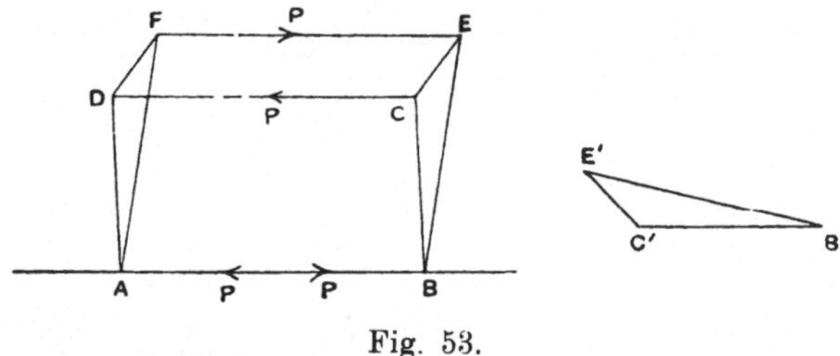

Fig. 53.

parallel und proportional. $B'C'E'$ sei dies neue Dreieck (siehe Fig. 53). Stellt $E'B'$ dem Sinne nach die Achse des zweiten Paares dar, so ist augenscheinlich der Sinn des ersten $B'C'$ und der Sinn des resultierenden Paares $E'C'$.

Somit stellt $E'C'$ nach Größe, Richtung und Sinn die Achse des aus zwei Komponentenpaaren resultierenden Paares dar, wenn die Achsen der Komponentenpaare die Größen, Richtungen und den Sinn der beiden Geraden $E'B'$ und $B'C'$ haben. Dies ist das Vektorgesetz.

Aus den vorangehenden Betrachtungen folgt, daß ein Vektorpaar als ein freier Vektor aufgefaßt werden kann, der durch die Achse des Vektorpaares dargestellt wird.

f) Ebenes System gebundener Vektoren. Ein beliebiger Vektor von der Größe P sei an seine Wirkungslinie AB gebunden und O sei irgendein Punkt außerhalb dieser Wirkungslinie. Man ziehe durch O eine Parallele zu AB und bringe in diese zwei Vektoren je von der Größe P aber mit verschiedenem Richtungssinn an, die an diese Parallele gebunden sind. Dann ist das Vektorsystem gleichwertig mit einem Vektor von der Größe P, der an die durch O zu AB gezogene Parallele gebunden ist und denselben Sinn wie der ursprüngliche Vektor in AB hat, zusammen mit einem Vektorpaar vom Moment Pp, worin p den Abstand des Punktes O von AB bezeichnet. Dieses Paar hat einen bestimmten Sinn, seine Achse steht senkrecht zur Ebene AOB (Fig. 54).

Jedes beliebige ebene Vektorsystem kann auf diese Weise durch einen resultierenden Vektor, der an eine durch einen gewählten Punkt O

in der Ebene gezogene Gerade gebunden ist, zusammen mit einem Vektorpaar ersetzt werden. Der resultierende Vektor ist die Resultierende aller Vektoren, die gleich und parallel den gegebenen Vektoren und an Gerade durch O gebunden sind, und die denselben Richtungssinn wie die ursprünglichen Vektoren haben. Die Achse des Paares steht senkrecht zur Ebene; ihr Moment ist $\Sigma(\pm Pp)$, worin P die Größe eines beliebigen der ursprünglichen Vektoren sowie p das von O auf seine Wirkungslinie gefällte Lot bezeichnen und worin jedes Glied ein bestimmtes Vorzeichen besitzt.

R sei die Resultierende dieser durch O gehenden Vektoren und G das Moment des Vektorpaares. Falls R von Null verschieden ist, ersetze man G durch zwei Vektoren von der Größe R von denen der eine an die durch O gehende Wirkungslinie von R gebunden ist und entgegengesetzten Richtungssinn von R hat, während der andere in einer Parallelen liegt, die im Abstand $\frac{G}{R}$ von O gezogen wird. Das ganze System ist dann diesem letzten Vektor gleichwertig (siehe Fig. 55).

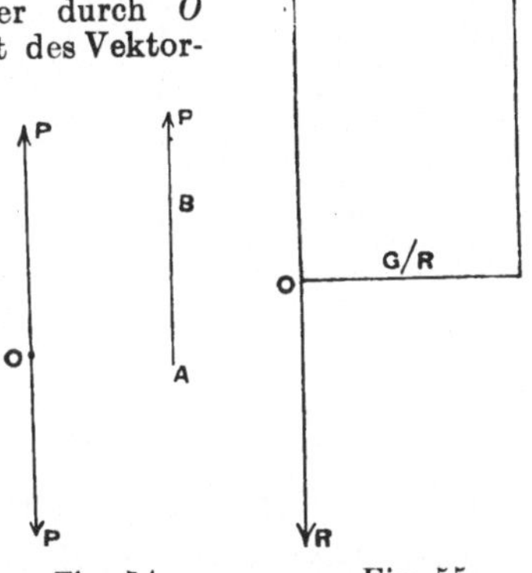

Fig. 54. Fig. 55.

Für den Fall, daß R zu Null wird, ist das ganze System dem Vektorpaare G gleichwertig.

Werden R und G beide gleich Null, so ist das ganze System Null.

Somit ist also jedes beliebige System gebundener Vektoren, deren Wirkungslinien sämtlich in einer Ebene liegen, entweder einem einzigen Vektor, der an eine Gerade der Ebene gebunden ist, oder einem Vektorpaar, dessen Achse auf der Ebene senkrecht steht, oder schließlich mit Null gleichwertig.

In den Fällen, in denen das System einem einzelnen Vektor oder einem Vektorpaare gleichwertig ist, sind der einzelne Vektor bzw. das Vektorpaar vollkommen und eindeutig bestimmt.

Die Bedingungen für die Gleichwertigkeit zweier verschiedener Systeme gebundener, in einer Ebene liegender Vektoren sind die folgenden: 1. Ist das eine System einem Einzelvektor gleichwertig, so muß das andere einem Einzelvektor von gleicher Größe, gleichem Sinne und gleicher Wirkungslinie gleichwertig sein. 2. Ist das eine System einem Vektorpaare gleichwertig, so muß das zweite auch einem Vektorpaare und zwar von gleicher Größe und gleichem Sinne gleichwertig sein. 3. Ist das eine System gleich Null, so ist auch das andere gleich Null.

g) Die Reduktion eines Systems linienflüchtiger Vektoren. Man wähle ein beliebiges, rechtwinkliges Koordinatensystem x, y, z mit dem Ursprung in O. X, Y, Z seien die Komponenten parallel den Achsen eines der Vektoren und x, y, z die Koordinaten eines Punktes seiner Wirkungslinie. Man bringe in einer durch O zu diesem Vektor gezogenen Parallelen ein Paar gleichgroßer aber entgegengesetzt gerichteter Vektoren an und zerlege sie in Komponenten in Richtung der Achsen. Die Größe dieser Komponenten ist dann X, Y, Z. Der ursprüngliche Vektor ist damit ersetzt durch die Vektoren X, Y, Z in den Achsen und durch drei Vektorpaare; deren Momente um die Achsen sind

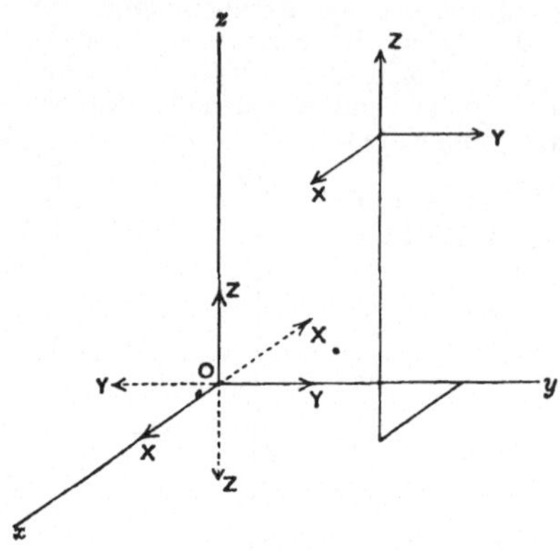

Fig. 56.

$$yZ - zY,$$
$$zX - xZ,$$
$$xY - yX$$

(vgl. Abschn. 84).

Hiernach läßt sich jedes System von Vektoren mit bestimmten Wirkungslinien durch einen resultierenden Vektor zusammen mit einem Vektorpaar ersetzen. Die Wirkungslinie dieses resultierenden Vektors geht durch den Ursprung und seine Komponenten parallel den Koordinatenachsen sind ΣX, ΣY, ΣZ. Das Vektorpaar ist mit Komponentenpaaren gleichwertig, deren Momente um die Achsen

$$\Sigma(yZ - zY), \quad \Sigma(zX - xZ), \quad \Sigma(xY - yX)$$

sind. Hierin bedeuten X, Y, Z die parallel den Achsen genommenen Komponenten irgendeines der ursprünglichen Vektoren und x, y, z die Koordinaten eines beliebigen Punktes seiner Wirkungslinie. Der resultierende Vektor, mit den Komponenten $\Sigma X, \ldots$, ist unabhängig von der Lage des Ursprungs; aber das Vektorpaar mit den Komponenten $\Sigma(yZ - zY), \ldots$ hat verschiedene Werte für verschiedene Koordinatenanfänge.

VII. Verschiedene Methoden und Anwendungen.

191. Vorbemerkung. Wir wollen in diesem Kapitel eine Reihe Methoden und Betrachtungen zusammenstellen, die sich auf allgemeine Klassen von Aufgaben beziehen, welche man mit Hilfe der in den vorausgehenden Kapiteln enthaltenen Prinzipien lösen kann. Große Schwierigkeit macht hierbei die Integration der Bewegungsgleichungen eines Systems von Körpern. Es gibt jedoch eine Anzahl Fälle, in denen man auch ohne jede Integration vollkommen zum Ziel kommt. Zu diesen Fällen gehören plötzliche Bewegungsänderungen, beginnende Bewegungen oder Bewegungen, wie sie sich ergeben, wenn man von Zwangskräften absieht. In andern Fällen wieder kennt man die Integrationsmethoden, die zur Lösung führen. Hierher gehören kleine Schwingungen und Aufgaben, bei denen das Energieprinzip oder das Prinzip von der Erhaltung der Bewegungsgröße alle ersten Integrale der Bewegungsgleichungen ergänzen.

Plötzliche Bewegungsänderungen.

192. Das Aufeinanderwirken von Körpern beim Stoß. Wenn zwei Körper zusammenprallen, so berühren sich anfangs ihre Oberflächen in einem Punkte; eine nähere Betrachtung zeigt jedoch, daß sie, bevor sie sich wieder trennen, über eine größere Fläche in Berühung kommen müssen. Wird beispielsweise der eine der Körper mit Ruß geschwärzt, so zeigt der andere nach der Trennung einen Rußfleck. Hieraus sieht man, daß die Körper während des Stoßes eine Deformation erleiden. Es gibt zahlreiche Fälle, in denen diese Formänderung eine bleibende ist, aber auch wieder andere, in denen die Körper praktisch vollkommen ihre alte Form wiedererlangen. Das ist jedenfalls klar, daß bei starren Körpern keine Formänderungen eintreten können; demgemäß sind wir auch nicht imstande, über die Vorgänge eine Rechnung anzustellen, wenn wir die Körper als starr ansehen. Andererseits ist es im allgemeinen überaus schwierig, die Deformation auf Grund der elastischen Eigenschaften der Körper zu berechnen. Weiter wird man bei jedem plötzlichen Aufeinanderwirken von Teilen eines Systems finden, daß ein unvermeidlicher Verlust an kinetischer Energie eintritt; dieser scheinbare Energieverlust kann häufig berechnet werden. Nach der Art der Energie, die als Ersatz für den scheinbaren Verlust erzeugt wird, brauchen wir nicht weit zu suchen. Es ist nämlich eine Erfahrungstatsache, daß beim Zusammenstoßen zweier Körper sich in beiden die Temperatur erhöht, und wir haben eine Fülle von Beweisen, daß das Auftreten von derartigen Wärmewirkungen in das Gebiet der Energieumwandlungen gehört. Deshalb müssen wir erwarten, daß bei plötzlichen Bewegungsänderungen ein Teil mechanischer Energie in Wärme umgesetzt wird. Um in einfacher und allgemein gültiger Weise die mechanischen Wirkungen, die in zwei Körpern bei deren Aufeinanderprallen hervorgerufen werden, formulieren zu können, müssen wir unsere Zuflucht zu besonderen Versuchen und zu einigen Hypothesen nehmen, die hier helfen können.

193. Newtons Versuchs-Ergebnis. Newton machte eine Reihe sorgfältig durchgeführter Versuche[1]) über den Stoß von Kugeln, die zur Berührung kommen, wenn sich ihre Mittelpunkte in ihrer Verbindungslinie bewegen. Er fand, daß die Relativgeschwindigkeit der beiden Kugeln nach dem Stoß entgegengesetzte Richtung von derjenigen vor dem Stoß hatte und daß die Größe dieser Geschwindigkeit im Augenblick der Trennung zu derjenigen im Augenblick des Aufeinandertreffens in einem Verhältnis steht, das kleiner als eins ist. Er fand, daß dieses Verhältnis vom Material der Kugeln abhängt.

Um dieses Ergebnis zu erläutern, seien U und U' die in die Verbindungslinie der beiden Kugeln fallenden und im gleichen Richtungssinn genommenen Geschwindigkeiten der Kugeln vor dem Stoß, u und u' ihre Geschwindigkeiten im gleichen Sinne und in derselben Geraden nach dem Stoß. Dann ist

---

[1]) a. and. O. S. 166.

$$u - u' = -e(U - U'),$$

worin e eine Zahl und zwar ein positiver echter Bruch bedeutet.

194. Der Stoßkoeffizient. Die Zahl e wird der „Stoßkoeffizient" genannt. Für sehr harte, elastische, feste Körper, wie Glas und Elfenbein, weicht e wenig von eins ab; für sehr weiche Stoffe, wie Wolle oder Kitt, ist e nahezu gleich Null. Der Zusammenhang, in dem e mit der Elastizität der aufeinanderstoßenden Körper steht, hat dazu geführt, daß er manchmal der „Elastizitätskoeffizient" genannt wird. Wir wollen aber diesen Ausdruck vermeiden, da man ihn häufig (und in ganz anderer Bedeutung) in der Elastizitätstheorie gebraucht. Aus demselben Grunde wollen wir auch das Wort „Rückprallkoeffizient" vermeiden, das auch bisweilen Anwendung gefunden hat. Stoffe, für welche e gleich Null oder gleich eins ist, können als ideale Grenzfälle angesehen werden, denen sich einige Körper nähern. Wir nennen solche Stoffe „vollkommen unelastisch" bzw. „vollkommen elastisch"; gewöhnliche Materialien nennen wir „unvollkommen elastisch". Es versteht sich von selbst, daß sich jede solche Bezeichnung immer auf die Wirkung zweier Körper vom gleichen oder von verschiedenem Material bezieht. Der Koeffizient e hängt eben stets von beiden Stoffen ab, geradeso wie der Reibungskoeffizient zwischen zwei Körpern auch vom Material und dem Rauhigkeitsgrad beider Körper abhängig ist.

195. Gerader Stoß elastischer Kugeln. Die Massen der Kugeln seien m, m'; die Geschwindigkeiten ihrer Mittelpunkte mögen kurz vor dem Stoß mit U, U' und kurz nach dem Stoß mit u, u' bezeichnet werden und parallel der Verbindungslinie der Mittelpunkte sein. Wir setzen voraus, daß alle Geschwindigkeiten im selben und zwar in dem Sinne gemessen werden, in dem man vom Mittelpunkt der Kugel m nach dem Mittelpunkt der Kugel m' kommt.

Zur Bestimmung von u, u' steht uns erstens die von Newton experimentell gefundene Gleichung zur Verfügung

$$u - u' = -e(U - U'),$$

und weiter die Gleichung von der Erhaltung der Bewegungsgröße des Systems, nämlich

$$mu + m'u' = mU + m'U'.$$

Hieraus finden wir

$$u = \frac{(m - m' e)\, U + m' (1 + e)\, U'}{m + m'},$$

$$u' = \frac{(m' - m e)\, U' + m (1 + e)\, U}{m + m'}.$$

R sei der **Stoßantrieb** zwischen den Kugeln und zwar als Antrieb einer Kraft aufgefaßt, die in entgegengesetzter Richtung von U auf die Kugel m ausgeübt wird. Wir haben dann

$$R = -m(u - U) = m'(u' - U') = (1 + e)\frac{m m'}{m + m'}(U - U').$$

Die beim Stoß verloren gegangene kinetische Energie ist

$$(\tfrac{1}{2} m U^2 + \tfrac{1}{2} m' U'^2) - (\tfrac{1}{2} m u^2 + \tfrac{1}{2} m' u'^2),$$

oder

$$\tfrac{1}{2} m (U - u)(U + u) + \tfrac{1}{2} m' (U' - u')(U' + u')$$

oder

$$\tfrac{1}{2} R\,[(U + u) - (U' + u')].$$

Dieser Ausdruck stimmt mit dem in Abschn. 174 gefundenen Ergebnis überein.

Vermöge der Gleichung

$$u - u' = -e(U - U')$$

geht der für den Verlust an kinetischer Energie gefundene Ausdruck in die Form über

$$\tfrac{1}{2} R (1 - e)(U - U').$$

Setzen wir hierin den oben für R entwickelten Wert ein, so wird daraus

$$\frac{1}{2}\frac{m m'}{m + m'}(1 - e^2)(U - U')^2.$$

196. Die verallgemeinerte Newtonsche Regel. Damit wir das Newtonsche Versuchsergebnis auch für Stoßaufgaben verwenden können, in denen weniger einfache Verhältnisse als im Falle des geraden Stoßes von Kugeln vorliegen, wollen wir es in folgender verallgemeinerter Form aussprechen:

Zerlegt man die Relativgeschwindigkeiten nach und vor dem Stoß der Berührungspunkte zweier aufeinandertreffender Körper in Komponenten in Richtung der augenblicklichen Berührungsnormalen ihrer Ober-

flächen, so stehen diese Geschwindigkeitskomponenten im Verhältnis $-e:1$, worin e den Stoßkoeffizienten bezeichnet.

197. Schiefer Stoß vollkommen glatter, elastischer Kugeln. Zwei vollkommen glatte, homogene Kugeln von den Massen m, m' prallen aufeinander.

U, V seien die Komponentengeschwindigkeiten von m in der Verbindungslinie der Mittelpunkte und senkrecht dazu vor dem Stoß, U', V' die entsprechenden Geschwindigkeiten von m'; ferner seien u, v und u', v' die korrespondierenden Geschwindigkeiten von m und m' nach dem Stoß.

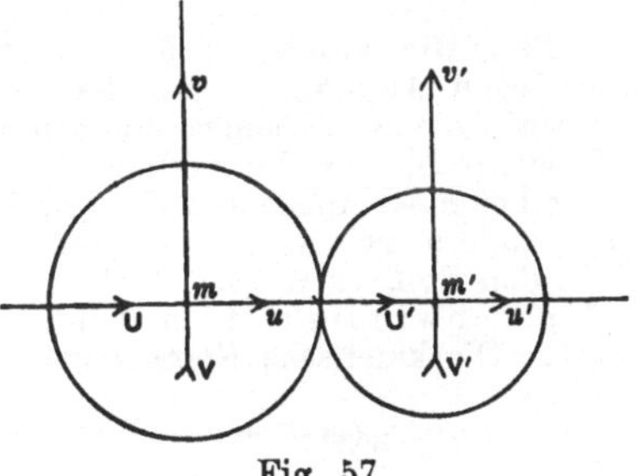

Fig. 57.

Da die Kugeln vollkommen glatt sind, so tritt keine Reibung auf und die Richtung der Druckkraft zwischen ihnen fällt mit der Verbindungslinie ihrer Mittelpunkte zusammen. Demnach bleiben die senkrecht zur Mittellinie der Kugeln genommenen Komponenten der Bewegungsgrößen jeder Kugel trotz des Stoßes ungeändert und wir haben die Gleichungen

$$v = V, \qquad v' = V'.$$

Die verallgemeinerte Newtonsche Regel liefert die Gleichung

$$u - u' = -e(U - U').$$

Das Prinzip von der Erhaltung der Bewegungsgröße parallel der Mittellinie lautet als Formel

$$m u + m' u' = m U + m' U'.$$

Aus diesen Gleichungen finden wir

$$u = \frac{(m - m' e) U + m' (1 + e) U'}{m + m'},$$

$$u' = \frac{(m' - m e) U' + m (1 + e) U}{m + m'}.$$

Damit ist die Geschwindigkeit jeder Kugel nach dem Stoß bestimmt.

Der Gesamtantrieb zwischen den Kugeln wird auf dieselbe Art wie in Abschnitt 195 gefunden und ist

$$(1+e)\frac{m\,m'}{m+m'}(U-U').$$

In der gleichen Weise wie in dem angeführten Abschnitt ergibt sich der Verlust an kinetischer Energie

$$\frac{m\,m'}{2(m+m')}(1-e^2)(U-U')^2.$$

198. Die Ableitung der Newtonschen Regel auf Grund einer besonderen Annahme. Bei der Bewegung zweier Kugeln bezeichnen $\bar{u}$, $\bar{v}$ die Geschwindigkeitskomponenten des Massenmittelpunktes parallel und senkrecht zur Verbindungslinie der Mittelpunkte, W, η die Geschwindigkeitskomponenten von m relativ zu m' in denselben Richtungen. Dann ändern sich $\bar{u}$, $\bar{v}$, η während des Stoßes nicht. W ändere sich durch den Stoß zu w. Die Größen W und w sind die „relative Auftreffgeschwindigkeit" und die „relative Abprallgeschwindigkeit". Die kinetische Energie vor dem Stoß ist

$$\frac{1}{2}(m+m')(\bar{u}^2+\bar{v}^2)+\frac{m\,m'}{2(m+m')}(W^2+\eta^2).$$

(Siehe Abschnitt 159, Beispiel 1.) Für die kinetische Energie nach dem Stoß kann ein ähnlicher Ausdruck angeschrieben werden. Damit wird der Verlust an kinetischer Energie während des Stoßvorgangs

$$\frac{m\,m'}{2(m+m')}(W^2-w^2).$$

Nehmen wir an, daß der Verlust an kinetischer Energie proportional dem Quadrat der relativen Auftreffgeschwindigkeit ist, so führt uns diese Annahme zu dem Ergebnis, daß w in einem konstanten Verhältnis zu W steht; das ist aber die Newtonsche Regel.

199. Elastische Systeme. Die hier unter Benutzung der obigen Regel anzuwendende Methode besteht darin, daß man eine verschwindend kurze Stoßdauer annimmt und die Körper sowohl vor wie nach dem Stoß als starr voraussetzt. Diese Methode genügt für die Lösung vieler Fragen. Sie liefert aber kein genaues Rechnungsergebnis bei Stoßwirkungen in elastischen Systemen. In solchen Systemen treten nämlich innere Kräfte erst nach vorausgegangener Formänderung auf, so daß bei Beginn einer plötzlich eingeleiteten Bewegung ein Teil des Systems sogleich nachgibt und sich mit endlicher Geschwindigkeit zu bewegen beginnt. Nach geraumer Zeit hat eine endliche Formänderung stattgefunden, der sich endliche elastische Kräfte widersetzen; diese wirken so lange, als die Formänderung besteht. Diese Verhältnisse kann man bequem in den Satz zusammenfassen: Ein elastisches System kann keinen Impuls fortpflanzen. Hierdurch wird es klar, daß die auf das Newtonsche Versuchsergebnis sich gründende Methode eine Art Kompromiß ist, da man dabei die Dauer der Wirkung, welche durch die Elastizität der Körper hervorgerufen wird, als vernachlässigbar behandelt.

Ein Beispiel dafür, daß ein elastisches System keinen Impuls aufnehmen kann, haben wir in der Wirkung elastischer Fäden, wenn sie an starren Körpern befestigt sind, deren Bewegung sich plötzlich ändert. In einem solchen Faden tritt keine plötzliche Spannung auf und die Bewegung des Körpers ist kurz nach dem Stoß genau dieselbe, als wenn keinerlei Faden daran angebracht wäre (siehe Abschn. 213). Andererseits muß einem undehnbaren Faden die Fähigkeit zugesprochen werden, eine plötzliche Spannung zu erleiden.

200. Die allgemeine Theorie der plötzlichen Bewegungsänderungen. Bisher haben wir uns darauf beschränkt, die plötzliche Wirkung zwischen aufeinanderstoßenden Körpern zu betrachten. Aber es gibt noch viele andere Bewegungsänderungen, die so rasch vor sich gehen, daß wir sie als plötzliche Erscheinungen ansehen können. Die allgemeine Methode, derartige Bewegungsänderungen zu behandeln, beruht einfach auf der Anwendung des Prinzips, daß für jeden Massenpunkt in einem zusammenhängenden System und für jeden starren Körper darin die Änderungen der Bewegungsgröße ein Vektorsystem bilden, welches den Impulsen gleichwertig ist, die sie hervorriefen. An Hand einiger Aufgaben wollen wir die Anwendung dieses Prinzips näher erläutern.

201. Erläuternde Aufgaben. I. Zwei gleiche, vollkommen glatte Bälle mit den Mittelpunkten A und B liegen auf einem glatten Tisch so nahe beieinander, daß sie sich fast berühren. Ein dritter Ball von gleicher Größe und Masse prallt in gerader Richtung gegen A, so daß die Verbindungslinie seines Mittelpunktes C mit A gegen die Linie AB einen Winkel $CAB = \pi - \Theta$ bildet. Man beweise, daß unter der Voraussetzung

$$\sin\Theta > \frac{(1-e)}{(1+e)}$$

der Ball A in einer Richtung wegfliegen wird, die mit AB den Winkel

$$\operatorname{arc\,tan}\left(\frac{2\tan\Theta}{1-e}\right)$$

bildet. Hierin bedeutet e den Stoßkoeffizienten für jedes Ballpaar.

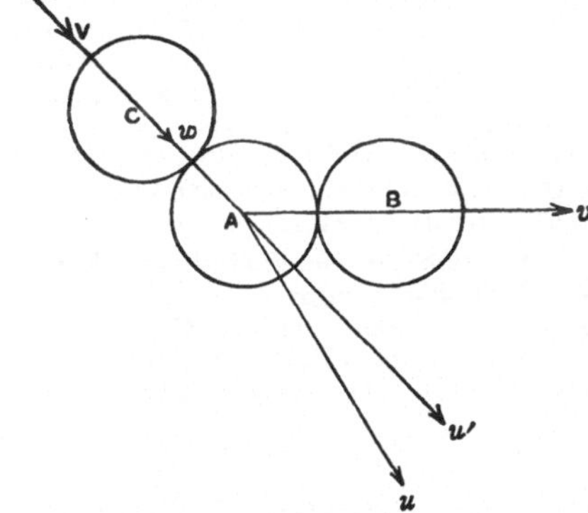

Fig. 58.

V sei die Geschwindigkeit von C, bevor er auf A trifft. Da es sich um einen geraden Stoß handelt, so fällt V mit CA zusammen. w sei die Geschwindigkeit von C nach dem Auftreffen auf A.

Die Richtung von w ist dieselbe wie die von V; u' sei die Geschwindigkeit von A, kurz nachdem ihn C angestoßen hat, u seine Geschwindigkeit kurz nachdem er B getroffen hat, v die Geschwindigkeit von B, kurz nach dem Aufprallen von A; dann bildet u' mit AB den Winkel Θ. Schließlich sei noch angenommen, daß u mit AB den Winkel Θ einschließt. v fällt in die Richtung AB.

Das Prinzip der Erhaltung der Bewegungsgröße führt auf folgende Gleichungen

$$V = u' + w, \quad u' \cos\Theta = u\cos\Phi + v, \quad u'\sin\Theta = u\sin\Phi,$$

während die Newtonsche Regel die Beziehungen liefert

$$u' - w = eV, \quad u\cos\Phi - v = -e\,u'\cos\Theta.$$

Hieraus folgt

$$2w = V(1-e), \quad 2u' = V(1+e), \quad 2u\cos\Phi = (1-e)\,u'\cos\Theta$$

und

$$\tan\Phi = \frac{2\tan\Theta}{1-e}.$$

Somit fliegt A so fort, wie oben behauptet, vorausgesetzt, daß zwischen A und C nicht noch ein zweiter Stoß erfolgt. Die Bedingung hierfür lautet

$$u\cos(\Phi - \Theta) > w,$$

oder

$$\tfrac{1}{2}(1-e)\,u'\cos^2\Theta + u'\sin^2\Theta > \frac{1-e}{1+e}\,u'.$$

Dies führt auf die Beziehung

$$\sin\Theta > \frac{1-e}{1+e}.$$

II. Ein materieller Punkt wird unter dem Winkel α gegen die Horizontale mit der Anfangsgeschwindigkeit V von einem Punkte einer glatten, schiefen Ebene aus in die Höhe geworfen. Die Ebene stehe senkrecht zur Ebene der Wurfbahn und bilde den Neigungswinkel Θ mit der Horizontalebene ($\Theta < \alpha$). Man gebe die Bedingung dafür an, daß der Punkt n mal auf die Ebene aufprallt und sie beim n^{ten} Male senkrecht trifft. Der Stoßkoeffizient zwischen Ebene und Massenpunkt sei e.

Da sich die Geschwindigkeitskomponente parallel zur Ebene durch den Stoß nicht ändert, so gilt für die Bewegung des Massenpunktes parallel der Ebene dieselbe Gleichung, als wenn keine Stöße stattfänden, so daß am Ende einer Zeit t seit Beginn der Bewegung die Geschwindigkeitskomponente parallel zur Ebene

$$V\cos(\alpha - \Theta) - gt\sin\Theta$$

ist.

$t_1, t_2, \ldots, t_n$ seien die Wurfzeiten vor dem ersten Stoß, zwischen dem ersten und zweiten, und so weiter. Dann ergibt sich t_1 aus der Gleichung

$$Vt_1\sin(\alpha - \Theta) - \tfrac{1}{2}gt_1^2\cos\Theta = 0,$$

damit ist $t_1 = \dfrac{2V\sin(\alpha - \Theta)}{g\cos\Theta}$. Die Geschwindigkeitskomponente zur Zeit

t_1 senkrecht zur Ebene ist $V \sin(\alpha - \Theta) - g t_1 \cos\Theta$ oder $-V \sin(\alpha - \Theta)$. Unmittelbar nach dem Aufprall hat der Punkt senkrecht zur Ebene die Geschwindigkeitskomponente $e V \sin(\alpha - \Theta)$. Wir finden somit, daß $t_2 = e t_1$; $t_3 = e t_2, \ldots$

Der Zeitraum vom Beginn der Bewegung bis zum n^{ten} Stoß ist infolgedessen $t_1 + t_2 + \cdots + t_n = \frac{1 - e^n}{1 - e} \frac{2 V \sin(\alpha - \Theta)}{g \cos\Theta}$. Nach unserer Voraussetzung verschwindet am Ende dieses Zeitraumes die Geschwindigkeit parallel zur Ebene. Hiernach wäre die bis dahin verstrichene Zeit $\frac{V \cos(\alpha - \Theta)}{g \sin\Theta}$. Die zu findende Bedingung ist also

$$\cot\Theta = 2 \cdot \frac{1 - e^n}{1 - e} \cdot \tan(\alpha - \Theta).$$

III. Eine vollkommen glatte Kugel von der Masse m ist mittels eines undehnbaren Fadens an einem festen Punkte angebunden; eine zweite Kugel von der Masse m' stoße gerade auf die erste Kugel mit der Geschwindigkeit v auf, deren Richtung mit dem Faden den spitzen Winkel α bildet. Man ermittele die Geschwindigkeit, mit welcher m sich zu bewegen beginnt.

Der Stoß der beiden Kugeln findet in Richtung der Verbindungslinie ihrer Mittelpunkte statt, so daß die Bewegungsrichtung von m' sich nicht ändert. Die Geschwindigkeit von m' nach dem Stoß sei v'.

Im Faden entsteht eine plötzliche Spannung und die Kugel m wird gezwungen, um den festen Punkt einen Kreis zu beschreiben. Infolgedessen beginnt sie ihre Bewegung im rechten Winkel zum Faden. Ihre Geschwindigkeit sei u.

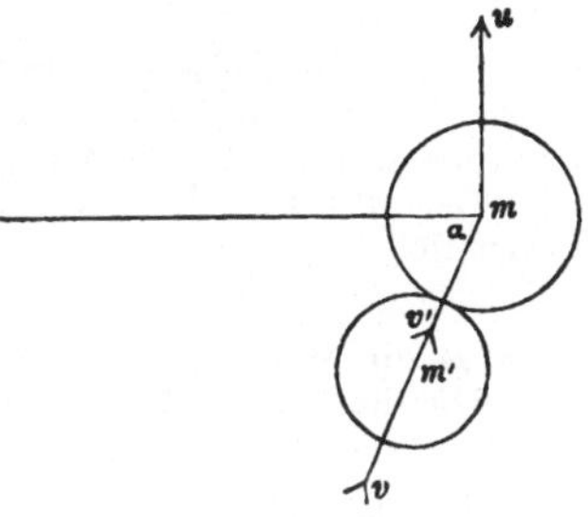

Fig. 59.

Für die Geschwindigkeitskomponenten senkrecht zum Faden ergibt sich aus dem Prinzip von der Erhaltung der Bewegungsgröße

$$m u + m' v' \sin\alpha = m' v \sin\alpha.$$

Nach der verallgemeinerten Newtonschen Regel haben wir

$$v' - u \sin\alpha = -e v.$$

Hieraus folgt

$$u = \frac{m'(1 + e) \sin\alpha}{m + m' \sin^2\alpha} v.$$

IV. Zwei Massenpunkte A und B von gleicher Masse sind durch einen starren Stab verbunden, dessen Masse man vernachlässigen kann; ein dritter, ebenfalls gleich schwerer Massenpunkt C ist an einem Punkte P des Stabes in den Entfernnungen a, b von dessen Enden angebunden. C werde mit der Geschwindigkeit u senkrecht zu AB in Bewegung gesetzt. Man ermittele die Geschwindigkeit von C unmittelbar nach dem Straffwerden des Fadens.

Die Geschwindigkeit von C unmittelbar nach dem Straffwerden des Fadens sei v. Da der dem Punkte C erteilte Antrieb längs des Fadens gerichtet ist, so ändert sich die Bewegungsrichtung von C nicht; die Geschwindigkeit, mit der P sich zu bewegen beginnt, ist ebenfalls v und fällt gleichfalls in die Fadenrichtung.

ω sei die Winkelgeschwindigkeit, mit der sich der Stab zu drehen beginnt. Die Gesehwindigkeit von A setzt sich aus der Geschwindigkeit

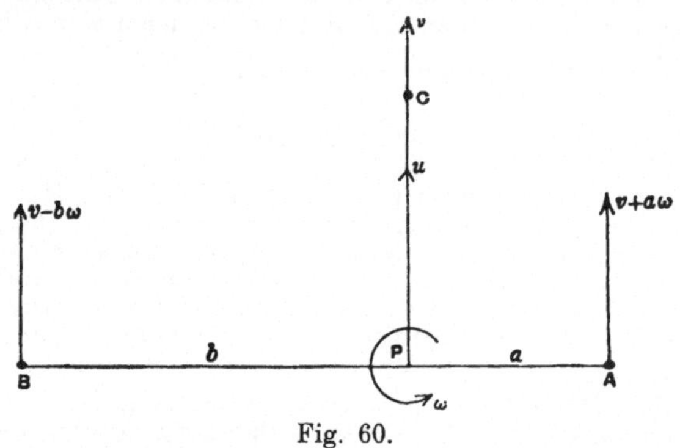

Fig. 60.

von P und der Relativgeschwindigkeit von A gegenüber P zusammen. A beginnt seine Bewegung also mit der Geschwindigkeit $v + a\,\omega$, B mit der Geschwindigkeit $v - b\,\omega$.

Das Prinzip der Erhaltung der Bewegungsgröße parallel zum Faden liefert

$$m\,v + m\,(v + a\,\omega) + m\,(v - b\,\omega) = m\,u,$$

wenn m die Masse jedes einzelnen Massenpunktes bedeutet.

Die Bedingung für die Erhaltung des Dralles um P lautet

$$m\,a\,(v + a\,\omega) - m\,b\,(v - \mathrm{b}\,\omega) = 0.$$

Hieraus folgt

$$\omega = \frac{b - a}{a^2 + b^2}\,v.$$

Durch Eliminieren von ω aus den Gleichungen erhalten wir

$$3\,v - \frac{(a - b)^2}{a^2 + b^2}\,v = u$$

oder

$$v = \frac{a^2 + b^2}{2\,(a^2 + a\,b + b^2)} \cdot u.$$

202. Beispiele. [In diesen Beispielen bezeichnet e den Stoßkoeffizienten zwischen zwei Körpern.]

1. Auf einem rechteckigen Billard von den Seitenlängen a und b werde ein Ball aus einem Punkte von einer der Seiten b so fortgestoßen, daß er der Reihe nach alle vier Banden trifft und dann immer von neuem seine erste Bahn beschreibt. Man beweise, daß man den Ball

unter dem Winkel Θ fortstoßen muß, der sich aus der Beziehung $ae \cot \Theta = c + ec'$ ergibt, wenn mit c und c' die Teile der Bande b bezeichnet werden, in welche sie durch die Anfangslage des Balles geteilt wird.

2. Um die größte Richtungsänderung eines glatten Billardballes vom Durchmesser a beim Aufprallen auf einen anderen gleich großen und in Ruhe befindlichen Ball zu erreichen, muß man den ersten Ball gegen die Zentrale (von der Länge c) der beiden Bälle unter einem Winkel

$$\arcsin\left(\frac{a}{c}\sqrt{\frac{1-e}{3-e}}\right)$$

fortstoßen.

3. Vom Fuß der einen von zwei glatten parallelen Wänden werde ein materieller Punkt w so fortgeworfen, daß er nach dreimaligem Aufspringen auf die Wände nach dem Ausgangspunkt zurückspringt. Der dritte Stoß sei ein gerader Stoß. Man beweise, daß in diesem Falle

$$e^3 + e^2 + e = 1$$

sein muß und daß die in der Vertikalen gemessenen Höhen der drei Auftreffpunkte zueinander im Verhältnis $e^2 : (1 - e^2) : 1$ stehen.

4. Ein Massenpunkt wird vom Fuß einer schiefen Ebene aus geworfen und kehrt nach mehrfachem Rückprallen, wobei er auch einmal senkrecht zur Ebene abspringt, zum Ausgangspunkte zurück. Wenn er beim Herabspringen r Sprünge mehr macht als beim Heraufspringen, so besteht zwischen dem Neigungswinkel der Ebene Θ und dem Abwurfwinkel α die Beziehung

$$\cot \Theta \cot(\alpha - \Theta) = 2 \cdot \frac{\sqrt{1 - e^r} - (1 - e^r)}{e^r (1 - e)}.$$

5. Von einem Punkte der Horizontalspur einer unter dem Winkel γ gegen die Horizontalebene geneigten Ebene werde ein materieller Punkt unter einem Winkel β gegen die Normale der Ebene so abgeworfen, daß die Ebene seiner Wurfbahn mit der Linie der größten Steigung der schiefen Ebene einen Winkel α bildet. Damit der Punkt wieder genau in die Horizontalspur fällt, wenn er zum n^{ten} Male auf die Ebene aufspringt, müssen die Winkel α, β, γ die Bedingung erfüllen

$$(1 - e^n) \tan \gamma = (1 - e) \cos \alpha \tan \beta.$$

6. Drei gleiche Kugeln werden gleichzeitig mit gleichen Geschwindigkeiten aus den Eckpunkten eines gleichseitigen Dreiecks nach dem Mittelpunkt des Dreiecks gestoßen und treffen sich in der Nähe des Mittelpunktes. Man beweise, daß sie nach den Ecken des Dreiecks mit Geschwindigkeiten zurückkehren, die im Verhältnis $e : 1$ verkleinert sind.

7. Eine glatte homogene Halbkugel von der Masse M gleitet mit der Geschwindigkeit V auf einer Ebene, mit der ihre Basis zusammenfällt; eine Kugel mit der kleineren Masse m wird in vertikaler Richtung fallen gelassen und prallt auf diejenige Seite der Halbkugel auf, nach der hin sie sich bewegt, so daß die Verbindungslinie der beiden Kugelmittelpunkte einen Winkel $\frac{\pi}{4}$ mit der Vertikalen bildet. Unter der Voraussetzung, daß der Stoßkoeffizient zwischen der Ebene und der Halb-

kugel Null und der zwischen der Kugel und der Halbkugel e ist, beweise man, daß die Kugel die Höhe

$$\frac{V^2}{2g}\,\frac{(2M-em)^2}{(1+e)^2\,m^2}$$

durchfallen muß, um durch den Stoß auf die Halbkugel diese zur Ruhe zu bringen.

8. Ein Massenpunkt von der Masse M bewegt sich auf einem glatten, horizontalen Tisch mit gleichförmiger Geschwindigkeit auf einem Kreise, an dessen Mittelpunkt er durch einen undehnbaren Faden befestigt ist; dabei trifft er auf einen zweiten, ruhenden Massenpunkt von der Masse m. Für den Eall, daß die beiden Massenpunkte aneinander haften bleiben, läßt sich beweisen, daß die Fadenspannkraft im Verhältnis $M:(M+m)$ vermindert wird.

Sind beide Massenpunkte elastisch und beschreibt der zweite denselben Kreis wie der erste, so stehen die beiden Fadenspannkräfte T und t nach dem Stoß mit den entsprechenden Werten T_0 und t_0 vor dem Stoß in der Beziehung

$$T+t=T_0+t_0-(1-e^2)\,\frac{(\sqrt{m\,T_0}-\sqrt{M\,t_0})^2}{M+m}.$$

9. Ein Eimer und ein Gegengewicht von gleicher Masse M sind durch eine über eine glatte Rolle laufende Kette von vernachlässigbarer Masse verbunden und halten sich die Wage. Ein Ball von der Masse m fällt aus einer Höhe h über dem Eimer in dessen Mittelpunkt; man berechne die Zeit, die verstreicht, bevor der Ball aufhört zurückzuprallen, und zeige, daß die von dem Eimer während dieser Zeit zurückgelegte Strecke

$$\frac{4\,m\,e\,h}{(2M+m)(1-e)^2}$$

ist.

10. An den Enden und im Mittelpunkte eines Stabes von vernachlässigbarer Masse seien drei gleiche materielle Punkte befestigt, und einer von denen an den Enden erhält einen Schlag derart, daß er rechtwinklig zum Stab in Bewegung kommt. Man beweise, daß die Anfangsgeschwindigkeiten der Punkte im Verhältnis $5:2:1$ stehen.

11. Zwischen den Mittelpunkten zweier sich nähernden Kugeln trete eine stoßartige Anziehungskraft auf, die die kinetische Energie E erzeugt. Haben die Kugeln vor dem Stoß die Relativgeschwindigkeit v und bezeichnen Θ, Θ' die Winkel ihrer Relativgeschwindigkeiten vor und nach dem Stoß gegenüber der Verbindungslinie ihrer Mittelpunkte, so ist

$$\sin\Theta=\sin\Theta'\cdot\sqrt{1+\frac{4E}{Mv^2}},$$

worin M das harmonische Mittel der Massen bedeutet.

12. Zwei gleich schwere kleine Körper seien an den Enden eines Stabes von vernachlässigbarer Masse befestigt, der in seinem Mittelpunkt unterstützt ist und sich gleichförmig dreht, so daß jeder der beiden Körper einen horizontalen Kreis beschreibt. Plötzlich erhält einer der Körper einen vertikalen Schlag, der seiner Größe nach gleich dem doppelten Wert der Bewegungsgröße des Körpers ist. Man beweise, daß sich hierdurch ganz plötzlich die Bewegungsrichtung jedes der beiden Körper um einen halben rechten Winkel ändert.

Beginnende Bewegungen.

203. Die Art der Aufgaben. Wir wollen annehmen, daß in einem Kraftfeld ein Körpersystem zunächst in einer bestimmten Lage gehalten wird und daß von einem besonderen Augenblick an einzelne Zwangskräfte zu wirken aufhören. Dann beginnt das System sich zu bewegen und zwar jeder Massenpunkt mit einer gewissen Beschleunigung. Zunächst müssen wir in einem solchen Falle die Beschleunigungen ermitteln, mit denen die Teile des Systems sich zu bewegen beginnen. Hat man erst diese Beschleunigungen gefunden, so macht es im allgemeinen keine Schwierigkeit mehr, die Anfangswerte der Stützkräfte oder der inneren Kräfte zwischen den verschiedenen Körpern des Systems zu bestimmen. Die Berechnung der unbekannten Stützkräfte ist unsere zweite Aufgabe.

Der Richtungssinn der Beschleunigungen, mit denen sich ein konservatives System aus einer Lage, in der es augenblicklich in Ruhe ist, fortbewegt, kann bisweilen mit Hilfe der Überlegung bestimmt werden, daß die Bewegung eine solche sein muß, bei der die potentielle Energie abnimmt. Dies erkennt man daraus, daß ja die kinetische Energie über den Wert (Null) zunehmen muß, den sie in der Ruhelage hatte.

Die Aufgabe, die Krümmung der Bahn eines Massenpunktes zu bestimmen, dessen Geschwindigkeit nicht Null ist, bietet keine Schwierigkeit, wenn Geschwindigkeit und Beschleunigung bekannt sind. Denn die Beschleunigungskomponente in Richtung der Bahnnormalen ist das Produkt aus dem Quadrat der resultierenden Geschwindigkeit und der Krümmung. Diese Bemerkung setzt uns in den Stand, die Anfangskrümmung der Bahn eines Massenpunktes ganz leicht zu bestimmen, wenn seine Bewegung sich plötzlich ändert.

204. Die Methode zur Bestimmung der Anfangsbeschleunigungen. Man kann stets die Beschleunigungen aller Punkte eines Punkthaufens als Funktionen einer kleinen Anzahl voneinander unabhängiger Beschleunigungen ausdrücken; es gibt dann immer die gleiche Anzahl Bewegungsgleichungen, in denen keine unbekannten Stützkräfte vorkommen, so daß alle Beschleunigungen gefunden werden können. Das Ansetzen der Gleichungen für die Anfangsbeschleunigungen in der hier vorgeschlagenen Weise wird erleichtert, wenn man beachtet, daß 1. die Geschwindigkeit jedes Massenpunktes zu Anfang Null ist und daß 2. jede Zusammensetzung oder Zerlegung der Beschleunigungen in der

Weise ausgeführt werden kann, daß man die Lage des Systems als Ausgangslage der Bewegung ansieht. Die Methode kann am besten an Hand eines Beispiels klar gemacht werden. Wir wollen absichtlich eine etwas kompliziertere Aufgabe wählen, um die verschiedenen Einzelheiten der Methode erläutern zu können.

205. Erläuterndes Beispiel. Vier gleiche Ringe A, B, C, D befinden sich in gleichen Abständen auf einem glatten, in horizontaler Lage festgehaltenen Stab und drei weitere gleiche Ringe P, Q, R sind je durch zwei gleiche, undehnbare Fäden an den Ringpaaren (A, B), (B, C), (C, D) befestigt. Zunächst wird das System so gehalten, daß alle Fäden denselben Winkel α mit der Horizontalen bilden. Dann wird es plötzlich sich selbst überlassen. Man soll die Beschleunigung jedes Ringes finden (siehe Fig. 61).

Aus der Symmetrie des Systems folgt, daß die Beschleunigungen von A, D gleich und entgegengesetzt gerichtet sind. Daselbe gilt von B, C und von P, R. Die Beschleunigung von Q ist vertikal.

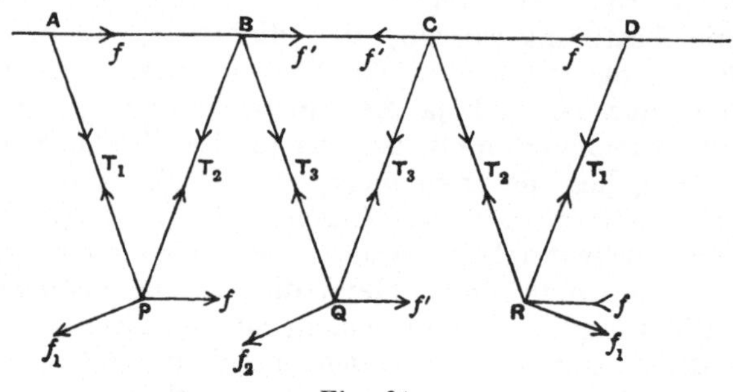

Fig. 61.

Es mögen f, f' die Beschleunigungen von A, B längs des glatten horizontalen Stabes bezeichnen.

Da P relativ zu A einen Kreis beschreibt, so besteht die Relativbeschleunigung von P gegenüber A aus einer Tangentialkomponente f_1 senkrecht zu AP und einer Normalkomponente, die dem Quadrat der Winkelgeschwindigkeit von AP proportional ist. Zu Anfang ist keine Winkelgeschwindigkeit vorhanden; infolgedessen haben wir als Relativbeschleunigung lediglich f_1 senkrecht zu AP. Da ferner die Fäden AP, BP gleichlang sind, so befindet sich der Massenpunkt P stets senkrecht unter der Mitte von AB und seine Horizontalbeschleunigung ist damit $\frac{1}{2}(f+f')$.

Hieraus ergibt sich

$$\tfrac{1}{2}(f+f') = f - f_1 \sin\alpha,$$

und somit

$$f_1 \sin\alpha = \tfrac{1}{2}(f-f').$$

Außerdem verschwindet die Horizontalbeschleunigung von Q und es ist deshalb die Beschleunigung f_2 von Q relativ zu B durch die Gleichung gegeben

$$f_2 \sin\alpha = f'.$$

Damit sind die Beschleunigungen sämtlicher materieller Punkte als Funktionen von f und f' ausgedrückt; insbesondere sind die Vertikalbeschleunigungen von P und Q gleich $\frac{1}{2}(f-f')\cot\alpha$ und $f'\cot\alpha$ und nach unten gerichtet.

Nun mögen sämtliche Massenpunkte die Masse m haben und T_1, T_2, T_3 die Fadenspannkräfte entsprechend der Figur bezeichnen. Dann ergeben sich für die Horizontalkomponente von A, P und B die Beziehungen

$$m f = T_1 \cos\alpha, \quad \tfrac{1}{2} m (f + f') = (T_2 - T_1)\cos\alpha, \quad m f' = (T_3 - T_2)\cos\alpha \qquad 1)$$

und für die Vertikalkomponenten von P und Q

$$\left.\begin{aligned} \tfrac{1}{2} m (f - f')\cot\alpha &= -(T_1 + T_2)\sin\alpha + m g, \\ m f'\cot\alpha &= -2\,T_3 \sin\alpha + m g \end{aligned}\right\} \qquad 2)$$

Aus den Gleichungen 1) folgt

$$T_1\cos\alpha = m f, \quad T_2\cos\alpha = m(\tfrac{3}{2} f + \tfrac{1}{2} f'), \quad T_3 \cos\alpha = m\tfrac{3}{2}(f + f');$$

und aus 2) nach Einsetzen der nunmehr bekannten Werte von T_1, T_2, T_3

$$(f - f')\cot\alpha + (5f + f')\tan\alpha = 2g, \quad f'\cot\alpha + 3(f + f')\tan\alpha = g.$$

Hieraus folgt schließlich

$$\frac{f}{4 - \cos 2\alpha} = \frac{f'}{\cos 2\alpha} = \frac{g \sin 2\alpha}{12 - 11\cos 2\alpha + \cos^2 2\alpha}.$$

206. Die Anfangskrümmung. Als Beispiel für die Bestimmung der Anfangskrümmung, wenn die Bewegung nicht von der Ruhelage aus beginnt, sei folgende Aufgabe gewählt:

Zwei Massenpunkte von den Massen m, m', die durch einen unausdehnbaren Faden von der Länge l verbunden sind, werden bei gespanntem Faden auf einen glatten Tisch gebracht und rechtwinklig zum Faden in entgegengesetztem Sinne in Bewegung gesetzt. Man ermittele die Anfangskrümmung ihrer Bahnen.

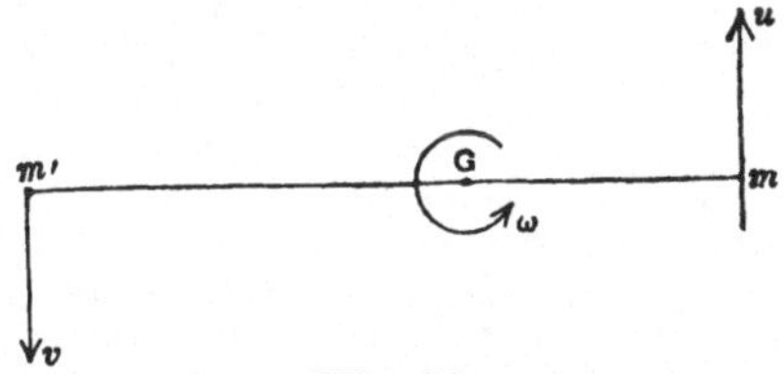

u und v seien die Anfangsgeschwindigkeiten der Massenpunkte und ω die anfängliche Winkelgeschwindigkeit des Fadens. Dann ist

$$u + v = l\omega.$$

Fig. 62.

G sei der Massenmittelpunkt der beiden Massenpunkte. Dann bewegt sich G auf dem Tisch mit der gleichförmigen Geschwindigkeit

$$\frac{(m u - m' v)}{m + m'}.$$

Die Beschleunigung von G ist Null und die Beschleunigung von m relativ zu G ist die gleiche wie die eines Massenpunktes, der einen

Kreis vom Radius $\frac{m' l}{m + m'}$ mit der Winkelgeschwindigkeit ω beschreibt. Die Beschleunigung von m längs des Fadens ist $\frac{m' l \omega^2}{m + m'}$; sie ist zugleich die Normalbeschleunigung des Punktes auf seiner Bahn. Hiernach ist, mit ϱ als Krümmungsradius im Anfangspunkt der Bahn,

$$\frac{u^2}{\varrho} = \frac{m' l}{m + m'} \left(\frac{u + v}{l}\right)^2.$$

Das gibt

$$\frac{1}{\varrho} = \frac{m' (u + v)^2}{(m + m') l u^2}.$$

Ebenso läßt sich zeigen, daß die Anfangskrümmung der Bahn von m'

$$\frac{m (u + v)^2}{(m + m') l v^2}$$

ist.

207. Beispiele. Zwei Körper A und B von gleichem Gewicht sind an den Enden der Kette einer Atwoodschen Fallmaschine aufgehängt. A ist ein starrer Körper, während B aus einem mit Wasser gefüllten Körper besteht, in dessen Boden ein Kork mittels eines Fadens festgehalten wird. Man überlege sich unter der Voraussetzung, daß der Faden plötzlich auf irgendeine Weise zerstört wird, in welchem Sinne sich A zu bewegen beginnt.

2. Ein Massenpunkt sei an zwei gleichlangen Fäden aufgehängt, die unter demselben Winkel α gegen die Horizontale geneigt sind. Einer der Fäden werde zerschnitten. Man beweise, daß sich die Fadenspannkraft in dem bleibenden Faden plötzlich im Verhältnis $2 \sin^2 \alpha : 1$ ändert.

3. In den Punkten C, D eines Fadens $ACDB$ von der Länge $3l$ seien zwei gleiche Massenpunkte angebracht. Das System sei mit seinen Enden an zwei Punkten A, B aufgehängt, die in gleicher Höhe liegen und den Abstand $l (1 + 2 \sin \alpha)$ voneinander haben, so daß CD horizontal und gleich l ist. Das Stück DB des Fadens werde plötzlich abgeschnitten; man beweise, daß sich dann die Spannkraft von AC augenblicklich im Verhältnis $2 \cos^2 \alpha : (1 + \cos^2 \alpha)$ ändert und daß die anfängliche Bewegungsrichtung von D gegen die Vertikale einen Winkel Φ bildet, der sich aus der Beziehung ergibt.

$$\cot \Phi = \tan \alpha + 2 \cot \alpha.$$

4. Auf einem glatten, vertikalen, in Form eines Kreises gebogenen Draht befinden sich drei gleiche Ringe in Ruhe. Sie bilden dabei ein gleichseitiges Dreieck, dessen eine Seite senkrecht steht. Der oberste Eckpunkt ist mit den beiden andern durch undehnbare Fäden verbunden. Schneidet man den senkrechten Faden entzwei, so verringert sich die Spannung in dem andern augenblicklich im Verhältnis $3 : 4$.

5. Eine Schar von $2n$ gleichen materiellen Punkten ist in gleichen Zwischenräumen an einem Faden befestigt, dessen Enden an zwei gleichen, kleinen, glatten Ringen angebunden sind, die auf einem horizontalen Stab gleiten können. Die Ringe werden in einer Anfangslage zunächst so festgehalten, daß das tiefste Fadenstück horizontal liegt, während die Endstücke mit der Horizontalen gleiche Winkel γ bilden. Darauf werden die Ringe sich selbst überlassen. Man beweise, daß an-

fänglich bei der Bewegung a) die Beschleunigung jedes Massenpunktes vertikal steht, b) die Spannkraft im tiefsten Fadenstück zu ihrem Wert in der ursprünglichen Gleichgewichtslage im Verhältnis

$$m' : (m\, n \cot^2 \gamma + m')$$

steht, worin m die Masse eines Massenpunktes und m' die Masse eines Ringes ist.

6. Drei kleine Kugeln A, B, C von gleicher Masse sind an den Enden und im Mittelpunkt eines Fadens befestigt, so daß $AB = BC = a$ ist. Die Kugeln bewegen sich zunächst mit gleichen Geschwindigkeiten senkrecht zu dem gespannten Faden, bis B plötzlich infolge eines Hindernisses einen geraden Stoß erleidet. Man beweise, daß unter Voraussetzung vollkommen elastischer Kugeln die Krümmungsradien der Bahnen, welche A und C zu beschreiben beginnen, gleich $\frac{1}{4}a$ sind.

7. Zwei Massenpunkte von den Massen $n\,M$ und M sind an einem Ende eines Fadens und in einem von diesem Ende um a entfernten Punkte des Fadens befestigt. Das andere Fadenende ist an einem Punkte eines glatten Tisches angebunden. Die Massenpunkte ruhen zunächst so auf dem letzteren, daß die beiden Fadenteile gerade liegen und einen stumpfen Winkel $\pi - \alpha$ miteinander bilden. Wird der Massenpunkt $n\,M$ auf der Tischfläche senkrecht zum Faden in Bewegung gesetzt, so ist der Krümmungsradius im Anfangspunkte seiner Bahn $a(1 + n \sin^2 \alpha)$.

8. Zwei Massenpunkte P, Q von gleicher Masse sind durch einen Faden von der Länge l verbunden, der durch ein kleines Loch in einem glatten Tische geht. P befindet sich im Abstand c von dem Loch, während Q vertikal herabhängt. Nun werde P auf der Tischplatte senkrecht zum Faden die Geschwindigkeit v erteilt. Man beweise, daß der Krümmungsradius im Anfangspunkte der Bahn von P die Größe $\frac{2\,c\,v^2}{v^2 + c\,g}$ hat. Wird hingegen Q in horizontaler Richtung mit der Geschwindigkeit v in Bewegung gesetzt, ohne P zu bewegen, so besitzt die Bahn von Q in ihrem Anfangspunkt den Krümmungsradius

$$\frac{2\,v^2\,(l - c)}{g\,(l - c) - v^2}.$$

Anwendungen der Energiegleichung.

208. Das Gleichgewicht. Die Gleichgewichtslagen, die ein System einnehmen kann, unterscheiden sich von anderen Lagen dadurch, daß in einer solchen Gleichgewichtslage, in der das System in Ruhe ist, in der also sämtliche Geschwindigkeiten verschwinden, auch die Beschleunigungen verschwinden.

Die Bewegungsgleichungen seien in der Form

$$m\,\ddot{x} = X + X'$$

entsprechend Abschn. 160 gegeben. Das System gehe mit beliebigen Geschwindigkeiten, die mit $\dot{x}', \dot{y}'\; \dot{z}'$ oder Benennungen von gleichem Typ bezeichnet werden mögen, durch eine Gleichgewichtslage. Dann lautet die Gleichung, die den Satz verkörpert, daß die Zunahme der kinetischen Energie in der Zeiteinheit gleich der Leistung ist (Abschn. 173),

$$\Sigma[m(\ddot{x}\dot{x}' + \ddot{y}\dot{y}' + \ddot{z}\dot{z}')] = \Sigma[(X + X')\dot{x}' + (Y + Y')\dot{y}' + (Z + Z')\dot{z}'].$$

Da es sich nach unserer Annahme um eine Gleichgewichtslage handelt, so verschwindet die linke Seite dieser Gleichung. Infolgedessen muß auch die rechte Seite zu Null werden; d. h. wir erhalten das Ergebnis:

Beim Durchgang eines Systems durch eine Gleichgewichtslage mit beliebiger Geschwindigkeit ist die Leistung Null.

Gewöhnlich wird dieser Satz in Form einer Differentialgleichung angeschrieben; man nennt ihn entweder das „Prinzip der virtuellen Arbeit“ oder „der virtuellen Geschwindigkeiten“.

Bei der Bildung des Ausdrucks für die Leistung oder für die virtuelle Arbeit müssen die Geschwindigkeiten mit den Bedingungen des Systems im Einklang stehen. Treten außerdem Widerstände auf, die von den Geschwindigkeiten abhängen und mit diesen zugleich verschwinden, so ist die Leistung dieser Widerstände außer acht zu lassen; denn augenscheinlich haben solche Widerstände keinerlei Einfluß auf die Gleichgewichtslagen.

Wenn es eine Kräftefunktion W gibt, so ist die Leistung $\frac{dW}{dt}$. Ist W eine Funktion solcher Größen, die die Lage des Systems bestimmen, z. B. von Θ, Φ, ..., so wird

$$\frac{dW}{dt} = \frac{\partial W}{\partial \Theta}\dot{\Theta} + \frac{\partial W}{\partial \Phi}\dot{\Phi} + \ldots$$

Dieser Ausdruck verschwindet im Falle einer Gleichgewichtslage für alle Werte von $\dot{\Theta}$, $\dot{\Phi}$, ... Wir bekommen deshalb die Bedingungen

$$\frac{\partial W}{\partial \Theta} = 0, \quad \frac{\partial W}{\partial \Phi} = 0, \ldots$$

Diejenigen Werte von Θ, Φ, ... die diesen Gleichungen Genüge leisten, bestimmen die Gleichgewichtslagen.

Wollen wir die Lagen wissen, in denen W ein Maximum oder Minimum wird, so haben wir zunächst die Gleichungen

$$\frac{\partial W}{\partial \Theta} = 0, \ldots$$

zu lösen und dann zu ermitteln, welche von den verschiedenen Wurzelgruppen dieser Gleichungen W zu einem Maximum. und welche W zu einem Minimum machen. In den Lagen, in denen

$$\frac{\partial W}{\partial \Theta} = 0, \ldots$$

ist, nennen wir W stationär, gleichgültig, ob es sich um ein Maximum, Minimum oder keines von beiden handelt. Da die potentielle Energie des Systems in jeder Lage $-W$ ist, so können wir auch sagen:

Die Gleichgewichtslagen eines konservativen Systems sind die Lagen, in denen die potentielle Energie stationär ist.

209. Die Maschinen. Bei allen sogenannten „einfachen Maschinen" lassen sich die Lagen sämtlicher Teile in Funktion einer einzigen Veränderlichen ausdrücken. Infolgedessen kann auch die potentielle Energie als Funktion einer einzelnen Veränderlichen dargestellt werden. Die Bedingung, daß die potentielle Energie in der Gleichgewichtslage stationär ist, liefert eine Beziehung zwischen den Massen zweier sich bewegenden Teile: der „Kraft" und der „Last". Näheres hierüber findet man in Büchern über Statik.

In jedem konservativen System, in dem die Lagen aller Teile sich durch eine einzige Variable ausdrücken lassen, bestimmt die Energiegleichung die ganze Bewegung. Ein Beispiel dafür hatten wir in der Atwoodschen Fallmaschine Beispiel 1 in Abschn. 74).

210. Beispiele. 1. Zwei Körper hängen an einer Seilscheibe und einer Seiltrommel im Gleichgewicht. Plötzlich wird ein Gewicht, daß dieselbe Masse wie der schwerere Körper hat, an diesem Körper befestigt. Man beweise, daß der letztere sich mit der Beschleunigung $\frac{a g}{2 a + b}$ bewegt, wenn a und b die Radien von Scheibe und Trommel sind und die Trägheit der Maschine vernachlässigt wird.

2. An einer Maschine ohne Reibung und Trägheit hängen zwei Körper an vertikalen Seilen und es hält der Körper vom Gewicht P den andern vom Gewicht W im Gleichgewicht. Diese Körper werden durch andere vom Gewicht P' und W' ersetzt, die sich nunmehr in

vertikaler Richtung bewegen. Man beweise, daß der Massenmittelpunkt von P' und W' mit der Beschleunigung sinkt

$$\frac{g\,(W P' - W' P)^2}{[(W^2 P' + W' P^2)(W' + P')}.$$

211. Kleine Schwingungen. Wir wollen die geringe Bewegung eines Systems betrachten, das ein wenig aus der Gleichgewichtslage gebracht wird, wollen uns jedoch nur auf solche Fälle beschränken, bei denen jede Lage des Systems durch Angabe des Wertes einer einzigen geometrischen Größe Θ bestimmt ist, wie dies beispielsweise für das mathematische Pendel zutrifft (Abschn. 119). Wir können durch geeignete Wahl von Θ es immer so einrichten, daß Θ für die Gleichgewichtslage verschwindet. Denn hätten wir auch die Wahl anders getroffen, so daß in der Gleichgewichtslage Θ den Wert Θ_0 besäße, so könnten wir $\Theta - \Theta_0$ an Stelle von Θ setzen.

Nun kann man die Geschwindigkeit jedes Systempunktes durch Θ und Θ' ausdrücken, so daß die kinetische Energie T die Form $\frac{1}{2} A \dot{\Theta}^2$ erhält, worin A von Θ abhängen, aber nicht zugleich mit Θ verschwinden wird.

Die potentielle Energie V verschwindet mit Θ, wenn als Ursprungslage die Gleichgewichtslage gewählt wird. V ist also eine Funktion von Θ, die man als Potenzreihe von Θ anschreiben kann, und deren sämtliche Glieder von Θ abhängen. Ferner lehrt das Prinzip der virtuellen Arbeit, daß $\frac{dV}{d\Theta}$ mit Θ verschwindet, daß also das Glied erster Ordnung in der Potenzreihe für V fehlt. Somit läßt sich V als Reihe schreiben, die mit dem Glied beginnt, das Θ^2 enthält. Noch allgemeiner können wir sagen, daß für genügend kleines Θ $V = \frac{1}{2} C \Theta^2$ wird, worin C eine Funktion von Θ ist, die für $\Theta = 0$ einen endlichen Wert besitzt.

Daher lautet die Energiegleichung

$$\tfrac{1}{2} A \dot{\Theta}^2 + \tfrac{1}{2} C \Theta^2 = \text{const};$$

differenzieren wir diese, so erhalten wir

$$A \ddot{\Theta} + \frac{1}{2}\left(\frac{dA}{d\Theta}\right)\dot{\Theta}^2 + C\Theta + \frac{1}{2}\left(\frac{dC}{d\Theta}\right)\Theta^2 = 0.$$

Vernachlässigt man kleine Größen zweiter Ordnung, so ergibt sich hieraus

$$A\ddot{\Theta} + C\Theta = 0,$$

worin A und C für $\Theta = 0$ bestimmte Werte annehmen. Haben diese beiden Größen das gleiche Vorzeichen, so ist die Bewegung hinsichtlich Θ eine einfache harmonische Schwingung mit der Periode

$$2\pi \cdot \sqrt{\frac{A}{C}}.$$

Nun muß A auf jeden Fall positiv sein, da sonst der Ausdruck $\frac{1}{2} A \dot{\Theta}^2$ keine Zunahme an kinetischer Energie darstellen kann. Hiernach ergeben sich Schwingungen von reeller Periode, wenn auch C positiv ist.

Für $\Theta = 0$ hat C den gleichen Wert, den der Ausdruck $\frac{d^2 V}{d \Theta^2}$ für $\Theta = 0$ annimmt. Die Bedingungen für eine reelle Schwingungsperiode sind daher dieselben wie die Bedingungen, daß V in der Gleichgewichtslage einen Minimalwert haben muß.

Ist die Periode reell, so kann die Bewegung immer klein genug gewählt werden, daß diese Näherung zulässig bleibt.

Andernfalls werden die Ausschläge so groß, daß wir die Bewegungsgleichungen nicht mehr durch Vernachlässigung von Θ^2 vereinfachen dürfen. Im ersten Fall heißt das Gleichgewicht stabil, im letzteren labil.

Wir erkennen daraus, daß in einer stabilen Gleichgewichtslage die potentielle Energie einen Kleinstwert[1]) hat.

Wie man sieht, haben wir bei dem hier angewendeten Prozeß den Ausdruck für T vereinfacht, indem wir in A $\Theta = 0$ gesetzt haben, und für V haben wir einfach dasjenige Glied der Reihe genommen, daß Θ^2 enthält. Diese Vereinfachungen wurden noch vor der Differentiation der Energiegleichung vorgenommen. Drücken wir die kinetische Energie bis zur zweiten Potenz kleiner Größen genau durch den Ausdruck $\frac{1}{2} A \dot{\Theta}^2$ aus und die potentielle Energie mit derselben Genauigkeit durch den Ausdruck $\frac{1}{2} C \Theta^2$, so erhalten wir als Periode der kleinen Schwingungen $2\pi \sqrt{\frac{A}{C}}$. Im Falle des mathematischen Pendels von der Masse m und der Länge l wird $A = ml^2$ und $C = mgl$, so daß

$$\frac{A}{C} = \frac{l}{g}.$$

[1]) Dieses Ergebnis, das wir hier für einen Sonderfall behandelt haben, behält seine Gültigkeit für alle konservativen Systeme.

In jedem andern Falle können wir die Bewegung mit der eines mathematischen Pendels vergleichen; dann stellt die Größe $\frac{gA}{C}$ die Länge eines mathematischen Pendels dar, welches dieselbe Schwingungsdauer wie das System hat. Man nennt sie die reduzierte Pendellänge für kleine Schwingungen des Systems.

212. Beispiele. 1. Zwei durch einen masselosen Stab miteinander verbundene Ringe von den Massen m, m' vermögen auf einem glatten, kreisförmig gebogenen und in einer Vertikalebene liegenden Drahtreifen vom Radius a zu gleiten. Der zu dem Stab als Sehne gehörige Zentriwinkel sei α. Man beweise, daß für kleine Schwingungen des Systems das gleichwertige mathematische Pendel die Länge hat

$$\frac{(m+m')\,a}{\sqrt{m^2+m'^2+2\,m\,m'\cos\alpha}}.$$

2. Ein undehnbarer Faden, dessen eines Ende im festen Punkte A angebunden ist, läuft über eine kleine Rolle B, die im Abstand $2a$ von A in gleicher Höhe angebracht ist, und trägt einen Körper von der Masse P. Ein Ring von der Masse M, der auf dem Faden gleiten kann und sich zwischen A und B befindet, steht mit P im Gleichgewicht. Man beweise, daß die Dauer einer kleinen Schwingung des Systems

$$4\pi\sqrt{\frac{aMP(M+P)}{g(4P^2-M^2)^{\frac{3}{2}}}}$$

beträgt.

3. Ein Massenpunkt ist mittels zweier elastischer Fäden von der natürlichen Länge a an zwei gleich hoch gelegenen Punkten aufgehängt. Er ist in einer Tiefe h unter den letzteren im Gleichgewicht, wobei die Fäden je die Länge l haben. Bringt man ihn parallel zur Verbindungslinie der Aufhängepunkte ein klein wenig aus seiner Lage, so macht er kleine Schwingungen mit derselben Periode wie ein mathematisches Pendel von der Länge

$$\frac{hl^2(l-a)}{l^3-h^2a}.$$

4. Bezeichnet $2c$ in Beispiel 3 den Abstand der Aufhängepunkte und bringt man den Massenpunkt in vertikaler Richtung aus seiner Lage, so schwingt er wie ein mathematisches Pendel von der Länge

$$\frac{hl^2(l-a)}{l^3-c^2a}.$$

5. Von einem festen Punkte hängt an einem elastischen Faden vom Elastizitätsmodul λ und der natürlichen Länge a eine kleine masselose Rolle herab. Über diese läuft eine undehnbare Schnur, die an ihren Enden die Massen M und m trägt. Man zeige, daß die Rolle kleine vertikale Schwingungen mit der Periodendauer

$$4\pi\sqrt{\frac{Mma}{(M+m)\lambda}}$$

macht.

213. Das Energieprinzip und das Prinzip von der Erhaltung der Bewegungsgröße. Es war gesagt worden, daß es zahlreiche Fälle gibt, in denen das Energieprinzip und das Prinzip von der Erhaltung der Bewegungsgröße alle ersten Integrale der Bewegungsgleichungen eines Systems liefern und zur Bestimmung der Geschwindigkeiten der Teile des Systems in jeder Lage ausreichen.

Um diese Prinzipien näher zu erläutern, sei folgende Aufgabe vorgelegt:

Zwei Massenpunkte A und B, die durch einen elastischen, masselosen Faden verbunden sind, liegen auf einem glatten, horizontalen Tisch. Der Faden liegt zunächst gerade und hat seine natürliche Länge. Plötzlich erhält der eine Massenpunkt einen Stoß in der Fadenachse und vom andern Punkt weg. Man bestimme die hierauf folgende Bewegung.

m sei die Masse des gestoßenen, m' die des andern Körpers, V die Geschwindigkeit, mit der m seine Bewegung beginnt. Da der Faden nicht eher eine Spannung überträgt, als bis er sich gedehnt hat, so besitzt m' zunächst keine Geschwindigkeit.

Der Massenmittelpunkt bewegt sich auf der Tischfläche, und zwar in der Fadenachse mit der gleichförmigen Geschwindigkeit $u = \frac{mV}{m+m'}$. Es bezeichne x die Längenänderung des Fadens zur Zeit t. Dann sind die Geschwindigkeiten der Massenpunkte

$$u + \frac{m'\dot{x}}{m+m'}, \qquad u - \frac{m\dot{x}}{m+m'}.$$

Somit ist die kinetische Energie $\frac{1}{2}(m+m')u^2 + \frac{1}{2}\frac{mm'}{m+m'}\dot{x}^2$. Die potentielle Energie hat, solange x positiv ist, den Wert $\frac{1}{2}\frac{\lambda}{a}x^2$, worin a die natürliche Länge und λ den Elastizitätsmodul des Fadens bezeichnen.

Also lautet die Energiegleichung

$$\frac{1}{2}\frac{m^2}{m+m'}V^2 + \frac{1}{2}\frac{mm'}{m+m'}\dot{x}^2 + \frac{1}{2}\frac{\lambda}{a}x^2 = \frac{1}{2}mV^2;$$

sie zeigt, daß die Bewegung eine einfache harmonische Schwingung mit der Periode

$$2\pi\sqrt{\frac{mm'a}{(m+m')\lambda}}$$

ist, solange x positiv bleibt. Immer, wenn der Faden spannungslos ist, haben wir $\dot{x} = \pm V$. Wenn $\dot{x}$ verschwindet, hat er seine größte Länge

$$a + V\sqrt{\frac{mm'a}{(m+m')\lambda}}.$$

Wir können damit die ganze Bewegung beschreiben: m bewegt sich anfangs mit der Geschwindigkeit V, die nach und nach abnimmt, und m' bewegt sich in derselben Richtung aus der Ruhelage mit allmählich wachsender Geschwindigkeit. Der Faden beginnt sich zu dehnen und dehnt sich immer mehr, bis er seine größte Länge erreicht hat. Dies tritt am Ende einer Viertelperiode der einfachen harmonischen Schwingung ein. In diesem Augenblick haben die Massenpunkte gleiche Geschwindigkeit u. Die Geschwindigkeit von m vermindert sich weiter, bis sie auf den Wert $\frac{V(m-m')}{m+m'}$ zurückgegangen ist, während die von m' noch immer zunimmt bis zur Größe $\frac{2mV}{m+m'}$. Diese beiden Werte werden zu gleicher Zeit erreicht. Mittlerweile schrumpft der Faden zu seiner natürlichen Länge zusammen, die er zu der eben erwähnten Zeit wieder erlangt hat, nämlich am Ende einer Halbperiode seit Beginn der Bewegung. Die Massenpunkte bewegen sich nun so lange mit den bis dahin erlangten Geschwindigkeiten, bis m' den m einholt und ein Aufeinanderprallen stattfindet. Die weitere Bewegung hängt vom Stoßkoeffizienten ab. Ist dieser gleich eins, so kehrt sich die Relativbewegung um. Jedenfalls bietet die Beschreibung der nunmehr folgenden Bewegung nichts Neues.

214. Beispiele. 1. Aus einem Geschütz von der Masse M, das auf einer glatten, horizontalen Ebene steht, und die Rohrerhöhung α hat, wird ein Geschoß von der Masse m abgeschossen. Man beweise, daß bei einer Mündungsgeschwindigkeit V des Geschosses die Schußweite

$$\frac{2V^2}{g}\,\frac{\left(1+\frac{m}{M}\right)\tan\alpha}{1+\left(1+\frac{m}{M}\right)^2\tan^2\alpha}$$

ist.

2. Ein glatter, dreieckiger Keilkörper von der Masse M mit den Basiswinkeln α und β liegt auf einem glatten Tisch. Auf seinen Seitenflächen bewegen sich zwei durch einen undehnbaren Faden verbundene Massenpunkte von den Massen m und m'. Der Faden läuft über eine an der Dreieckspitze befestigte glatte Rolle. Man beweise, daß sich der Keil mit der Beschleunigung

$$g\,\frac{(m\sin\alpha-m'\sin\beta)(m\cos\alpha+m'\cos\beta)}{(m+m')(M+m+m')-(m\cos\alpha+m'\cos\beta)^2}$$

bewegt.

3. Zwei Körper mit den Massen m_1, m_2 sind durch eine Feder verbunden. Diese ist so dimensioniert, daß, wenn m_1 festgehalten wird, m_2 in der Sekunde n volle Schwingungen macht. Man beweise, daß, wenn m_2 festgehalten wird, m_1 in der Sekunde $n\sqrt{\frac{m_2}{m_1}}$ und, wenn beide frei sind, sie in der Sekunde $n\sqrt{\frac{m_1+m_2}{m_1}}$ Schwingungen machen. Die Schwingungen fallen in sämtlichen Fällen mit der Achse der Feder zusammen.

4. Drei gleiche Massenpunkte sind in gleichen Abständen an einem undehnbaren Faden befestigt. Der Faden sei zunächst geradlinig ausgestreckt. Die beiden Punkte an den Fadenenden werden mit gleichen und gleichgerichteten Geschwindigkeiten senkrecht zum Faden in Bewegung gesetzt. Unter der Voraussetzung, daß keine äußeren Kräfte vorhanden sind, beweise man, daß jeder der an den Enden befindlichen Massenpunkte im Augenblick des Zusammenprallens eine Geschwindigkeit (senkrecht zu dem zugehörigen Fadenstück) besitzt, die $\frac{1}{3}\sqrt{3}$ mal so groß wie die Anfangsgeschwindigkeit ist.

5. Ein Massenpunkt ist mittels eines elastischen Fadens von der natürlichen Länge a an einem Punkte eines glatten Holzstückes befestigt, das sich auf einer horizontalen Tischfläche verschieben kann. Der Faden wird in wagerechter Lage so gehalten, daß er über den Massenmittelpunkt hinweggeht und auf eine Länge $a + c$ gedehnt. Dann überläßt man das System sich selbst. Unter der Voraussetzung, daß das Holzstück und der Massenpunkt gleiche Massen haben und daß der Elastizitätsmodul des Fadens gleich dem Gewicht des Massenpunktes ist, weise man nach, daß sich der Massenpunkt in dem Augenblick, in welchem der Faden wieder seine natürliche Länge erreicht hat, gegenüber dem Holzstück mit der gleichen Geschwindigkeit bewegt, die er haben würde, wenn er von einer Höhe $\frac{c^2}{a}$ herabgefallen wäre.

6. Eine Hohlkugel vom Radius a und der Masse m ruht auf einer horizontalen Ebene und enthält einen Massenpunkt von gleicher Masse, der mit dem höchsten Punkt durch einen elastischen Faden von der Länge $a + c$, aber der natürlichen Länge a und mit dem tiefsten Punkt durch einen undehnbaren Faden verbunden ist. Plötzlich reißt der untere Faden; der Massenpunkt schnellt bis zum höchsten Punkte der Kugel in die Höhe und bleibt dort haften. Dabei macht man die Beobachtung, daß die Kugel ein Stück h in die Höhe springt. Man beweise, daß der Elastizitätsmodul des oberen Fadens

$$2\,mga\frac{(a + c + 4h)}{c^2}$$

ist. Welche äußeren Kräfte verursachen, daß sich in dem System als Ganzem die Bewegungsgröße ändert?

7. Drei gleiche Massenpunkte sind in gegenseitigen Abständen a und b an einem undehnbaren Faden von der Länge $a + b$ befestigt. Der mittlere Punkt werde festgehalten und die beiden andern beschreiben um ihn mit gleichen Winkelgeschwindigkeiten Kreise, so daß die beiden Fadenstücke stets in einer geraden Linie liegen. Der mittlere Punkt wird plötzlich losgelassen. Man beweise, daß sich die Spannungen in den beiden Fadenteilen im Verhältnis $\frac{2a + b}{3a}$ und $\frac{2b + a}{3b}$ ändern, wenn keine äußeren Kräfte vorhanden sind.

8. Zwei gleiche Massenpunkte sind durch einen undehnbaren Faden von der Länge l miteinander verbunden. Der eine von ihnen A liegt auf einem glatten Tisch und der andere befindet sich eben über der Tischkante. Der Faden liegt gerade und zwar senkrecht zu der Kante. Man ermittele die Geschwindigkeiten in dem Augenblick, in dem die Punkte den Tisch verlassen haben und beweise, daß 1. bei der hierauf folgenden Bewegung die Fadenspannung stets gleich dem halben Gewicht eines der beiden Massenpunkte ist, und daß 2. die Bahn von A, unmittelbar nachdem er den Tisch verlassen hat, in ihrem Anfangspunkte den Krümmungsradius $\frac{5}{12}\sqrt{5l}$ besitzt.

Vermischte Beispiele. 1. Von einem Punkte einer starren, horizontalen Ebene wird eine Kugel mit der Geschwindigkeit v_1 vertikal nach oben geworfen. Sobald ihre Geschwindigkeit auf den Wert v_2 gesunken ist, wirft man vom selben Ausgangspunkt eine zweite Kugel mit der Geschwindigkeit v_1 in die Höhe. Unter der Annahme vollkommener Elastizität beweise man, daß 1. die Zeit zwischen zwei aufeinanderfolgenden Stößen der beiden Kugeln $\frac{v_1}{g}$ beträgt, daß 2. die erreichten Höhen $\frac{(3v_1 - v_2)(v_1 + v_2)}{8g}$ und $\frac{(3v_1 + v_2)(v_1 - v_2)}{8g}$ sind und daß 3. die Geschwindigkeiten der Kugeln im Augenblick des Zusammenprallens gleich und entgegengesetzt gerichtet sind und die Größe $\frac{v_1 - v_2}{2}$ und $\frac{v_1 + v_2}{2}$ haben.

2. Zwei gleiche Billardbälle vom Radius a liegen auf einem glatten Tisch und berühren einander. Ein dritter Ball vom Radius c, der sich in Richtung der gemeinsamen Horizontaltangente im Berührpunkte der ersten Bälle bewegt, trifft die beiden gleichzeitig. Man beweise unter Voraussetzung gleichen Materials für sämtliche Bälle, daß der dritte Ball durch den Zusammenprall in Ruhe kommt, wenn der Stoßkoeffizient den Wert

$$\frac{1}{2}\,\frac{c^2(a+c)^2}{a^3(2a+c)}$$

hat.

3. Zwei gleiche Bälle liegen auf einem Tisch und berühren sich. In einer Richtung, die mit der beiden Bällen gemeinsamen horizontalen Tangente nahezu zusammenfällt, stößt ein dritter, ebenfalls gleicher Ball auf die ersten. Unter der Annahme, daß sich die Stoßzeiten nicht überlagern, beweise man, daß die Geschwindigkeiten, die die Bälle, je nachdem sie zuerst oder zuzweit angestoßen werden, bekommen, im Verhältnis $4:(3-e)$ stehen. Hierin bezeichnet e den Stoßkoeffizienten.

4. Zwei Kugeln von gleichem Radius und den Massen $\lambda_1 m$ und $\lambda_2 m$ liegen auf einem glatten, wagerechten Tisch und berühren einander. Eine dritte Kugel vom gleichen Radius und mit der Masse m fällt frei herunter derart, daß ihr Mittelpunkt dabei in der Vertikalebene bleibt, die die beiden Mittelpunkte der ersten beiden Kugeln enthält; m trifft $\lambda_1 m$ und $\lambda_2 m$ gleichzeitig. Unter der Annahme vollkommen unelastischer Stöße beweise man, daß die Geschwindigkeit, die in der Kugel von der Masse $\lambda_1 m$ hervorgerufen wird, den Wert erlangt

$$\frac{v\sqrt{3}\,(1+2\lambda_2)}{1+4\lambda_1+4\lambda_2+12\lambda_1\lambda_2}$$

worin v die Geschwindigkeit der fallenden Kugel kurz vor dem Stoß bezeichnet.

5. Aus einer Ecke A eines rechteckigen Billards $ABCD$ wird ein Ball unter einem Winkel α gegen die Seite AB fortgestoßen. Zuerst trifft er die Seite BC, dann AD, dann DC, dann wieder BC und darauf kehrt er nach A zurück. Man beweise, daß $AB:AD = e^2\cot\alpha:(1+e^2)$, wenn e den Stoßkoeffizienten bezeichnet.

6. Drei gleich große, glatte und vollkommen elastische Billardbälle liegen auf einem glatten Tisch und bilden ein Dreieck ABC. Soll der Ball A den Ball B nach C hinstoßen, so muß der Stoßwinkel in B zwischen

$$B - \frac{1}{2}\pi - \operatorname{arc\,tan}\frac{2d\cos B}{c - 2d\sin B}$$

und

$$B + \delta - \frac{1}{2}\pi - \operatorname{arc\,tan} \frac{2\,d \cos(B + \delta)}{c - 2\,d \sin(B + \delta)}$$

liegen, worin $\delta = \operatorname{arc\,sin} \frac{4d}{a}$ bedeutet.

7. Man zeige, daß es möglich ist, im Innern eines regelmäßigen n-seitigen Vielecks einen kleinen elastischen Ball so fortzustoßen, daß er ein regelmäßiges Vieleck mit der gleichen Seitenzahl beschreibt, und beweise, daß das Seitenverhältnis der beiden Polygone

$$2 \cos\frac{\pi}{n} : \left\{\sqrt{1 + \frac{1-e}{1+e}\sin\frac{2\pi}{n}} + \sqrt{1 - \frac{1-e}{1+e}\sin\frac{2\pi}{n}}\right\}$$

ist, wobei e den Stoßkoeffizienten bezeichnet.

8. Von einem Punkte einer schiefen Ebene mit dem Neigungswinkel α wird ein Ball mit der Geschwindigkeit V unter einem rechten Winkel zur Ebene abgeworfen. Der Stoßkoeffizient zwischen Ball und Ebene ist e. Man beweise, daß der Ball, bevor er zu springen aufhört, eine Strecke $\frac{2V^2 \sin\alpha}{g \cos^2\alpha\,(1-e)^2}$ auf der Ebene zurückgelegt hat.

9. Ein elliptischer Hohlzylinder steht mit vertikaler Achse auf einer horizontalen Ebene. Vom Brennpunkt eines Horizontalschnittes aus wird ein Massenpunkt in wagerechter Richtung mit der Anfangsgeschwindigkeit v fortgeschleudert. Man beweise, daß die Höhe des Schnittes über dem Tisch, falls der Punkt zum Ausgangspunkt zurückkehrt, $\frac{2m^2 g a^2}{n^2 v^2}$ beträgt, worin m, n beliebige ganzen Zahlen und $2a$ die große Achse bedeuten. Außerdem ist hierbei angenommen, daß es sich um lauter vollkommen elastische Stöße handelt.

10. Ein Massenpunkt wird im Innern einer glatten Röhre von gleicher Masse, die an beiden Enden geschlossen ist und auf einem glatten Tische liegt, fortgeschleudert. Man beweise, daß die Röhre nach $(n+1)$ maligem Aufprallen des Massenpunktes ein Stück

$$\frac{a(1-e^n)}{e^n - e^{n+1}} \quad \text{oder} \quad \frac{a\cdot(1-e^{n+1})}{e^n - e^{n+1}}$$

durchwandert hat, je nachdem n gerade oder ungerade ist. Hierin bezeichnen a die Länge der Röhre und e den Stoßkoeffizienten für jeden Stoß.

11. Zwei ungleiche Massenpunkte sind an einem Faden befestigt, der über eine glatte Rolle läuft. Anfangs berührt der kleinere eine feste, horizontale Ebene, während sich der andere in einer Höhe h über der Ebene befindet. Unter der Voraussetzung, daß der Stoßkoeffizient für jeden Stoß gleich e und daß e eine Wurzel einer Gleichung von der Form $e^n - 2e + 1 = 0$, mit n als ganzer Zahl, ist, beweise man, daß das System nach der Zeit $\frac{2h(1+e)}{v(1-e)}$ zur Ruhe kommt. Hierin bedeutet v die Geschwindigkeit des schwereren Massenpunktes unmittelbar vor seinem erstmaligen Auftreffen auf die Ebene.

12. Zwei sich berührende, gleiche Kugeln sind mittels gleich langer Fäden an zwei andere, in Ruhe befindliche, gleiche Kugeln angebunden.

Die Mittelpunkte der Kugeln liegen auf den Verlängerungen der Fäden, an denen sie befestigt sind, und die Fäden bilden mit der im Berührungspunkte der beiden ersten Kugeln gezogenen Tangente der Kugeln, die in die Ebene der vier Mittelpunkte fällt, je einen Winkel von 30°. Eine fünfte, ebenfalls gleiche Kugel, die in dieser Tangentenrichtung gelaufen kommt, trifft die beiden ersten Kugeln symmetrisch, so daß die Fäden sich spannen. Man beweise, daß sich die Geschwindigkeit der stoßenden Kugel im Verhältnis $(7 - 12e) : 19$ verkleinert, wenn e den Stoßkoeffizienten bezeichnet.

13. Zwei gleich dicke Bälle mit den Massen M, m, die durch einen undehnbaren Faden verbunden sind, liegen auf einem glatten Tisch. Der Faden ist ausgestreckt. Ein dritter Ball von gleichem Radius und der Masse m' bewegt sich mit der Geschwindigkeit v parallel zu dem Faden und trifft den Ball m so, daß die Zentrale $m'm$ mit der Zentrale Mm den spitzen Winkel α bildet. Man beweise, daß M mit der Geschwindigkeit

$$\frac{v m m' (1 + e) \cos^2 \alpha}{M m' \sin^2 \alpha + m (M + m + m')}$$

fortläuft, wenn man unter e den Stoßkoeffizienten zwischen m und m' versteht.

14. Zwei Bälle sind durch undehnbare Fäden an feste Punkte gebunden. Der eine von ihnen von der Masse m, der mit der Geschwindigkeit u auf einem Kreise läuft, trifft den anderen, der die Masse m' hat und in Ruhe ist, derart, daß die Zentrale einen Winkel α mit dem an m befestigten Faden bildet und die Fäden sich rechtwinklig kreuzen. Man beweise, daß m' einen Kreis mit der Geschwindigkeit

$$\frac{m u \sin \alpha \cos \alpha (1 + e)}{m \cos^2 \alpha + m' \sin^2 \alpha}$$

beschreiben wird, wenn e den Stoßkoeffizienten bezeichnet.

---

15. Eine Kugel von der Masse M bewegt sich mit der Geschwindigkeit V. Durch eine Explosion im Innern wird ein Energiezuwachs E erzeugt. Die Kugel zerbricht dabei in zwei Stücke, deren Massen im Verhältnis $m_1 : m_2$ stehen. Die beiden Teile bewegen sich in der ursprünglichen Bewegungsrichtung der Kugel weiter. Man beweise, daß sie die Geschwindigkeiten

$$V + \sqrt{\frac{2 m_2 E}{m_1 M}} \quad \text{und} \quad V - \sqrt{\frac{2 m_1 E}{m_2 M}}$$

haben.

16. An einer Seilscheibe und Seiltrommel von vernachlässigbarer Masse halten sich zwei Gewichte P und W das Gleichgewicht. P wird durch ein Gewicht W vergrößert und nach Verlauf von 1 sec wird auch das emporgehende Gewicht W um W vermehrt. Man beweise, daß nach Verlauf einer weiteren Sekunde die Geschwindigkeit des hinaufgehenden Gewichtes $2W$

$$\frac{g b (2a - b)}{a^2 + ab + 2b^2}$$

geworden ist, wenn a der Radius der Scheibe und b derjenige der Trommel ist.

17. Durch undehnbare Fäden ist ein Massenpnnkt von der Masse m mit zwei anderen von den Massen m' und m'' verbunden. Die Massenpunkte liegen so auf einem glatten Tisch, daß die beiden Fäden gerade gestreckt sind und senkrecht zueinander stehen. In Richtung der Winkelhalbierenden der beiden Fäden erhält der Punkt m einen Schlag, den die Fäden auf die Massen m' und m'' übertragen. Man beweise, daß die Geschwindigkeiten, mit denen sich m' und m'' bewegen, im Verhältnis $(m + m''):(m + m')$ stehen.

18. Ein Massenpunkt von der Masse M wird mit der Geschwindigkeit V unter einem Erhebungswinkel Θ gegen die Horizontale abgeschossen. Er ist mit seinem Ausgangspunkt durch einen undehnbaren Faden von der Länge $\frac{V^2 \operatorname{cosec}^2 \Theta}{2g}$ verbunden. Man beweise, daß beim Straffwerden des Fadens dessen plötzliche Zugkraft $MV^2 \cos^2 \Theta \operatorname{cosec} \Theta$ ist und daß unmittelbar nach der Bewegungsänderung die Fadenspannkraft $Mg(1 - 2\sin^4 \Theta)$ beträgt.

19. Drei Massenpunkte A, B, C befinden sich auf einer gegen die Horizontale unter dem Winkel α geneigten Ebene, und B, C sind mit A durch Fäden von der Länge $h \sec \alpha$ verbunden. Diese Fäden liegen zu beiden Seiten der durch A gehenden Fallinie der Ebene und zwar unter gleichen Winkeln α gegen diese Fallinie. Hierbei liege BC tiefer als A. Infolge eines Stoßes in Richtung der Fallinie beginnt A sich in dieser Linie mit der Geschwindigkeit V zu bewegen. Man ermittele, wann die Fäden straff werden und beweise, daß A kurz danach die Geschwindigkeit

$$\frac{V}{(3 - 2\sin^2\alpha)} + \frac{2gh\sin\alpha}{V}$$

hat.

20. Vier gleiche Massenpunkte sind an den Ecken eines aus vier gleichlangen Fäden a gebildeten Rhombus angebracht. Während sich das System auf einer horizontalen glatten Tischfläche mit der gleichförmigen Geschwindigkeit u in Richtung der längeren Diagonale AC, bewegt, wird der Endpunkt A der Diagonale plötzlich festgehalten. Man beweise, daß sich die Rhombusseiten mit der Winkelgeschwindigkeit $\frac{2u\sin\alpha}{a(1 + 2\sin^2\alpha)}$ zu drehen beginnen, wenn 2α den spitzen Winkel des Rhombus bezeichnet.

21. Drei Massenpunkte von gleicher Masse, die in gleichen Abständen an einem starren, masselosen Stab befestigt sind, befinden sich in Ruhe, bis eine der an den Enden sitzenden Massen senkrecht zum Stab einen Schlag erhält. Man beweise, daß die dem System erteilte kinetische Energie, wenn das andere Ende des Stabes festgehalten wird und sich der Stab darum dreht, im Verhältnis 24 : 25 kleiner ist, als sie sein würde, wenn das System vollkommen frei wäre.

22. An zwei gleichen, starren Stäben AB und BC von vernachlässigbarer Masse sind in A und C, sowie in ihren Mittelpunkten vier gleiche, kleine Massen angebracht. Die Stäbe, die sich mittels eines Scharniers um B zu drehen vermögen, sind geradlinig ausgestreckt und das Ende A erhält einen Schlag senkrecht zu den Stäben. Man beweise, daß die Geschwindigkeiten der Massen in dem Verhältnis 9 : 2 : 2 : 1 stehen.

23. Ein System von vier Massenpunkten, die gleiche Massen haben und in gleichen Abständen an einem Faden befestigt sind, liegt so auf einem glatten Tische, daß es ein Stück eines regelmäßigen Vielecks mit

dem Winkel $\pi - \alpha$ bildet. Einer der an den Enden befindlichen Massenpunkte erhält einen Stoß in Richtung des daran befestigten Fadens. Man beweise, daß die hierdurch erzeugte kinetische Energie

$$\frac{\cos^2\alpha + 4\sin^2\alpha}{\cos^2\alpha + 2\sin^2\alpha} \text{ mal}$$

so groß ist, als sie sein würde, wenn die Massenpunkte gezwungen wären, sich in einer kreisförmigen Nut zu bewegen und der Stoß tangential zu dieser erfolgte.

---

24. Vier kleine, glatte, gleichschwere Ringe, die in gleichen Abständen an einen Faden geknüpft sind, sind auf einem aus Draht gebogenen vertikalen Kreis aufgefädelt. Der Radius des Kreises beträgt ein Drittel der Fadenlänge, die Ringe befinden sich in den vier oberen Ecken eines regelmäßigen, dem Kreise eingeschriebenen Sechsecks, so daß also die beiden tieferen Ringe mit den Endpunkten des horizontalen Durchmessers zusammenfallen. Man beweise, daß die Fadenspannung in dem mittleren Fadenstück, wenn einer der äußeren Fadenteile zerschnitten wird, sich plötzlich im Verhältnis $5:9$ verringert.

25. Auf der Oberfläche eines glatten, horizontalen Kreiszylinders von der Masse M liegt in einer Vertikalebene ein Faden, an dessen Enden zwei Massenpunkte von den Massen m und m' befestigt sind. Der Zylinder kann auf einer Horizontalebene gleiten. Zunächst wird das System so in einer Anfangslage gehalten, daß die Radien des Kreisschnittes, in den die Punkte fallen, mit der Vertikalen die Winkel α und β einschließen. Man beweise, daß unmittelbar nach dem Loslassen des Systems die Fadenspannung

$$m m' g \frac{M(\sin\alpha + \sin\beta) + (m\sin\alpha + m'\sin\beta)\{1 - \cos(\alpha+\beta)\}}{(m+m')(M + m\sin^2\alpha + m'\sin^2\beta) - mm'(\cos\alpha - \cos\beta)^2}$$

ist.

26. Drei Fäden, die an den Punkten A, B, C der Kante eines glatten Tisches über glatte Rollen laufen und an deren Enden die Massen m, m', m'' hängen, sind mit ihren freien Enden an einem Massenpunkte P von der Masse M befestigt. Dieser befindet sich unter ihrer Wirkung auf dem Tisch im Gleichgewicht. Schneidet man den Faden, der m'' trägt, durch, so beginnt M sich in einer Richtung zu bewegen, die mit CP einen Winkel

$$\operatorname{arc\,tan} \frac{\mu(m - m')\{(m+m')^2 - m''^2\}}{4Mmm'm''^2 + (m+m')\mu^2}$$

einschließt, wobei

$$\mu^2 = 2m'^2m''^2 + 2m''^2m^2 + 2m^2m'^2 - m^4 - m'^4 - m''^4$$

ist.

27. An der Spitze einer glatten schiefen Ebene vom Steigungswinkel α befindet sich ein glatter Ring; durch diesen geht ein Faden, an dessem Ende sich zwei Massenpunkte A, B von der Masse m, m' befinden. Anfangs fällt AC $(=a)$ mit einer Fallinie zusammen, während BC vertikal herabhängt. Wirft man A rechtwinklig zu AC mit der Geschwindigkeit v empor, so wird B zu steigen oder zu sinken beginnen, je nachdem

$$\frac{m'}{m} < \text{ oder } > \left(\sin\alpha + \frac{v^2}{ga}\right).$$

28. Am einen Ende eines starren horizontalen Armes von der Länge c, der sich frei um eine durch sein anderes Ende gehende vertikale Achse drehen kann, hängt an einer masselosen Kette von der Länge b eine Kugel von der Masse m. Der Arm wird plötzlich mit der Winkelgeschwindigkeit Ω gedreht. Man beweise, daß in der Kette sogleich die Spannung $m\left(g+\frac{\Omega^2 c^2}{b}\right)$ auftritt und daß die durch die Kette und den Radius vom Kugelmittelpunkte nach dem Aufhängepunkt gehende Ebene sich mit der Winkelgeschwindigkeit $\frac{\Omega}{2}$ um den Radius dreht.

29. Ein Faden ABC ist in A festgemacht und trägt in B und C Massenpunkte von den Massen m, m'. Das System wird so in einer Vertikalebene gehalten, daß AB und BC mit der Vertikalen spitze Winkel α und $(\alpha+\beta)$ einschließen. Werden B und C losgelassen, so tritt in AB die Anfangsspannung

$$\frac{m(m+m')\,g\cos\alpha}{m+m'\sin^2\beta}$$

auf.

30. Ein zunächst festgehaltener vertikal stehender Drahtreifen berührt in seinem untersten Punkte einen glatten Tisch. Ein undehnbarer Faden, dessen eines Ende in der Reifenebene an einem festen Punkte in gleicher Höhe wie der höchste Punkt des Reifens befestigt ist, läuft über den Reifen und trägt am anderen Ende einen Massenpunkt m, der sich gegen den Reifen legt. Wenn man den Reifen losläßt, so vermindert sich die Druckkraft des Massenpunktes auf den Reifen sogleich um den Betrag $\frac{m^2 g\sin^2\alpha}{M+4m\sin^2\frac{\alpha}{2}}$, worin α den vom Faden umspannten Zentriwinkel des Reifens angibt.

31. Auf einer glatten unter $\alpha\,(<\frac{1}{4}\pi)$ gegen die Horizontale geneigten Ebene sind vier durch gleichlange Fäden verbundene Massenpunkte so aufgebracht, daß AC eine Fallinie ist und AB, AD mit letzterer zu beiden Seiten gleiche Winkel α bilden. Hält man den obersten Punkt A fest, läßt aber B und D los, so vermindert sich plötzlich die Spannung in den beiden unteren Fäden im Verhältnis

$$\frac{1-2\sin^2\alpha}{1+2\sin^2\alpha}.$$

32. Eine Perle von der Masse m' kann auf einem Faden gleiten, dessen eines Ende fest ist, während das andere einen Massenpunkt m trägt, der anfangs in derselben Höhe wie das feste Ende gehalten wird. Dann bilden die beiden Fadenstücke gegen die Vertikale gleiche Winkel α. Läßt man m los, so wird die Anfangsspannkraft in dem Faden $\frac{m m' g\cos\alpha}{m'+4m\cos^2\alpha}$ und die Anfangsbeschleunigung der Perle ist

$$g\,\frac{(m'+2m\cos^2\alpha)}{(m'+4m\cos^2\alpha)}.$$

33. Das eine Ende eines Fadens PQ ist an einem Punkte P einer glatten horizontalen Ebene befestigt, während am anderen Ende Q ein

in der Ebene ruhender kleiner, glatter Ring von der Masse m angebunden ist. Durch diesen Ring läuft ein zweiter Faden, dessen eines Ende an einem Punkt R der Ebene festgemacht ist, während das andere Ende S einen Massenpunkt M trägt. Am Anfang ist der Winkel PQR ein stumpfer und gleich β und der Winkel RQS ein rechter Winkel. Der Massenpunkt M wird parallel QR mit der Geschwindigkeit V in Bewegung gesetzt. Man beweise, daß die Anfangsspannung in PQ

$$\frac{M m V^2 (\sin\beta - \cos\beta)}{a(m + M + M \sin 2\beta)}$$

ist, worin a die Länge QS bedeutet.

34. Es sei ein System von n beweglichen Rollen von den Massen $m_1, m_2, \ldots, m_n$ und n zugehörigen Gegengewichten von den Massen $\mu_1, \mu_2, \ldots, \mu_n$ gegeben. Jede Rolle und ihr Gegengewicht hängen an einer Schnur, die über die vorhergehende Rolle läuft. Die oberste Schnur (die m_1 und μ_1 verbindet) läuft über eine feste Rolle. Über die tiefste Rolle geht keine Schnur. Die Indizes geben die Reihenfolge an, in der die Rollen aneinander hängen. Die Rollen werden gleichzeitig losgelassen. Man beweise, daß die Fadenspannungen $T_1, T_2, \ldots, T_n$ in der Beziehung stehen

$$2\left(\frac{T_{p+1}}{m_p} + \frac{T_{p-1}}{m_{p-1}}\right) = T_p\left(\frac{1}{m_p} + \frac{1}{\mu_p} + \frac{4}{m_{p-1}}\right).$$

Unter der Annahme, daß die Masse jeder Rolle (m) zur Masse eines jeden Gegengewichtes (μ) sich wie $5:3$ verhält, beweise man, daß die abwärts gerichtete Beschleunigung der p-ten beweglichen Rolle

$$\frac{3^{2n-p+1} - 5}{3^{2n+1} + 5}(3^p - 1) g$$

ist.

35. Zwei gleiche materielle Punkte, die durch einen undehnbaren Faden verbunden sind, liegen auf einem glatten Tisch. Der Faden ist ausgestreckt. Man beweise, daß, wenn einer von ihnen auf der Tischfläche rechtwinklig zum Faden in Bewegung gesetzt wird, der Krümmungsradius seiner Bahn gleich der doppelten Fadenlänge ist.

36. Auf einem glatten geraden Draht ruht ein kleiner Ring von der Masse m, der mit einem anderen Massenpunkt m' durch einen Faden von der Länge a verbunden ist. m' befindet sich anfangs in einem Abstand a von m auf dem Draht und wird in der zum Draht senkrechten Richtung fortgeschleudert. Man beweise, daß der Krümmungsradius im Anfangspunkte der Bahn $\frac{a(m+m')}{m}$ ist.

37. Ein undehnbarer Faden, an dessen Enden zwei Massenpunkte p und q befestigt sind, läuft durch zwei auf einem glatten Tisch liegende glatte Ringe A, B. In einem Punkte O zwischen A und B trägt er noch einen dritten Massenpunkt m. Man beweise, daß der Punkt m, wenn er senkrecht zum Faden in horizontaler Richtung in Bewegung gesetzt wird, eine Bahn beschreibt, deren Anfangskrümmung $\dfrac{\frac{p}{OA} - \frac{q}{OB}}{p+q+m}$ ist.

38. Ein auf einem glatten Tische ruhender Massenpunkt m ist durch einen Faden von der Länge a, der senkrecht zur Tischkante liegt, mit einem zweiten Massenpunkte m' verbunden. Dieser hängt gerade noch über die Tischkante hinaus und ist ebenfalls anfangs in Ruhe. Das System wird sich selbst überlassen. Man beweise, daß der Krümmungsradius der Bahn von m, unmittelbar nachdem er den Tisch verlassen hat,

$$\frac{2m'a}{(m+m')^2} \frac{\{(m+m')^2+m'^2\}^{\frac{3}{2}}}{\{(m+m')^2+2m'^2\}}$$

ist.

39. Zwei Massenpunkte A und B sind durch einen dünnen Faden miteinander verbunden; A ruht auf einem rauhen, horizontalen Tisch (Reibungskoeffizient $= \mu$) und B hängt eine Strecke l unterhalb der Tischkante. B wird eine Horizontalgeschwindigkeit u erteilt. Man zeige, daß A sich mit einer Beschleunigung $\frac{\mu u^2}{(\mu+1)l}$ zu bewegen beginnt und daß im Anfangspunkte der Bahn von B der Krümmungsradius $(\mu+1)l$ ist.

40. Ein System von drei Massenpunkten A, B, C mit den Massen m, p, q, die durch zwei Fäden AB, AC verbunden sind, liege geradlinig ausgestreckt auf einem glatten Tisch. Den äußeren Massen werden senkrecht zum Faden die Geschwindigkeiten u, v erteilt. Bezeichnen a und b die Längen der Fäden, so läßt sich beweisen, daß die Anfangskrümmungen der Bahnen von B und C

$$\frac{\frac{(q+m)u^2}{a}+\frac{qv^2}{b}}{(p+q+m)u^2} \quad \text{und} \quad \frac{\frac{(p+m)v^2}{b}+\frac{pu^2}{a}}{(p+q+m)v^2}$$

sind.

41. Ein Massenpunkt von der Masse m ist an einem Ende eines Fadens angebunden, der durch einen Ring von der Masse M läuft und mit dem anderen Ende an einem Punkte eines glatten horizontalen Tisches befestigt ist. Das ganze System ruht zunächst derart auf diesem Tische, daß die beiden Fadenstücke geradlinig sind und einen stumpfen Winkel α miteinander bilden, und daß das Stück zwischen m und M die Länge a hat. Dann wird m senkrecht zu diesem Fadenstück fortgeschleudert. Man beweise, daß die Bahn von m in ihrem Anfangspunkt den Krümmungsradius $a\left(1+\frac{4m}{M}\cos^2\frac{\alpha}{2}\right)$ hat.

---

42. Ein Schubfenster hängt an zwei Schnüren, die über Rollen im Fensterrahmen laufen und an ihren anderen Enden je ein Gegengewicht tragen, das gleich dem halben Fenstergewicht ist. Das Fenster passe lose in seinen Rahmen. Eine Schnur reißt und das Fenster rutscht mit der Beschleunigung f herunter. Man beweise, daß der Reibungskoeffizient zwischen Fenster und Rahmen

$$\frac{a(g-3f)}{b(g+f)}$$

ist, wenn hierin a die Höhe und b die Breite des Fensters bezeichnen.

43. Vom Grunde eines Brunnens von der Tiefe h wird ein Eimer von der Masse M mittels eines Seiles emporgewunden, das auf einer Trommel von der Masse m aufgewickelt ist. Die Trommel wird von

einer konstanten Kraft angetrieben, die eine Zeitlang an ihrem Umfang wirkt und dann aufhört. Unter der Voraussetzung, daß der Eimer t sec nach Beginn der Bewegung gerade an der Brunnenkrone zum Stillstand kommt, beweise man, daß die größte Leistung während der Bewegung

$$\frac{2\,h M^2 g^2 t}{M g t^2 - 2\,h\,(M+m)}$$

ist. Hierbei ist angenommen, daß die Masse der Trommel gleichmäßig auf ihrem Umfang verteilt sei.

44. Eine Lokomotive zieht einen Zug und leistet dabei beständig H Arbeitseinheiten in der Sekunde. Ist M die Masse des ganzen Zuges und F der als konstant vorausgesetzte Reibungswiderstand, so braucht die Maschine vom Beginn der Bewegung bis zur Erlangung der Geschwindigkeit v die Zeit

$$\left(\frac{MH}{F^2}\log\frac{H}{H-F\cdot v}-\frac{Mv}{F}\right)\text{ Sekunden.}$$

45. Ein zweirädriger Wagen wird mit der Geschwindigkeit v längs eines ebenen Weges gezogen. Die Räder (vom Radius c) sind auf eine Achse (vom Radius r) aufgezogen, das Gewicht des Wagens ausschließlich der Achse und Räder ist W, sein Massenmittelpunkt liegt senkrecht über der Mitte der Achse und die Deichseln sind in einer Horizontalebene in Höhe der höchsten Punkte der Räder angeordnet. Man beweise, daß das Pferd die Leistung $\dfrac{W v r \sin\lambda}{\sqrt{c^2 - r^2\sin^2\lambda}}$ ausübt, wobei λ den Reibungswinkel zwischen Achse und Lagern bezeichnet.

46. Auf einem glatten Tische liegt ein Massenpunkt von der Masse M, der an einem Faden angebunden ist. Dieser läuft über die Tischkante und trägt an seinem anderen Ende eine Rolle von der Masse m, über die eine Schnur geht, an deren Enden zwei Körper von den Massen m_1 und m_2 befestigt sind. Man beweise, daß sich M mit der Beschleunigung bewegt

$$\frac{m\,(m_1+m_2)+4\,m_1 m_2}{(M+m)\,(m_1+m_2)+4\,m_1 m_2}\,g.$$

47. Zwei Körper hängen an einer Schnur über eine feste Rolle. Man zeige, daß die Körper in aufeinander folgenden gleichen Zeiträumen Wege zurücklegen, die nach einer arithmetischen Reihe zunehmen, wenn die Trägheit der Rolle vernachlässigt wird.

Einer der Körper werde durch eine masselose Rolle ersetzt, an der zwei Massen m und m' hängen. Wie groß muß die Masse des einzelnen Körpers sein, damit m' in Ruhe bleibt, wenn es anfangs in Ruhe war? Man beweise auch, daß die Beschleunigung der Rolle $\frac{1}{2}\frac{m'-m}{m}g$ ist.

48. Bei einer Atwoodschen Fallmaschine werde der eine Körper durch eine Rolle ersetzt, über die eine Schnur mit zwei frei herunterhängenden Massen P, Q läuft. Liegt das Verhältnis $P:Q$ zwischen den Werten 3 und $\frac{1}{3}$, so lassen sich bestimmte Werte für die Masse des anderen Körpers finden, bei deren Zugrundelegung entweder P oder Q in Ruhe bleibt. Man beweise dies und zeige, daß diese Werte im Verhältnis $(3\,P - Q):(3\,Q - P)$ stehen.

49. Bei einer Atwoodschen Fallmaschine ist die Nut in der Schnurrolle so tief geschnitten, daß die Trägheit der Rolle zu gleichen Teilen auf die beweglichen Massen verteilt werden kann. Q ist das Gewicht, das hinzugefügt werden muß, um die Achsenreibung zu überwinden, wenn an den Enden der Schnur gleiche Gewichte hängen. Man beweise, daß ein Zusatzgewicht R eine Beschleunigung $\frac{Rg}{2P+2Q+R+W}$ hervorruft, wenn hierbei W das Gewicht der Rolle ist.

50. Zwei gleiche Massen P, P' sind durch eine Schnur verbunden, die über eine glatte Rolle läuft. An ihnen hängen an Fäden zwei weitere ebenfalls gleiche Massen Q und Q'. Anfangs liegt Q in einer horizontalen Ebene und P, P', Q' sind in Bewegung; während Q von der Ebene abgehoben wird, wird Q' fast gleichzeitig aufgesetzt. Ist V die Geschwindigkeit von P, Q, P', wenn Q abgehoben wird, noch bevor Q' aufgesetzt ist, und ist V' diese Geschwindigkeit, wenn Q' aufgesetzt wird, noch bevor Q abgehoben ist, so ergibt sich die Beziehung

$$V : V' = (2P + Q)^2 : 4P(P + Q).$$

51. Zwei Rollen, jede von der Masse $8m$, hängen an den Enden einer masselosen Kette, die über eine feste Rolle läuft. Über jede der beiden Rollen geht eine ebensolche Kette und trägt an ihren Enden Körper von der Masse $2m$. Von einem der Körper wird nun eine Masse m weggenommen und an einen an der anderen Rolle hängenden Körper aufgebracht. Man beweise, daß sich beide Rollen mit der Beschleunigung $\frac{1}{11} g$ bewegen, daß die beiden herabsinkenden Körper gleiche Geschwindigkeit haben und daß die Geschwindigkeit des einen der emporgehenden Körper fünfmal so groß ist wie die des andern.

52. Eine masselose Kette läuft über zwei feste und unter einer beweglichen Rolle und trägt an ihren Enden Gewichte. Unter der Voraussetzung, daß alle Kettenstücke vertikal sind, beweise man, daß die bewegliche Rolle in Ruhe bleiben wird, wenn ihre Masse gleich dem doppelten harmonischen Mittel der beiden anderen Massen ist.

53. Eine masselose Kette geht über eine feste Rolle B, trägt am einen Ende einen Körper von der Masse m und am anderen eine Rolle C von der Masse p. An einem Punkte A unterhalb B ist eine ähnliche Kette befestigt, die über C läuft und einen Körper von der Masse m' trägt. Man beweise, daß sich die Rolle C mit der Beschleunigung bewegt

$$\frac{g(2m' - m + p)}{4m' + m + p}.$$

54. Zwei Rollen von den Massen M und M' sind durch einen Faden verbunden, der über eine feste Rolle läuft. An einem über M gehenden Faden hängen zwei Körper von den Massen m_1 und m_2, an einem über M' gehenden zwei andere Körper von den Massen m_1' und m_2'. Man beweise, daß sich beide Rollen mit der Beschleunigung

$$\frac{g(M + 2\mu - M' - 2\mu')}{M + M' + 2\mu + 2\mu'}$$

bewegen.

55. Bei einem Potenzflaschenzuge halte ein Gewicht P einem Körper vom Gewicht W das Gleichgewicht. Man beweise, daß nach Vertauschung dieser Gewichte durch zwei andere P' und W' das Gewicht P' mit der Beschleunigung f herabsinkt und daß

$$f\{2^{2n}P' + W' + \tfrac{1}{8}(2^n+1)(2^nP - W)\} = 2^n g\{2^n(P'-P) + W' - W\}$$

ist, falls alle Rollen gleiches Gewicht haben.

---

56. Auf einem masselosen kreisförmig gebogenen Draht vom Radius a sind drei materielle Punkte von den Massen m_1, m_2, m_3 symmetrisch befestigt. Der Draht kann sich in einer ebenfalls nach einem Kreise vom Radius a gebogenen glatten Röhre, die in einer Vertikalebene steht, bewegen. Man beweise, daß die Länge des gleichwertigen mathematischen Pendels für kleine Schwingungen des Systems

$$\frac{(m_1 + m_2 + m_3)\,a}{\sqrt{m_1^2 + m_2^2 + m_3^2 - m_2 m_3 - m_3 m_1 - m_1 m_2}}$$

ist.

57. Ein Faden, der über zwei in einer Horizontalen im Abstand $2a$ eingeschlagene Nägel läuft, trägt an seinen Enden zwei Massenpunkte von der Masse P und in seinem mittleren Teil zwei weitere gleichgroße Massenpunkte von der Masse $P \sin\alpha$, die einen Abstand $2a \sin\alpha$ voneinander haben. Man beweise, daß die Schwingungsdauer für kleine Schwingungen um die Gleichgewichtslage dieselbe ist, wie die eines mathematischen Pendels von der Länge $a \tan\alpha$.

58. Ein Faden $AE = 4a$ ist mit seinen Enden an zwei in gleicher Höhe liegenden festen Punkten A, E befestigt und trägt in den Punkten B, C, D drei Massenpunkte m, M, m. Die Stücke AB, BC, CD und DE haben die gleiche Länge a und bilden mit der Horizontalen die Winkel $\alpha, \beta, \beta, \alpha$. Man beweise, daß $M \tan\alpha = (M + 2m)\tan\beta$ und daß die Schwingungsdauer für kleine Schwingungen von M, falls dieses eine kleine vertikale Auslenkung erfährt, die gleiche ist wie die eines mathematischen Pendels von der Länge

$$a\,\frac{\sin\alpha \sin\beta \sin(\alpha-\beta)\cos(\alpha-\beta)}{\sin^2\alpha \cos\alpha + \sin^2\beta \cos\beta}.$$

59. In der Mitte eines horizontalen, kreisrunden, glatten Tisches vom Radius a liegt ein materieller Punkt von der Masse M, von dem aus n Schnüre nach n glatten, gleichmäßig auf den Umfang des Tisches verteilten Rollen laufen, die je eine Masse M tragen. Man beweise, daß die Schwingungsdauer für kleine Schwingungen des Systems

$$\pi \cdot \sqrt{\frac{a(n+2)}{gn}}$$

beträgt.

60. Ein über eine kleine feste Rolle laufender Faden verbindet zwei gleiche Massenpunkte, die dicht beieinander auf einer glatten, schiefen Ebene vom Neigungswinkel α ruhen, so daß die beiden Fadenstücke nahezu in einer Vertikalebene liegen. Die letzteren bilden mit der Ebene den Winkel β. Wenn die Massenpunkte ein wenig aus ihrer Gleichgewichtslage gebracht werden und man annimmt, daß die Bewegung sich in einer Vertikalebene abspielt, so ist die Länge des gleichwertigen mathematischen Pendels

$$l \cot\beta \operatorname{cosec}\beta \operatorname{cosec}\alpha.$$

61. Drei gleiche, glatte Stäbe von der Länge $2a$ bilden ein Dreieck ABC. In den Mittelpunkten von AB, AC befinden sich kleine

gleiche Ringe, die durch gleiche elastische Fäden von der natürlichen Länge l an A befestigt und außerdem miteinander durch einen undehnbaren Faden verbunden sind, welcher durch einen glatten Ring im Mittelpunkte von BC läuft. Unter der Voraussetzung, daß keine äußeren Kräfte existieren, beweise man, daß bei einer kleinen Auslenkung eines Ringes die Schwingungsdauer für kleine Schwingungen

$$2\pi\cdot\sqrt{\frac{2\,a\,l\,m}{E(5\,a-3\,l)}}$$

beträgt, worin m die Masse jedes Ringes und E den Elastizitätsmodul bezeichnet.

62. Ein elastischer Faden von der natürlichen Länge $2\,a$ trägt in der Mitte einen Massenpunkt und ist mit seinen Enden an zwei Punkten befestigt, die in derselben Horizontalebene liegen und den Abstand $2\,a$ voneinander haben. In der Gleichgewichtslage stehen die beiden Fadenteile senkrecht zueinander. Man beweise, daß die Zeit einer kleinen Schwingung dieselbe ist wie die Schwingungsdauer eines mathematischen Pendels von der Länge

$$\frac{a\,(2\,\sqrt{2}-2)}{(2\,\sqrt{2}-1)}.$$

63. Ein homogener, kreisförmig gebogener elastischer Ring von der Masse m, dem Elastizitätsmodul λ und der natürlichen Länge $2\,\pi c$ steht unter dem Einfluß einer vom Mittelpunkt nach außen wirkenden, auf die Masseneinheit bezogenen Kraft μ (Abstand). Unter der Voraussetzung, daß $2\,\pi\lambda > m\mu c$ ist, beweise man, daß sich der Radius gegenüber seiner mittleren Länge $\frac{2\,\pi\lambda c}{2\,\pi\lambda - m\mu c}$ nach dem Gesetz einer harmonischen Schwingung ändert. Was geschieht, wenn diese Bedingung nicht erfüllt ist?

64. Drei kleine gleiche Ringe sind auf drei glatte Stäbe gesteckt, die parallel zueinander derart in einer Ebene liegen, daß sich der eine in der Mitte zwischen den beiden anderen befindet und der Abstand zweier benachbarter Stäbe a ist. Wenn sich die Ringe nach dem Gravitationsgesetz anziehen und wenn sie so angebracht sind, daß die Verbindungslinien je zweier Ringe nahezu senkrecht zu den Stäben stehen, so werden der mittlere Ring sowie der Massenmittelpunkt der beiden anderen Ringe Schwingungen mit der Periode $\frac{2\,\pi}{\sqrt{3\,\mu}}$ ausführen und diese beiden äußeren Ringe gegeneinander mit der Periode $\frac{4\,\pi}{\sqrt{5\,\mu}}$ schwingen; hierbei bezeichnet μa die Anziehungskraft im Abstand a.

65. Ein Massenpunkt ist mit einem masselosen kreisförmigen Reifen vom Radius b starr verbunden, und zwar befindet er sich im Abstand c vom Mittelpunkt. Der Reifen ist gezwungen, mit seiner Innenfläche auf der Außenfläche eines festen Kreises vom Radius a $(b > a)$ zu rollen, und steht unter dem Einfluß einer vom Mittelpunkt des festen Kreises ausgehenden abstoßenden Kraft, die gleich dem μ-fachen Abstand ist Man weise nach, daß die Dauer kleiner Schwingungen des Reifens

$$2\,\pi\,\frac{b+c}{a}\sqrt{\frac{b-a}{c\,\mu}}$$

ist.

66. Von einem festen Punkte hängt ein Faden herab, an dem zwei Massenpunkte M und m übereinander befestigt sind; m ist dabei die obere Masse. 1) m wird ein wenig [um h von der Gleichgewichtslage] beiseite gezogen; wieder losgelassen, führt das System kleine Schwingungen aus; 2) M wird um eine kleine Strecke k beiseite gezogen, ohne daß dadurch m in Mitleidenschaft gezogen wird; wieder losgelassen, macht das System kleine Schwingungen. Man beweise, daß die Winkelbewegung des unteren Fadenteiles im ersten Fall die gleiche ist, wie die des oberen Fadenstückes im zweiten Fall, wenn $Mk = (M + m)h$ ist.

---

67. Eine Anzahl gleichmäßig verteilter Massenpunkte bewegt sich in derselben Richtung und mit derselben Geschwindigkeit. In dieses Medium wird ein Körper von beliebiger Form gebracht, an dem alle Massenpunkte beim Anprallen kleben bleiben. Die Masse dieses Körpers zu einer beliebigen Zeit sei M und seine Gsschwindigkeit u. Man beweise, daß $M(v - u)$ konstant bleibt.

68. Ein Regenschirm mit glatter, kugelförmiger Oberfläche wird in den Regen hinausgehalten, der mit der Geschwindigkeit v herniederfällt, und wird mit einer Geschwindigkeit V ($< v$) nach abwärts gezogen. Man beweise, daß in einem Punkte im Abstand Θ vom höchsten Punkte des Schirmes der mittlere Druck des fallenden Regens auf die Flächeneinheit gleich $\frac{p \cos^2 \Theta (v - V)^2}{v^2}$ ist. Unter p ist hierin der mittlere Druck des fallenden Regens auf die Flächeneinheit einer festen Horizontalebene zu verstehen.

69. An einem Faden sind in gleichen Abständen drei gleiche Massenpunkte befestigt. Bei ausgestrecktem Faden werden die beiden äußeren mit gleichen Geschwindigkeiten in gleicher Richtung senkrecht zum Faden fortgeschleudert. Unter der Annahme, daß keine äußeren Kräfte vorhanden seien, beweise man, daß die Winkelgeschwindigkeit der Fadenhälften, nachdem sie sich um einen Winkel Θ gedreht haben, gleich dem $\frac{1}{\sqrt{1 + 2 \sin^2 \Theta}}$-ten Teil ihres Anfangswertes ist.

70. Zwei auf einem glatten Tisch in einer Entfernung a voneinander in Ruhe befindliche Massenpunkte sind durch einen elastischen Faden von der natürlichen Länge a verbunden. Der eine Massenpunkt erhält eine Geschwindigkeit senkrecht zum Faden. Wenn bei der folgenden Bewegung die größte Fadenlänge $2a$ sein soll, so muß diese Anfangsgeschwindigkeit gleich $\sqrt{\frac{8 a \lambda}{3 m}}$ gewählt werden. Hierin bezeichnet λ den Elastizitätsmodul des Fadens und m das harmonische Mittel zwischen den Massen der beiden Massenpunkte.

71. Ein gleichseitiger Keil von der Masse M liegt auf einem glatten Tische und berührt mit einer der unteren Kanten eine glatte vertikale Wand. Zwischen Wand und Keil wird eine glatte Kugel von der Masse M' gebracht, die beide Flächen berührt, so daß bei der nun einsetzenden Bewegung der Keil sich nicht dreht. Man beweise, daß die Kugel mit der Beschleunigung $\frac{3 M' g}{M + 3 M'}$ herabsinkt.

72. An einem undehnbaren Faden OAB sind zwei Massenpunkte A, B mit den Massen $2m$ und m so befestigt, daß $OA = AB$ ist. Das

System liegt auf einem glatten Tische; der Faden ist ausgestreckt, sein Ende O wird festgehalten. Der Punkt B erhält in der Tischebene senkrecht zu AB eine Geschwindigkeit. Man beweise, daß bei der eintretenden Bewegung der Winkel OAB nie kleiner als ein rechter Winkel werden kann und daß die Geschwindigkeit von B halb so groß wie die von A ist, wenn OAB wiederum eine gerade Linie bildet.

73. Auf einem glatten horizontalen Tisch liegen zwei Massenpunkte m, m' dicht beisammen. Sie sind an den Enden eines elastischen Fadens vom Elastizitätsmodul λ und der natürlichen Länge a angebunden, der um einen glatten Stift in der Ebene läuft. Die beiden Massenpunkte werden mit gleichen Bewegungsgrößen vom Pflocke weggestoßen. Man beweise, daß sie zu gleicher Zeit zur Ruhe kommen und daß sie dann eine Entfernung $(m - m')\sqrt{\frac{auv}{\lambda(m + m')}}$ haben, worin u und v ihre Anfangsgeschwindigkeiten bedeuten.

74. Man ermittele die Pulverladung, die gebraucht wird, um ein Geschoß von 14,5 kg bei 15° Rohrerhöhung 1460 m weit zu schießen, wenn man weiß, daß durch eine Ladung gleich dem halben Geschoßgewicht eine Anfangsgeschwindigkeit 490 m sec^{-1} erzeugt wird.

Wenn das Geschütz sich auf einer glatten Horizontalebene bewegen kann, wenn es n mal so schwer ist wie das Geschoß und wenn es die eben gefundene Ladung erhält, so ist die Schußweite

$$\frac{5850\, n}{4n + 2 - \sqrt{3}} \text{ Meter.}$$

75. Ein Geschützrohr ist unter einem Winkel α gegen die Horizontale an zwei gleichen, parallelen, vertikalen Ketten frei aufgehängt, die mit der Seelenachse in einer vertikalen Ebene liegen. Ein Geschoß von $\frac{1}{n}$ Gewicht des Geschützrohres wird daraus abgefeuert. Man beweise, daß die Schußweite in einer durch die Mündung gehenden Horizontalebene $4n(1 + n)h \tan\alpha$ ist, wenn mit h die Höhe bezeichnet wird, bis zu der das Geschütz beim Rückstoß steigt.

76. Auf einem glatten horizontalen Tisch ruht ein Keil von der Masse M und und dem Keilwinkel α. In einer Vertikalebene, die den Massenmittelpunkt des Keiles und eine Fallinie seiner schiefen Ebene enthält, nähert sich auf dem Tische eine kleine Kugel von der Masse m der Keilkante. Vorausgesetzt, daß zwischen Keil und Kugel kein elastischer Stoß stattfindet und daß der Keil genügend hoch ist, beweise man, daß die Kugel, in der Vertikalen gemessen, ein Stück

$$\frac{h M^2 \cos^2\alpha}{(M + m)(M + m \sin^2\alpha)}$$

steigen wird; hierbei bezeichnet h die Fallhöhe, der die Geschwindigkeit der Kugel kurz vor ihrem Auftreffen auf den Keil entsprechen würde.

77. Ein Keil vom Winkel α und der Masse M vermag sich auf einer festen Horizontalebene frei zu bewegen. Ein zweiter Keil vom Winkel α und der Masse M' liegt so auf dem ersten, daß seine obere Fläche, auf der ein Massenpunkt von der Masse m ruht, horizontal ist.

Alle Oberflächen seien vollkommen glatt und die Bewegung gehe in einer Vertikalebene vonstatten. Man beweise, daß der Druck des Massenpunktes m auf seine Unterlage

$$\frac{MM'mg}{MM'+(M+M')(m+M')\tan^2\alpha}$$

ist.

Man zeige ferner, daß das Gesamtgewicht um

$$\frac{(M+M')(M'+m)^2 g\sin^2\alpha}{(M+M')(M'+m)\sin^2\alpha+MM'\cos^2\alpha}$$

größer ist als der Druck auf die feste Horizontalebene.

78. Ein Kanonenrohr mit Lafette, zusammen von der Masse M ton, stehen auf einem Leiterwagen von der Masse M' ton, der auf glatten ebenen Schienen läuft. Aus dem Geschütz wird ein Geschoß von der Masse m ton parallel den Schienen abgefeuert. Unter der Voraussetzung, daß Rohr und Lafette fest verbunden sind, daß die Pulvergase einen gleichmäßigen Druck von Q ton auf Geschoß und Rohr ausüben, der so lange anhält, bis das Geschoß die Mündung verlassen hat, d. h. eine Länge l Meter, und daß schließlich der Gleitwiderstand zwischen Lafette und Güterwagen konstant und zwar gleich R ton bleibt, beweise man, daß die vom Geschoß erlangte Geschwindigkeit

$$Q\cdot\sqrt{\frac{2Mgl}{m(m+M)Q-m^2R}}$$

$m\,\sec^{-1}$ ist und daß die Lafette infolge des Rückstoßes auf dem Güter wagen die Strecke

$$\frac{lQm\{M'(Q-R)-MR\}}{[R(M+M')\{(M+m)Q-mR\}]}$$

zurückrutscht.

79. Mit einem Eisenbahnwagen von der Masse M ist eine enge vertikale Röhre starr verbunden, in der ein Massenpunkt von der Masse m festgehalten wird. Durch eine masselose, horizontale Kette, die über eine feste, glatte Rolle läuft und einen Körper von der Masse M' trägt, bringt man den Wagen auf seinen glatten, horizontalen Schienen ins Rollen. Nachdem die Bewegung eine Zeit t gedauert hat, wird dem Massenpunkt m gestattet, in der Röhre herabzufallen. Man beweise, daß die Bahn von m eine Parabel mit dem Halbparameter

$$\frac{2M'^2(M+M'+m)gt^2}{\{(M+M'+m)^2+M'^2\}^{\frac{3}{2}}}$$

ist.

80. Ein Eisenbahnwagen von der Masse M trifft mit der Geschwindigkeit v auf einen ruhenden andern Wagen von der Masse M'. Die Kraft, die nötig ist, einen seiner Puffer um die gesamte Federungslänge l zusammenzudrücken, sei gleich dem Gewicht einer Masse m. Unter der Voraussetzung, daß die Zusammendrückung proportional der Kraft ist, beweise man, daß die Puffer nicht ganz zusammengedrückt werden, solange $v^2 < 2mgl\left(\frac{1}{M}+\frac{1}{M'}\right)$.

Überschreitet v diesen Grenzwert und sind die Druckplatten, gegen die die Puffer sich legen, unelastisch, so läßt sich ferner beweisen, daß das Verhältnis der Endgeschwindigkeiten der Fahrzeuge

$$\frac{Mv - \sqrt{2\,m M' g l\left(1 + \frac{M'}{M}\right)}}{Mv + \sqrt{2\,m M g l\left(1 + \frac{M}{M'}\right)}}$$

ist.

81. Zwei Massenpunkte mit den Massen m und m', die durch einen elastischen Faden von der natürlichen Länge l und dem Elastizitätsmodul λ verbunden sind, liegen auf einem glatten Tische, und zwar befindet sich der eine gerade auf der Tischkante, während der andere den senkrechten Abstand l von der Kante hat. Der Punkt m wird nun über die Kante hinausgeschoben. Man zeige, daß in einem Augenblick, in dem der Faden die Länge $l + s$ hat, die Beziehung gilt

$$\dot{s}^2 = 2gs - \frac{\lambda s^2 (m + m')}{m m' l}.$$

Ferner beweise man, daß zur Zeit t, nachdem m die Strecke z durchfallen hat und m' sich im Abstand x von der Kante befindet,

$$m'(l - x) + m\dot{z} = \tfrac{1}{2} m g t^2.$$

82. Ein elastischer Ring vom Radius $c \sin\alpha$ wird in horizontaler Lage unausgedehnt über einer glatten Kugelfläche vom Radius c gehalten. Man zeige, daß dann, wenn nach dem Loslassen der Ring gerade noch über die Kugel schlüpft, die Gleichgewichtslage Θ durch die Gleichung bestimmt ist

$$4(\sin\Theta - \sin\alpha)^2 (1 + \sin\alpha) = \tan^2\Theta\,(1 - \sin\alpha)^3.$$

83. An einem Faden, von dem ein Punkt festgehalten wird, sind zwei Massenpunkte befestigt, die um diesen Punkt mit derselben Winkelgeschwindigkeit Kreise von den Radien a und b beschreiben, so daß der Faden immer gerade ist. Man beweise, daß die Spannkräfte in den beiden Fadenteilen bei einem plötzlichen Loslassen des Fadens sich im Verhältnis

$$\frac{a+b}{2a} \quad \text{und} \quad \frac{a+b}{2b}$$

ändern.

84. Drei gleiche Massenpunkte sind in gleichen Abständen an einem Faden befestigt. Während der eine äußere A von ihnen festgehalten wird, beschreiben die beiden übrigen mit gleicher Winkelgeschwindigkeit Kreise um ihn, so daß der Faden gerade bleibt. Man beweise, daß sich beim Loslassen von A die Spannungen in den beiden Fadenteilen in den Verhältnissen 1 : 3 und 1 : 2 vermindern.

85. Zwei gleiche Massenpunkte von der Masse m sind durch einen masselosen Stab von der Länge l verbunden und liegen auf einer rauhen horizontalen Ebene (Reibungskoeffizient μ). Einer von ihnen wird mit der Geschwindigkeit V senkrecht nach oben geworfen. Man beweise, daß sich der andere zu bewegen beginnt, wenn der Stab mit der

Ebene denjenigen Winkel α bildet, der sich als kleinster Wert aus der Gleichung

$$(V^2 - 3\,g\,l \sin\alpha)(\cos\alpha + \mu \sin\alpha) = \mu\,g\,l$$

ergibt, vorausgesetzt, daß $\frac{V^2}{g\,l} < 3\sin\alpha + \operatorname{cosec}\alpha$ ist. Man ermittele ferner den Krümmungsradius der Bahn in deren Anfangspunkt.

86. Zwei gleiche Massenpunkte von der Masse m sind durch einen undehnbaren Faden von der Länge l verbunden, der über eine kleine, glatte Rolle am höchsten Punkt einer glatten, schiefen Ebene mit dem Neigungswinkel α läuft. Einer der materiellen Punkte liegt im Abstand a von diesem höchsten Punkte auf der Ebene ($a < l$). Nachdem man das System losgelassen hat, kommt es in Bewegung. Man beweise, daß dabei die Fadenspannkraft konstant und gleich

$$\frac{1}{2}\frac{m g a}{l}\cos^2\alpha\,(1 - \sin\alpha)$$

ist und daß die Bahn des oberen Massenpunktes im Augenblick, wenn er die Ebene verläßt, den Krümmungsradius besitzt

$$a\,\frac{1 - \sin\alpha}{\cos\alpha}\,\frac{\left\{\cos^2\alpha + \frac{1}{4}(1 - \sin\alpha)^2\right\}^{\frac{3}{2}}}{1 + \frac{a}{2\,l}\cos^2\alpha(1 - \sin\alpha)}\,.$$

87. Eine Hohlkugel enthält einen Massenpunkt von gleicher Masse, der von zwei an den Endpunkten eines Durchmessers befestigten Federn von gleicher Länge und Stärke gehalten wird. Dieses System, dessen sämtliche Teile sich in der Achsenrichtung der Federn mit gleicher Geschwindigkeit bewegen, stößt in gerader Richtung auf eine feste Ebene. Der Stoßkoeffizient zwischen Kugel und Ebene sei eins. Man zeige, daß die Kugel zum zweitenmal an die Ebene anschlägt und zwar nach einer Zeit, die gleich der halben Schwingungsdauer der freien Schwingung des Systems ist.

88. Im Beispiel 87 habe die Kugel die Masse km, der Massenpunkt die Masse m. Man beweise, daß die Kugel auf die Ebene nochmals oder nicht wieder auftreffen wird, je nachdem $k <$ oder $> (1 + 2\cos\alpha)$ ist, wobei α die kleinste positive Wurzel der Gleichung $\tan\alpha = \alpha + \pi$ bezeichnet.

89. In Beispiel 87 mögen Kugel und Massenpunkt zwar gleiche Masse haben; es möge jedoch ein unvollkommen elastischer Stoß (Stoßkoeffizient e) zwischen Kugel und Ebene stattfinden. $\frac{2\pi}{n}$ sei die Periode der freien Schwingungen des Systems. Man beweise, daß dann die Zeit, bis die Kugel die Ebene zum zweiten Male trifft, gleich der kleinsten positiven Wurzel der Gleichung

$$(1 + e)\sin n t = (1 - e)\,n t$$

ist.

90. Man beweise für Beispiel 88, daß die Schwingungsdauer, wenn sich die Kugel frei bewegen kann, im Verhältnis $1 : \sqrt{1 + \frac{1}{k}}$ kleiner ist, als wenn sie festgehalten wird.

91. In einer glatten Tischplatte sind zwei kleine Löcher A, B in einem Abstand $2a$ voneinander. Im Mittelpunkt von AB liegt ein materieller Punkt von der Masse M, der mit einem unter dem Tisch hängenden Massenpunkt m durch zwei gleichlange Fäden von der Länge $a(1+\sec\alpha)$, die durch die Löcher gehen, verbunden ist. Nun wird M ein Schlag vom Antrieb J rechtwinklig zu AB erteilt. Man beweise, daß für den Fall $J^2 > 2\,Mmag\tan\alpha$ der Punkt M innerhalb einer Strecke $2a\tan\alpha$ hin und her schwingt, daß aber für den Fall

$$J^2 = 2\,Mmag\,(\tan\alpha - \tan\beta),$$

worin β positiv ist, der Schwingungsausschlag von M

$$2a\sqrt{(\sec\alpha - \sec\beta)(\sec\alpha - \sec\beta + 2)}$$

sein wird.

VIII. Die zweidimensionale Bewegung eines starren Körpers.[1]

215. Vorbemerkung. In diesem Kapitel wollen wir die Bewegung eines starren Körpers behandeln, soweit es sich nur um solche Fälle handelt, bei denen alle Massenpunkte des Körpers sich parallel einer festen Ebene bewegen, beispielsweise parallel zur $(x\,y)$-Ebene eines Koordinatensystems. In diesem Falle sind x und y eines Körperpunktes mit der Zeit veränderlich; die z-Ordinate jedes Massenpunktes bleibt jedoch während der ganzen Bewegung konstant. Man nennt deshalb diese Art Bewegung eine „zweidimensionale“ oder „ebene“ Bewegung. Aus Abschnitt 180 wissen wir, daß es zur Bestimmung der Lage eines starren Körpers erforderlich und hinreichend ist, wenn man die Lagen eines Punktes, einer durch den Punkt gehenden Geraden und einer durch die Gerade gelegten Ebene des Körpers ermittelt. In dem hier behandelten Falle wollen wir die Gerade und die Ebene parallel zur $(x\,y)$-Ebene annehmen. Die Lage der Ebene verändert sich dann nicht. Die Lage der Geraden wird durch den Winkel bestimmt, den sie mit einer festen Geraden, z. B. der x-Achse, einschließt. Die Lage des gewählten Massenpunktes endlich ist durch dessen Koordinaten x und y festgelegt. Die Bestimmung der Lage eines starren Körpers, der sich zweidimensional bewegt, erfordert also die Ermittelung dreier Zahlen. Diese stellen die Koordinaten der Lage eines seiner Massenpunkte und derjenigen Winkel dar, den eine durch diesen Punkt gezogene und sich in seiner Bewegungsebene bewegende Gerade mit einer festen Geraden einschließt.

Wir wollen zunächst zusehen, was wir unter der Winkelgeschwindigkeit eines starren Körpers zu verstehen haben, der

[1] Die mit einem Sternchen (*) bezeichneten Abschnitte dieses Kapitels können beim erstmaligen Lesen überschlagen werden.

sich in einer Ebene bewegt. Es möge eine im Körper festgelegte und zu der Ebene parallel laufende Gerade zur Zeit t einen Winkel Θ mit einer festen Geraden der Ebene einschließen. Dann wächst dieser Winkel mit einer Geschwindigkeit $\dot{\Theta}$. Außerdem sei eine beliebige andere zur Ebene parallele Gerade gezogen; ihr Winkel gegen die erste Gerade sei α. Dann ist α unveränderlich, da sich sonst der Körper deformieren müßte. Nun bildet die zweite Gerade einen Winkel $\Theta + \alpha$ mit der festen Geraden; dieser Winkel wächst ebenfalls mit der Geschwindigkeit $\dot{\Theta}$. Daraus erkennen wir, daß jede Gerade des Körpers, die parallel der Ebene läuft, sich mit derselben Winkelgeschwindigkeit dreht; es ist dies die Winkelgeschwindigkeit des starren Körpers.

216. Das Trägheitsmoment. Wir wollen einen starren Körper betrachten, der sich mit der Winkelgeschwindigkeit ω um eine Achse dreht. m sei die Masse eines materiellen Punktes des Körpers im Abstand r von der Achse. Dann beschreibt dieser Punkt einen Kreis vom Radius r mit der Geschwindigkeit $r\omega$. Sein Drall um die Drehachse ist also $m r^2 \omega$, seine kinetische Energie $\frac{1}{2} m r^2 \omega^2$.

Daraus folgt, daß der Drall des starren Körpers um die Achse

$$\omega \Sigma m r^2,$$

seine kinetische Energie

$$\tfrac{1}{2} \omega^2 \Sigma m r^2$$

ist, wobei man die Summationen auf sämtliche Massenpunkte zu erstrecken hat.

Für einen Körper mit der Dichte ϱ im Punkte (x, y, z) sind diese Ausdrücke dann

$$\omega \iiint \varrho (x^2 + y^2)\, dx\, dy\, dz$$

und

$$\tfrac{1}{2} \omega^2 \iiint \varrho (x^2 + y^2)\, dx\, dy\, dz,$$

wenn die z-Achse die Drehachse ist.

Die Integrale sind Volumenintegrale und erstrecken sich über das ganze Volumen des Körpers; d. h. wir müssen das Volumen des Körpers in eine sehr große Zahl in all ihren Dimensionen sehr kleiner Volumina teilen, dann jedes solche Volumen mit dem zugehörigen Werte $\varrho (x^2 + y^2)$ multiplizieren, sämtliche so erhaltene Produkte addieren und schließlich durch unbeschränktes Verkleinern der Volumina zu einem Grenzwert übergehen. Dieser Prozeß wird in Abschnitt 218 durch Beispiele näher erläutert werden.

Der in den obigen Ausdrücken auftretende Faktor von ω bzw $\frac{1}{2}\omega^2$ wird das **Trägheitsmoment** des Körpers um die Achse genannt. Wir werden bald sehen, daß er in den Ausdrücken für die kinetische Energie und den Drall eines sich drehenden Körpers immer wieder vorkommt, ganz gleich ob die Drehachse fest ist oder nicht.

Das Trägheitsmoment eines Körpers um eine Achse hängt nur von seiner Gestalt, seiner Lage mit Bezug auf die Achse und der Verteilung seiner Dichte im Innern ab.

217. Lehrsätze über Trägheitsmomente. I. Das Trägheitsmoment eines Systems um irgendeine Achse ist gleich dem Trägheitsmoment um eine parallele Achse durch den Massenmittelpunkt plus dem Trägheitsmoment der gesamten im Massenmittelpunkt vereinigten Masse um die ursprüngliche Achse.

Es seien x, y, z die Koordinaten und m die Masse eines beliebigen Massenpunktes des Systems, $\bar{x}$, $\bar{y}$, $\bar{z}$ die Koordinaten des Massenmittelpunktes, x', y', z' diejenigen des Massenpunktes relativ zum Massenmittelpunkte.

Dann gilt

$$x = \bar{x} + x', \quad y = \bar{y} + y', \quad z = \bar{z} + z',$$
$$\Sigma m x' = 0, \quad \Sigma m y' = 0, \quad \Sigma m z' = 0.$$

Es ist weiter

$$\Sigma m x^2 = \Sigma m (x + x')^2 = \bar{x}^2 \Sigma m + \Sigma m x'^2 + 2 x \Sigma m x'$$
$$= \bar{x}^2 \Sigma m + \Sigma m x'^2.$$

In gleicher Weise ist

$$\Sigma m y^2 = \bar{y}^2 \Sigma m + \Sigma m y'^2.$$

Hieraus folgt

$$\Sigma m (x^2 + y^2) = \Sigma m (x'^2 + y'^2) + (\bar{x}^2 + \bar{y}^2) \Sigma m,$$

so daß der oben aufgestellte Satz bewiesen ist.

II. Das Trägheitsmoment einer ebenen Platte von beliebiger Form um irgendeine Achse senkrecht zu ihrer Ebene ist gleich der Summe der Trägheitsmomente um zwei beliebige aufeinander senkrechte Achsen der Ebene, die sich auf der ersten Achse schneiden.

Denn wählen wir als Achsen die z, x, y-Achsen, so sind die Trägheitsmomente um die x- und y-Achse $\Sigma m y^2$ und $\Sigma m x^2$, während das Trägheitsmoment um die z-Achse $\Sigma m (x^2 + y^2)$ ist.

III. Man soll die Trägheitsmomente einer Platte um verschiedene Achsen in ihrer Ebene miteinander vergleichen.

Für parallele Achsen läßt sich Lehrsatz I anwenden; infolgedessen genügt es hier, Achsen in verschiedenen Richtungen durch den Ursprung zu betrachten. Eine solche Achse bilde mit der x-Achse den Winkel Θ.

Der Abstand eines Punktes (x, y) von dieser schiefen Achse ist $-x\sin\Theta + y\cos\Theta$, und damit das Trägheitsmoment um die Achse

$$\Sigma m(y\cos\Theta - x\sin\Theta)^2 = \sin^2\Theta\,\Sigma(mx^2) + \cos^2\Theta\,\Sigma(my^2) - 2\sin\Theta\cos\Theta\,\Sigma(mxy).$$

Der Wert des Trägheitsmomentes um eine hierzu senkrechte Achse wäre

$$\cos^2\Theta\,\Sigma(mx^2) + \sin^2\Theta\,\Sigma(my^2) + 2\sin\Theta\cos\Theta\,\Sigma(mxy).$$

Die Größe $\Sigma(mxy)$ ist unter dem Namen des Zentrifugalmoments in bezug auf die x- und y-Achsen (in zwei Dimensionen) bekannt. Für andere Achsen, die man durch Drehung um einen Winkel Θ erhält, hat es den Wert

$$(\cos^2\Theta - \sin^2\Theta)\,\Sigma(mxy) + \sin\Theta\cos\Theta\left\{\Sigma(my^2) - \Sigma(mx^2)\right\}.$$

Wir können die (x, y)-Achsen jederzeit so wählen, daß $\Sigma(mxy)$ verschwindet. In einem solchen Falle nennen wir die Achsen die Hauptachsen der Platte. Die Richtungen der Hauptachsen sind für verschiedene Ursprungspunkte verschieden.

Es seien die x- und y-Achsen Hauptachsen der Platte für den Ursprung. Bezeichnen wir mit $A = \Sigma(my^2)$ das Trägheitsmoment um die x-Achse und mit $B = \Sigma(mx^2)$ das Trägheitsmoment um die y-Achse, so wird das Trägheitsmoment um eine vom Ursprung unter dem Winkel Θ gegen die x-Achse gezogene Gerade durch den Ausdruck dargestellt

$$A\cos^2\Theta + B\sin^2\Theta.$$

Zeichnet man eine Ellipse von der Gleichung $Ax^2 + By^2 = \text{const}$ auf der Platte auf, so ist das Trägheitsmoment um einen beliebigen Durchmesser dieser Ellipse umgekehrt proportional dem Quadrat der Länge dieses Durchmessers. Man nennt diese Ellipse die Trägheitsellipse.

IV. Wenn zwei ebene Systeme in derselben Ebene gleiche Masse, den gleichen Massenmittelpunkt, dieselben Hauptachsen im Massenmittelpunkt und die gleichen Trägheitsmomente um diese Hauptachsen haben, so haben sie auch dasselbe Trägheitsmoment um jede beliebige Achse in oder senkrecht zu der Ebene.

Denn erstens haben die beiden Systeme nach Satz III das gleiche Trägheitsmoment um jede beliebige in der Ebene liegende und durch den gemeinsamen Massenmittelpunkt gehende Achse; nach Satz I haben sie zweitens dasselbe Trägheitsmoment in bezug auf jede andere Achse der Ebene und nach Satz II haben sie schließlich auch gleiche Trägheitsmomente für jede zur Ebene senkrechte Achse.

Solche Systeme nennt man trägheitsgleich.

Es ist klar, daß zwei ebene Systeme trägheitsgleich sind, wenn sie dieselbe Masse und denselben Massenmittelpunkt haben und wenn ihre Trägheitsmomente um drei beliebig gewählte Achsen der Ebene gleich sind.

218. Die Berechnung von Trägheitsmomenten. I. Der homogene Ring. Der Trägheitsradius. Für einen Kreisring von der Masse m, dem Radius a und sehr kleinem Normalschnitt ist das Trägheitsmoment um die Achse ma^2; denn man kann dann annehmen, daß jedes Massenelement denselben Abstand a von der Achse hat.

Bei jedem beliebig gestalteten Körper von der Masse m können wir das Trägheitsmoment um jede Achse in der Form mk^2 ausdrücken. k stellt hierin eine Strecke dar und zwar, wie wir sehen, den Radius eines Ringes, auf dessen Umfang die Körpermasse gleichförmig verteilt ist und dessen Tätigkeitsmoment um seine Achse gleich dem Trägheitsmoment des Körpers um die vorliegende Achse ist. Die Größe k für einen Körper um eine beliebige Achse pflegt man den Trägheitsradius des Körpers um diese Achse zu nennen.

II. Der homogene Stab. Es bezeichne m die Masse des Stabes, $2a$ seine Länge, r den Abstand eines beliebigen Normalschnittes von seinem Mittelpunkte. Das zwischen den Schnitten r und $r+\delta r$ gelegene Stück hat die Masse $\frac{m}{2a}\delta r$. Bei Vernachlässigung der Dicke des Stabes ist daher das Trägheitsmoment um eine durch seinen Mittelpunkt gehende und senkrecht zu ihm stehende Achse

$$\int_{-a}^{a} \frac{m}{2a} r^2\,dr = \frac{1}{3} m a^2 .$$

Der Trägheitsradius des Stabes ist $\frac{a}{\sqrt{3}}$.

III. Die Kreisscheibe. Die auf die Flächeneinheit entfallende Masse einer dünnen, homogenen Kreisscheibe vom Radius a und der Masse m ist $\frac{m}{\pi a^2}$. Die Fläche des schmalen Ringes, der von zwei konzentrischen Kreisen mit den Radien r und $r+\delta r$ begrenzt wird, ist $2\pi(r+\frac{1}{2}\delta r)\delta r$. Sämtliche Massenpunkte dieses Ringes haben vom Mittelpunkte Abstände, die zwischen r und $r+\delta r$ liegen. Hiernach besitzt die Scheibe um eine durch ihren Mittelpunkt gehende und senkrecht auf ihrer Ebene stehende Achse das Trägheitsmoment

$$\int_{0}^{a} \frac{m}{\pi a^2} r^2 \cdot 2\pi r\,dr ;$$

dies ergibt $\frac{1}{2} m a^2$. Der Trägheitsradius der Scheibe um die Achse ist

$$\frac{a}{\sqrt{2}} .$$

IV. Die homogene Kugel. Es bezeichne a den Radius der Kugel und ϱ die (gleichmäßige) Dichte des Materials; der Koordinatenanfang sei zugleich der Kugelmittelpunkt. Nach der allgemeinen Formel des Abschn. 216 müssen wir (x^2+y^2) über das gesamte Kugelvolumen integrieren. Aus der Symmetrie der Kugel folgt

$$\iiint x^2\,dx\,dy\,dz = \iiint y^2\,dx\,dy\,dz = \iiint z^2\,dx\,dy\,dz ,$$

wobei die Integration über das ganze Volumen der Kugel zu erstrecken ist. Daher ist ein jedes dieser Integrale

$$\tfrac{1}{3}\iiint (x^2+y^2+z^2)\,dx\,dy\,dz \quad \text{oder} \quad \tfrac{1}{3}\iiint r^2\,dx\,dy\,dz ,$$

worin ebenfalls über das gesamte Kugelvolumen integriert werden muß und r den Abstand des Punktes (x, y, z) vom Mittelpunkt bedeutet.

Um dieses Integral auszuwerten, haben wir zunächst die Kugel in eine sehr große Anzahl kleiner Volumenteilchen zu zerlegen, darauf den für irgendeinen Punkt innerhalb eines Teilchens geltenden Wert r mit dem Volumen des Teilchens zu multiplizieren, sodann diese Produkte zu addieren und schließlich durch unbegrenztes Verkleinern der Volumenteilchen zu einem Grenzwert überzugehen.

Nun ist das Volumen, das sich zwischen zwei konzentrischen Kugeln mit den Radien r und $r + \delta r$ befindet, $4\pi\left\{r^2 + r\delta r + \frac{1}{3}(\delta r)^2\right\}\delta r$ und die Abstände aller Punkte dieser Schale vom Mittelpunkt liegen zwischen r und $r + \delta r$. Damit wird das geforderte Integral

$$\iiint r^2\,dx\,dy\,dz = \int_0^a r^2 \cdot 4\pi r^2\,dr = \frac{4\pi a^5}{5}.$$

Das Trägheitsmoment der Kugel um einen beliebigen Durchmesser ist also

$$\frac{2}{3}\varrho\,\frac{4\pi a^5}{5} \quad \text{oder} \quad \frac{2}{5} m a^2;$$

wobei $m = \frac{4}{3}\pi\varrho a^3$ die Masse der Kugel bezeichnet.

219. Beispiele. 1. Man beweise, daß ein dünner Stab von der Masse m vollkommen trägheitsgleich mit einem System von 3 Massenpunkten ist, von denen der eine die Masse $\frac{2}{3}m$ hat und im Mittelpunkt des Stabes liegt, während die beiden andern, jeder von der Masse $\frac{1}{6}m$, an seinem Ende angebracht sind.

2. Man beweise, daß die Trägheitsmomente einer homogenen, rechteckigen Platte von der Masse m und den Seiten $2a$ und $2b$ um ihre Symmetrieachsen gleich $\frac{1}{3}mb^2$ und $\frac{1}{3}ma^2$ sind.

3. Man beweise, daß der Trägheitsradius einer Kreisplatte um einen Durchmesser gleich dem halben Radius ist. Man werte damit das Integral $\iint x^2\,dx\,dy$ aus, das über die Fläche eines Kreises vom Radius a zu nehmen ist, wenn der Ursprung mit dem Kreismittelpunkt zusammenfällt (vgl. II von Abschn. 217 und IV von Abschn. 218).

4. Man werte das Integral $\iint x^2\,dx\,dy$ aus, das über die Fläche einer Ellipse mit der Gleichung $\frac{x^2}{a^2} + \frac{y^2}{b^2} = 1$ zu erstrecken ist; man ersetze die Veränderlichen durch $x = a\xi$, $y = b\eta$. Es ist dann der Wert von $a^3 b \iint \xi^2\,d\xi\,d\eta$ zu finden, wobei sich die Integration über einen Bereich erstreckt, der durch die Ungleichung $\xi^2 + \eta^2 < 1$ gegeben ist. Dies entspricht der Integration über eine Kreisfläche mit dem Radius eins. Man beweise hiernach, daß die Trägheitsmomente einer homogenen, dünnen, elliptischen Platte mit den Halbachsen a und b und der Masse m um ihre Hauptachsen gleich $\frac{1}{4}mb^2$ und $\frac{1}{4}ma^2$ sind.

5. Ein Ellipsoid sei durch die Gleichung gegeben

$$\frac{x^2}{a^2} + \frac{y^2}{b^2} + \frac{z^2}{c^2} = 1.$$

Um den Wert von $\iiint x^2\,dx\,dy\,dz$ zu finden, der über das Volumen des Ellipsoids zu erstrecken ist, setze man die Variabeln $x = a\,\xi$, $y = b\eta$, $z = c\,\zeta$. Man erhält dann

$$a^3bc\iiint \xi^2\,d\xi\,d\eta\,d\zeta,$$

wobei sich das Integral über einen Bereich erstreckt, der durch die Ungleichung $\xi^2 + \eta^2 + \zeta^2 \overline{\gtrless} 1$ gegeben ist. Dies entspricht einer Integration über das Volumen einer Kugel vom Radius eins. Nach IV in Abschn. 218 ergibt sich $\frac{4}{15}\pi$. Hiernach beweise man, daß die Trägheitsmomente des Ellipsoids (unter der Annahme überall gleicher Dichte ϱ) um die Achsen x, y, z die Werte haben

$$\frac{m}{5}(b^2 + c^2), \quad \frac{m}{5}(c^2 + a^2), \quad \frac{m}{5}(a^2 + b^2),$$

worin $m = \frac{4}{3}\pi\varrho\,abc$ die Masse des Ellipsoids bezeichnet.

6. Man beweise, daß eine homogene, dreieckige Platte mit einem System von drei Punkten trägheitsgleich ist, die alle den dritten Teil der Masse haben und in den Mittelpunkten der Seiten angebracht sind.

7. Man beweise, daß das Trägheitsmoment eines homogenen Würfels von der Masse m und der Seite $2\,a$ um eine durch seinen Mittelpunkt entweder parallel oder senkrecht zu einer Kante gelegte Achse gleich $\frac{2}{3}\,m\,a^2$ ist.

(Es läßt sich beweisen, daß dieselbe Formel für jede beliebige Achse gilt, die durch den Mittelpunkt des Würfels gezogen ist.)

220. Die Geschwindigkeit und Bewegungsgröße des starren Körpers. Bei der zweidimensionalen Bewegung eines Körpers (Fig. 63) bezeichne G den Massenmittelpunkt, u und v die Geschwindigkeitskomponenten von G parallel den x- und y-Achsen. P sei ein beliebiger anderer Massenpunkt des Körpers, r sein Abstand von G und x', y' seine Koordinaten relativ zu G zur Zeit t. Die Gerade GP dreht sich dann mit der Winkelgeschwindigkeit ω des starren Körpers und P hat relativ zu G die senkrecht zu GP gerichtete Geschwindigkeit $r\omega$. Da die Gerade GP mit der x-Achse einen Winkel einschließt, dessen Kosinus gleich $\frac{x'}{r}$ und dessen Sinus gleich $\frac{y'}{r}$ sind, so besitzt die eben erwähnte Relativgeschwindigkeit parallel den Achsen die Komponenten $-\omega y'$ und $\omega x'$.

Hiermit ergeben sich die Geschwindigkeitskomponenten von P parallel den Achsen

$$u - \omega y' \quad \text{und} \quad v + \omega x'.$$

Bezeichnen wir mit m die Masse des Punktes P, so ist die resultierende Bewegungsgröße des Körpers parallel der x-Achse gleich

$$\Sigma m(u - \omega y'),$$

das ist aber gleich Mu, wenn $M = \Sigma m$ die Masse des Körpers bedeutet. Entsprechend finden wir, daß die Bewegungsgröße des Körpers parallel der y-Achse gleich Mv ist. Somit ist die resultierende Bewegungsgröße des Körpers dieselbe, wie die Bewegungsgröße eines Massenpunktes, der die Masse des

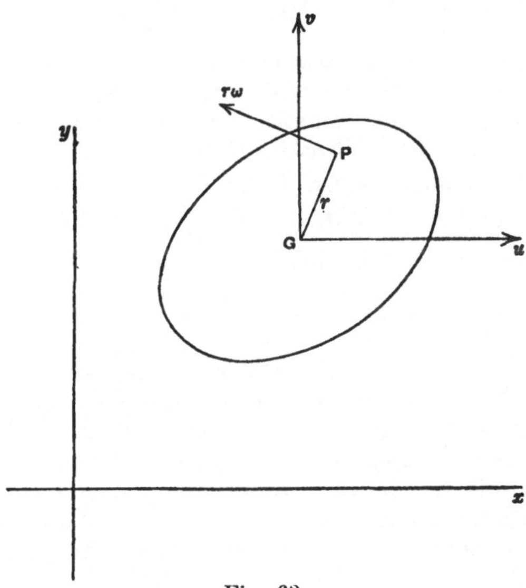

Fig. 63.

Körpers besitzt, sich im Massenmittelpunkt befindet und sich mit letzterem bewegt (Abschn. 153).

Der Drall des Körpers um eine Achse durch den Massenmittelpunkt senkrecht zur Ebene der Bewegung ist

$$\Sigma m \{ x'(v + \omega x') - y'(u - \omega y') \} .$$

Dies ist gleich $\omega \Sigma m (x'^2 + y'^2)$ oder gleich $Mk^2 \omega$, worin k den Trägheitsradius des Körpers um diese Achse bedeutet.

Der Drall um eine parallele Achse ist gleich dem auf diese Achse bezogenen Drall der Gesamtmasse, den diese haben würde, wenn sie im Massenmittelpunkt vereinigt wäre und sich mit ihm bewegte, vermehrt um den Drall $Mk^2 \omega$ (Abschn. 156). Damit ist die Bewegungsgröße des starren Körpers auf die Resultierende und das resultierende Paar eines Systems von Vektoren zurückgeführt, die an gerade Linien gebunden sind.

Die Wirkungslinie der Resultierenden geht durch G und hat in den beiden gewählten Richtungen die Komponenten Mu und Mv; das Moment des Paares (der Drall) ist $Mk^2\omega$.

Die kinetische Energie des Körpers ist

$$\tfrac{1}{2}\Sigma m\{(u-\omega y')^2+(v+\omega x')^2\}$$
$$=\tfrac{1}{2}M(u^2+v^2+k^2\omega^2),$$

d. h. sie ist gleich der kinetischen Energie der im Massenmittelpunkt vereinigt gedachten und sich mit diesem bewegenden Gesamtmasse plus der kinetischen Energie der Drehung um den Massenmittelpunkt (Abschn. 158).

Die oben angegebenen Formeln für die Geschwindigkeit eines Massenpunktes P zeigen, daß derjenige Punkt, der relativ zu G im gegebenen Augenblick die Koordinaten $-\frac{v}{\omega}$ und $\frac{u}{\omega}$ hat, augenblicklich keine Geschwindigkeit besitzt. Die Bewegung des Körpers kann also momentan als eine Drehung um eine durch diesen Punkt gehende und senkrecht zur Ebene der Bewegung stehende Achse angesehen werden. Der Punkt wird das „Momentanzentrum“ oder der „Geschwindigkeitspol der Bewegung“ oder kurz der „Pol“ genannt. Diese Tatsache, daß die ebene Bewegung einer starren ebenen Figur mit einer Drehung um einen Punkt gleichbedeutend ist, ist für viele geometrische Untersuchungen von Wichtigkeit.

221. Die Beschleunigungskraft des starren Körpers. Wir hatten im letzten Abschnitt gesehen, daß sich der Punkt P relativ zu G auf einem Kreis vom Radius r mit einer Winkelgeschwindigkeit bewegt, die zur Zeit t gleich ω ist. Seine Beschleunigung relativ zu G werde in zwei Komponenten zerlegt, nämlich $r\dot{\omega}$ senkrecht zu GP und $r\omega^2$ in Richtung PG. Hiernach sind dann die Beschleunigungskomponenten von P parallel zu den Achsen

$$\dot{u}-\dot{\omega}y'-\omega^2x' \quad \text{und} \quad \dot{v}+\dot{\omega}x'-\omega^2y'.$$

Wir können die Beschleunigungskräfte zurückführen auf eine resultierende Beschleunigungskraft, deren Wirkungslinie durch den Schwerpunkt geht, und ein Kräftepaar. Die Resultierende besitzt in den Achsenrichtungen die Komponenten

$$\Sigma m(\dot{u}-\dot{\omega}y'-\omega^2x') \quad \text{und} \quad \Sigma m(\dot{v}+\dot{\omega}x'-\omega^2y'),$$

die sich zu $M\dot{u}$ und $M\dot{v}$ vereinfachen lassen.

Das Kräftepaar ist das Moment der Beschleunigungskräfte um eine durch den Schwerpunkt gehende und senkrecht zur Bewegungsebene stehende Achse; es ist

$$\Sigma m\{x'(\dot{v}+\dot{\omega}x'-\omega^2 y')-y'(\dot{u}-\dot{\omega}y'-\omega^2 x')\}$$

oder vereinfacht

$$Mk^2\dot{\omega}.$$

Das Moment der Beschleunigungskräfte um eine beliebige zur Bewegungsebene senkrechte Achse setzt sich zusammen aus dem auf diese Achse bezogenen Moment der Beschleunigungskraft eines Massenpunktes, in dem die Gesamtmasse des Körpers

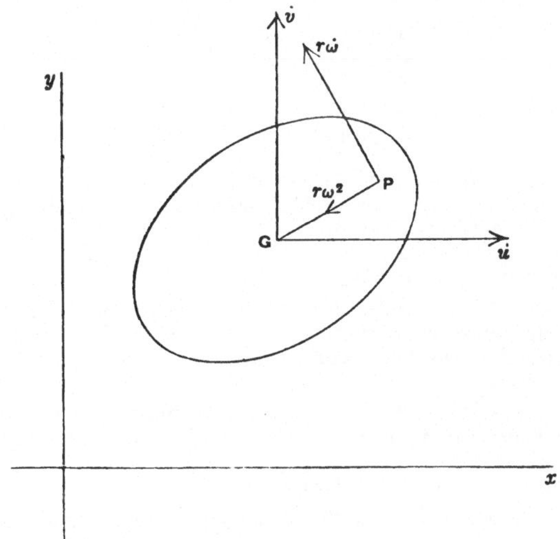

Fig. 64.

vereinigt ist und der sich mit dem Schwerpunkt bewegt, und dem Moment des Paares $Mk^2\dot{\omega}$ (Abschn. 157).

Wie aus den oben angeschriebenen Formeln für die Beschleunigungen eines beliebigen Körperpunktes hervorgeht, gibt es in jedem Augenblick einen Punkt, der keine Beschleunigung hat. Dieser Punkt wird der **Beschleunigungspol** genannt. Er hat im Gegensatz zum Geschwindigkeitspol nur untergeordnete Bedeutung.

222. Beispiele. 1. Man beweise, daß in jedem Augenblick die Bahnnormalen aller Punkte durch den Geschwindigkeitspol gehen.

(Es folgt daraus, daß wir diesen Pol konstruieren können, wenn wir die Bewegungsrichtungen zweier Punkte kennen.)

2. Berechnung des Moments der Beschleunigungskräfte um den Geschwindigkeitspol.

Da die Koordinaten des Geschwindigkeitspoles J, auf zwei durch den Schwerpunkt G gehende und zu den ursprünglichen Koordinatenachsen parallele Achsen bezogen, gleich $-\frac{v}{\omega}$ und $\frac{u}{\omega}$ sind, so wird das fragliche Moment

$$\frac{v}{\omega} m\dot{v} + \frac{u}{\omega} m\dot{u} + mk^2\dot{\omega}.$$

Nun steht die Geschwindigkeit von G senkrecht auf der Verbindungslinie $JG = r$ und ist gleich $r\omega$; infolgedessen ist auch $u^2 + v^2 = r^2\omega^2$.

Der obige Ausdruck geht daher über in

$$\frac{1}{\omega}\frac{d}{dt}\left(\frac{1}{2} m r^2 \omega^2\right) + mk^2\dot{\omega}$$

oder

$$\frac{1}{\omega}\frac{d}{dt}\left\{\frac{1}{2} m (k^2 + r^2)\omega^2\right\}.$$

Führen wir einen Winkel Θ ein (so daß $\dot{\Theta} = \omega$) und bezeichnen wir das Trägheitsmoment um den Pol J mit dem Buchstaben K, so ist $K = m[k^2 + r^2]$ (nach I des Abschnittes 217), und der letzte Ausdruck kann geschrieben werden $\frac{d}{d\Theta}\left(\frac{1}{2} K\omega^2\right)$.

Bleibt der Punkt J ständig der Pol, so kann man für den letzten Wert noch einfacher schreiben $K\dot{\omega}$. Weitere Fälle, in denen diese Formel angewendet werden kann, sind hinter den Abschnitten 235 und 236 angegeben.

3. Man beweise, daß diejenigen Massenpunkte, die sich zu einem gegebenen Zeitpunkt in Wendepunkten ihrer Bahnen befinden, auf einem Kreise liegen.

(Dieser Kreis heißt der „Wendekreis".)

4. Man beweise, daß die Krümmung der Bahn eines Massenpunktes, der sich nicht auf dem Wendekreis befindet, gleich $\frac{\omega^3 p^2}{V^3}$ ist; hierin bezeichnen p^2 die Potenz des Punktes in bezug auf den Kreis, ω die Winkelgeschwindigkeit des Körpers und V die resultierende Geschwindigkeit des Massenpunktes.

5. Man beweise, daß sich im allgemeinen der mit dem Pol zusammenfallende Massenpunkt in einer Spitze seiner Bahn befindet.

223. Die Bewegungsgleichungen des starren Körpers. Die Bewegungsgleichungen geben die Bedingungen an, unter denen die Beschleunigungskräfte und die äußeren Kräfte äquivalente Vektorsysteme sind.

M sei die Masse des Körpers, f_1, f_2 die Beschleunigungskomponenten seines Schwerpunkts in zwei beliebigen, senkrecht zueinander stehenden Richtungen in der Bewegungsebene, ω seine Winkelgeschwindigkeit.

Wir wollen annehmen, daß die auf den Körper wirkenden Kräfte auf eine resultierende, in seinem Schwerpunkt angreifende Kraft und ein Kräftepaar zurückgeführt sind, und zwar seien P, Q die Kraftkomponenten in den gleichen Richtungen, in welche die Beschleunigung des Schwerpunkts zerlegt war; N sei das Kräftepaar.

Dann hat das durch Mf_1, Mf_2, $Mk^2\dot{\omega}$ gegebene Vektorsystem in jeder beliebigen Richtung dieselbe Komponente und um jede Achse dasselbe Moment wie das System P, Q, N.

Insbesondere haben wir

$$Mf_1 = P, \quad Mf_2 = Q, \quad Mk^2\dot{\omega} = N,$$

und die Bewegungsgleichungen des Körpers können immer in dieser Form angeschrieben werden.

Die Bildung der Bewegungsgleichungen führt zu sehr mannigfaltigen Gleichungsformen, je nach der Wahl der Komponentenrichtungen und der Achsen, um die die Momente angeschrieben werden. Wie schon bei der Dynamik des Massenpunktes kommen dabei Differentialgleichungen heraus, für deren Lösung im allgemeinen keine bestimmten Regeln angegeben werden können. Liegen die Umstände jedoch so, daß es eine Energiegleichung oder eine Gleichung von der Erhaltung der Bewegungsgröße gibt, so sind diese Gleichungen erste Integrale der Bewegungsgleichungen.

224. Beständigkeit der zweidimensionalen Bewegung. Es erhebt sich die Frage, ob ein Körper, der sich in einem Zeitpunkt zweidimensional parallel einer bestimmten Ebene bewegt, in seiner Bewegung parallel der Ebene beharrt oder ob er sich gegebenenfalls in einer andern Weise bewegt. Eine allgemeine Antwort auf diese Frage zu geben, ist hier nicht möglich; aber es ist klar, daß es eine Reihe von Fällen geben muß, in denen die zweidimensionale Bewegung erhalten bleibt. Hierzu gehören alle die Fälle, in denen der Körper in bezug auf eine Ebene symmetrisch ist und die an ihm angreifenden Kräfte in Geraden wirken, welche in diese Ebene hineinfallen oder, allgemein gesprochen, in denen sich die Kräfte auf eine einzelne Resultierende in der Symmetrieebene und ein Kräftepaar zurückführen lassen, das um eine auf dieser Ebene senkrechte Achse dreht.

225. Das physische Pendel[1]**.** Zum Unterschied vom „mathematischen Pendel", dessen Bewegung wir in den Abschn. 95

---

[1]) Ch. Huygens war der erste, der das Problem der Pendelbewegung löste; seine hierbei eingeschlagenen Gedankengänge gehören mit

und 119 erörtert hatten, versteht man unter dem „physischen Pendel“ einen schweren Körper, der sich frei um eine feste, horizontale Achse zu drehen vermag (Fig. 65).

Es seien G der Schwerpunkt des Körpers, GS das von G auf die Achse gefällte Lot, Θ der Winkel zwischen GS und der Vertikalen zur Zeit t. Dann spielt sich die ganze Bewegung in der durch G senkrecht zur Schwingungsachse gelegten Ebene ab und die Pendellage zu irgendeiner Zeit hängt lediglich vom Winkel Θ ab.

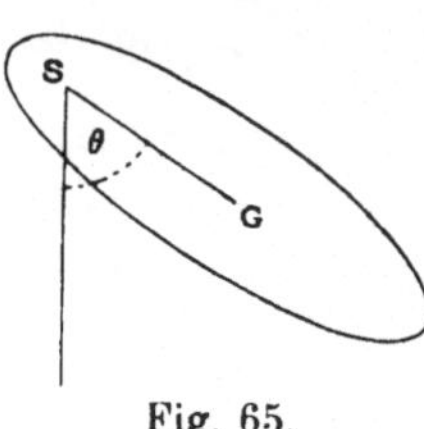

Fig. 65.

Es bezeichnen ferner $GS = h$, M die Masse des Körpers, k seinen Trägheitsradius bezogen auf eine durch G gehende und senkrecht zur Bewegungsebene stehende Achse.

Da der Schwerpunkt die Geschwindigkeit $h\dot{\Theta}$ hat, so besitzt der Körper die kinetische Energie

$$\tfrac{1}{2} M(h^2 + k^2)\, \dot{\Theta}^2.$$

Außerdem hat er im Felde der Erdschwere die potentielle Energie

$$Mgh(1 - \cos\Theta),$$

wenn man die Gleichgewichtslage des Pendels als seine Ursprungslage annimmt.

Hiernach kann die Energiegleichung aufgestellt werden

$$\tfrac{1}{2} M(h^2 + k^2)\, \dot{\Theta}^2 = Mgh \cos\Theta + \text{const}.$$

Vergleicht man diese Gleichung mit der in Abschnitt 119 erhaltenen, so sieht man, daß die Bewegung ganz die gleiche wie die eines mathematischen Pendels von der Länge $\frac{(k^2 + h^2)}{h}$ ist.

Der Punkt auf der Geraden SG, der diese Länge als Abstand von S hat, heißt der „Schwingungsmittelpunkt“; S wird die „Schwingungsachse“ genannt. Die zwischen diesen beiden Punkten liegende Strecke ist die „reduzierte Pendellänge“.

226. Beispiele. 1. Ein physisches Pendel mit der Schwingungsachse S und dem zugehörigen Schwingungsmittelpunkt O werde so auf-

zu denjenigen Betrachtungen, die schließlich zu der Aufstellung der Lehre von der Energie führten. Sein Werk, De horologio oscillatorio, erschien im Jahre 1673.

gehängt, daß es in derselben Vertikalebene wie zuvor schwingt, aber daß jetzt O als Schwingungsachse an Stelle von S tritt. Man beweise, daß dann S der Schwingungsmittelpunkt wird.

2. Ein homogener Stab bewege sich mit seinen Endpunkten auf einem in einer festen Vertikalebene stehenden, glatten Kreis; die nach seinen Enden gezogenen Radien schließen einen Winkel von 120^0 ein. Man beweise, daß die reduzierte Pendellänge gleich dem Kreisradius ist.

3. Ein physisches Pendel bestehe aus einem Stab, der sich um eine feste Horizontalachse drehen kann, und einem Kugelgewicht, das auf dem Stab zu gleiten vermag. Man beweise, daß man die Schwingungsdauer entweder durch Herauf- oder Herunterschieben der Kugel verlängert, je nachdem die reduzierte Pendellänge $>$ oder $<$ als der doppelte Abstand des Schwerpunkts der Kugel von der Drehachse ist.

4. Zwei physische Pendel mit den Massen m und m' drehen sich um dieselbe Horizontalachse. Die Abstände ihrer Schwerpunkte und ihrer Schwingungsmittelpunkte von der Achse seien h, h' und l, l'. In der Gleichgewichtslage werden beide Pendel fest miteinander verbunden. Man beweise, daß die reduzierte Pendellänge dieses zusammengesetzten Pendels nunmehr

$$\frac{(mhl + m'h'l')}{mh + m'h'}$$

ist.

227. Erläuternde Aufgaben. Wir wollen die Anwendung der neu gefundenen Sätze an einigen Aufgaben üben, die teilweise durchgerechnet werden sollen. Vor allem ist es wichtig, die Wirkungen zweier, entweder glatter oder rauher, starrer Körper aufeinander zu erläutern, sowie zu zeigen, wie man vermittels des Trägheitsmoments den Einfluß der Trägheit eines starren Körpers ausdrücken kann. Wenn auch von geringerem Interesse, gehören hierhin ebenso Aufgaben, an denen man lernt, wie man Geschwindigkeiten und Beschleunigungen durch wenige unabhängige, geometrische Größen ausdrückt, wie man ferner kinematische Bedingungen aufstellt oder wie man endlich die resultierenden Kräfte berechnet.

I. Die Trägheit eines Getriebes. Wir wollen wieder die Atwoodsche Fallmaschine betrachten. Um die Bewegung der Rolle nicht mit in Rechnung ziehen zu müssen, hatten wir bei unserer ersten Besprechung der Atwoodschen Fallmaschine (Abschn. 73) angenommen, daß die Rolle vollkommen glatt sei und daß die Schnur ohne Reibung und, ohne die Rolle in Bewegung zu setzen, darüber hinweggleiten könne. Um sich eine Vorstellung davon zu machen, in welcher Weise die Rollenbewegung das Rechnungsergebnis beeinflußt, wird es am bequemsten sein, wir nehmen die Rolle so rauh an, daß die sich berührenden Schnur- und Rollenstücke sich mit gleicher Geschwindigkeit längs der Rollentangente bewegen.

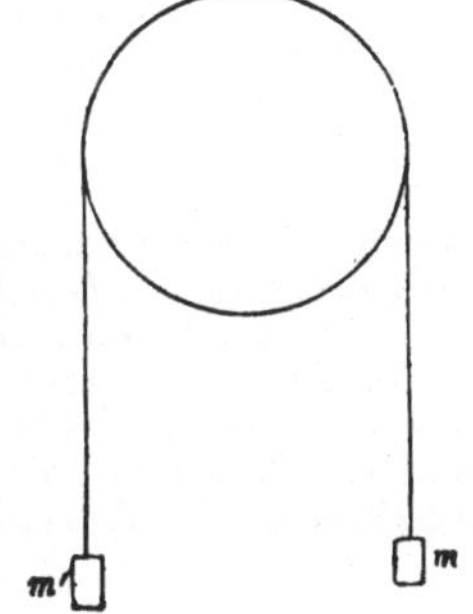

Nun bezeichne M die Masse der Rolle, a ihren Radius, k ihren Trägheitsradius um ihre Achse und Θ den bisherigen Drehwinkel zur Zeit t. Ferner seien m und m' die Massen der beiden am Seil hängenden Körper und x die bisherige Fallhöhe von m zur Zeit t. Dann ist $x = a\Theta$.

Vernachlässigen wir die Masse des Seiles, so ist die kinetische Energie

$$\tfrac{1}{2} M k^2 \dot{\Theta}^2 + \tfrac{1}{2}(m + m')\dot{x}^2$$

und die geleistete Arbeit ist

$$(m - m') g x.$$

Die Energiegleichung lautet daher

$$\frac{1}{2} M \frac{k^2}{a^2} \dot{x}^2 + \frac{1}{2}(m + m')\dot{x}^2 = (m - m') g x + \text{const.}$$

Infolgedessen senkt sich m mit der Beschleunigung

$$\frac{m - m'}{m + m' + M \frac{k^2}{a^2}} \cdot g.$$

Wie man erkennt, ist der Einfluß der Trägheit der Rolle derselbe, als ob man jede der beiden Massen im vereinfachten Fall (bei welchem die Rolle als glatt und masselos angenommen wurde) um $\frac{Mk^2}{2a^2}$ vergrößerte.

II. Ein Rad wird durch ein Kräftepaar in Bewegung gesetzt. Ein Rad, das in einer Vertikalebene steht und den rauhen, horizontalen Erdboden berührt, werde durch ein um seine Achse drehendes Kräftepaar in Bewegung gebracht.

Es seien a der Radius des Rades, k der Trägheitsradius um seine Achse, m seine Masse, G das daran angreifende Kräftepaar, F die Reibungskraft und R die Auflagerkraft im Berührungspunkt mit dem Erd-

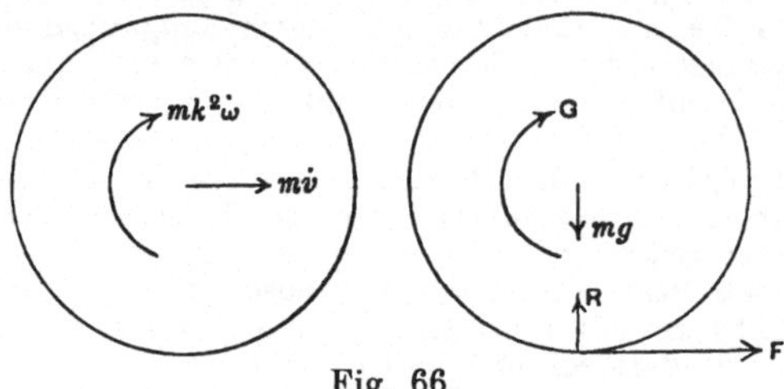

Fig. 66.

boden. Ferner bezeichne ω die Winkelgeschwindigkeit, mit der sich das Rad dreht, v die Geschwindigkeit seines Mittelpunktes (Fig. 66).

In der linken Figur sind die Beschleunigungskraft bzw. das Beschleunigungsmoment, in der rechten die äußeren Kräfte eingezeichnet.

Zerlegt man die Kräfte in Horizontal- und Vertikalkomponenten und schreibt man die Momentengleichung um den Mittelpunkt an, so erhält man die Bewegungsgleichungen

$$m\dot{v} = F, \qquad 0 = R - mg, \qquad mk^2\dot{\omega} = G - Fa.$$

Die Zeichnung der Figur und das Niederschreiben der Gleichungen geschah in der stillschweigenden Voraussetzung, daß v nicht größer als $a\omega$ ist. Solange $v < a\omega$, gleitet der Berührungspunkt auf der Ebene im umgekehrten Sinn von v und die Reibung wirkt in der eingezeichneten Richtung.

Wird $v = a\omega$, rollt das Rad also, so können wir aus zwei unserer Gleichungen F eliminieren und erhalten die Gleichung

$$m(k^2 + a^2)\dot{\omega} = G.$$

Der Drehsinn von $\dot{\omega}$ ist der gleiche wie der von G; beginnt die Bewegung aus der Ruhelage, so hat daher auch ω mit G gleichen Drehsinn. Dann ist $F = \frac{Ga}{k^2 + a^2}$ positiv und die Reibung wirkt im selben Sinne, in dem sich der Mittelpunkt des Rades fortbewegt (nämlich in dem in der Fig. 66 gezeichneten Sinne).

Damit die Bewegung in dieser Weise vor sich geht, ist es nötig, daß $\frac{F}{R}$ oder $\frac{Ga}{(k^2 + a^2)mg}$ nicht größer als der Reibungskoeffizient wird.

Wir ziehen daraus den Schluß, daß bei genügender Rauhigkeit des Erdbodens das Rad auf dem Wege rollt und daß die Reibung im Berührungspunkte diejenige Horizontalkraft ist, die die horizontale Bewegungsgröße erzeugt.

III. Ein Rad wird durch eine Kraft in Bewegung gesetzt. Dasselbe Rad, wie unter II, werde durch eine horizontale Kraft P in Bewegung gebracht, die in die Radebene fällt und am Mittelpunkte angreift. Mit denselben Bezeichnungen wie vorher erhalten wir die Bewegungsgleichungen

$$m\dot{v} = P + F, \qquad 0 = R - mg, \qquad mk^2\dot{\omega} = -Fa.$$

Rollt das Rad, ist also $v = a\omega$, so erhalten wir durch Elimination von F

$$m(k^2 + a^2)\dot{\omega} = P \cdot a.$$

Hiernach wird $\dot{\omega}$ positiv und F ist negativ und gleich $-\frac{Pk^2}{k^2 + a^2}$. In diesem Falle wirkt die Reibung entgegen dem Sinne von P bzw. entgegen der Bewegungsrichtung des Rades (d. h. in umgekehrten Sinne, als er in der Fig. 65 eingetragen ist). Die Bewegung ist ein Rollen, wenn $\frac{Pk^2}{mg(k^2 + a^2)}$ kleiner als der Reibungskoeffizient ist.

Die Aufgaben II und III erläutern die Kräfte, die die Bewegung eines Eisenbahnzuges kervorrufen. Die Maschine ist so konstruiert, daß auf das Triebrad der Lokomotive ein Kräftepaar ausgeübt wird. Ist dieses Kräftepaar zu groß oder die Reibung zu klein, so rutscht das Rad oder es „schlüpft“ auf den Schienen. Ist dagegen die Reibung genügend groß, so beginnt das Rad zu rollen. Die Reibungsrichtung im Berührpunkt des Rades ist nach Nr. II dieselbe wie die Bewegungsrichtung.

Die Bewegung eines Rades eines Personen- oder Güterwagens, der am Zuge hängt, ist von der in Nr. III geschilderten Art. Die Zugkraft der Kupplung ist eine horizontale Kraft, die das Fahrzeug in Bewegung setzt, während die Reibungskräfte in den Berührpunkten der Räder mit den Schienen als Widerstände wirken.

Man sieht, daß der „Maschinenzug“ (Abschn. 71) im Grunde genommen die Reibung der Schiene auf das Triebrad ist. Sie ist die „Kraft“, die den Zug in Bewegung setzt und ihn entgegen den Widerständen in Bewegung erhält. Die Vorbedingung für die Erzeugung von

Bewegung ist das Vorhandensein einer Quelle von innerer Energie, die in Arbeit umgesetzt werden kann. Diese Arbeit wird von dem Kräftepaar am treibenden Rade geleistet. Die Art und Weise, wie eine innere Energiequelle vermittels äußerer Kräfte Bewegung erzeugen kann, ist für einfache Fälle schon in Beispiel 1 des Abschnittes 207 und Beispiel 6 des Abschnittes 214 dargelegt worden. Alle charakteristischen Bewegungen von Maschinen und Lebewesen sind Beispiele für dieselben Prinzipien; nur ist die Durchrechnung im einzelnen gewöhnlich eine schwierige Sache. Die äußeren Kräfte, wie hier die Reibung, sind für die erfolgreiche Betätigung des Lebewesens oder der Maschine unerläßlich (vgl. R. S. Ball, Experimental Mechanics, 2. Auflage, London 1888, S. 83 u. 84).

IV. Rollen und Gleiten. Als letztes Beispiel betrachten wir die Bewegung eines homogenen Zylinders von der Masse M und dem Radius a, der auf einer rauhen, horizontalen Ebene in gleichzeitiges Rollen und Gleiten gebracht wird. Die anfängliche Winkelgeschwindigkeit sei so gerichtet, daß die Punkte der untersten Erzeugenden die größte Geschwindigkeit haben.

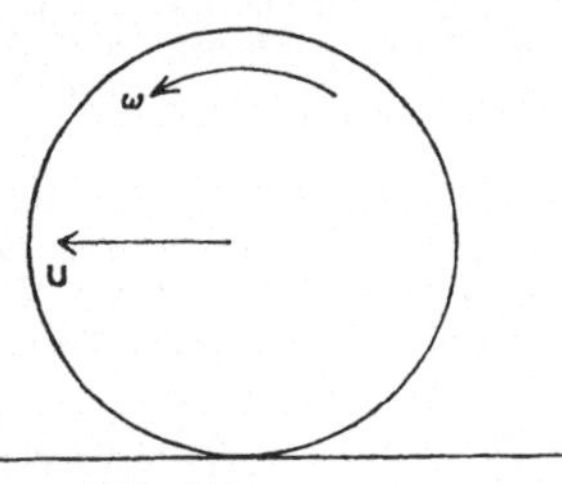

Fig. 67.

V möge die Geschwindigkeit der Achse und ω die Winkelgeschwindigkeit zur Zeit t sein; der Richtungssinn für beide sei der in Fig. 67 eingezeichnete.

Das System der Beschleunigungskräfte vereinfacht sich zu $M\dot{V}$, horizontal durch den Schwerpunkt im selben Sinne wie V, und zu dem Kräftepaar $Mk^2\dot{\omega}$, mit gleichem Drehsinn wie ω; k bezeichnet dabei den Trägheitsradius um die Zylinderachse. Die Momentengleichung um den Berührungspunkt lautet

$$Ma\dot{V} - Mk^2\dot{\omega} = 0.$$

Nun sei F die Reibung zwischen Zylinder und Ebene. Die Punkte der tiefsten Erzeugenden haben die Geschwindigkeit $V + a\omega$ im Sinne von V; infolgedessen hat F entgegengesetzten Richtungssinn.

Die Bewegungsrichtung in der Horizontalen heißt

$$M\dot{V} = -F,$$

worin F eine positive Zahl ist. Hiernach werden $\dot{V}$ und damit auch $\dot{\omega}$ negativ.

Die Geschwindigkeit V nimmt ab und auch die Winkelgeschwindigkeit ω verkleinert sich entsprechend der Gleichung

$$k^2\omega - aV = k^2\omega_0 - aV_0,$$

in der V_0 und ω_0 die Anfangswerte von V und ω zu Beginn der Bewegung bedeuten. Wir wollen zunächst den Fall $V_0 < \frac{\omega_0 k^2}{a}$ betrachten. Dann muß es einmal einen Augenblick geben, in dem V verschwindet. In diesem Zeitpunkt hat ω den Wert $\omega_0 - \frac{aV_0}{k^2}$. Gleichzeitig hat der tiefste Punkt die Geschwindigkeit $a\omega_0 - \frac{V_0 a^2}{k^2}$ im selben Sinne wie vorher. Die Reibung besitzt noch einen endlichen Wert und hat noch ihre alte Richtung. Dagegen beginnt die Geschwindigkeit des Mittelpunkts sich in den entgegengesetzten Sinn wie vorher umzukehren.

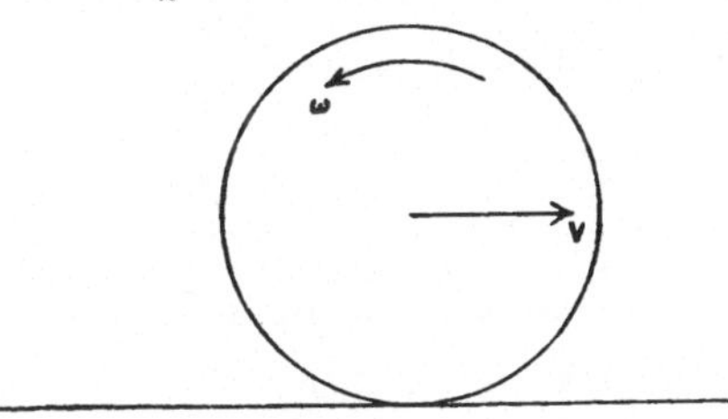

Fig. 68.

Im weiteren Verlauf der Bewegung sei U die Geschwindigkeit im entgegengesetzten Sinne von V_0 (s. Fig. 68). Solange noch $a\omega > U$, wirkt die Reibung F noch immer in der alten Richtung, und wir haben

$$M\dot{U} = F,$$

$$Ma\dot{U} + Mk^2\dot{\omega} = 0,$$

wobei also U wächst, während sich ω nach der Gleichung

$$aU + k^2\omega = k^2\omega_0 - aV_0$$

verkleinert.

Wird $U = a\omega$, so erhält es den Wert

$$\frac{a(k^2\omega_0 - aV_0)}{a^2 + k^2};$$

in diesem Augenblicke rollt der Zylinder auf der Ebene. Von nun an rollt er beständig mit gleichförmiger Geschwindigkeit.

Es ist noch zu bemerken, daß bei dieser Aufgabe die Reibung, solange der Zylinder gleitet, konstant und gleich μMg ist, wenn μ den Reibungskoeffizienten zwischen Zylinder und Ebene bedeutet.

228. Beispiele. 1. Man beweise, daß in der soeben betrachteten Aufgabe die Zeit vom Bewegungsbeginn bis zu dem Augenblick, in dem die Bewegung eine gleichförmige wird, gleich $\frac{k^2}{a^2 + k^2}\frac{V_0 + a\omega_0}{\mu g}$ ist.

2. Ein homogener Zylinder von der Masse M und dem Radius a vermag sich um seine horizontal liegende Achse frei zu drehen. Dicht neben der höchsten Erzeugenden wird ein materieller Punkt von der Masse m daraufgelegt. Man beweise, daß in dem Augenblicke, in welchem der Punkt zu gleiten beginnt, die Vertikale mit dem durch m gehenden Radius einen Winkel Θ bildet, der sich aus der Gleichung ergibt

$$\mu[(M + 6m)\cos\Theta - 4m] = M\sin\Theta.$$

Hierin bezeichnet μ den Reibungskoeffizienten zwischen Massenpunkt und Zylinder.

3. Ein homogener dünner Kreisreifen vom Radius a, der sich um seine Achse in einer Vertikalebene mit der Winkelgeschwindigkeit ω dreht, wird vorsichtig auf eine rauhe, schiefe Ebene gelegt, deren Neigungswinkel gleich dem Reibungswinkel zwischen dem Reifen und der Ebene ist. Dies geschehe so, daß das Gleiten im Berührungspunkte mit

einer Fallinie zusammenfällt und nach unten gerichtet ist. Man beweise, daß der Reifen eine Zeit $\frac{a\omega}{g\sin\alpha}$ stehen bleibt, ehe er mit der Beschleunigung $\frac{1}{2}g\sin\alpha$ herunterrollt.

4. Eine Lokomotive von der Masse M besitze zwei Paar Räder vom Radius a; das Trägheitsmoment jedes Paares einschließlich der Achse um die letztere sei A. Die Maschine treibt die vordere Achse mit einem Kräftepaar G an. Unter der Voraussetzung, daß beide Räderpaare beim Anlaufen der Maschine sofort fassen, beweise man, daß die Reibung, die zwischen einem Vorderrad und der Schiene hervorgerufen werden kann, nicht kleiner als $\frac{G(A+Ma^2)}{2a(2A+Ma^2)}$ sein darf. Wenn die einzige Wirkung, die zwischen der Achse und ihren Lagern auftritt, in einem Reibungsmoment (Kräftepaar) besteht, das sich proportional der Winkelgeschwindigkeit der Achse ändert, so ist die schließlich zwischen Vorderrad und Schiene hervorgerufene Reibung gleich $\frac{G}{4a}$; auch dies ist zu beweisen.

5. Eine homogene Kugel rolle eine rauhe, schiefe Ebene hinunter, die gegen die Horizontale den Winkel α bildet. Man beweise, daß sich ihr Mittelpunkt mit der Beschleunigung $\frac{5}{7}g\sin\alpha$ bewegt, und daß die Reibung gleich dem $\frac{2}{7}\tan\alpha$ fachen der Auflagerkraft ist.

***229. Die kinematische Bedingung für das Rollen.** Wir wollen die folgende Aufgabe betrachten:

Ein Zylinder vom Radius b rolle auf einen Zylinder vom Radius a, der seinerseits wieder auf einer horizontalen Ebene rollt. Man soll die Bewegung ermitteln (Fig. 69).

m und m' seien die Massen, A und B die Mittelpunkte der Zylinder, V die horizontale Geschwindigkeit von m, Ω die Winkelgeschwindig-

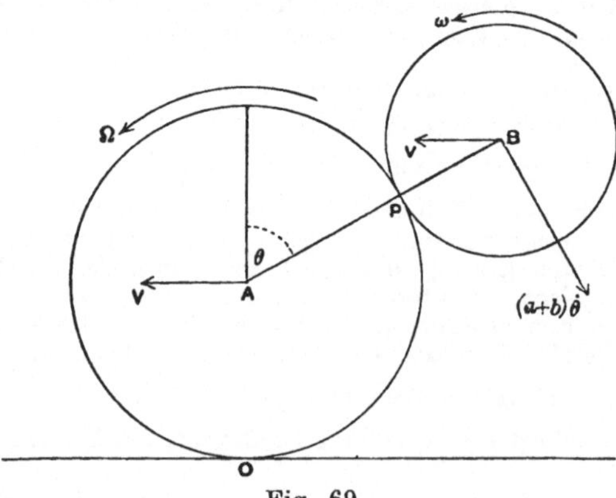

Fig. 69.

keit von m, Θ der Winkel, den AB mit der Vertikalen einschließt, ω die Winkelgeschwindigkeit von m', k und k' die Trägheitsradien von m und m' um ihre Achsen.

Die Bedingung, daß m auf der Ebene rollt, heißt

$$V = a\Omega \quad \ldots\ldots\ldots\ldots \quad (1)$$

Die Geschwindigkeit von B relativ zu A ist $(a+b)\dot{\Theta}$ und steht senkrecht zu AB. Die absolute Geschwindigkeit von B setzt sich daher aus dieser Geschwindigkeit und der Horizontalgeschwindigkeit V (Fig. 69) zusammen.

Die Geschwindigkeit von P (falls man ihn als Punkt von m' auffaßt) relativ zu B ist $b\omega$; sie steht senkrecht auf AB und hat denselben Richtungssinn wie $(a+b)\dot{\Theta}$.

Die Geschwindigkeit von P (wenn P als Punkt von m angesehen wird) relativ zu A ist $a\Omega$; sie steht senkrecht zu AB und hat umgekehrten Richtungssinn.

Die Bedingung für reines Rollen ist, daß die Massenpunkte von m und m', die in P aufeinander fallen, längs der gemeinsamen Tangente beider Kreise dieselbe Geschwindigkeit haben.

Wir haben daher

$$(a+b)\dot{\Theta} + b\omega = -a\Omega. \qquad 2)$$

Im Beschleunigungsplan (Fig. 70) haben wir den Wert von V aus Gleichung 1) eingeführt.

Da B relativ zu A mit der Winkelgeschwindigkeit $\dot{\Theta}$ einen Kreis beschreibt, so setzt sich die Beschleunigung von B relativ zu A zusam-

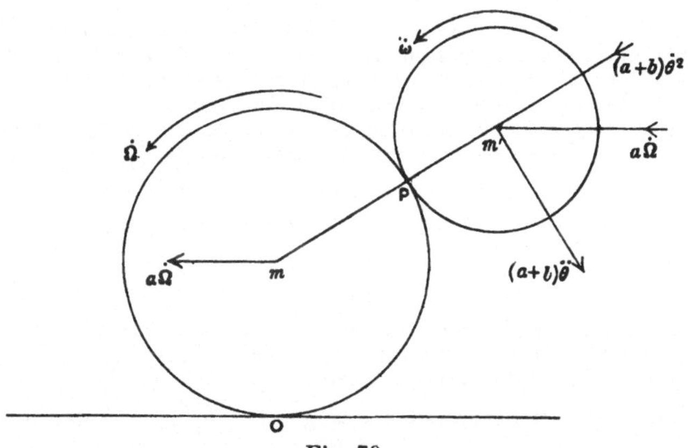

Fig. 70.

men aus $(a+b)\ddot{\Theta}$ senkrecht zu AB und $(a+b)\dot{\Theta}^2$ in Richtung BA. Dies liefert uns den Beschleunigungsplan.

Um nun die Bewegungsgleichungen aufstellen zu können, schreiben wir um P die Momente für m' und um 0 die Momente des ganzen Systems an. Wir erhalten dann

$$-m' b(a+b)\ddot{\Theta} + m' a\dot{\Omega} b\cos\Theta + m' k'^2\dot{\omega} = -m' g b\sin\Theta \qquad 3)$$

und

$$\left.\begin{aligned} & m k^2 \dot{\Omega} + m a^2 \dot{\Omega} + m' a \dot{\Omega} \{a + (a+b) \cos\Theta\} + m' k'^2 \omega \\ & - m' (a+b) \ddot{\Theta} (a + b + a \cos\Theta) + m' (a+b) \dot{\Theta}^2 a \sin\Theta \\ & = - m' g (a+b) \sin\Theta. \end{aligned}\right\} \quad (4)$$

Eine der beiden Größen ω und Ω kann vermittels der Gleichung (2) eliminiert werden. Es bleiben dann zwei Unbekannte übrig, und die Bewegung läßt sich vollkommen durch diese ausdrücken, indem man die oben erhaltenen Gleichungen durch Substitution von (2) in (3) und 4) auflöst.

Man erhält zwei erste Integrale dieser Gleichungen, von denen eines die Energiegleichung ist.

***230. Beispiele.** 1. Man beweise, daß in der eben besprochenen Aufgabe eine Integralgleichung von der Form besteht

$$m a \Omega \left(1 + \frac{k^2}{a^2}\right) + m' \left\{a \Omega - (a+b) \dot{\Theta} \cos\Theta - \frac{\omega k'^2}{b}\right\} = \text{const}$$

und daß $\dot{\Theta}$ und Θ miteinander nach einer Gleichung von der Form verknüpft sind

$$\frac{1}{2}(a+b) \dot{\Theta}^2 \left[\left(1 + \frac{k'^2}{b^2}\right)\right] - \frac{m' \left(\cos\Theta - \frac{k'^2}{b^2}\right)^2}{m\left(1 + \frac{k^2}{a^2}\right) + m'\left(1 + \frac{k'^2}{b^2}\right)} + g \cos\Theta = \text{const.}$$

2. Ein homogener Stab von der Länge l liegt auf einem festen horizontalen Zylinder vom Radius a, mit seinem Mittelpunkte auf dem höchsten Punkte. Bringt man ihn in einer vertikalen Ebene aus seiner Gleichgewichtslage, so daß er mit dem Zylinder in Berührung bleibt und auf- und abschaukelt ohne zu gleiten, so ist der Winkel Θ, den er zur Zeit t mit der Horizontalen bildet, durch die Gleichung gegeben

$$\tfrac{1}{2}\left(\tfrac{1}{12} l^2 + a^2 \Theta^2\right) \dot{\Theta}^2 + g a (\cos\Theta + \Theta \sin\Theta) = \text{const}$$

und die reduzierte Pendellänge ist für kleine Schwingungen

$$\frac{1}{12} \frac{l^2}{a}.$$

3. Von einer Rolle vom Radius a wickelt sich ein Seil ab, dessen oberster Punkt festgehalten wird und dessen abgewickelter Teil senkrecht hängt. Die Rollenachse ist wagerecht. Man beweise, daß die Beschleunigung des Rollenmittelpunktes gleich $\frac{g a^2}{a^2 + k^2}$ und daß die Seilspannkraft gleich dem $\frac{k^2}{k^2 + a^2}$ fachen des Rollengewichtes ist; k bedeutet hierin den Trägheitsradius der Rolle, bezogen auf die Achse.

4. Ein Faden läuft über einen glatten Zapfen und wickelt sich von zwei zylindrischen Rollen ab, die mit wagerechten Achsen frei daran hängen. Man beweise, daß jede Rolle mit gleichförmiger Beschleunigung herunterfällt.

5. Eine zylindrische Gartenwalze, in der eine Kugel ruht, wird erfaßt und auf einem ebenen Weg in gleichförmiges Rollen gebracht.

Man ermittle die Bewegung der Kugel unter der Annahme, daß diese auf der Walze nicht gleitet.

Es bezeichnen a den Kugelradius, b den Radius der Walze, Θ den Winkel, den die Verbindungslinie der Mittelpunkte mit der Vertikalen einschließt, V die Geschwindigkeit der Walze.

Man beweise, 1. daß die Winkelgeschwindigkeit der Walze $\frac{V}{b}$ ist, 2., daß die Kugel die Winkelgeschwindigkeit $\frac{V}{a} - \frac{(b-a)\dot{\Theta}}{a}$ hat.

Die Kugel sei homogen, ihr Trägheitsradius, bezogen auf eine durch ihren Mittelpunkt gehende Achse, sei k, ihre Masse sei m. Zunächst gehen alle die Kugel antreibenden Kräfte durch ihren Berührungspunkt; infolgedessen ist am Anfang der Drall der Kugel um jede beliebige durch diesen Punkt gehende Achse gleich Null. Auf Grund dieser Betrachtung leite man die Gleichung ab

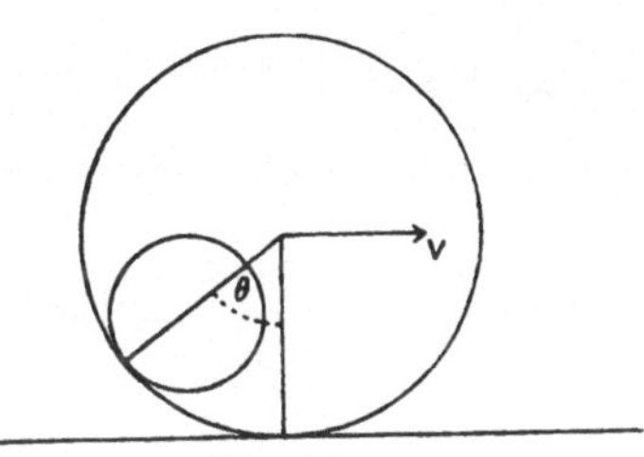

Fig. 71.

$$m k^2 \omega_0 - m a \{(b-a)\dot{\Theta}_0 - V\} = 0,$$

die zwischen den Anfangswerten ω_0 und $\dot{\Theta}_0$ besteht.

Man zeige ferner, daß ω_0 gleich Null ist und ermittele den Wert von $\dot{\Theta}_0$.

Weiter leite man die Bewegungsgleichungen ab

$$m k^2 \dot{\omega} - m a (b-a)\cdot\ddot{\Theta} = m g a \sin\Theta,$$

$$m (b-a)\dot{\Theta}^2 = R - m g \cos\Theta,$$

in denen R die Auflagerkraft zwischen Walze und Kugel bezeichnet. Man beweise, daß hinsichtlich Θ die Bewegung dieselbe ist, wie die eines mathematischen Pendels von der Länge $\frac{7}{5}(b-a)$, und daß R in jeder Lage den Wert

$$m g\left(\frac{17}{7}\cos\Theta - \frac{10}{7}\right) + \frac{m V^2}{b-a}$$

hat. Man stelle die Bedingung auf, unter der die Kugel im Inneren der Walze rund herumrollt.

6. Ein kugelförmig ausgehöhlter Würfel gleite ohne Reibung auf einer schiefen Ebene vom Neigungswinkel α herab, während eine homogene Kugel in seiner Höhlung rollt. Man beweise, daß die Normale der Ebene mit der gemeinsamen Normalen der Kugel und der Höhlung einen Winkel Θ bildet, der mit der Winkelgeschwindigkeit ω der Kugel in der Beziehung steht

$$(a-b)\dot{\Theta} = b\,\omega;$$

hierin bezeichnen a den Radius der Höhlung und b den Kugelradius.

Es seien M und m die Masse des Würfels und der Kugel, x der Weg, den der Würfel in der Zeit t zurückgelegt hat. Man stelle die Bewegungsgleichungen auf, indem man die an dem System angreifenden Kräfte in Richtung der schiefen Ebene und senkrecht zu ihr zerlegt und für die Kugel die Momentengleichung um ihren Berührungspunkt anschreibt.

Endlich leite man die Gleichung ab

$$\frac{1}{2}\left\{\frac{7}{5}(M+m)-m\cos^2\Theta\right\}\dot{\Theta}^2-(M+m)\cos\alpha\cos\Theta\cdot\frac{g}{a-b}=\text{const}.$$

7. Unter der Annahme, daß die in Beispiel 6 erwähnte Ebene rauh und der Reibungswinkel zwischen ihr und dem Würfel ε ist, weise man nach, daß der Winkel Θ zur Zeit t durch die Gleichung gegeben ist

$$\frac{1}{2}\frac{d}{d\Theta}\left[\left\{\tfrac{7}{5}(M+m)\cos\varepsilon-m\cos\Theta\cos(\Theta-\varepsilon)\right\}\dot{\Theta}^2\right]-\tfrac{1}{2}m\,\dot{\Theta}^2\sin\varepsilon$$

$$+(M+m)\cos\alpha\sin(\Theta-\varepsilon)\frac{g}{a-b}=0.$$

8. Die Bewegung einer Kreisscheibe, die unter der Wirkung der Schwere auf einer gegebenen Kurve rollt (Fig. 72).

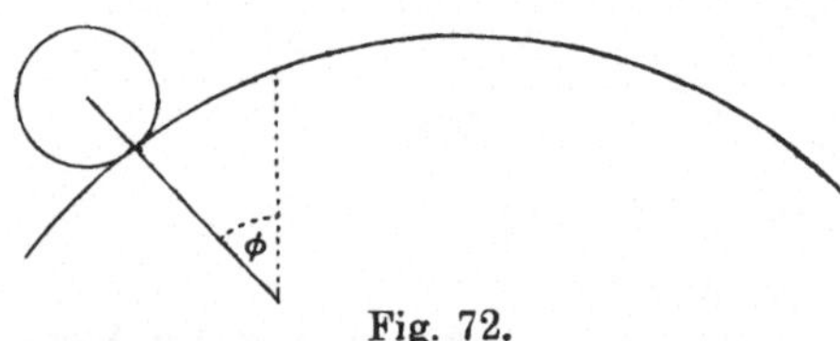

Fig. 72.

Es seien c der Radius der Kreisscheibe, Φ der Winkel, den die Berührungsnormale mit der Vertikalen einschließt, und ϱ der Krümmungsradius der Kurve im Berührungspunkt. Der Mittelpunkt der Scheibe beschreibt eine Äquidistante im Abstand c von der gegebenen Kurve. Augenblicklich dreht sich die Scheibe um den Berührungspunkt; ihre Winkelgeschwindigkeit hierbei werde mit ω bezeichnet. Dann ist:

$$\text{Geschwindigkeit des Mittelpunkts} = c\omega = (\varrho + c)\,\dot{\Phi}.$$

Hiernach leite man die Energiegleichung ab

$$\frac{1}{2}(\varrho+c)^2\left(1+\frac{k^2}{c^2}\right)\dot{\Phi}^2=g\int(\varrho+c)\sin\Phi\,d\Phi;$$

k bedeutet darin den Trägheitsradius der Scheibe um ihren Schwerpunkt, der mit dem Mittelpunkt der Scheibe zusammenfallen mag. Man ermittle auch die entsprechende Gleichung für den Fall, daß die Kurve, von der Scheibe aus gesehen, konkav ist.

Man beweise, daß die Scheibe in einer Zykloide, deren Erzeugerkreis den Radius a hat und deren Scheitel zu unterst liegt, derart rollt, daß die Winkelgeschwindigkeit $\dot{\Phi}$ gleichförmig und gleich

$$\frac{1}{2}\sqrt{\frac{g}{a\left(1+\frac{k^2}{c^2}\right)}}$$

ist.

Ist die Scheibe homogen und rollt sie auf der Außenseite einer Zykloide, deren Erzeugerkreis den Radius $\frac{c}{4}$ hat und deren Scheitel zu oberst liegt, so ist die Bewegung durch die Gleichung gegeben

$$3\,c\,\dot{\Phi}^2 \cos^4\frac{\Phi}{2} = g\,(3+\cos\Phi)\sin^2\frac{\Phi}{2}.$$

Man leite diese Gleichung ab und beweise, daß die Scheibe die Zykloide im Punkte $\cos\Phi = \frac{3}{5}$ verläßt.

9. Ein homogener Stab gleitet zwischen einer glatten, vertikalen Wand und einer glatten, horizontalen Ebene und bleibt dabei in einer festen Vertikalebene. Man bestimme seine Bewegung.

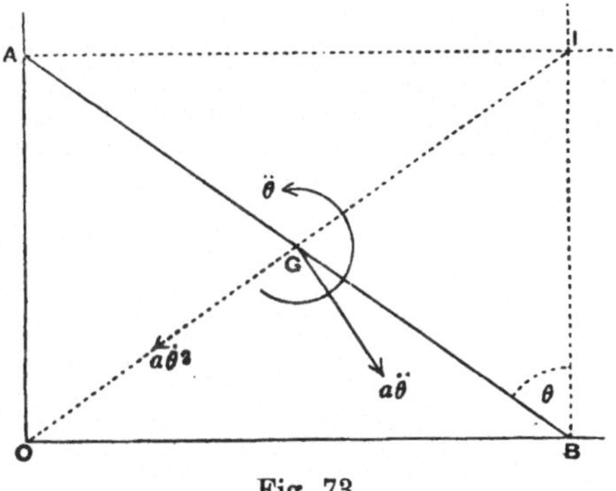

Fig. 73.

AB sei der Stab, $2a$ seine Länge und m seine Masse. Bei der Bewegung bleibe A in Berührung mit der vertikalen Wand, B in Berührung mit der Horizontalebene. Der Momentanpol ist der Schnittpunkt der durch A gelegten Horizontalen und der in B errichteten Vertikalen, so daß die Figur $OBIA$ ein Rechteck ist. Infolgedessen behält der Schwerpunkt G, der mit dem Mittelpunkt von AB identisch ist, immer den gleichen Abstand a von O.

Das System der Beschleunigungskräfte ist daher gleichwertig mit einer resultierenden Beschleunigungskraft in G, die senkrecht zu OG und längs GO die Komponenten $m\,a\,\ddot{\Theta}$ und $m\,a\,\dot{\Theta}^2$ besitzt, und einem Kräftepaar $m\,k^2\,\ddot{\Theta}$ im Sinne einer Zunahme des Winkels Θ, den der Stab BA mit der Vertikalen BI einschließt.

Die auf den Stab wirkenden Kräfte sind sein Gewicht in G, die horizontale Auflagerkraft in A und die vertikale Auflagerkraft in B. Die Wirkungslinien der beiden letzten Kräfte schneiden sich in I. Schreiben wir die Momentengleichung um I an, so fallen die Auflagerdrucke aus der Gleichung heraus.

Auf Grund dieser Betrachtungen beweise man, daß die Bewegung bezüglich Θ die gleiche ist wie die eines mathematischen Pendels von der Länge $\frac{4}{3}\,a$.

Durch Aufstellung der Bewegungsgleichungen in horizontaler und vertikaler Richtung ermittle man die Auflagerkräfte in A und B und zeige, daß der Stab die Mauer verläßt, wenn $\cos\Theta = \frac{2}{3}\cos\alpha$ geworden ist, wobei α den Anfangswert von Θ bedeutet.

10. Für den Fall, daß Ebene und Mauerfläche des Beispiels 9 beide rauh sind und für beide der Reibungswinkel ε gilt, leite man für den Wert von Θ zur Zeit t die Beziehung ab

$$a\left(\tfrac{1}{3}+\cos 2\varepsilon\right)\ddot{\Theta} - a\,\dot{\Theta}^2 \sin 2\varepsilon = g\sin(\Theta - 2\varepsilon).$$

11. Ein Rad, dessen Schwerpunkt in seiner Achse liegt, rollt eine schiefe Ebene vom Neigungswinkel α hinunter und zieht dabei einen Massenpunkt m hinter sich her, der auf der Ebene gleitet und mit der Radachse durch einen Faden verbunden ist. Die ganze Bewegung spielt

sich in einer Vertikalebene ab; der Faden bildet mit der Fallinie, längs der der Massenpunkt herabgleitet, einen Winkel β. Man beweise, daß das System mit der gleichförmigen Beschleunigung

$$\frac{M \sin\alpha \cos(\beta-\varepsilon) + m \cos\beta \sin(\alpha-\varepsilon)}{M(k^2+a^2)\cos(\beta-\varepsilon) + m a^2 \cos\beta \cos\varepsilon}\, g\, a^2$$

herunterkommt, wenn hierbei a den Radius des Rades, M dessen Masse, k seinen Trägheitsradius um die Achse, m die Masse des Massenpunktes und ε den Reibungswinkel zwischen diesem und der Ebene bedeutet.

12. Zwei glatte Kugeln berühren sich; die untere gleitet auf einer horizontalen Ebene.

M und m seien die Massen, a und b die Radien, Θ der Winkel, den die Zentrale zur Zeit t mit der Vertikalen bildet. War das ganze System am Anfang in Ruhe, so bewegt sich der Massenmittelpunkt G in

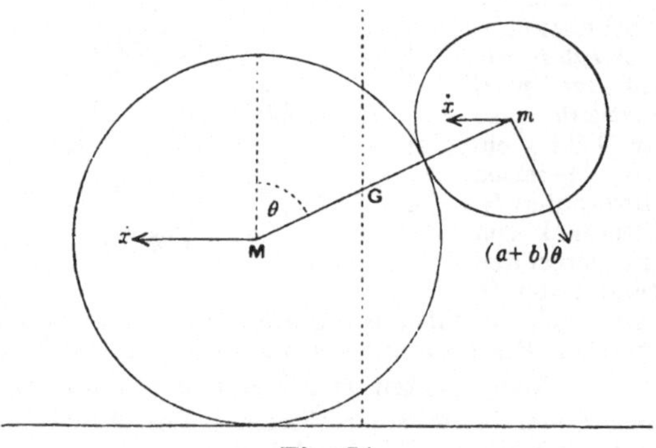

Fig. 74.

einer Vertikalen; denn es gibt ja keine resultierende Horizontalkraft in dem System. Da sämtliche Kräfte, die auf eine der Kugeln wirken, durch deren Mittelpunkt gehen, so kann keine der Kugeln eine Winkelgeschwindigkeit erlangen. Zur Zeit t sei x der Abstand des Mittelpunkts der unteren Kugel (M) von der durch den Massenmittelpunkt gehenden Vertikalen. Der Abstand zwischen G und dem Mittelpunkt M ist $\frac{m}{M+m}(a+b)$. Infolgedessen besitzt G die Horizontalgeschwindigkeit

$$\dot{x} - \frac{m}{M+m}(a+b)\,\dot{\Theta}\cos\Theta.$$

Setzen wir diese gleich Null, so ist $\dot{x}$ als Funktion von Θ und $\dot{\Theta}$ ausgedrückt.

Hiernach beweise man, daß die Energiegleichung in der Form

$$\frac{1}{2}\left(1 - \frac{m}{M+m}\cos^2\Theta\right)\dot{\Theta}^2 + \frac{g}{a+b}\cos\Theta = \text{const}$$

angeschrieben werden kann. Ferner ermittle man für eine beliebige

Lage die Druckkraft zwischen den Kugeln und weise endlich noch nach, daß die Kugeln sich trennen, wenn

$$\cos\Theta\left(3-\frac{m}{M+m}\cos^2\Theta\right)=2\cos\alpha$$

geworden ist, worin α den Anfangswert von Θ bezeichnet.

***231. Die Kraftwirkung in einem Stabe.** Als Beispiel für die zwischen zwei Teilen eines Körpers wirkende resultierende Kraft wollen wir einen starren, homogenen Stab betrachten, der als Pendel um sein eines Ende schwingt.

Es seien m die Masse, $2a$ die Länge des Stabes und Θ der Winkel, den er zur Zeit t mit der Vertikalen bildet; da der Trägheitsradius um den Schwerpunkt $\frac{a}{\sqrt{3}}$ war, so gilt die Gleichung

$$\tfrac{4}{3}a^2\ddot{\Theta}=-a g\sin\Theta$$

und damit auch

$$\tfrac{2}{3}a\dot{\Theta}^2=g(\cos\Theta-\cos\alpha),$$

worin α die Amplitude der Schwingungen ist.

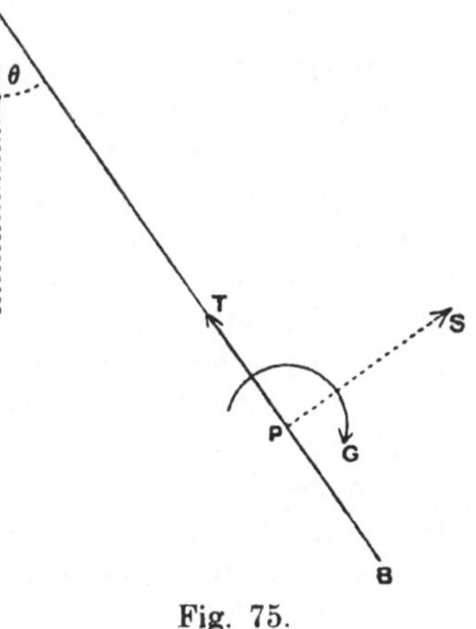

Fig. 75.

Wir wollen nun die Wirkung betrachten, die die beiden Stabteile in einem Querschnitt im Abstand $2x$ vom freien Ende aufeinander ausüben. Der Schwerpunkt dieses Querschnittes sei P. Wir können annehmen, daß die Wirkung von AP auf BP auf eine Kraft in P und ein Kräftepaar zurückgeführt sei. Die Kraft zerlegen wir in eine Zugkraft T im Stabe und eine Schwerkraft S senkrecht zu ihm. Wir wollen das Kräftepaar mit G bezeichnen und voraussetzen, daß der Richtungssinn von T, S und G mit den Einzeichnungen in der Figur übereinstimmt. Dann läßt sich andererseits die Wirkung von BP auf AP auf eine in P wirkende Kraft mit den Komponenten T, S und auf das Kräftepaar G zurückführen, die entgegengesetzten Sinn wie diese Einzeichnungen haben.

Nun ist BP ein starrer gleichförmiger Stab von der Masse $m\frac{x}{a}$, der sich mit der Winkelgeschwindigkeit $\dot{\Theta}$ dreht, während sein Mittelpunkt mit derselben Winkelgeschwindigkeit einen Kreis vom Radius $2a-x$ beschreibt. Dieser Stabteil bewegt sich also unter der Wirkung der Kräfte T, S, des Gewichtes $mg\frac{x}{a}$, das in seinem Mittelpunkt vertikal nach unten angreift, und des Kräftepaares G. Zerlegen wir die Kräfte in Richtung AB und senkrecht dazu, und schreiben wir die Momente um P an, so erhalten wir die Bewegungsgleichungen von BP in der Form

$$\left.\begin{aligned} m\frac{x}{a}(2a-x)\,\dot{\Theta}^2 &= T - mg\frac{x}{a}\cos\Theta \\ m\frac{x}{a}(2a-x)\,\ddot{\Theta} &= S - mg\frac{x}{a}\sin\Theta \\ m\frac{x}{a}\left\{x(2a-x)\,\ddot{\Theta}+\frac{x^3}{3}\ddot{\Theta}\right\} &= -G - mg\frac{x}{a}x\sin\Theta \end{aligned}\right\}$$

Durch diese Gleichungen sind T, S, G vollkommen bestimmt, wenn man $\ddot{\Theta}$ und $\dot{\Theta}^2$ kennt. Insbesondere beträgt das sich der Biegung widersetzende Kräftepaar G

$$\tfrac{1}{2}\,mg\sin\Theta\,\frac{x^2}{a^2}(a-x) \quad \text{oder} \quad \tfrac{1}{4}\,mg\sin\Theta\,\frac{AP\cdot BP^2}{AB^2}\,.$$

232. Die Bewegung unter der Wirkung von Impulsen. Wir wenden hierbei die Sätze über plötzliche Bewegungsänderungen eines Systems (Kap. VI, Abschn. 168) und die Lehre von der Bewegungsgröße eines starren Körpers an (Abschn. 220).

Für eine unter dem Einfluß eines Impulses vor sich gehende Bewegung stehen uns drei Gleichungen zur Verfügung; diese besagen, daß die Änderung der Bewegungsgröße des Körpers den auf ihn ausgeübten Impulsen äquivalent ist.

Wie wir gesehen hatten, war die gesamte Bewegungsgröße des Körpers einer resultierenden Bewegungsgröße und einem Paar gleichwertig. Die resultierende Bewegungsgröße, deren Wirkungslinie durch den Schwerpunkt geht, ist gleich der Bewegungsgröße der gesamten, im Schwerpunkt vereinigt gedachten und sich mit diesem bewegenden Masse des Körpers. Das Paar ist seiner Größe nach gleich dem Produkt der Winkelgeschwindigkeit des Körpers und seines Trägheitsmomentes um eine durch den Schwerpunkt gehende, auf der Bewegungsebene senkrecht stehende Achse.

Es seien m die Masse des Körpers, U, V die Geschwindigkeitskomponenten des Schwerpunkts in zwei aufeinander senkrechten, in die Bewegungsebene fallenden Richtungen, Ω die Winkelgeschwindigkeit vor dem Stoß; ferner seien u, v die Geschwindigkeitskomponenten des Schwerpunktes in denselben beiden Richtungen und ω die Winkelgeschwindigkeit nach dem Stoß. Mit k wollen wir den Trägheitsradius des Körpers um eine durch den Schwerpunkt gehende und zur Bewegungsebene senkrechte Achse bezeichnen.

Die Änderung der Bewegungsgröße des Systems läßt sich durch einen Vektor ausdrücken, dessen Wirkungslinie durch den Schwerpunkt geht und dessen Komponenten in den beiden oben angegebenen Richtungen $m(u-U)$ und $m(v-V)$ sind, zusammen mit einem Vektorpaar, das in die Bewegungsebene fällt und das Moment

$$m k^2 (\omega - \Omega)$$

besitzt.

Die auf den Körper ausgeübten Kraftantriebe lassen sich durch einen Einzelantrieb in einem beliebig gewählten Ursprung und durch ein Antriebspaar ausdrücken.

Die Gleichungen der vorliegenden Bewegungen sprechen nun die Gleichwertigkeit der beiden Vektorsysteme aus.

Sind beispielsweise die Impulse auf einen Impuls im Schwerpunkt mit den Komponenten $\underset{\cdot}{X}$ und $\underset{\cdot}{Y}$ in den besagten Richtungen und ein Impulspaar $\underset{\cdot}{N}$ zurückgeführt, so können wir die Bewegungsgleichungen in der Form anschreiben

$$m(u-U) = \underset{\cdot}{X}, \quad m(v-V) = \underset{\cdot}{Y}, \quad m k^2 (\omega - \Omega) = \underset{\cdot}{N}.$$

Noch allgemeiner können wir sagen, daß die in einer beliebigen Richtung genommene Komponente des Vektors, der in den oben gewählten Richtungen die Komponenten $m(u-U)$ und $m(v-V)$ besitzt, gleich der in derselben Richtung genommenen Komponente des Vektors ist, welcher in den besagten Richtungen die Komponenten $\underset{\cdot}{X}$ und $\underset{\cdot}{Y}$ hat. Das auf eine beliebige Achse bezogene Moment des durch $m(u-U)$, $m(v-V)$, $m k^2(\omega - \Omega)$ bestimmten Vektorsystems ist gleich dem um dieselbe Achse genommenen Moment des Vektorsystems, das durch $\underset{\cdot}{X}$, $\underset{\cdot}{Y}$, $\underset{\cdot}{N}$ bestimmt ist.

233. Die durch Impulse erzeugte kinetische Energie. Wir wollen annehmen, daß der Körper eine ebene Bewegung ausführt. Es seien m seine Masse, U, V die Geschwindigkeitskomponenten seines Schwerpunktes parallel zu den Koordinatenachsen und Ω seine Winkelgeschwindigkeit kurz vor der Wirkung der Impulse, u, v, ω die entsprechenden Größen kurz nach der Wirkung.

$\underset{\cdot}{X}$ und $\underset{\cdot}{Y}$ seien die parallel den Achsen genommenen Komponenten eines beliebig herausgegriffenen Impulses, der auf den Körper in einem Punkte wirkt, dessen Koordinaten relativ zum Schwerpunkt x, y sind. Dann sind die Bewegungsgleichungen

$$\left.\begin{aligned} m(u-U) &= \Sigma \underset{\cdot}{X} \\ m(v-V) &= \Sigma \underset{\cdot}{Y} \\ m k^2(\omega - \Omega) &= \Sigma(x\underset{\cdot}{Y} - y\underset{\cdot}{X}) \end{aligned}\right\}.$$

Wenn wir diese Gleichungen der Reihe nach mit

$$\tfrac{1}{2}(u+U),\quad \tfrac{1}{2}(v+V),\quad \tfrac{1}{2}(\omega+\Omega)$$

multiplizieren und mit T die kinetische Energie des Körpers nach den Impulsen, mit T_0 die vor den Impulsen bezeichnen, so haben wir

$$T-T_0=\Sigma\tfrac{1}{2}[\underset{\cdot}{X}(u-\omega y+U-\Omega y)+\underset{\cdot}{Y}(v+\omega x+V+\Omega x)].$$

Die rechte Seite dieser Gleichung ist die Summe der Produkte der äußeren Impulse mit den arithmetischen Mitteln der Geschwindigkeitskomponenten ihrer Angriffspunkte, wenn man deren Geschwindigkeiten vorher und nachher in ihre Richtungen zerlegt.

Nun besagte der in Abschn. 174 abgeleitete Satz, daß die Änderung der kinetischen Energie gleich dem Werte dieser sich über sämtliche sowohl innere wie äußere Impulse erstreckenden Summe ist. Es folgt daraus, daß die inneren Antriebe zwischen den einzelnen Teilen eines starren Körpers, der eine plötzliche Bewegungsänderung erfährt, zu dieser Summe keinen Beitrag liefern.

234. Beispiele. 1. Einem homogenen, in Ruhe befindlichen Stab wird an einem Ende senkrecht zu seiner Achse ein Impuls erteilt. Man beweise, daß der Stab, wenn er frei beweglich ist, sich um denjenigen Punkt auf seiner Achse zu drehen beginnt, der ein Drittel der Stablänge vom andern Ende entfernt ist, und daß die durch den Stoß erzeugte kinetische Energie $\frac{4}{3}$ mal so groß ist, als sie sein würde, wenn das andere Ende festgehalten wäre.

2. Ein freier starrer Körper rotiere um eine durch seinen Schwerpunkt gehende Achse, um die er den Trägheitsradius k besitzt. Plötzlich wird eine parallele Achse im Abstand c festgehalten. Man beweise, daß sich die Winkelgeschwindigkeit des Körpers augenblicklich im Verhältnis $k^2:(c^2+k^2)$ ändert.

3. Eine elliptische Scheibe rotiert in ihrer Ebene um das eine Ende P eines Durchmessers PP', als P' plötzlich festgehalten wird. Man ermittle den in P' auftretenden Impuls sowie die Winkelgeschwindigkeit um P' und beweise, daß für den Fall, wenn die Exzentrizität den Wert $\sqrt{\frac{2}{3}}$ überschreitet, der Durchmesser PP' so gewählt werden kann, daß die Scheibe zur Ruhe kommt.

4. Ein homogener Stab von der Länge $2a$ und der Masse m sei gezwungen, sich mit seinen beiden Enden auf zwei glatten, festen und sich rechtwinklich schneidenden, geraden Drähten zu bewegen. Er werde durch einen Impuls von der Größe mV in Bewegung gesetzt. Man beweise, daß die hierbei erzeugte kinetische Energie $\frac{3}{8}mV^2\frac{p^2}{a^2}$ beträgt; hierin bezeichnet p das Lot, das man vom Schnittpunkt der festen Drähte auf eine Gerade fällt, die parallel der Wirkungslinie des Impulses so gezogen ist, daß der Schwerpunkt des Stabes mitten zwischen beiden Parallelen liegt.

235. Beginnende Bewegungen. Zur Lösung von Aufgaben von der in den Abschnitten 203—206 betrachteten Art bedarf es keiner neuen Methode, wenn es sich um starre Körper handelt. Man hat nur darauf zu achten, daß für die Beschleunigungskraft eines starren Körpers der richtige Ausdruck eingesetzt wird. Wie wir in Abschn. 221 sahen, sind die Beschleunigungskräfte einer resultierenden Beschleunigungskraft und einem Paar äquivalent. Hierbei ist die resultierende Beschleunigungskraft dieselbe wie die eines Massenpunktes, der sich im Schwerpunkt befindet und sich mit dessen Beschleunigung bewegt und der die gesamte Masse des Körpers in sich vereinigt.

Bisweilen kommt man recht bequem dadurch zu einer Bewegungsgleichung, daß man die Momente um den Momentanpol anschreibt. Man muß dann beachten, daß in einem Augenblick, in dem die Geschwindigkeit verschwindet, das Moment der Beschleunigungskraft gleich $K\dot{\omega}$ ist. Hierin bezeichnen K das Trägheitsmoment um eine durch den Pol gehende, auf der Bewegungsebene senkrecht stehende Achse und $\dot{\omega}$ die Winkelbeschleunigung (vgl. Beisp. 3 von Abschn. 222).

236. Kleine Schwingungen. Wenn man die in Abschn. 211 beschriebene Methode anwenden will, so hat man vor allem darauf zu achten, daß in dem Ausdruck für die potentielle Energie der kleine Winkel Θ, der die Verschiebung aus der Gleichgewichtslage eindrückt, auf Größen zweiter Ordnung genau zu berücksichtigen ist.

Ebenso wie bei beginnenden Bewegungen ist es auch im Falle kleiner Schwingungen bisweilen bequem, als Bewegungsgleichung die Momentengleichung um den Momentanpol anzuschreiben. Würden wir die Momente um den Pol in der Gleichgewichtslage aufstellen, so kämen wir freilich zu keiner brauchbaren Gleichung. Natürlich wird auch diese Lage von dem Körper in einem Augenblick während der Schwingungsperiode eingenommen. In jedem andern Augenblick dieser Periode befindet sich das Momentanzentrum in einer etwas abweichenden Lage. Wir kommen zum Ziele, wenn wir die Momentengleichung für eine von der Gleichgewichtslage abweichende Lage auschreiben. Das Moment der Beschleunigungskraft um den Pol wird für den Ausschlag Θ auf Größen erster Ordnung genau durch den Ausdruck $K\dot{\omega}$ dargestellt, in welchem die Buchstaben dieselbe Bedeutung wie in Abschn. 235 haben. Diese Annäherung ist für die Bildung der Gleichung der Schwingungsbewegung hinreichend genau.

237. Erläuterndes Beispiel. Ein homogener Stab kann mit seinen Enden auf zwei glatten, geraden Drähten gleiten, die fest in einer Vertikalebene liegen und gegen die Horizontale unter gleichen Winkeln geneigt sind. Man ermittle die Schwingungen um die horizontale Lage.

OA und OB seien die beiden Drähte, α ihr Neigungswinkel gegen die Horizontale, AB die horizontale Gleichgewichtslage des Stabes. $A'B'$ sei eine andere Lage, Θ der Winkel zwischen AB und $A'B'$. Dann ist $\dot{\Theta}$ die Winkelgeschwindigkeit und $\ddot{\Theta}$ die Winkelbeschleunigung des Stabes. Der Momentanpol in einer beliebigen Lage ist der Schnittpunkt der in den Endpunkten des Stabes errichteten Senkrechten OA und OB. Wir

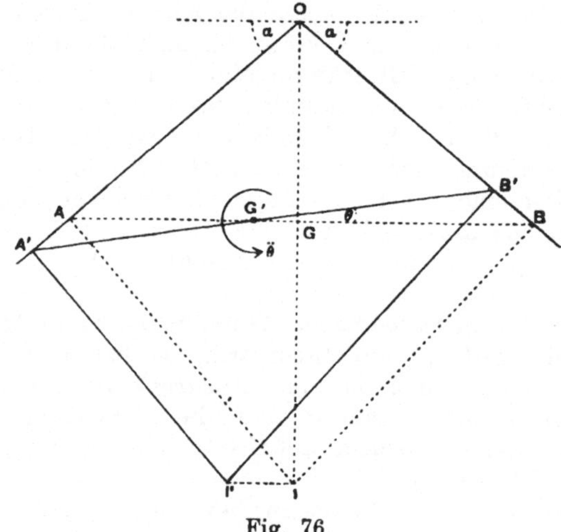

Fig. 76.

wollen mit I, I' die den Lagen AB und $A'B'$ entsprechenden Lagen des Momentanpols und mit G, G' die zugehörigen Schwerpunktslagen bezeichnen (Fig. 76).

Das Moment der Beschleunigungskraft um I' ist

$$m\,(k^2 + I'G'^2)\,\ddot{\Theta},$$

worin m die Masse des Stabes und k seinen Trägheitsradius um den Schwerpunkt bedeuten. Für $I'G'$ können wir mit genügender Annäherung IG setzen.

Die auf den Stab wirkenden Kräfte sind sein Gewicht und die Auflagerkräfte an seinen Enden. Die Wirkungslinien dieser Auflagerkräfte gehen durch I'. Nun ist OI' ein Durchmesser eines Kreises, in dem $A'B'$ eine Sehne und $A'OB' = \pi - 2\alpha$ der zugehörige Peripheriewinkel ist. Infolgedessen hat OI' konstante Länge und II' ist annähernd senkrecht auf OI und horizontal. Ebenso ist GG' annähernd senkrecht zu IG und horizontal, so daß das Moment des Gewichtes um I' gleich $-mg\,(II' - GG')$ ist.

Damit haben wir die Momentengleichung

$$m(k^2 + IG^2)\ddot{\Theta} = -mg(IJ' - GG').$$

Nun sei $2a$ die Stablänge. Wir haben dann

$$II' = BB' \sec\alpha = IB\,\Theta \sec\alpha - a\Theta \operatorname{cosec}\alpha \sec\alpha;$$
$$GG' = IG\,\Theta = a\Theta \cot\alpha,$$

und unsere Gleichung läßt sich daher schreiben

$$ma^2(\tfrac{1}{3} + \cot^2\alpha)\ddot{\Theta} = -mga\Theta(\sec\alpha \operatorname{cosec}\alpha - \cot\alpha).$$

Die rechte Seite ist $-mga\Theta\tan\alpha$, und somit ist die Bewegung in bezug auf Θ die gleiche, wie die eines mathematischen Pendels von der Länge

$$a\cot\alpha\,(\tfrac{1}{3} + \cot^2\alpha).$$

238. Beispiele. 1. Ein homogener Stab von der Länge $2a$ und der Masse m wird durch zwei gleiche, undehnbare Fäden, von denen jeder die Länge l hat, in horizontaler Lage gehalten. Von jedem Faden ist das eine Ende am Stab, das andere an einem festen Punkte angebunden, so daß die Fäden mit der Vertikalen gleiche Winkel α bilden. Plötzlich wird ein Faden durchgeschnitten. Man beweise, daß die Spannkraft im andern im selben Augenblick

$$\frac{mg\cos\alpha}{1 + 3\cos^2\alpha}$$

wird und daß die Winkelbeschleunigungen des bleibenden Fadens und des Stabes im ersten Augenblicke im Verhältnis

$$a\sin\alpha : 3\,l\cos^2\alpha$$

stehen.

2. Eine homogene, dreieckige Platte wird durch drei gleiche, vertikale und in ihren Eckpunkten befestigte Fäden in horizontaler Lage gehalten. Man beweise, daß in dem Augenblick, in dem einer der Fäden zerschnitten wird, die Spannung in jedem der beiden andern auf die Hälfte sinkt.

3. Im obersten Punkte einer glatten festen Kugel vom Radius a ist ein glatter vertikaler Stab eingesetzt. Ein anderer homogener Stab, von der Länge $2b$, der gezwungen ist, mit seinem oberen Ende an dem ersten Stab zu bleiben, befindet sich auf der Kugelfläche in Ruhe. Sein Schwerpunkt habe den Abstand c vom Berührungspunkt. Man beweise, daß in dem Augenblick, in dem der Zwang aufgehoben wird, sich die Auflagerkraft auf der Kugel im Verhältnis

$$b(b - c) : (b^2 + 3c^2)$$

verringert.

4. Ein gleichförmiger Stab von der Länge $2a$ liegt in horizontaler Lage in einer glatten Schüssel, die die Form einer Umdrehungsfläche mit vertikaler Achse hat. In den Endpunkten des Stabes habe die Meridiankurve den Krümmungsradius ϱ; die Normale bilde in diesen Punkten einen Winkel α mit der Vertikalen. Man beweise, daß für kleine Schwingungen in der durch die Gleichgewichtslage des Stabes gelegten Vertikalebene die reduzierte Pendellänge

$$\frac{1}{3}a\varrho\cos\alpha\frac{(1 + 2\cos^2\alpha)}{(a - \varrho\sin^3\alpha)}$$

beträgt, vorausgesetzt, daß dieser Wert positiv ist.

5. Ein homogener Stab von der Länge $2a$ gehe durch einen glatten Ring, der in einer Höhe b über dem tiefsten Punkte einer glatten Schüssel befestigt ist, die die Form einer Umdrehungsfläche mit vertikaler Achse hat. Der Stab steht zunächst vertikal und ist in Ruhe. Der Krümmungsradius der Meridiankurve im tiefsten Punkte sei c. Man beweise, daß die reduzierte Pendellänge für kleine Schwingungen

$$\frac{1}{3} c \frac{\{a^2 + 3(a-b)^2\}}{b^2 - ac}$$

ist, vorausgesetzt, daß dies einen positiven Wert gibt.

6. Ein homogener Stab von der Länge $2a$ ist in der in Beisp. 1 angegebenen Weise aufgehängt. Der Abstand der festen Punkte, in denen die Fäden angebunden sind, sei $2(a + l \sin\alpha)$. Man beweise, daß für kleine Schwingungen in der durch die Fäden gehenden Vertikalebene die reduzierte Pendellänge

$$\frac{1}{3} a l \cos\alpha \, \frac{1 + 2\cos^2\alpha}{a + l \sin^3\alpha}$$

ist.

Vermischte Beispiele. 1. Man beweise, daß die Beschleunigungen aller Punkte, die auf einem durch den Beschleunigungspol gezogenen Kreis liegen, nach einem gemeinsamen Punkt gerichtet sind.

2. Ein gerader Stab bewege sich in beliebiger Weise in einer Ebene. Man beweise, daß in jedem beliebigen Augenblick die Bewegungsrichtungen aller Punkte des Stabes Tangenten an einer Parabel sind.

3. Ein Seil läuft um eine rauhe Rolle, die sich in beliebiger Weise in ihrer Ebene bewegt, so daß das Seil straff bleibt. Man beweise, daß die Bewegungsrichtungen aller Seilpunkte, die mit der Rolle augenblicklich in Berührung sind, Tangenten an einem Kegelschnitt sind.

---

4. Eine homogene, dreieckige Platte ABC ist so aufgehängt, daß sie sich in ihrer eigenen (Vertikal-) Ebene um den Winkel A drehen kann. Man beweise, daß die reduzierte Pendellänge

$$\frac{1}{4} \frac{3(b^2 + c^2) - a^2}{\sqrt{2(b^2 + c^2) - a^2}}$$

ist.

5. Eine homogene, dreieckige Platte ABC wird gezwungen, sich in einer Vertikalebene derart zu bewegen, daß ihre Eckpunkte auf einem festen Kreise bleiben. Man beweise, daß die Bewegung dieselbe wie die eines mathematischen Pendels von der Länge

$$\frac{R(1 - 2\cos A \cos B \cos C)}{\sqrt{1 - 8\cos A \cos B \cos C}}$$

ist, wenn R den Radius des dem Dreieck umgeschriebenen Kreises bedeutet.

6. Ein Uhrpendel besteht aus einem Stab mit einem beweglichen Gewicht, dessen Schwerpunktlage in der Mittellinie des Stabes beliebig verstellt werden kann. Wenn die Uhr an einem Tage n_1, n_2, n_3 Minuten vorgeht, habe der Schwerpunkt des Gewichtes von der Aufhängeachse des Pendels die entsprechenden Abstände x_1, x_2, x_3. Man beweise, daß für die richtig gehende Uhr die reduzierte Pendellänge

$$\frac{\Sigma x_l^2 \Theta_l^2 (\Theta_m^2 - \Theta_n^2)}{\Sigma x_l (\Theta_m^2 - \Theta_n^2)}$$

beträgt. Hierin bedeuten l, m, n in zyklischer Reihenfolge die Zahlen 1, 2, 3 und $\Theta_1 = 1 + \frac{n_1}{1440}$, ...; jede der Summen besteht aus drei Gliedern, die man erhält, wenn man der Reihe nach 1, 2, 3 für l einsetzt.

7. Zwei gleiche Kreisringe vom Radius a, die miteinander fest verbunden sind, so daß ihre Ebenen einen Winkel 2α einschließen, werden auf einen rauhen horizontalen Tisch ge tellt. Man beweise, daß die reduzierte Pendellänge des Systems

$$\tfrac{1}{2} a \cos\alpha \operatorname{cosec}^2\alpha (1 + 3\cos^2\alpha)$$

ist.

8. Ein dünner gleichförmiger Stab, dessen eines Ende sich reibungsfrei um ein Scharnier zu drehen vermag, wird aus der horizontalen Lage fallen gelassen. Man beweise, daß in dem Augenblick, für welchen die Horizontalkomponente der Auflagerkraft im Scharnier ein Maximum wird, die Vertikalkomponente $\frac{11}{8}$ des Stabgewichtes beträgt.

9. Eine homogene Kugel von der Masse M und dem Radius a schwingt unter dem Einfluß der Schwere um eine feste horizontale Tangente als Achse. Die Winkelgeschwindigkeit ω der Kugel in ihrer tiefsten Lage sei bekannt. Man suche für jede Lage die Kraft, mit der die Achse beansprucht wird, und beweise, daß in den Umkehrpunkten der Bewegung die Wirkungslinie der resultierenden Achsenkraft senkrecht zur Verbindungslinie des Kugelmittelpunktes mit dem Berührungspunkt der Kugel und ihrer Achse steht, wenn $\omega^2 = \frac{10\,g}{7\,a}$.

10. Ein homogener rechteckiger Klotz von der Masse M liegt auf einem Eisenbahnwagen, mit zwei Seiten senkrecht zur Fahrtrichtung; die Unterkante der Vorderseite ist durch ein Scharnier mit dem Boden des Wagens verbunden. Plötzlich hält der Zug und der Klotz vermag gerade noch überzukippen. Welche Fahrtgeschwindigkeit war vorhanden? Man beweise, daß in diesem Falle entweder die Horizontal- oder die Vertikalkomponente der Scharnierkraft verschwindet, wenn der Winkel, den die durch das Scharnier und den Schwerpunkt des Klotzes gelegte Ebene mit der Horizontalebene einschließt, die Werte arc sin $\frac{2}{3}$ bzw. arc sin $\frac{1}{3}$ annimmt. Man zeige ferner, daß die resultierende Scharnierkraft ein Minimum wird und den Wert $\frac{1}{4} Mg \sqrt{\frac{7}{11}}$ erreicht, wenn der besagte Winkel arc sin $\frac{20}{33}$ ist.

11. Eine Eisenbahnwagentür, deren Angeln, die als reibungsfrei angenommen seien, nach der Maschine zu liegen, steht offen, und zwar senkrecht zur Fahrtrichtung. Der Zug fährt mit einer Beschleunigung f an. Man beweise, daß die Tür nach der Zeit $\sqrt{\frac{a^2 + k^2}{2af}} \int\limits_0^{1/2\pi} \frac{d\Theta}{\sqrt{\sin\Theta}}$ mit

einer Winkelgeschwindigkeit $\sqrt{\frac{2af}{a^2+k^2}}$ zuschlägt, worin $2a$ die Breite der Tür und k ihr Trägheitsradius um die vertikale Schwerachse ist.

---

12. Ein massiver homogener Zylinder liegt auf einem horizontalen Eisenbahnwagen mit seiner Achse senkrecht zur Fahrtrichtung. Plötzlich fährt der Zug mit einer gegebenen Geschwindigkeit an, die er ständig beibehält. Man beweise, daß der Zylinder zunächst gleitet und später auf dem Wagen rollt, und ermittele die Zeit, die verstreicht, bis er zu rollen beginnt.

13. Auf eine rechteckige rauhe, ebene Platte, die anfangs horizontal ist und die sich um eine horizontale Schwerachse frei bewegen kann, wird ein Massenpunkt gebracht. Man zeige, daß der Massenpunkt zu rutschen beginnt, wenn sich die Ebene um einen Winkel

$$\operatorname{arc\,tan} \frac{\mu M a^2}{M a^2 + 9 m c^2}$$

gedreht hat. Hierin bedeuten μ den Reibungskoeffizienten, $2a$ die Länge der Platte senkrecht zu ihrer Achse, c den Abstand des Massenpunktes von dieser Achse und M, m die Massen der Platte und des Massenpunktes.

14. Auf die höchste Erzeugende eines rauhen Zylinders mit horizontaler, fester Achse wird eine homogene Kugel gestellt. Ein wenig aus dieser Gleichgewichtslage gebracht, rollt die Kugel so lange auf dem Zylinder, bis die durch die Kugelmitte und die Zylinderachse gelegte Ebene einen Winkel α mit der Vertikalen einschließt. Man beweise, daß α die Gleichung erfüllt

$$17 \mu \cos\alpha - 2 \sin\alpha = 10 \mu ;$$

μ ist dabei der Reibungskoeffizient.

15. Die Enden eines geraden homogenen Stabes von der Masse m vermögen auf einem rauhen, homogenen, nach einem Kreise gebogenen Draht von der Masse M zu gleiten, und das ganze System bewegt sich in einer Ebene ohne Einwirkung von äußeren Kräften. Der über dem Stab als Sehne stehende Zentriwinkel sei 2α. Wenn keiner der Ausdrücke

$$(M+m)\sin^2\alpha + 3M\cos^2\alpha \pm \mu \sin\alpha\cos\alpha\,(m - 3M)$$

negativ wird (μ ist der Reibungskoeffizient) und wenn der Stab sich anfangs mit der Winkelgeschwindigkeit Ω um den Mittelpunkt dreht, während der Draht in Ruhe ist, so wird der Stab nach Verlauf der Zeit

$$\frac{(M+m)\left[(M+m)\sin^2\alpha + 3M\cos^2\alpha + \mu^2 m \sin^2\alpha - 2\mu^2 M \sin^2\alpha\right.}{\mu m \Omega \left[(M+m)\sin^2\alpha + 3M\cos^2\alpha\right]}$$

relativ zum Draht in Ruhe kommen.

16. Über einen rauhen, horizontalen Tisch wird eine flache, kreisförmige Scheibe vom Radius a geworfen. Die Reibung zwischen Tisch und Scheibe für ein Element α sei $cV^3 m\alpha$; hierin ist V die Geschwindigkeit des Elements und m die Masse der Flächeneinheit. Sind u_0 und ω_0 die Geschwindigkeit des Schwerpunkts und die Winkelgeschwindigkeit

der Scheibe am Anfang, so erfüllen die entsprechenden Geschwindigkeiten u, ω zu einer späteren Zeit die Gleichung

$$\frac{(3 u^2 - a^2 \omega^2)^2}{(3 u_0^2 - a^2 \omega_0^2)^2} = \frac{u^2 \omega}{u_0^2 \omega_0}.$$

17. Ein homogener Kreisring bewegt sich ohne Einwirkung äußerer Kräfte auf einer rauhen Kurve, deren Krümmung überall kleiner als die des Ringes ist. Der Ring wird in einem Punkte A der Kurve fortgeschleudert und beginnt in einem Punkte B zu rollen. Man beweise, daß der Winkel zwischen den Normalen in A und B gleich $\frac{1}{\mu} \log 2$ ist, wenn μ den Reibungskoeffizienten bezeichnet.

18. Eine homogene, massive Halbkugel von der Masse M und dem Radius a mit glatter Grundfläche wird mit ihrem Scheitel nach unten auf eine rauhe, horizontale Ebene gebracht. In einem Abstand c vom Mittelpunkt der Grundfläche wird auf diese ein materieller Punkt von der Masse m gelegt. Man zeige, daß die Halbkugel auf der Unterlage zu rollen oder zu gleiten beginnt, je nachdem der Reibungskoeffizient zwischen der Halbkugel und der Ebene größer oder kleiner ist als

$$\frac{25 m a c}{26 (M + m) a^2 + 40 m c^2}.$$

19. Eine homogene Kugel vom Radius a liegt anfangs in Ruhe auf einer horizontalen Ebene. Diese Ebene wird in eine horizontale hin und her gehende Bewegung versetzt, so daß ihre Verschiebung zur Zeit t gleich $b \cos nt$ ist. Man beweise, daß für einen Reibungskoeffizienten μ, der kleiner als $\frac{2 b n^2}{7 g}$ ist, zu den Zeiten $\frac{r\pi - \alpha}{n}$ das Rollen in Gleiten übergeht. Hierin ist r eine positive ganze Zahl und α die kleinste positive Wurzel der Gleichung $\cos \alpha = \frac{7 \mu g}{2 b n^2}$. Ebenso zeige man, daß zu den Zeiten $\frac{r\pi + \gamma}{n}$ das Gleiten in Rollen übergeht (ausgenommen das erste Mal); unter γ ist hierbei die kleinste positive Wurzel der Gleichung

$$\sin \gamma + \sin \alpha = \frac{7 \mu g (\gamma + \alpha)}{2 b n^2}$$

zu verstehen.

20. Eine homogene Kugel von der Masse M ruht auf einer rauhen Planke von der Masse M', die auf einer rauhen horizontalen Ebene liegt; die Planke wird in ihrer Längsrichtung plötzlich mit der Geschwindigkeit V in Bewegung gesetzt. Man zeige, daß die Kugel zuerst auf der Planke gleiten und dann rollen wird, und daß das ganze System zu einer Zeit $\frac{M' V}{\mu g (M + M')}$ nach Beginn der Bewegung zur Ruhe kommt, wobei μ den Reibungskoeffizienten für beide Reibungsflächen bezeichnet.

21. Auf der Oberfläche eines Brettes von der Masse M, das auf einem Tische liegt, wird eine Kugel von der Masse m so in Bewegung gesetzt, daß die Anfangsgeschwindigkeit ihres Mittelpunktes in die Vertikalebene fällt, welche diesen Mittelpunkt und den Schwerpunkt des Brettes enthält. Außer der Anfangsgeschwindigkeit V hat die Kugel

noch eine Winkelgeschwindigkeit Ω um eine horizontale Achse, die senkrecht zur Anfangsrichtung der Bewegung steht. Der Reibungskoeffizient zwischen dem Brett und der Kugel ist μ, die Reibung zwischen Tisch und Brett werde vernachlässigt. Man beweise, daß nach der Zeit

$$\frac{V - a\Omega}{\mu g\left(1 + \frac{a^2}{k^2} + \frac{m}{M}\right)}$$

die Bewegung gleichförmig wird und daß dann die Geschwindigkeit des Brettes

$$\frac{\frac{m}{M}(V - a\Omega)}{1 + \frac{a^2}{k^2} + \frac{m}{M}}$$

ist.

22. Eine Rolle von der Masse M und dem Radius a liegt auf einer rauhen Unterlage, wobei μ der Reibungskoeffizient ist. Auf der Rolle ist ein dünner Faden so aufgewickelt, daß er auf einer mit der Rolle gleichachsigen Zylinderfläche vom Radius b ($< a$) liegt. Das freie Fadenende läuft vertikal nach oben über einen glatten Stift, der sich in einer Höhe h über dem Rollenmittelpunkt befindet, und trägt einen Körper von der Masse m. Unter der Voraussetzung, daß

$$\mu < \frac{mb}{(M - m)a} \quad \text{oder daß} \quad M < m\left[1 - b^2 \frac{1 + \frac{a}{h} - \frac{a^2}{bh}}{a^2 + k^2}\right]$$

ist, beweise man, daß der Draht von der Rolle abgewickelt wird.

23. Eine Gartenwalze, deren Handhabe als masselos angenommen werde, ruht auf einer Horizontalebene und wird durch eine Kraft P gezogen, die unter einem Winkel α gegen die Horizontale angreift. Man zeige, daß die Walze nur dann rollen wird, wenn

$$P \cdot \left\{\sin\alpha \sin\Phi + \cos\alpha \cos\Phi \frac{k^2}{a^2 + k^2}\right\} \leq W \cdot \sin\Phi$$

ist; hierin bedeuten a, k, W den Radius, den Trägheitsradius um die Achse und das Gewicht der Walze, sowie Φ den Reibungswinkel zwischen Walze und Boden.

24. Über zwei rauhe Zylinder mit den Radien r_1, r_2, die auf einem rauhen Tische ruhen, ist eine rauhe Planke gelegt. Man beweise, daß das System unter gewissen Bedingungen sich aus der Ruhelage so zu bewegen beginnt, daß jeder Zylinder mit der unveränderlichen Beschleunigung

$$\frac{Mg \sin 2\alpha}{m_1\left(1 + \frac{k_1^2}{r_1^2}\right) + m_2\left(1 + \frac{k_2^2}{r_2^2}\right) + 4M\cos^2\alpha}$$

rollt; hierin ist $\sin\alpha = \frac{r_1 - r_2}{d}$; d ist die Anfangsentfernung zwischen den Zylinderachsen.

25. Auf einer Horizontalebene rollt ein Kreiszylinder vom Radius a, dessen Trägheitsmittelpunkt einen Abstand b von der Achse hat. Man

beweise, daß beim Hin- und Herschwingen seine Winkelgeschwindigkeit durch eine Gleichung von der Form gegeben ist

$$\tfrac{1}{2}\,\dot{\Theta}^2 (k^2 + a^2 + b^2 - 2\,ab \cos \Theta) = g\,b\,(\cos \Theta - \cos \alpha)\,.$$

26. Auf einer festen, glatten Kugel liegt obenauf ein dünner, homogener Ring, wobei sein Mittelpunkt mit dem vertikalen Kugeldurchmesser zusammenfällt und sein Durchmesser in der Kugel den Zentriwinkel 2α bestimmt. Man beweise, daß der Ring bei einer leichten Verschiebung erst die Kugel zu verlassen beginnt, nachdem sich seine Ebene um einen Winkel Θ gedreht hat, der aus der Gleichung folgt

$$\sin(\Theta + \alpha) \sin \alpha = 2 \cos^2 \alpha\, (2 - 3 \cos \Theta)\,.$$

(Es werde die Annahme gemacht, daß die Auflagerkraft zwischen Kugel und Ring nur in dessen höchstem und tiefstem Punkte angreift.)

27. In einer glatten Kugel vom Radius a liegt ein homogener Stab von solcher Länge, daß die nach seinen Endpunkten gezogenen Radien senkrecht aufeinander stehen. Der Stab wird nun derart in Bewegung gebracht, daß seine Endpunkte auf der Kugel bleiben und in einer Vertikalebene volle Umdrehungen machen. Die Anfangsgeschwindigkeit des Stabmittelpunktes werde mit V bezeichnet. Man beweise, daß

$$V^2 > g\,a\,(\tfrac{3}{4}\sqrt{2} + \tfrac{1}{8}\sqrt{202})\,.$$

28. Zwei homogene Stäbe von gleicher Länge $a\sqrt{2}$ und gleicher Masse sind je mit einem Ende so miteinander verbunden, daß sie senkrecht aufeinander stehen. Diese Stäbe werden über zwei glatte Bolzen gelegt, die in gleicher Höhe liegen und einen Abstand c voneinander haben, und bewegen sich in einer Vertikalebene. Man beweise, daß die Winkelgeschwindigkeit des Scheitels des rechten Winkels auf dem von ihm beschriebenen Halbkreise durch eine der Gleichungen

$$\dot{\Phi}^2 (\tfrac{2}{3}\,a^2 - a\,c \cos \tfrac{1}{2}\,\Phi + c^2) \pm 4\,g\,(a \cos \tfrac{1}{2}\,\Phi - c \cos \Phi) = \text{const}$$

gegeben ist und daß für kleine Schwingungen die reduzierte Pendellänge

$$\tfrac{2}{3}\,(2\,a^2 + 3\,c^2 - 3\,a\,c)\,(4\,c - a)$$

ist.

29. Zwei gleiche und homogene Stäbe, von denen jeder die Masse m und die Länge $2\,a$ hat, vermögen sich um ihre in gleicher Höhe und im Abstand $2\,a$ voneinander befindlichen Mittelpunkte frei zu drehen. Während die Stäbe horizontal liegen und sich dabei mit ihren Enden berühren, wird eine homogene Kugel von der Masse M und dem Radius c vorsichtig in diesem Berührungspunkte darauf gelegt. Unter der Voraussetzung, daß $9\,M(a^2 + c^2)^2 = 2\,m\,(a^2 - c^2)^2$ ist, beweise man, daß die Kugel beim Verlassen der Stäbe eine halb so große Geschwindigkeit besitzt, wie sie sie in dieser Lage beim freien Fall erlangt haben würde.

30. Ein elastischer Faden vom Elastizitätsmodul λ ist um den glatten Rand einer homogenen Kreisscheibe von der Masse m gewunden. Sein eines Ende ist am Umfang der Scheibe, das andere im höchsten Punkte einer schiefen Ebene vom Neigungswinkel α (gegen die Horizontale) befestigt, auf der die Scheibe längs einer Fallinie in einer Vertikalebene herunterrollt. Der gerade Teil des Fadens deckt sich dabei ständig mit dieser Fallinie. Anfangs besitze der Faden seine natürliche Länge l und sei vollständig auf dem Umfang der Scheibe aufgewunden, die sich dann naturgemäß im höchsten Punkte und in Ruhe befindet.

Man beweise, daß der Faden zu irgendeiner Zeit t, während er noch nicht vollkommen abgewickelt ist, die Spannung

$$\frac{2}{3} mg \sin\alpha \sin^2\left\{\frac{1}{2} t \sqrt{\frac{3\lambda}{lm}}\right\}$$

hat.

31. Zwei gleiche Zylinder von der Masse m, die durch ein leichtes, elastische Band von der Spannung T verbunden sind, rollen mit horizontal gestellten Achsen eine rauhe, schiefe Ebene von der Neigung α herunter. Man zeige, daß ihre Beschleunigung längs dieser Ebene

$$\frac{2}{3} g \sin\alpha \left(1 - \frac{2\mu T}{mg\sin\alpha}\right)$$

ist, wobei μ den Reibungskoeffizienten zwischen den Zylindern bedeutet.

32. Ein Wagen läuft einen Weg herunter, der unter einem Winkel α gegen den Horizont geneigt ist. Die Räder sollen sich gleichmäßig tief in den Boden eindrücken. Der Schwerpunkt liege mitten zwischen den Rädern. Bezeichnen M die Masse des Wagengestells, m die Masse, mk^2 das Trägheitsmoment und a den Radius jedes Räderpaares und versteht man unter β einen von der Bodenbeschaffenheit abhängigen Winkel, so ist die Beschleunigung

$$\frac{(M+2m)\sin(\alpha-\beta)}{(M+2m)\cos\beta + \frac{2mk^2}{a^2}} g .$$

33. Ein Stab AB, dessen Dichte über seine Länge hin nach einem beliebigen Gesetz verschieden ist, schwingt als Pendel um eine durch A gehende horizontale Achse. Man beweise, daß das größte Biegungsmoment in einem Punkt P auftritt, der sich aus der Bedingung ergibt, daß der Massenmittelpunkt des Teiles PB der Schwingungsmittelpunkt des Pendels ist.

34. Ein halbkreisförmiger Draht ACB, dessen Liniendichte proportional dem Abstand vom Halbmesser AB ist, drehe sich in seiner Ebene, die vertikal stehe, mit der gleichförmigen Winkelgeschwindigkeit ω um den festen Punkt A. Man beweise, daß das Biegungsmoment im Mittelpunkt C des Bogens AB für die vertikale Lage von AB verschwindet, falls

$$\omega = \sqrt{\frac{(4-\pi)g}{(6-\pi)a}},$$

vorausgesetzt, daß die die Drehung aufrechterhaltende Kraft an dem Drahtstück AC angreift.

---

35. Das eine Ende eines homogenen Stabes von der Masse m ist mittels eines Zapfens mit dem Mittelpunkte einer homogenen Kreisscheibe von der Masse M befestigt, die auf einer Horizontalebene rollt. Das andere Stabende berührt eine glatte, vertikale Wand. Die Wandebene stehe senkrecht zur Ebene der Kreisscheibe, in die der Stab mit hineinfällt. Man beweise, daß der Stab in dem Augenblicke, in welchem er die Wand verläßt, gegen die letztere unter einem Winkel Θ geneigt ist, der sich aus der Gleichung ergibt

$$9M\cos^3\Theta + 6m\cos\Theta - 4m\cos\alpha = 0 .$$

Hierbei ist vorausgesetzt, daß das System seine Bewegung aus der Ruhelage $\Theta = \alpha$ beginnt.

37. Eine homogene Kugel von der Masse M und dem Radius a steht auf einer Horizontalebene und berührt dabei eine vertikale Wand. Eine zweite homogene Kugel von der Masse m und dem Radius b ($< a$) liegt auf der ersten und berührt ebenfalls die Wand, wobei die beiden Kugelmittelpunkte in eine zur Wand senkrechte Ebene fallen. Unter der Annahme, daß alle Oberflächen vollkommen glatt sind, beweise man, daß sich die Kugeln trennen, sobald die Verbindungslinie ihrer Mittelpunkte mit der Horizontalen einen Winkel Θ einschließt, der durch die Gleichung bestimmt ist

$$(a+b)\{(M-m)\sin^3\Theta + 3m\sin\Theta\} = 4m\sqrt{ab}.$$

37. Auf einer glatten, horizontalen Ebene liegt ein glatter Kreiszylinder von der Masse M und dem Radius c; auf diesem Zylinder ruht eine schwere, gerade Schiene von der Masse m und der Länge $2a$. Das eine Ende der Schiene berührt den Fußboden. Man beweise, daß bei der vor sich gehenden Bewegung (von der angenommen sei, daß sie in einer Vertikalebene erfolge) die Schienenneigung gegen die Vertikale durch die Gleichung gegeben ist

$$\frac{1}{2}\dot{\Theta}^2\left[\left(\frac{1}{3}+\sin^2\Theta\right)a^2 + \frac{M}{M+m}\left(\frac{c}{1-\sin\Theta} - a\cos\Theta\right)^2\right] = ga(\cos\alpha - \cos\Theta);$$

hierin bezeichnet α den Anfangswert von Θ.

38. Eine homogene Hohlkugel von der Masse M habe den Außenradius a und den Innenradius b. Während die Kugel auf einer Horizontalebene rollt, bewegt sich im Innern der Kugel ein Massenpunkt ohne Reibung. Man zeige, daß der Winkelabstand Θ des Massenpunktes vom vertikalen Kugeldurchmesser zur Zeit t durch die Gleichung bestimmt wird

$$\frac{1}{2}\left(\frac{7}{5}M + m\sin^2\Theta\right)\dot{\Theta}^2 = \left(\frac{7}{5}M + m\right)(\cos\Theta - \cos\alpha)\cdot\frac{g}{b},$$

worin α den Höchstwert von Θ bezeichnet.

39. Ein Kreiszylinder vom Radius a und vom Trägheitsradius k rollt im Innern eines festen, horizontalen Zylinders vom Radius b. Man beweise, daß sich die durch die beiden Zylinderachsen bestimmte Ebene wie ein mathematisches Pendel von der Länge

$$(b-a)\left(1+\frac{k^2}{a^2}\right)$$

bewegt.

Der zweite Zylinder mag sich um seine Achse frei drehen können. Der erste Zylinder habe die Masse m, das Trägheitsmoment des zweiten um seine Achse sei MK^2. Man beweise, daß in diesem Falle die reduzierte Pendellänge $\frac{(b-a)(1+n)}{n}$ ist, worin $n = \frac{a^2}{k^2} + \frac{mb^2}{MK^2}$ zu setzen ist. Man zeige ferner, daß der Druck zwischen den beiden Zylindern proportional der Tiefe ihrer Berührungslinie unter einer Ebene ist, die um $\frac{2nb\cos\alpha}{1+3n}$ unter der festen Achse liegt. Hierin ist 2α der Schwingungswinkel.

40. Auf einem ebenen Wege stehe eine Gartenwalze, die Handhabe senkrecht nach oben. Der Griff wird bis zur Horizontalen niedergedrückt, zuerst in Ruhe gehalten und dann wieder losgelassen. Man beweise, daß die Winkelgeschwindigkeit der Handhabe um die Walzenachse durch die Gleichung gegeben ist

$$\frac{1}{2}\dot{\Phi}^2\left\{l\frac{h\cos^2\Phi}{1+\frac{M}{m}\left(1+\frac{K^2}{R^2}\right)}\right\}=g\cos\Phi\,.$$

Hierin bezeichnen R den Walzenradius, K den Trägheitsradius der Walze um ihre Achse, M ihre Masse und m die Masse der Handhabe, h deren Schwerpunktsabstand von der Achse und schließlich l die reduzierte Pendellänge der Handhabe bei festgehaltener Walze.

41. Ein homogener Kreisring vom Radius a vermöge lediglich in einer Horizontalebene auf einer festen horizontalen Geraden zu rollen. Auf dem Ring soll ein Massenpunkt reibungsfrei gleiten, der $\frac{1}{\lambda}$-mal so viel Masse hat wie der Ring. Wenn anfangs der Ring in Ruhe ist und der Massenpunkt von dem von der festen Geraden entferntesten Punkte mit der Geschwindigkeit v längs des Ringes in Bewegung gesetzt wird, so dreht sich der Ring in der Zeit t um einen Winkel

$$\frac{\left(\frac{vt}{a}-\sin\psi\right)}{2\lambda+1}\,,$$

worin ψ den Winkel bezeichnet, um den sich der durch den Massenpunkt gehende Durchmesser in derselben Zeit gedreht hat. Man beweise ferner, daß

$$vt\sqrt{2\lambda}=a\int_0^{\psi}\sqrt{2\lambda+\sin^2\Theta}\,d\Theta\,.$$

42. Ein gleichförmiger Stab ist mit seinen Enden an zwei Fäden aufgehängt, die an zwei in einer horizontalen Linie liegenden Punkten A, B befestigt sind. AB ist gleich der Länge des Stabes; die Fäden sind nicht gekreuzt und haben die Längen a und $a+\lambda$, wobei λ eine kleine Größe ist. Der Stab werde in seiner Vertikalebene in Schwingungen versetzt. Man beweise, daß die Winkelgeschwindigkeit des in A befestigten Fadens in der um Θ gegen die Vertikale geneigten Lage etwa um

$$\lambda\left(\frac{g}{2a^3}\right)^{\frac{1}{2}}(\cos\Theta-\cos\alpha)^{\frac{1}{2}}\left(\tan^2\Theta-\frac{1}{2}\sec\Theta\sec\alpha\right)$$

größer ist, als sie sein würde, wenn λ Null wäre. Hierin bedeutet α den Wert der Amplitude von Θ in einer Ruhelage, jedoch unter der Annahme, daß α nicht nahezu ein Rechter wird.

43. Ein homogener Stab, der sich um einen festen Punkt seiner Achse frei drehen kann, berührt im Abstand c von dem Drehpunkt den rauhen Umfang einer Kreisscheibe von der Masse m, dem Radius a und dem auf ihren Mittelpunkt bezogenen Trägheitsradius k. Das System liegt zunächst in einer glatten, horizontalen Ebene in Ruhe. Plötzlich wird dem Stab eine Winkelgeschwindigkeit Ω erteilt, so daß auch die

Scheibe ihre Lage ändert. Man beweise, daß bei der nunmehr folgenden Bewegung der Abstand r des Berührungspunktes von dem festen Punkte die Gleichung befriedigt

$$\frac{(MK^2+mr^2)\left(1+\frac{k^2}{a^2}\right)}{\dot{r}^2}=(MK^2+mc^2)(k^2+a^2+r^2-c^2)\,\Omega^2.$$

Hierbei bezeichnet MK^2 das Trägheitsmoment des Stabes um die feste Achse; außerdem wird vorausgesetzt, daß der Scheibenumfang rauh genug ist, um ein Gleiten zu verhindern.

---

44. Ein gleichförmiger Stab stützt sich mit seinem unteren Ende gegen einen glatten Tisch und wird aus einer beliebig geneigten Ruhelage losgelassen. Man zeige, daß sein Mittelpunkt beim Auftreffen auf den Tisch die Geschwindigkeit $\sqrt{\frac{3}{2}gh}$ hat, wobei h die Fallhöhe des Stabmittelpunktes bedeutet. Man beweise ferner, daß in dem Augenblicke, in dem der Mittelpunkt den Tisch erreicht, die Stützkraft des Tisches ein Viertel des Stabgewichtes beträgt.

45. Bewegt sich ein Massenpunkt in einer kreisförmig gebogenen Röhre, die zunächst auf einer glatten Horizontalebene festgehalten wird, und läßt man die Röhre los, so beschreibt der Mittelpunkt der Röhre eine Trochoide.

46. Eine homogene Kugel von der Masse m rollt auf der horizontalen oberen Fläche eines Keils von der Masse M, während die untere Keilfläche reibungsfrei auf einer unter dem Winkel α gegen die Horizontale geneigten festen Ebene gleitet. Wir wollen annehmen, daß das System sich aus der Ruhelage zu bewegen beginnt, und daß die ganze Bewegung sich in einer Vertikalebene abspielt. Wenn der Keil nach der Zeit t sich gegenüber der Ebene um die Strecke x verschoben hat und die Kugel in der gleichen Zeit auf der Keilfläche eine Strecke s gerollt ist, so stehen diese Größen in der folgenden Beziehung

$$x=\frac{7}{5}\,s\sec\alpha=\frac{7\,(M+m)\sin\alpha}{2\left\{7\,M+(7-5\cos^2\alpha)\,m\right\}}\,g\,t^2.$$

47. Auf einem Rad, das sich um seine horizontale Achse frei drehen kann, sitzt im tiefsten Punkte eine Fliege von der Masse m. Die Fliege beginnt plötzlich längs des Radkranzes relativ zum Rade mit der konstanten Geschwindigkeit V zu laufen. Man beweise, daß sie niemals bis zum höchsten Punkte des Rades gelangen kann, wenn nicht V wenigstens gleich

$$2\sqrt{ga\frac{ma^2}{MK^2}\left(1+\frac{ma^2}{MK^2}\right)}$$

ist. Hierin bedeuten a den Radius des Rades und MK^2 das Trägheitsmoment um seine Achse.

48. Auf einer rauhen schiefen Ebene von der Neigung α wird ein dünner Hohlzylinder vom Radius a und der Masse M in horizontaler Ruhelage gehalten. Ein Insekt von der Masse m, das anfangs im Innern auf der Mantellinie sitzt, in der der Zylinder die Ebene berührt, beginnt den Zylinder mit der Geschwindigkeit V hinauf zu kriechen. Gleichzeitig wird dieser dabei losgelassen. Wird die Relativgeschwindigkeit aufrechterhalten und rollt der Zylinder bergan, so wird er in dem

Augenblik in Ruhe kommen, in dem der durch das Insekt gehende Radius mit der Vertikalen den Winkel Θ bildet, der durch die Gleichung bestimmt ist

$$V^2\{1-\cos(\Theta-\alpha)\}+ag(\cos\alpha-\cos\Theta)=\left(1+\frac{M}{m}\right)ag(\Theta-\alpha)\sin\alpha.$$

49. Ein starres Quadrat $ABCD$, das aus vier gleichen, homogenen Stäben von der Länge $2a$ besteht. liegt auf einer glatten horizontalen Tischfläche und kann sich um einen festen Eckpunkt A frei drehen. Ein Käfer von einer Masse gleich der eines Stabes beginnt von der Ecke B aus auf dem Stabe BC mit gleichförmiger Geschwindigkeit V relativ zum Stabe entlang zu kriechen. Man beweise, daß das Quadrat sich zu einer beliebigen Zeit t, ehe der Käfer C erreicht hat. um den Winkel

$$\sqrt{\frac{3}{13}}\operatorname{arc\,tan}\left(\frac{Vt}{a}\sqrt{\frac{3}{52}}\right)$$

gedreht haben wird.

---

50. Die Ecken A, B eines homogenen rechteckigen Bleches $ABCD$ können auf zwei glatten, festen und starren Stäben OA, OB gleiten, die aufeinander senkrecht stehen, in einer und derselben Vertikalebene liegen und gegen die Vertikale gleiche Neigung haben. Die Blechscheibe befindet sich im Gleichgewicht, wenn AB horizontal ist. Man ermittle die Geschwindigkeit, die durch einen längs der tiefsten Kante CD erteilten Impuls hervorgerufen wird.

Sind $AB=2a$ und $BC=4a$, so wird sich die Platte gerade soweit bewegen, daß die Kante AB eben noch mit einem Drahte zur Deckung kommt, falls der Impuls so groß war, wie er sein müßte, um einer Masse gleich der des Bleches eine Geschwindigkeit

$$\tfrac{2}{3}\sqrt{ag(4-2\sqrt{2})}$$

zu erteilen.

51. Ein homogener, starrer, halbkreisförmig gebogener Draht dreht sich in seiner eigenen Ebene um ein an einem Ende angebrachtes Scharnier und wird durch einen Stoß, der auf das andere Ende in tangentialer Richtung an den Kreis ausgeübt wird, plötzlich zur Ruhe gebracht. Man beweise, daß das plötzlich auftretende Biegungsmoment in dem Punkte am größten ist, dessen Winkelabstand Φ vom Scharnier sich aus der Beziehung

$$\Phi\cdot\tan\tfrac{1}{2}\Phi=1$$

ergibt.

52. Ein Massenpunkt von der Masse m stößt gerade auf ein ruhendes, glattes, homogenes Rotationsellipsoid von der Masse M und den Halbachsen a, b, ohne daß dabei Energie verloren geht. Man beweise, daß man den Stoßpunkt so wählen kann, daß der Massenpunkt in Ruhe kommt, falls die Bedingung erfüllt wird

$$1<\frac{M}{m}<6-10\frac{ab}{a^2+b^2}.$$

53. Eine homogene Kreisscheibe ist mit den Enden ihres horizontalen Durchmessers an zwei Fäden aufgehängt, die gegen die Horizontale gleiche Winkel α bilden, und zwar so, daß ihre Ebene vertikal

steht. Man beweise, daß nach Zerschneiden eines Fadens die Spannung im anderen sich im Verhältnis

$$2 \sin^2 \alpha : (1 + 2 \sin^2 \alpha)$$

vermindert.

54. Ein homogenes Brett in Form eines gleichseitigen Dreiecks ist mit seinen Ecken an drei gleichen Schnüren aufgehängt, die an den Ecken eines ähnlichen und in einer Horizontalebene liegenden festen Dreiecks angebunden sind. Die durch je zwei Fäden gelegte Ebene bilde mit der Horizontalebene den Winkel α. Man beweise, daß nach Zerschneiden eines Fadens sich die Spannungen in den beiden übrigen Fäden im Verhältnis

$$3 \sin^2 \alpha : (2 + 4 \sin^2 \alpha)$$

vermindern.

55. Ein kreisförmiger Ring hängt in einer Vertikalebene über zwei Bolzen, die in einer horizontalen Geraden liegen und in dem Kreise einen Zentriwinkel 2α bestimmen. Plötzlich wird der eine Bolzen entfernt. Man ermittle die Auflagerkraft auf den übrigbleibenden Bolzen 1) wenn dieser glatt, 2) wenn er rauh ist, und beweise, daß diese Auflagerkräfte im Verhältnis

$$1 : (1 + \tfrac{1}{4} \tan^2 \alpha)^{\frac{1}{2}}$$

stehen.

56. Eine auf einer Horizontalebene liegende Kugel ist durch Ebenen, die alle durch den vertikalen Durchmesser gelegt sind, in eine sehr große Anzahl von Scheiben geteilt und wird nur durch ein um den Horizontalkreis gelegtes Band zusammengehalten. Man beweise, daß nach Zerschneiden des Bandes sich der Auflagerdruck auf die Ebene um den $\frac{45\pi^2}{2048}$sten Teil des Kugelgewichtes vermindert.

---

57. Das untere Ende eines homogenen Stabes von der Länge a gleite auf einem undehnbaren Faden von der Länge $2a$, der mit seinen Enden an zwei festen Punkten angebunden ist, die im Abstand $2\sqrt{a^2 - b^2}$ voneinander auf einer horizontalen Geraden liegen. Mit seinem oberen Ende gleite der Stab auf einem glatten vertikalen Draht, der die Verbindungslinie der beiden festen Punkte halbiert. Man beweise, daß für den Fall $2b > a$ die Schwingungsdauer um die vertikale Gleichgewichtslage gleich

$$\frac{2\sqrt{2}\,\pi a}{\sqrt{3g(2b - a)}}$$

ist.

58. Die Enden eines homogenen Stabes von der Länge $4a$ gleiten reibungslos auf dem Umfang einer in einer Vertikalebene liegenden Hypozykloide mit 3 Spitzen, von der eine Spitze mit dem höchsten Punkt des umgeschriebenen Kreises zusammenfällt (Radius $3a$). Man beweise, daß die reduzierte Pendellänge $\frac{4}{3}a$ ist.

59. In einer schweren, ebenen Platte, deren Schwerpunkt G sei, sind zwei enge gerade Schlitze BA, AC derart eingeschnitten, daß AG den Winkel BAC halbiert Durch jeden Schlitz geht ein fester Bolzen. Beide Bolzen P und Q liegen auf einer horizontalen Geraden. Man beweise, daß die Zeit einer kleinen Schwingung der Platte in ihrer

Ebene um eine Gleichgewichtslage, bei der der Scheitel A des Dreiecks APQ oben liegt, gleich

$$2\pi\sqrt{\frac{2\,PQ\,(PQ^2+k^2\sin^2 A)}{g\sin A\,(4\,PQ^2-AG^2\sin^2 A)}}$$

ist. Hierin bezeichnet k den Trägheitsradius der Platte um eine durch G gehende und zur Ebene senkrechte Achse.

60. Ein homogener, massiver, gerader Kreiskegel von der Höhe h, dem Spitzenwinkel 2α und dem Trägheitsradius k um eine durch seinen Schwerpunkt gelegte und senkrecht zu seiner Achse stehende Gerade, hängt mit seiner Spitze nach unten zwischen zwei rauhen parallelen Schienen, die im Abstand $2c$ voneinander in einer Horizontalebene liegen. Man beweise, daß bei stabilem Gleichgewicht die Schwingungsdauer für kleine Schwingungen um die Gleichgewichtslage

$$\pi\sqrt{\frac{16\,k^2\sin^2\alpha+(3\,h\sin\alpha-4\,c\cos\alpha)^2}{g\sin\alpha\cos\alpha\,(4\,c-3\,h\tan\alpha)}}$$

ist.

61. Eine homogene Kugel vom Radius c wird auf einen horizontalen und nach einer Ellipse mit den Halbachsen a und b gebogenen Draht gelegt. Unter der Voraussetzung, daß der Draht rauh genug ist, um das Gleiten zu verhindern, beweise man, daß die reduzierte Pendellänge für kleine Schwingungen um die Gleichgewichtslage

$$\frac{(a^2-b^2)(d^2+k^2)}{b^2 d}$$

s t, worin $k^2=\frac{2}{5}c^2$ und $d^2=c^2-b^2$ bezeichnen.

62. Zwei gleiche Räder von der Masse M, dem Radius a und dem Trägheitsradius k um ihre Mittelpunkte sind durch eine Achse von der Länge c starr miteinander verbunden und laufen auf einer Horizontalebene. An den Mittelpunkten beider Räder sind zwei Massenpunkte von der Masse m mittels Fäden angebunden, die über glatte, in der Verbindungslinie der Mittelpunkte angebrachte Bolzen laufen. Man beweise, daß bei symmetrischer Anordnung der Räder zwischen den Bolzen und bei kleiner Verschiebung der Räder aus der Gleichgewichtslage (durch Rollen), die Schwingungsdauer für kleine Schwingungen

$$2\pi\sqrt{\frac{Mb\,(a^2+k^2)}{mga^2}}$$

beträgt, wobei $2b+c$ den Abstand der Bolzen bezeichnet.

64. Ein massiver Kreiszylinder ist durch zwei Ebenen begrenzt, die unter gegebenen Winkeln gegen die Achse gelegt sind, und wird mit seiner Mantelfläche auf eine rauhe Horizontalebene gelegt. Man iermittle die stabile Gleichgewichtslage und beweise, daß, wenn l die reduzierte Pendellänge für kleine Schwingungen und d der Zylinderdurchmesser ist, die längste und kürzeste Mantellinie im Verhältnis

$$(l+4\,d):(l-2\,d)$$

stehen.

IX. Starre Körper und Körpersysteme.[1]

239. Der Stoß zwischen zwei festen Körpern. Zur Erforschung der Bewegung zweier fester Körper, die zusammenprallen, stellte Poisson[2]) eine Hypothese über den Bewegungsvorgang auf, der während der Berührung der beiden Körper vor sich geht. In diesem Zeitraum darf man die Körper nicht als starr ansehen, sondern man muß die eintretende Formänderung in Rechnung ziehen (Abschn. 192). Poisson machte die Annahme, daß man diesen Zeitraum in zwei Perioden teilen könnte: Während der ersten Periode erleiden die Körper eine Zusammendrückung (Kompressionsperiode); während der zweiten geht die Wiederherstellung der früheren Form vor sich (Expansionsperiode). Ferner nahm Poisson an, daß der Antrieb der zwischen den Körpern wirkenden Kraft während der Expansionsperiode zu dem Kraftantrieb während der Kompressionsperiode im Verhältnis $e:1$ steht, wenn man unter e den Stoßkoeffizienten versteht.

Diese Hypothese führt auf die folgende Regel, nach der man das Stoßproblem zu lösen hat: Zuerst löse man die Aufgabe in der Weise, wie wenn es sich um einen vollkommen unelastischen Stoß handelte, und ermittle den Antrieb zwischen den beiden Körpern. Dann multipliziere man den Antrieb mit $(1+e)$ und löse hierauf die Aufgabe nochmals unter der Annahme, daß der Antrieb den nunmehr berechneten Wert hat.

Wir wollen diese Methode auf das Problem des geraden Stoßes zweier Kugeln anwenden. Nach Abschn. 195 in Kapitel VII sind die Bewegungsgleichungen für den vollkommen unelastischen Stoß

$$u - u' = 0, \quad mu + m'u' = mU + m'U',$$

[1]) Dieses Kapitel kann beim erstmaligen Lesen des Buches überschlagen werden.

[2]) S. D. Poisson, Traité de Mécanique, 2. Aufl., Paris 1833, S. 273 u. folg.

und der Antrieb R_0 zwischen den beiden Körpern ist

$$-m(u-U) \quad \text{oder} \quad \frac{mm'}{m+m'}(U-U').$$

Wir multiplizieren das mit $(1+e)$. Unter der Annahme, daß der Antrieb der Körper aufeinander $(1+e)\,R_0$ ist, erhält man die Bewegungsgleichungen

$$-m(u-U)=\frac{mm'}{m+m'}(U-U')(1+e)$$

und

$$m'(u'-U')=\frac{mm'}{m+m'}(U-U')(1+e).$$

Aus diesen Gleichungen ergeben sich für u und u' dieselben Werte wie sie in Abschn. 195 ermittelt worden sind.

Im Falle des geraden Stoßes glatter Kugeln kommt man unter Zugrundelegung der Poissonschen Hypothese zu dem gleichen Resultat, wie man es auf Grund der Newtonschen Versuchsergebnisse erhält. In derselben Weise läßt sich zeigen, daß auch beim schiefen Stoß glatter Kugeln (Abschn. 197) die aus der Poissonschen Hypothese hergeleiteten Ergebnisse dieselben sind, wie die im Abschn. 196 mit der „verallgemeinerten Newtonschen Regel“ erhaltenen. Wir werden zeigen, daß dies für den Stoß zweier beliebiger Körper — ganz gleich, ob glatt oder rauh — gilt, vorausgesetzt, daß die Reibung nicht so groß ist, daß sie das Gleiten verhindert.

240. Der Stoß vollkommen glatter Körper. Zwei feste Körper, die sich in einer Ebene bewegen, mögen in einem Punkte P in Berührung kommen, und wir wollen annehmen, daß die Körper in P glatt sind. R sei der Stoßantrieb zwischen den Körpern in P; seine Richtung fällt mit der gemeinsamen Normalen der beiden Oberflächen in P zusammen. Wir wollen diese Richtung als x-Achse und eine beliebige dazu senkrechte Gerade als y-Achse wählen.

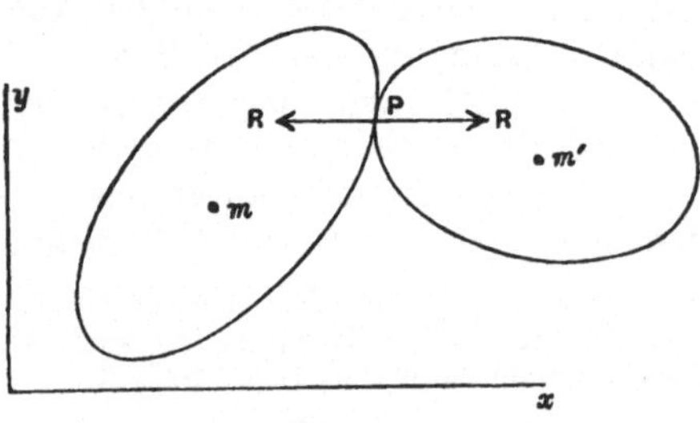

Fig. 77.

Es seien m und m' die Massen der Körper, U, V, Ω das Geschwindigkeitssystem von m vor dem Stoß, u, v, ω die entsprechenden Größen nach dem Stoß. Für m' mögen dieselben Bezeichnungen, jedoch mit einem Akzent, Verwendung finden. Ferner seien x, y die Schwerpunktskoordinaten von m und x', y' diejenigen von m' im Augenblick des Stoßes; zu gleicher Zeit seien ξ, η die Koordinaten von P. Außerdem werde angenommen, daß der Richtungssinn des auf m wirkenden Antriebes R mit dem negativen Richtungssinn der x-Achse zusammenfalle (Fig. 77).

Der Punkt P, als Punkt von m betrachtet, hat die Geschwindigkeitskomponenten

$$U - \Omega(\eta - y), \quad V + \Omega(\xi - x) \quad \text{vor dem Stoß}$$

und

$$u - \omega(\eta - y), \quad v + \omega(\xi - x) \quad \text{nach dem Stoß.}$$

Als Punkt von m' angesehen, hat P die Geschwindigkeitskomponenten

$$U' - \Omega'(\eta - y'), \quad V' + \Omega'(\xi - x') \quad \text{vor dem Stoß}$$

und

$$u' - \omega'(\eta - y'), \quad v' + \omega'(\xi - x') \quad \text{nach dem Stoß.}$$

Nach der verallgemeinerten Newtonschen Regel folgt daraus die Gleichung

$$u - \omega(\eta - y) - u' + \omega'(\eta' - y') = -e\left\{U - \Omega(\eta - y) - U' + \Omega'(\eta - y')\right\}.$$

Die Stoßgleichungen der beiden Körper in der x-Richtung sind

$$m(u - U) = -R, \quad m'(u' - U') = R.$$

Die Stoßgleichungen in der y-Richtung sind

$$m(v - V) = 0, \quad m'(v' - V') = 0.$$

Die Momentengleichungen um die zur Bewegungsebene senkrechten Schwerpunktsachsen lauten

$$mk^2(\omega - \Omega) = R(\eta - y), \quad m'k'^2(\omega' - \Omega') = -R(\eta - y');$$

hierin bedeuten k und k' die Trägheitsradien der Körper um diese Achsen.

Durch Elimination von u, u', ω, ω' erhalten wir auf Grund der obigen (Newtonschen) Gleichung

$$R\left[\frac{1}{m}\left\{1 + \frac{(\eta - y)^2}{k^2}\right\} + \frac{1}{m'}\left\{1 + \frac{(\eta - y')^2}{k'^2}\right\}\right]$$
$$= (1 + e)\left[U - U' - \Omega(\eta - y) + \Omega'(\eta - y')\right];$$

diese Gleichung zeigt, daß der Stoßantrieb für jeden Wert von e $(1 + e)$ mal so groß ist, als er für $e = 0$ wäre.

Das Ergebnis dieses Abschnitts kann in dem Satz ausgesprochen werden, daß die verallgemeinerte Newtonsche Regel und die aus der Poissonschen Hypothese abgeleitete Regel für zwei beliebige, glatte Körper, die sich in einer Ebene bewegen, gleichwertig sind.

241. Der Stoß rauher Körper. Wir nehmen an, daß wir die Stoßwirkung zwischen zwei rauhen Körpern, die in Berührung kommen und dabei in ihrem Berührungspunkt aufeinander gleiten, durch einen Stoßantrieb genau wie bei glatten Körpern und durch eine Stoßreibung ausdrücken können, die das Gleiten zu verhindern sucht, und daß die Reibung und die Stoßkraft in einem konstanten Verhältnis stehen, welches gleich dem Reibungskoeffizienten ist. Es mag ferner vorausgesetzt werden, daß die geometrische Bedingung bezüglich der Relativgeschwindigkeit dieselbe wie im Falle glatter Körper ist, d. h. daß die verallgemeinerte Newtonsche Regel gilt.

Wir wollen zeigen, daß für den Fall, wenn im Berührungspunkte ein Gleiten eintritt, die aus der Poissonschen Hypothese abgeleitete

Regel auch für die Stoßwirkung zwischen rauhen Körpern mit der verallgemeinerten Newtonschen Regel gleichbedeutend ist.

Bezeichnen wir die Stoßreibung im Berührungspunkte mit F und wenden wir sonst dieselben Benennungen wie im letzten Abschnitt an, so haben wir die Gleichungen für die Stoßbewegung

$$\left.\begin{aligned} m(u-U) &= -R, \quad m(v-V) = -F \\ mk^2(\omega-\Omega) &= -(\xi-x)F+(\eta-y)R \end{aligned}\right\} \quad \ldots\ldots (1)$$

und

$$\left.\begin{aligned} m'(u'-U') &= R, \quad m'(v'-V') = F \\ m'k'^2(\omega'-\Omega') &= (\xi-x')F-(\eta-y')R \end{aligned}\right\} \quad \ldots\ldots (2)$$

Außerdem haben wir die Gleichung der gleitenden Reibung

$$F = \mu\cdot R \quad \ldots\ldots\ldots\ldots (3)$$

und die sich aus der Newtonschen Regel ergebende Gleichung

$$u-\omega(\eta-y)-u'+\omega'(\eta-y') = -e\left\{U-\Omega(\eta-y)-U'+\Omega'(\eta-y')\right\} \quad . \ (4)$$

Aus diesen Gleichungen erhalten wir durch Elimination von u, u', v, v', ω, ω', F eine Gleichung für R, nämlich

$$R\left[\left(\frac{1}{m}+\frac{1}{m'}\right)+\frac{\eta-y}{mk^2}\left\{(\eta-y)-\mu(\xi-x)\right\}+\frac{\eta-y'}{m'k'^2}\left\{(\eta-y')-\mu(\xi-x')\right\}\right]$$
$$=(1+e)\left[U-\Omega(\eta-y)-U'+\Omega'(\eta-y')\right].$$

Man sieht aus dieser Gleichung, daß R den Faktor $(1+e)$ enthält, sonst aber von e frei ist; damit ist der Beweis für die Gleichwertigkeit der beiden Regeln auch in diesem Falle erbracht.

242. Der Fall ohne Gleiten. Wenn die Körper rauh genug sind, um ein Gleiten zu verhindern, so ist das Problem verwickelter. Die Wirkungen der Elastizität der Körper können nicht so einfach sein wie in den früheren Fällen[1]).

Wir können eine angenäherte Lösung erhalten, wenn wir die Annahme machen, daß die verallgemeinerte Newtonsche Regel gilt. Dann behalten die Gleichungen (1), (2), (4) des Abschnitts 241 ihre Gültigkeit; nur an Stelle von Gleichung (3) tritt die Bedingung, daß kein Gleiten eintritt, nämlich

$$v+\omega(\xi-x) = v'+\omega'(\xi-x') \qquad (5)$$

Aus den Gleichungen (1), (2), (4), (5) können wir zwei Gleichungen für R und F ableiten, nämlich

$$R\left[\left(\frac{1}{m}+\frac{1}{m'}\right)+\frac{(\eta-y)^2}{mk^2}+\frac{(\eta-y')^2}{m'k'^2}\right]-F\left[\frac{(\xi-x)(\eta-y)}{mk^2}+\frac{(\xi-x')(\eta-y')}{m'k'^2}\right]$$
$$=(1+e)\left[U-\Omega(\eta-y)-U'+\Omega'(\eta-y')\right],$$

$$F\left[\left(\frac{1}{m}+\frac{1}{m'}\right)+\frac{(\xi-x)^2}{mk^2}+\frac{(\xi-x')^2}{m'k'^2}\right]-R\left[\frac{(\xi-x)(\eta-y)}{mk^2}+\frac{(\xi-x')(\eta-y')}{m'k'^2}\right]$$
$$=V+\Omega(\xi-x)-V'-\Omega'(\xi-x').$$

[1]) Poisson selbst nahm nicht an, daß seine Hypothese auf solche Fälle anwendbar sei, in denen genügend Reibung vorhanden ist, um das Gleiten zu verhindern. Die Frage ist auch von keinem großen praktischen Interesse, weil die Bewegung sehr von Zufälligkeiten abhängen muß.

Man sieht, daß die Lösung dieser Gleichungen auf einen Ausdruck von R führt, der aus zwei Gliedern besteht, von denen das eine den Faktor $(1+e)$ hat, während das andere diesen Faktor nicht enthält.

Da R gewöhnlich nicht proportional $(1+e)$ ist, so ist das auf Grund der Poissonschen Hypothese erhaltene Resultat im allgemeinen nicht dasselbe wie das aus der verallgemeinerten Newtonschen Regel abgeleitete.

Die beiden Resultate stimmen jedoch in allen Fällen überein, in denen entweder

$$V + \Omega(\xi - x) - V' - \Omega'(\xi - x') = 0$$

oder

$$\frac{(\xi - x)(\eta - y)}{m k^2} + \frac{(\xi - x')(\eta - y')}{m' k'^2} = 0$$

ist.

Die erste dieser Gleichungen drückt die Bedingung aus, daß es im Augenblick des Stoßes keine Gleitgeschwindigkeit gibt, oder daß der Stoß im eigentlichen Sinne „gerade“ ist.

Die zweite Bedingung ist erfüllt, wenn $\eta = y = y'$, d. h. wenn die Berührungsnormale im Stoßpunkt durch die Schwerpunkte der beiden Körper geht, wie es der Fall sein würde, wenn die Körper Kugeln oder Kreisscheiben wären. Sie ist ebenso erfüllt, falls $\eta = y$ und $\xi = x'$ sind, was der Fall wäre, wenn der eine Körper eine Kugel oder eine Kreisscheibe, der andere aber ein dünner Stab sein würde.

243. Beispiele. 1. Eine homogene Kugel vom Radius a und der Masse m, die sich, ohne sich zu drehen, bewegt, stößt gerade auf einen glatten homogenen Würfel von der Kantenlänge $2a$ und der Masse m', wobei die Bewegungsrichtung der Kugel im Abstand b am Schwerpunkt des Würfels vorbeigeht. Man beweise, daß bei vollkommen unelastischem Stoß die beim Stoß verloren gegangene kinetische Energie sich zu derjenigen der Kugel vor dem Stoß wie

$$1 : 1 + \frac{m}{m'}\left(1 + \frac{3b^2}{2a^2}\right)$$

verhält.

2. Ein homogener Stab, der, ohne sich zu drehen, fällt, schlägt auf eine glatte horizontale Ebene auf. Man beweise, daß für alle Werte des Stoßkoeffizienten die Winkelgeschwindigkeit des Stabes unmittelbar nach dem Stoß ein Maximum wird, wenn der Stab vor dem Stoß mit der Horizontalen einen Winkel $\arccos \frac{1}{\sqrt{3}}$ bildete.

3. Eine Kugel, deren Schwerpunkt mit ihrem Mittelpunkt zusammenfällt, bewegt sich in einer Vertikalebene und dreht sich dabei um eine zu dieser Ebene senkrechte Achse. Dabei prallt sie gegen eine horizontale Ebene, die glatt genug ist, um ein Gleiten zu verhindern. Man beweise, daß die Kugel unter einem Winkel zurückspringt, der größer oder kleiner als im Falle ohne Reibung ist, je nachdem ihr tiefster Punkt sich im Augenblick des Stoßes nach vorwärts oder nach rückwärts bewegt.

4. Eine beliebig geformte Scheibe von der Masse m, die sich in ihrer Ebene, ohne sich zu drehen, mit der Geschwindigkeit V senkrecht zu einer festen Ebene bewegt, prallt an diese an; die Abstände ihres Schwerpunktes vom Stoßpunkt und von der Ebene sind in diesem

Augenblicke r und p. Unter der Annahme, daß die Ebene rauh genug ist, um ein Gleiten zu verhindern, beweise man, daß der Stoßantrieb gleich

$$\frac{mV(1+e)(k^2+p^2)}{k^2+r^2}$$

ist, worin k den Trägheitsradius der Scheibe um ihren Schwerpunkt bedeutet.

5. Ein Billardball, der sich schnell um seine Achse dreht, bewegt sich auf einem glatten Tisch senkrecht auf eine vertikale Bande zu und prallt an dieser unter einem Winkel Θ ab. Man beweise, daß sich die kinetische Energie im Verhältnis

$$(10+14\tan^2\Theta):\left(\frac{10}{e^2}+49\tan^2\Theta\right)$$

vermindert, sofern die Bande rauh genug ist, um ein Gleiten zu verhindern.

6. Eine Kreisscheibe von der Masse M und dem Radius c stößt an einen Stab von der Masse m und der Länge $2a$, der in seinem Mittelpunkt drehbar um einen Zapfen gelagert ist. Der Stoßpunkt liege um b von diesem Zapfen entfernt. Bezeichnen α und β die Winkel der Bewegungsrichtungen gegen den Stab vor und nach dem Stoß, so ist

$$2(3Mb^2+ma^2)\tan\beta = 3(3Mb^2-ema^2)\tan\alpha,$$

vorausgesetzt, daß die sich berührenden Flächen rauh genug sind, um ein Gleiten zu verhindern.

244. Stoßbewegungen von Körpersystemen. Zur Veranschaulichung dafür, wie man die Bewegungsgleichungen für den Stoß auf Systeme starrer Körper anzuwenden hat, die in bestimmter unveränderlicher Weise miteinander verbunden sind, mögen die folgenden Aufgaben dienen. Aus der ersten wird man sehen, daß es nicht notwendig ist, die zwischen den einzelnen Körpern an ihren Verbindungsstellen wirkenden Kräfte ausdrücklich einzuführen. Das zweite veranschaulicht die Wahl der Gleichungen; denn, obwohl man einzelne der unbekannten Verbindungskräfte einführen muß, ist es unnötig, für jeden einzelnen Körper besondere Bewegungsgleichungen anzuschreiben.

I. Drei homogene Stäbe, deren Massen proportional ihren Längen sind, seien durch Kugelgelenke miteinander verbunden und in einer geraden Linie ausgestreckt. Einer der äußeren Stäbe erhalte an seinem freien Ende senkrecht zur Stabachse einen Schlag. Man soll ermitteln, wie sich die Stäbe zu bewegen beginnen.

$2a$, $2b$, $2c$ seien die Stablängen ($2c$ sei der geschlagene Stab) und $\frac{x}{a}$, $\frac{y}{b}$, $\frac{z}{c}$ die Winkelgeschwindigkeiten, mit denen sie sich zu bewegen beginnen. u sei die Geschwindigkeit des Schwerpunkts des ersten Stabes. Dann ergibt sich das in der Figur eingezeichnete Geschwindigkeitssystem. Der auf das Stabende A ausgeübte Stoßantrieb sei P; ka, kb, kc seien die Massen der Stäbe.

Wir wollen die Drallgleichungen für den Stab CD um C, für die Stäbe BC, CD um B und schließlich für alle drei Stäbe um A an-

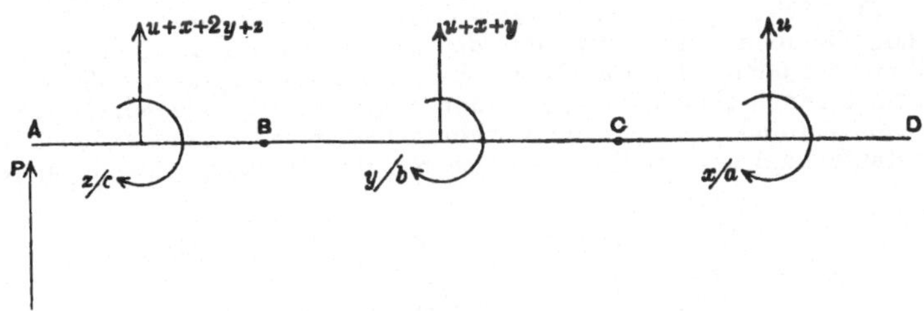

Fig. 78.

schreiben. Außerdem sei die Gleichung für den Antrieb des ganzen Systems senkrecht zu den Stabachsen aufgestellt. Dann erhalten wir die Bedingungen

$$u - \frac{x}{3} = 0$$

$$b\left[b(u + x + y) - \frac{by}{3}\right] + a\left[(2b + a)u - \frac{ax}{3}\right] = 0,$$

$$c\left[c(u + x + 2y + z) - \frac{cz}{3}\right] + b\left[(2c + b)(u + x + y) - \frac{by}{3}\right]$$
$$+ a\left[(2c + 2b + a)u - \frac{ax}{3}\right] = 0,$$

$$kc(u + x + 2y + z) + kb(u + x + y) + kau = P.$$

Dividiert man die Differenz der zweiten und dritten Gleichung durch c, so ergibt sich

$$c\left(u + x + 2y + \frac{2z}{3}\right) + 2b(u + x + y) + 2au = 0.$$

Vereinfacht man diese Gleichung sowie die zweite unter Benutzung der ersten, so erhält man

$$x(a + 4b + 2c) + y(3c + 3b) + zc = 0$$

und

$$(2b + a)x + by = 0.$$

Daraus ergibt sich schließlich

$$\frac{u}{\frac{1}{3}b} = \frac{x}{b} = \frac{y}{-(2b + a)} = \frac{cz}{2ab + 3ac + 2b^2 + 4bc} = \frac{P}{k(\frac{4}{3}ab + ac + \frac{4}{3}bc + \frac{4}{3}b^2)}.$$

II. Ein aus vier gleichen, homogenen Stäben, die an ihren Enden durch Kugelgelenke verbunden sind, gebildeter Rhombus wird durch einen Schlag, der auf einen Stab senkrecht zu dessen Achse ausgeübt wird, in Bewegung gesetzt. Man ermittle, wie sich der Rhombus zu bewegen beginnt.

$2a$ sei die Seitenlänge des Rhombus $ABCD$, α der Winkel DAB, x der Abstand des Stoßpunktes vom Mittelpunkt der Seite AB, auf der er liegt, P der Stoßantrieb und m die Masse jedes Stabes (Fig. 79).

Der Schwerpunkt des Systems fällt mit dem Schnittpunkt der beiden Geraden zusammen, die die Mittelpunkte gegenüberliegender Seiten verbinden. Da die Figur stets ein Parallelogramm bleibt, so haben gegenüberliegende Seiten immer gleiche Winkelgeschwindigkeit und die Verbindungslinien der Mittelpunkte zweier Gegenseiten behalten konstante Länge $2a$ und drehen sich mit den Winkelgeschwindigkeiten

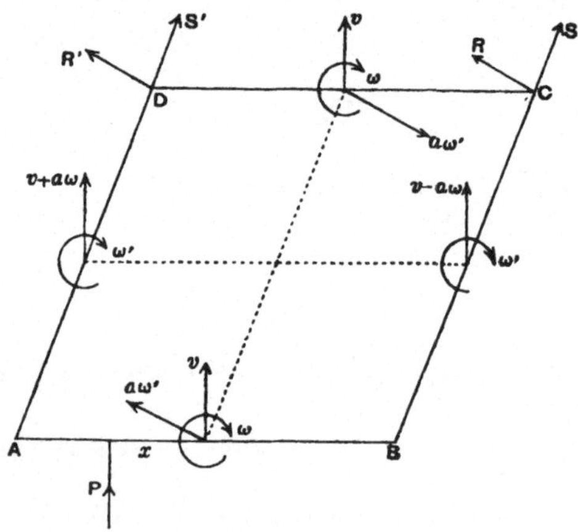

Fig. 79.

der Seiten, zu denen sie parallel sind. Diese Winkelgeschwindigkeiten seien ω und ω', v sei die Geschwindigkeit des Schwerpunkts. Dann haben die Schwerpunkte der einzelnen Stäbe die in der Figur eingezeichneten Geschwindigkeiten und die Winkelgeschwindigkeiten der Stäbe stimmen ebenfalls mit den Eintragungen der Figur überein.

Nun sei der im Gelenk C auftretende Stoßantrieb in S parallel zu BC und R senkrecht zu BC zerlegt; die Komponenten in denselben Richtungen für den Impuls im Gelenk D seien S', R'. Diese Antriebe wirken in den jeweils im Gelenk verbundenen beiden Stäben in entgegengesetztem Sinne. In die Figur sind sie in dem Sinne eingetragen, in dem sie am Stabe CD wirken.

Wir bilden zwei Bewegungsgleichungen, indem wir die Antriebsgleichung in der Stoßrichtung und die Gleichung für den Drall um den Schwerpunkt anschreiben. Dann erhalten wir

$$\left.\begin{aligned} 4\,mv &= P \\ \tfrac{8}{3}\,ma^2(\omega + \omega') &= P(x + a\cos\alpha). \end{aligned}\right\}$$

Drei andere Gleichungen, die R und R' enthalten, liefern uns die Bedingungen für den Antrieb des Stabes CD senkrecht zu BC

und für den Drall der Stäbe BC und AD um B bzw. A. Es ist nämlich

$$\left.\begin{aligned} m\,(v\cos\alpha - a\,\omega') &= R + R', \\ m\,[(v - a\,\omega)\,a\cos\alpha - \tfrac{1}{3}\,a^2\omega'] &= -2\,a R, \\ m\,[(v + a\,\omega)\,a\cos\alpha - \tfrac{1}{3}\,a^2\omega'] &= -2\,a R'. \end{aligned}\right\}$$

Durch Elimination von R und R' aus diesen Gleichungen erhält man

$$v\cos\alpha = \tfrac{2}{3}\,a\,\omega'.$$

Damit ist

$$v = \frac{P}{4m}, \quad \omega = \frac{3\,P x}{8\,m a^2}, \quad \omega' = \frac{3\,P\cos\alpha}{8\,m a}.$$

245. Beispiele. 1. Zwei gleiche Stäbe AB, AC sind durch ein Kugelgelenk in A verbunden und bilden in der anfänglichen Ruhelage einen rechten Winkel miteinander. AC erhält im Punkte C einen Stoß parallel zu AB. Man zeige, daß die Geschwindigkeiten der Schwerpunkte von AB und AC in Richtung AB im Verhältnis $2:7$ stehen.

2. Zwei gleiche, homogene Stäbe sind an zwei Enden durch ein Kugelgelenk miteinander verbunden und in einer Geraden ausgestreckt. Der eine Stab erhält an seinem freien Ende senkrecht zur Stabachse einen Schlag. Man beweise, daß die hierdurch erzeugte Energie $\frac{7}{4}$ mal so groß ist, als sie sein würde, wenn die Stäbe ein festes Ganze bildeten.

3. Vier gleiche, homogene Stäbe, die durch Kugelgelenke miteinander verbunden sind, bilden einen Rhombus mit der Seitenlänge $2a$ und einer vertikalen Diagonale. Das System falle in seiner Vertikalebene und treffe mit der Geschwindigkeit V auf einer festen Horizontalebene auf. Ist α der Winkel, den jeder Stab mit der Vertikalen bildet, und ist der Stoß vollkommen unelastisch, so ist 1) der Stoßantrieb zwischen den beiden oberen Stäben horizontal gerichtet, 2) die Winkelgeschwindigkeit jedes Stabes nach dem Stoß $\dfrac{3\,V\sin\alpha}{2\,a\,(1 + 3\sin^2\alpha)}$; 3) der Stoßantrieb zwischen den beiden oberen Stäben steht zu der Bewegungsgröße des Systems vor dem Stoß im Verhältnis

$$\sin\alpha\,(3\cos^2\alpha - 1) : 8\cos\alpha\,(1 + 3\sin^2\alpha);$$

4. der Stoßantrieb in den beiden Gelenken, die auf der horizontalen Diagonale liegen, bildet mit der Horizontalen einen Winkel

$$\operatorname{arc\,tan}\left\{(3\cos^2\alpha - 1)\cot\alpha\right\}.$$

4. Unter der Voraussetzung, daß der Stoßkoeffizient in Beispiel 3 zwischen dem Rhombus und dem Fußboden gleich e ist, beweise man daß die Winkelgeschwindigkeit jedes Stabes nach dem Stoß

$$\frac{3\,(1 + e)\,V\sin\alpha}{2\,a\,(1 + 3\sin^2\alpha)}$$

wird.

5. Ein quadratischer Rahmen $ABCD$ sei aus homogenen Stäben hergestellt, die in den Ecken B, C und D durch Gelenke miteinander verbunden sind, während die Stabenden in A sich nur frei berühren. Erhält AB in A einen Schlag in Richtung DA, so ist die Anfangsgeschwindigkeit von A 79 mal so groß wie die von D.

6. Ein Rechteck werde aus vier homogenen Stäben von den

Längen $2a$ und $2b$ und den Massen m und m' gebildet und rotiere in seiner Ebene um den Schwerpunkt mit der Winkelgeschwindigkeit n. Die Stäbe seien an ihren Enden durch Kugelgelenke miteinander verbunden. Plötzlich wird ein Punkt auf einer der Seiten $2a$ festgehalten. Man beweise, daß die Winkelgeschwindigkeit der Seiten $2b$ im selben Augenblick gleich $\frac{n(3m+m')}{2(3m+2m')}$ wird, und ermittle ferner die Winkelgeschwindigkeit der Seiten $2a$.

246. Beginnende Bewegungen und Anfangskrümmungen der Bahnen. Die Beschleunigungskräfte der Teile eines zusammenhängenden Systems von Massenpunkten oder Körpern lassen sich stets als Funktionen einer begrenzten Anzahl geometrischer Größen ausdrücken, die selbst durch keinerlei geometrische Bedingungen voneinander abhängig sind. Gewöhnlich läßt sich dies in ähnlicher Weise durchführen wie in Abschn. 205.

Freilich kann es auch vorkommen, daß sich die in diesem Abschnitt benutzten Methoden nur schwer anwenden lassen. In einem solchen Falle schreiben wir zunächst die geometrischen Beziehungen an, die zwischen den Koordinaten der Punkte für eine beliebige Lage bestehen. Differenzieren wir dann die so erhaltenen Gleichungen zweimal nach der Zeit und setzen wir in dem Ergebnis für jeden ersten Differentialquotienten einer geometrischen Größe den Wert 0 und für jede geometrische Größe selbst den ihr für die Anfangslage zukommenden Wert ein, so erhalten wir die Bedingungen, denen die Anfangsbeschleunigungen der verschiedenen geometrischen Größen, die darin enthalten sind, genügen. Sind nämlich x, y die Koordinaten eines Massenpunktes, dessen Beschleunigung man finden will, und sind $\Theta, \Phi, \ldots$ eine Anzahl geometrischer Größen, die die Lage des Systems kennzeichnen, so wird es für diese Größen bestimmte Anfangswerte $\Theta_0, \Phi_0, \ldots$ geben. Nun liefern die geometrischen Bedingungsgleichungen das Mittel, die x und y des Massenpunktes in einer beliebigen Lage für diese Lage als Funktionen von $\Theta, \Phi, \ldots$ auszudrücken. Es sei $x = f(\Theta, \Phi, \ldots)$ die Form einer solchen Gleichung. Durch Differentiation erhalten wir

$$\dot{x} = \frac{\partial f}{\partial \Theta}\dot{\Theta} + \frac{\partial f}{\partial \Phi}\dot{\Phi} + \ldots,$$

$$\ddot{x} = \left(\frac{\partial^2 f}{\partial \Theta^2}\dot{\Theta} + \frac{\partial^2 f}{\partial \Theta \partial \Phi}\dot{\Phi} + \ldots\right)\dot{\Theta} + \left(\frac{\partial^2 f}{\partial \Theta \partial \Phi}\dot{\Theta} + \frac{\partial^2 f}{\partial \Phi^2}\dot{\Phi} + \ldots\right)\dot{\Phi}$$

$$+ \ldots + \frac{\partial f}{\partial \Theta}\ddot{\Theta} + \frac{\partial f}{\partial \Phi}\ddot{\Phi} \ldots$$

Nach Umformung in der oben angegebenen Weise ergibt sich

$$\ddot{x}_0 = \left(\frac{\partial f}{\partial \Theta}\right)_0 \ddot{\Theta}_0 + \left(\frac{\partial f}{\partial \Phi}\right)_0 \ddot{\Phi}_0 + \cdots,$$

worin unter $\ddot{x}_0, \ddot{\Theta}_0, \ldots$ die Anfangswerte von $\ddot{x}, \ddot{\Theta}, \ldots$ zu verstehen sind und $\left(\frac{\partial f}{\partial \Theta}\right)_0, \left(\frac{\partial f}{\partial \Phi}\right)_0, \ldots$ die Werte von $\frac{\partial f}{\partial \Theta}, \frac{\partial f}{\partial \Phi}, \ldots$ für $\Theta = \Theta_0$, $\Phi = \Phi_0, \ldots$ bedeuten.

Der Prozeß kann nun in gleicher Weise fortgesetzt werden. Er ist ein Näherungsprozeß, mit dem man die Werte von $x, y, \ldots$ als Reihe mit wachsenden Potenzen der Zeit darstellen kann. Wir erhalten als erste Annäherung $x = \frac{1}{2}\ddot{x}_0 t^2$, $y = \frac{1}{2}\ddot{y}_0 t^2$.

Auf Grund dieser Reihen können wir die Anfangskrümmungen der Bahnen aller Massenpunkte ableiten.

Die Durchführung des Prozesses wird leichter verständlich werden, wenn man zunächst seine Anwendung auf eine bestimmte Aufgabe näher betrachtet. Gleichzeitig wird man sehen, wie sich mitunter Vereinfachungen von selbst aufdrängen. Absichtlich ist als solches Beispiel ein etwas verwickeltes Problem gewählt worden.

247. Erläuterndes Beispiel. Zwei homogene Stäbe AB, BC mit den Massen m_1, m_2 und den Längen a, b, welche in B durch ein Kugelgelenk verbunden sind und von denen sich AB um ein Scharnier in A in einer vertikalen Ebene drehen kann, befinden sich zunächst in einer Ruhelage, in der AB

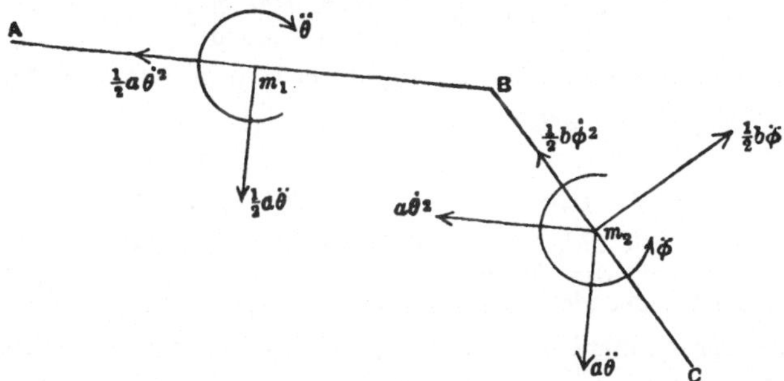

Fig. 80.

horizontal und BC vertikal ist. Man soll die Anfangskrümmung der Bahn eines beliebigen Punktes von BC ermitteln.

Zur Zeit t schließe AB mit der Horizontalen den Winkel Θ und BC mit der Vertikalen den Winkel Φ ein. Da B um A einen Kreis vom Radius a beschreibt und der Schwerpunkt von BC sich relativ zu B auf einem Kreise vom Radius $\frac{b}{2}$ bewegt, so ergibt sich der in Fig. 80, S. 331, eingetragene Beschleunigungsplan.

Schreibt man für BC die Momentengleichung um B und für das System die um A an, so erhalten wir die Gleichungen

$$m_2\left(\frac{b^2}{4}+\frac{b^2}{12}\right)\ddot{\Phi}-m_2 a\ddot{\Theta}\frac{b}{2}\sin(\Theta+\Phi)-m_2 a\dot{\Theta}^2\frac{b}{2}\cos(\Theta+\Phi)$$
$$=-m_2 g\frac{b}{2}\sin\Phi$$

und

$$m_1\left(\frac{a^2}{4}+\frac{a^2}{12}\right)\ddot{\Theta}+m_2 a\ddot{\Theta}\left\{a+\frac{b}{2}\sin(\Theta+\Phi)\right\}+m_2 a\dot{\Theta}^2\frac{b}{2}\cos(\Theta+\Phi)$$
$$-m_2\frac{b^2}{12}\ddot{\Phi}-m_2\left\{\frac{b}{2}+a\sin(\Theta+\Phi)\right\}\frac{b}{2}\ddot{\Phi}-m_2 a\cos(\Theta+\Phi)\frac{b}{2}\dot{\Phi}^2$$
$$=m_1 g\frac{a}{2}\cos\Theta+m_2 g\left(a\cos\Theta+\frac{b}{2}\sin\Phi\right).$$

Addieren wir beide Gleichungen und dividieren durch die gemeinsamen Faktoren, so haben wir

$$\left(\frac{m_1}{3}+m_2\right)a\ddot{\Theta}-m_2\frac{b}{2}\ddot{\Phi}\sin(\Theta+\Phi)-m_2\frac{b}{2}\dot{\Phi}^2\cos(\Theta+\Phi)$$
$$=g\cos\Theta\left(\frac{m_1}{2}+m_2\right)\quad\ldots\ldots\ldots\ldots\quad(1)$$

Unsere erste Gleichung läßt sich einfacher schreiben

$$\frac{b}{3}\ddot{\Phi}-\frac{a}{2}\ddot{\Theta}\sin(\Theta+\Phi)-\frac{1}{2}a\dot{\Theta}^2\cos(\Theta+\Phi)=-\frac{g}{2}\sin\Phi\quad\ldots\quad(2)$$

In der Anfangslage waren $\Theta=0$, $\Phi=0$, $\dot{\Theta}=0$, $\dot{\Phi}=0$ und damit

$$\ddot{\Phi}_0=0,\quad \ddot{\Theta}_0=\frac{3m_1+6m_2}{2m_1+6m_2}\cdot\frac{g}{a}.$$

Für eine beliebige Lage haben wir nach dem Satz von Maclaurin

$$\Theta=\tfrac{1}{2}\ddot{\Theta}_0 t^2+\tfrac{1}{6}\dddot{\Theta}_0 t^3+\ldots,\qquad \Phi=\tfrac{1}{2}\ddot{\Phi}_0 t^2+\tfrac{1}{6}\dddot{\Phi}_0 t^3+\ldots$$

und somit

$$\dot{\Theta}=\ddot{\Theta}_0 t+\tfrac{1}{2}\dddot{\Theta}_0 t^2+\ldots,\qquad \dot{\Phi}=\ddot{\Phi}_0 t+\tfrac{1}{2}\dddot{\Phi}_0 t^2+\ldots$$

Betrachten wir nun Gleichung (2), so sehen wir, daß, falls $\dddot{\Phi}_0$ endlich wäre, Φ von der Ordnung t^3 und Θ von der Ordnung t^2 sein würden; die Glieder der Gleichung wären aber bezüglich t der Reihe nach von der Ordnung 1, 2, 2, 3. Dies beweist, daß $\dddot{\Phi}_0$ gleich Null sein muß. Ist ferner $\ddddot{\Phi}_0$ endlich, so kann die Gleichung durch Abscheiden der Glieder von der zweiten Ordnung von t vereinfacht werden zu

$$\frac{b}{6}\ddddot{\Phi}_0-\frac{a}{2}\ddot{\Theta}_0\left(\frac{1}{2}\ddot{\Theta}_0\right)-\frac{a}{2}\ddot{\Theta}_0^2=0;$$

hieraus ergibt sich

$$\ddddot{\Phi}_0=\frac{9a}{2b}\ddot{\Theta}_0^2=\frac{9a}{2b}\left(\frac{3m_1+6m_2}{2m_1+6m_2}\cdot\frac{g}{a}\right)^2.$$

Betrachten wir Gleichung (1) und bedenken wir, daß sich $\cos\Theta$ in die Reihe $1-\frac{\Theta^2}{2!}+\frac{\Theta^4}{4!}-\ldots$ entwickeln läßt, so ist, wie man sieht, die niedrigste Potenz in dieser Reihe die vierte; auf Grund von Gleichung (1) ist auch in $\ddot{\Theta}$ die niedrigste Potenz von t die vierte, so daß die Reihe für Θ beginnt

$$\Theta=\frac{1}{2}\ddot{\Theta}_0 t^2+\frac{1}{6!}\Theta_0^{(6)} t^6+\ldots$$

Wenden wir uns nun wieder der Gleichung (2) zu, so ist es klar, daß $\ddot{\Phi}$ kein Glied mit t^3, wohl aber eines mit t^4 enthält. Suchen wir die Glieder mit t^4 in Gleichung (2) heraus, so haben wir

$$\frac{b}{3}\Phi_0^{(6)}\frac{t^4}{4!}-\frac{a}{2}\ddot{\Theta}_0\ddddot{\Phi}_0\frac{t^4}{4!}=-\frac{1}{2}g\ddddot{\Phi}_0\frac{t^4}{4!},$$

woraus sich ergibt

$$\Phi_0^{(6)}=\frac{3}{2}\left(\frac{a}{b}\ddot{\Theta}_0-\frac{g}{b}\right)\ddddot{\Phi}_0=\frac{9}{4}\,\frac{m_1}{m_1+2m_2}\ddot{\Theta}_0^3\frac{a^2}{b^2}.$$

Wenn wir in der Figur die Anfangslage von B als Ursprung und die x- und y-Achsen horizontal und vertikal wählen, so können wir die Koordinaten eines Punktes von BC im Abstand r von B in der folgenden Weise ausdrücken

$$x=-a(1-\cos\Theta)+r\sin\Phi,\qquad y=a\sin\Theta+r\cos\Phi.$$

Lösen wir sin und cos in Reihen auf, so ergibt sich angenähert

$$x=-a\left(\frac{\Theta^2}{2}-\frac{\Theta^4}{24}\right)+r\left(\Phi-\frac{\Phi^3}{6}\right);$$

$$y=a\left(\Theta-\frac{\Theta^3}{6}\right)+r\left(1-\frac{\Phi^2}{2}+\frac{\Phi^4}{24}\right).$$

Das ergibt

$$\left.\begin{aligned}x&=-\frac{a}{8}t^4\ddot{\Theta}_0^2+\frac{r}{24}t^4\ddddot{\Phi}_0=\frac{a}{16}\ddot{\Theta}_0^2t^4\left(\frac{3r}{b}-2\right),\\ y-r&=\tfrac{1}{2}at^2\ddot{\Theta}_0,\end{aligned}\right\}$$

bis zur zweiten Potenz von t genau. Hiernach ist die Bahn des Punktes anfangs nahezu eine Parabel

$$(y-r)^2=4ax\frac{b}{3r-2b}$$

und ihr Krümmungsradius ist $\frac{2ab}{3r-2b}$ außer wenn $r=\frac{2}{3}b$.

Ist nämlich $r=\frac{2}{3}b$, so müssen wir, um eine angenäherte Bahngleichung zu erhalten, noch höhere Glieder der Reihe dazu nehmen. Wir finden

$$x=\frac{2}{3}b\Phi_0^{(6)}\frac{t^6}{6!}=\frac{m_1}{m_1+2m_2}\,\frac{a^2}{b}\,\frac{\ddot{\Theta}_0^3}{480}t^6,$$

bis zur sechsten Potenz von t genau. Damit kann die Bahn in ihrem Anfangspunkt durch die Näherungsgleichung wiedergegeben werden

$$\left(y-\frac{2}{3}b\right)^3=60abx\left(1+2\frac{m_2}{m_1}\right).$$

248. Beispiele. 1. Zwei gleiche homogene Stäbe sind an ihrem einen Ende durch ein Kugelgelenk miteinander verbunden. Das andere Ende des einen ist so befestigt, daß sich die Stäbe darum drehen können, und das zweite Ende des zweiten Stabes wird in derselben Höhe wie das feste Ende des ersten gehalten, so daß die Stäbe gegenüber der Horizontalen gleiche Winkel α bilden. Darauf wird das freie Ende des zweiten Stabes losgelassen. Man beweise, daß die Winkelbeschleunigungen der Stäbe zu Beginn der Bewegung im Verhältnis

$$(6 - 3\cos 2\alpha) : (9\cos 2\alpha - 8)$$

stehen.

2. Drei gleiche homogene Stäbe sind in den Punkten BC durch Kugelgelenke miteinander verbunden und bilden drei Seiten eines Vierecks $ABCD$. Ihre Enden A und D können auf einem glatten horizontalen Stab gleiten. Vermittels horizontaler in A und D angebrachter Kräfte wird das System zunächst in einer symmetrischen Lage so gehalten, daß BC unten liegt und horizontal ist, und daß AB und CD unter gleichen Winkeln α gegen die Horizontale geneigt sind. Man beweise, daß sich beim Loslassen der Enden A und D die Auflagerkräfte in A und D im Verhältnis $(1 + \sin^2\alpha) : (5 - 3\sin^2\alpha)$ ändern.

3. Ein homogener Stab von der Länge $2a$ wird unter einem Winkel α gegen die Horizontale derart gehalten, daß er in seinem Mittelpunkt einen glatten Stift berührt. Man beweise, daß der Stab, nachdem er losgelassen wurde, sich so bewegt, daß die Bahn eines seiner Punkte im Abstand r vom Mittelpunkt anfangs den Krümmungsradius $\frac{a^2}{r}\tan\alpha$ hat.

4. Zwei gleiche homogene Stäbe AB, BC, von denen jeder die Länge a hat, sind in B durch ein Kugelgelenk verbunden und können sich um A frei drehen. Anfangs wird das System in horizontaler Lage gehalten und dann losgelassen. Man beweise, daß der Krümmungsradius der Bahn von C am Anfang $\frac{2}{5}a$ ist.

249. Kleine Schwingungen. Erläuterndes Beispiel. Die folgende Aufgabe möge die Anwendung der in Abschn. 211 angegebenen Methode erläutern.

Ein homogener Stab ist mit seinen Enden an zwei gleichen vertikalen Fäden aufgehängt, die an feste Punkte angebunden sind. Man soll die kleine Schwingung untersuchen, die der Mittelpunkt in vertikaler Richtung macht, und die Drehungsschwingung des Stabes um seinen Mittelpunkt, wenn er immer horizontal bleibt.

$2a$ sei die Länge des Stabes, l die Länge eines Fadens, z die Steighöhe des Stabmittelpunktes zur Zeit t, Θ der gleichzeitige Drehwinkel des Stabes. Die Tiefe eines Endpunktes A oder B unter dem entsprechenden Aufhängepunkt ist $l - z$ und der Abstand AM oder BN von der Gleichgewichtslage des entsprechenden Fadenendes $2a\sin\frac{\Theta}{2}$. Damit erhalten wir

$$(l - z)^2 + 4a^2\sin^2\frac{\Theta}{2} = l^2.$$

Für kleine Werte von z und Θ ergeben sich aus dieser Gleichung $z = \frac{1}{2}\left(\frac{a^2}{l}\right)\Theta^2$, bis zu kleinen Größen 2ter Ordnung genau, und $\dot{z} = 0$, bis zu kleinen Größen erster Ordnung genau.

Ist m die Stabmasse, so ist die kinetische Energie in einer beliebigen Lage

$$\tfrac{1}{2} m (\dot{z}^2 + \tfrac{1}{3} a^2 \dot{\Theta}^2),$$

und die potentielle Energie ist mgz, vorausgesetzt, daß die tiefste Lage als Ursplungslage gewählt wird.

Damit ist für kleine Schwingungen die kinetische Energie mit genügender Annäherung gleich

$$\tfrac{1}{6} m a^2 \dot{\Theta}^2$$

und die potentielle Energie ebenfalls mit guter Annäherung

$$\frac{1}{2} mg \left(\frac{a^2}{l}\right)\Theta^2.$$

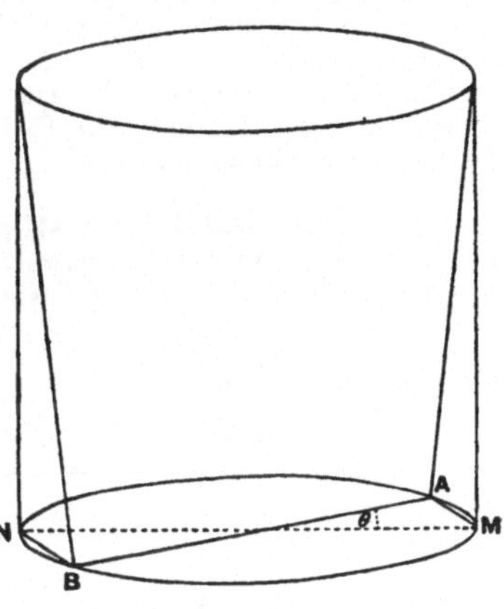

Fig. 81.

Hinsichtlich Θ ist die Bewegung also dieselbe wie die eines mathematischen Pendels von der Länge $\frac{1}{3} l$ bei kleinen Ausschlägen.

250. Beispiele. 1. Eine Anzahl gleicher, homogener Stäbe sind mit ihren Enden durch ein Kugelgelenk miteinander verbunden und in gleichen Zwischenräumen wie die Rippen eines Regenschirmes angeordnet. Dieser derart aus Stäben gebildete Kegel ist über eine glatte Kugel gestülpt und hat in der Gleichgewichtslage den Spitzenwinkel α. Man beweise, daß für kleine vertikale Schwingungen des Gelenkpunktes die reduzierte Pendellänge

$$\frac{a \cos\alpha\,(1 + 3\cos^2\alpha)}{3\,(1 + 2\cos^2\alpha)}$$

ist.

2. Man beweise, daß für kleine Schwingungen die reduzierte Pendellänge des Handgriffes einer Gartenwalze, die über einen horizontalen Weg rollt, gleich

$$l - \frac{h}{1 + M - \dfrac{k^2 + a^2}{m a^2}}$$

ist; hierin bedeuten a den Rollenradius, M die Masse der Walze allein, k ihren Trägheitsradius um die Achse, m die Masse des Handgriffes, h den Schwerpunktsabstand des Handgriffs von der Rollenachse, l die reduzierte Pendellänge der Schwingungen des Handgriffs bei festgehaltener Walze.

3. Vier gleiche, homogene Stäbe sind durch ein Kugelgelenk mit je einem Ende verbunden; ebenso sind vier weitere Stäbe ganz in derselben Weise aneinander befestigt. Die freien Stabenden sind dann paar-

weise wiederum gelenkig verbunden, so daß die Stäbe acht Kanten eines Oktaeders bilden. Ein Gelenkpunkt, wo vier Stäbe aneinander stoßen, wird festgehalten und ist mit dem gegenüberliegenden Gelenk durch einen elastischen Faden verbunden, so daß in der Gleichgewichtslage das Oktaeder regulär und der Faden vertikal ist. Man beweise, daß ein mathematisches Pendel mit gleicher Schwingungsdauer für kleine, vertikale Schwingungen des tiefsten Punktes die Länge $\frac{5}{6}(l - l_0)$ hat. Hierin bedeuten l und l_0 die Fadenlänge in der Gleichsgewichtslage und die natürliche Fadenlänge.

251. Die Stabilität stetiger Bewegungen. Das Energieprinzip und der Satz von der Bewegungsgröße lassen sich häufig auf Probleme anwenden, die sich mit der Stabilität stetiger Bewegungen beschäftigen. Zur Erläuterung der Methode wollen wir die stetige Bewegung eines Kugelpendels betrachten, d. h. eines materiellen Punktes, der sich unter dem Einfluß der Schwerkraft auf der Oberfläche einer Kugel bewegt und dabei einen horizontalen Kreis beschreibt.

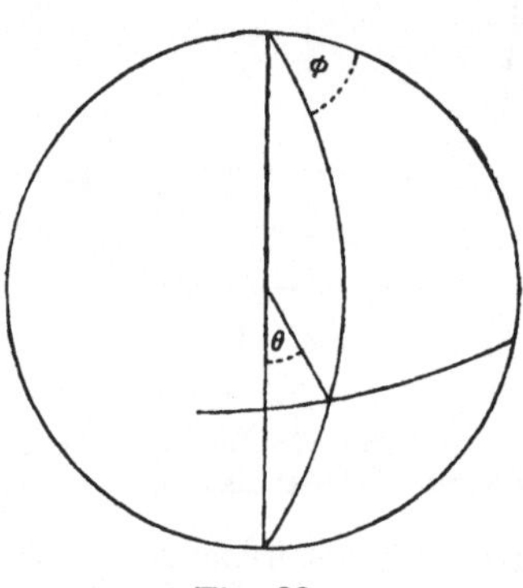

Fig. 82.

Θ sei der Winkel, den der vom Kugelmittelpunkt nach dem Massenpunkt gezogene Radius zur Zeit t mit der nach unten gerichteten Vertikalen einschließt, a sei der Kugelradius und Φ der Winkel, den die durch den Massenpunkt und den vertikalen Durchmesser gelegte Ebene mit einer festen, den gleichen Durchmesser enthaltenen Vertikalebene bildet.

Die Energiegleichung heißt

$$\tfrac{1}{2} m a^2 (\dot{\Theta}^2 + \sin^2 \Theta\, \dot{\Phi}^2) + m g a (1 - \cos \Theta) = \text{const}$$

und die Gleichung von der Erhaltung der Bewegungsgröße um den vertikalen Durchmesser lautet

$$m a^2 \sin^2 \Theta\, \dot{\Phi} = \text{const}.$$

Wir wollen die Bedingung wissen, unter welcher eine Bewegung mit der Winkelgeschwindigkeit ω auf einem horizontalen Kreis $\Theta = \alpha$ möglich ist. Wir haben

$$\dot{\Phi} \sin^2 \Theta = \omega \sin^2 \alpha,$$

so daß die Energiegleichung geschrieben werden kann

$$\frac{1}{2} a \left(\dot{\Theta}^2 + \omega^2 \frac{\sin^4 \alpha}{\sin^2 \Theta}\right) - g \cos \Theta = \text{const}.$$

Differenzieren wir diese Gleichung nach der Zeit, so erhalten wir die Gleichung

$$\ddot{\Theta} - \omega^2 \frac{\sin^4 \alpha \cos \Theta}{\sin^3 \Theta} + \frac{g}{a} \sin \Theta = 0 \quad . \; . \; . \; . \; . \; (1)$$

Nun ist die Bewegung stetig, wenn ω so eingestellt ist, daß $\ddot{\Theta} = 0$ für $\Theta = \alpha$. Dies liefert uns die Bedingung

$$a \omega^2 = g \sec \alpha \quad . \; . \; . \; . \; . \; . \; . \; . \; . \; . \; (2)$$

(vgl. Abschn. 79).

Setzt man den Massenpunkt von einem Punkte aus in Bewegung, für den Θ nahezu gleich α ist. und gibt man ihm eine beinahe horizontale Anfangsgeschwindigkeit mit einem Drall $m a^2 \omega \sin^2 \alpha$ um den vertikalen Durchmesser, wobei ω aus Gleichung (2) bestimmt ist, so sucht der Punkt entweder immer sehr nahe dem Kreise $\Theta = \alpha$ zu bleiben oder er strebt danach, weit von ihm fortzukommen. Wir wollen annehmen, daß er in der Nähe des Kreises bleibt, wollen $\Theta = \alpha + \chi$ setzen, die Glieder der Gleichung (1) in Reihen entwickeln und alle höheren Potenzen von χ über der ersten vernachlässigen. Wir finden dann

$$\ddot{\chi} + \chi \left[\frac{d}{d\Theta} \left\{ \frac{g}{a} \sin \Theta - \omega^2 \sin^4 \alpha \frac{\cos \Theta}{\sin^3 \Theta} \right\} \right]_{\Theta = \alpha} = 0,$$

oder

$$\ddot{\chi} + \chi \frac{g}{a} \frac{1 + 3 \cos^2 \alpha}{\cos \alpha} = 0;$$

man erkennt, daß der Massenpunkt um den stetigen Bewegungszustand Schwingungen vollführt mit derselben Schwingungszahl, wie sie ein mathematisches Pendel von der Länge

$$\frac{a \cos \alpha}{1 + 3 \cos^2 \alpha}$$

haben würde.

Die stetige Bewegung ist stabil, wenn $\cos \alpha$ positiv ist, d. h. wenn die Kreisbahn unter dem Kugelmittelpunkt liegt.

Anmerkung. Änderte man den Drall (oder die Abgangsrichtung oder den Abgangspunkt) ein wenig, so würde sich die mögliche, stetige Bewegung auf einem etwas anderen Kreise einstellen. Die Schwingungsdauer würde sich jedoch nicht ändern.

252. Beispiele. 1. Man benütze die Methode des Abschnittes 251, um zu zeigen, daß die freie Kreisbewegung eines Massenpunktes unter dem Einfluß einer Zentralkraft $f(r)$, die nach dem Mittelpunkt des

Kreises zieht, stabil ist, falls $3+\frac{cf'(c)}{f(c)}$ positiv wird. c bedeutet den Kreisradius. Man leite das Ergebnis des Abschnittes 106 ab.

2. Man beweise, daß die mit der Winkelgeschwindigkeit ω vor sich gehende stetige Bewegung eines Kegelpendels von der Länge l stabil ist und daß nach einer unbedeutenden Störung Schwingungen entstehen, die eine Schwingungsdauer

$$\frac{2\pi l\omega}{\sqrt{3g^2+l^2\omega^4}}$$

haben.

3. Auf einem glatten Umdrehungsparaboloid mit vertikaler Achse und unten liegendem Scheitel beschreibe ein materieller Punkt einen horizontalen Kreis vom Radius r. Man beweise, daß er durch eine kleine Störung in Schwingungen gerät, deren Periode

$$\pi\sqrt{\frac{r^2+4a^2}{2ga}}$$

ist, wobei $4a$ den Parameter des Paraboloids bedeutet.

4. Ein kreisförmig gebogener, masseloser Draht vom Radius a drehe sich ohne Zwang um eine vertikale Sehne, die im Abstand c vom Mittelpunkt gezogen ist. Auf dem Draht gleite reibungslos ein kleiner, schwerer Ring. In der relativen Gleichgewichtslage bilde der durch den Ring gezogene Kreisradius einen Winkel α mit der Vertikalen. Man ermittle die Winkelgeschwindigkeit des Drahtes, die sich dabei einstellt, und beweise, daß die reduzierte Pendellänge für kleine Schwingungen des Ringes

$$\frac{a\cos\alpha\,(c+a\sin\alpha)}{c+a\sin\alpha\,(1+3\cos^2\alpha)}$$

ist.

Läßt man den Draht jedoch mit gleichförmiger Winkelschwindigkeit rotieren, so ist die Schwingungsdauer für kleine Schwingungen dieselbe wie die eines mathematischen Pendels von der Länge

$$\frac{a\cos\alpha\,(c+a\sin\alpha)}{c+a\sin^3\alpha}$$

[Im zweiten Fall muß Energie aufgewendet werden, um die Winkelgeschwindigkeit der Drähte aufrechtzuerhalten. Man stelle eine Bewegungsg'eichung des Ringes auf, indem man die Kräfte auf die Kreistangente projiziert. Die Winkelgeschwindigkeit in der relativen Gleichgewichtslage ist die gleiche wie vorher.]

5. Ein elastischer Kreisring von der Masse m und dem Elastizitätsmodul λ rotiere mit gleichförmiger Geschwindigkeit in seiner Ebene um seinen Mittelpunkt, ohne daß äußere Kräfte an ihm wirken.

Bezeichnet a den Radius bei stetiger Bewegung und l den Radius für den ungedehnten Ring, so ist die Dauer kleiner Schwingungen um den stetigen Bewegungszustand

$$\sqrt{\frac{2\pi l a m}{\lambda(4a-3l)}}$$

253. Erläuterndes Beispiel. Zur weiteren Erläuterung des Energieprinzips und des Satzes von der Bewegungsgröße betrachte man die folgende Aufgabe:

Ein homogener Stab und ein Massenpunkt sind durch einen an einem Ende des Stabes befestigten Faden miteinander verbunden. Das System ist in einer Geraden ausgestreckt und dem Massenpunkt wird eine Geschwindigkeit senkrecht zum Faden erteilt. Man soll die Bewegung beschreiben, wenn äußere Kräfte nicht vorhanden sind.

$2a$ sei die Stablänge, l die Fadenlänge, χ der Winkel, den der Faden mit der Richtung der Stabachse zur Zeit t bildet. Man betrachte zunächst die Bewegung des Massenpunktes P relativ zum Schwerpunkt M des Stabes AB.

Der Winkel, um den sich AB zur Zeit t gegenüber seiner Anfangsrichtung gedreht hat, sei Θ. Dann hat B relativ zu M die Geschwindigkeit $a\dot{\Theta}$ senkrecht zu AB, und da BP mit einer festen Geraden in der

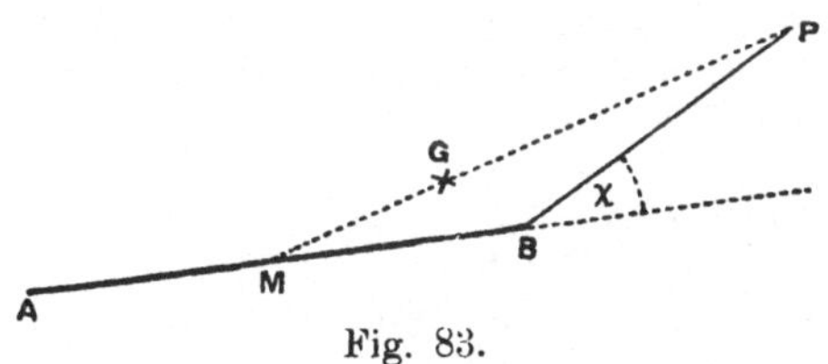

Fig. 83.

Bewegungsebene den Winkel $\Theta + \chi$ bildet, so ist die Geschwindigkeit von P relativ zu B gleich $l(\dot{\Theta} + \dot{\chi})$ und steht senkrecht auf BP. Die Geschwindigkeit von P relativ zu M ist die Resultierende dieser beiden Geschwindigkeiten. Ihre Komponenten längs und senkrecht zu AB sind demgemäß

$$-l(\dot{\Theta} + \dot{\chi}) \sin \chi \quad \text{und} \quad a\dot{\Theta} + l(\dot{\Theta} + \dot{\chi}) \cos \chi.$$

Nun teilt der Massenmittelpunkt G stets die Entfernung MP im Verhältnis der Massen des Massenpunktes und des Stabes. Sind diese Massen p bzw. m, so besitzt die Geschwindigkeit von M relativ zu G die Komponenten

$$\frac{p}{m+p} l(\dot{\Theta} + \dot{\chi}) \sin \chi \quad \text{und} \quad -\frac{p}{m+p} \{a\dot{\Theta} + l(\dot{\Theta} + \dot{\chi}) \cos \chi\}$$

längs und senkrecht zu AB. Die Geschwindigkeit von P hat relativ zu G die Komponenten

$$-\frac{m}{m+p} l(\dot{\Theta} + \dot{\chi}) \sin \chi \quad \text{und} \quad \frac{m}{m+p} \{a\dot{\Theta} + l(\dot{\Theta} + \dot{\chi}) \cos \chi\}$$

in denselben Richtungen.

Damit wird der Drall bei der Bewegung relativ zu G

$$\frac{1}{3} m a^2 \dot{\Theta} + \frac{mp}{m+p} [(a + l \cos \chi) \{a\dot{\Theta} + l(\dot{\Theta} + \dot{\chi}) \cos \chi\} + l \sin \chi \{l(\dot{\Theta} + \dot{\chi}) \sin \chi\}],$$

oder

$$\frac{1}{3} m a^2 \dot{\Theta} + \frac{mp}{m+p} [(a + l \cos \chi) a \dot{\Theta} + (l + a \cos \chi) l (\dot{\Theta} + \dot{\chi})].$$

Bei der Bewegung relativ zu G ist die kinetische Energie gleich der Hälfte von

$$\frac{1}{3} m a^2 \dot{\Theta}^2 + \frac{mp}{m+p} [a^2 \dot{\Theta}^2 + l^2 (\dot{\Theta} + \dot{\chi})^2 + 2 a l \dot{\Theta} (\dot{\Theta} + \dot{\chi}) \cos \chi].$$

Nun bewegt sich der Massenmittelpunkt mit gleichförmiger Geschwindigkeit in einer geraden Linie; damit ist die kinetische Energie der gesamten im Massenmittelpunkt vereinigten und sich mit diesem bewegenden Masse konstant und ebenso ist der Drall dieser Masse um eine beliebige Achse konstant. Ferner ist die gesamte kinetische Energie des Systems und sein gesamter Drall um eine beliebige Achse konstant. Infolgedessen sind auch der Drall der Bewegung relativ zu G und die kinetische Energie des Systems relativ zu G konstant.

Es möge V die Geschwindigkeit sein, die dem Massenpunkt ursprünglich senkrecht zum Faden erteilt worden war. Dann sind die Anfangswerte des Dralls und der kinetischen Energie bei der Relativbewegung um G

$$(a+l) V p \frac{m}{m+p} \quad \text{und} \quad \frac{1}{2} V^2 p \frac{m}{m+p}.$$

Damit gelten während der ganzen Bewegung die Gleichungen

$$\left.\begin{aligned} \frac{1}{3}\left(1+\frac{m}{p}\right) a^2 \dot{\Theta} + a \dot{\Theta} (a + l \cos \chi) + l (\dot{\Theta} + \dot{\chi}) (l + a \cos \chi) &= (a+l) V \\ \frac{1}{3}\left(1+\frac{m}{p}\right) a^2 \dot{\Theta}^2 + a^2 \dot{\Theta}^2 + l^2 (\dot{\Theta} + \dot{\chi})^2 + 2 a l \dot{\Theta} (\dot{\Theta} + \dot{\chi}) \cos \chi &= V^2 \end{aligned}\right\}.$$

254. Kinematische Bemerkung. Für die Berechnung der Geschwindigkeiten von Punkten eines zusammenhängenden Systems ist es bisweilen von Vorteil, die Koordinaten eines Punktes in bezug auf Achsen zu benutzen, die ihre Richtung nicht beibehalten.

In der in Abschnitt 253 behandelten Aufgabe hätten wir die Geschwindigkeit von P relativ zu M auch finden können, wenn wir als Achsen Geraden durch M längs und senkrecht zu AB benutzt hätten. Wollen wir die Geschwindigkeit eines Punktes in dieser Weise berechnen, so haben wir darauf achtzugeben, daß die Geschwindigkeitskomponenten parallel den sich bewegenden Achsen nicht einfach die Differentialquotienten (nach der Zeit) der Koordinaten bezogen auf diese Achsen sind.

Wir wollen die Bewegung eines Massenpunktes P betrachten, dessen Koordinaten zur Zeit t gleich x', y' sind, bezogen auf ein rechtwinkliges Achsenkreuz, das in seiner eigenen Ebene um den Ursprung rotiert. Es möge Φ der Winkel sein, den die x'-Achse mit einer festen x-Achse in der Ebene zur Zeit t bildet, und x, y die Koordinaten des Massenpunktes, bezogen auf ein festes, rechtwinkliges Koordinatensystem x, y. Ferner seien u, v die Geschwindigkeitskomponenten des Massenpunktes parallel zu den x', y'-Achsen.

Wir haben

$$x = x' \cos \Phi - y' \sin \Phi, \qquad y = y' \cos \Phi + x' \sin \Phi$$

und somit

$$\dot{x} = (\dot{x}' - y'\dot{\Phi})\cos\Phi - (\dot{y}' + x'\dot{\Phi})\sin\Phi,$$

$$\dot{y} = (\dot{y}' + x'\dot{\Phi})\cos\Phi + (\dot{x}' - y'\dot{\Phi})\sin\Phi.$$

Ferner ist

$$\dot{x} = u\cos\Phi - v\sin\Phi, \qquad \dot{y} = v\cos\Phi + u\sin\Phi.$$

Wir finden also

$$u = \dot{x}' - y'\dot{\Phi}, \qquad v = \dot{y}' + x'\dot{\Phi}.$$

Schreiben wir nun ω für $\dot{\Phi}$, so ist ω die Winkelgeschwindigkeit der sich drehenden Achsen, und die Geschwindigkeitskomponenten parallel

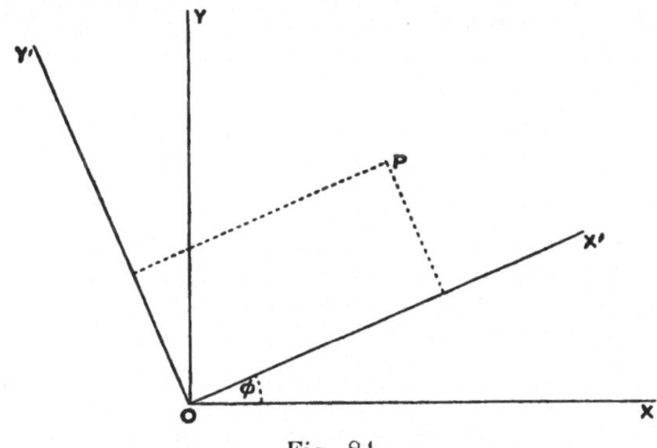

Fig. 84.

zu diesen beweglichen Achsen für den Massenpunkt mit den Koordinaten x', y' sind

$$\dot{x}' - \omega y' \quad \text{und} \quad \dot{y}' + \omega x'.$$

Auf ganz genau die gleiche Art können wir beweisen, daß die Beschleunigungskomponenten α, β von P parallel zu den x', y'-Achsen

$$\alpha = \dot{u} - \omega v \quad \text{und} \quad \beta = \dot{v} + \omega u$$

sind.

In dem Beispiel des Abschnitts 253 wählen wir Achsen durch M längs und senkrecht zu AB. Dann ist die Winkelgeschwindigkeit der sich bewegenden Achsen $\dot{\Theta}$ und die Koordinaten von P sind $a + l\cos\chi$ und $l\sin\chi$. Hieraus mögen die Geschwindigkeitskomponenten von P relativ zu M, die in diesem Abschnitt auf andere Weise ermittelt wurden, nochmals abgeleitet werden.

255. Beispiele. 1. Zwei homogene Stäbe AB, BC, die in B durch ein Kugelgelenk verbunden sind, bewegen sich ohne Einwirkung äußerer Kräfte innerhalb einer Ebene. Man ermittle ihre Bewegung.

Wir können die Figur und die Bezeichnungen des Abschnitts 253 benützen, wenn wir P als Mittelpunkt von BC ansehen, mit m und p die Massen von AB und BC und mit $2a$ sowie $2l$ ihre Längen bezeichnen. Wir haben dann nur zu dem in jenem Abschnitt angegebenen

Ausdruck für den Drall bei der Bewegung relativ zu G das Glied $\frac{1}{3} p l^2 (\dot{\Theta} + \dot{\chi})$ zu addieren und den dort für die kinetische Energie dieser Relativbewegung berechneten Wert um das Glied $\frac{1}{3} p l^2 (\dot{\Theta} + \dot{\chi})^2$ zu vergrößern.

Anmerkung. Es ist wichtig, sich darüber klar zu werden, daß der Drall eines der Stäbe oder des ganzen Systems um B keineswegs konstant ist, obgleich die Wirkungslinie der Resultierenden der auf jeden Stab wirkenden Kräfte durch B hindurch geht. Bezeichnet man beispielsweise den Drall von BC um B zur Zeit t mit h, so ist das Moment der Beschleunigungskräfte von BC um B nicht gleich $\dot{h}$. Um dies klar zu erkennen, vergegenwärtige man sich die Bedeutung von $\dot{h}$. Hierzu sei O ein beliebiger, fester Punkt in der Bewegungsebene und H der Drall von BC um O zur Zeit t, H' der Drall von BC um O zur Zeit t'. Da O ein fester Punkt ist, so ist das Moment der Beschleunigungskräfte von BC um O zur Zeit t gleich $\dot{H}$ (vgl. Abschn. 157), d. h. es ist

$$\lim_{t'-t=0} \frac{H'-H}{t'-t}.$$

Fällt B zur Zeit t mit O zusammen, so ist für diesen Augenblick h mit H identisch und $\dot{H}$ verschwindet zu gleicher Zeit. Zur Zeit t' fällt B mit einem andern Punkt O' zusammen; dann ist der Drall von BC um B (oder O') gleich h' und wir verstehen unter $\dot{h}$ den Grenzwert

$$\lim_{t'-t=0} \frac{h'-h}{t'-t}.$$

Das ist etwas anderes als $\dot{H}$, da ja h' nicht gleich H' ist; denn h ist der Drall um O' und H' der Drall um O im gleichen Zeitpunkt t'. Daß $\dot{H}$ in einem Augenblick verschwindet, bedeutet nicht ein Konstantbleiben von h. Andererseits kann H zur Zeit t ein Maximum oder Minimum sein, aber das augenblickliche Verschwinden von $\dot{H}$ besagt noch nicht, daß H konstant bleibt.

Im Hinblick auf diese Erörterung mag man sich noch merken, daß beim Aufstellen von Momenten um eine Achse diese letztere eine geometrische Gerade ist, die unter allen Umständen als „fest“ anzusehen ist. Wird die Achse, um die wir die Momente anschreiben, als Gerade eines sich bewegenden Körpers definiert, so nehmen wir die Momente um eine feste Achse, mit der die sich bewegende Gerade in einem Augenblick zusammenfällt.

2. Zwei gleiche, kreisförmige Ringe, von denen jeder den Radius a und den Trägheitsradius k um den Mittelpunkt hat, sind in einem Punkte ihres Umfangs durch einen Zapfen derart drehbar miteinander verbunden, daß ihre Ebenen immer parallel bleiben. Die Ringe seien so dünn, daß sie als in derselben Ebene befindlich angesehen werden können. Anfangs ruhe das System auf einem glatten Tisch und der Zapfen liege auf der Zentralen. Nun wird dem Zapfen senkrecht zur Richtung der Zentrale ein Schlag versetzt, so daß sich der Schwerpunkt des Systems mit der Geschwindigkeit V zu bewegen beginnt. Man beweise, daß für den Winkel Θ, den die beiden durch den Zapfen gehenden Radien mit ihrer Anfangsrichtung in einem beliebigen, späteren Zeitpunkt einschließen, die Gleichung gilt

$$k^2 (k^2 + a^2 \sin^2 \Theta)\, \dot{\Theta}^2 = V^2 a^2.$$

3. Eine homogene, gerade Röhre von der Länge $2a$ enthält einen Massenpunkt von gleicher Masse. Während dieser dicht beim Mittelpunkt der Röhre liegt, beginnt sich die Röhre um ihre Mitte mit der Winkelgeschwindigkeit ω zu drehen. Äußere Kräfte seien nicht vorhanden. Man beweise, daß der Massenpunkt die Röhre mit der Relativgeschwindigkeit $a\omega\sqrt{\frac{2}{5}}$ verläßt.

4. Zwei horizontale Fäden, die an einem masselosen Kreiszylinder mit vertikaler Achse befestigt und in entgegengesetztem Sinne auf ihm aufgewickelt sind, tragen an ihren Enden gleiche Massenpunkte. Diese ruhen anfangs auf einem glatten, horizontalen Tisch. Einer der Massenpunkte erhält senkrecht zu seiner Fadenrichtung einen Stoß, so daß er mit der Geschwindigkeit V fortfliegt und sich sein Faden infolgedessen von dem Zylinder abzuwickeln beginnt. Man beweise, daß das gerade Stück r des Fadens vom Zylinder bis zu dem gestoßenen Massenpunkt, wenn es am Anfang die Länge c besaß, zur Zeit t durch die Gleichung

$$r^2 = c^2 + 2aVt + \tfrac{1}{2}V^2t^2$$

gegeben ist, vorausgesetzt, daß sich der Zylinder um seine Achse reibungslos drehen kann.

5. An einem starren Zylinder vom Radius a und dem Trägheitsmoment J um seine vertikale Achse ist ein Faden befestigt. Dieser trägt an seinem Ende einen materiellen Punkt von der Masse m, der sich auf einer glatten, zur Zylinderachse senkrecht stehenden Ebene bewegt, während sich der Zylinder um seine Achse frei zu drehen vermag. Der Massenpunkt wird in der Ebene mit der Geschwindigkeit V senkrecht zum Faden in Bewegung gesetzt, so daß sich der Faden auf dem Zylinder aufzuwickeln sucht. Man beweise, daß die Länge r des geraden Fadenstückes in einem beliebigen späteren Zeitpunkt durch die Gleichung gegeben ist

$$(J + ma^2)\, r^2\dot{r}^2 = \left\{J + m(r^2 + a^2 - c^2)\right\} a^2V^2,$$

worin c den Anfangswert von r bezeichnet. Hieraus leite man weiter ab, daß

$$r^2 - c^2 = 2aVt + V^2t^2\,\frac{m}{M+m}$$

ist, wenn $M = \dfrac{J}{a^2}$ gesetzt wird.

6. Auf der Oberfläche eines Kegels mit dem Spitzenwinkel 2α, der sich um seine Achse frei zu drehen vermag, ist unter dem Winkel β zu den Kegelerzeugenden eine glatte Rille eingeschnitten. In dieser bewegt sich, von einer Anfangslage im Abstand c von der Spitze ausgehend, ein Massenpunkt von der Masse m. Hat in einem späteren Augenblick der Massenpunkt den Abstand r von der Spitze erreicht und hat der Kegel sich bis zu dieser Zeit um einen Winkel Θ gedreht, so besteht zwischen r und Θ die Beziehung

$$(J + mc^2\sin^2\alpha)\, e^{2\Theta\sin\alpha\cot\beta} = J + mr^2\sin^2\alpha,$$

worin J das Trägheitsmoment des Kegels um seine Achse bedeutet.

7. Eine elliptisch gebogene Röhre mit dem Parameter $2l$, der Exzentrizität e und dem Trägheitsmoment J um ihre feste, große Achse, dreht sich um die letztere mit der Winkelgeschwindigkeit Ω. Sie enthält einen materiellen Punkt von der Masse m, der von einem Brenn-

punkt mit der Kraft $\frac{\mu m}{(\text{Abstand})^2}$ angezogen wird und anfangs an demjenigen Ende der großen Achse in Ruhe ist, das dem Kraftzentrum am nächsten liegt. Man beweise, daß bei einer kleinen Verschiebung des Massenpunktes und unter der Voraussetzung $\mu e(1+e)^2 < l^3\Omega^2$ der Punkt am Ende des zunächst liegenden Parameters relativ zur Röhre zur Ruhe kommt, wenn

$$\Omega^2 l = 2\mu m e\left(\frac{1}{m l^2} + \frac{1}{J}\right)$$

ist.

8. Vier gleiche, homogene Stäbe von der Länge $2a$ sind an ihren Enden durch Kugelgelenke miteinander verbunden und bilden einen Rhombus, der sich um die vertikal gestellte und festgelagerte Diagonale drehen kann. Während der höchste Punkt des Rhombus mit der Achse fest verbunden ist, kann der tiefste Punkt auf seiner Diagonale reibungslos gleiten. Man ermittle die Winkelgeschwindigkeit für die stetige Bewegung, bei der jeder Stab mit der Vertikalen den Winkel α bildet, und beweise, daß für kleine Schwingungen um diesen Gleichgewichtszustand die Schwingungsdauer so groß ist wie die eines mathematischen Pendels von der Länge

$$\frac{2}{3} a \cos\alpha \frac{(1+3\sin^2\alpha)}{(1+3\cos^2\alpha)}.$$

Die Bewegung eines Seiles oder einer Kette.

256. Die unausdehnbare Kette. Bewegt sich eine Kette in einer geraden Linie, so besagt die Bedingung der Undehnbarkeit, daß zu jeder Zeit alle ihre materiellen Punkte gleiche Geschwindigkeit besitzen müssen. Bildet die Kette eine Kurve und bleibt sie bei ihrer Bewegung stets in Berührung mit einer gegebenen Kurve, so läßt sich die Bedingung in der Form aussprechen: — Die Geschwindigkeitskomponente eines Kettenteilchens in Richtung der Kurventangente ist für alle Punkte der Kette die gleiche.

257. Die Spannung an einer Stelle, an der eine Bewegungsänderung eintritt. Es kommt häufig vor, daß sich zwei Teile einer Kette in verschiedener Weise bewegen und daß beständig Kettenglieder von dem einen Kettenstück zu dem sich anders bewegenden zweiten Kettenstück übergehen. Die Spannung an der Stelle, an der sich die Bewegung ändert, läßt sich dann mit Hilfe des Satzes berechnen, wonach für ein bestimmtes Zeitinterval der Zuwachs der Bewegungsgröße eines Systems gleich dem Antrieb der Kraft ist, die während dieser Zeit darauf wirkt (Abschn. 162). Man muß diesen Satz auf einem gedachten Massenpunkt der Kette anwenden, von dem man voraussetzt.

daß er während eines sehr kurzen Zeitraumes aus dem einen Bewegungszustand in dem andern übergeht. Als Masse dieses Punktes hat man die Masse des Kettenstückes zu wählen, dessen Bewegung sich innerhalb des betreffenden Zeitraumes verändert (vgl. Abschn. 189). Durch die folgenden Beispiele soll dieses Prinzip erläutert werden.

Es ist wichtig sich vor Augen zu halten, daß solche sprunghafte Bewegungen wie die hier betrachteten im allgemeinen eine Energievergeudung zur Folge haben.

258. Erläuternde Beispiele. I. Eine Kette, die auf einem Tische nahe der Kante aufgewickelt ist, hängt mit dem einen Ende über die Kante herab. Man soll die Bewegung bestimmen.

Zur Zeit t sei x die bereits über die Kante gefallene Länge, T die in dem fallenden Stück an der Tischkante auftretende Spannkraft. In dem aufgewickelten Stück ist die Kette nicht gespannt. m sei die Masse der Längeneinheit der Kette.

Während eines sehr kurzen Zeitraumes Δt ist ein Kettenstück, dessen Länge wir als $\dot{x}\,\Delta t$ annehmen dürfen, mit der Geschwindigkeit $\dot{x}$ in Bewegung gekommen; der Antrieb der Kraft, die es in Bewegung gesetzt hat, können wir als $T\,\Delta t$ anschreiben. Daraus folgt die Nährungsgleichung

$$T\,\Delta t = m\,\dot{x}\,\Delta t \cdot \dot{x}\,.$$

die in die genaue Gleichung übergeht

$$T = m\dot{x}^2.$$

Die Bewegungsgleichung des fallenden Stückes ist daher

$$m x \ddot{x} = m x g - m \dot{x}^2.$$

Setzen wir v an Stelle von $\dot{x}$, so läßt sich dies schreiben

$$x v \frac{dv}{dx} + v^2 = g x,$$

oder

$$\frac{d}{dx}(x^2 v^2) = 2 g x^2.$$

Durch Integration und unter Berücksichtigung, daß v und x zugleich verschwinden, erhalten wir

$$v^2 = \tfrac{2}{3} g x\,.$$

Diese Gleichung gibt die Geschwindigkeit an, die das fallende Stück erlangt hat, wenn seine Länge x geworden ist.

Die Zeit, die hierfür verstreicht, ist

$$\int_0^x \frac{dx}{\sqrt{\tfrac{2}{3} g x}} = \sqrt{\frac{6x}{g}}\,.$$

Die bis zum Durchfallen der Strecke x durch das freie Ende verbrauchte potentielle Energie ist $\frac{1}{2} m g x^2$, die bis dahin erlangte kinetische

Energie $\frac{1}{2} mxv^2$ oder $\frac{1}{3} mgx^2$ und somit die bis dahin verloren gegangene Energie $\frac{1}{6} mgx^2$.

II. Das eine Ende einer Kette, deren anderes Ende befestigt ist, wird anfangs dicht neben das feste Ende gehalten und dann losgelassen.

$2l$ sei die Länge der Kette, m die Masse einer Längeneinheit, $l+x$ die Länge des zur Zeit t zur Ruhe gekommenen Stückes, T die Kettenkraft an ihrem unteren Endpunkt.

Das freie Ende ist unter der Wirkung der Schwere um $2x$ gefallen, so daß

$$2x = \tfrac{1}{2} gt^2, \quad \dot{x} = \tfrac{1}{2} gt.$$

Das fallende Stück der Kette ist ungespannt.

Während der sehr kurzen Zeit Δt kommt ein Stück von der annähernden Länge $\frac{1}{2} gt \cdot \Delta t$ aus der Bewegung mit der Geschwindigkeit gt zur Ruhe, so daß der Antrieb von der ungefähren Größe $T\Delta t$ eine Bewegungsgröße vom angenäherten Betrag $\frac{1}{2} mg^2t^2 \Delta t$ vernichtet. Somit haben wir die genaue Gleichung

$$T = \tfrac{1}{2} mg^2t^2.$$

Damit sind die Bewegung und die Spannkraft zu jeder Zeit bestimmt.

Fig. 85.

259. Die erzwungene Bewegung einer Kette unter der Wirkung der Schwere. Wir wollen annehmen, daß die Kette in einer rauhen Röhre oder in einer Rille läuft, die in eine rauhe Oberfläche eingeschnitten ist, und daß diese Kurve in einer Vertikalebene liegt.

Sei s die Entfernung, längs der Kurve gemessen, eines Punktes P der Kurve von einem festen Punkt, ϱ der Krümmungsradius der Kurve in P, Φ der Winkel, den die Kurvennormale in P mit der Vertikalen bildet. P' sei ein Nachbarpunkt von P mit den entsprechenden Werten $s + \Delta s$, $\Phi + \Delta\Phi$. Zwischen P und P' wollen wir einen gedachten Massenpunkt von der Masse $m\Delta s$ annehmen. v sei die Geschwindigkeit dieses Massenpunktes, von der wir mit genügender Annäherung annehmen dürfen, daß sie längs der Kurventangente in P gerichtet ist. Der Massenpunkt bewegt sich unter der Wirkung folgender Kräfte: der Spannkräfte T und $T + \Delta T$, die wir ebenfalls als in Richtung der Tangente wirksam ansehen dürfen, der

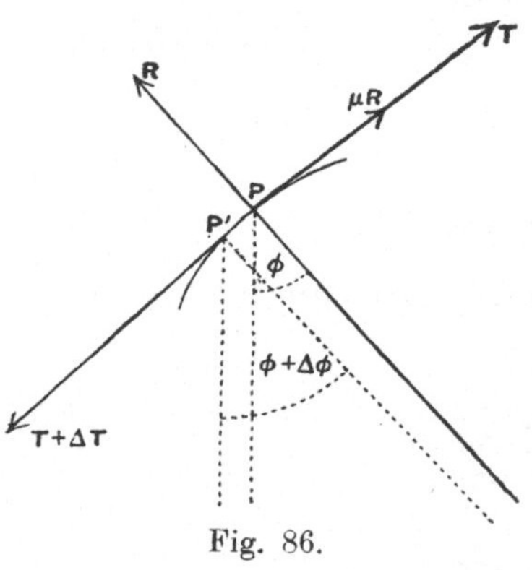

Fig. 86.

Kurvendruckkraft, die in der Normalenrichtung in P wirkt, und der Reibung in der Tangentenrichtung der Kurve. Kurvendruckkraft und Reibung bezeichnen wir mit $R\Delta s$ und $\mu R\Delta s$, so daß R den Kurvendruck pro Längeneinheit angibt; μ ist der Reibungskoeffizient.

Die Bewegungsgleichungen in Richtung der Tangente und der Normale in P lauten

$$m\Delta s\cdot\dot{v}=mg\Delta s\cdot\sin\Phi+(T+\Delta T)\cos\Delta\Phi-T-\mu R\Delta s,$$

$$m\Delta s\cdot\frac{v^2}{\varrho}=mg\Delta s\cdot\cos\Phi+(T+\Delta T)\sin\Delta\Phi-R\Delta s.$$

Dividieren wir durch Δs und gehen wir zum Grenzwert über, so erhalten wir die genauen Bewegungsgleichungen

$$m\dot{v}=mg\sin\Phi+\frac{dT}{ds}-\mu R \quad \ldots\ldots (1)$$

$$m\frac{v^2}{\varrho}=mg\cos\Phi+\frac{T}{\varrho}-R \quad \ldots\ldots (2)$$

Ist die Kurve glatt, so lassen wir in Gleichung (1) μR weg. Sind ferner die Enden der Kette frei, so läßt sich die Geschwindigkeit v mit Hilfe des Energieprinzips ermitteln und die Spannkraft T kann dadurch gefunden werden, daß man das bereits berechnete v in die Gleichung (1) einsetzt. Ist die Spannung bekannt, so ist die Druckkraft für jeden Punkt nach Gleichung (2) zu finden.

260. Beispiele. 1. Eine gleichförmige Kette von der Länge a ist in einer Geraden auf einem glatten Tische ausgelegt, so daß sie zur Tischkante einen rechten Winkel bildet und ihr eines Ende gerade über die Kante hängt. Die Tischkante sei abgerundet, so daß das bereits heruntergelaufene Kettenstück jederzeit gerade ist. Man beweise, daß die Kette in dem Augenblick, in dem das letzte Kettenglied den Tisch verläßt, die Geschwindigkeit $\sqrt{ag}$ hat.

2. Eine gleichförmige Kette von der Länge l und dem Gewicht W ist am einen Ende aufgehängt, während sich das andere Ende in einer Höhe h über einem glatten Tisch befindet. Man beweise, daß nach dem Loslassen des oberen Endes der Druck auf den Tisch, nachdem sich die Kette aufgewickelt hat, vom Werte $\frac{2hW}{l}$ auf den Wert $\frac{(2h+3l)W}{l}$ steigt.

3. Eine gleichförmige Kette AB wird mit ihrem unteren Ende in B und mit ihrem oberen Ende A in einer Entfernung senkrecht über B, die gleich der Länge der Kette ist, festgehalten. Zuerst wird das Ende A losgelassen und als dieses gerade an B vorbeieilt, läßt man auch das andere Ende los. Man beweise, daß nach Verlauf einer drei-

viertelmal so großen Zeit, als diejenige ist, in welcher A bis B fiel, die Kette gerade geworden ist.

4. Zwei gleichförmige Ketten mit den Massen pro Längeneinheit m_1 und m_2 sind durch einen Faden miteinander verbunden, der über eine feste, glatte Rolle läuft. Am Anfang werden die auf Rollen aufgewickelten Ketten in die Höhe gehalten. Unter Vermeidung jedes Ruckes am Faden läßt man sie darauf gleichzeitig los. Man beweise, daß der Faden bis zu dem Augenblick, in dem sich eine der Ketten ganz abgewickelt hat, mit der unveränderlichen Beschleunigung

$$g\,\frac{\sqrt{m_1}-\sqrt{m_2}}{\sqrt{m_1}+\sqrt{m_2}}$$

über die Rolle läuft und daß sich während dieser Zeit die bereits gerade gewordenen Kettenstücke mit den gleichförmigen Beschleunigungen

$$\frac{2g\sqrt{m_2}}{\sqrt{m_1}+\sqrt{m_2}} \quad \text{und} \quad \frac{2g\sqrt{m_1}}{\sqrt{m_1}+\sqrt{m_2}}$$

vergrößern.

5. Eine gleichförmige Kette von der Länge l und dem Gewicht W wird längs einer Fallinie auf eine schiefe Ebene vom Neigungswinkel α gegen die Horizontale gelegt, so daß sie gerade bis zur Grundfläche der schiefen Ebene reicht. In diesem Endpunkt befindet sich eine kleine, glatte Rolle, über die die Kette ablaufen kann. Man beweise, daß nach Ablaufen einer Länge x die Kettenspannkraft an dieser Stelle

$$W(1-\sin\alpha)\cdot x\,\frac{l-x}{l^2}$$

ist.

6. Das oberste Ende einer gleichförmigen Kette, die in einer vertikalen Ebene über einen glatten, horizontalen Kreiszylinder gelegt ist, wird auf der höchsten Erzeugenden dieses Zylinders festgehalten; die Kette umspannt dabei einen Zentriwinkel β. Man beweise, daß nach dem Loslassen der Kette ihr unterstes Ende den Zylinder zuerst verläßt und daß dies eintritt, wenn der durch das oberste Ende gezogene Radius mit der Vertikalen einen Winkel Φ einschließt, der sich aus der Gleichung ergibt

$$\tfrac{1}{2}\beta\cos(\Phi+\beta) = \sin\beta+\sin\Phi-\sin(\Phi+\beta).$$

261. Die freie, ebene Bewegung einer Kette. Ihre kinematischen Bedingungen. In jedem Zeitpunkt bildet die Kette eine Kurve. A sei die Lage eines herausgegriffenen Kettenpunktes auf dieser Kurve, P diejenige eines andern Punktes der Kette und s der von A nach P gemessene Kurvenbogen. Ist die Kette undehnbar, so können wir s als einen Parameter ansehen, der den zur Zeit t im Punkte P befindlichen Massenpunkt der Kette bestimmt. Mit Φ werde der Winkel bezeichnet, den die in P an die Kurve gelegte und im Sinne zunehmenden s gezogene Tangente mit einer festen x-Achse in der Ebene bildet; Φ ist als der Winkel anzusehen, um den sich eine mit der x-Achse zusammenfallende Gerade in positivem Sinne drehen muß, um mit der Tangente zusammenzufallen. Ferner sei ϱ der Krümmungsradius der Kurve in P.

Wir zerlegen die Geschwindigkeit des Kettenpunktes, der sich zur Zeit t in P befindet, in Komponenten u, v, von denen u längs der Kurventangente in P und zwar positiv im Sinne einer Zunahme von s und von denen v längs der Normalen gerichtet ist. Der positive Richtungssinn der Normalen sei dabei so gewählt, daß, wenn man die Kurve im Sinne von zu-

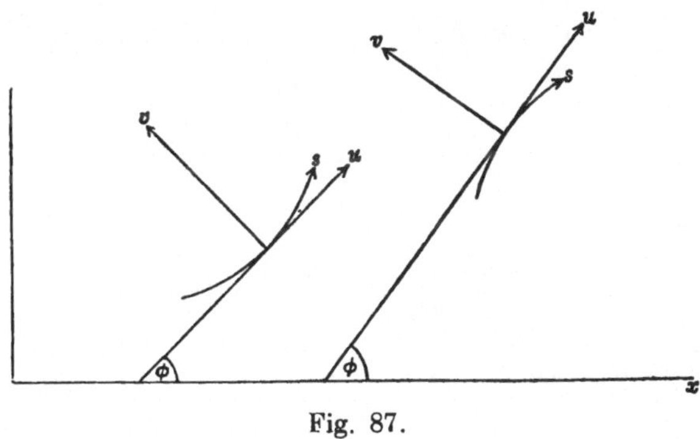

Fig. 87.

nehmendem s beschreibt, die Normale nach der linken Seite gezogen wird. Fällt dieser Sinn mit der nach dem Krümmungsmittelpunkt zeigenden Richtung zusammen, so ist $\frac{\partial \Phi}{\partial s}$ positiv; im andern Falle ist es negativ. (Siehe Fig. 87.) Der absolute Wert von $\frac{\partial \Phi}{\partial s}$, ohne Rücksicht auf das Vorzeichen, ist $\frac{1}{\varrho}$.

Es seien x, y die Koordinaten von P, d. h. von der Lage des durch s zur Zeit t bestimmten Massenpunktes. Es gelten die Gleichungen

$$\cos \Phi = \frac{\partial x}{\partial s}, \quad \sin \Phi = \frac{\partial y}{\partial s}.$$

Die Differentialquotienten sind partielle, weil s und t voneinander unabhängige Variable sind. Aus diesen Gleichungen ergibt sich

$$\frac{\partial^2 y}{\partial s^2} = \frac{\partial \Phi}{\partial s} \cdot \frac{\partial x}{\partial s}, \quad \frac{\partial^2 x}{\partial s^2} = -\frac{\partial \Phi}{\partial s} \cdot \frac{\partial y}{\partial s}.$$

Ferner sind die Richtungskosinus der Normalen, die in dem bereits gewählten Sinne gezogen ist, $-\frac{\partial y}{\partial s}$ und $\frac{\partial x}{\partial s}$.

Die Geschwindigkeit des zur Zeit t durch s bestimmten Massenpunktes hat in den festgesetzten Richtungen die Komponenten u und v oder in Richtung der Koordinatenachsen die Geschwindigkeiten $\frac{\partial x}{\partial t}, \frac{\partial y}{\partial t}$. Wir haben folglich die Gleichungen

$$u = \frac{\partial x}{\partial s}\frac{\partial x}{\partial t} + \frac{\partial y}{\partial s}\frac{\partial y}{\partial t}, \qquad v = -\frac{\partial y}{\partial s}\frac{\partial x}{\partial t} + \frac{\partial x}{\partial s}\frac{\partial y}{\partial t}.$$

Da

$$\left(\frac{\partial x}{\partial s}\right)^2 + \left(\frac{\partial y}{\partial s}\right)^2 = 1,$$

so ist auch

$$\frac{\partial}{\partial t}\left[\left(\frac{\partial x}{\partial s}\right)^2 + \left(\frac{\partial y}{\partial s}\right)^2\right] = 0;$$

das ist dasselbe wie

$$\frac{\partial x}{\partial s}\frac{\partial^2 x}{\partial s\,\partial t} + \frac{\partial y}{\partial s}\frac{\partial^2 y}{\partial s\,\partial t} = 0$$

oder

$$\frac{\partial}{\partial s}\left(\frac{\partial x}{\partial s}\frac{\partial x}{\partial t} + \frac{\partial y}{\partial s}\frac{\partial y}{\partial t}\right) - \frac{\partial^2 x}{\partial s^2}\frac{\partial x}{\partial t} - \frac{\partial^2 y}{\partial s^2}\frac{\partial y}{\partial t} = 0$$

oder

$$\frac{\partial u}{\partial s} - v\frac{\partial \Phi}{\partial s} = 0.$$

Diese Gleichung im Verein mit der Tatsache, daß s und t unabhängige Variable sind, drücken die Bedingung für die Nichtdehnbarkeit der Kette aus.

Die Winkelgeschwindigkeit $\frac{\partial \Phi}{\partial t}$, mit der sich die Kurventangente dreht, die in der durch s bezeichneten Lage des Massenpunktes gezogen ist, kann mit Hilfe von u und v ausgedrückt werden. Wir haben

$$\frac{\partial \Phi}{\partial t} = -\sin\Phi\frac{\partial}{\partial t}(\cos\Phi) + \cos\Phi\frac{\partial}{\partial t}(\sin\Phi),$$

oder

$$\frac{\partial \Phi}{\partial t} = -\frac{\partial y}{\partial s}\frac{\partial^2 x}{\partial s \partial t} + \frac{\partial x}{\partial s}\frac{\partial^2 y}{\partial s \partial t}$$

$$= \frac{\partial}{\partial s}\left(-\frac{\partial y}{\partial s}\frac{\partial x}{\partial t} + \frac{\partial x}{\partial s}\frac{\partial y}{\partial t}\right) + \frac{\partial^2 y}{\partial s^2}\frac{\partial x}{\partial t} - \frac{\partial^2 x}{\partial s^2}\frac{\partial y}{\partial t}$$

$$= \frac{\partial}{\partial s}\left(-\frac{\partial y}{\partial s}\frac{\partial x}{\partial t} + \frac{\partial x}{\partial s}\frac{\partial y}{\partial t}\right) + \frac{\partial \Phi}{\partial s}\left(\frac{\partial x}{\partial s}\frac{\partial x}{\partial t} + \frac{\partial y}{\partial s}\frac{\partial y}{\partial t}\right),$$

oder

$$\frac{\partial \Phi}{\partial t} = \frac{\partial v}{\partial s} + u\frac{\partial \Phi}{\partial s}.$$

Die beiden Gleichungen

$$\frac{\partial u}{\partial s} - v\frac{\partial \Phi}{\partial s} = 0, \qquad \frac{\partial v}{\partial s} + u\frac{\partial \Phi}{\partial s} = \frac{\partial \Phi}{\partial t}$$

sind die kinematischen Bedingungen, die für alle Punkte der Kette während der gesamten Bewegung erfüllt sein müssen.

Anmerkung: Ist die Kette dehnbar und bezeichnet man mit s_0 die natürliche Länge des Kettenstückes, das zwischen einem angenommenen Kettenpunkt A und irgendeinem andern Massenpunkt P der Kette liegt, so ist der Massenpunkt P durch den Parameter s_0 bestimmt und wir können s_0 und t als die unabhängigen Veränderlichen ansehen. Wir können dann ebenso wie im obigen Abschnitt beweisen, daß die folgenden kinematischen Bedingungen für alle Punkte der Kette Geltung haben müssen:

$$\frac{\partial u}{\partial s_0} - v\frac{\partial \Phi}{\partial s_0} = \frac{\partial \varepsilon}{\partial t}; \qquad \frac{\partial v}{\partial s_0} + u\frac{\partial \Phi}{\partial s_0} = (1+\varepsilon)\frac{\partial \Phi}{\partial t},$$

worin ε die Dehnung der Kette im Punkte P bezeichnet.

262. Die freie, ebene Bewegung einer Kette. Ihre Bewegungsgleichungen. Für die Aufstellung der Bewegungsgleichungen zerlegen wir die Beschleunigungskraft eines kleinen Kettenstückchens in die Richtungen der Tangente und Normale der Kurve, die sie augenblicklich bildet. Die Beschleunigungskomponenten in diesen Richtungen erhält man auf die in Abschnitt 254 angegebene Weise in der Form

$$\frac{\partial u}{\partial t} - v\frac{\partial \Phi}{\partial t}, \quad \frac{\partial v}{\partial t} + u\frac{\partial \Phi}{\partial t}.$$

Die Resultierende der an den Enden des Kettenelementes wirkenden Spannungen wird nach Abschn. 259 gefunden. Bezeichnen S und N die Kraftkomponenten pro Masseneinheit, die an der Kette in Richtung der Kurventangente und Kurvennormale angreifen, so sind die Bewegungsgleichungen

$$m\left(\frac{\partial u}{\partial t} - v\frac{\partial \Phi}{\partial t}\right) = \frac{\partial T}{\partial s} + mS,$$

$$m\left(\frac{\partial v}{\partial t} + u\frac{\partial \Phi}{\partial t}\right) = T\frac{\partial \Phi}{\partial s} + mN;$$

hierin ist m die Masse der Längeneinheit.

263. Unveränderliche Form der Kurve. Interessante Bewegungsfälle einer Kette treten ein, wenn die Gestalt der von der Kette gebildeten Kurve sich nicht verändert, die Kette sich jedoch längs der Kurve bewegt. Für die Behandlung solcher Fälle erleichtert es das Verständnis, wenn man sich die Kette in einer dünnen starren Röhre von der betreffenden Gestalt eingeschlossen denkt, in der sie sich bewegt, während sich die Röhre in ihrer Ebene bewegt. Die Geschwindigkeit eines Röhrenpunktes wird dann wie die Geschwindigkeit eines Punktes eines starren Körpers bestimmt, der sich in zwei Dimensionen bewegt. Die Geschwindigkeit irgendeines Röhrenpunktes findet man, wenn man die Kettengeschwindigkeit w relativ zur Röhre mit der Geschwindigkeit des betreffenden Punktes der Röhre zusammensetzt. w hat die Richtung der in dem Punkte an die Röhrenachse gelegten Tangente, und eine von Punkt zu Punkt veränderliche Größe, die sich nach den kinematischen Bedingungen richtet.

In dem besonderen Falle, wo es sich um eine gleichförmige Kette handelt, die sich unter der Wirkung ihrer Schwere bewegt, zeigt es sich, daß sich die Kette stetig in der Gestalt einer gewöhnlichen Kettenlinie bewegen kann, die sowohl ihre Lage wie ihre Form beibehält. Die Geschwindigkeit w ist in diesem Falle die Geschwindigkeit eines Kettenelementes und wir haben unter Benutzung der Bezeichnungen des Abschn. 261

$$u = w, \quad v = 0.$$

Die kinematischen Bedingungen lauten

$$\frac{\partial w}{\partial s} = 0, \quad \frac{\partial \Phi}{\partial t} = w\frac{\partial \Phi}{\partial s},$$

so daß sich die Kette in sich selbst gleichförmig bewegt.

Die Bewegungsgleichungen des Abschnittes 262 werden befriedigt, wenn

$$T = mgc \sec \Phi + mw^2$$

und wenn die Kurve die Kettenlinie $s = c \tan \Phi$ ist.

264. Beispiele. 1. Man beweise, daß eine gleichförmige Kette jede Kurve, die sie unter dem Einfluß konservativer Kräfte im Gleichgewichtszustand einzunehmen vermag, auch beibehalten kann, wenn sie sich unter der Wirkung derselben Kräfte gleichförmig in sich selbst bewegt, und daß bei einer stetigen Bewegung die Kettenspannung um mw^2 größer ist als im Gleichgewichtsfalle. Hierbei bezeichne m die Masse der Längeneinheit der Kette und w die Geschwindigkeit, mit der sich die Kette in sich selbst bewegt.

2. Quer über zwei glatte, parallele Schienen, die in gleicher Höhe im Abstand $2a$ nebeneinander herlaufen, bewegt sich eine gleichförmige Kette und wird dabei von einer Rolle aus einer Tiefe h senkrecht unter der einen Schiene ab- und auf eine zweite Rolle in einer Tiefe $h+b$ senkrecht unter der andern Schiene aufgewickelt. Man beweise, daß das Kettenstück zwischen den Schienen eine gewöhnliche Kettenlinie sein kann, vorausgesetzt daß die Geschwindigkeit der Kette in ihrer Längsrichtung $\sqrt{gb}$ ist.

3. In einer Ebene bewege sich eine gleichförmige Kette, ohne daß Kräfte auf sie wirken, in solcher Weise, daß die Kettenkurve ihre Form unverändert beibehält, während sie um einen festen Punkt der Ebene mit gleichförmiger Winkelgeschwindigkeit ω rotiert und die Kette sich in sich selbst mit der gleichförmigen Geschwindigkeit V verschiebt. Man beweise, daß die Gleichung (zwischen p und r) der Kurve die Form haben muß

$$\left(p+\frac{2V}{\omega}\right)r^2=ap+b,$$

worin a und b Konstante sind.

4. Eine gleichförmige Kette fällt unter dem Einfluß der Schwere innerhalb einer Vertikalebene herab. Man beweise, daß das Quadrat der Winkelgeschwindigkeit der Tangente eines Kettenelementes gleich

$$\frac{1}{m}\left(\frac{T}{\varrho^2}-\frac{\partial^2 T}{\partial s^2}\right)$$

ist.

5. Eine gleichförmige Kette hänge über einer glatten Rolle im Gleichgewicht; das eine Ende ist am Endpunkt des vertikalen Durchmessers befestigt; zu beiden Seiten der Rolle hängen Kettenstücke herunter. Man beweise, daß nach Losschneiden des festen Endes der Abstand y des tiefsten Punktes vom horizontalen Durchmesser während des ersten Teils der Bewegung die Gleichung erfüllt

$$(l-y+\tfrac{1}{2}gt^2)\ddot{y}-(\dot{y}-gt)^2=g(y+\tfrac{1}{2}c);$$

l bedeutet hierin die Länge der Kette und $2c$ den Kreisumfang.

6. Eine gleichförmige Kette von der Länge $2L$ und der Masse $2L\mu$, deren Enden an zwei Punkten A, C befestigt sind, läuft über einen glatten Stift B zwischen A und C, mit denen B in ein und derselben Horizontalen liegt. Die Punkte A, B, C seien so dicht nebeneinander, daß die zwischen ihnen hängenden Kettenstücke als vertikal angesehen werden können. Beiderseits von B sind in den Punkten P und P' der Kette elastische Fäden von der natürlichen Länge l und l' und den Elastizitätsmodulen λ und λ' befestigt, deren andere Enden in Punkten O und O' senkrecht unter P und P' angebunden sind. Das System schwinge so, daß die Fäden immer gestreckt bleiben und die Punkte P und P' nie auf endliche Zeit zur Ruhe kommen. Man beweise, daß die Dauer einer Vollschwingung

$$2\pi\sqrt{\frac{Ll'\mu}{\lambda l'+\lambda' l-\mu g l l'}}$$

ist.

7. Eine enge elliptische Röhre wird mit gleichförmiger Winkelgeschwindigkeit ω um ihre vertikale große Achse in Rotation versetzt.

Sie enthält eine gleichförmige Kette, deren Länge gleich einem Ellipsenquadranten ist. Man beweise, daß die Kette unter der Bedingung $\omega^2 = \frac{4g}{l}$, worin l den Parameter der Ellipse bedeutet, relativ zur Röhre im stabilen Gleichgewicht ist, wenn ihr eines Ende mit dem tiefsten Punkte der Ellipse zusammenfällt.

8. In einer rauhen, schraubenförmigen Röhre von der Steigung α und dem Radius a mit senkrecht stehender Achse befinde sich eine gleichförmige Kette; der Reibungskoeffizient zwischen Kette und Röhre sei $\tan\alpha\cos\varepsilon$. Man beweise, daß die Geschwindigkeit der Kette, nachdem diese ein vertikales Stück ma durchfallen hat, gleich $\sqrt{ag\sec\alpha\sinh 2\mu}$ ist, worin μ durch die Gleichung bestimmt wird

$$\cot\frac{\varepsilon}{2}\tanh\mu = \tanh\left(\mu\sin\varepsilon + \frac{1}{2}m\cos\alpha\sin 2\varepsilon\right).$$

265. Beginnende Bewegung. Wenn die Kette ihre Bewegung aus einer Ruhelage beginnt, die nicht zugleich auch eine Gleichgewichtslage ist, so sind die Anfangsgeschwindigkeiten Null und die Bewegungsgleichungen vereinfachen sich infolge des Wegfallens von $\frac{\partial\Phi}{\partial t}$. Gleichzeitig ändert sich die Form der kinematischen Bedingungen. Da $\frac{\partial^2\Phi}{\partial s\,\partial t}$ anfangs verschwindet, so führt die Differentiation der Gleichung $\frac{\partial u}{\partial s} = v\frac{\partial\Phi}{\partial s}$ zu dem Ergebnis

$$\frac{\partial^2 u}{\partial s\,\partial t} = \frac{\partial v}{\partial t}\frac{\partial\Phi}{\partial s}.$$

Die Bewegungsgleichungen lauten nunmehr

$$\left.\begin{aligned}\frac{\partial u}{\partial t} &= S + \frac{1}{m}\frac{\partial T}{\partial s},\\ \frac{\partial v}{\partial t} &= N + \frac{T}{m}\frac{\partial\Phi}{\partial s}.\end{aligned}\right\}$$

Differenzieren wir die erste nach s, multiplizieren die zweite mit $\frac{\partial\Phi}{\partial s}$ und subtrahieren sie, so erhalten wir

$$\frac{\partial}{\partial s}\left(\frac{1}{m}\frac{\partial T}{\partial s}\right) - \frac{1}{m}\frac{T}{\varrho^2} = -\frac{\partial S}{\partial s} + N\frac{\partial\Phi}{\partial s}.$$

Aus dieser Gleichung können wir die Anfangsspannung in jedem Punkt der Kette berechnen. Zur Bestimmung der willkürlichen Konstanten, die in der Lösung der Gleichung vorkommen, benutzen wir die Bedingungen, die für die Enden oder für andere besondere Punkte der Kette gelten. Muß sich beispielsweise das eine Ende auf einer gegebenen Kurve bewegen, so kann die Beschleunigung des äußersten Massenpunktes der Kette nur längs der Kurventangente gerichtet sein.

Es gibt Fälle, in denen man diese Methode nicht anwenden kann. Handelt es sich z. B. um eine schwere Kette, die sich mit ihrem Ende auf einem glatten geraden Draht bewegt, der nicht senkrecht auf der im Endpunkt gezogenen Kettentangente steht, so kann die in Richtung des Drahtes angeschriebene Bewegungsgleichung eines am Ende befindlichen Kettenelementes nicht erfüllt werden, wenn die Beschleunigung des Elementes endlich (nicht unendlich) und die Spannung endlich (nicht Null) ist. Solche Fälle lassen darauf schließen, daß die Kette am Ende schlaff, wenn nicht gar in ihrer ganzen Länge schlaff wird. Unter solchen Umständen ist es gewöhnlich praktisch anzunehmen, daß das Ende der Kette an einem Ring befestigt ist, der auf dem Drahte gleiten kann, und zunächst die Masse des Ringes als endlich vorauszusetzen. Ist dann die Aufgabe unter diesen Bedingungen gelöst, so kann man zu dem oben beschriebenen Falle übergehen, indem man die Masse des Ringes unendlich klein werden läßt.

266. Die stoßweise Bewegung. Die Gleichungen der stoßweisen Bewegung einer Kette, die plötzlich in Bewegung gesetzt wird, erhält man ohne weiteres nach der in Abschn. 262 angeführten Methode. Wir haben nur S und N als die Komponenten eines auf die Masseneinheit bezogenen Impulses aufzufassen, der auf ein Element ausgeübt wird, und T' als den Spannungsantrieb anzusehen. Die Gleichungen lauten

$$\left.\begin{aligned} mu &= \frac{\partial T'}{\partial s} + mS, \\ mv &= T\frac{\partial \Phi}{\partial s} + mN. \end{aligned}\right\}$$

Die kinematischen Bedingungen sind die gleichen, wie wir sie in Abschn. 261 für eine Kette bei stetiger Bewegung erhalten haben.

Falls auf die Kette nur in ihren Endpunkten Impulse ausgeübt werden, verschwinden S und N und wir können u und v eliminieren. Wir erhalten hierdurch für T eine Gleichung in der Form

$$\frac{\partial}{\partial s}\left(\frac{1}{m}\frac{\partial T}{\partial s}\right) - \frac{T}{m\varrho^2} = 0.$$

Die Lösung dieser Gleichung unter Berücksichtigung der gegebenen Endbedingungen liefert den Spannungsantrieb in jedem Punkte der Kette.

267. Beispiele. 1. Man beweise, daß für die Spannkraft einer Kette, die sich unter der Wirkung der Schwere zu bewegen beginnt, die Gleichung gilt

$$\frac{\partial}{\partial s}\left(\frac{1}{m}\frac{\partial T}{\partial s}\right)-\frac{T}{m\varrho^2}=0.$$

2. Eine gleichförmige Kette hängt unter dem Einfluß ihrer Schwere mit ihren Enden an zwei Ringen, die auf einer glatten, horizontalen Stange frei gleiten können. Hält man die Ringe anfangs so, daß die Tangenten, die man dicht unter ihnen an die Kette legen kann, gegen die Horizontale gleiche Winkel γ bilden, und läßt sie dann los, so ändert sich die Spannung im tiefsten Punkt im Verhältnis

$$2\,M':(2\,M'+M\cot^2\gamma),$$

wobei M die Masse der Kette und M' diejenige eines Ringes ist (vgl. Beisp. 5 in Abschn. 207).

3. Hält man in Beispiel 2 die Enden der Kette fest und zerschneidet die Kette in ihrem Scheitel, so nimmt plötzlich die Spannung in einem Punkte, in dem die Tangente einen Winkel Φ mit der Horizontalen einschließt, den Wert an

$$\frac{1}{2}\,M g\,\Phi\,\frac{\sec\Phi\cos\gamma}{\cos\gamma+\gamma\sin\gamma}.$$

4. Auf die Enden eines Kettenstückes von der Masse M, das in Form einer gemeinen Kettenlinie mit den Endneigungen α und β gegen die Horizontale aufgehängt ist, werden plötzliche Spannungsantriebe T_α, T_β ausgeübt. Man beweise, daß dabei die kinetische Energie erzeugt wird

$$\frac{1}{2}\,\frac{\tan\alpha-\tan\beta}{M}\left\{\frac{(T_\alpha\cos\alpha-T_\beta\cos\beta)^2}{\alpha-\beta}+(T_\alpha^2\sin\alpha\cos\alpha-T_\beta^2\sin\beta\cos\beta)\right\}.$$

Vermischte Beispiele: 1. Ein Stab von der Länge $2\,a$ wird aus einer Lage, in der er gegen die Vertikale einen Winkel α bildet, auf eine glatte, horizontale Ebene fallen gelassen. Man beweise, daß bei vollkommen unelastischem Stoß das auf die Ebene aufprallende Stabende die Ebene unmittelbar nach dem Stoß verlassen wird, vorausgesetzt, daß die Höhe, die der Stab durchfällt, größer als

$$\frac{1}{18}\,a\sec\alpha\,\mathrm{cosec}^2\alpha\,(1+3\sin^2\alpha)^2$$

ist.

2. Ein Kreiszylinder schaukelt zwischen zwei parallelen Schienen, deren Abstand kleiner als der Zylinderdurchmesser ist, hin und her. Man beweise, daß sich die größten Höhen der Zylinderachse über ihre Gleichgewichtslage nach einer geometrischen Reihe verkleinern.

3. Ein schwerer Ring vom Radius a rollt eine schiefe Ebene vom Neigungswinkel α herab und bleibt dabei stets in einer vertikalen Ebene. Auf der schiefen Ebene befinden sich eine Reihe scharfer Hindernisse,

die gleich hoch und in gleichen Abständen voneinander derart angeordnet sind, daß der Ring die Ebene nicht berühren kann. Beginnt der Ring seine Bewegung aus der Ruhe in einer Lage, in der er zwei Hindernisse zugleich berührt und ist kein Schlüpfen vorhanden, so ist seine Winkelgeschwindigkeit ω beim Verlassen des $(n+1)^{\text{ten}}$ Hindernisses durch die Gleichung gegeben

$$a\omega^2 = 2\,g \sin\alpha \sin\gamma \cos^4\gamma \frac{(1-\cos^{4n}\gamma)}{(1-\cos^4\gamma)}.$$

Hierin ist 2γ der Zentriwinkel, der durch zwei aufeinander folgende Hindernisse bestimmt wird, wenn der Ring beide berührt.

4. Eine Kreisscheibe, aus der in ihrer Ebene in gleichen Zwischenräumen n Spitzen hervorspringen, wird in einer vertikalen Ebene in Bewegung gesetzt und trifft auf eine rauhe, horizontale Ebene derartig auf (unelastischer Stoß), daß die Verbindungslinie ihres Berührungspunktes mit dem Mittelpunkt den Winkel $\frac{\pi}{n}$ gegen die Vertikale bildet. Ist in diesem Augenblick ihre Winkelgeschwindigkeit ω und die senkrecht zu der Spitze gerichtete Geschwindigkeit des Spitzenendpunktes gleich V, so ist die Anzahl der auf die Ebene auftreffenden Spitzen gleich der größten Zahl vor dem Komma in dem Werte von m, der sich aus der Gleichung

$$\left(1 - 2\,a^2 k^{-2} \sin^2\frac{\pi}{n}\right)^m (k^2\omega + aV) = 2\,k\sqrt{ag}\,\sin\frac{\pi}{2n}$$

ergibt. Hierin ist a der Radius des Kreises, auf dem die Spitzen liegen, und k der Trägheitsradius um den Endpunkt einer Spitze. Vorausgesetzt muß werden, daß der Radius der Scheibe kleiner als $a\cos\frac{\pi}{n}$ ist.

5. Eine homogene Kugel, die, ohne sich zu drehen, mit der Geschwindigkeit V unter einem Winkel α gegen die Vertikale auf den Boden springt, trifft darauf auf einen Schläger, dessen Ebene vertikal und senkrecht zur Bewegungsebene der Kugel steht, und die unter einem gegebenen Winkel gegen die Horizontale in der vertikalen Bewegungsebene der Kugel bewegt wird. Man beweise, daß nach Auftreffen auf den Schläger sich die Kugel nach abwärts bewegen wird, falls die vertikale Geschwindigkeit des Schlägers größer als

$$\tfrac{5}{2} V\cos\alpha\,(e + \tfrac{2}{7}\tan\alpha)$$

ist und die Schwere vernachlässigt wird. e ist dabei der Stoßkoeffizient zwischen Kugel und Erdboden; Schläger und Erdboden werden als genügend rauh vorausgesetzt, um Gleiten zu vermeiden,

6. Eine Kugel vom Radius a rollt auf einem rauhen Tisch mit der Geschwindigkeit V und kommt dabei an eine Spalte von der Breite b, die senkrecht zu ihrer Bewegungsrichtung steht. Man beweise, daß unter Voraussetzung vollkommen unelastischen Stoßes die Kugel den Spalt ohne zu springen überschreiten wird, wenn

$$V^2 > \frac{100}{7} g a (1-\cos\alpha)\sin^2\alpha \frac{(14-10\sin^2\alpha)}{(7-10\sin^2\alpha)^2},$$

worin $b = 2\,a\sin\alpha$ und $17\,ga\cos\alpha > V^2 + 10\,ga$ sind.

7. Eine Kugel mit dem Mittelpunkt O, die ihren Schwerpunkt G in einem Abstand c von O hat, wird auf eine schiefe Ebene mit dem

Neigungswinkel α so fallen gelassen, daß GO senkrecht zu der schiefen Ebene steht und G über O liegt. Unter der Voraussetzung, daß die Ebene genügend rauh ist, um ein Gleiten zu verhindern, beweise man, daß der Verlust an kinetischer Energie beim Stoß sich zu der kinetischen Energie der Kugel vor dem Stoß wie

$$\left\{(1-e^2)\cos^2\alpha+\frac{k^2\sin^2\alpha}{k^2+(a+c)^2}\right\}:1$$

verhält, wobei k der Trägheitsradius der Kugel um eine durch G senkrecht zu GO stehende Achse und e der Stoßkoeffizient ist.

---

8. Eine Kreisscheibe von der Masse M, dem Radius a und dem Trägheitsmoment MK^2 um ihren Mittelpunkt, die sich mit der Winkelgeschwindigkeit Ω dreht, schlägt senkrecht gegen einen rauhen Stab von der Masse m. Man beweise, daß unmittelbar nach dem Stoß die Winkelgeschwindigkeit gleich

$$\frac{(M+m)K^2\Omega}{(M+m)K^2+ma^2}$$

ist, wenn der Stoß vollkommen unelastisch war.

9. Zwei rauhe Kreisscheiben mit den Massen M_1, M_2, den Radien a_1, a_2 und den Trägheitsradien k_1, k_2 um ihre Mittelpunkte drehen sich um diese mit den Winkelgeschwindigkeiten Ω_1, Ω_2 und stoßen gerade aufeinander. Die Relativgeschwindigkeit ihrer Mittelpunkte in dem Stoß sei V. Man beweise, daß bei vollkommen unelastischem Stoß der Verlust an kinetischer Energie

$$\frac{1}{2}\frac{V^2}{\frac{1}{M_1}+\frac{1}{M_2}}+\frac{1}{2}\frac{(a_1\Omega_1+a_2\Omega_2)^2}{\frac{1}{M_1\left(1+\frac{a_1^2}{k_1^2}\right)}+\frac{1}{M_2\left(1+\frac{a_2^2}{k_2^2}\right)}}$$

beträgt.

10. Eine Kugel von der Masse m fällt vertikal herunter und schlägt mit der Geschwindigkeit V gegen ein Brett von der Masse M, das sich mit der Geschwindigkeit U auf einem horizontalen Tische bewegt. Der Stoßkoeffizient zwischen Kugel und Brett sei e, der Reibungskoeffizient zwischen Brett und Tisch werde vernachlässigt. Unter der Voraussetzung, daß der Reibungskoeffizient zwischen Kugel und Brett den Wert $\frac{2MU}{(7M+2m)(1+e)V}$ übersteigt, beweise man, daß die beim Stoß verlorene kinetische Energie gleich

$$\frac{1}{2}m(1-e^2)V^2+\frac{m\cdot MU^2}{7M+2m}$$

ist.

11. Ein Ball fällt auf einen Reifen, dessen Masse den n^{ten} Teil der Masse des Balles beträgt und der in einem Punkte seines Umfangs so aufgehängt ist, daß er sich frei in seiner Vertikalebene drehen kann. Es bezeichnen e den Stoßkoeffizienten und α den Neigungswinkel, den der durch den Auftreffpunkt des Balles gezogene Radius des Reifens

mit der Vertikalen bildet. Man beweise, daß der Ball in einer Richtung zurückspringt, die gegen die Horizontale einen Winkel

$$\operatorname{arc}\tan\left\{\left(1+\frac{n}{2}\right)\tan\alpha - e\cot\alpha\right\}$$

bildet.

12. Eine homogene Kugel wird auf das eine Ende eines gleichförmigen, horizontalen Balkens fallen gelassen, der um eine horizontale, durch den Schwerpunkt gehende Achse ausbalanciert ist. Man beweise, daß die Kugel nur dann zurückspringt, wenn die Masse des Balkens wenigstens dreimal so groß wie die der Kugel ist und der Stoßkoeffizient eins beträgt.

13. Ein Balken von der Länge $2a$ dreht sich um eine horizontale, durch seinen Schwerpunkt gehende Achse. Ein Massenpunkt stößt auf die emporsteigende Hälfte des Balkens, springt zurück und prallt gegen die andere Hälfte. Der Stoßkoeffizient sei eins. Man beweise, daß sich diese Bewegung unendlich oft wiederholen kann, wenn die Neigung des Balkens gegen die Horizontale nie den Wert α überschreitet, der sich aus der Gleichung ergibt $J(\pi + 2\alpha)\tan\alpha = ma^2$. Hierin bezeichnen J das Trägheitsmoment des Balkens um seine Achse und m die Masse des Massenpunktes.

14. Auf einen Keil von der Masse M, der auf einem Tische liegt, läßt man eine homogene Kugel von der Masse m so fallen, daß sich ihr Mittelpunkt in einer durch den Schwerpunkt des Keiles gehenden Vertikalebene bewegt. Die Reibung zwischen Keil und Tischfläche sei vernachlässigbar klein; zwischen Kugel und Keil aber sei sie genügend groß, um das Gleiten zu verhindern. Man beweise, daß bei vollkommen unelastischem Stoß sich die kinetische Energie im Verhältnis

$$(M+m)\sin^2\alpha : \left\{M + m\sin^2\alpha + \tfrac{2}{5}(M+m)\right\}$$

vermindert. α bezeichnet hierin den Neigungswinkel der Keilfläche, auf die die Kugel fällt, gegen die Horizontale.

15. Zwei gleiche, starre, homogene Platten, die beide die Form eines gleichseitigen Dreiecks haben, sind in Ruhe und zwei ihrer Kanten berühren sich. Sie erhalten beide im selben Augenblick gleiche Stöße P in entgegengesetzten und zwar solchen Richtungen, daß durch diese die gemeinsame und je eine andere Kante halbiert werden. Die Platten werden dadurch gegeneinander gepreßt und beginnen übereinander zu gleiten. Man ermittele die in die Stoßrichtung fallende Geschwindigkeitskomponente v des Angriffspunktes jedes der beiden Stöße und weise nach, daß die in dem System erzeugte kinetische Energie $(1 - \mu\sqrt{3})\,P\cdot v$ ist, wenn man voraussetzt, daß es sich um vollkommen unelastischen Stoß handelt und wenn μ den Reibungskoeffizienten bezeichnet.

16. Eine glatte, ovale Scheibe drehe sich mit der Winkelgeschwindigkeit ω in einer glatten, horizontalen Ebene um ihren festen Schwerpunkt und stoße dabei mit einem glatten Stab von der Masse m in dessen Mittelpunkt zusammen. Man beweise, daß die neue Winkelgeschwindigkeit gleich $\frac{J - mep^2}{J + mp^2}\,\omega$ ist, wenn J das Trägheitsmoment der Scheibe um die zu ihrer Ebene senkrechte Schwerpunktsachse, p die Länge des vom Schwerpunkt auf die Berührungsnormale gefällten Lotes und e den Stoßkoeffizienten bedeuten.

17. Ein kleiner, glatter Ring von der Masse m kann auf der Seite AB eines aus vier starr verbundenen Stäben gebildeten Quadrates $ABCD$ gleiten. In C wird in Richtung DC ein Stoß R ausgeübt. Man beweise, daß der Ring dadurch die Anfangsgeschwindigkeit $\frac{R a c}{m c^2 + (M + m) k^2}$ erhält, wenn $2a$ die Seitenlänge des Quadrates, c den Abstand des Ringes vom Mittelpunkt von AB, M die Masse des Quadrates und k dessen Trägheitsradius um den Mittelpunkt bezeichnen.

18. Ein gleichförmiger Stab von der Länge $2a$ bewegt sich in einer Vertikalebene und fällt dabei auf eine horizontale, glatte Ebene so auf, daß er im Augenblick des Stoßes einen Winkel Θ mit ihr bildet. Der Stoß sei vollkommen elastisch. Im Augenblick des Auftreffens drehe sich der Stab um einen Punkt, der auf derjenigen Vertikalen liegt, die den Stab im Abstand $a(1 + \frac{1}{3}\sec^2\Theta)$ vom tieferen Ende schneidet. Man beweise, daß sich unter diesen Umständen die Winkelgeschwindigkeit ω und die Vertikalkomponente der Geschwindigkeit des Schwerpunkts augenblicklich umkehren und daß ferner, wenn $3\,\Theta\cos\Theta = \frac{a\omega^2}{g}$ ist, die folgenden Zusammenstöße mit der Ebene in gleichen Zeitintervallen $\frac{2\,\Theta}{\omega}$ eintreten.

19. Ein glatter, homogener Würfel mit der Seitenlänge $2a$ und dem Trägheitsradius k um eine Schwerpunktsachse vermag sich um eine horizontale Achse frei zu drehen, die durch die Mittelpunkte zweier gegenüberliegender Seitenflächen geht. Der Würfel befinde sich in Ruhe, zwei seiner Flächen seien horizontal. Ein anderer Würfel von gleicher Art falle, ohne sich zu drehen, mit der Winkelgeschwindigkeit V herab und treffe die obere Fläche des ersten Würfels längs einer zu seiner Drehachse parallelen Geraden, die von der Vertikalebene durch die Drehachse den Abstand c habe. Der Stoßkoeffizient sei e; die untere Fläche des fallenden Würfels bilde gegenüber der Horizontalen den Winkel α. Man beweise, daß durch den Stoß dem ersten Würfel die Winkelgeschwindigkeit

$$\frac{c V (1 + e)}{c^2 + k^2 + a^2 - a^2 \sin 2\alpha}$$

erteilt wird.

---

20. Zwei homogene Stäbe AB, BC mit den Massen m, m' liegen auf einem glatten Tisch und schließen miteinander einen Winkel α ein. Während sie in B durch ein Gelenk verbunden sind, kann sich das Ende A um einen festen Zapfen drehen. Versetzt man AB in seinem Mittelpunkt einen Schlag P senkrecht zur Stabachse, so wird bei der dadurch hervorgerufenen Bewegung die kinetische Energie

$$\frac{P^2}{2\left(\frac{4}{3} m + 4 m' - 3 m' \cos^2\alpha\right)}.$$

Schlüge man indes in dem Tisch einen glatten Nagel so ein, daß er BC in dessen Mittelpunkt berührte und diesen Stab an seiner freien Bewegung behinderte, so wäre die kinetische Energie nur

$$\frac{P^2}{2\left(\frac{4}{3} m + 4 m' - \frac{8}{3} m' \cos^2\alpha\right)}.$$

21. Zwei homogene Stäbe AB, BC, die in B gelenkig verbunden sind, bewegen sich um den Mittelpunkt von AC als Momentanzentrum, ohne gegeneinander eine Relativbewegung auszuführen. Plötzlich wird ein Punkt von einem der Stäbe festgehalten. ABC sei dabei ein rechter Winkel. Sollen auch nach dem Stoß die Stäbe anfangs keine Relativbewegung gegeneinander machen, so muß der festgehaltene Punkt das Gelenk sein.

22. Ein homogener Stab von der Masse M sei in zwei Stücke von den Längen $2a$ und $2b$ geschnitten, die an ihren Enden gelenkig miteinander verbunden sind. Während die Stäbe in einer Geraden ausgestreckt in Ruhe liegen, wird dem einen Stab a an seinem freien Ende ein Stoß MV versetzt. Man beweise, daß die erzeugte kinetische Energie bei freiem Ende von b sich zu derjenigen bei festgehaltenem Ende von b verhält wie

$$(4a + 3b)(3a + 4b) : 12(a + b)^2.$$

23. Ein aus drei gleichen, homogenen Stäben gebildetes Dreieck, in dessen Ecken diese Stäbe gelenkig verbunden sind, wird in einer Vertikalebene so gehalten, daß die eine Seite horizontal und die gegenüberliegende Ecke unten liegt. Nachdem das System losgelassen und ein Stück gefallen ist, wird der Mittelpunkt des oberen Stabes plötzlich festgehalten. Man beweise, daß für beliebige Fallhöhen sich die Stoßkräfte in den oberen Gelenken zu der im unteren Gelenk auftretenden Stoßkraft wie $\sqrt{13} : 1$ verhält.

24. Vier homogene, an ihren Enden durch reibungsfreie Gelenke verbundene Stäbe von gleichem Material und Querschnitt bilden ein Rechteck mit den Seiten $2a$ und $2b$. Während sich dieses, ohne sich zu drehen, in einer glatten, horizontalen Ebene bewegt, prallt die eine Seite von der Länge $2a$ gegen einen kleinen, rauhen Stift (vollkommen unelastischer Stoß). Man beweise, daß diese Seite die größtmögliche Winkelgeschwindigkeit erlangt, wenn der Stoßpunkt von ihrem Mittelpunkt die Entfernung $a\sqrt{\frac{3b + a}{3b + 3a}}$ hat. Man beweise, daß das Rechteck sich nicht als starrer Körper drehen kann, wenn nicht die Bewegungsrichtung vor dem Stoß mit der anprallenden Seite einen Winkel bildet, der größer ist als

$$\operatorname{arc\,tan} \frac{a(3b + a)^{\frac{1}{2}}(3b + 3a)^{\frac{1}{2}}}{b(2b + 3a)}.$$

25. Vier gleiche, homogene Stäbe von der Länge $2a$ sind mit ihren Enden durch Kugelgelenke verbunden und bilden einen Rhombus. Während sich dieser in Richtung einer seiner Diagonalen, die die Länge $4a\cos\alpha$ hat, mit der Geschwindigkeit v bewegt, wird der Mittelpunkt der einen Vorderseite plötzlich festgehalten. Man beweise, daß die Winkelgeschwindigkeit dieser Seite Null und die der anstoßenden Seiten gleich $\frac{3v}{5a}\sin\alpha$ ist.

26. Zwölf gleiche Stäbe von der Länge $2a$ sind so miteinander verbunden, daß sie die Kanten eines Würfels bilden können. Das Stabwerk bewege sich symmetrisch durch eine Lage, in der alle Stäbe einen Winkel Θ gegen die Vertikale bilden. Ist dann u die Geschwindigkeit des Massenmittelpunktes und M die Masse des gesamten

Stabwerks, so beträgt die kinetische Energie $\frac{1}{2} M (\frac{7}{3} a^2 \dot{\Theta}^2 + u^2)$. Trifft das System auf dem Boden auf, wenn $\dot{\Theta} = 0$ ist, so verkleinert sich u im Verhältnis $1 : (1 + \frac{7}{27} \operatorname{cosec}^2 \Theta)$.

27. Beliebig viele gleiche, gleichförmige Stäbe seien durch ein Kugelgelenk so miteinender verbunden, daß sie ein Ende gemeinsam haben, und symmetrisch in der Weise wie die Erzeugenden eines Kegels vom Spitzenwinkel 2α angeordnet. Das System falle mit der Geschwindigkeit V und treffe symmetrisch auf einer glatten, festen Kugel vom Radius c auf (vollkommen unelastischer Stoß). Man beweise, daß sich alle Stäbe mit der Winkelgeschwindigkeit

$$\frac{V(c \cos\alpha - a \sin^3\alpha)}{\frac{4}{3} a^2 \sin^2\alpha + c^2 \cot^2\alpha - ac \sin 2\alpha}$$

zu bewegen beginnen.

28. Unendlich viele gleiche, homogene Stäbe sind durch Gelenke lose miteinander verbunden und liegen in einer geraden Linie in Ruhe. Plötzlich wird dem äußersten Stab an seinem freien Ende senkrecht zu seiner Achsenrichtung ein Schlag P versetzt. Man beweise, daß dadurch der n^{te} Stab an seinem ferneren Ende den Impuls erhält

$$(-1)^n P 2^{2n} \sin^{2n} \frac{\pi}{12}.$$

29. Ein System von $(2n+1)$ gleichen Stäben OA, OB, OC ..., jeder von der Masse m und der Länge $2a$, besitze in O ein allen Stäben gemeinsames Gelenk und liege in einer Ebene, wobei je zwei benachbarte Stäbe einen Winkel $\alpha = \frac{2\pi}{2n+1}$ miteinander einschließen; infolge eines auf OA in dessen Längsrichtung wirkenden Impulses werden den Stäben zu beiden Seiten von OA der Reihe nach die Anfangsgeschwindigkeiten ω_1, ω_2, ... mitgeteilt. Man beweise, daß

$$\omega_1 \operatorname{cosec}\alpha = \omega_2 \operatorname{cosec} 2\alpha = \ldots = \frac{3u}{4a},$$

wobei $u = \frac{8P}{5(2n-1)m}$ die Anfangsgeschwindigkeit von OA bedeutet.

---

30. Zwei gleiche, homogene Stäbe von derselben Länge $2a$ sind mit ihrem einem Ende gelenkig verbunden, während ihre beiden andern Enden durch einen undehnbaren Faden von der Länge $2l$ verknüpft sind. Das System ruht zunächst auf zwei glatten Stiften, die in einer Horizontalen im Abstande $2c$ voneinander angebracht sind. Man beweise, daß jeder Stab, nachdem man den Faden zerschnitten hat, die anfängliche Winkelbeschleunigung

$$\frac{(8a^2c - l^3)g}{\frac{8a^2l^2}{3} + \frac{32a^4c^2}{l^2} - 8a^2cl}$$

besitzt.

31. Sechs gleiche, homogene, in einer Vertikalebene liegende Stäbe von derselben Masse m sind an ihren Enden durch Gelenke miteinander

verbunden und werden zunächst so gehalten, daß sie ein regelmäßiges Sechseck bilden. Der höchste Stab ist festgemacht und horizontal. Im Mittelpunkt des tiefsten Stabes, der ebenfalls horizontal ist, bringt man einen Massenpunkt von der Masse p an. Man beweise, daß nach dem Loslassen p sich mit der Anfangsbeschleunigung

$$\frac{(9\,m + 3\,p)\,g}{10\,m + 3\,p}$$

nach abwärts bewegt.

32. Eine gleichförmige Kreisscheibe ist symmetrisch an zwei elastischen Fäden aufgehängt, die beide die natürliche Länge c und gegen die Vertikale die Neigungswinkel α haben und am höchsten Punkt der Scheibe befestigt sind. Man beweise, daß nach dem Zerschneiden eines der Fäden der Mittelpunkt der Scheibe eine Bahn beschreibt, in deren Anfangspunkt der Krümmungsradius

$$\frac{3\cos\alpha \cdot b\,(b - c)}{c\sin 4\,\alpha - b\sin 2\,\alpha}$$

ist, wenn unter b die Länge eines Fadens in der Gleichgewichtslage verstanden wird.

33. Ein dünnes, homogenes, rechteckiges Brett ist um ein in seiner Ebene liegendes, zu einer Seite paralleles Scharnier umklappbar und wird, zu einem beliebigen Winkel aufgeklappt, auf einen glatten, horizontalen Tisch gesetzt. Ein senkrecht zum Scharnier geführter Schnitt des Brettes würde also zwei Seiten eines Dreiecks ABC liefern, dessen dritte Seite AB die horizontale Tischfläche wäre und dessen Winkel C am Scharnier läge. Man ermittle die Horizontal- und Vertikalbeschleunigung von C zu Beginn der Bewegung und beweise, daß die anfängliche Bewegungsrichtung mit der Vertikalen einen Winkel einschließt, dessen Tangente den Wert

$$\frac{1}{2}\tan A \tan B \tan\frac{A - B}{2}$$

hat.

34. Vier Stäbe, von denen zwei die Länge $2\,a$, die beiden andern die Länge $2\,b$ haben und deren Massen ihren Längen proportional sind, sind durch Kugelgelenke miteinander verbunden, so daß sie ein Parallelogramm bilden. Einer der Stäbe mit der Länge $2\,a$ vermag sich um einen Zapfen frei zu drehen, der von seinem Mittelpunkt um c entfernt ist. Er wird zunächst in horizontaler Lage gehalten, so daß das System ein Rechteck bildet. Dann läßt man ihn los. Man beweise, daß am Anfang jeder von den beiden horizontalen Stäben die Winkelbeschleunigung

$$\frac{g\,c\,(a + b)}{c^2\,(a + b) + a^2\left(\frac{a}{3} + b\right)}$$

hat.

35. Zwei gleichförmige Stäbe AB, BC mit den Massen m, m' und den Längen $2\,a$, $2\,b$ sind in B durch ein Kugelgelenk verbunden. Das Ende A wird festgehalten. Ein in C angebundener Faden hält das System in einer Lage, in der AB und BC mit der Vertikalen die Winkel α und β bilden. Man beweise, daß nach dem Zerschneiden des Fadens die Winkelbeschleunigungen von AB und BC

$$\frac{\frac{4}{3}(m+2m')\sin\alpha - 2m'\sin\beta\cos(\alpha-\beta)}{\frac{16}{9}(m+3m') - 4m'\cos^2(\alpha-\beta)}\,\frac{g}{a}$$

und

$$\frac{\frac{4}{3}(m+3m')\sin\beta - 2(m+2m')\sin\alpha\cos(\alpha-\beta)}{\frac{16}{9}(m+3m') - 4m'\cos^2(\alpha-\beta)}\,\frac{g}{b}$$

sind.

---

36. Ein homogener Stab von der Länge $2a$ und dem Gewicht W ruht auf einer rauhen, horizontalen Ebene. Der Auflagerdruck der Ebene sei hierbei gleichmäßig verteilt. Plötzlich wird an einem Ende senkrecht zur Stabachse eine Kraft angebracht, die groß genug ist, um Bewegung hervorzurufen. Man beweise, daß sich der Stab um denjenigen Punkt zu drehen beginnt, dessen Abstand x vom Stabmittelpunkte gleich der positiven Wurzel der Gleichung

$$x^3 - \left(\frac{1}{3} - \frac{2P}{\mu W}\right)a^2 x - \frac{2Pa^3}{3\mu W} = 0$$

ist; μ bezeichnet hierin den Reibungskoeffizienten.

37. Ein dünnes, homogenes, rechteckiges Brett von der Masse M hängt mit seinen Ecken an vier parallelen Ketten von gleicher Länge und vernachlässigbarer Masse, die an vier Punkten einer Horizontalebene befestigt sind. Auf dem Brett liegt ein homogener Zylinder von der Masse m, dessen Achse parallel einer Kante und dessen Schwerpunkt senkrecht über dem des Brettes liegt. Das ganze System wird in der zur Zylinderachse senkrechten Vertikalebene beiseite gezogen, bis die Ketten einen Winkel α mit der Vertikalen bilden, und dann losgelassen. Man beweise, daß die Anfangsspannung jeder Kette gleich

$$\frac{\frac{1}{4}(M+m)(3M+m)g\cos\alpha}{3(M+m) - 2m\cos^2\alpha}$$

oder gleich

$$\frac{\frac{1}{4}M(M+m)g\cos\alpha}{M + m\sin^2\alpha - m\mu\sin\alpha\cos\alpha}$$

ist, je nachdem der Reibungskoeffizient μ größer oder kleiner als

$$\frac{(M+m)\tan\alpha}{(3M+m)}$$

ist.

38. Eine homogene Kreisscheibe (Masse M) drehe sich mit der Winkelgeschwindigkeit ω in einer horizontalen Ebene. Dicht um die Scheibe rotiert konzentrisch ein Ring von der Masse m und dem Radius c mit der Winkelgeschwindigkeit $\nu\,(<\omega)$. Der Ring besitze eine masselose, glatte Speiche von radialer Richtung, auf der sich ein kleines Gewicht von der Masse p unter der Wirkung einer Zentralkraft verschieben kann, die vom Mittelpunkt ausgeht und die Größe $\frac{\mu}{(\text{Abstand})^2}$ hat. Im Abstand a vom Mittelpunkt ist dieses Gewicht relativ zum Ring im Gleichgewicht. Nun beginne eine kleine, stetige Einwirkung der Scheibe auf den Ring, nach Art der Reibung, aufzutreten, die pro-

portional der Relativgeschwindigkeit ist. Man beweise, daß sich der Abstand des Gewichtes vom Mittelpunkt und die Winkelgeschwindigkeit des Ringes dadurch zunächst vergrößern und daß sie nach einer kurzen Zeit t die Werte erlangen

$$a + \frac{t^3 a \nu \lambda (\omega - \nu)}{3 (m c^2 + p a^2)}$$

und

$$\nu + \frac{t\lambda(\omega - \nu)}{m c^2 + p a^2} - \frac{1}{2}\lambda t^2 \cdot \frac{\lambda(\omega - \nu)}{m c^2 + p a^2} \cdot \left(\frac{2}{M c^2} + \frac{1}{m c^2 + p a^2}\right).$$

Hierin bezeichnet $\lambda\dot{\Theta}$ das zur relativen Winkelgeschwindigkeit $\dot{\Theta}$ gehörige Reibungsmoment.

39. Eine Reihe von $2n$ gleichen, homogenen Stäben, von denen jeder die Masse m hat, sind gelenkig miteinander verbunden und werden so gehalten, daß immer abwechselnd einer horizontal und einer vertikal ist und jeder vertikale Stab stets tiefer liegt als der vorhergehende. Der oberste Stab ist horizontal und kann sich frei um sein festes Ende drehen. Man beweise, daß nach dem Loslassen der Stäbe am Anfang die Horizontalkomponente X_{2r} und die Vertikalkomponente Y_{2r} der zwischen dem $2r^{\text{ten}}$ und dem $(2r+1)^{\text{ten}}$ Stabe wirkenden Kraft durch die Gleichungen gegeben sind

$$X_{2r} = B(-5 + 2\sqrt{6})^r + C(-5 - 2\sqrt{6})^r,$$
$$Y_{2r} = B'(-5 + 2\sqrt{6})^r + C'(-5 - 2\sqrt{6})^r,$$

wobei die Konstanten B, C, B', C' aus den Bedingungen gefunden werden

$$X_{2n} = 0; \quad Y_{2n} = 0; \quad X_2 + 2X_0 = 0; \quad 2Y_2 + 16Y_0 - 5mg = 0.$$

40. n gleiche, symmetrische Stäbe, von denen jeder die Länge $2a$ und den Trägheitsradius k um seinen Schwerpunkt hat, bilden eine Kette. Deren eines Ende wird festgehalten und die ganze Kette so unterstützt, daß sie zu einer horizontalen Geraden ausgestreckt ist. Man beweise, daß nach Wegnahme der Unterstützung sich das freie Ende mit der Beschleunigung

$$g\left[1 + \left(-1\right)^{n+1} \operatorname{sech} \log\left(\tanh^n \frac{\Theta}{2}\right)\right]$$

bewegt, wobei $\Theta = \log\frac{a}{k}$ ist.

---

41. Ein Massenpunkt von der Masse M liegt auf einem glatten Tisch und ist mit einem zweiten Massenpunkt von der Masse m durch einen undehnbaren Faden verbunden, der durch ein Loch im Tische geht. Läßt man m aus einer Lage los, in der er die Polarkoordinaten a, α hat, wobei das Loch als Koordinatenanfang und die Vertikale als Bezugsgerade gewählt ist, so haben wir in der Anfangslage

$$(M + m)\ddot{r}_0 = mg\cos\alpha, \qquad a\ddot{\Theta}_0 = -g\sin\alpha,$$
$$a(M + m)\ddot{\ddot{r}}_0 = 3mg^2\sin^2\alpha, \qquad a^2\ddot{\ddot{\Theta}}_0 = g^2\sin\alpha\cos\alpha\,\frac{(M + 3m)}{M + m}.$$

Diese Formeln sind abzuleiten; ferner ist zu beweisen, daß die Bahn von m anfangs den Krümmungsradius

$$\frac{3\,(\ddot{x}_0^2 + \ddot{y}_0^2)^{\frac{3}{2}}}{(\ddddot{x}_0\,\ddot{y}_0 - \ddddot{y}_0\,\ddot{x}_0)}$$

besitzt, wobei

$$\ddot{x}_0 = \ddot{r}_0\,; \quad \ddot{y}_0 = a\,\ddot{\Theta}_0\,; \quad \ddddot{x}_0 = \ddddot{r}_0 - 3\,a\,\ddot{\Theta}_0^2\,; \quad \ddddot{y}_0 = a\,\ddddot{\Theta}_0 + 6\,\ddot{r}_0\,\ddot{\Theta}_0$$

ist.

42. Im Massenmittelpunkt eines Brettes von der Masse M ist das eine Ende eines gleichförmigen Stabes von der Länge $2\,a$ und der Masse m gelenkig befestigt. Das Brett liegt auf einem glatten Tisch und der Stab wird so gehalten, daß er mit der Vertikalen einen Winkel α bildet. Dann wird er losgelassen. Man beweise, daß sein Mittelpunkt eine Bahn beschreibt, die in ihrem Anfangspunkt den Krümmungsradius

$$\frac{a\left\{M^2\cos^2\alpha + (M+m)^2\sin^2\alpha\right\}^{\frac{3}{2}}}{M\,(M+m)^2}$$

besitzt.

43. Eine Gartenwalze ruht auf einer horizontalen Ebene, die rauh genug ist, um Gleiten zu verhindern. Ihr Handgriff wird so gehalten, daß die durch die Zylinderachse und den Schwerpunkt des Handgriffs gehende Ebene einen Winkel α mit der Horizontalen bildet. Läßt man den Handgriff los, so beschreibt sein Schwerpunkt eine Bahn, die in ihrem Anfangspunkt den Krümmungsradius

$$c\,n^{-2}\,(\sin^2\alpha + n^2\cos^2\alpha)^{\frac{3}{2}}$$

hat, wobei

$$(n-1)\,M\,(K^2 + a^2) = m\,a^2$$

ist. Hierin bedeuten c den Abstand des Schwerpunkts des Handgriffes von der Zylinderachse, m seine Masse, MK^2 das Trägheitsmoment des Zylinders um seine Achse und a den Radius des als homogen vorausgesetzten Zylinders.

44. Zwei homogene Stäbe von den Längen $2\,a$, $2\,b$ und den Massen A, B sind mit je einem Ende gelenkig verbunden, während das andere Ende von A festgehalten wird. Die Stäbe fallen aus einer horizontalen Anfangslage, in der sie in Ruhe waren. Man beweise, daß das entferntere Ende von B eine Kurve beschreibt, die im Anfangspunkt den Krümmungsradius

$$\frac{2\,a\,b\,(A+B)^2}{a\,A^2 + b\,(2\,A+B)^2}$$

hat.

45. Eine rauhe Bohle von der Masse M vermag sich in einer Vertikalebene um eine horizontale Achse, die vom Schwerpunkt den Abstand c hat, frei zu drehen. Im Abstand b von der Achse wird auf der dem Schwerpunkt abgewandten Seite auf die Bohle eine homogene Kugel von der Masse m gebracht und die Bohle dabei zunächst in horizontaler Lage gehalten. Man beweise, daß der Kugelmittelpunkt nach dem Loslassen der Bohle eine Bahnkurve beschreibt, deren Krümmungsradius im Anfangspunkt $\dfrac{21\,b\,\Theta}{5 - 11\,\Theta}$ ist. Hierin ist $\Theta = \dfrac{mb - Mc}{mb + Ma}$ und Mab das Trägheitsmoment der Bohle um die Achse.

46. Zwei Stäbe AC, CB von gleicher Länge $2a$ sind in C durch ein Kugelgelenk verbunden. Der Stab AC vermag sich in einer Vertikalebene um A frei zu drehen, während das Ende B des Stabes CB mit A durch einen undehnbaren Faden von der Länge $\frac{4a}{\sqrt{3}}$ verbunden ist. In der Gleichgewichtslage des Systems wird der Faden plötzlich zerschnitten. Man zeige, daß B darauf eine Bahn beschreibt, die in ihrem Anfangspunkt den Krümmungsradius

$$a\,\frac{4}{181}\sqrt{\frac{41^3}{3}}$$

besitzt.

47. Eine Reihe von n gleichen Stäben ist miteinander so verbunden, daß sie eine gerade Linie bilden. Sie mögen die Anfangswinkelbeschleunigungen ω_1, ω_2, ..., ω_n haben, die sämtlich in einer Ebene liegen. Wird das eine Ende der Stabreihe festgehalten, so ist der Krümmungsradius der Bahn des freien Endes am Anfang

$$\frac{(a_1\,\omega_1 + a_2\,\omega_2 + \ldots + a_n\,\omega_n)^2}{a_1\,\omega_1^2 + a_2\,\omega_2^2 + \ldots + a_n\,\omega_n^2}\,.$$

48. Ein System, das aus zwei gleichen, homogenen Stäben AB, CD und einer Kugel von einem Halbmesser BC besteht, der gleich der Länge jedes der beiden Stäbe ist, vermag sich um A frei zu drehen. Die Körper seien in B und C durch Kugelgelenke verbunden. In der Anfangslage sei $ABCD$ eine horizontale Gerade. Unter der Voraussetzung, daß die Kugel dieselbe Masse wie jeder Stab hat, beweise man, daß der Krümmungsradius der Bahn von D am Anfang $\frac{512}{815}AB$ ist.

---

49. n gleichförmige, gleichschenklige, dreieckige Platten sind mit ihren Spitzen reibungslos durch ein Kugelgelenk verbunden, so daß sie eine Pyramide bilden, deren Basis ein regelmäßiges Vieleck mit dem Umkreisradius a ist und deren Kanten auf einem Kegel vom Spitzenwinkel $2\,\mathrm{arc\,cot}\sqrt{3+\sin^2\frac{\pi}{n}}$ liegen. Setzt man das System behutsam auf eine glatte Kugel und bilden dann in der Ruhelage seine Ebenen sämtlich gegen die Vertikale den Neigungswinkel α $\left[> \mathrm{arc\,sin}\left(\frac{1}{2}\cos\frac{\pi}{n}\right)\right]$, so ist für kleine Schwingungen die reduzierte Pendellänge

$$\frac{\frac{1}{6}\,a\cos\alpha\,(1+8\cos^2\alpha)}{1+2\cos^2\alpha}\,.$$

50. Vier gleiche, homogene Stäbe, jeder von der Länge $2a$ und dem Gewicht W, sind gelenkig verbunden und bilden einen Rhombus. Die gegenüberliegenden Ecken dieses Rhombus sind durch zwei ähnliche elastische Fäden von gleicher natürlicher Länge und dem Elastizitätsmodul λ verbunden. Legt man das System auf eine glatte, horizontale Ebene und werden die Fäden nie schlaff, so schwingt jeder Stab

um seine Gleichgewichtslage wie ein mathematisches Pendel von der Länge

$$\frac{2}{3}\sqrt{\frac{2Wa}{\lambda}}.$$

51. Ein Stabwerk aus 12 Stäben, die wie die Kanten eines Würfels angeordnet und mit ihren Enden gelenkig verbunden sind, wird an einer Würfelecke aufgehängt und durch einen elastischen Faden, der die vertikale Diagonale bildet, in Würfelform gehalten. Man beweise, daß die Schwingungsdauer kleiner Schwingungen des Systems bei vertikal bleibendem Faden dieselbe ist wie die eines mathematischen Pendels von der Länge $\frac{25}{36}(l - l_0)$. Hierin bezeichnen l und l_0 die Länge in der Gleichgewichtslage und die natürliche Länge des Fadens.

52. Ein elastischer Kreisring, dessen Radius im ungedehnten Zustand a ist, ruht auf der glatten Oberfläche eines Rotationskörpers mit vertikaler Achse und bildet dabei einen Kreis vom Radius r. Man beweise, daß für kleine Schwingungen, bei denen jedes Element des Ringes sich in einer Vertikalebene bewegt, die Schwingungsdauer gerade so groß ist wie die eines mathematischen Pendels von der Länge l, wobei $\frac{1}{l} = \frac{\sin\alpha\cos\alpha}{r - a} - \frac{\sec\alpha}{\varrho}$ ist, ϱ den Krümmungsradius der Meridiankurve in einem Punkte des Ringes und α die Neigung der Normalen gegen die Vertikale bedeuten.

53. Eine endlose, biegsame, aber undehnbare Kette, deren eine Hälfte durchweg pro Längeneinheit die Masse μ hat, während diese für die andere Hälfte μ' ist, ist über zwei gleiche rauhe Rollen von der Masse M und dem Radius a gespannt, die sich um ihre vertikal im Abstand l übereinander angeordneten Mittelpunkte frei drehen können. Man beweise, daß die Dauer kleiner Schwingungen der Kette unter der Wirkung der Schwere

$$2\pi\sqrt{\frac{M + (\pi a + b)(\mu + \mu')}{(\mu - \mu')g}}$$

ist, wenn die Rollen genügend rauh sind, um Gleiten zu verhindern.

54. Die Mittelpunkte zweier gleicher Kugeln, von denen jede den Radius a und das Trägheitsmoment J um einen Durchmesser besitzt, sind durch einen elastischen Faden verbunden, der durch Löcher in den Oberflächen hindurchgeht. Die Kugeln werden in symmetrische Schwingungen versetzt, so daß sie sich um gleiche Winkel um ihre Mittelpunkte drehen und der Faden in einer Ebene bleibt. Man beweise, daß 1) bei kleinen Amplituden die Dauer einer Schwingung

$$2\pi\sqrt{\frac{J}{Ta}}$$

ist, wenn T die Fadenspannung in der Gleichgewichtslage bedeutet, und daß 2), wenn der Faden die natürliche Länge $2a$ und den Elastizitätsmodul λ hat, die Dauer einer kleinen Schwingung von der Amplitude α gleich

$$\frac{4}{a}\sqrt{\frac{2J}{\lambda a}}\int_0^{\frac{\pi}{2}}\frac{d\Theta}{\sqrt{1 - \frac{1}{2}\sin^2\Theta}}$$

ist.

[Außer der Fadenspannkraft und der Pressung zwischen den Kugeln gibt es keine Kräfte.]

---

55. Auf eine der ebenen Stirnflächen eines homogenen Kreiszylinders, der eine seiner Masse entsprechende Anziehungskraft gemäß dem Gravitationsgesetz ausübt, wird in sehr geringem Abstand vom Mittelpunkt ein Massenpunkt gesetzt. Man beweise, daß er kleine Schwingungen mit der Schwingungsdauer

$$2\,(a^2+h^2)^{\frac{1}{4}}\cdot\left(\frac{\pi}{\gamma\,\varrho\,h}\right)^{\frac{1}{2}}$$

ausführt, worin a, h, ϱ den Radius des Zylinders, seine Höhe und die Dichte seines Materials bezeichnen.

56. Ein gleichförmiger Stab, der im Gleichgewicht auf einer rauhen gleichförmigen Kugel liegt, die ihn nach dem Gravitationsgesetz anzieht, sei keinen andern Kräften als dieser Anziehungskraft der Kugel unterworfen. Man beweise, daß er nach einer kleinen Auslenkung Schwingungen von der Dauer

$$\frac{2\pi l\,(a^2+l^2)^{\frac{3}{4}}}{a\sqrt{3\gamma m}}$$

ausführt, worin m die Masse der Kugel, a ihr Radius und $2l$ die Länge des Stabes bedeuten.

57. Ein homogener Stab von der Länge $2a$ bewege sich in einer glatten, geraden und festen Röhre unter der anziehenden Wirkung eines festen Massenpunktes von der Masse m, der den Abstand c von der Röhre hat. Man beweise, daß die Dauer kleiner Schwingungen

$$\frac{2\pi\,(a^2+c^2)^{\frac{3}{4}}}{\sqrt{\gamma m}}$$

ist.

58. Ein Reihe von n unendlich langen, gleichförmigen Kreiszylindern, jeder vom Radius c und der Masse M pro Längeneinheit, ist symmetrisch auf dem Umfang eines starren Stabwerks angeordnet, das sich um eine feste Achse A frei drehen kann. Sämtliche Zylinderachsen laufen mit A parallel und haben von A gleichen Abstand a. Sie werden von einem ähnlichen festen Zylinder mit einer im Abstand b ($> a$) von A parallel mit A laufenden Achse angezogen. Man ermittle die stabilen Gleichgewichtslagen und beweise, daß die Dauer kleiner Schwingungen um diese Lagen

$$2\pi\sqrt{\frac{M}{X}\,\frac{2a^2+c^2}{2b}\left(\frac{b^n}{a^n}-1\right)}$$

ist, worin X die auf die Längeneinheit der Achse ausgeübte Kraft bedeutet und die Masse des Stabwerks vernachlässigt wird.

59. Zwei gleiche, homogene Bälle sind an den Enden eines masselosen Stabes AB befestigt, der in seinem Mittelpunkt vermittels eines Fadens aufgehängt ist. Der Faden besitze eine solche Torsionselastizität, daß das System in einer horizontalen Ebene um O volle Schwingungen von der Dauer T ausführt. Nun seien zwei gleiche, schwere homogene Kugeln vom Radius a mit ihren Mittelpunkten in

C, D fest angebracht, so daß AC und BD beide gleiche Länge b haben, in derselben Horizontalebene wie der Stab und auf verschiedenen Seiten des Stabes liegen und senkrecht zu ihm stehen. Die Anziehungskraft der Kugeln verschiebt die Gleichgewichtslage der Bälle um ein kleines Stück x. Man beweise, daß die Kugeln die Dichte

$$\frac{3\pi b^2 x}{a^3 \gamma T^2}$$

haben.

60. An den Enden eines starren, masselosen Stabes von der Länge $2l$ seien zwei kleine Massen m und m' befestigt. Der Stab sei um seinen Mittelpunkt frei beweglich. Man zeige, daß er sich gegen die Vertikale unter einem Winkel α einstellen wird, der der Bedingung genügt

$$\cos\alpha = \frac{(m - m')\, g}{(m + m')\, \omega^2 l},$$

worin ω die als gleichförmig angenommene Winkelgeschwindigkeit bezeichnet, mit der sich die Massen um die Vertikale drehen.

61. Ein Massenpunkt bewege sich in einer glatten, ebenen Röhre, die sich mit der gleichförmigen Winkelgeschwindigkeit ω um eine vertikale Achse drehe. Man zeige, daß die Dauer einer kleinen Schwingung um eine Lage, in der der Punkt sich relativ zur Röhre im Gleichgewicht befindet,

$$\frac{2\pi}{\omega}\sqrt{\frac{\varrho \sin\alpha}{a - \varrho \sin\alpha \cos^2\alpha}}$$

ist, worin ϱ den Krümmungsradius in der Gleichgewichtslage, α den Winkel, den die in diesem Punkte gezogene Kurvennormale mit der Vertikalen bildet, und a den Abstand dieses Punktes von der Achse bedeuten.

62. Ein glatter, kreisförmig gebogener Reifen rotiere mit gleichförmiger Winkelgeschwindigkeit um einen vertikalen Durchmesser. Auf ihm bewege sich eine Perle von der Masse m, die an einem Faden befestigt ist, der durch einen im tiefsten Punkte des Reifens befestigten Ring läuft und an seinem andern Ende einen Körper von der Masse m trägt. Bezeichnet α den Winkel, den der nach der Perle gezogene Radius bei stetiger Bewegung mit der Vertikalen bildet, so ist die stetige Bewegung stabil oder labil, je nachdem der Ausdruck

$$1 - 6\sin^2\frac{\alpha}{2} - 8\sin^3\frac{\alpha}{2}$$

negativ oder positiv ist.

63. Ein Massenpunkt beschreibe bei stetiger Bewegung auf einem glatten Rotationsellipsoid mit den Achsen $2a$, $2b$ und vertikaler Umdrehungsachse einen horizontalen Kreis, der um d unterhalb des Mittelpunkts des Ellipsoids liege. Bildet die Tangentialebene in einem Punkte des Kreises den Winkel ψ mit der Vertikalen, so ist die Geschwindigkeit $\frac{a}{b}\cot\psi\sqrt{g\,d}$. Wird die stetige Bewegung ein wenig gestört, so haben die dadurch hervorgerufenen kleinen Schwingungen dieselbe Schwingungsdauer wie ein mathematisches Pendel von der Länge

$$\frac{a^2 d}{a^2\cos^2\psi + 4b^2\sin^2\psi}.$$

64. In einer glatten Schüssel von der Form einer Rotationsfläche mit vertikaler Achse beschreibe ein Massenpunkt einen Kreis vom Radius r. Man beweise, daß er nach einer kleinen Störung kleine Schwingungen von derselben Dauer macht, wie sie ein mathematisches Pendel von der Länge

$$\frac{r\,\varrho\cos\alpha}{r+3\varrho\cos^2\alpha\sin\alpha}$$

ausführt. Dabei bedeuten ϱ den Krümmungsradius der Meridiankurve und α den Neigungswinkel der Flächennormale gegen die Vertikale in einem beliebigen Punkte des horizontalen Kreises.

65. Auf einem Faden von der Länge l, dessen Enden an zwei Punkten einer vertikalen Achse im Abstand c voneinander befestigt sind, gleite eine Perle. Das System rotiere um diese Vertikalachse mit der Winkelgeschwindigkeit ω. Man beweise, daß unter der Bedingung $\omega^2 > \frac{2gl}{l^2-c^2}$ die Dauer für kleine Schwingungen um eine relative Gleichgewichtslage

$$2\pi\sqrt{\frac{A(l^4-A^2c^2)}{2l^2g(l^2+3A^2)}}$$

ist, wobei

$$A=\frac{2gl^2}{\omega^2(l^2-c^2)}$$

bedeutet.

66. Unter dem Einfluß zweier Kraftzentren, von denen Anziehungskräfte ausgehen, die sich umgekehrt mit dem Quadrat der Entfernung ändern, beschreibe ein Massenpunkt einen Kreis mit konstanter Geschwindigkeit. Man beweise, daß die Bewegung stabil ist, falls $3\cos\Theta\cos\Phi<1$ ist, worin Θ, Φ die Winkel sind, unter denen ein Radius des Kreises, von den Kraftzentren aus gesehen, erscheint.

---

67. Auf einem glatten, horizontalen Tische liegt ein Stab, der durch einen Ring hindurchgeht. An seinen Enden ist eine elastische Schnur angebunden, deren natürliche Länge gleich der Länge des Stabes und deren Mittelpunkt am Ring befestigt ist. Läßt man den Stab um seinen Mittelpunkt mit einer solchen Winkelgeschwindigkeit rotieren, daß die Drehung zwar stetig, aber unstabil wird, so beschreibt sein Mittelpunkt nach einer kleinen Störung eine Kurve, deren Gleichung in Polarkoordinaten lautet

$$\left(1+\frac{k^2}{r^2}\right)\sin^2\alpha=\cosh^2(\Theta\sin\alpha).$$

Hierin ist Θ von der Apsidenlinie gemessen; k bezeichnet den Trägheitsradius des Stabes um seinen Mittelpunkt und $k\tan\alpha$ ist der Wert von r in der Apside.

68. Ein homogener Stab von der Länge $2b$ kann mit seinen Enden auf einem glatten, vertikalen Reifen vom Radius a gleiten, der um einen vertikalen Durchmesser mit der gleichförmigen Winkelgeschwindigkeit ω in Umdrehung versetzt wird. Man beweise, daß die tiefste Horizontallage stabil ist, falls

$$9\,\omega^2(a^2-\tfrac{4}{3}b^2)<g\sqrt{a^2-b^2}$$

wird.

69. Vier gleiche, homogene Stäbe sind gelenkig verbunden und bilden einen Rhombus $ABDC$; AB und AC sind in A vermittels eines Gelenkes an einer vertikalen Spindel befestigt, so daß sie sich in der vertikalen Ebene BAC frei zu bewegen vermögen. A ist mit D durch einen elastischen Faden verbunden, dessen natürliche Länge das $\frac{2}{3}$fache desjenigen Wertes von AD beträgt, den diese Diagonale annimmt, wenn AB gegen die Vertikale unter einem Winkel α geneigt ist. Der Elastizitätsmodul des Fadens betrage das Doppelte des Gewichtes eines Stabes. Beginnt das System seine Drehung um die Spindel aus einer Lage, in der alle Stäbe mit der Vertikalen den Winkel α einschließen, mit der Winkelgeschwindigkeit $\omega = \sqrt{\frac{3g}{AD}}$, so bleibt diese Bewegung stetig. Man beweise dies und zeige ferner, daß die Schwingungsdauer für kleine Schwingungen um diesen stetigen Bewegungszustand

$$\frac{\pi}{\omega} \cdot \sqrt{1 + 3 \sin^2 \alpha}$$

ist.

70. Eine ebene Platte von beliebiger Gestalt habe in ihrer Fläche eine flache, kreisförmige Ausfräsung und vermöge sich um eine vertikale Achse zu drehen, die durch einen Punkt auf dem Umfang der Ausfräsung geht. In der Vertiefung befinde sich eine glatte Kreisscheibe von der Masse m und dem Radius c ($< a$) mit rauhem Rande. Das ganze System rotiere mit der Winkelgeschwindigkeit ω stetig um die vertikale Achse. Man beweise, daß für kleine Schwingungen um den stetigen Bewegungszustand die reduzierte Pendellänge

$$\frac{g(a-c)}{a c^2 \omega^2} \cdot \frac{(c^2 + k^2) J + 4 m k^2 a^2}{J + m\{k^2 + (2a - c)^2\}}$$

beträgt, worin J das Trägheitsmoment der Platte um die Achse und k den Trägheitsradius der Kreisscheibe um eine vertikale Achse durch ihren Mittelpunkt bedeutet.

71. Eine ebene Röhre von der Gleichung $y^2 = f(x)$, die sich um ihre vertikal gestellte Symmetrieachse mit der Winkelgeschwindigkeit $\sqrt{\frac{g}{c}}$ frei dreht, enthält einen Massenpunkt von der Masse m, der sich in der Nähe ihres tiefsten Punktes befindet. Ist der Krümmungsradius der Röhre im tiefsten Punkte größer als c, so wird der Massenpunkt in der Röhre bis zu einer Höhe h steigen, die sich als kleinste positive Wurzel der Gleichung

$$2Jch = (J - 2mch) f(h)$$

ergibt. J ist hierbei das Trägheitsmoment der Röhre um die Symmetrieachse.

72. Das eine Ende eines starren homogenen Stabes von der Länge $2a$, der aus einer Masse besteht, die eine dem Gravitationsgesetz gehorchende Anziehungskraft ausübt, werde gezwungen, sich mit der Winkelgeschwindigkeit ω gleichförmig auf einem Kreise vom Radius c zu bewegen. Im Mittelpunkt des Kreises sei ein Massenpunkt von der Masse m befestigt, der den Stab anzieht. Man beweise, daß der Stab sich stetig bewegen kann, wenn er im Innern des Kreises nach dem

Mittelpunkt hin geneigt ist, und daß diese stetige Bewegung stabil ist, falls

$$\gamma m > \omega^2 c (c - 2a)^2.$$

---

73. Ein elastischer Faden, der dieselbe Länge wie ein homogener Stab besitzt, sei mit seinen Enden an den Enden des Stabes befestigt und in seinem Mittelpunkte aufgehängt. Man beweise, daß der Stab soweit herabsinken wird, bis die Fadenhälften gegen die Horizontale einen Winkel Θ bilden, der die Gleichung erfüllt

$$\cot^3 \frac{\Theta}{2} - \cot \frac{\Theta}{2} = 2n.$$

Hierin bezeichnet n das Verhältnis des Elastizitätsmoduls des Fadens zum Stabgewicht.

74. Auf einem Stäbchen von vernachlässigbarer Masse, dessen Enden reibungslos auf einem festen Kreise gleiten, vermag eine Perle zu rutschen. Unter der Voraussetzung, daß keine äußeren Kräfte vorhanden sind, beweise man, daß sich die Perle relativ zu dem Stabe so bewegt, als ob sie von dessen Mittelpunkt mit einer Kraft abgestoßen würde, die sich umgekehrt mit der dritten Potenz der Entfernung ändert.

75. Eine glatte, starre und homogene Kreisröhre von der Masse M enthält zwei Massenpunkte von der Masse m_1, m_2. Die Röhre wird auf einen Tisch gesetzt und durch einen Schlag in Bewegung gesetzt, der durch den Massenmittelpunkt des Systems geht. Sind Θ_1, Θ_2 die Winkel, die die nach den Massenpunkten gezogenen Radien zur Zeit t mit einer festen Geraden des Tisches einschließen, so gilt während der ganzen Bewegung die Beziehung

$$M(m_1 \dot{\Theta}_1 + m_2 \dot{\Theta}_2) = 2 m_1 m_2 (\dot{\Theta}_1 + \dot{\Theta}_2) \sin^2 \frac{(\Theta_1 - \Theta_2)}{2} = 0.$$

76. Die Mittelpunkte zweier gleicher, homogener Stäbe AB, BC, von denen ein jeder die Masse m und die Länge $2a$ hat, und die in B durch ein Kugelgelenk zusammenhängen, sind durch einen elastischen Faden verbunden. Das System bewegt sich in einer Ebene ohne Einwirkung äußerer Kräfte. Bezeichnen Θ den Winkel zwischen dem Faden und einem der Stäbe, Φ den Winkel des Fadens gegen eine feste Gerade und V die potentielle Energie des ausgedehnten Fadens, so gelten während der ganzen Bewegung die Bedingungen

$$(\tfrac{1}{3} + \cos^2 \Theta)\, \dot{\Phi} = \text{const},$$

$$m a^2 \left\{(\tfrac{1}{3} + \cos^2 \Theta)\, \dot{\Phi}^2 + (\tfrac{1}{3} + \sin^2 \Theta)\, \dot{\Theta}^2\right\} + V = \text{const}.$$

77. Zwei gleiche, homogene Stäbe AC, CB, die in C gelenkig verbunden sind und deren Enden A, B durch einen Faden so zusammengehalten werden, daß ACB ein rechter Winkel wird, drehen sich in ihrer eigenen Ebene mit gleichförmiger Winkelgeschwindigkeit um den Punkt A als feste Achse. Man beweise, daß nach einem Zerschneiden des Fadens die Kraft im Gelenk sich plötzlich im Verhältnis $\sqrt{5} : 4$ ändert.

78. Eine glatte, homogene Röhre, in der sich ein ebenfalls glatter, homogener Stab befindet, bewegt sich ohne jeden Einfluß äußerer Kräfte,

nachdem sie durch einen senkrecht zu ihrer Achse gerichteten Schlag in Bewegung gesetzt worden ist. Anfangs betrage der Abstand der Mittelpunkte von Stab und Röhre a. Man beweise, daß nach einer Drehung des Systems um einen Winkel Θ der Abstand r dieser Mittelpunkte durch die Gleichung gegeben ist

$$(a^2+b^2)\left\{r^2+b^2+\left(\frac{dr}{d\Theta}\right)^2\right\}=(r^2+b^2)^2.$$

Hierin bezeichnet b eine Konstante, die von den Massen und Trägheitsmomenten von Stab und Röhre abhängt.

79. Auf einem horizontalen Tische liege eine glatte, kreisförmig gebogene Röhre, die einen Massenpunkt im Punkte C enthält und die sich um einen Punkt A ihres Umfangs drehen kann. Man beweise, daß der Massenpunkt, nachdem die Röhre einen horizontalen Schlag erhalten hat, um den Punkt B, der von A am weitesten ab liegt, Schwingungen ausführen kann und daß die Amplituden dieser Schwingung sich aus der Gleichung ergeben

$$\cos\frac{\beta}{2}=\pm\frac{1}{2}\sin\alpha,$$

wenn hierin α den zu CB gehörigen Zentriwinkel und β den Winkel bezeichnen, den die zur Zeit t gezogene Verbindungslinie des Massenpunktes mit dem Mittelpunkte gegen den zu B gehörigen Radius B bildet.

80. Während das eine Ende eines undehnbaren Fadens von der Länge a an einem Ende des horizontalen Durchmessers eines vertikalen Reifens vom Radius a befestigt ist, ist das andere an einem Ende eines starren homogenen Stabes von der Länge a angebunden, dessen zweites Ende auf dem Reifen gleiten kann. In der Anfangslage, aus der das System ohne Anfangsgeschwindigkeit seine Bewegung beginnt, waren Faden und Stab horizontal. Man ermittle die Geschwindigkeit des Stabes, wenn der Mittelpunkt irgendeine Strecke durchfallen hat.

---

81. Ein homogener Stab von der Masse m und der Länge $2a$ bewegt sich senkrecht zu sich selbst auf einem glatten Tische und stößt symmetrisch gegen eine homogene Kreisscheibe von der Masse m' und dem Radius a, die sich frei um ihren Mittelpunkt dreht. Unter der Voraussetzung, daß der Stoß vollkommen unelastissh und der Rand der Scheibe rauh genug ist, um Gleiten zu verhindern, beweise man, daß sich die Körper nach einem solchen Zeitintervall trennen werden, in dem die Scheibe sich ohne jede Störung um einen Winkel (im Bogenmaß)

$$\frac{m'+3m}{m'+m}$$

gedreht haben würde.

82. Ein massives Umdrehungs-Paraboloid, das sich um seine vertikale Achse frei zu drehen vermag, besitze auf seiner Oberfläche eine Nut, die mit der Achse den konstanten Winkel α bildet und in die ein Massenpunkt von der Masse m in einer Tiefe h_0 unter dem Scheitel hineingelegt wird. Man beweise, daß die Winkelgeschwindigkeit des Paraboloids, nachdem der Massenpunkt ein vertikales Stück h nach unten gerutscht ist, den Wert

$$2m\sqrt{\frac{2gha\{h+h_0)\sin^2\alpha-a\cos^2\alpha\}}{\{J+4ma(h+h_0)\}\{J+4ma(a+h+h_0)\cos^2\alpha\}}}$$

hat, wobei $4a$ der Parameter des Paraboloids und J dessen Trägheitsmoment um die Achse ist.

83. Ein homogener Würfel von der Masse M und dem Trägheitsradius k um eine durch seinen Mittelpunkt gehende Achse, der auf einer glatten, horizontalen Ebene ruht, besitzt auf seiner oberen Fläche eine glatte, kreisförmige Nut vom Radius a, die durch den Mittelpunkt O dieser Fläche geht. In dieser Nut wird von O aus ein Massenpunkt von der Masse m mit der Geschwindigkeit V abgeschickt. Ist $a\Phi$ der von dem Massenpunkt durchlaufene Bogen und Θ der Winkel, um den sich der Würfel zu einer beliebigen Zeit gedreht hat, so ist

$$\cot\frac{\sqrt{1+\beta^2}}{\beta}\left(\frac{\Phi}{2}-\Theta\right)=\frac{\beta}{\sqrt{1+\beta^2}}\cot\frac{\Phi}{2},$$

wobei

$$\beta^2=\frac{k^2(M+m)}{4ma^2}$$

ist.

84. Zwei homogene Stäbe, jeder von der Länge $2a$, sind durch ein Kugelgelenk verbunden und werden auf einen glatten Tisch gelegt, so daß sie geradlinig ausgestreckt und parallel einer Kante liegen. Eine Schnur, die im Gelenkpunkt befestigt ist und senkrecht zur Tischkante über diese hinwegläuft, trägt einen Körper vom n^{ten} Teil der Masse eines Stabes. Man beweise, daß sich jeder Stab zur Zeit t um einen Winkel Θ gedreht haben wird, der durch die Gleichung

$$\{2+n(1+3\sin^2\Theta)\}\,a\dot{\Theta}^2=3g\sin\Theta$$

gegeben ist.

85. Sechs gleiche, homogene Stäbe sind in einem Punkt O durch ein Kugelgelenk verbunden, während ihre anderen Endpunkte auf einem glatten, horizontalen Tische in den Ecken eines regelmäßigen Sechsecks liegen und durch sechs gleiche, elastische Fäden, die die Sechseckseiten bilden, verbunden sind, Anfangs haben sämtliche Fäden ihre natürliche Länge und die Stäbe sind gegen die Vertikale unter einem Winkel α geneigt. Man beweise, daß das Kugelgelenk entweder den Tisch erreicht oder dies nicht tut, je nachdem ob das Verhältnis des Elastizitätsmoduls der Fäden zum Gewicht eines Stabes $<$ oder $>$ $\frac{\sin\alpha\cos\alpha}{(1-\sin\alpha)^2}$ ist.

86. Ein gezogenes Kanonenrohr ist auf einer Lafette ohne Räder montiert. Es bezeichnen α die Rohrerhöhung, p die Ganghöhe der Züge, k den Trägheitsradius des Geschosses, U bzw. V die Mündungsgeschwindigkeiten des Geschosses 1. bei fester Lafette, 2. bei freiem Rücklauf der Lafette. Man beweise, daß

$$V^2\left\{\frac{k^2}{p^2}+\sin^2\alpha+\frac{M}{M+m}\cos^2\alpha\right\}$$
$$=U^2\left(1+\frac{k^2}{p^2}\right)\cdot\left\{\sin^2\alpha+\frac{M^2}{(M+m)^2}\cos^2\alpha\right\},$$

worin m die Geschoßmasse und M die Gesamtmasse von Rohr und Lafette sind.

87. In eine elliptisch gebogene, glatte Röhre wird am Ende ihrer großen Achse ein Massenpunkt gelegt, der den n^{ten} Teil der Masse der Röhre besitzt. Durch einen Schlag parallel zur kleinen Achse wird die Röhre so angestoßen, daß sie sich mit der Geschwindigkeit V parallel zu dieser Achse zu bewegen beginnt. Man beweise, daß der Exzenterwinkel Φ der Lage des Massenpunktes jederzeit der Bedingung genügt

$$\left\{a^2 \sin^2 \Phi + b^2 \cos^2 \Phi + \frac{a^2 (a^2 - b^2) \sin^2 \Phi}{(1+n) k^2 - (a^2 - b^2) \sin^2 \Phi}\right\} \dot{\Phi}^2 = V^2,$$

worin $2a$ und $2b$ die Hauptachsen der Röhre und k ihr Trägheitsradius um eine Achse sind, die durch den Mittelpunkt geht und senkrecht zur Ebene der Röhre steht.

88. Zwei rauhe, horizontale Zylinder, beide vom Radius c, sind so befestigt, daß ihre Achsen miteinander den Winkel 2α einschließen. Eine homogene Kugel vom Radius a rollt zwischen ihnen und geht dabei von einer Anfangslage aus, bei der ihr Mittelpunkt beinahe genau über dem Schnittpunkt der höchsten Zylindererzeugenden liegt. Man beweise, daß die Vertikalkomponente der Geschwindigkeit ihres Mittelpunktes in einer Lage, in der die Radien nach den beiden Berührpunkten mit der Horizontalen die Winkel Φ bilden, gleich

$$\sin\alpha \cos\Phi \sqrt{\frac{10 g (a+c)(1 - \sin\Phi)}{7 - 5\cos^2\alpha \cos^2\Phi}}$$

ist.

89. Zwei gleiche, gerade Kreiskegel, die beide den Spitzenwinkel 2α haben, sind so befestigt, daß ihre Achsen horizontal liegen und daß sie die Spitze und eine Erzeugende gemeinsam haben. Eine Kugel vom Radius a rollt zwischen ihnen. Man beweise, daß die Höhe 2 des Kugelmittelpunktes über der Ebene der beiden Achsen der Gleichung genügt

$$\frac{1}{2} \dot{z}^2 \left\{1 + \frac{z^2}{a^2} \cot^2\alpha + \frac{k^2}{4a^2} \cot^2\alpha \left(\sec^2\alpha + \frac{z^2}{a^2}\right)^2\right\} = g (z_0 - z).$$

---

90. Eine kreisförmig gebogene Röhre von der Masse m und dem Radius a, die einen Massenpunkt von der Masse nm enthält, drehe sich frei um eine vertikale Sehne AB (A liegt über B), zu der ein Zentriwinkel 2α gehört. Anfangs, während sich der Massenpunkt im höchsten Punkte C der Röhre befindet, wird der Röhre die Winkelgeschwindigkeit Ω erteilt. Man beweise, daß der Massenpunkt zwischen C und B hin- und herpendelt, wenn

$$a\Omega^2 \left\{(n+1)\cos^2\alpha + \tfrac{1}{2}\right\} \cos^2\alpha = g(1+\sin\alpha)(1+2\cos^2\alpha)$$

ist.

91. Aus vier gleichen, homogenen Stäben, von denen jeder die Länge a hat und die durch Kugelgelenke verbunden sind, sei ein Rhombus gebildet. Dieser wird so auf einen glatten, horizontalen Tisch gelegt, daß ein Winkel 2α wird. Die gegenüberliegenden Ecken sind durch gleichartige, elastische Fäden von den natürlichen Längen $2a\cos\alpha$ und $2a\sin\alpha$ verbunden. Wird ein Faden ein wenig gedehnt und der Rhombus dann wieder losgelassen, so verhalten sich bei der nunmehr folgenden Bewegung die Zeiträume, während welcher die beiden Fäden abwechselnd gespannt sind, wie $(\cos\alpha)^{\frac{3}{2}} : (\sin a)^{\frac{3}{2}}$.

92. In einer glatten, geraden Röhre, die in einer Vertikalebene um ihren Mittelpunkt drehbar ist, befinde sich ein Massenpunkt von der Masse m. Das System beginnt seine Bewegung aus der Ruhelage, in der die Röhre horizontal ist. Man beweise, daß der Winkel Θ, den die Röhre in dem Augenblick mit der Vertikalen bildet, in dem ihre Winkelgeschwindigkeit den Maximalwert ω erreicht, durch die Gleichung

$$4\,(m r^2 + J)\,\omega^4 - 8\,m g r \omega^2 \cos\Theta + m g^2 \sin^2\Theta = 0$$

gegeben ist, in der J das Trägheitsmoment der Röhre um ihren Mittelpunkt und r den Abstand des Massenpunktes von diesem Punkte bezeichnen.

93. Vier gleiche Stäbe von gleicher Länge a und gleicher Masse m sind gelenkig verbunden, so daß sie einen Rhombus bilden, dessen eine Diagonale vertikal steht. Die Enden der horizontalen Diagonale sind durch einen elastischen Faden verbunden, der zunächst seine natürliche Länge besitzt. Das System stoße nach Durchfallen einer Höhe h auf eine Horizontalebene auf (vollkommen unelastischer Stoß). Ist Θ der Winkel eines der Stäbe gegen die Vertikale zur Zeit t nach dem Stoß, so ist

$$(1 + 3\sin^2\Theta)\,\dot{\Theta}^2 = \frac{18 g h}{a^2}\,\frac{\sin^2\alpha}{1 + 3\sin^2\alpha} + \frac{6g}{a}(\cos\alpha - \cos\Theta) - \frac{3\lambda}{2ma}\,\frac{(\sin\Theta - \sin\alpha)^2}{\sin\alpha},$$

worin α der Anfangswert von Θ und λ der Elastizitätsmodul des Fadens ist.

94. Ein aus vier gleichen, homogenen Stäben, die an ihren Enden gelenkig verbunden sind, gebildetes Quadrat liegt auf einem glatten, horizontalen Tisch; eine Ecke ist an diesem Tisch befestigt. Teilt man den beiden Stäben, die in dieser Ecke zusammenstoßen, die Winkelgeschwindigkeiten ω, ω' innerhalb der Tischebene mit, so wird bei der hierauf folgenden Bewegung der Größtwert des Winkels zwischen diesen Stäben

$$\frac{1}{2}\arccos\left\{-\frac{5\,(\omega - \omega')^2}{6\,(\omega^2 + \omega'^2)}\right\}.$$

95. Eine homogene Halbkugel vom Radius a und der Masse M falle ohne Anfangsgeschwindigkeit herab und treffe mit vertikaler Basis auf eine glatte, horizontale Ebene auf (vollkommen unelastischer Stoß). Man beweise, daß ihr Auflagerdruck auf die Unterlage, wenn ihre Basis durch die horizontale Lage geht, gleich

$$\frac{173}{83} M g + \frac{675}{1328}\,\frac{M V^2}{a}$$

ist, worin V die Geschwindigkeit bedeutet, mit der die Halbkugel die Ebene trifft.

Ferner zeige man, daß die Halbkugel die Ebene in dem Augenblick verlassen wird, in dem ihre Grundfläche wieder vertikal steht, wenn $15\,V > 16\sqrt{ag}$ ist, und daß, falls $\frac{675\,V^2}{1024\,\pi a g}$ eine ganze Zahl ergibt, die Halbkugel von neuem mit vertikaler Grundfläche auf die Ebene auftreffen wird.

96. Zwei gleiche, homogene Würfel bewegen sich auf einem glatten Tisch mit gleichen und entgegengesetzt gerichteten Geschwindigkeiten V in parallelen Richtungen und stoßen aufeinander, so daß ihre einander zugekehrten Seiten über ein bestimmtes Flächenstück miteinander in Berührung kommen. Man zeige, daß, solange die Berührung dauert, die Verbindungslinie der Mittelpunkte die sich berührenden Seitenflächen in einem Abstand x vom Mittelpunkte dieser Flächen schneidet, der der Gleichung genügt

$$\dot{x}^2 (x^2 + \tfrac{2}{3} a^2)(x_0^2 + \tfrac{2}{3} a^2) = V^2 x_0^2 (a^2 + x^2 - x_0^2),$$

worin $2a$ eine Würfelseite und x_0 den Anfangswert von x bezeichnen.

Ferner soll bewiesen werden, daß für den Fall, wenn die Verbindungslinie der Mittelpunkte im Augenblick des Zusammentreffens die zugekehrten Seitenflächen unter einem Winkel $\frac{\pi}{3}$ schneidet, diese Seitenflächen während ihrer Berührung mit gleichförmiger Relativgeschwindigkeit gegeneinander gleiten und sich nach einem Zeitverlauf $(1 + \sqrt{3})\frac{a}{V}$ und nach einer Drehung um einen Winkel

$$2\sqrt{\tfrac{3}{5}}\left(\operatorname{arc\,tan}\sqrt{\tfrac{3}{5}} + \operatorname{arc\,tan}\sqrt{\tfrac{1}{5}}\right)$$

wieder trennen.

97. Zwei gleiche, starre, homogene Haken $ABCD$, $A'B'C'D'$, von denen jeder die Form von drei Seiten eines Quadrats mit der Seite $2a$ hat, bewegen sich mit gleichen Geschwindigkeiten V in entgegengesetztem Sinne parallel zu AB oder $A'B'$ und prallen so gegeneinander, daß die Punkte D und D' die Mittelpunkte der Seiten $B'C'$ und BC treffen. Man beweise, daß sie sich unmittelbar nach dem Stoße mit Geschwindigkeiten trennen, die gleich dem $\frac{9}{53}$ten Teil der Geschwindigkeiten ihrer Schwerpunkte sind.

Sind die Enden D und D' mit einer Vorrichtung zum Umklammern der Seiten $B'C'$ und BC umgeben, so daß sie reibungslos auf diesen Seiten gleiten können, so kommen bei der folgenden Bewegung D und D' relativ zueinander in Ruhe, nachdem sie sich eine Strecke $\frac{1}{3}(3 - \sqrt{5})$ auf $B'C'$ und BC bewegt haben. Die Seiten CD und $C'D'$ stoßen dann mit $A'B'$ und AB nach einer Zeit

$$\frac{\sqrt{53}}{18}\,\frac{a}{V}\int\limits_{\sqrt{5}}^{6} \frac{\sqrt{44 + x^2}}{\sqrt{x^2 - 5}}\,dx$$

zusammen, die von dem Augenblick an gerechnet ist, in dem D und D' relativ zu den Haken in Ruhe waren.

98. Zwei glatte, starre und homogene Halbkugeln von gleichem Radius a und von gleicher Masse bewegen sich senkrecht zu ihren Grundflächen mit gleicher Geschwindigkeit V und stoßen so gegeneinander, daß Strecken $\frac{5}{8}a$ der Durchmesser ihrer Grundflächen (in der durch ihre Mittelpunkte senkrecht zu ihren Grundflächen gelegten Ebene) sich berühren. Man beweise, daß die Strecke x zwischen ihren Mittelpunkten (parallel ihren Grundflächen gemessen) zur Zeit t durch die Gleichungen gegeben ist

$$80x^2 = 19a^2(z^2 - 1)$$

$$\frac{15}{\sqrt{19}} \frac{V \cdot t}{a} = \frac{8}{\sqrt{19}} - z - \frac{1}{2} \log \frac{8 + \sqrt{19}\,z - 1}{8 - \sqrt{19}\,z + 1}.$$

---

99. Eine gleichförmige Kette von der Länge l wird an ihrem oberen Ende so gehalten, daß sich ihr unteres Ende in einer Höhe l über einer festen Horizontalebene befindet. Dann wird sie losgelassen. Man beweise, daß die Kette, nachdem bereits die Hälfte auf die Ebene herabgesunken ist, auf letztere eine Druckkraft ausübt, die das $\frac{7}{4}$-fache des Kettengewichtes beträgt.

100. Eine homogene Kette von der Länge l liegt aufgewickelt dicht an der Kante eines Tisches. An einem Ende ist ein Massenpunkt befestigt, der dieselbe Masse wie die Kette hat; das andere Ende wird über die Tischkante geschoben. Man beweise, daß sich der Massenpunkt unmittelbar nach Verlassen des Tisches mit der Geschwindigkeit $\frac{1}{2}\sqrt{\frac{5}{6}gl}$ bewegt.

101. Eine zusammengerollte, gleichförmige Kette, deren Längeneinheit die Masse m_1 besitzt, liegt auf einem Tische. Ihr eines Ende ist durch einen über die Tischkante laufenden Faden mit einem Ende einer anderen zusammengewickelten Kette verbunden, die auf die Längeneinheit die Masse m_2 hat und dicht an die Tischkante gehalten wird. Man beweise, daß nach dem Loslassen der zweiten Kettenrolle sich die bereits geradlinig abgewickelten Kettenstücke mit den gleichförmigen Beschleunigungen

$$g\frac{\sqrt{m_2}}{\sqrt{m_1} - \sqrt{m_2}} \quad \text{und} \quad g\frac{\sqrt{m_1}}{\sqrt{m_1} + \sqrt{m_2}}$$

vergrößern, solange keine von beiden Ketten vollkommen abgerollt ist.

102. Ein gewichtsloser Faden ist um einen horizontalen, homogenen, massiven Kreiszylinder von der Masse M und dem Radius a gewickelt, der sich frei um seine Achse drehen kann. Am freien Ende des Fadens ist eine gleichförmige Kette von der Masse m und der Länge l befestigt. Diese Kette wird oben am Zylinder zusammengerollt und dann losgelassen. Man beweise, daß der Winkel Θ, um den sich der Zylinder nach einer Zeit t gedreht haben wird, bevor sich die Kette vollkommen abgewickelt hat, der Gleichung genügt

$$Ml a\Theta = m\left(\tfrac{1}{2}gt^2 - a\Theta\right)^2.$$

103. Auf einer horizontalen Ebene ist eine lange, gleichförmige Kette zusammengerollt, an deren einem Ende ein Massenpunkt befestigt ist, welcher ebensoviel wie ein Kettenstück von der Länge l wiegt. Dieser Massenpunkt wird vertikal nach oben mit einer Anfangsgeschwindigkeit geworfen, wie sie ein materieller Punkt beim freien Durchfallen der Höhe h erlangen würde. Man beweise, daß die Steighöhe

$$\{l^2(l + 3h)\}^{\frac{1}{3}} - l$$

sein wird.

104. Von einer gleichförmigen Kette von der Länge $l + k$ und der Masse $\mu(l + k)$ ist ein Stück von der Länge k dicht an der Kante eines Tisches zusammengerollt, während die Länge l über die Kante herab-

hängt. Man beweise, daß während der Zeit, in der die Kette den Tisch verläßt, ein Betrag

$$\frac{1}{6}\mu g k^2 \frac{(3l+k)}{l+k}$$

an Energie verloren geht.

105. Eine lange, gleichförmige Kette liegt dicht an der Kante eines horizontalen Tisches zusammengerollt, ihr eines Ende hängt jedoch über die Kante so weit herab, daß es gerade eine zweite Tischplatte berührt, die um h unterhalb der ersten liegt. Die Kette läuft nun unter dem Einfluß der Schwere ab. Man beweise, daß sich schließlich bei der Bewegung eine endliche Grenzgeschwindigkeit V einstellt, daß zur Zeit t die Kette die Geschwindigkeit $V \cdot \tanh \frac{Vt}{h}$ besitzt und daß das bis zu diesem Zeitpunkt abgelaufene Kettenstück die Länge $h \log \cosh \frac{Vt}{h}$ hat.

106. Über einen glatten Stift, der sich in der Höhe h über einem Tisch befindet, läuft ein Faden von der Länge $2h - l$. An dessen Enden sind zwei gleichförmige Ketten angebunden. Anfangs hängt von der einen ein Stück l vertikal herunter, während der Rest ebenso wie die ganze zweite Kette auf dem Tisch zusammengerollt liegt. Aus dieser Anfangslage wird das System losgelassen. Man beweise, daß bei der nun eintretenden Bewegung die Ketten für einen Augenblick zur Ruhe kommen, wenn das vertikale Kettenstück l sich auf $l - x$ vermindert hat, wobei

$$\log \frac{l}{l-x} = \frac{2x}{l}$$

ist, und daß in dem Zeitpunkt die größte Geschwindigkeit herrscht, wenn $\frac{2x}{l} = \log 2$.

107. Zwei Kübel von der Masse M sind durch eine masselose Schnur verbunden, die über eine feste, glatte Rolle läuft. Auf dem Boden des einen Kübels liegt eine gleichförmige Kette von der Länge l und der Masse μl, deren eines Ende an einem festen Punkt dicht über dem Boden des Kübels befestigt ist. Man beweise, daß die Geschwindigkeit V des Kübels, falls das System sich ohne Anfangsgeschwindigkeit zu bewegen beginnt, folgende Funktion des noch im Kübel liegenden Kettenstückes y ist:

$$V^2 = 2g(l-y) - \frac{4Mg}{\mu} \log \frac{2M+\mu l}{2M+\mu y}.$$

108. An einer masselosen Schnur, die über eine glatte Rolle läuft, hängen zwei Wagschalen von der Masse M. Über die eine wird eine gleichförmige Kette von der Masse m und der Länge l an ihrem oberen Ende so gehalten, daß die Kette die Schale oben berührt, und dann losgelassen. Man ermittle die Beschleunigung der Wagschale, nachdem ein Kettenstück x daraufgefallen ist, und beweise, daß die ganze Kette nach einer Zeit

$$\sqrt{\frac{l}{2g} \frac{4M+m}{M}}$$

auf der Schale liegt.

109. Auf einer glatten, schiefen Ebene von der Neigung α gegen die Horizontale gleitet eine Kette von der Länge l aus der Ruhelage längs einer Fallinie herunter. Anfangs hängt die Kette gerade über die Kante herab. Man beweise, daß bis zum Verlassen der schiefen Ebene die Zeit gebraucht wird

$$\sqrt{\frac{l}{g(1-\sin\alpha)}}\log\cot\frac{\alpha}{2}.$$

110. Eine Kette von der Länge a ist am oberen Rande einer rauhen, schiefen Ebene vom Neigungswinkel α gegen die Horizontale aufgewickelt. Ihr eines Ende läßt man heruntergleiten. Ist α gleich dem doppelten Reibungswinkel λ, so wird die Kette nach Verlauf der Zeit

$$\sqrt{\frac{6a}{g\tan\lambda}}$$

sich abgewickelt haben.

111. Ein glatter Kreiszylinder mit horizontaler Achse ist über einem Tisch senkrecht zu dessen Kante angebracht. Ein Stück a einer gleichförmigen Kette von der Länge l und der Masse ml liegt aufgewickelt auf dem Tisch; der Anfang der Kette läuft über den Zylinder und befindet sich mit seinem Ende in gleicher Höhe mit der Tischplatte. Man beweise, daß bei einer kleinen Verschiebung des Kettenendes nach unten der Energieverlust, während die Kette den Tisch verläßt, $\frac{mga^3}{6l}$ beträgt.

112. Ein glatter Kreiszylinder mit horizontaler Achse ist über einem Tisch senkrecht zu dessen Kante angebracht. Auf dem Tische liegt eine Kette von der Länge l und der Masse μ, deren eines Ende an einem Faden befestigt ist, welcher über den Zylinder läuft und einen Körper von der Masse M trägt. Unter der Voraussetzung, daß die gesamte Kette vom Tische abgehoben ist, bevor sie mit ihrem Anfang den Zylinder erreicht hat, beweise man, daß der Energieverlust während der Zeit, in der die Kette den Tisch verläßt,

$$\frac{\mu g l(3M-\mu)}{6(M+\mu)}$$

beträgt.

113. An einer horizontalen Platte von der Masse $(2k-1)m$ ist das eine Ende einer gleichförmigen Kette von der Länge l und der Masse m befestigt; die Kette läuft über eine glatte, feste Rolle, und der Rest liegt aufgewickelt auf der Platte, so daß beim Sinken der Platte sich die Kette abwickelt, nach oben steigt und über die Rolle läuft. Man beweise, daß in einem beliebigen Zeitpunkt t, bevor die Kette vollständig abgewickelt ist, die Tiefe x der Platte unter ihrer Anfangslage einer Gleichung von der Form $\dot{x}^2=-\alpha+\beta x+\gamma e^{-\frac{kx}{l}}$ genügt, in der α, β, γ Konstante sind.

114. Eine gleichförmige Kette sei über den Umfang einer glatten Zykloide mit vertikaler Achse und oben liegendem Scheitel gelegt. Man zeige, daß die Spannung in einem beliebigen Punkte der Kette, solange diese mit der Zykloide völlig in Berührung ist, sich während der Bewegung nicht verändert und daß sie für den Mittelpunkt der Kette ein Größtwert ist.

115. Eine Kette, deren Dichte gleichförmig von einem zum andern

Ende von ϱ auf 3ϱ zunimmt, werde symmetrisch über eine kleine, glatte Rolle gelegt und dann losgelassen. Man beweise, daß sie die Rolle mit der Geschwindigkeit $\frac{1}{3}\sqrt{11\,lg}$ verläßt, wenn $2l$ ihre Länge bezeichnet.

---

116. Eine elastische Schnur (Elastizitätsmodul λ, Masse $m a$, natürliche Länge a) ist innerhalb einer engen, geraden Röhre eingeschlossen und mit ihrem einen Ende am Ende der Röhre befestigt. Die Röhre dreht sich um dieses Ende in einer horizontalen Ebene mit der Winkelgeschwindigkeit ω. Man zeige, daß die Länge der Schnur nach Eintritt des Gleichgewichtszustandes $a\frac{\tan\Theta}{\Theta}$ ist, wobei $\Theta = a\omega\sqrt{\frac{m}{\lambda}}$.

117. Ein Kegel vom Spitzenwinkel 2α und dem Trägheitsmoment J um seine vertikal stehende Achse vermöge sich um diese Achse frei zu drehen. Auf der Oberfläche sei eine schmale, glatte Nut eingeschnitten, die mit den Mantellinien den konstanten Winkel β bildet und in der sich eine gleichförmige Kette von der Masse μ und der Länge l unter dem Einfluß der Schwere bewegt. Anfangs fällt ihr eines Ende mit der Kegelspitze zusammen. Bezeichnet Θ den Winkel, um den sich der Kegel gedreht hat, wenn das obere Kettenende von der Spitze den Abstand r besitzt, so läßt sich die Beziehung ableiten

$$\left\{J\operatorname{cosec}^2\frac{\alpha}{\mu}+\frac{1}{3}l^2\cos^2\beta\right\}e^{2\Theta\sin\alpha\cot\beta}=r^2+rl\cos\beta$$
$$+\frac{1}{3}l^2\cos^2\beta+J\operatorname{cosec}^2\frac{\alpha}{\mu}.$$

118. Eine gleichförmige Kette von der Masse m und der Länge $2l$ befindet sich in einer Röhre von konstanter, lichter Weise, die in der Form einer logarithmischen Spirale gebogen ist und sich in ihrer Ebene um ihren Pol mit der gleichförmigen Winkelgeschwindigkeit ω dreht. Man beweise, daß die Kettenspannung in einem beliebigen Punkte der Kette $\frac{1}{4}m\cos^2\alpha\,(l^2-x^2)\frac{\omega^2}{l}$ ist, wenn α den Spiralenwinkel und x den Bogenabstand des betreffenden Punktes vom Mittelpunkt der Kette bezeichnen.

119. Eine glatte Röhre besitze die Gestalt einer Zykloide, die durch einen Kreis vom Radius a erzeugt ist, und drehe sich um die Basis der Zykloide mit der Winkelgeschwindigkeit Ω. In der Röhre befinde sich ein Stück $2l$ einer gleichförmigen Kette. Man beweise, daß beim Fehlen aller äußeren Kräfte mit Ausnahme des Druckes der Röhre die Schwingungszeit um die relative Gleichgewichtslage

$$\frac{8\pi}{\Omega}\sqrt{\frac{2a^2}{16a^2-l^2}}$$

beträgt.

---

120. Ein rauher Kreiszylinder vom Radius c mit vertikaler Achse sei auf einem glatten, horizontalen Tische aufgeleimt, auf der eine gleichförmige Kette liegt, die auf eine Strecke $c\beta$ mit dem Zylinder in Berührung steht, während ihre Endstücke a und b gerade auf dem Tische ausgestreckt liegen. Am freien Ende des Stückes a ziehe eine konstante

Kraft F in der Längsrichtung. Man beweise, daß das andere Ende der Kette, wenn es den Zylinder erreicht, sich mit der Geschwindigkeit

$$\sqrt{\frac{1}{2}\frac{F}{m}\frac{l^4-(l-b)^4}{(e^{\mu\beta}-1)(l-b)^4}}$$

bewegen wird, wobei

$$l=\frac{c}{\mu}+\frac{a+b e^{\mu\beta}}{e^{\mu\beta}-1},$$

und μ der Reibungskoeffizient sowie m die Masse der Längeneinheit der Kette sind.

121. Eine gleichförmige Kette falle in einer Vertikalebene mit gleichförmiger Beschleunigung, behalte dabei ihre Form unveränderlich bei und verschiebe sich in sich selbst mit einer Geschwindigkeit, die in jedem beliebigen Zeitpunkt für alle Kettenpunkte gleich ist. Man beweise, daß der Winkel Φ, den die Tangente in irgendeinem Punkte der Kette mit der Horizontalen bildet, wenn man ihn als Funktion der Zeit und des Kurvenbogens zwischen diesem Punkte und einem bestimmten Kettenpunkte darstellt, den beiden partiellen Differentialgleichungen genügt

$$(f-g)\left\{\cos\Phi\frac{\partial^2\Phi}{\partial s^2}+2\sin\Phi\left(\frac{\partial\Phi}{\partial s}\right)^2\right\}+\frac{\partial^2\Phi}{\partial t^2}\frac{\partial\Phi}{\partial s}-\frac{\partial\Phi}{\partial s}\frac{\partial^2\Phi}{\partial s\,\partial t}=0$$

$$\frac{\partial\Phi}{\partial s}\frac{\partial^2\Phi}{\partial s\,\partial t}-\frac{\partial\Phi}{\partial t}\frac{\partial^2\Phi}{\partial s^2}=0.$$

122. Eine gleichförmige, biegsame Kette geht über zwei rauhe, gleiche Rollen vom Radius a, deren Mittelpunkte in einer Horizontalen im Abstand d voneinander liegen. Das eine Ende der Kette ist auf einer horizontalen Platte, die um h unter den Rollen liegt, aufgewickelt und läuft dann senkrecht bis zur Rolle in die Höhe. Zwischen den Rollen hängt die Kette als Kettenlinie vom Parameter c durch. Von der zweiten Rolle geht sie zu einer andern Platte herunter, die um h' unter den Rollen liegt. Die vertikalen Kettenstücke befinden sich zwischen den Rollen. Man zeige, daß unter diesen Umständen eine stetige Bewegung möglich ist, wenn die Rollen sich mit der Winkelgeschwindigkeit $\frac{1}{a}\sqrt{g(h-h')}$ drehen und daß zwischen c, d und h eine Beziehung aufgestellt werden kann, wenn man α aus den Gleichungen

$$h=c\sec\alpha+a\cos\alpha,\qquad d=2c\operatorname{arc\,sinh}(\tan\alpha)-2a\sin\alpha$$

eliminiert.

---

123. Eine gleichförmige Kette, die unter der Wirkung der Schwere durchhängt, erhält am einen Ende einen tangentialen Ruck. Man beweise, daß die Anfangsgeschwindigkeit jedes Punktes in der zur Leitlinie parallelen Richtung proportional der Krümmung in dem Punkte ist.

124. Eine Kette von variabler Dichte liege in der Form eines Kreisbogens von einem Zentriwinkel 2α, der kleiner als ein gestreckter Winkel ist; ihre auf die Längeneinheit bezogene Dichte ändere sich umgekehrt wie das Quadrat der Entfernung von demjenigen Durchmesser, welcher der ihre Enden verbindenden Sehne parallel läuft. Die Kette werde durch gleiche tangentiale Antriebe T, die an ihren Enden

ausgeübt werden, in Bewegung gesetzt. Man beweise, daß hierdurch die kinetische Energie $2\,T^2\frac{\sin^2\alpha}{M}$ erzeugt wird, wenn M die Masse der Kette bezeichnet.

125. Eine Kette von veränderlicher Dichte, deren Enden in gleicher Höhe gehalten werden, hänge in der Gestalt eines Kreisbogens vom Zentriwinkel $2\,\Theta\,(<\pi)$ durch. Übt man an ihren Enden gleiche tangentiale Impulse aus, so verhält sich am Anfang die Normalgeschwindigkeit des tiefsten Punktes zu derjenigen eines Endpunktes wie $1:\cos\Theta$.

126. Eine gleichförmige Kette, die auf einem glatten, horizontalen Tische in Form einer Kurve liegt, werde durch einen Ruck, der auf ihr eines Ende in Richtung der Tangente ausgeübt wird, in Bewegung gesetzt. Wenn die erste Bewegungsrichtung jedes Kettenelementes mit der Tangente den gleichen Winkel bilden soll, so muß die Kurve eine logarithmische Spirale sein.

127. Eine gleichförmige Kette liege in der Form eines Bogens der Kurve $r = a e^{\frac{3}{2}\Theta}$ zwischen den Punkten $\Theta = 0$ und $\Theta = \beta$ und erhalte im Punkte $\Theta = 0$ einen tangentialen Impuls T_0, während das andere Ende frei ist. Man beweise, daß die plötzliche Spannkraft in einem beliebigen Punkte

$$T_0\,\frac{e^{\frac{5}{2}\beta-\frac{1}{2}\Theta}-e^{2\Theta}}{e^{\frac{5}{2}\beta}-1}$$

ist.

128. Eine andere, gleichförmige Kette, die in Gestalt eines Kreises daliegt, empfängt im Punkte A einen tangentialen Ruck, der in diesem Punkte einen Antrieb T_0 ausübt. Man zeige, daß in einem Punkte P der Antrieb

$$T_0\,\frac{\sinh\,(2\pi-\Theta)}{\sinh 2\pi}$$

ist, wenn Θ den zu AP gehörigen Zentriwinkel bezeichnet. Man beweise ferner, daß P sich in einer Richtung zu bewegen beginnt, die einen Winkel Φ mit der Tangente bildet, wobei

$$\tan\Phi = \frac{e^{4\pi}-e^{2\Theta}}{e^{4\pi}+e^{2\Theta}}.$$

129. Eine Kette von veränderlicher Dichte liege auf einem glatten Tisch in der Gestalt derjenigen Kurve, in der sie unter der Wirkung der Schwere durchhängen würde. An ihren Endpunkten werden zwei tangentiale Impulse ausgeübt, die in demselben Verhältnis zueinander stehen wie die Spannungen in diesen Punkten bei der hängenden Kette. Man beweise, daß sich die ganze Kette, ohne ihre Gestalt zu ändern, parallel zu derjenigen Geraden bewegen wird, die bei der hängenden Kette vertikal stünde.

130. Eine gleichförmige, biegsame, aber undehnbare Kette von der Dichte ϱ liegt auf einer glatten Ebene. Ein Teil der Kette ist mit einer Kreisscheibe vom Radius a, die ebenfalls auf der Ebene liegt, in Berührung und umspannt einen Bogen $a\,(\alpha+\beta)$. Der Rest der Kette besteht aus zwei geraden Stücken l, l', die in den Endpunkten des umspannten Bogens tangential von der Scheibe ablaufen und an ihren

Enden zwei Massen m, m' tragen. Die Scheibe werde plötzlich mit der Geschwindigkeit V in einer Richtung bewegt, die mit dem Radius des Scheibenpunktes, wo das Kettenstück l abläuft, den Winkel α bildet. Man beweise, daß sich m mit der Geschwindigkeit

$$\frac{V}{M}\left[(m'+\varrho l')(\sin\alpha+\sin\beta)+\varrho a\left\{(\alpha+\beta)\sin\alpha+(\cos\alpha-\cos\beta)\right\}\right]$$

zu bewegen beginnt, wo $M = m + m' + \varrho l + \varrho l'$ und l' die Länge des geraden Kettenstücks, an dem m' befestigt ist, bedeuten.

---

131. Von zwei in derselben Horizontalen liegenden Punkten hänge eine gleichförmige Kette herab, wobei die in ihren Endpunkten gelegten Tangenten mit der Horizontalen gleiche Winkel α bilden. Die Enden selbst können auf festen, geraden Drähten gleiten, die senkrecht zu diesen Tangenten stehen. Nimmt man einen dieser Drähte plötzlich weg, so fängt das betreffende Kettenende an, sich in einer Richtung zu bewegen, die mit der Horizontalen einen Winkel Θ bildet, für den die Beziehung

$$\tan\Theta = \frac{1+\sin^2\alpha+2\alpha\tan\alpha}{\sin\alpha\cos\alpha}$$

gilt. Man beweise dies und zeige ferner, daß sich die Spannung im anderen Endpunkt im Verhältnis

$$1 : 1 + \frac{1}{2\alpha}\cot\alpha$$

verringert.

132. Eine Kette von ungleicher Dichte hängt unter dem Einfluß der Schwere in Form eines Kreises durch; ihre Enden vermögen sich auf zwei glatten, geraden Drähten zu bewegen, die gegen die Vertikale gleiche Winkel γ bilden. Schneidet man die Kette in ihrem Scheitel durch, so verringert sich ihre Spannung in dem Punkt, in dem die Tangente einen Winkel Φ mit der Horizontalen bildet, im Verhältnis

$$\Phi : \gamma + \cot\gamma .$$

133. Eine Kette von veränderlicher Dichte hängt unter der Wirkung ihrer Schwere durch; die Tangenten in ihren Endpunkten A und B bilden dabei die Winkel α und β mit der Horizontalen. Die Enden selbst können auf festen Drähten gleiten, die senkrecht zu den Endtangenten stehen. Nimmt man den Draht bei A weg, so ändert sich die Spannung im Punkte P, wo die Tangente gegen die Horizontale den Winkel Φ bildet, plötzlich im Verhältnis

$$(\Phi+\alpha)\sin\beta : [\cos\beta + (\alpha+\beta)\sin\beta] .$$

X. Die Drehung der Erde.[1]

268. Vorbemerkung. Wie die Erfahrung lehrt, gibt es zwischen der Erde und den Sternen eine Relativbewegung, infolge deren sich jeder Stern relativ zur Erde beständig von Osten nach Westen bewegt, oder — was geometrisch dasselbe bedeutet — infolge deren sich jedes Stück der Erdoberfläche relativ zu den Sternen dauernd von Westen nach Osten dreht. Man kann diese Bewegung dadurch genau beschreiben, daß man sagt, die Erde drehe sich um ihre polare Achse. Die Zeit, in der sich die Erde um einen Winkel von 360^0 dreht, wird ein „Sterntag" genannt. Die Drehung geschieht in dem Sinne, daß der Richtungssinn der von Süd nach Nord gezogenen Erdachse und der Drehsinn der Erde in dem gleichen Zusammenhang stehen, wie der Sinn von Vorschub und Drehung einer rechtsgängigen Schraube.

269. Die Sternzeit und die mittlere Sonnenzeit. Der Vorgang dieser Relativdrehung ist von alters her zur Zeitmessung benutzt worden, was so viel sagt, daß man ihn für gleichförmig angesehen hat. Die durch diesen Vorgang gemessene Zeit wird die „Sternzeit" genannt.

Nun hatten wir gesagt (Abschn. 3), daß der zur Zeitmessung benutzte Vorgang die mittlere Drehung der Erde um die Sonne sei. Zur Erläuterung dieser Aussage betrachte man zunächst die Relativbewegung der Sonne gegenüber einem Koordinatensystem, dessen Ursprung der Erdmittelpunkt ist und dessen Achsen von da nach Sternen hinlaufen, die so weit entfernt sind, daß sie keine wahrnehmbare jährliche Parallaxe haben. Die Bahn der Sonne und ihre Bewegung relativ zu diesem Koordinatensystem sind die gleichen wie die Bewegung (auf der Planetenbahn) der Erde relativ zu einem Bezugssystem, dessen Ursprung mit der Sonne zusammenfällt und dessen Achsen von diesen aus nach den gleichen Sternen hinzeigen (vgl. Beisp. 3 in Abschn. 44). Die Sonnenbahn relativ zu diesem durch Erde und Sterne bestimmten Bezugssystem ist nahezu eine elliptische Bewegung um einen Brennpunkt, nämlich

[1]) Die in diesem Kapitel mit einem Sternchen (*) bezeichneten Abschnitte können beim erstmaligen Lesen überschlagen werden.

das Erdzentrum. Der Sinn, in dem die Sonne ihre Bahn beschreibt, ist derselbe, wie der Sinn, in dem sich irgendeine bestimmte Meridianebene der Erde um die Erdachse dreht, d. h. die Sonne bewegt sich dauernd von Sternen aus, die eine mehr westliche Lage haben, nach Sternen hin, die in ihrer Bahnebene eine mehr östliche Lage einnehmen. Die Elemente der Ellipsenbahn sind nicht ganz konstant; insbesondere macht die Apsidenlinie eine kleine fortschreitende Bewegung in dem Sinne, in dem die Bahn durchlaufen wird, und die Schnittgerade der Bahnebene mit der Äquatorebene der Erde (unter dem Namen der Knotenlinie bekannt) bewegt sich ein wenig im entgegengesetzten Sinne. Die Sonne passiert zur Zeit der Tag- und Nachtgleiche diese Linie; die Umlaufzeit der Bahn ist ein Jahr (der Fachausdruck ist ein „tropisches Jahr"). Nun kann man beobachten, daß relativ zu einem mit der Erde fest verbundenen Koordinatensystem die Sonne in einem Jahre gegen $365\frac{1}{4}$ Umdrehungen und die Sterne etwa $366\frac{1}{4}$ Umdrehungen machen. Die Zeit der Sonnenumdrehung ist jedoch kein konstantes Vielfache der Umdrehungszeit der Sterne. Die Veränderlichkeit rührt in erster Linie daher, daß die Bewegung der Sonne auf ihrer Bahn relativ zu dem durch Erde und Sterne bestimmten Bezugssystem mit viel besserer Annäherung eine Ellipsenbewegung um einen Brennpunkt als eine gleichförmige Kreisbewegung ist; in zweiter Linie ist die Neigung der Sonnenbahn gegen den Äquator die Ursache für diese Veränderlichkeit. Um die Zeitmessung mit Hilfe der mittleren Drehung der Erde um die Sonne genau definieren zu können, denken wir uns einen Punkt, der sich (relativ zu dem Bezugssystem Erde-Sterne) auf der Sonnenbahn mit gleichförmiger Winkelgeschwindigkeit um den Erdmittelpunkt bewegt (so daß also die zum Beschreiben irgendeines Winkels gebrauchte Zeit ein konstantes Vielfache derjenigen Zeit beträgt, in der sich die Erde um denselben Winkel dreht). Und zwar gehe diese Bewegung mit einer solchen Geschwindigkeit vor sich, daß der Punkt stets in der nahen Apside der Sonnenbahn mit der Sonne selbst zusammentrifft. Ferner denken wir uns einen zweiten Punkt, der sich innerhalb der Äquatorebene der Erde mit gleichförmiger Winkelgeschwindigkeit um das Erdzentrum und zwar in dem Tempo bewegt, daß er mit dem zuerst gedachten Punkt auf dem Knoten, der der Frühlingsnachtgleiche entspricht, zusammenfällt. Dieser zweite Punkt wird die mittlere Sonne genannt. Wir wollen ein Koordinatensystem bestimmen, dessen Ursprung der Erdmittelpunkt und dessen eine Achse die Gerade ist, welche den Ursprung mit der mittleren Sonne verbindet, und das schließlich die durch diese Verbindungslinie und die Erdachse gelegte Ebene als eine Koordinatenebene hat. Relativ zu diesem System dreht sich die Erde in einem der mittlere Sonnentag genannten Zeitraum einmal um ihre Achse. Diese Drehung kann an Stelle der Drehung relativ zu den Sternen als zeitmessender Prozeß benutzt werden; die so gemessene Zeit wird die mittlere Sonnenzeit genannt. Die Zeiteinheit ist diejenige Zeit, in der die Erde sich relativ zu diesem Bezugssystem um einen Winkel dreht, der der $^1/_{86400}$te Teil einer vollen Umdrehung ist. Diese Einheit ist die mittlere Sonnensekunde.

270. Das Gravitationsgesetz. Wenn wir von der Rotation der Erde sprechen, so sagen wir damit, daß ein relativ zu ihr in Ruhe befindlicher Körper sich um die Erdachse dreht. Jeder

Massenpunkt dieses Körpers beschreibt einen Kreis um einen auf der Erdachse liegenden Mittelpunkt und besitzt daher eine nach diesem Kreismittelpunkt hin gerichtete Beschleunigung. Beziehen wir dagegen die Bewegung auf Achsen, die mit der Erde sich drehen, so hat der Massenpunkt keine solche Beschleunigung. Die Beschreibung der Beschleunigung des Massenpunktes und damit auch der auf den Körper wirkenden Kräfte hängt von den Achsen ab, auf welche die Bewegung bezogen ist.

Das Gravitationsgesetz ist eine Aussage über die Kräfte, die auf die Massenpunkte der Körper wirken. Es setzt voraus, daß die Bewegung auf die oder jene Achsen bezogen ist. Bei einer vollständigen Formulierung des Gesetzes müssen der Ursprung und die Achsen angegeben werden, auf die die Bewegung bezogen wird. Mit andern Worten, das Gesetz enthält bereits die Tatsache, daß ein Bezugssystem gewählt worden ist; eine lückenlose Formulierung des Gesetzes würde auch noch die Beschreibung dieses Bezugssystems enthalten.

Wird das Gesetz auf Bewegungen von Himmelskörpern innerhalb des Sonnensystems angewandt, so läßt sich ein brauchbares Bezugssystem durch folgende Festsetzungen bestimmen: 1. Der Ursprung ist der Massenmittelpunkt des Systems, 2. die Achsen werden durch Sterne bestimmt, die so weit entfernt sind, daß sie keine wahrnehmbare jährliche Parallaxe haben.

Relativ zu einem solchen Bezugssystem macht die Erde als Ganzes bestimmte Bewegungen. Die augenscheinlichsten von ihnen sind die Planetenbewegung um die Sonne und die Drehung um die Erdachse.

271. Die Schwerkraft. Die mit g bezeichnete und „Beschleunigung der Schwere“ genannte Beschleunigung wird auf fest mit der Erde verbundene Achsen bezogen. Genau genommen müßte sie als die Anfangsbeschleunigung (relativ zu diesen Achsen) eines aus der Ruhelage nahe der Erdoberfläche ausgehenden und sich relativ zu diesen Achsen bewegenden Massenpunktes definiert werden.

Diese Beschleunigung ist nicht gleichbedeutend mit derjenigen Beschleunigung, die in dem Massenpunkt durch das Gravitationsfeld der Erde hervorgerufen wird. Die letztere sei mit g' bezeichnet (vgl. Kap. VI.).

Ω bezeichne die Winkelgeschwindigkeit der Erddrehung; dann ist $\frac{2\pi}{\Omega}$ die Anzahl der in einem Sterntag enthaltenen mittleren Sonnensekunden. p bezeichne den Abstand eines Massenpunktes von der Erdachse, f die Beschleunigung des Schwerpunkts der Erde bezogen auf ein Bezugssystem, das durch den Massenmittelpunkt des Sonnensystems und die Fixsterne bestimmt ist. Die Beschleunigung eines als Massenpunkt behandelten Körpers, der relativ zur Erde in Ruhe ist, setzt sich aus den Beschleunigungen f und $p\Omega^2$ zusammen; die Beschleunigung $p\Omega^2$ ist nach dem Punkte hin gerichtet, in dem die Erdachse die zu ihr senkrecht stehende durch den Massenpunkt gelegte Ebene schneidet.

Es sei m die Masse des Körpers, wie sie sich aus dem Gravitationsgesetz ergibt (Kap. VI). Die an dem Körper angreifenden Kräfte sind die Kraft mf, die von dem Felde herrührt, in dem die Erde sich bewegt, ferner die Kraft mg' infolge des Gravitationsfeldes der Erde und schließlich eine Kraft W, die den Körper relativ zur Erde im Gleichgewicht erhält.

Wir vernachlässigen bei dieser Betrachtung den Unterschied in den Werten für das äußere Feld im Mittelpunkt und an der Oberfläche der Erde (siehe Abschn. 274).

Die Richtung von W ist die eines an der betreffenden Stelle herabhängenden Senkbleies, mit andern Worten, sie ist die Vertikale des betreffenden Ortes. Der Richtungssinn von W geht nach oben.

Die Beschleunigungskraft des Massenpunktes setzt sich zusammen aus mf in Richtung der Beschleunigung f und $mp\Omega^2$ in Richtung der Beschleunigung $p\Omega^2$.

Hiernach ist die Resultierende aus W und mg' gleich $mp\Omega^2$ in Richtung der Beschleunigung $p\Omega^2$.

Läßt man den Massenpunkt los, so setzt sich seine Anfangsbeschleunigung aus f, $p\Omega^2$ und g zusammen. Die an ihm wirkenden Kräfte sind dann durch mf und mg' gegeben. Somit ist $W = mg$; die Wirkungslinie von W ist entgegengesetzt der von g gerichtet.

Als wir in Kap. III die Beziehung $W = mg$ erhielten, vernachlässigten wir die Erddrehung. Man sieht jetzt, daß an dieser Beziehung, wenn g in der oben angegebenen Weise definiert wird, auch die Berücksichtigung der Erddrehung nichts ändert.

272. Die Veränderlichkeit der Schwere mit der geographischen Breite. Es bezeichne l den Winkel, den die Vertikale an einem

Orte mit der Äquatorebene bildet. Dann ist l die (geographische) Breite des Ortes.

λ sei der Winkel, den die Richtung des Gravitationsfeldes der Erde an dem Orte mit der Äquatorebene einschließt.

Wir wollen einen Körper betrachten, der relativ zur Erde in Ruhe ist. Seine Beschleunigungskraft setzt sich aus den Vektoren mf und $mp\Omega^2$ zusammen: die an ihm wirkenden äußeren Kräfte sind mf, mg', W. Die Richtungen und den Richtungssinn all dieser Vektoren haben wir bereits kennen gelernt.

Die Bewegungsgleichung in Richtung der Erdachse lautet

$$0 = mg' \sin\lambda - W \sin l.$$

Die parallel der Beschleunigung $p\Omega^2$ angeschriebene Bewegungsgleichung ist

$$mp\Omega^2 = mg' \cos\lambda - W \cos l.$$

Da $W = mg$, so ergibt sich

$$\frac{g'}{\sin l} = \frac{g}{\sin\lambda} = \frac{p\Omega^2}{\sin(l-\lambda)} \quad \ldots\ldots \quad (1)$$

Von den in diesen Gleichungen vorkommenden Größen sind g, Ω, l aus Beobachtungen bekannt, p kennt man als Funktion von l, wenn die Form der Erde bekannt ist. Die Gleichungen bestimmen also λ und g'.

Sieht man die Erde als eine Kugel an, die aus konzentrischen Kugelschalen von gleicher Dichte besteht, so geht die Wirkungslinie der Kraft mg' durch den Erdmittelpunkt und wir haben

$$g' = \frac{\gamma \cdot E}{R^2}, \quad p = R\cos\lambda,$$

worin R den Erdradius und E die Masse der Erde bezeichnen.

Somit folgt

$$\frac{\sin(l-\lambda)}{\sin\lambda\cos\lambda} = \frac{R\Omega^2}{g}, \qquad g = \frac{\gamma E}{R^2}\,\frac{\sin\lambda}{\sin l} \quad \ldots\ldots \quad (2)$$

Nun ist $\frac{R\Omega^2}{g}$ ein kleiner Bruch, der etwa den Wert $\frac{1}{289}$ besitzt, und damit ist $l - \lambda$ ein kleiner Winkel, der annäherungsweise gleich $\frac{1}{289}\sin l \cos l$ in Bogenmaß ist. Dieser

Winkel wird die „Ablenkung der Lotlinie" genannt, g ist nahezu gleich

$$\frac{\gamma E}{R^2}\left(1-\frac{\cos^2 l}{289}\right).$$

Unter den obigen Annahmen hinsichtlich Gestalt und Gefüge der Erde wird λ zur „geozentrischen" Breite des Ortes. Diese Annahmen ermöglichen es uns, die Veränderlichkeit von g mit der Breite zu berechnen. Infolge der Abplattung der Erde muß in der Formel für g noch eine kleine Korrektur vorgenommen werden.

273. Masse und Gewicht. Findet man beim Wiegen zweier Körper auf einer gewöhnlichen Wage, daß sie gleiches Gewicht haben, so ist damit erwiesen, daß die Kräfte, die erforderlich sind, um sie gegenüber der Erde im Gleichgewicht zu halten, am selben Orte gleich groß sind. Hiernach ist also für beide das Produkt mg gleich groß. Nun verhält sich $g:g'$ wie $\sin\lambda:\sin l$, worin l die geographische Breite des Ortes ist und λ den Winkel bezeichnet, den die Richtung des Gravitationsfeldes der Erde an dem betreffenden Orte mit der Äquatorebene bildet. Daraus folgt, daß das Produkt mg' ebenfalls für beide Körper gleich groß ist. Nun ist aber das Verhältnis zweier Massen, die man mittels des Gravitationsgesetzes bestimmen will, gleich dem Verhältnis der Kräfte, mit denen sie von einem Körper, der mit der Eigenschaft der Gravitation begabt ist, angezogen werden, wenn sie nacheinander gegenüber diesem Körper dieselbe Lage einnehmen. Hiernach sind die Massen der beiden Körper, wenn man sie auf Grund des Gravitationsgesetzes bestimmt, einander gleich.

Die Bestimmung der Masse eines Körpers durch Wägung auf einer gewöhnlichen Wage kann daher als Sonderfall der Bestimmung der Masse auf Grund gegenseitiger Masseneinwirkung angesehen werden, wie sie nach dem in Kap. VI behandelten Gravitationsgesetz besteht.

274. Der Einfluß des Mondes auf die Schwerkraft. Bei unserer obigen Betrachtung sind wir so verfahren, als ob das äußere Feld gleichförmig wäre, oder als ob es im Schwerpunkt der Erde und in einem beliebigen Punkt ihrer Oberfläche dieselbe Feldstärke besäße.

Das äußere Feld rührt von den Anziehungskräften der Sonne, des Mondes und der Planeten her. Seine Stärke ändert sich ein wenig, wenn man vom Erdmittelpunkt nach der Oberfläche hin geht. Die Veränderlichkeit infolge des Mondes macht sich infolge seines verhältnismäßig geringen Abstandes von der Erde besonders stark bemerkbar.

f bezeichne, wie früher, die Stärke des äußeren Feldes im Schwerpunkt der Erde und f' die entsprechende Feldstärke an der Erdoberfläche. Eine aus mf', im Sinne von f', und aus mf, im umgekehrten Sinne von f, zusammengesetzte Kraft vermag den Körper m relativ zur Erde in Bewegung zu setzen.

Die Wirkung dieser Kraft zeigt sich in der Ablenkung, die die Richtung des Senkbleies an einem Orte gegenüber der Richtung erfährt, die es haben würde, wenn f' mit f identisch wäre. Da der Unterschied zwischen f und f' in der Hauptsache von der Anziehungskraft des Mondes herrührt, so nennt man diesen Einfluß gewöhnlich den „Einfluß des Mondes auf die Schwere".

Die direkte Messung dieses Einflusses ist außerordentlich schwierig[1]). Der theoretische Wert kann jedoch bestimmt werden. Vgl. Beisp. 5 in Abschn. 275.

Die Kraft, welche diese Abweichung der Schwerkraft hervorruft, ist dieselbe wie die, welche Ebbe und Flut erzeugt, wenigstens soweit letztere vom Mond abhängen. Die Kraft, die sich, wie wir oben sehen, aus dem Unterschied zwischen f und f' ergibt, ist die die Gezeiten erzeugende Kraft.

275. Beispiele. (In diesen Beispielen ist die Erde als homogene Kugel angenommen.)

1. Wenn sich die Erde so schnell drehen würde, daß die Körper am Äquator kein Gewicht besäßen, so würde in jeder Breite das Senkblei parallel der Erdachse zeigen.

2. Wäre die von der Erdanziehung herrührende Beschleunigung an den Polen g_0 und am Äquator g_e, so würde in der geozentrischen Breite λ g den Wert haben

$$\sqrt{g_0^2 \sin^2\lambda + g_e^2 \cos^2\lambda}$$

und die Abweichung des Senkbleis von der geometrischen Vertikalen wäre

$$\operatorname{arc\,tan} \frac{(g_0 - g_e)\sin\lambda\cos\lambda}{g_0 \sin^2\lambda + g_e \cos^2\lambda}.$$

3. Man beweise, daß ein Pendel, das an den Polen Sekunden schlägt, in der Breite l angenähert $30\,m\cos^2 l$ Ausschläge in der Minute verliert, wenn $(1+m):1$ das Verhältnis angibt, in dem die Werte von g an den Polen und am Äquator stehen.

4. Ein Zug von der Masse m fahre mit der gleichförmigen Geschwindigkeit v längs eines Breitenkreises in der Breite l. Man beweise, daß zwischen den Schienendrücken bei Fahrt nach Osten und Fahrt nach Westen ein Unterschied besteht, der annäherungsweise gleich $4mv\Omega\cos l$ ist.

5. Unter der Annahme, daß die Masse des Mondes $\frac{1}{80}$ von derjenigen der Erde ist und daß der Mondabstand das 60fache des Erdradius beträgt, beweise man, daß infolge der Anziehungskraft des Mondes ein Sekundenpendel an der Erdoberfläche $\frac{1}{400}(3\sin^2\alpha - 1)$ Sekunden pro Tag nachgeht, wobei α die Höhe des Mondes an dem Orte bedeutet, wo das Pendel aufgestellt ist.

*** 276. Die Bewegung eines freien Körpers an der Erdoberfläche.** Wir stellen zunächst die Bewegungsgleichungen des Körpers auf, in dem wir seine Bewegung auf Achsen beziehen, die mit der Erde fest verbunden sind. Ebenso wie in Abschn. 272 nehmen wir wieder die Erde als kugelrund an. Als Ursprung wird der Erdmittelpunkt, als z-Achse die Erdachse (in der Richtung vom Südpol zum Nordpol) gewählt. Die Schnittlinie

---

[1]) Siehe G. H. Darwin, The Tides and kindred phenomena in the Solar system, London 1898.

der Äquatorebene mit derjenigen Meridianebene, in deren Nähe die Bewegung sich abspielt, wird als x-Achse genommen, wobei als positiver Richtungssinn derjenige vom Erdmittelpunkt zu dem betreffenden Meridian hin verstanden werden soll. Als y-Achse wählen wir schließlich die zu unserer Meridianebene senkrechte und zwar nach Osten zeigende Gerade. Dieses System ist ein rechtsgängiges. Nach den Ergebnissen des Abschn. 254 sind die Geschwindigkeitskomponenten parallel diesen Achsen nicht $\dot{x}$, $\dot{y}$, $\dot{z}$, sondern

$$\dot{x} - \Omega y, \qquad \dot{y} + \Omega x, \qquad \dot{z},$$

und die Beschleunigungskomponenten sind

$$\frac{d}{dt}(\dot{x} - \Omega y) - \Omega(\dot{y} + \Omega x), \quad \frac{d}{dt}(\dot{y} + \Omega x) + \Omega(\dot{x} - \Omega y), \quad \ddot{z}.$$

Damit erhält man für den Körper die Bewegungsgleichungen

$$\left.\begin{aligned} m(\ddot{x} - 2\Omega\dot{y} - \Omega^2 x) &= -\gamma\frac{mE}{R^2}\cos\lambda, \\ m(\ddot{y} + 2\Omega\dot{x} - \Omega^2 y) &= 0, \\ m\ddot{z} &= -\gamma\frac{mE}{R^2}\sin\lambda, \end{aligned}\right\}$$

worin λ den Winkel bezeichnet, den der durch den Körper gelegte Erdradius mit der Äquatorebene bildet. Wenn der Körper in der Nähe des betreffenden Ortes bleibt, so können wir λ als konstant annehmen und in den Gliedern, die Ω^2 enthalten, $x = R\cos\lambda$ und $y = 0$ setzen. Unter Benutzung der Gleichungen (2) aus Abschn. 272 finden wir dann

$$\begin{aligned} \ddot{x} - 2\Omega\dot{y} &= -g\cos l, \\ \ddot{y} + 2\Omega\dot{x} &= 0, \\ \ddot{z} &= -g\sin l. \end{aligned}$$

Da diese Gleichungen nur Differentialquotienten von x, y, z nach der Zeit enthalten, so können wir, ohne daß sich etwas ändert, den Ursprung an der Erdoberfläche annehmen, und zwar nach Länge und Breite an der Stelle, in deren Nähe die Bewegung vor sich geht.

Bei dieser Wahl des Koordinatenanfangs wollen wir nun so transformieren, daß die von ihm nach Süden gezogene Gerade die x', die nach Osten gezogene die y' und die vertikal nach oben gezogene Gerade die z'-Achse wird. Dann ist

$$x' = x\sin l - z\cos l, \qquad y' = y, \qquad z' = z\sin l + x\cos l.$$

Wir erhalten so die Gleichungen

$$\left.\begin{aligned}\ddot{x}' - 2\,\Omega\,\dot{y}'\sin l &= 0\\ \ddot{y}' + 2\,\Omega\,(\dot{x}'\sin l + \dot{z}'\cos l) &= 0\\ \ddot{z}' - 2\,\Omega\,\dot{y}'\cos l &= -g\end{aligned}\right\} \quad \ldots\ldots (1)$$

Diese Gleichungen bestimmen die Bewegung des Körpers relativ zu den Achsen am Ort der Beobachtung.

***277. Beginnende Bewegung.** Der Körper falle aus der Ruhelage relativ zur Erde herunter. Dann sind die Anfangsgeschwindigkeiten relativ zu den am Beobachtungsort gezogenen Achsen durch die Gleichungen bestimmt

$$\dot{x}' = 0, \qquad \dot{y}' = 0, \qquad \dot{z}' = 0.$$

Wir wollen annehmen, daß die Ordinate y' den Anfangswert Null hat. Die Bewegung ist durch die Gleichungen (1) aus Abschn. 276 bestimmt. Integrieren wir die erste davon, so haben wir

$$\dot{x}' = 2\,\Omega\,y'\sin l; \quad \ldots\ldots\ldots (1)$$

durch Integration der dritten erhalten wir

$$-\dot{z}' = g\,t - 2\,\Omega\,y'\cos l, \quad \ldots\ldots\ldots (2)$$

worin t die vom Beginn der Bewegung an verflossene Zeit bezeichnet. Setzt man das in die zweite Gleichung ein und läßt $\Omega^2 y'$ weg, so ergibt sich nach Integration

$$\dot{y}' = \Omega\,g\,t^2\cos l,$$

und damit

$$y' = \tfrac{1}{3}\,\Omega\,g\,t^3\cos l. \quad \ldots\ldots\ldots (3)$$

Durch Einsetzen in die Gleichungen (1) und (2) und bei Vernachlässigung von Gliedern derselben Ordnung wie vorher erhält man nach Integration

$$\left.\begin{aligned}x' &= x_0',\\ z' &= z_0' - \tfrac{1}{2}\,g\,t^2,\end{aligned}\right\}$$

worin x_0' und z_0' die Anfangswerte von x' und z' bezeichnen.

Zu Beginn der Bewegung ist die Beschleunigung, wenn man sie auf fest mit der Erde verbundene Achsen bezieht, vertikal nach abwärts gerichtet, und zwar ist es dieselbe Beschleunigung, die wir g genannt hatten. Mit derselben Genauigkeit, wie wir sie bei unseren bisherigen Annäherungen gehabt haben, bleibt die Vertikalkomponente während der ganzen Bewegung konstant.

Es ergibt sich, daß der Körper von seinem Ausgangspunkt ein wenig nach Osten fällt. Beim Durchfallen einer Höhe h beträgt die östliche Abweichung mit sehr guter Annäherung

$$\frac{2}{3}\,\Omega\sqrt{2\,\frac{h^3}{g}}\cos l\,.$$

Dieses Ergebnis stimmt gut mit der Erfahrung überein.

***278. Die Bewegung eines Pendels.** Ein gewöhnliches Kreispendel von der Länge L mag sich um seinen Aufhängepunkt, der mit der Erde fest verbunden ist, frei bewegen; die Spannung im Aufhängefaden sei T.

Auf die in Abschn. 276 beschriebenen Achsen bezogen, habe das Pendelgewicht die Koordinaten x', y', z', wobei die Gleichgewichtslage als Koordinatenanfang gewählt sein möge. Dann bildet die Wirkungslinie von T mit den Achsen Winkel, deren Kosinus die Werte

$$-\frac{x'}{L},\qquad -\frac{y'}{L},\qquad \frac{L-z'}{L}$$

haben; zwischen ihnen gilt die Beziehung

$$x'^2+y'^2+(L-z')^2=L^2 \quad \ldots\ldots \quad (1)$$

Nach Abschn. 276 sind die Bewegungsgleichungen

$$\left.\begin{aligned} m\ddot{x}'-2\,m\Omega\dot{y}'\sin l &= -T\frac{x'}{L},\\ m\ddot{y}'+2\,m\Omega(\dot{x}'\sin l+\dot{z}'\cos l) &= -T\frac{y'}{L},\\ m\ddot{z}'-2\,m\Omega\dot{y}'\cos l &= -mg+T\frac{L-z'}{L}. \end{aligned}\right\} \quad \ldots \quad (2)$$

Wir wollen diese Gleichungen unter der Annahme integrieren, daß das Pendel nur kleine Ausschläge macht. Unter dieser Voraussetzung gilt angenähert

$$z'=\frac{1}{2}\,\frac{x'^2+y'^2}{L} \quad \ldots\ldots\ldots \quad (3)$$

Wir multiplizieren die Gleichungen (2) der Reihe nach mit $\dot{x}'$, $\dot{y}'$, $\dot{z}'$ und addieren sie. Die Glieder, die T enthalten, fallen vermöge von (1) heraus, ebenso verschwinden die Glieder mit Ω und die Gleichung läßt sich integrieren. Vernachlässigen wir $\dot{z}'^2$ in der Integralgleichung und setzen wir für z' den Wert aus (3) ein, so haben wir

$$\frac{1}{2} m (\dot{x}'^2 + \dot{y}'^2) = \text{const} - \frac{1}{2} m g \frac{(x'^2 + y'^2)}{L} \quad . \quad . \quad (4)$$

Multiplizieren wir andererseits die erste der Gleichungen (2) mit $-y'$ und die zweite mit x', addieren sie und lassen das Glied mit $y'\dot{z}'$ weg, so haben wir nach Integration

$$x'\dot{y}' - y'\dot{x}' = -\Omega \sin l (x'^2 + y'^2) + \text{const.} \quad . \quad . \quad (5)$$

Durch Einführung von Polarkoordinaten in der Horizontalebene mittels der Beziehungen

$$x' = r \cos \Theta, \qquad y' = r \sin \Theta$$

gehen die Gleichungen (4) und (5) in die andern über

$$\left.\begin{aligned} \dot{r}^2 + r^2 \dot{\Theta}^2 &= A - r^2 \frac{g}{L}, \\ r^2 \dot{\Theta} &= B - r^2 \Omega \sin l. \end{aligned}\right\}$$

Setzen wir

$$\Theta + \Omega t \sin l = \Phi, \quad . \quad . \quad . \quad . \quad . \quad . \quad . \quad . \quad (6)$$

so erhalten wir

$$\left.\begin{aligned} \dot{r}^2 + r^2 \dot{\Phi}^2 &= (A + 2\,\Omega B \sin l) - r^2 \left\{\frac{g}{L} + \Omega^2 \sin^2 l\right\}, \\ r^2 \dot{\Phi} &= B. \end{aligned}\right\} \quad (7)$$

Diese Gleichungen bestimmen die Bewegung vollkommen. Man beachte, daß r und Φ Polarkoordinaten bezeichnen, die auf einen Anfangsstrahl bezogen sind, welcher sich mit einer Winkelgeschwindigkeit $\Omega \sin l$ um die Vertikale von Osten nach Westen dreht.

***279. Das Foucaultsche Pendel.** Wenn sich das Pendel um seinen Aufhängepunkt frei drehen kann und wenn es derart in Schwingungen versetzt wird, daß es durch seine Gleichgewichtslage geht, so nennt man ein solches System ein Foucaultsches Pendel.

Da r gleich Null sein kann, so folgt aus der zweiten der

Gleichungen (7) des letzten Abschnittes, daß B verschwinden muß und daß damit auch $\dot{\Phi}$ während der ganzen Bewegung verschwinden muß. Das bedeutet, daß die Schwingungsebene des Pendels sich relativ zur Erde um die Vertikale mit der Winkelgeschwindigkeit $\Omega \sin l$ von Osten nach Westen dreht.

Aus der ersten der Gleichungen (7) des letzten Abschnitts wird, wenn wir $\Omega^2 \sin^2 l$ gegenüber $\frac{g}{L}$ vernachlässigen,

$$\dot{r}^2 = A - r^2 \frac{g}{L};$$

dies zeigt, daß in der Schwingungsebene die horizontale Bewegung eine harmonische Bewegung von der Periode $2\pi \sqrt{\frac{L}{g}}$ ist.

Ist a die Amplitude der einfachen harmonischen Bewegung, hat also das Pendel für $r = a$ in der Schwingungsebene keine Geschwindigkeit, so wird es sich nur dann in der hier beschriebenen Weise bewegen, wenn es gegenüber der Erde eine Winkelgeschwindigkeit $\Omega \sin l$ von Ost nach West besitzt. Um das Pendel in Bewegung zu setzen, genügt es nicht, es aus der Gleichgewichtslage zur Seite zu ziehen; man muß es vielmehr senkrecht zu seiner Vertikalebene mit der Geschwindigkeit $a\Omega \sin l$ abstoßen. So in Bewegung gesetzt, bewegt es sich wie ein mathematisches Pendel von gleicher Länge in einer Ebene, die sich mit der Winkelgeschwindigkeit $\Omega \sin l$ um die Vertikale von Osten nach Westen dreht.

Dieses Ergebnis stimmt mit den Erfahrungstatsachen gut überein.

***280. Beispiele.** 1. Ein Geschoß werde von einem Punkte der Erdoberfläche mit der Geschwindigkeit V unter einem Neigungswinkel α innerhalb einer Vertikalebene abgeschossen, die einen Winkel β gegen den Meridian (nach Südosten) bildet. Man beweise, daß es sich nach einer Zeit t um x nach Süden, um y nach Osten und um z nach aufwärts bewegt haben wird, wobei angenähert

$$\left.\begin{aligned} x &= Vt\cos\alpha\left\{\cos\beta + \Omega t \sin l \sin\beta\right\}, \\ y &= Vt\left\{\cos\alpha\sin\beta - \Omega t(\sin l\cos\beta\cos\alpha + \cos l\sin\alpha)\right\} + \tfrac{1}{3}\Omega g t^3\cos l, \\ z &= Vt\left\{\sin\alpha + \Omega t\cos l\sin\beta\cos\alpha\right\} - \tfrac{1}{2}gt^2, \end{aligned}\right\}$$

wenn man $\Omega^2 y$ vernachlässigt.

2. Wenn man die Kugel eines Pendels von der Länge L aus der Ruhelage (relativ zur Erde) losläßt, in der ihr Abstand von der Gleichgewichtslage a betragen möge und in der die durch das Pendel gelegte

Vertikalebene einen Winkel β gegen den Meridian (nach Südosten) einschließe, so ist die Bahn angenähert durch die Gleichung

$$(\beta - \Theta) = \Omega \sqrt{\frac{L}{g}} \sin l \left\{ \frac{\sqrt{a^2 - r^2}}{r} - \operatorname{arc\,cos} \frac{r}{a} \right\}$$

gegeben, worin Potenzen von $\frac{L\Omega^2}{g}$, die höher sind als die erste, vernachlässigt sind.

3. Es werde beobachtet, daß ein Massenpunkt relativ zu einem gewissen Bezugssystem eine einfache harmonische Bewegung von der Periode $\frac{2\pi}{n}$ auf einer Geraden ausführt, die sich mit der Winkelgeschwindigkeit ω in einer mit dem Bezugssystem fest verbundenen Ebene um die Mittellage des Massenpunktes dreht. Man beweise, daß sich die Beschleunigung des Massenpunktes, wenn er von der Mittellage den Abstand r hat, aus einer radialen Beschleunigung $(n^2 + \omega^2)\, r$ und einer transversalen Beschleunigung $2\,\omega\,\dot{r}$ zusammensetzt, wobei der Sinn der letzteren mit dem Drehsinn der Geraden übereinstimmt.

XI. Zusammenstellung und Besprechung der Prinzipien der Dynamik.

Galilei fand durch Versuche, daß die Geschwindigkeit eines fallenden Körpers proportional der Fallzeit ist und wurde hierdurch auf den Begriff der Beschleunigung geführt. An der Bewegung eines Körpers auf einer sehr glatten, horizontalen Ebene erkannte er, daß sich ein Körper, der als völlig unbeeinflußt von Kräften angesehen werden kann, gleichförmig und geradlinig bewegt; so kam er dazu, das Vorhandensein von Kräften mit der Erzeugung von Beschleunigung in Zusammen hang zu bringen.

Newton fand, daß dieser von Galilei eingeführte Begriff der Beschleunigung sich ebensowohl für die Beschreibung der Bewegungen der Körper des Sonnensystems eignete wie für die Bewegungen fallender Körper in der Nähe der Erdoberfläche; er bildete sich die Vorstellung der Kraft als desjenigen, das Beschleunigung erzeugt; das ist die Haupterkenntnis in seiner Philosophie. Er führte auch den Begriff der Masse, als etwas vom Gewicht Verschiedenes, ein und definierte die Masse eines Körpers als die Stoffmenge, die er enthält. Seine Theorie formulierte Newton in einer Reihe von Definitionen, den drei berühmten Bewegungsgesetzen, die er Axiomata sive Leges Motus nannte, und in der Scholia, einem Anhang dazu. Wir geben hier eine Übersetzung der drei Bewegungsgesetze:

„Erstes Gesetz. Jeder Körper bleibt im Ruhezustand oder im Zustand gleichförmiger oder geradliniger Bewegung, falls er nicht durch Kräfte, die auf ihn wirken, gezwungen wird, diesen Zustand zu verändern.“

„Zweites Gesetz. Die Bewegungsänderung ist proportional der wirkenden Bewegungskraft und tritt in der Richtung ein, in der die Kraft wirkt.“

„Drittes Gesetz. Die Gegenwirkung ist immer gleich groß und entgegengesetzt gerichtet wie die Wirkung; oder die Wirkungen zweier Körper aufeinander sind immer gleich groß und entgegengesetzt gerichtet."

Die den Gesetzen vorangehenden Definitionen führen die Begriffe der Masse und der wirkenden Bewegungskraft ein, letztere als eine auf einen Körper ausgeübte Wirkung, durch die sein Bewegungszustand geändert wird und die dem proportional ist, was wir heute „innerhalb einer gegebenen Zeit erzeugte Bewegungsgröße" nennen würden. Die als Anhang den Bewegungsgesetzen angefügten Scholia enthalten eine Veranschaulichung der Lehre vom Parallelogramm der Kräfte und einen Bericht über die Bestimmung von Massen durch direkten Versuch mit der ballistischen Wage. Die letztere wird als eine Bestätigung des dritten Gesetzes angeführt.

Im vorliegenden Buche sind die theoretischen Schlußfolgerungen unserer Wissenschaft von zwei Prinzipien abgeleitet, die im Grunde genommen dieselben wie Newtons Bewegungsgesetze sind und die nur in einer Form ausgesprochen wurden, in der sie sich bequemer anwenden lassen. Sie lauten:

I. Die Beschleunigungskraft eines Massenpunktes hat gleiche Größe, Richtung und Sinn wie die resultierende Kraft, die auf den Massenpunkt wirkt (Abschn. 64).

II. Die Kraft, mit der ein Massenpunkt auf den andern wirkt, ist ebenso groß wie diejenige, die der zweite Massenpunkt auf den ersten ausübt; die Wirkungslinien beider Kräfte fallen mit der Verbindungslinie der Massenpunkte zusammen und die Kräfte haben entgegengesetzten Sinn (Abschn. 142).

Diese Prinzipien entsprechen genau dem zweiten und dritten Newtonschen Gesetz. Das erste Gesetz kann als ein Sonderfall des zweiten aufgefaßt werden; denn, wenn es keine wirkende Kraft gibt, so gibt es auch keine Bewegungsänderung und die Bewegung nimmt unverändert ihren Fortgang. Zu Newtons Zeit bedeutete dieses Sonderprinzip einen derartigen Umsturz der herrschenden Ansichten, daß es notwendig war, es gesondert aufzuführen.

Der erste Schritt zur Formulierung der Prinzipien der Mechanik[1]) ist die Erkenntnis vom Vektorencharakter solcher

[1]) Betrachtungen über die Prinzipien der Mechanik findet man in den auf S. 410 unten angeführten Werken, desgl. in H. Hertz' Prinzipien der Mechanik.

Größen wie der Geschwindigkeit und Beschleunigung. Die Aussage, daß die Geschwindigkeit ein Vektor ist, ist gleichbedeutend mit dem Satz vom „Parallelogramm der Geschwindigkeiten". Letzterer ist weder ein physikalisches Gesetz noch ein mathematischer Satz, den man auf Grund von Definitionen, Postulaten oder Axiomen beweisen könnte, sondern er bedeutet eine Definition, zu der man kommt, wenn man nach und nach die Schärfe eines bereits bekannten Begriffs steigert. Dieser Begriff ist der Begriff der Geschwindigkeit als des in der Zeiteinheit zurückgelegten Weges.

Die in vielen Büchern als „Beweis" angeführte Betrachtung über die Bewegung einer Kugel in einer sich bewegenden Röhre ist zwar zur Veranschaulichung ganz wertvoll; aber der Vorgang, der damit illustriert wird, ist nicht die Zusammensetzung zweier Geschwindigkeiten relativ zu demselben Bezugssystem, sondern die Zusammensetzung einer Geschwindigkeit relativ zu einem System mit der Geschwindigkeit dieses Systems relativ zu einem andern System. Die analytische Formulierung dieses letzteren Vorgangs ist sehr einfach (siehe Abschn. 27).

Ein Schritt von physikalischer Bedeutung ist es, wenn wir das Vorhandensein eines Kraftfeldes annehmen. Die Einführung dieses Begriffes ist eins der Verdienste, die die Wissenschaft Galilei verdankt. Er zeigte, daß wir von einem freien Körper in der Nähe der Erdoberfläche sagen können, daß er die und die Beschleunigung besitzt, ganz gleich, wie diese Bewegung entstanden ist. In Newtons Händen wurde das Prinzip erweitert. Er fand, daß man auch von einem irgendwo im Sonnensystem befindlichen Körper, der mit keinem andern Körper in Berührung steht, sagen kann, er habe eine bestimmte Beschleunigung.

Leider hat weder Galilei noch irgend jemand anderes jemals mit einem freien Körper Versuche anstellen können. Galilei fand, wie man die Wirkung, die wir jetzt als die „Beschleunigung der Schwere" bezeichnen, für sich allein behandeln kann; er legte das Vorhandensein und die Art dieser Wirkung überzeugend dar.

Wir schließen, daß die Erde auf Körper in ihrer Nähe oder daß ein Himmelskörper im Sonnensystem auf einen anderen eine Wirkung ausübt, durch welche eine Beschleunigung hervorgerufen wird. Diese hypothetische Wirkung nennen wir Kraft

Wenn wir diesen Schluß ziehen, gehen wir über die Tatsachen hinaus. Das Vorhandensein bestimmter Beschleunigungen an bestimmten Plätzen ist eine physikalische Tatsache. Der Schluß, daß diese Beschleunigungen durch eine „Wirkung" oder „Kraft" erzeugt werden, kann berechtigt sein oder auch nicht. Soweit es sich um die analytische

Formulierung von Erfahrungstatsachen handelt, ist er unnötig. In unserem Kapitel II ist er nicht aufgenommen worden. Im Kapitel IV wurde er nur deshalb eingeführt, damit die Ergebnisse in derselben Weise wie in den folgenden Kapiteln ausgedrückt werden konnten.

Ein weiterer Schritt von physikalischer Bedeutung ist die Erkenntnis, daß die Bewegung eines Körpers in einem Kraftfeld sich ändert, wenn er in Berührung mit anderen Körpern steht. Ein Buch bleibt auf einem Tische liegen, anstatt bis auf den Fußboden durchzufallen. Eine in die Luft geschossene Kugel bewegt sich auf keiner Parabel; sondern die Geschoßbahn ist im fallenden Ast steiler als im aufsteigenden. Der Schluß scheint berechtigt, daß es irgendeine dem Tische oder der Luft zuzuschreibende Wirkung gibt, durch die die Beschleunigung, die ein freier Körper haben würde, abgeändert worden ist. Wenn wir auf eine solche Wirkung schließen, so behaupten wir das Vorhandensein der Kraft.

Das Vorhandensein eines Druckes zwischen Körpern, die sich berühren, scheint dem gewöhnlichen Menschenverstand einleuchtend. Nichtsdestoweniger muß bemerkt werden, daß der Druck genau so gut nur ein Schluß aus der Beobachtung über die Bewegung von Körpern ist, wenn man auf die Gravitationswirkung zwischen Körpern aus ihren Bewegungen schließt. Noch heute erscheint die Fernwirkung dem gewöhnlichen Menschenverstand sinnwidrig. Wir begehen einen Irrtum, wenn wir annehmen, daß das Vorhandensein einer Wirkung zwischen Körpern durch unser Muskelempfinden bestätigt würde, obgleich gerade solche Empfindungen die Ursache waren, daß der Begriff einer derartigen Wirkung entstand. Ebensowenig kann die letztere durch die Benutzung einer Federwage bewiesen noch ihre Größe bestimmt werden (Abschn. 58). Die Tatsache, daß unter geeigneten Bedingungen die Dehnung der Feder durch einen angehängten Körper proportional dem Gewicht des Körpers ist, wie es mittels einer gewöhnlichen Wage bestimmt wurde, sagt nur etwas über die Elastizität der Feder aus.

Als weiterer Punkt muß erwähnt werden, daß der Begriff der Kraft für die analytische Formulierung derjenigen Aufgaben der Wissenschaft, die sich mit der zeitlichen Bewegung eines Körpers beschäftigen, nicht wirklich notwendig ist. So lassen sich beispielsweise in unsern Kapiteln III und V (aber auch in denen II und IV) fast alle dort erörterten Fragen ohne Benutzung des Kraftbegriffs behandeln. Wir könnten z. B. die Bewegung eines Massenpunktes betrachten, der sich in einem gegebenen Kraftfeld bewegt und außer der Beschleunigung eines freien Körpers noch eine weitere Beschleunigung besitzt, welche stets längs der jeweiligen Bahntangente und zwar im entgegengesetzten Sinne der Geschwindigkeit gerichtet und einer Potenz dieser Geschwindigkeit proportional ist, ganz gleichgültig, welche Größe und welchen Sinn die Geschwindigkeit hat. Hierfür kämen die Methode und das Ergebnis des Abschn. 138 in Frage. Auch der Begriff der Masse ist in diesen Kapiteln ohne wesentliche Bedeutung. Wir haben ihn in Kapitel III nur deshalb eingeführt, um die Ergebnisse in derselben Form darstellen zu können, in der die weiteren Sätze in den folgenden Kapiteln des Buches dargestellt sind.

Aus diesen Betrachtungen geht hervor, daß die Wirkung eines Körpers auf einen anderen eine Vorstellung — etwas in unserer Einbildung Bestehendes — ist, mit deren Hilfe wir die Bewegung der Körper beschreiben. Wir schließen auf das Vorhandensein einer Wirkung auf Grund beobachteter Beschleunigungen, deren Entstehung wir diesen Wirkungen zuschreiben. Es geht weiter daraus hervor, daß es uns gänzlich freisteht, die „Kraft“ in derjenigen Weise zu definieren, die uns am geeignetsten dünkt. Wir definieren sie als ein besonderes Maß der Wirkung, die ein Körper auf den andern ausübt, und wir treffen eine Verabredung darüber, wie sie zu messen ist.

Man kann die Definition in besonders scharfer Form geben, wenn man den Körper, auf den die Kraftwirkung ausgeübt wird, als Massenpunkt ansehen kann. Wir definieren die Größe irgendeiner auf einen Massenpunkt wirkenden Kraft als das Produkt der Masse des materiellen Punktes mit der Beschleunigung, die in ihm durch die entsprechende Wirkung erzeugt wird.

Die Definition ist unvollständig, solange wir nicht festsetzen, in welcher Weise die Kraft von der zu wählenden Richtung abhängt. Wir definieren die auf einen Massenpunkt wirkende Kraft als einen Vektor, der an einen Punkt gebunden ist.

Von diesem Gesichtswinkel aus betrachtet bildet das „Parallelogramm der Kräfte“ nur einen Teil einer verabredeten Definition. Die in den meisten Büchern angeführten „Beweise“ und „Bestätigungen“ können als Bestätigung dafür angesehen werden, daß die Definition tatsächlich brauchbar ist. Ein Weg, wie man zu der Definition kommt, ist in Abschn. 61 angedeutet worden.

Die Definition der Kraft bleibt noch unvollständig, solange wir nicht erklären, was wir unter der „Masse“ eines Körpers oder eines materiellen Punktes verstehen

Hierzu müssen wir das Gesetz von Wirkung und Gegenwirkung benutzen. Wie in Kapitel VI erläutert worden ist, besagt dieses Gesetz, daß die Beschleunigungen, die in zwei Körpern infolge ihres gegenseitigen Aufeinanderwirkens erzeugt werden, in einem Verhältnis stehen, das stets das gleiche bleibt, solange die Körper die gleichen bleiben. Der reziproke Wert dieses Verhältnisses ist das Verhältnis der Massen der beiden Körper.

Es gibt zwei ganz verschiedene Arten von Umständen, unter denen wir Beschleunigungen oder Geschwindigkeitsänderungen beobachten können. In Übereinstimmung mit der Vorstellung, die wir uns von der Kraft gemacht haben, nehmen wir an, daß diese Geschwindigkeitsänderungen durch wechselseitige Wirkungen erzeugt sind. In erster Linie können wir die Wechselwirkungen zwischen den Körpern und der Erde betrachten; wir kommen dadurch zu dem Massenverhältnis zweier Körper als dem Verhältnis ihrer auf einer gewöhnlichen Wage ermittelten Gewichte. Im zweiten Falle können wir die Körper aufeinanderprallen lassen und ihr Massenverhältnis mit Hilfe der Methode der ballistischen Wage bestimmen. Die Tatsache, daß das Ergebnis in beiden Fällen das gleiche ist, erscheint dem Verfasser als die wichtigste Tatsache der ganzen Mechanik.

Wie schon ausgeführt wurde, sind die Begriffe von Kraft und Masse für die analytische Formulierung derjenigen Teile der Wissenschaft, in denen wir uns mit der zeitlichen Bewegung eines Körpers (wobei der Körper als Massenpunkt aufgefaßt wird) beschäftigen, keineswegs sehr wesentlich. Sie sind es aber, sobald wir damit beginnen, die Bewegungen verschiedener Körper zu betrachten, die ein zusammenhängendes System bilden.

Im weiteren Verlaufe unserer Betrachtungen führen wir zwei Hilfsprinzipien ein, die beide von Newton herrühren: das Gravitationsgesetz und die Anschauung, daß ein Körper als ein System von Massenpunkten aufzufassen sei. Die Schlußfolgerungen dieser Prinzipe sind bereits im einzelnen ausgeführt worden, als wir sie auf Körper anwandten, die als starr angesehen werden können. Es sei hier erwähnt, daß für die tiefere Untersuchung der Bewegungen starrer Körper oder für die Behandlung der Bewegungen von deformierbaren festen Körpern oder von Flüssigkeiten kein neues Prinzip erforderlich ist.

Die Anschauung, daß die Körper aus Massenpunkten bestehen, und diejenige, daß die gegenseitigen Einwirkungen der Körper aufeinander von Kräften zwischen den Massenpunkten herrühren, sind die beiden Vorstellungen, auf die sich die heutige Wissenschaft der Mechanik gründet. Sie bieten ferner den Vorteil, 1. daß es möglich ist, auf ihrer Grundlage ein streng logisches, deduktives Lehrgebäude aufzubauen, und 2. daß diese Lehre eine befriedigende, abstrakte Formulierung der Gesetze liefert, denen die Bewegungen sowohl der Körper des Sonnensystems wie jedes Körpers überhaupt unter den gewöhnlichen Bedingungen gehorchen. Auf diese Weise haben sie sich historisch zu einem Schema entwickelt, das mit bestem

Erfolg eine ungeheure Anzahl zusammenhangloser Beobachtungen über Erfahrungstatsachen miteinander in Einklang bringt. So baut sich auf dieser Theorie eine Wissenschaft auf — eine logisch einwandfreie und praktisch wertvolle Methode, Erfahrungstatsachen durch abstrakte Formeln darzustellen.

Wir müssen uns hüten, die „Massenpunkte" der Mechaniktheorie als das gleiche anzusehen, was in der Chemie und in der kinetischen Gastheorie die Atome und Moleküle, oder was in der modernen theoretischen Physik die Elektronen und Ionen sind. Die mechanische Anschauung von dem Aufbau der Körper hängt mit den chemischen und elektrischen Anschauungen nicht zusammen. Das Problem, diese verschiedenen Vorstellungen miteinander in Einklang zu bringen, ist noch nicht gelöst. Es ist kein Grund einzusehen, warum seine Lösung unmöglich sein sollte[1]).

Es ist wohl wünschenswert, zu erklären, wie es möglich sein kann, daß zwischen den hypothetischen Massenpunkten eines Körpers oder einer Reihe von Körpern die innern Kräfte so angeordnet sind, daß die Bewegungen der Massenpunkte die Bewegungen der Körper wiedergeben

Schon in Kapitel VI ist erklärt worden, wie die Massen der hypothetischen Massenpunkte bestimmt werden können.

Im Falle eines freien Körpers bestehen die äußeren Kräfte aus den Gravitations-Anziehungskräften zwischen den Massenpunkten des Körpers und den Massenpunkten anderer Körper; sie können daher als bekannt vorausgesetzt werden.

Ein Körper, der nicht frei ist, ist in Berührung mit irgendeinem andern Körper. Alle Körper, die in einer solchen Berührung stehen, sehen wir als Teile eines einzigen „Körpersystems" an.

Der Körper oder das Körpersystem werde durch ein System von Massenpunkten ersetzt. Die Massen der Massenpunkte und die an ihnen wirkenden äußeren Kräfte sind bekannt.

Damit die Bewegung der Massenpunkte die Bewegung des Körpers oder des Körpersystems darstellt, muß jeder Massenpunkt eine geeignete Beschleunigung haben. Damit können auch die Beschleunigungskräfte der Massenpunkte als bekannt angenommen werden.

Es mögen n Massenpunkte zu dem System gehören. Die $3n$ Komponenten ihrer Beschleunigungskräfte können wir als gegeben ansehen. Für die zwischen ihnen wirkenden inneren Kräfte gibt es $\frac{1}{2}n(n-1)$ verschiedene Werte. Diese $\frac{1}{2}n(n-1)$ unbekannten Größen hängen mit den bekannten Größen durch $3n$ Gleichungen, nämlich die Bewegungsgleichungen der Massenpunkte, zusammen.

Die $3n$ Gleichungen haben die Form

$$m_1 \ddot{x}_1 = X_1 + X_1',$$

---

[1]) Siehe die Bemerkungen über die „Beneke-Preis-Stiftung" in den Göttinger Nachrichten 1901 („Geschäftliche Mitteilungen") und H. M. Macdonald, Electric Waves, Appendix B, Cambridge 1902, und J. G. Leathem, Volume and surface integrals used in Physiks, Cambridge 1905.

worin $m_1 \ddot{x}_1$ und X_1 bekannt sind und X_1' einen Ausdruck von der Art

$$F_{12} \cos \Theta_{12} + F_{13} \cos \Theta_{13} + \ldots + F_{1n} \cos \Theta_{1n}$$

ist; $\Theta_{12} \ldots$ sind hierin die Winkel, die die Verbindungslinien der Massenpunkte mit der x-Achse bilden; F_{12} bezeichnet die Kraft, die vom Massenpunkt m_2 auf den Massenpunkt m_1 ausgeübt wird, usw.

Zwischen diesen Größen besteht die Beziehung, daß, wenn Θ_{21} dasselbe wie Θ_{12} bedeutet, auch $F_{21} = -F_{12}$ ist, so daß die Gleichungen von der Art

$$\Sigma X' = 0, \quad \Sigma (yZ' - zY') = 0$$

erfüllt sind.

Nun werden auch die Gleichungen von der Art

$$\Sigma m \ddot{x} = \Sigma X, \quad \Sigma m (y\ddot{z} - z\ddot{y}) = \Sigma (yZ - zY)$$

befriedigt, da wir ja von den Beschleunigungen und den äußeren Kräften vorausgesetzt hatten, daß sie richtig angeordnet sind.

Wir schließen, daß bei einer genügend großen Anzahl von Massenpunkten die $\frac{1}{2} n (n-1)$ Größen F_{12} auf unendlich verschiedene Weise so angeordnet sein können, daß die $3n$ Gleichungen erfüllt werden.

Wie man sieht, sind die zwischen den hypothetischen Massenpunkten angreifenden Kräfte ganz unbestimmt. Das bietet jedoch weiter keine Schwierigkeiten, solange wir nicht den Versuch machen, diese Kräfte wirklich zu bestimmen Wir ziehen den Schluß, daß die Bewegung des Körpers oder des Körpersystems durch die Bewegung eines Massenpunktsystems dargestellt werden kann.

Die praktisch angewandte Methode enthält noch Einschränkungen hinsichtlich der hyothetischen Kräfte, wodurch diese aber nichtsdestotrotz in weitem Maße unbestimmt gelassen werden. Mit dieser Methode wird der Begriff der Materialspannung eingeführt.

Wir wollen einen Körper betrachten, der auf einer horizontalen Ebene sich im Felde der Erdschwere befindet, und uns denken, daß der Körper durch eine Horizontalebene in zwei Teile geteilt sei. Wir stellen den Körper durch ein System von Massenpunkten dar, wobei wir voraussetzen, daß keiner der Massenpunkte in die Trennungsebene fällt. Zunächst sollen die Kräfte betrachtet werden, die auf jene Massenpunkte wirken, welche oberhalb der Ebene liegen. Diejenigen Kräfte, die auf die Schwere der Erde zurückzuführen sind, wirken vertikal nach abwärts, die anderen, die von den gegenseitigen Anziehungskräften der Massenpunkte unter der Ebene und denjenigen über der letzteren herrühren, haben sowohl Horizontal- wie Vertikalkomponenten; die Vertikalkomponenten sind aber jedenfalls nach abwärts gerichtet. Wären das die einzigen inneren Kräfte, so würde der Schwerpunkt der über der Ebene befindlichen Massenpunkte eine Beschleunigung erfahren, deren Vertikalkomponente von Null verschieden und nach abwärts gerichtet wäre. Da aber der Massenmittelpunkt dieser Massenpunkte sich nicht bewegt, so muß man annehmen, daß die unten befindlichen Massenpunkte auf diejenigen oberhalb der Ebene Kräfte ausüben, die in ihrer Gesamtheit den Gravitations-Anziehungskräften entgegenwirken, und daß die inneren Kräfte zwischen den beiden Arten von Massenpunkten aus anderen Kräften bestehen müssen, als es diese Anziehungskräfte sind.

Die übliche Annahme, daß das Gravitationsgesetz auf alle Entfernungen anwendbar ist, die mit gewöhnlichen Mitteln meßbar sind (Abschn. 146), führt uns zu der Anschauung, daß diese Zusatzkräfte nur zwischen sehr dicht benachbarten Massenpunkten ausgeübt werden können.

Es werde einmal durch einen Punkt O eines Körpers eine ebene Fläche gelegt und auf der Ebene eine geschlossene Kurve C vom Flächeninhalt S gezogen, die den Punkt O enthält. Eine Anzahl Wirkungslinien von Kräften, die zwischen benachbarten Massenpunkten auf beiden Seiten der Trennungsebene wirken, schneiden die Ebene innerhalb der Kurve C. Wir wollen diejenigen Kräfte betrachten, die auf jene Massenpunkte ausgeübt werden, welche auf einer beliebig gewählten Seite der Ebene liegen. ξ, η, ζ seien die Summen der Komponenten dieser Kräfte parallel den Achsen. Dann sind ξ, η, ζ die Komponenten einer Vektorgröße, welche als die auf das Flächenstück S der Ebene wirkende „resultierende Druckkraft" oder „resultierende Zugkraft" bezeichnet wird. Die Größen $\frac{\xi}{S}, \frac{\eta}{S}, \frac{\zeta}{S}$ sind die Komponenten einer Vektorgröße, die wir den „spezifischen Druck" oder „spezifischen Zug" oder auch die „Druck- oder Zugspannung" im Flächenstück S der Ebene nennen. Wir machen die Annahme, daß diese Spannungskomponenten einem endlichen Grenzwert zustreben, wenn sich die Fläche S dadurch vermindert, daß man die Kurve C immer mehr und mehr nach dem Punkte O zu zusammenschrumpfen läßt; diese Grenzwerte sind dann die Komponenten der auf die Ebene im Punkte O wirkenden „Druck- oder Zugspannung".

S bezeichne eine beliebige geschlossene geometrische Oberfläche im Körper und X_v, Y_v, Z_v seien die Druck- oder Zugspannungskomponenten in der an S in einem beliebigen Punkte gelegten Tangentialebene. Nun läßt sich der Körperteil innerhalb von S als ein System von Massenpunkten ansehen, die sich unter der Wirkung von Kräften bewegen. Die Summen der Komponenten parallel den Achsen und die Summen der Momente um die Achsen der Kräfte, die von den gegenseitigen Wirkungen von Nachbarpunkten beiderseits von S herrühren, werden dann durch Ausdrücke wie

$$\iint X_v dS, \quad \iint (yZ_v - zY_v)\, dS$$

wiedergegeben, in denen sich die Integration über die ganze Oberfläche erstreckt.

Diese Darstellung der inneren Kräfte mittels Materialspannungen hat sich für die Beschreibung der Bewegungen dehnbarer Körper gut bewährt.

Die in einem Punkte eines Körpers wirkende Spannung ist eine meßbare Größe, die bisweilen theoretisch bestimmt und in einzelnen Fällen sogar praktisch gemessen werden kann. Die einfachsten Beispiele hierfür sind der Druck in einer Flüssigkeit und die Zugkraft in einem Seil oder einer Kette. Diese Zugkraft ist die Resultierende der Zugspannungen, die auf beiden Seiten einer zur Mittellinie der Kette senkrechten Ebene wirken.

Die Einführung des Begriffes der Spannungen hat eine Unterteilung der Kräfte in zwei Klassen zur Folge: Massenkräfte und Oberflächenkräfte.

Die Gravitationskräfte sind den Massen der materiellen Punkte proportional, an denen sie angreifen. Die Summe der in irgendeiner festen Richtung genommenen Komponenten aller Gravitationskräfte, die auf ein Stück eines Körpers innerhalb eines kleinen Raumes wirken, ist dem Volumen proportional. Aus theoretischen Gründen betrachten wir solche Kräfte als Beispiele für eine mögliche Klasse von Kräften, die wir „Massenkräfte" nennen. Sie sollen durch die Kraft je Volumeneinheit oder je Masseneinheit angegeben werden.

Die resultierende Kraft, die auf ein Stück einer geometrischen Ebene wirkt, welche man durch einen Körper gezogen hat, ist ein Beispiel für eine andere Klasse von Kräften, die wir „Oberflächenkräfte" nennen. Diese Kräfte wirken auf Oberflächen und sind den Oberflächenstücken proportional, auf die sie wirken, vorausgesetzt, daß diese Flächenstücke genügend klein sind. Sie mögen durch die Kraft je Flächeneinheit oder, was dasselbe ist, durch die in einem Punkte wirkende Spannung wiedergegeben werden.

In diesem Buche ist die Energiegleichung als eines der ersten Integrale der Bewegungsgleichungen eines konservativen Systems angesehen worden. Diese Behandlungsweise erscheint dem Verfasser als die natürlichste, wenn man die Mechanik auf Newtons Bewegungsgesetzen oder auf irgendwelchen gleichbedeutenden Sätzen aufbaut. Die modernen Physiker pflegen jedoch der Energiegleichung eine wesentlich wichtigere Rolle zuzuschreiben. Der Grund hierfür liegt wohl in der Lehre von der Erhaltung der Energie. Die Energiegleichung in der Mechanik wird nur als ein Beispiel eines allgemeineren Prinzips angesehen, das sich auf jede Art von physikalischem Prozeß anwenden läßt.

Man hat versucht, den Kraftbegriff auszuschalten und das Lehrgebäude der Mechanik auf den Begriffen der Masse und der Energie aufzubauen. Es ist auch der Vorschlag gemacht worden, die Anschauung, daß die Körper aus Massenpunkten zusammengesetzt sind, ebenso fallen zu lassen wie den Begriff der Kraft. Große Schwierigkeit bei dieser Art der Formulierung bietet es, wenn man von dem beibehaltenen Begriff der Masse eine Erklärung geben will. In der Newtonschen Mechanik dagegen haben wir auf Grund des Gesetzes von Wirkung und Gegenwirkung eine klare und bestimmte Anschauung von dem Wort „Masse". Eine andere Schwierigkeit bei der „energetischen" Formulierungsmethode tritt ein, wenn eine befriedigende Erklärung über die potentielle Energie oder die Arbeit abgegeben werden soll. Diese Schwierigkeiten lassen sich vielleicht in Zukunft überwinden. Beim gegenwärtigen Stande der Wissenschaft können wir zwischen den beiden Methoden einen Ausgleich schaffen, indem wir die Begriffe der kinetischen Energie und der Arbeit aus dem Newtonschen System nehmen, die Begriffe der Kräfte und Massenpunkte aber, auf denen sich die ersteren aufbauen und durch die man auf sie gekommen ist, zerstören. Die Massen, die in dieser die Mitte haltenden Formulierungsart vorkommen, werden dann in den Ausdrücken für die kinetische Energie als Koeffizienten betrachtet.

Ob diese mittlere Methode möglich ist, hängt von einer analytischen Umformung der Bewegungsgleichungen ab, die nach der Newtonschen Methode abgeleitet wurden. Diese analytische Umformung läßt sich mittels einer Verallgemeinerung des Prinzips von der virtuellen Arbeit vornehmen. Ebenso wie alle Gleichgewichtsbedingungen eines Systems aus einer Gleichung von der Form

$$\Sigma\left[(X+X')\dot{x}'+(Y+Y')\dot{y}'+(Z+Z')\dot{z}'\right]=0$$

abgeleitet werden können (wie in Abschn. 208 dargelegt wurde), lassen sich auch alle Bewegungsgleichungen des Systems aus einer Bewegungsgleichung von der Form

$$\Sigma\left[m(\ddot{x}\dot{x}'+\ddot{y}\dot{y}'+\ddot{z}\dot{z}')\right]=\Sigma\left[(X+X')\dot{x}'+(Y+Y')\dot{y}'+(Z+Z')\dot{z}'\right] \quad . \quad . \quad \text{(A)}$$

herleiten, die nach der Methode des Abschn. 208 erhalten werden kann. Das wichtige Ergebnis hierbei ist, daß diejenigen Glieder der Bewegungsgleichung, welche bei der Newtonschen Methode dasjenige darstellen, was wir in diesem Buche „Beschleunigungskräfte“[1]) genannt haben, sich als Funktionen der kinetischen Energie ausdrücken lassen.

Um diese Behauptung zu beweisen, betrachten wir den Fall, in dem sich die Lage, die das System zu einer beliebigen Zeit einnimmt, als eine Funktion einer endlichen Anzahl von unabhängigen geometrischen Größen ausdrücken läßt. Diese Größen mögen mit Θ, Φ, ... bezeichnet werden. Dann kann man die kinetische Energie T als eine homogene quadratische Funktion der entsprechenden Geschwindigkeiten $\dot{\Theta}$, $\dot{\Phi}$, ... darstellen und die linksseitigen Glieder der Gleichung (A) lassen sich in der Form schreiben

$$\left\{\frac{d}{dt}\left(\frac{\partial T}{\partial\dot{\Theta}}\right)-\frac{\partial T}{\partial\Theta}\right\}\dot{\Theta}'+\left\{\frac{d}{dt}\left(\frac{\partial T}{\partial\dot{\Phi}}\right)-\frac{\partial T}{\partial\Phi}\right\}\dot{\Phi}'+\ldots,$$

in welcher $\dot{\Theta}'$, $\dot{\Phi}'$, ... die zusammengehörigen Geschwindigkeiten bezeichnen, mit denen das System durch die Lage Θ, Φ, ... hindurchgeht. Dieses Resultat stammt von Lagrange.

Hieraus geht hervor, daß man für ein System, für das man einen Ausdruck für die kinetische Energie und einen andern für die Leistung finden kann, die Bewegungsgleichungen aufzustellen vermag, ohne irgendwelche Betrachtungen über „Kräfte“ oder „Massenpunkte“ anstellen zu müssen.

Die Formulierung der Prinzipien der Mechanik setzt die Wahl eines Bezugssystems und eines als Zeitmaß benutzten

[1]) In manchen Büchern werden sie „effektive Kräfte“ genannt.

Prozesses voraus. Diese Aussage behält ihre Richtigkeit, ganz gleich, ob die Formulierung auf Grund von Masse und Kraft, oder auf Grund von kinetischer Energie und Arbeit vorgenommen worden ist. Denn beide Methoden erfordern die Angabe von Beschleunigungen und Geschwindigkeiten. Wenn wir aber sagen, daß ein Massenpunkt an einem bestimmten Orte eine gewisse Beschleunigung hat, so müssen der Ort und die Beschleunigung mit Bezug auf irgendein Koordinatensystem angegeben werden; außerdem ist in der Beschreibung der Beschleunigung auch die Benutzung irgendeiner Methode zur Zeitmessung enthalten. Ein Gleiches gilt für die Geschwindigkeiten.

Für viele theoretische Zwecke braucht man weder das Bezugssystem noch den als Zeitmaß benutzten Vorgang näher anzugeben. Es genügt die Annahme, daß man beides gewählt hat. Aber bei jeder Aufgabe, bei der es sich um wahrnehmbare Bewegungen wirklicher Körper handelt, ist die Beschreibung der Bewegung unvollständig, wenn man nicht das Bezugssystem sowohl für den Raum als auch für die Zeit mit angibt. Wir müssen zwei Fragen beantworten: 1. Wie geben wir das System näher an? 2. Wie müßte das System angegeben werden? Es ist etwas schwierig, auf beide Fragen eine kurze Antwort zu geben; dagegen ist es verhältnismäßig leicht, die nur wenig abweichende Frage zu beantworten: Welche Bezugssysteme sind unzulässig? Die Antwort lautet, es darf kein System benutzt werden, das im Widerspruch mit den Prinzipien der Mechanik oder mit dem Gravitationsgesetz oder mit dem Prinzip von der Erhaltung der Energie steht.

Ein Bezugssystem, das die Bedingungen dieser Frage und Antwort erfüllt, soll als „kinetisch“[1]) bezeichnet werden.

---

[1]) W. H. Macaulay bezeichnet in dem Artikel „Motion, Laws of“ in Ency. Brit., 10. Auflage, Bd. 30 (1902), das, was hier „kinetisches Koordinatensystem“ genannt wird, mit dem Ausdruck „Newtonian base“. Mit Rücksicht auf die wichtige Frage der Relativität der Bewegung sei noch auf Newtons Originalbeweis in den Principia, Lib. 1, auf „Scholium“, den Anhang zu den „Definitiones“ und auf die folgenden neueren Werke verwiesen: J. C. Maxwell, Matter and Motion (London 1882), Thomson and Tait, Natural Philosophie, Teil I (Cambridge 1879), E. Mach, Die Mechanik (Leipzig, 5. Aufl., 1904), C. Neumann, Über die Prinzipien der Galilei-Newtonschen Theorie (Leipzig 1870), K. Pearson, The Grammar of Science (London 1900), H. Poincaré, La science et l'hypothèse (Paris, N. D.), der schon oben angeführte Artikel von W. H. Macaulay und der Artikel

Ein diesen Bedingungen genügendes Koordinatensystem pflegt ein „kinetisches Koordinatensystem" und die Zeit, die in Übereinstimmung mit diesen Bedingungen gemessen wird, „kinetische Zeit" genannt zu werden.

Zur Erläuterung dieser Frage und ihrer Antwort betrachten wir die Bewegung der Erde. Die Prinzipien der Mechanik erfordern, daß wir die Erde als einen Körper von einer gewissen Masse mit einem gewissen Massenmittelpunkt ansehen. Beobachtungen an fallenden Körpern sowie astronomische Beobachtungen führen in Übereinstimmung mit unserer Vorstellung von der Kraft zu der Annahme, daß die Erde auf andere Körper Kräfte ausübt; das Gegenwirkungsgesetz sagt aus, daß diese Körper ihrerseits Kräfte auf die Erde ausüben und daß deshalb der Schwerpunkt der Erde gewisse Beschleunigungskomponenten hat. Daher dürfen wir für das Bezugssystem keine mit der Erde fest verbundenen Achsen wählen, wenn wir gleichzeitig das Gegenwirkungsgesetz aufrechterhalten wollen. Der Übergang von der geozentrischen Astronomie des Ptolemäus zu der heliozentrischen von Kopernikus kann als Beispiel für die Preisgabe eines ungeeigneten Bezugssystems angesehen werden.

Zur Veranschaulichung der Einschränkungen, die für die Wahl des als Zeitmaß benutzten Prozesses gelten, wollen wir die Kräfte betrachten, die die Drehung der Erde zu beeinflussen vermögen. Das System Erde-Mond mit dem Meer auf der Erde erregt mannigfache innere Relativbewegungen, unter denen die Gezeiten deutlich wahrnehmbar sind. Derartige innere Relativbewegungen haben gewöhnlich Energieverluste in dem System im Gefolge[1]), denn sie gehen nicht ohne Reibung vor

---

von A. Voss in Ency. d. math. Wiss. Bd. IV, Teil 1, Art. 1 (Leipzig 1901). Über das Bezugssystem der Astronomie lese man den Artikel von E. Anding in Ency. d. math. Wiss. Bd. VI, Teil 2, Art. 1 (Leipzig 1905). Leider weicht die im vorliegenden Text vertretene Anschauung gegenüber der durch Maxwell sowie Thomson und Tait von Newton übernommenen Ansicht, daß wir nämlich wohl die absolute Richtung, aber nicht die absolute Lage kennen, etwas ab. Da aber die Frage von keiner praktischen Bedeutung ist, so hielt es der Verfasser für erwünschter, eine ihm logisch vertretbar erscheinende Meinung so klar als möglich fortzuführen, als mit besonderem Nachdruck ihre Verschiedenheit von der Ansicht anderer Gelehrter zu betonen.

[1]) D. h. eine Umwandlung von Energie in eine andere Form, durch die ein geringerer Teil nutzbar gemacht werden kann; wie dies beispielsweise bei der Verwandlung von kinetischer Energie in Wärme der Fall ist.

sich. Wir haben daher zu erwarten, daß die kinetische Energie der Erddrehung mit endlicher Geschwindigkeit aufgezehrt wird, oder daß die Periode der täglichen Erddrehung (nämlich die Länge des Tages) mehr und mehr zunimmt. Auf Grund des Gravitationsgesetzes und des Prinzips von der Erhaltung der Energie, aber ohne zunächst den Prozeß, der als Zeitmaß benutzt wird, festzulegen, haben die Astronomen gezeigt, daß eine der Ungleichförmigkeiten in der Mondbewegung durch die Annahme erklärt werden kann, daß ein solches allmähliches Nachlassen der Geschwindigkeit der Erddrehung stattfindet. Dies setzt voraus, daß der als Zeitmaß benutzte Vorgang nicht die Erddrehung ist, oder es besagt mit anderen Worten, daß die Sternzeit keine kinetische Zeit ist.

Das Ergebnis wird gewöhnlich in der Form ausgesprochen, daß die Erde als Uhr in jedem Jahrhundert[1]) um soundso viel Sekunden mehr nachgeht, als im vorhergehenden.

Die Prozesse, durch die wir zu einem kinetischen Bezugssystem und zu einem kinetischen Zeitmaß kommen, sind Annäherungen. Es hat sich stets ergeben, daß es möglich ist, eine früher getroffene Wahl so zu korrigieren, daß die Beobachtungen über die Bewegungen wirklicher Körper mit den Prinzipien der Mechanik in Übereinstimmung kommen. Mittels des Gravitationsgesetzes können wir bis zu einem gewissen Annäherungsgrade die Massen der Körper bestimmen, die das Sonnensystem bilden, und die Lage des Massenmittelpunktes des Systems relativ zu diesen Körpern angeben. Es hat sich gezeigt, daß es genügt, diesen Massenmittelpunkt als Ursprung zu wählen und als Bezugsachsen Linien zu nehmen, die nach Fixsternen gezogen sind, welche keine meßbare eigene Bewegung oder jährliche Parallaxe haben.

Für das Zeitmaß haben wir kein natürliches Bezugssystem, wie es uns die Fixsterne zur Richtungsbestimmung liefern. Aber wir können in anderer Weise vorgehen, indem wir das wohlbekannte Verfahren der Substitution der unabhängigen Variablen anwenden. Es sei t die Sternzeit, d. h. die Zeit, welche durch die Drehung der Erde relativ zu den Sternen bestimmt ist. t wird natürlich von einem besonderen Zeitpunkt an gemessen, nämlich dem Augenblicke, in dem irgend-

[1]) Über das Maß, um das sie nachgeht, herrschen verschiedene Meinungen. Zwei von diesen sind 22 Sekunden je Jahrhundert und 8,3 Sekunden je Jahrhundert. Siehe Thomson und Tait, Nat. Phil. Teil II, Anhang G (Beitrag von G. H. Darwin).

ein bestimmtes Ereignis stattgefunden hat. Der Zeitraum t soll t Sterntage bezeichnen. Während dieser Zeit dreht sich die Erde um einen Winkel $2\pi t$. Die als Uhr benutze Erde gehe jeden Tag um ε Sekunden mehr nach als am vorhergehenden. Bekanntlich ist ε ein sehr kleiner Bruch. Wir wollen nun eine neue Variable τ mittels der Gleichung einführen

$$\tau = t - \frac{\varepsilon}{86\,400}\,\frac{t^2}{2}\,.$$

Messen wir die Zeit durch τ anstatt durch t, so mißt die Größe τ kinetische Zeit, sofern es überhaupt noch nötig ist, ein Zeitmaß zu bestimmen.

Diese Betrachtung führt uns auch auf ein Verfahren, bei welchem wir bei der Wahl des Bezugssystems auf die Fixsterne verzichten können. Wir können ein Bezugssystem, dessen Ursprung der Massenmittelpunkt der Sonne ist, vermittels dreier von diesem Ursprung ausgehenden Geraden konstruieren. Diese Geraden können wir willkürlich annehmen; z. B. können wir zwei derselben nach den Massenmittelpunkten der Erde und des Jupiters ziehen und die dritte senkrecht zu den beiden ersten in einem gewählten Sinne. Dieses System ist natürlich kein kinetisches mehr; aber wir können die Annahme machen, daß es in einem Augenblick mit einem kinetischen Bezugssystem zusammenfällt. Es wird sich dann relativ zu dem kinetischen und dieses relativ zu ihm bewegen. Wäre die Relativbewegung der beiden Systeme bekannt, so könnten wir die Lage des kinetischen Systems, die es nach einer kurzen Zeit zu unserm System einnehmen würde, bestimmen; durch fortgesetzte Annäherung könnten wir so die Lage des kinetischen Systems auch zu einer beliebigen Zeit ermitteln. Diese Methode hat zwar keinen praktischen Wert, vielleicht aber theoretisches Interesse. Letzteres wird augenscheinlicher werden, wenn wir uns vergegenwärtigen, daß es gemäß dem allgemeinen Gravitationsgesetz Gravitationskräfte gibt, die zwischen den Körpern des Sonnensystems und den Sternen wirken. Wie klein auch immer die Kräfte sein mögen, die so auf die Körper unseres Systems wirken, es bleibt eine unumstößliche Tatsache, daß der Massenmittelpunkt des Systems bei dem ewigen Lauf kein geeigneter Ursprung für ein kinetisches Bezugssystem sein kann. Das schließlich gewählte System, das seinen Ursprung im Massenmittelpunkt des Sonnensystems und nach Fixsternen zeigende Achsen hat, falle in einem Augenblick mit einem kinetischen Bezugssystem zusammen. Dann können wir aussagen, daß die Relativbewegung der beiden Systeme so gering ist, daß sie noch durch keinerlei Beobachtungen hat festgestellt werden können.

Schließlich ist ja die Wahl eines kinetischen Systems und kinetischer Zeit an Stelle eines andern Systems und einer andern Zeit ein Übereinkommen. Wir hatten uns vorgenommen, die Bewegungen des Körpers zu beschreiben und wir wollten die Ergebnisse benutzen, die während dreier Jahrhunderte durch naturwissenschaftliche Forscher zusammengetragen worden sind, Männer, die zum großen Teil der Frage des Bezugssystems wenig Aufmerksamkeit geschenkt haben. Am Ende unseres Buches müssen wir so genau als möglich angeben, welches unser Bezugssystem ist und wie sich die wirklichen Körper relativ zu ihm bewegen. Wir tun dies durch die Aussage, daß das Bezugssystem ein sogenanntes „kinetisches“ ist, und durch die Erklärung, wie ein kinetisches System gefunden und wie kinetische Zeit bestimmt werden kann, und zwar mit einer jedenfalls für unsere Zwecke genügend guten Annäherung.

Anhang.

Das Messen und die Einheiten.

a) Das Messen. Die mathematische Theorie des Messens beruht auf der Annahme, daß es möglich sei, eine Sache in eine ganze Anzahl von Teilen zu zerlegen, die bezüglich irgendeiner Eigenschaft gleichartig sind. Um etwa die Länge eines Kurvenbogens zu messen, müssen wir annehmen, daß der Bogen in eine Anzahl gleicher Stücke geteilt sei, wobei der Prüfstein für die Längengleichheit die Kongruenz der Stücke ist. Wollen wir die Masse eines Körpers messen, so müssen wir annehmen, daß er sich in eine Anzahl Körper von gleicher Masse teilen läßt; die Gleichheit der Masse wird hier durch Wägung geprüft. Bei der Messung eines Zeitintervalls messen wir den Winkel, um den sich die Erde während dieser Zeit gedreht hat. Hierzu ist die Teilung eines Winkels in eine Anzahl gleicher Winkel erforderlich; die Probe auf die Winkelgleichheit ist wiederum die Kongruenz.

Das Messen einer Sache bezüglich irgendeiner Eigenschaft erfordert 1. eine Vergleichseinheit und 2. einen Modus, in welcher Weise man sich auf die Einheit bezieht. Die Einheit muß eine Sache sein. die die fragliche Eigenschaft besitzt. Die Art, in der man sich auf die Einheit bezieht, muß zu einer positiven Zahl (dies kann eine ganze oder rationale und gebrochene oder auch eine irrationale Zahl sein) führen, die das Maß der Sache bezüglich der betreffenden Eigenschaft ist. Die Zahl wird nach folgenden Regeln ermittelt:

α) Wenn die Sache in eine gerade Anzahl (n) Teile geteilt werden kann, von denen jeder hinsichlich der fraglichen Eigenschaft mit der Einheit identisch ist, so ist die Zahl n das Maß in betreff auf diese Eigenschaften.

β) Wenn die Sache und die Einheit in p bzw. q Teile geteilt werden können, so daß alle Teile in bezug auf die fragliche Eigenschaft identisch sind, so ist der rationale Bruch $\frac{p}{q}$ das Maß der Sache hinsichtlich dieser Eigenschaft.

Hier ist zu beachten, 1) daß die Regel α) denjenigen Fall der Regel β) bildet, in welchem $q = 1$ ist, und 2) daß q praktisch immer so groß genommen werden kann, daß sich eine ganze Zahl p finden läßt, für die der Bruch $\frac{p}{q}$ die Sache innerhalb der experimentellen Fehlergrenzen mißt.

In der mathematischen Theorie des Messens läßt sich der Fall, bei welchem kein rationaler Bruch die Sache zu messen vermag, nicht so einfach abtun. Es kann vorkommen, daß es auch für noch so großes q keine entsprechende Zahl p gibt, daß aber, während der Bruch $\frac{p}{q}$ eine etwas kleinere, als die zu messende Sache mißt, der Bruch $\frac{p+1}{q}$ eine etwas zu große angibt. Dann ist das gesuchte Maß eine irrationale Zahl. Wir können nämlich alle rationalen Zahlen in zwei Klassen teilen — eine „obere" und eine „untere" Klasse —, so daß alle Zahlen der oberen Klasse zu groß und die der niederen Klasse zu klein für das Maß der Sache sind. Jede rationale Zahl fällt ausnahmslos in die eine oder andere der beiden Klassen. Die Grenze zwischen ihnen wird durch eine irrationale Zahl gebildet, die das Maß der Sache ist.

Wir wollen beispielsweise annehmen, daß die Diagonale eines Quadrates gemessen werden soll, dessen Seite gleich der Längeneinheit ist. Wir können alle rationalen Zahlen in zwei Klassen einteilen, je nachdem ihre Quadrate größer oder kleiner als zwei sind. Jede rationale Zahl ohne Ausnahme fällt in die eine oder die andere der beiden Klassen. Die Grenze zwischen den zwei Klassen bildet die irrationale Zahl $\sqrt{2}$, und diese irrationale Zahl ist das gesuchte Maß.

b) Zahl und Menge. Ist einmal die Einheit festgesetzt, so ist die Größe einer Sache durch ihr Maß im Verhältnis zur Einheit genau bestimmt; dieses Maß ist stets eine Zahl. Die Sache kann etwas ganz Beliebiges sein, das wir bezüglich einer Eigenschaft für meßbar halten können; der Ausdruck „Größe einer Sache" ist ein ebenso dehnbarer Begriff wie das Wort „Menge". Die Menge ändert sich nicht, wenn sich die zum Messen benutzte Einheit ändert. Daher ist die Menge auch nicht identisch mit der sie ausdrückenden Zahl.

Eine Zahl kann eine Menge nur dann ausdrücken, wenn die Maßeinheit festgesetzt oder bekannt ist. Steht die Einheit fest, so gibt die Zahl die Menge an.

Mathematische Gleichungen und Ungleichungen sind Zahlenbeziehungen, welche zum Ausdruck bringen, daß eine gewisse, auf irgendeinem Wege entstandene Zahl gleich, größer oder kleiner ist, als eine in einer andern Weise gefundene Zahl.

Mathematische Gleichungen und Ungleichungen zwischen Zahlen, die Mengen ausdrücken, sind nur dann allgemein gültige Ausdrücke von Beziehungen zwischen Mengen, im Gegensatz zu Zahlen, sofern sie für alle Maßsysteme gelten.

c) Fundamentale und abgeleitete Mengen. Die fundamentalen physikalischen Mengen sind die Länge, die Zeit und die Masse. In der Dynamik, soweit sie in diesem Buch behandelt wird, sind alle sonst noch auftretenden Mengen von diesen abgeleitet. So wird die Geschwindigkeit durch einen Bruch gemessen, dessen Zähler eine Zahl ist, die eine Länge ausdrückt, und dessen Nenner eine Zahl ist, die ein Zeitintervall angibt. Die Kraft wird durch ein Produkt gemessen, wobei der eine Faktor eine Zahl ist, welche eine Masse ausdrückt, während der andere Faktor eine Zahl ist, die eine Beschleunigung angibt. Alle übrigen noch auftretenden Größen hängen in ähnlicher Weise von Längen, Zeiten und Massen ab.

d) Dimensionen. Eine Zahl, die eine Menge ausdrückt, hat eine sogenannte „Dimension" in dieser Menge. Wird die Maßeinheit geändert, so daß die neue Einheit ein bestimmtes Vielfache x der alten ist, so ist die Zahl, welche die Menge in der neuen Einheit ausdrückt, gleich dem x^{ten} Teil derjenigen Zahl, die die Menge in der alten Einheit ausdrückte.

Die Zahl, die eine abgeleitete Menge ausdrückt, ist stets das Produkt dreier Zahlen A, B, C; von diesen ist A ein homogener Ausdruck vom Grade p von Zahlen, die Längen angeben, B ist ein homogener Ausdruck vom Grade q von Zahlen, die Zeitintervalle ausdrücken, und C ist ein homogener Ausdruck vom Grade r von Zahlen, die Massen ausdrücken. Wir sagen, die Menge ist von der p^{ten} Dimension der Länge, der q^{ten} Dimension der Zeit und der r^{ten} Dimension der Masse. Wir drücken das auch kürzer aus, indem wie sagen, das Dimensions-Symbol der Menge sei $[L]^p\,[Z]^q\,[M]^r$. Die Zahlen p, q, r können positiv oder negativ, ganze oder gebrochene Zahlen oder auch Null sein.

Werden die Einheiten der Länge, Zeit und Masse geändert, so daß die neuen Einheiten der Reihe nach gleich dem x, y, z-fachen der alten sind, so erhält man das Maß einer Menge in neuen Einheiten dadurch, daß man das Maß in alten Einheiten durch $x^p\,y^q\,z^r$ dividiert, wobei $[L]^p\,[Z]^q\,[M]^r$ das Dimensions-Symbol dieser Menge ist.

Die Bedingung dafür, daß eine mathematische Gleichung oder Ungleichung zwischen Zahlen, die Mengen angeben, ein allgemein gültiger Ausdruck einer Beziehung zwischen den Mengen ist, lautet, es muß jedes Glied in ihm dieselbe Dimension besitzen.

e) Physikalische Mengen. Wir geben im folgenden eine Zusammenstellung der hauptsächlichsten abgeleiteten Mengen und deren Dimensions-Symbole wieder, die in der Dynamik vorkommen.

Menge	Dimensions-Symbol
Geschwindigkeit	$[L]^1\,[Z]^{-1}$.
Beschleunigung	$[L]^1\,[Z]^{-2}$.
Bewegungsgröße, Antrieb	$[L]^1\,[Z]^{-1}\,[M]^1$.
Drall, Antriebsmoment	$[L]^2\,[Z]^{-1}\,[M]^1$.
Beschleunigungskraft, Kraft	$[L]^1\,[Z]^{-2}\,[M]^1$.
Kinetische Energie, Arbeit	$[L]^2\,[Z]^{-2}\,[M]^1$.
Leistung	$[L]^2\,[Z]^{-3}\,[M]^1$.
Dichte	$[L]^{-3}\,[M]^1$.
Gravitationskonstante	$[L]^3\,[Z]^{-2}\,[M]^{-1}$.

f) Dimensions-Methode. Häufig läßt sich die Form einer Lösung durch eine Betrachtung über die Dimensionen der darin enthaltenen Mengen bestimmen. Aus einigen Beispielen wird dies klarer werden.

Wenn wir z. B. annehmen, daß die Schwingungsdauer eines Pendels nur von seiner Masse, seiner Länge und der Erdbeschleunigung abhängen kann, so können wir beweisen, daß sie proportional der Quadratwurzel aus der Länge sein muß. Da die auszudrückende Menge ein Zeitintervall ist, so kann in dem dafür ermittelten Ausdruck keine Potenz einer Masse vorkommen; wir haben angenommen, daß keine Masse außer der Masse des Pendelkörpers darin vorkommen kann. Die Schwingungsdauer ist deshalb von der Masse des Körpers unabhängig. Nun hat g das Dimensionssymbol $[L]^1 [Z]^{-2}$, und daher hat $\frac{1}{\sqrt{g}}$ das Dimensionssymbol $[Z]^1 [L]^{-\frac{1}{2}}$. Die einzige Möglichkeit, wie der Ausdruck für die Schwingungsdauer die Pendellänge l enthalten kann, ist die, daß die Schwingungsdauer der Quadratwurzel von l proportional ist. Das würde beweisen, daß sie ein numerisches Vielfaches von $\sqrt{\frac{l}{g}}$ ist. Als weiteres Beispiel sei die Elliptizität der Erde betrachtet, von der wir annehmen wollen, daß sie von der Winkelgeschwindigkeit ω der Erddrehung, der mittleren Dichte ϱ und der Gravitationskonstante γ abhängen soll. Das Produkt $\gamma\varrho$ hat das Dimensionssymbol $[Z]^{-2}$ und daher ist $\frac{\omega^2}{\gamma\varrho}$ eine Zahl (da ja Winkel in Grad oder Bogenmaß gemessen werden); da die Elliptizität auch eine Zahl ist, muß sie eine Funktion von $\frac{\omega^2}{\gamma\varrho}$ sein.

Die Dimensionsmethode liefert also eine brauchbare Probe für die Richtigkeit. In jeder Zeile einer mathematischen Ableitung, in der die Zahlen Mengen ausdrücken, müssen sämtliche Glieder in jeder Gleichung die gleiche Dimension haben.

Alphabetisches Sachverzeichnis.